教育部“长江学者和创新团队发展计划”项目
（IRT1134-15R25）资助

蕈菌分类学

图力古尔　主编
李　玉　庄剑云　主审

科　学　出　版　社
北　京

内 容 简 介

本教材比较全面和系统地介绍了中国大型真菌（蕈菌）的分类研究成果，是一本传统与现代研究相结合、图文并茂的分类学教材。全书由总论和专论两大部分组成，总论介绍蕈菌分类学基础，包括绪论、蕈菌的基本特征、蕈菌的物种与命名、蕈菌拉丁文基础、蕈菌生物多样性及保育等5章；专论重点介绍中国蕈菌主要类群，包括子囊菌类蕈菌、胶质菌类蕈菌、伞菌类蕈菌、牛肝菌类蕈菌、腹菌类蕈菌、多孔菌类蕈菌、红菇类蕈菌等7章。全书以二维码形式插入几百张蕈菌高清图片，以供读者学习、鉴赏。

本教材可作为高等院校生物学、林学、农学本科专业的教科书，也可作为相关专业硕士、博士研究生的参考教材，还可供从事食用菌、自然保护等工作者及广大蘑菇爱好者阅读。

图书在版编目（CIP）数据

蕈菌分类学 / 图力古尔主编. —北京：科学出版社，2018.4

ISBN 978-7-03-056845-8

Ⅰ. ①蕈… Ⅱ. ①图… Ⅲ. ①大型真菌-分类学 Ⅳ. ①Q949.32

中国版本图书馆 CIP 数据核字（2018）第 048818 号

责任编辑：刘 畅 / 责任校对：王晓茜
责任印制：张 伟 / 封面设计：铭轩堂

科学出版社出版
北京东黄城根北街 16 号
邮政编码：100717
http://www.sciencep.com
北京凌奇印刷有限责任公司印刷
科学出版社发行 各地新华书店经销
*
2018 年 4 月第 一 版 开本：787×1092 1/16
2024 年 9 月第七次印刷 印张：20
字数：512 000
定价：98.00 元
（如有印装质量问题，我社负责调换）

《蕈菌分类学》编写委员会

主　编　图力古尔

副主编　崔宝凯　范　黎　曾念开

编　委（以姓氏笔画为序）

田恩静（吉林农业大学）
刘　宇（鲁东大学）
何建清（西藏农牧学院）
余知和（长江大学）
张　平（湖南师范大学）
陈今朝（长江师范学院）
范　黎（首都师范大学）
林文飞（浙江大学）
图力古尔（吉林农业大学）
周　巍（信阳农林学院）
郑晓慧（西昌学院）
黄福常（广西大学）
崔宝凯（北京林业大学）
曾念开（海南医学院）
谢占玲（青海大学）

主　审　李　玉　庄剑云

序

在真核生物的第三世界中，真菌是其最主要的类群。而在真菌中有一类最为人类熟知的家族，“肉眼可见、徒手可采”（“Large enough to be seen with the naked eye and to be picked by hand”—*Dictionary of Fungi*）的一类，即蘑菇，文人们雅称其为蕈菌。在中国的古籍中多将木生者称为“蕈”，土生者谓之“菌”，但许多百姓对“蕈”字并不熟悉也时有错认，对“菌”字倒是熟悉但与老祖宗当初发明“菌”字的本意相去甚远了！菌：从艸从囷，囷指“廪之圆者”即圆顶的粮仓，显然与“mushroom”“キノコ”“pilze”是同一个东西。

在我们居住的这个星球上，蕈菌与其他生物相伴亿万年，在人类出现后的数千年中，人们从认知、采食、驯养到利用，使其中相当数量的种类也像其他某些动、植物一样伴随着渐进的文明进入人类的生活圈。被驯化成功的动物成为家禽家畜，植物成为庄稼、果蔬，而这一类因其与植物有相近相似而被认知、被发掘、被利用的历程，称为菌类作物（mushroom crop）。

20 年前吉林农业大学率先在国内组建了菌类作物专业并相继形成了完整的教育教学体系和具科学前沿水平的研究平台，与之相匹配、相适应并且也是教学实践中急需的是一套完整的教材！在这一教学体系中，认知菌类是基础中的基础！也就是最常说的解释：它是谁？归谁？谁和谁是什么关系的《蕈菌分类学》。

图力古尔教授在这个平台上完成学业后即留在此平台并成长为最重要的角色之一，担当分类学的教学科研工作，这本教材凝集着他和几代学人的心血和汗水。从最初的油印本到校内试用教材，谓之“批阅十载，增删五次”，只能有过之而无不及！如今正式“出阁”面世，相信会得到更多业内人士的不吝赐教。对我国的菌物学，对菌类作物学、对菌类作物专业教学体系的完善、对菌类作物专业的教材建设是件真正功德无量、可以惠及后人的首善之举！

付梓之前有幸先睹为快并受命写上几句，匆匆间形成以上数言，一是对这项教材建设工作的肯定，对作者十年艰苦不寻常的首肯！再就是希望有志献身菌物事业、有志在菌类作物学这片肥田沃土上不为“时髦”学科领域的诱惑所动、辛勤耕耘的青年学子们，沉下心来，一往直前，取得佳绩！

中国工程院　院士

2018 年元月

前　言

蕈菌，即蘑菇，生于树者为蕈，生于地者为菌。说起蘑菇人们首先想到的也许是长在田边地头的田头菇，生于房前屋后的狗尿苔（鬼伞），雨后出现在草地上的马粪包（马勃），或者是菜市场上看到的平菇、香菇、猴头等。

260 多年前，瑞典生物学家把地球上的生物划分为两大类，即动物和植物。这位生物学家便是大名鼎鼎的分类学大师林奈，他所提出的是生物的“两界系统”，即生物分为动物界、植物界。分界的依据大致是很多人认为的那样，动者为动物，静者为植物。他在巨著《植物种志》中又把植物界分为 24 纲，分纲的主要依据是花部的形态及其数目。

没有花的植物，如苔藓、地衣、蕨类和蘑菇统统放在了最后一纲——第 24 纲中，由于这些植物与众不同，不开花，不结种子，用孢子来繁殖后代，后来又称为“孢子植物”或“隐花植物”。尽管如此，略加分析即可发现这些植物也不是“同类”的，苔藓和蕨类是绿色植物，能进行光合作用，即利用二氧化碳和水制造出碳水化合物，而地衣和蘑菇则不然，它们并没有叶绿体，是非绿色植物（有时呈现绿色是由于含色素类物质），因此不能进行光合作用。因为自身不能制造养分，所以只能靠腐生、寄生或共生方式生活。林奈之后的科学家把这类生物归结为“真菌”或“菌物”。

据预测，世界上的真菌或菌物种数达 150 万种或更多，是一个庞大的类群，其中只有 0.5%的物种被人类所认识和记载。习惯上把真菌中个体比较大的叫作“大型真菌”或“蕈菌”，俗称“蘑菇”。狭义的蘑菇概念在分类学上可以是一类（伞菌类，包括蘑菇目 Agaricales、牛肝菌目 Boletales、红菇目 Russulales 等）、一纲（蘑菇纲 Agaricomycetes）、一目（蘑菇目 Agaricales）、一科（蘑菇科 Agaricaceae）、一属（蘑菇属 *Agaricus*）或一种（蘑菇 *Agaricus campestris*）。广义上包括子囊菌门 Ascomycota 和担子菌门 Basidiomycota 当中“大个儿”的类群，在我国至少有 5000 种，是本教材的主要介绍内容。实际上，从类群组成上来看，蕈菌以担子菌为主，担子菌以蘑菇纲为主，因此从某种意义上来讲蕈菌分类就等于蘑菇纲的分类。

从生态系统的角度来看，植物是生产者，动物是消费者，而蕈菌是分解者。在土壤表面凋落物的纤维素、半纤维素、木质素及淀粉、几丁质等不同基质上生活着分解这些物质的各种腐生蕈菌，是它们将这些有机物降解成为植物根系可吸收利用的无机物质。因此，蕈菌既是分解者又是植物营养的贮存库和提供者。其实，有些森林凋落物的分解是从叶片生长阶段就开始的，一些真菌和细菌的侵染，致使枝叶或果实因病害而生长发育不良，落到地面后由地面上的蕈菌将它继续分解。有些幼嫩的叶肉组织也会被土壤动物所啃食，只剩下难分解的部分，留给蕈菌来分解。假设没有真菌（蕈菌），那么动植物的死体和残体由谁来分解？地球环境将难以想象。

蕈菌除了在生态系统中发挥分解作用以外，还给我们提供了极其丰富的食物和药物来源。这些看似小小的蕈菌作为“健康食品”“功能性食品”“菌物药”而备受人们的青睐，甚至有人评价它是“植物性食品的顶峰”“人类最后的食品”。香港中文大学蕈菌学家张树庭教授用“无叶无芽无花自身结果，可食可补可药周身是宝”一句20字的诗句比较准确地概括了蕈菌所具有的生物学特征及其利用价值。蕈菌受欢迎的原因有三：一是美味，很多食用蕈菌吃起来口感好，色、香、味俱全，从而常常成为舌尖上的美食。二是营养丰富，一般的食用蕈菌都含有丰富的蛋白质、脂肪、糖类（纤维素）、无机元素等人体所需的营养成分。三是食药用蕈菌具有比较全面的保健功能，过了温饱线的人们更加注意饮食的保健功能。蕈菌首先是低热能的美味食品，同时它具有一定的治疗和预防疾病的作用，如降低胆固醇，降血脂，提高机体免疫力，预防高血压、糖尿病、阿尔茨海默病，以及抗肿瘤等。如今的市场上，蕈菌保健食品或药品可以用“琳琅满目”来形容了。

随着生命科学的发展和人们对蕈菌的利用意识的增强，以往在生物学或植物学、微生物学教材中与真菌、蕈菌有关的内容已经远远落后于时代，不能满足教学需要。无论对于食用蕈菌的引种驯化还是药用蕈菌的开发利用抑或是有毒蕈菌的鉴别，人们都需要一本教材来识别和学习。更值得一提的是，随着学科的发展，对包括蕈菌在内的菌物已逐渐从植物分出并成立独立的学科，在我国一些农业大学已经设立与菌物有关的本科专业，但是也苦于缺乏教材。鉴于上述，编者在已有工作基础上组织相关人员编写本教材来弥补空缺。

本教材力争汲取国内外蕈菌分类研究新成果，较为系统地介绍中国蕈菌各类群及其主要特征，帮助大学生了解这一多彩而神秘的蕈菌世界。本教材由12章组成，分别为第一章绪论（图力古尔编写），第二章蕈菌的基本特征（图力古尔、田恩静、陈今朝、何建清编写），第三章蕈菌的物种与命名（图力古尔、黄福常、郑晓慧编写），第四章蕈菌拉丁文基础（图力古尔、田恩静编写），第五章蕈菌生物多样性及保育（图力古尔、刘宇编写），第六至十二章介绍蕈菌各主要类群（伞菌类由图力古尔编写，多孔菌类由崔宝凯编写，腹菌类由范黎编写，牛肝菌类由曾念开编写，子囊菌类由余知和编写，珊瑚菌类由张平编写，鸡油菌、胶质菌等其他类由谢占玲、林文飞、周巍编写）。全书由图力古尔统稿，由李玉院士和庄剑云研究员终审。电镜照片和蕈菌原生态图片由图力古尔拍照并提供。

由于编者水平有限，加之编写时间紧、缺乏经验等因素，本教材中还可能存在着不足之处，但编者相信通过编写团队的努力，在未来的教学实践中不断补充和完善，能使本教材成为蕈菌初学者的良师益友！感谢编写过程中提供帮助和提出宝贵意见的分类界朋友。

值得指出的是，近十年来蕈菌分类研究日渐受到重视，成果越来越多，以至于在短时间内很难完整和系统地捕捉其动态，尤其是分子生物学的加入，使蕈菌名称及系统地位瞬息万变、日新月异！在这种学术气氛异常活跃的时代编写一本体系、内容相对稳定的教材是件不容易的事情。然而，身处于激励新一代蕈菌学家的时代总感责任重大，因此编写本教材为青年学生提供一本蕈菌知识读物，为他们的日后成长甘愿充当一块铺路石！

编　者

2017年9月

目　　录

总论：蕈菌分类学基础

专论：中国蕈菌主要类群

总论：蕈菌分类学基础

蕈菌作为真菌的主要组成部分，其形态特征是具有共性的。蕈菌的细胞由菌丝构成，菌丝再构成形形色色的子实体，子实体上产生孢子，孢子萌发形成菌丝，周而复始。总论部分介绍内容包括：绪论；蕈菌的基本特征；蕈菌的物种与命名；蕈菌拉丁文基础；蕈菌生物多样性及保育。目的是学习了解分类历史、形态特征以及命名法规有关的基础知识，为复杂多样的蕈菌类群的识别与分类提供理论基础。

1
第一章　绪　　论

第一节　中国蕈菌分类学研究简史

一、古代本草著作中的蕈菌

在古代，蕈菌有多种名称：菌、蕈、芝、蘑、菇、菰、耳……并且人们对蕈菌的鉴别、使用甚至如何培养等方面都有详尽的记载。隋朝《太上灵宝芝草品》中记录了多种灵芝，并已经分辨出灵芝 *Ganoderma* 和假芝 *Amauroderma*，堪称是最早的多孔菌（灵芝）专著。在我国道教文献《淮南子》《抱朴子》中将灵芝作为长生不老草而被记载，并分为石芝、木芝、草芝、肉芝、菌芝 5 类，每类下属百余种。同时，详细记录了其采集、加工及食用方法等，说明当时对灵芝等蕈菌已有了解。因此，有人认为我国的食用菌栽培技术来源于道教的种芝技术。唐朝的苏恭在《唐本草注》中记载“生桑、槐、楮、榆、柳等为五木耳，煮浆粥，安诸木上，以草覆之，即生蕈尔”。这是以孢子水浸法，接种培养木耳的方法，可谓最早的食用菌栽培学文献。段成式的《酉阳杂俎》中对竹荪 *Dictyophora indusiata* 有如下描述：“大同十年，竹林吐一芝，长八寸，头盖似鸡头实，黑色，其柄似藕柄，内通干空。皮质皆纯白，根下微红，鸡头实处似竹节，脱之又得脱也，自节处别生一重如结网罗……以蕈柄上相远不相着也。”现代学者认为这是最早的关于竹荪的分类和生态描述著作。竹荪目前已被普遍人工栽培，是重要的食用菌之一。在清朝的《花镜》中就有道家种芝法：“每以糯米饭捣烂，加雄黄、鹿头血、包暴干冬笋，俟冬至日，堆于土中自出。或灌入老树腐烂处，来年雷雨后，即可得各色灵芝矣。”著名的地下真菌块菌 *Tuber* spp.在陈仁玉（1245）的《菌谱》中被称为“麦蕈”或“麦丹蕈”。以桑黄为例，历代本草对桑黄名称的记载不同，秦汉时期的《神农本草经》中记载为“桑耳”；魏晋时期陶弘景的《名医别录》中记载“桑耳，一名桑菌，一名木麦”；唐代《新修本草》中记载的名称同《名医别录》；唐代《千金翼方》记载为“桑耳”；唐代甄权编著的《药性论》中记载“桑耳使，一名桑臣，又名桑黄”，首次出现了“桑黄”两字；五代的《日华子本草》记载为“桑耳”；五代时期的《蜀本草》在桑根白皮下记载了桑耳，“一名桑菌，一名木麦”；北宋《政和本草》作“麦”；宋代《大观本草》记载“桑耳，一名桑菌，一名木麦，蜀本麦作夋（qun）（诠荀切）”；北宋《证类本草》记载为“桑耳”；《本草纲目》记载“桑上寄生（桑耳）”，因桑耳多寄生于桑树等阔叶树的树干上，古代将桑树上寄生的菇蕈统称为桑上寄生，故有“桑上寄生”一名；明代《本草蒙筌》在桑根白皮下记载，“桑耳，一名桑菌，又名桑黄”；明代缪希雍的《神农本草经疏》《本草汇言》《食物本草》等著作中均记载“桑耳”。在古代，食用菌木耳也曾称为“桑耳”，如唐代孟诜的《食物本草》在蔬菜篇中有关于木耳的记载。据本草古籍相关记载，最早出现的是“桑耳”，唐代以后才出现“桑黄”。

这些珍贵的本草古籍在为我们今天认识和鉴别蕈菌提供依据的同时，也给我们提供了关于这些真菌的应用证据和文化含义。蕈菌一词在我们的日常生活当中等同于“蘑菇”，而蘑菇的称呼来自于北方少数民族的语言，源于元朝，初见于忽思慧的《饮膳正要》。

二、蕈菌分类学在我国的发展

1. 蕈菌分类学家

早期，西方传教士、旅行家、外交官、科学家先后来我国考察收集情报资料，并采集真菌标本，开始研究或送回本国供学者研究，代表性的作品主要有：雅契夫斯基（A.L. Jaczewski）、科马罗夫（W.L. Komarov）、特拉次切尔（W. Tranzschel）合作的《俄罗斯真菌标本集》，其中包括我国新疆和东北亚地区的50种真菌。法国巴杜雅（N. Patouillard）、德国西斗（H. Sydow）也先后发表有关我国真菌著述约 20 篇。也有外籍植物病理和真菌学者留居我国任教研究真菌的，如日本的三宅市郎（I. Miyake）于 1910～1912 年任教于北京京师大学堂农科，研究我国华北、华中的真菌，发表多篇论文。泽田兼吉（K. Sawada）在我国台湾做了广泛研究，1919～1959 年著有《台湾产菌类调查报告》，共 11 集，记载真菌 2444 种，有 12 新属 170 新种。三浦道哉（M. Miura）对我国东北和内蒙古真菌进行研究，编写《满蒙植物志》第三辑（1928），报告真菌 490 种，有 55 个新种。此外，在许多日本著作中有介绍我国台湾、东北和其他地区的真菌，尤其是伊藤诚哉（S.Ito）的《日本菌类志》（1936～1964），包括我国台湾和东北地区部分真菌 709 种。

我国近代蕈菌分类学的研究起步较晚。吴冰心于 1914 年编写了《滋补白木耳之研究》，胡先骕于 1915 年编写了《菌类鉴别法》，邹秉文于 1916 年编写了《种蕈新法》。林亮东于 1937 年完成了《中国真菌名录》，但以云南、湖南、广东等地的作物病原真菌为主。最早开始做蕈菌调查研究的是胡先骕，他于 1921～1923 年分别做了浙江、江西两省的真菌采集杂记，记载高等担子菌几十种，是我国当代专论真菌的最早著作。之后戴芳澜、邓叔群先后发表不少专门调查研究真菌的著作。

戴芳澜（1893～1973），早年留学美国，曾任东南大学、金陵大学、清华大学、北京农业大学等校教授，中国科学院学部委员，终年从事真菌及植物病理学教学和科学研究，是我国当之无愧的一代真菌学大师。1927 年编著《江苏真菌名录》，记载真菌 41 属 76 种；1932～1946 年编写《中国真菌杂记》共 11 篇；1936～1937 年他将国内已报道的真菌进行整理，编成《中国真菌名录》，记载真菌 2600 种。

邓叔群（1902～1970）的工作以蕈菌为主。他早年留美学林，对林地蘑菇和木生大型真菌有浓厚的兴趣，从而开始了真菌专业的研究，曾从事教育、科研于岭南大学、中央大学、中央研究院动植物研究所。他是中国科学院学部委员，成就卓著，是我国有重大影响的真菌学家。从 1932 年开始连续发表有关中国西南、南京、浙江、广东、北京的真菌研究论文 10 篇，1939 年他将其 10 多年的研究结果汇集为《中国高等真菌》，记述了 1400 多种真菌。

凌立于 1932 年编写了《北京大学收藏真菌名录》。贺峻峰等于 1934 年编写了《河北附近地区的真菌》《华北菌类目录预报》，列记真菌 37 属 109 种。周宗璜于 1934 年编写《北京师范大学收藏真菌》。魏景超和黄淑炜于 1941 年编写了《金陵大学真菌名录》。

裘维蕃（1912～2000），师从戴芳澜和俞大绂先生，曾在金陵大学、清华大学、北京农业大学等校任职，后期赴美深造。他是我国植物病毒学和食用菌分类与栽培研究的先驱者，对我国真菌进行研究始于20世纪30年代，1937年承担了中国的食用菌及其栽培技术的研究任务。1941年开始关注云南担子菌，于1957年完成《云南牛肝菌图志》，并发表关于云南牛肝菌、红菇科、鹅膏菌科和其他伞菌的分类研究论文多篇。20世纪80年代后，裘维蕃先生大力宣传和推动“菌物”的概念，一经提出就得到大多数学者的认同。1998年他主编了150万余字的巨著《菌物学大全》。

赵继鼎（1916～1995）曾先后在中国科学院植物研究所、应用真菌学研究所和微生物研究所工作，主要致力于我国多孔菌科和灵芝科的分类学研究。早期于1975年参与编写《毒蘑菇》，该文献记载了80种，而后在20世纪90年代将关注点集中在灵芝科和多孔菌科，他在1981～2000年还主编了《中国灵芝》和《中国多孔菌》等著作，并发表了10余篇研究论文。在此基础上，主编《中国真菌志》第3、18卷，分别收录了多孔菌科69属287种和灵芝科4属98种，进一步完善了多孔菌科和灵芝科的种类。

刘波（1927～2017）曾在山西大学担任教授，从事菌物研究工作50余年，主要进行大型真菌特别是地下真菌的分类研究，发现真菌新种和新变种116个，成立新属4个，编著国内外专著24部，在中国药用真菌方面做出突出贡献。1974年和1978年先后出版《中国药用真菌》，共报道了117种药用真菌，介绍了分类地位、生态分布、药用部位及其药效等内容。他不但在药用菌方面有诸多成就，而且在中国腹菌类的物种多样性方面也有所造诣。1984年在德国出版了*The Gasteromycetes of China*（《中国的腹菌》）的英文专著。基于大量的前期研究工作，担任了《中国真菌志》第2、7、23卷的主编，涉及真菌9目，分别是银耳目、花耳目、层腹菌目、黑腹菌目、高腹菌目、硬皮马勃目、柄灰包目、鬼笔目和轴灰包目。

应建浙（1928～）早年在复旦大学任教，后期在中国科学院微生物研究所担任研究员，主要致力于以蘑菇目Agaricales为主的大型真菌的分类研究，主持了以西南地区为主的大型真菌调查工作，发现新种和中国新记录种190余个。1994年，她参与编著的《西南地区大型经济真菌》，阐述了我国云南、贵州、四川地区大型经济真菌709种，隶属于167属52科17目，同年出版的《川西地区大型经济真菌》全书共记载经济真菌245种。同时，对我国红菇属*Russula*、松塔牛肝菌属*Strobilomyces*和牛肝菌属*Boletus*的分类研究也有所涉及。为丰富西南地区真菌物种多样性及了解经济真菌在该地区的分布做了细致的研究。

赵震宇（1928～），新疆农业大学教授，从事教研工作50余年，主要致力于我国新疆地区真菌分类学、植物病理学等研究。1984～2011年，他相继编写了《新疆大型真菌图鉴》（1984）、《新疆食用菌志》（2001）、《新疆荒漠真菌识别手册》（2011）等专著，共记载了新疆地区400余种真菌。在他早年的研究中还涉及单囊壳属、节丝壳属、叉丝壳属、球针壳属、胶锈菌属等植物寄生真菌的分类研究。

臧穆（1930～2011）曾在南京师范大学任教，在中国科学院昆明植物研究所担任研究员，曾赴美国田纳西大学和俄勒冈州立大学做访问学者。他系统地研究了牛肝菌目的真菌，完成了《中国真菌志》牛肝菌科1、2卷（2006、2013）的编著，并发现1个新属——华牛肝菌属*Sinoboletus*和31个牛肝菌新种。他于20世纪末对我国西南地区大型真菌的种类进行了统计，涉及牛肝菌目、蘑菇目、腹菌类和部分子囊菌等类群，编著了《西藏真菌》（1983）、《西南地区大型经济真菌》（1994）、《横断山区真菌》（1996）等丛书。于2011年，他编著的《中国隐花（孢子）植物科属辞典》记载了我国五大类生物，其中包括真菌约232科1278属。

魏江春（1931～），中国科学院院士，曾留学苏联，担任中国科学院微生物研究所研究员，长期从事地衣型真菌物种多样性等研究，涉及袋衣属 *Hypogymnia*、黄梅衣属 *Xanthoparmelia*、肺衣属 *Lobaria*、地卷属 *Peltigera*、石蕊科 Cladoniaceae 及叶生地衣等类群。他在研究期间成立了许多新科、新属并发现了大量新种，特别是于 2007 年将石耳科从茶渍目中分出并成立了新目——石耳目 Umbilicariales。从 20 世纪 90 年代到 21 世纪初，他先后编著了《中国药用地衣》（1982）、《西藏地衣》（1986）、《孢子植物名词及名称》（1990）、*The Asian Umbilicariaceae*（1993）、《中国经济真菌企事业大全》（2005）等著作。他在地衣研究上的丰硕成果，为我国地衣学研究奠定了坚实的基础。

卯晓岚（1939～）供职于中国科学院微生物研究所，从事真菌分类、资源等研究。早年，他主要研究西藏地区大型真菌物种多样性，分别于 1983 年和 1993 年出版了《西藏真菌》和《西藏大型经济真菌》，记载了西藏地区大型经济真菌约 600 种。到 20 世纪末，他的研究范围扩大到全国，如《中国经济真菌》（1998），记录了我国经济真菌 1341 种，隶属于 27 目 81 科 284 属。而后，于 2000 年他还编著了《中国大型真菌》，更全面系统地记录各类大型真菌 21 目 72 科 298 属 1701 种。此外，他还参编了其他书籍，如《毒蘑菇识别》（1987）、《中国药用真菌图鉴》（1987）、《中国蕈菌》（2007）、《中国菌物学 100 年》（2015）等。

李玉（1944～），中国工程院院士，现为吉林农业大学教授，致力于菌物科学与食用菌工程技术和产业化研究。在食用菌领域，筛选培育出 39 个品种，6 个通过国审，出版了《中国黑木耳》（2001）、《乌苏里江流域真菌》（2011）、《菌物资源学》（2013）、《中国真菌志》第 45 卷等蕈菌学相关书籍。组织编著《中国大型菌物资源图鉴》，记载了 509 属 1819 种。创办了《菌物研究》学术期刊，同时，建成了国内领先水平的蕈菌种质资源库。

庄文颖（1948～），中国科学院院士，现任中国科学院微生物研究所研究员，从事真菌学研究 30 余年，主要致力于以盘菌为主的大型子囊菌的分类及分子系统学研究，发表学术论文 180 余篇，其中包括盘菌 3 个属的世界性专著。成立和发现 11 个新属、190 余个新种。主编或参与编写《中国真菌志》第 8、21、37、47、48 卷，共涉及我国子囊菌 7 科 203 属 900 余种和变种。在我国热带和西北地区开展了菌物资源与分类、物种多样性等调查，并出版了相关的英文著作。

李泰辉（1959～），广东省微生物研究所研究员，从事大型真菌资源与分类研究 30 余年，发表学术论文 200 余篇，成立 1 新属和 1 新亚属，参与命名新种和新变种 40 余个。重点对我国华南地区菌物开展研究，参与编写了多部地方大型真菌志，包括《粤北山区大型真菌志》（1990）、《广东大型真菌志》（1994）、《四川省甘孜州菌类志》（1994）和《海南伞菌初志》（1997），并分别记载了真菌 529 种、1058 种、256 种和 305 种。基于对我国的鬼笔目、粉褶菌目、香菇科等的研究成果，参与《中国真菌志》相关卷册的编著。

杨祝良（1963～）曾到德国图宾根大学留学，现担任中国科学院昆明植物研究所研究员，已发表 19 新属 180 余新种及 40 余新组合。他对我国 20 余属真菌系统进行了深入研究，在鹅膏属真菌方面的研究尤其突出。在国际上，曾提出东亚鹅膏具有自身的独特性，发现鹅膏属的“外菌幕”是由起源不同的两种组织构成。完成《中国真菌志》第 27 卷的编写，记载了我国鹅膏科真菌 2 属 84 个分类单位。此外，参与编写的《毒蘑菇识别与中毒防治》（2016），包括鹅膏属毒蘑菇 30 余种。对其他属真菌的研究也很有造诣，他与同行合作于 2010 年发表《中国食用菌名录》，收录了食用菌 936 种、23 变种、3 亚种和 4 变型。

戴玉成（1964～），北京林业大学教授，长期从事多孔菌类大型真菌资源和多样性等研究，发现新种110个，新组合种35个，中国新记录属38个，中国新记录种286个。他对木材腐朽真菌，特别是我国东北地区的木材腐朽真菌进行了较全面的研究，2000年出版的《中国东北地区的立木腐朽菌》，报道危害活立木的木腐菌49种，《中国东北野生食药用菌真菌图志》（2007）介绍了具有重要应用价值的食用菌、食药兼用菌和药用真菌100种。针对全国范围内的木材腐朽真菌，他在2005～2009年先后出版的《中国林木病原腐朽菌图志》（2005）和《中国储木及建筑木材腐朽菌图志》（2009），共介绍了我国最主要的林木腐朽菌220余种。对多年研究成果进行整理，发表了《中国多孔菌名录》（2009），记载多孔菌604种并新拟了121种中文学名。

保守估计，中国约有200名博士、教授从事着蕈菌分类相关的教学与研究工作，在此不一一列举。

2. 研究机构及标本馆

HMAS：中国科学院菌物标本馆，隶属于中国科学院微生物研究所，拥有标本46万份，是亚洲最大的菌物标本馆，该所的研究方向更多地侧重于蕈菌与小型真菌的生物多样性及其与环境的互作、多样性维持机制。

HKAS：中国科学院昆明植物研究所隐花植物标本馆，馆藏大型真菌标本10万余份，侧重于不同地理尺度的高等真菌多样性，代表属物种的系统发育、分子地理学和群体遗传学研究及高等真菌资源利用与保护。

GDGM：广东省微生物研究所真菌标本馆，馆藏标本4万多份，拥有模式标本138份，较为系统地收集了以广东、海南等地为主的热带、亚热带地区真菌资源，兼我国广西、四川、贵州、云南、湖南、西藏及越南等国内外的大型真菌标本，是华南最大的菌物标本馆。

HMJAU：吉林农业大学菌物标本馆，保存以长白山、大兴安岭、小兴安岭为主的东北地区和采自全国各地及俄罗斯远东地区和白俄罗斯的标本，馆藏标本3万余份，为东北地区最大的蕈菌标本馆。

BJFC：北京林业大学森林植物标本馆，隶属于北京林业大学，库存标本10万余份（含动物、植物、菌物标本），拥有模式标本120份，侧重于木生真菌多样性及木材腐朽菌的生态功能。

AP：中国科学院沈阳应用生态研究所标本馆，馆藏高等真菌标本1.5万份，研究侧重于木生担子菌的系统学及应用开发工作，并保存有微生物菌种2.5万余株。

MHHNU：湖南师范大学生命科学学院植物标本馆，馆藏菌物标本7000余份，侧重于毒蕈的分类及毒素结构研究。

3. 真菌志及有关杂志

（1）真菌志

1973年成立《中国孢子植物志》编辑委员会，组织领导全国力量，协作研究编著《中国真菌志》，据不完全统计目前已出版60卷，其中部分卷册与蕈菌有关。另外，一些省、自治区、直辖市也相继出版了本地区的真菌志和图鉴（表1-1）。

表1-1　蕈菌有关的全国及地方志编辑出版情况

《中国真菌志》及地方志	作者	出版年月
《中国真菌志·第二卷·银耳目 花耳目》	刘波	1992-06
《中国真菌志·第三卷·多孔菌科》	赵继鼎	1998-05

续表

《中国真菌志》及地方志	作者	出版年月
《中国真菌志·第七卷·层腹菌目 黑腹菌目 高腹菌目》	刘波	1998-08
《中国真菌志·第八卷·核盘菌科 地舌菌科》	庄文颖	1998-11
《中国真菌志·第十八卷·灵芝科》	赵继鼎、张小青	2000-08
《中国真菌志·第二十一卷·晶杯菌科 肉杯菌科 肉盘菌科》	庄文颖	2004-06
《中国真菌志·第二十二卷·牛肝菌科（Ⅰ）》	臧穆	2006-10
《中国真菌志·第二十三卷·硬皮马勃目 柄灰包目 鬼笔目 轴灰包目》	刘波	2005-09
《中国真菌志·第二十七卷·鹅膏科》	杨祝良	2005-10
《中国真菌志·第二十九卷·锈革孔菌科》	张小青、戴玉成	2005-10
《中国真菌志·第三十二卷·虫草属》	梁宗琦	2007-04
《中国真菌志·第三十六卷·地星科 鸟巢菌科》	周彤燊	2007-07
《中国真菌志·第四十二卷·革菌科 1》	戴玉成、熊红霞	2012-01
《中国真菌志·第四十四卷·牛肝菌科（Ⅱ）》	臧穆	2013-06
《中国真菌志·第四十五卷·侧耳-香菇型真菌》	李玉、图力古尔	2014-06
《中国真菌志·第四十七卷·丛赤壳科 生赤壳科》	庄文颖	2013-06
《中国真菌志·第四十八卷·火丝菌科》	庄文颖	2014-06
《中国真菌志·第四十九卷·球盖菇科（1）》	图力古尔	2014-06
《中国真菌志·第五十卷·外担菌目 隔担菌目》	郭林	2015-09
《长白山伞菌图志》	谢支锡、王云、王柏、董立石	1986-05
《贵州大型真菌》	吴兴亮	1989-02
《粤北区大型真菌志》	毕志树、郑国扬	1990-02
《台湾大型真菌》	张东柱、周文能、王也珍、朱宇敏	1990-12
《吉林省真菌志·第一卷·担子菌亚门》	李茹光	1991-07
《贵州食用真菌和毒菌图志》	张雪岳	1991-09
《东北地区大型经济真菌》	李茹光	1992-12
《西藏大型经济真菌》	卯晓岚、蒋长坪、欧珠次旺	1993-10
《湖南大型真菌志》	李建宗、胡新文、彭寅斌	1993-11
《四川省甘孜州菌类志》	戴贤才、李泰辉	1994-01
《广东大型真菌志》	毕志树、郑国扬、李泰辉	1994-08
《川西地区大型经济真菌》	中国科学院青藏高原综合科学考察队	1994-08
《西南地区大型经济真菌》	应建浙、臧穆	1994-08
《香港蕈菌》	张树庭、卯晓岚	1995-01
《四川蕈菌》	袁明生、孙佩琼	1995-05
《鸡公山大型真菌图谱》	李天煜、周巍、刘征、李纯	1997-06
《秦岭真菌》	卯晓岚、庄剑云	1997-04
《河北小五台山菌物》	小五台山菌物考察队	1997-08
《海南伞菌初志》	毕志树、李泰辉、章卫民、宋斌	1997-12
《东北地区大型经济真菌》	李茹光	1998-12
《新疆食用菌志》	赵振宇	2001-11

续表

《中国真菌志》及地方志	作者	出版年月
Higher Fungi of Tropical China（《中国热带真菌》）	庄文颖	2001-12
Fungi of Northwestern China（《中国西北地区菌物》）	庄文颖	2005-12
《河南大型真菌》	崔波、申进文	2002-11
《中国长白山蘑菇》	李玉、图力古尔	2003-10
《宁夏荒漠菌物志》	王宽仓、查仙芳、沈瑞清	2009-11
《中国·贵州高等真菌原色图鉴》	邹方伦	2009-11
《大兴安岭大型真菌·药用真菌》	邓兴林、孙明学	2010-10
《大兴安岭大型真菌·野生食用菌和毒菌》	邓兴林、王峰	2010-10
《大兴安岭大型真菌·经济真菌》	邓兴林、孙明学	2010-10
《大兴安岭大型真菌·木腐真菌与外生菌根菌》	邓兴林、王利文	2010-10
《中国热带真菌》	吴兴亮、戴玉成、李泰辉、杨祝良、宋斌	2011-01
Fungi of Usssuri River Valley（《乌苏里江流域真菌》）	李玉、Z.M. Azbukina	2011-01
《河南菌物志·第 1 卷》	林晓民、赵永谦、陈根强、王少先	2011-03
《河北省野生大型真菌原色图谱》	王立安、通占元	2011-06
《贺兰山大型真菌图鉴》	宋刚、孙丽华	2011-12
《浙南山区大型真菌》	顾新伟、何伯伟	2012-05
《青海地区大型真菌原色图志》	当智	2012-06
《河南菌物志·第 2 卷》	林晓民、夏彦飞、王少先、胡梅	2012-06
《北京野生大型真菌图册》	陈青君、刘松	2013-03
《新疆野生蘑菇》	赵震宇、陈梦	2013-10
《中国云南野生菌》	顾建新	2015-03
《澜沧江流域高等真菌彩色图鉴》	唐丽萍	2015-10
《中国大型菌物资源图鉴》	李玉、李泰辉、杨祝良、图力古尔、戴玉成	2015-06

（2）蕈菌学研究有关期刊

此部分介绍我国蕈菌学家阅读和投稿的国内外菌物学期刊。

美国真菌学研究发表的刊物较多，但多集中在 4 种专业期刊上。一是美国真菌学会出版的《真菌学》（*Mycologia*），于 1909 年创刊，以双月刊形式发行。它刊载内容包括了真菌分类、生理及真菌学的其他方面。二是美国真菌学会与纽约植物园于 1967 年起共同出版的《真菌学研究报告》（*Mycologia Memoirs*），其为不定期出版刊物，主要发表较长的真菌分类研究方面的论文。三是在纽约的伊萨卡（Ithaca）出版的《真菌分类》（*Mycotaxon*），1974 年至今已出版 30 多卷，每年出版 4 期，专门刊载真菌及地衣分类或命名方面的论文。四是在美国佛罗里达州奥兰多出版的《实验真菌学》（*Experimental Mycology*），创建于 1977 年，按季度出版，于 1996 年更名为 *Fungal Genetics and Biology*，每年发行 20 期，主要发表有关真菌的结构与功能及生长与发育的实验研究。

德国在德莱斯登出版的 *Hedwigia*，始于 1852 年，以月刊形式出版，截至 1944 年共出版了 81 卷。此后，于 1959 年在联邦德国恢复出版，并更名为 *Nova Hedwigia*，从第一卷重新出版，每年 4 期。它包括原始的普通隐花植物学及植物病理学的论文和文摘，并每半年出版关于新文献目录及书籍综述的增刊。1943 年停刊，1952 年重新出版，刊登的文章不仅涉及真菌学、细菌学，还包括霉菌分类及工业真菌学等内容。在德国柏林出版的 *Mycorrhiza*，创建于 1991 年，双月刊，目前已出版约 30 卷。刊载内容主要包括真菌系统学、分子生物学、结构和菌根发育等。

法国真菌学会出版的真菌学会季刊 *Bulletin Trimestriel de la Société Mycologique de France* 于 1885 年创刊，现已出版 100 多卷，是现有真菌学期刊中历史悠久的刊物。该刊主要刊登真菌分类学方向的论文，涉及担子菌较多。但创刊于 1936 年，由法国自然历史博物馆出版的真菌学评论 *Revue de Mycologique* 与法国真菌学会季刊稍有不同，它每期有一副刊，并主要刊登热带植物病害的研究报告。

英国真菌研究文章发表的专业刊物，主要有三本。一是《英国真菌学会会报》（*British Mycological Society Transactions*），创于 1892 年，由英国剑桥大学出版。1970 年前，它每年出版 4 期或 2 期；此后增加到每年出版 6 期，双月刊。在 1989 年和 2010 年，对刊名进行了更改，分别为 *Mycological Research*（1989）和 *Fungal Biology*（2010），以月刊出版发行，目前共出版 120 余卷。刊登内容主要包括真菌分类、生理、生态、植物病原真菌等各方面。二是《真菌索引》（*Index of Fungi*），原名为 *Supplement to the Review of Applied Mycology*。1920～1935 年，它由奥地利植物历史博物馆的 F. Petrak 博士编辑，在英国的植物学杂志 *Just's Botanischer Jahresbericht* 上分期发表。从 1940 年起，改名为 *Index of Fungi*，并由英国真菌学研究所出版，每年出版 2 期，收集在半年间全世界所发表的真菌新种、新变种、新名称等编成真菌学名录，分别注明寄主或习性，发表刊物的名称、卷期、页数、年月和作者等，并附寄主索引。三是《真菌论文》（*Mycological Papers*），出版于 1941 年，不定期发表。每期只刊载一篇专论，篇幅长短不定，迄今已出版 160 多册，它刊载的大多是有关真菌调查和真菌分类的文章。

荷兰真菌研究主要有荷兰莱顿市（Leiden）的里奇克植物标本室（Rijks herbarium）不定期出版的 *Persoonia*，是于 1959 年继真菌杂志 *Fungus* 之后创建的，每期约 500 页。它是为了纪念著名真菌学家 C.H. Persoon 而得名，专门登载英文、法文和德文的真菌及地衣分类方面的文章。由荷兰的菌种保藏中心（Centraalbureauvoor Schimmelcultures，BAARN）出版的真菌研究 *Studies in Mycology*，是类似英国真菌研究所出版的《真菌论文》的不定期刊物，于 1972 年开始出版发行，主要刊载真菌分类方面的文章。

奥地利出版的真菌学杂志 *Sydowia*，于 1947 年开始出版发行，它是因纪念德国已停刊的 *Annals Mycologi*（1903～1945）的主编——著名真菌学家 H. Sydow 而得名，并作为真菌学纪事的续刊出版。两个刊物在内容和编排上颇有相似之处，但 *Sydowia* 侧重于描述分类方面的论文，且分两套出版：一套为 *Sydowia*，刊登较短的文章，另一套为 *Beihe Sydowia*（即 *Sydowia Ser*.2），登载较长的文章。

日本真菌学会 1960 年出版了《日本真菌学会报》，专门刊载日本真菌方面的文章，每年 1 卷，英文期刊《真菌科学》（*Mgcoscience*）则刊登真菌形态分类学及系统、进化、生态、遗传和分子生物学有关的论文。在第二次世界大战前，日本有关真菌的文章分散发表在《日本植物学杂志》《东京植物学杂志》《日本植物病理学学报》《北海道帝国大学农学院杂志》《札幌农林学会会报》等期刊上。

印度真菌研究的论文主要发表在两本杂志上：一个是印度真菌学会汇刊 *Transaction of Mycological Society Indian*；另一个是印度真菌学和植物病理学会自 1970 年起出版真菌学及

植物病理学杂志 *Indian Journal of Mycology and Pathology*，每年 1 卷 3 期，它们刊载论文内容主要是印度真菌或植物病理学。

新西兰出版的国际性期刊 *Phytotaxa*，创刊于 2009 年，每年出版发行 3 期，目前共出版 319 卷。该杂志主要刊载植物分类学与生物多样性方面的文章，涉及植物、藻类和真菌领域。

我国菌物学领域的专门学术期刊《真菌学报》，1982 年创刊，曾先后于 1997 年和 2004 年更名为《菌物系统》和《菌物学报》，英文名为 *Mycosystema*。1982～2007 年，每季出版 1 期；2008 年更改为双月刊，2016 年改为月刊，刊载真菌学各方面的文章，以真菌分类方面较多。《菌物研究》是中国菌物学会和吉林农业大学主办，2003 年创刊，为季刊，国内外公开发行，以登载有关菌物学的综述、原创论文、研究报告、研究简报等为主。*Fungal Diversity* 于 1998 年创刊，是一本覆盖了真菌学领域各个方面的国际性杂志，如生物多样性、系统性和分子系统发育等，主要发表研究性和综述性的学术论文（均经过同行评议）。在 1998～2007 年每年出版约 3 卷，2008 年后，每年出版约 6 卷，截至目前共出版近百卷。中国菌物学会主办的英文刊物 *Mycology*，创立于 2003 年，为季刊，主要发表菌物生物学、菌物分类、菌物生态、菌物资源、菌物遗传与育种、菌物药化与药理、菌物栽培与加工、菌物药与功能食品开发等相关的综述、原创论文、研究报告、研究简报等。

关于食用菌、药用菌的刊物较多，但大多不属学报性质，其中国际热带蘑菇学会出版的《热带食用菌通讯》(*The Mushroom Newsletter for The Tropics*)，在 1980～1986 年共出版了 6 卷；于 1987 年更名为《热带食用菌》(*Mushroom Journal for The Tropics*)，并在香港出版了第 7 卷，特别注重可食真菌的研究与栽培研究。还有《食用菌学报》《食用菌》和《中国食用菌》双月刊和不定期《药用真菌》。

4. 蕈菌网站

网站是蕈菌研究中经常搜索的工具，或者查名称或者查阅分类等级，抑或是查看精美图片、显微结构甚至是如何利用等信息，信息时代给学习蕈菌知识提供了极大的方便。

（1）Index Fungorum（http: //www.indexfungorum.org/）

该网站致力于索引所有已正式发表的真菌名称，现由 Royal Botanic Gardens、Kew、Landcare Research、Chinese Academy of Sciences 共同维护，迄今为止共记录超过 53 万个名称，提供了从种到科以上阶元的查询，并记载了每一名称的文献出处及现有的分类地位。

（2）Fungal Names（http: //fungalinfo.im.ac.cn/）

其由中国科学院微生物研究所主持创办，是面向世界的菌物名称注册网站，目前包括菌物名称注册（Fungal Names Registration）、中国菌物名录数据库（Checklist of Fungi in China）、中国大型真菌红色名录（Red-list of Large Fungi in China）三部分。

（3）Mushroom Expert（http: //www.mushroomexpert.com/）

该网站涵盖全世界超过 1000 种大型真菌的详细描述及多角度的生境照片，每个物种的描述均由 Michael Kuo 根据 The Herbarium of Michael Kuo 馆藏标本完成。网站可查询大部分属的分种检索表，部分内容由 New York Botanical Garden 支持，同时提供 The Herbarium of Michael Kuo 的网上借阅服务。

（4）Mushroom Observer（http: //mushroomobserver.org/）

该网站致力于记录每个物种在全世界的分布情况，以此推进蕈菌分类研究，并开展相关的科普工作。真菌爱好者可将所拍摄的蘑菇照片上传至该网站，并提交新的物种分布信息，同时该网站也包含部分锈菌及黏菌的分布信息。

（5）Mushrooms Bard College at Simon's Rock（https://lock.simons-rock.edu/mushrooms/）

该网站主要侧重于属阶元的认知，提供大型真菌中常见属的显微和生境照片，但未提供分属检索表。所有图片均来自于网站作者，为使读者方便比较不同属的孢子差异，所有显微照片均由同一显微镜及相机拍摄，并免费提供给全世界真菌爱好者使用。

（6）California Mushrooms（http://www.mykoweb.com/CAF/intro.html）

该网站所记录的蘑菇均在美国加利福尼亚州发现，迄今为止共记载了704种，其中529种具有详细的描述，共计6935张高清图片，部分属提供分种检索表。

（7）Halling's Collybia Site（http://www.nybg.org/bsci/res/col/）

其为专注于美国及加拿大广义金钱菌 *Collybia* s.l.分类的网站，对每个物种进行详细描述及讨论，并提供线条图和生境照片。

（8）Mushrooms of Tokyo（http://www.ne.jp/asahi/mushroom/tokyo/）

该网站所记录蘑菇均来自日本东京及周边地区，迄今为止共计1033种（包含126个未定物种），所有物种均有提供生境及担孢子照片。

（9）Mycokey（http://www.mycokey.com/）

该网站侧重于蘑菇科普推广，通过图片和通俗的语言对专业术语进行阐释，并对部分属的特征进行总结，同时网站提供常见种的生境照片。

（10）Fungi Photo（http://www.fungiphoto.com/）

该网站为读者提供丰富多彩的蘑菇知识，包括蘑菇相关的视频、邮票、食药用信息，在提供种名检索的同时，还别出心裁地将蘑菇根据不同颜色进行归类，方便初学者进行查询和学习。

5. 蕈菌资源考察

新中国成立以后，真菌地衣研究者分别进行各种规模的专业考察。邓叔群（1963）编著的《中国的真菌》是在1939年汇集的《中国高等真菌志》的基础上增修改写的，描述了各类真菌601属2400种。中国科学院微生物研究所（1966）集体编写了《常见与常用真菌》。另外，还有刘波等（1976）编写的《山西大学收藏真菌名录》569种，黄年来（1979）的《福建真菌名录》，魏景超（1979）的《真菌鉴定手册》。戴芳澜在1936～1937出版《中国真菌名录》的基础上继续增补，直到1973年逝世前不久才完成初稿，后来由他的学生成立遗著整理小组，继续加工直至1979年，才正式出版《中国真菌总汇》，列出截至1974年的7000多个分类单位，768篇文献摘要，是目前研究我国真菌分类的重要参考文献。臧穆（1980）发表《滇藏高等真菌的地理分布及其资源评价》，涉及真菌600多种。赵震宇（1980）研究了新疆沙生植物寄生菌20种。李茹光（1980）发表《吉林省有用和有害真菌》，系统介绍了582种真菌。刘正南（1981，1982）编写《东北树木病害真菌图志》。刘波和鲍运生（1981）从四川真菌文献中总结出真菌名录1500种。臧穆等（1983）参加中国科学院青藏高原综合考察队编写的《西藏真菌》，记录真菌800多种；发表了《横断山区真菌》（臧穆等，1996）、《东喜马拉雅高山大型真菌及其适应特征》（卯晓岚，1985）、《横断山川西地区大型经济真菌》（应建浙等，1994）。陈瑞青（1986）汇报台湾产真菌954属4261种；毕志树等（1994）编写《广东大型真菌志》记录535种，以及《粤北山区大型真菌志》（1990）记录529种；卯晓岚（1985）编写《南迦巴瓦峰地区的大型真菌资源》，记载了各类大型真菌292种，隶属于120属42科。针对珠穆朗玛峰地区的考察，卯晓岚、蒋长坪和欧珠次旺（1993）合作出版《西藏大型经济真菌》，记录了588种真菌；此外，卯晓岚等（1996）对于西藏南迦巴瓦峰登山科考并整理出版了《南迦巴瓦峰地区的生物》，其中涉及真菌 180 属 686 种；卯晓岚（1997）也曾对秦岭真菌区系地理进行考察并出版了《秦岭真菌》，记载了 213 属 787 种。中国科学院微生物研究所和昆明植物研究所（1994）承担西南地区大型真菌资源的调查工作，出版了《西南地区大型经济真菌》，报道了真菌 709 种。中国科学院微生物研究所小五台山菌物考察队（1997）出版了《河北小五台山菌物》，包括真菌和黏菌 135 属 468 种。有关我国热带地区真菌的考察，卯晓岚和张树庭（1991）合作出版了《香港蕈菌》，包括 136 属 388 种；中国科学院（2001）也组织了科考并出版了 *Higher Fungi of Tropical China*（《中国热带高等真菌》），记载了中国热带高等真菌 1192 属 5056 种；吴兴亮等（2011）对于中国广东、广西、海南、云南和福建等热带地区不同的森林生态类型的真菌进行进一步研究，出版了《中国热带真菌》，记载了中国热带真菌 2500 多种。张小青（2004）曾随地衣科考队对我国新疆的北疆地区进行考察，发表了论文《新疆大型木材腐朽真菌》，报道了 65 种。庄文颖（2005）负责我国西北五省区真菌考察，并出版 *Fungi of Northwestern China*（《中国西北地区菌物》）英文著作，记载了 759 属 3887 种。唐丽萍和杨祝良（2014）对澜沧江-湄公河流域的真菌资源进行研究，发表的《澜沧江-湄公河流域真菌资源研究进展》主要涉及担子菌类的木耳目、花耳目、蘑菇目、红菇目、牛肝菌目、外担菌目、多孔菌目等。普布次仁、旺姆和刘小勇等（2016）对西藏真菌资源进行了进一步的调查研究，《西藏真菌资源调查概况》统计了真菌 185 科 511 属 2599 种。

Hawksworth 等（2012）许多学者认为真菌数目在 1 500 000～3 000 000 种，魏江春（1993，2010）估计我国的菌物远远超过 30 万种。杨祝良（2015）据 *Dictionary of the Fungi* 和 *Index of Fungi* 统计，世界已发表的真菌数量有约 9100 属 108 000 种；在中国，大约 17 000 种真菌已被报道，在 60 卷已出版的《中国真菌志》中，共记载了约 8000 种。

6. 蕈菌分类研究

按照蕈菌大类群介绍分类学研究概况。

（1）子囊菌

子囊菌中的盘菌类的研究始于 19 世纪末。戴芳澜（1979b）记载 78 属 290 种和种下单位。邓叔群（1963）描述子囊菌 10 目 38 科 179 属 475 种。戴芳澜（1944）发表云南地舌科 6 属 29 种。欧世璜（1935，1936）研究座囊菌目 Dothideales 及其他子囊菌约 60 种，在海南岛的腐木和树皮上发现海南芽孢盘菌新种 *Tympanis hainanensis*。项存悌等（1986）研究了红松的病原真菌混杂芽孢盘菌 *T. confusa*，伴生菌为橄榄网圈盘菌 *Retinocyclus olivaceus*。对于我国盘菌的研究，庄文颖和科夫（R.P. Korf）于 1985 年报道了 7 个新种、8 个可能的新种、42 个新记录种，这些主要是 1981～1983 年采自北京、四川的若干保藏在美国康奈尔大学标本室的中国标本，审定 2 个晚出同名和错定名称；他们还提供了世界核盘菌科的 47 个分类单位的纲要检索表，包括在四川采的 1 新种；编写了粉盘菌属 *Aleuina* 的专著（1986），包括 10 种，有 2 个新种；1994 年庄文颖对我国核盘菌科分类研究，列出核盘菌科 12 属 42 种，其中新种 1 个，中国新记录种 1 个，并提供属的检索表。1980 年以后，我国真菌研究进入了活跃期，当然子囊菌研究结果成绩斐然，主要体现在《中国真菌志》中，其中第 8 卷（1998）介绍了核盘菌科和地舌菌科 15 属 53 种和变种；第 21 卷（2004）介绍了晶杯菌科 18 属 96 种 4 变种，肉杯菌科 10 属 32 种 1 变种，肉盘菌科 6 属 13 种；第 32 卷（2007）介绍了虫草属 71 种；第 48 卷（2014）介绍了火丝菌科 38 属 140 种。地下生块菌类的研究很少，刘波（1985）报道了 12 种，包括 3 个新种。姜广正（1980）介绍了子囊菌系统的演变和腔菌纲的亲缘和分类。苑健羽（1987）报道了在我国东北地区落叶松上发现的子囊菌新种 2 个。宋斌、林群英和李泰辉等（2006）对中国虫草属 *Cordyceps*（F.）Link 真菌进行了整理、修订，文献上记载的分布于 29 个省区的该属 139 个名称，其中有效名称为 130 个（包括 125 种、3 变种和 2 变型），无效或不合格名称 3 个，错拼名称 2 个，存疑种 4 种，有无性型报道的种类为 38 种，中国特有种 46 个。在《中国大型菌物资源图鉴》（2015）中，记载了大型子囊菌 196 种。戴玉成和图力古尔（2007）发表了采自吉林长白山的中国子囊菌新记录属 1 个，中国新记录种 1 个；图力古尔和颜俊清在 2014 年发表虫草属 1 新种；刘晓夏等（2015）发现了分布在热带地区膜盘菌属 *Hymenoscyphus* 一新种，即海南膜盘菌 *H. hainanensis* X.X. Liu & W.Y. Zhuang，任菲等（2015）报道了小孢盘菌属和土赤壳属的新种及新记录种。王玉君等收录了土赤壳属 3 个中国新记录种；王向华等（2016）在滇中地区发现史蒂芬块菌属 *Stephensia* 的成员，杜忠伟（2016）报道了中国新记录种铅灰炭垫菌 *Nemania plumbea* A.M.C. Tang, Jeewon & K.D. Hyde 和紫铜炭垫菌大孢变种 *Nemania aenea* var. *macrospora*（J.H. Mill.）Y. M. Ju & J.D. Rogers。郑焕娣（2016）发表了中国新记录属异型盘菌属 *Allophylaria*，包括新种小孢异型盘菌 *A. minispora* 和新记录种果荚生异型盘菌 *A. atherospermatis*；时楚涵等（2016）对吉林省盘菌标本的研究发现中国新记录属 1 个，中国新记录种 3 个；喻阑清等（2017）在贵州发现线虫草属 1 个新记录种红蚁线虫草 *Ophiocordyceps myrmicarum* D.R. Simmons & Groden。曾昭清和庄文颖（2017）报道了采自黑龙江和广东的肉座菌目 Hypocreales 3 个中国新记录种：异梗枝穗霉 *Clonostachys impariphialis*（Samuels）Schroers、罗斯曼枝穗霉 *C. rossmaniae* Schroers 和原肉座菌 *Protocrea farinosa*（Berk. & Broome）Petch。

（2）担子菌

担子菌的分类研究比较多，因为从食用、药用的角度来看，这类真菌都有较大的经济意义。由于担子菌中涵盖的类群也比较多，分述如下。

多孔菌类：Talbot 设非褶菌目 Aphyllophorales 以取代原先多孔菌目 Polyporales，《菌物字典》（第七版）（1983）承认了非褶菌目 Aphyllophorales，把多孔菌目 Polyporales 作为异名，同时也承认该目是多元化，非单源目。而在第九版《菌物字典》（2001）中，取消非褶菌目 Aphyllophorales，承认多孔菌目 Polyporales 的合法地位。胡先骕 1921 年报道浙江多孔菌 39 种，1923 年报道江西产多孔菌 21 种。凌立研究灵芝属 11 种（1933）及其他各属多孔菌 103 种（1934）。邓叔群（1934，1935）先后报道 96 种。邵力平（1960）报道东北多孔菌 98 种。赵继鼎等从 20 世纪 60 年代开始对多孔菌进行研究，发表中国扁平多孔菌 27 种（1964）和稀管菌新属（1980），他们同时对灵芝属为亚科或科做了系列研究（1979～1987），编写了《中国灵芝》；根据菌肉菌丝及子实体形态，修订了我国干酪菌属，共 22 种（1983）；论述了（1983）各家对多孔菌科的分歧意见，提出栓菌属的概念，划分其亲缘属的属界，指出了其亲缘间差异，绘出亲缘关系图，提出今后对多孔菌科分属应注意的 3 项特征，即：①引起木腐的类型一致；②子实体质地、菌肉颜色、菌丝体类型一致；③孢子形状和化学反应一致。还调查研究了吉林长白山保护区的多孔菌 143 种，认为此地是典型的北半球北部山区真菌类型，由 3 个不同成分组成，即：①典型北半球菌物地理成分；②从北美洲到亚洲北部东部菌物地理成分；③东亚成分。论述了高等担子菌的分类系统与演化，认为担子菌的分类应重视担孢子的萌发方式；锈菌和黑粉菌以独成一纲为宜；木耳和银耳是平行发展的两类；外担子菌目是无柄担子菌类中最低等的；多孔菌的来源是多元的，同时认为多克（Donk）分担子菌为 3 纲的分类系统有一定的合理性。应建浙（1980）报道平伏类多孔菌 67 种，做了部分种的扫描电镜观察。赵继鼎和张小青在20世纪80年代对我国多孔菌进行了系列研究，截至1992年记载了多孔菌349种5变种；赵继鼎等对我国的灵芝科、多孔菌科真菌进行了深入研究，并出版了《中国真菌志》两卷，其中第3卷（1998）介绍了多孔菌科69属287种，第18卷（2000）介绍了灵芝科4属98种。戴玉成从20世纪末开始从事木材腐朽真菌的研究，对我国多地区多孔菌进行了研究，如贵州（2003）、海南（2004）、江苏（2006）、福建（2008）、云南（2007，2008）等，特别是我国东北地区。1993年至今，他发现并建立了多个新分类单元，对于木层孔菌类群的分类提出了一个新的系统并得到分子生物学研究结果的支持。戴玉成等在2001年报道了小兴安岭丰林自然保护区的多孔菌78种，中国新记录种1个；2004年发表的关于海南多孔菌研究报道了62种，其中中国新记录种1个；2005年，他完成了《中国真菌志》第29卷，介绍了锈革孔菌科18属106种，分布于我国30个省份；2006年，在中国江苏省南京紫金山采集木腐菌标本进行研究并报道了多孔菌67种，中国新记录种1个；他于2008年发表的《中国药用真菌名录及部分名称的修订》文章中，对包括了多孔菌类等的主要药用真菌类群进行了必要的修订；2009年，基于多年的研究成果，他整理汇编了《中国多孔菌名录》，涉及于中国发现的604种多孔菌，并依据新近研究成果和最新命名法规（维也纳法规）对多孔菌的名称进行了订正；2013年，他对于我国灵芝一直沿用的学名*Ganoderma lucidum*提出不同意见，表明我国广泛分布和栽培的灵芝与产于欧洲的*G. lucidum*不同，是一个独立的种，其合法的拉丁学名应为*G. lingzhi*；他和周丽伟（2013）对中国多孔菌多样性初步调查，中国是世界上多孔菌物种多样性最丰富的国家，现在已知有多孔菌704种，隶属于11目22科134属，包括世界广布成分、北温带成分和热带-亚热带成分。师从戴玉成教授的韩美玲（2016），通过以往的系统发育研究发现，拟层孔菌属和剥管孔菌属并不是单系群，拟层孔菌属及其近缘属属间及属内种间的亲缘关系尚不明确，并对其进行了研究。桑黄是我国著名的药用真菌，但是其学名一直颇受争议，直至2012年吴声华在基于大量研究基础上提出真正的桑黄是以往未曾发表过的世界新种*Inonotus sanghuang*（后更名为*Sanghuangporus sanghuang*），分布于中国、日本、韩国、缅甸，且野外仅生长在桑属*Morus*植物树干上。在《中国大型菌物资源图鉴》（2015）中，记载了多孔菌、齿菌及革菌637种。

伞菌类：在我国开始研究较早，然而多是零散的记录，专题分类的研究较少。裘维蕃在1945年专文报道云南红菇科50种；1948年发表云南鹅膏科23种，1957年他把《云南牛肝菌》改写成中文附加彩色图解取名《云南牛肝菌图志》；1973年他又报道了云南伞菌的新种10个。臧穆（1983）做了云南牛肝菌属的分组和亚组研究并报道了一新组和东喜马拉雅及邻区牛肝菌目成员，1981年他做了云南鸡㙡菌的分类与分布研究，发现中国鸡㙡菌新属，主张把*Sinotermitomyces*并入鹅膏科，讨论了其营养条件及它与炭棒菌的关系。何绍昌（1985）根据Singer的分类系统，对在贵州采集的鸡㙡菌属6个种类进行分类研究，其中云南已报道3种，新种2个，新分布种1个。通过对东喜马拉雅高等真菌的变异与分化研究，臧穆（1980）和卯晓岚（1985）证明真菌在高山地区的适应，乃至影响种的形成，如纯白色的白毒伞，在海拔2950m高地呈现带褐色。伞菌工作者还先后做了8科35种伞菌的孢壁纹饰类型。卯晓岚在于1988年发表的《蘑菇科的食用菌》中提到我国蘑菇科食用菌有8属44种；1990年他曾报道了西藏地区鹅膏菌属的真菌 26 种。毕志树（1983～1986）报道广东的微皮伞和粉褶菌39种；1985年，他报道了蘑菇目的4个新种；1987年，他在《广东小脆柄菇属的研究初报》中报道广东地区该属17种，其中新种1个，中国新记录种15个，并编写了分种检索表；由他参与编著的《海南伞菌初志》（1997）记述了海南伞菌305种，它们分别隶属于担子菌 6 目 19 科 60 属。1987 年，E. Horak 对 H. Handel-Mazzetti（1914～1916）在我国云南北部丽江所采真菌标本进行了订正，鉴定属于牛肝菌目和蘑菇目的有 71 种，其中 32 个合法，32 个为错误鉴定。1990 年，李宇报道了我国蘑菇属 *Agaricus* 43 种和 2 变种，其中 3 个是新种。在我国东北，谢支锡等于 1986 年出版的《长白山伞菌图志》中，共收集了蘑菇目 15 科 78 属 342 种和 3 变种。1997 年，黄年来在《福建省大型真菌（伞菌目）名录》中，记载了伞菌 19 科 291 种。张保刚（2007）对于秦岭火地塘林区进行了伞菌资源调查，发现该林区伞菌有 212 种，隶属于 5 目 18 科 55 属。图力古尔和刘宇（2010b）报道了采自吉林省长白山自然保护区的 3 个中国新记录伞菌；2012 年，图力古尔报道采自内蒙古自治区赤峰市、通辽市、兴安盟及呼伦贝尔市的伞菌等蕈菌 4 目 26 科 84 属 307 种；发表鳞伞属 2 新种（2012，2016）；对采自云南、内蒙古、辽宁等地的真菌进行研究，共发现丝盖伞属新记录种 1 个和新种 3 个（2013）；2014 年他撰写《中国毒蘑菇名录》，涉及众多伞菌物种；关于球盖菇科的研究，在 2013 年他发表该属 1 新种，还出版了《中国真菌志·第 49 卷·球盖菇科 1》（2014），并记载我国分布的球盖菇科真菌 9 属 112 个分类单元，包括 110 种 2 变种；此外，还发表靴耳属真菌 1 新种（2017）和 3 新记录种（2014）。杨祝良在《中国鹅膏菌属（担子菌）的物种多样性》（2000）中指出，在全球已被描述而又被承认的鹅膏菌属 *Amanita* 有近 500 种，我国此属已记载约 100 种，还表明东亚的鹅膏菌是独立的分类群；2002 年，他对采于湖南现存湖南师范大学真菌标本室（MHHNU）和中国科学院菌物标本馆（HMAS）的鹅膏属标本进行了研究，发现存在鉴定有误的标本，对涉及的 16 种鹅膏进行了订正；他主编了《中国真菌志》第 27 卷（2005），并记载我国鹅膏科真菌 2 属 84 分类单位。于清华（2014）报道了蘑菇属中国新记录种 1 个：细丛卷毛柄蘑菇 *Agaricus flocculosipes*。中国菌物学会 2014 年学术年会上，李赛飞等报道已将我国蘑菇属真菌种类增加到 57 种，其中发现新种 1 个，中国新记录种 5 个。李玉、李泰辉、杨祝良、图力古尔、戴玉成（2015）编写的《中国大型菌物资源图鉴》中记载了伞菌 653 种。

红菇类：红菇在我国已有 100 多年的研究历史，裘维蕃在 1945 年首次报道我国红菇属真菌，随后在多个专著上都有涉猎，其中邓叔群（1964）的《中国的真菌》记录了中国红菇属 19 种，戴芳澜（1979b）的《中国真菌总汇》记录了中国红菇属 73 种。1989 年，应建浙报道了红菇属的新种 1 个，中国新记录 13 个；2001 年，她报道了采自云南宾川县和贵州贵阳红菇属的 1 个新种和 1 个变种。宋斌等（2007）指出在已报道的红菇属名称记录中，有效名称有 159 个（148 种、9 变种和 2 变型），无效或不合格名称有 10 个，错拼名称 8 个，存疑种 3 个，中国特有种 13 种。在李国杰（2014）发表的《中国红菇属的分类研究》论文中，他研究确定我国分布的红菇属有 158 个分类单元，包括 152 种 1 亚种 5 变种。魏铁铮等（2015）报道中国新记录种碱紫漏斗伞 *Infundibulicybe alkaliviolascens*（Bellù）Bellù。葛再伟等（2015）报道冬菇属 *Flammulina* 两个新变种，冬菇丝盖变种 *F. velutipes* var. *filiformis* Z.W. Ge，X.B. Liu & Zhu L. Yang 和冬菇喜玛拉雅变种 *F. velutipes* var. *himalayana* Z.W. Ge，K. Zhao & Zhu L. Yang，以及中国的一个新记录种杨树冬菇 *F. populicola* Redhead & R.H. Petersen。木兰等（2016）和李彦军等（2016）在内蒙古大兴安岭地区分别发现蜡蘑属 *Laccaria* 和丝膜菌属 *Cortinarius* 的 3 个中国新记录种。陈羽等（2016）在广东省象头山自然保护区发现白黄乳菇 *Lactarius alboscrobiculatus*。2017 年，刘晓亮、张敏、李玉婷等发表了滑锈伞属 *Hebeloma*、盔孢伞属 *Galerina*、红菇属 *Russula* 的若干中国新记录种；范宇光等（2017）报道中国丝盖伞属丝盖伞亚属 *Inocybe* subg. *Inocybe* 共计 12 种；王向华发表中国西南地区乳菇属乳菇亚属 *Lactarius* subg. *Lactarius* 的 7 个新种。

牛肝菌类：牛肝菌目 Boletales 由 E.J. Gilbert 在 1931 年创立，《菌物字典》（第十版）记录了全世界牛肝菌目 Boletales 的 15 科 96 属，约 1316 种。我国最早研究牛肝菌的真菌学家有邓叔群、裘维蕃、臧穆等。1958 年，裘维蕃编写《云南牛肝菌图志》。1979 年，戴芳澜在《中国真菌总汇》中，记载了 34 种牛肝菌。卯晓岚在 1985 年对西藏南迦巴瓦峰地区大型真菌资源调查中发现并记录了牛肝菌 28 种，在其编著的《中国的经济真菌》（1998）中介绍了中国的牛肝菌 120 余种。毕志树等（1994）在《广东大型真菌志》中记载了松塔牛肝菌科 Strobilomycetaceae 的 11 种，牛肝菌科 Boletaceae 的 51 种。黄年来（1988）编写的《中国大型真菌原色图鉴》中包括了牛肝菌 77 种。1990 年，毕志树和李泰辉发表了广东采集的乳牛肝菌属的 13 种，其中新种 1 个，中国新记录种 5 个；2001 年，臧穆和李泰辉等发表我国牛肝菌新种 5 个；李泰辉和宋斌在 2002 年对我国食用牛肝菌进行了报道，中国发现的具菌管或具菌褶的牛肝菌目 Boletales 的种类多达 390 种以上，他们列出已知的 199 种食用牛肝菌名录及其在国内各省区的分布，排除了数十种同物异名的种类并注明了有疑问的可食用牛肝菌种类；同年，他们还编写了中国牛肝菌分属检索表，涉及牛肝菌 28 属，并介绍了其在 Krik 等（2001）分类系统中的系统学位置；李泰辉于 2003 年列出我国已报道的牛肝菌种类 28 属共 397 种和变种的名录。臧穆（2006）编写了《中国真菌志》第 22 卷，涉及牛肝菌科 5 属，其中金牛肝菌属 3 种、刺牛肝菌属 2 种、牛肝菌属 9 组 120 种、腹牛肝菌属 3 种和刺管牛肝菌 1 种；继此卷之后，他续编《中国真菌志》第 44 卷（2013），包括牛肝菌科 11 属 115 种。时晓菲（2013）对中国乳牛肝菌属 *Suillus* 进行了分子系统学研究，揭示了乳牛肝菌属 *Suillus* 与属下分类及各类群的亲缘关系和系统位置，将乳牛肝菌属分为 6 组，并统计了 32 种，其中新种 17 个，新记录种 2 个。2013 年，曾念开等基于形态学及系统发育分析中国牛肝菌科 Boletaceae 的褶孔牛肝菌属 *Phylloporus*，发表了 7 个新种；次年，他阐述了牛肝菌科 Boletaceae 的新属 *Bothia* 从北美到东亚的地理迁移，并发现了 1 个新种。娜琴（2015）对内蒙古大兴安岭地区牛肝菌类进行研究，发现中国新记录种 1 种。在《中国大型菌物资源图鉴》（2015）中，记载了牛肝菌 130 种。

腹菌类：腹菌类真菌最早的分类系统是由 Persoon 建立。在我国，早期邓叔群（1935）报告 20 属 46 种。刘慎谔与黄逢源（1935～1936）、周宗璜（1935～1936）、周以良（1954）、李伟相（1957）分别报道了散尾菌、鬼笔菌、马勃等。戴芳澜与洪章训于 1948 年发表了云南鸟巢菌 14 种。1982 年发表了戴芳澜遗作南京地区鬼笔菌 10 种，对小林鬼笔属和散尾菌属做了专门讨论。臧穆等研究了东喜马拉雅鬼笔科 11 种，包括新种香鬼笔 *Phallus fragrans*，已培养成功。刘波长期从事我国腹菌的研究，自 1975 年以来先后报道美菌属、灰锤菌、层腹菌等（1981），在光学显微镜和电镜扫描对比下观察了硬皮马勃孢子的形态；他和鲍运生于 1980 年报道了假笼头菌新属新种 *Pseudoclathrus cylindrosporus*；他们还共同发表了《中国鬼笔属真菌》文章，报道我国 10 种和变种；通过对我国的腹菌进行系统的研究，他于 1984 年出版 *The Gasteromycetes of China*（《中国的腹菌》）的英文专著；对于黑腹菌属的研究，他于 1989 年曾报道过 2 个新种；1995 年，他与王云等报道了黑腹菌属 7 个新种和变种；他和李泰辉（2003）等在第六届中国菌物学会对笼头菌科和鬼笔科进行了讨论，涉及我国的笼头菌科 Clathraceae 及鬼笔科 Phallaceae 45 种；1998 年，他主编的《中国真菌志》第 7 卷，共记载了层腹菌目、黑腹菌目和高腹菌目的 8 科 16 属 80 种和变种；另外，他主编的《中国真菌志》第 23 卷（2005），还介绍了硬皮马勃目、柄灰包目、鬼笔目和轴灰包目的 13 科 34 属 132 种和变种、变型及 11 个存疑种。此外，关于腹菌研究的《中国真菌志》第 36 卷于 2007 年出版，由周彤燊主编，记载了地星科的 3 属 18 种，鸟巢菌科的 4 属 37 种 2 变种 1 变型。1981 年，徐阿生调查了西藏的腹菌资源，报道了腹菌 48 种。1994 年，李静丽等报道陕西腹菌共 39 种，隶属于 6 目 9 科 19 属，其中包括疑难种 2 个和省内新记录种 13 个。1995 年，据刘茵华发表的《我国的经济腹菌》报道，当时全世界腹菌纲共有 145 属，106 余种，我国已知 54 属 205 种，其中经济真菌 48 种。1995 年，崔波和王法云对河南马勃目进行研究，报道了 11 种，隶属于 4 属 2 科，其中省内新种 1 个。1996 年，何宗智发表的《江西腹菌纲研究》中，介绍了 46 种。1998 年，刁治民等报道青海腹菌 54 种，属于 5 目 7 科 17 属。胥艳艳（2007）对栓皮马勃科和马勃科研究中，记载 18 种：秃马勃属 10 种，脱盖马勃属 5 种，脱皮马勃属 2 种，栓皮马勃科 1 属 1 种，其中脱盖马勃属的 4 个新记录种。赵会珍（2007）对马勃科 4 属进行研究，并鉴定出中国马勃科灰球属 14 种、静灰球属 3 种，扁灰包属 1 种，假砂包属 1 种等共 19 种，其中新种 1 个，新记录种 13 个，纠正了部分错误的鉴定命名种。图力古尔（2013）发表了我国高腹菌属新种 1 个。在《中国大型菌物资源图鉴》（2015）中，记载了腹菌 75 种。2016 年，韩冰雪对 2013～2015 年在吉林省采集的 400 余份腹菌标本和吉林农业大学菌物标本馆（HMJAU）馆藏标本进行分类研究，共鉴定出 56 种，隶属于 14 属，涉及中国新记录种 5 个；描述马勃科 6 属 25 种和地星科 1 属 1 种。

胶质菌类：胶质菌泛指胶质的大型真菌，包括黑木耳 *Auricularia heimuer*、毛木耳 *Auricularia cornea*、茶耳 *Tremella foliacea*、金耳 *Tremella aurantialba*、血耳 *Tremella sanguinea*、花耳 *Dacrymyces stillatus* 等。我国很多菌物著作都涉及胶质菌类，如《中国真菌总汇》（1979）记载了胶质菌约 20 种，《吉林省真菌志·第一卷》（1991）记述胶质菌类真菌 20 种，《中国大型真菌》（2000）记载了胶质菌类 23 种，《中国大型菌物资源图鉴》（2015）记载了胶质菌 21 种。卯晓岚在 1998 年曾对中国菌物多样性进行研究，并估计我国胶质菌类有 100 余种。对中国木耳属种类的研究始于 20 世纪 30 年代，在 Teng（1939）的《中国高等真菌》中有所记载，之后邓叔群（1963）报道了 6 个木耳属的种类，戴芳澜（1979b）也记载了这 6 个木耳属种类。20 世纪 80 年代以后我国真菌学家陆续报道了多个木耳属新种。李丽嘉（1985，1987）及刘波（1985）发表了来自海南西沙群岛的 4 个新种；赵大振和王朝江（1991）发表了来自河北石家庄的与象牙白木耳形态相似种毛木耳银白色变种 *Auricularia polytricha* var. *argentea* D.Z. Zhao＆Chao J. Wang；杨新美（1988）认为我国木耳属有 11 种及 1 变种；娄隆后等（1992）则认为我国有 14 个木耳属种类，并将黑皱木耳和皱木耳处理成同一种。吴芳等（2014）经过核对，发现真菌索引 Index Fungorum 中记载，涉及木耳属的分类单元名称有 173 个，而根据 Mycobank 中记载仅有 50 个，现有的木耳属名称中很多是同物异名、无效名称、种下变种或变形等，有效的名称有 75 个；她（2016）对世界范围内 27 个国家的 500 余号木耳属真菌标本进行研究，发现目前中国有木耳属种类 15 个，世界范围内被确认的木耳属种类有 27 个，并描述了 25 个木耳属种类，涉及 9 个新种，3 个中国新记录种，还将我国广泛分布和栽培的黑木耳和毛木耳的科学名称分别更正为 *Auricularia heimuer* 和 *Auricularia cornea*。关于银耳的研究，第一篇《中国银耳目志略》是由邓叔群于 1934 年发表的，列举 10 属 20 种；在 1963 年，他在《中国的真菌》一书中记载了此类真菌 7 种：银耳 *Tremella fuciformis*、茶耳 *T. foliacea*、黄耳 *T. aurantia*、橙耳 *T. cinnabarina*、亚橙耳 *T. mesenterica*、金耳 *T. aurantialba* 和紫耳 *Pseudotremella moriformis*。此后，彭寅斌对我国银耳也进行了大量研究，1979～1981 年，他审定了银耳属诸种的学名，在世界范围内 309 个种名中，肯定了 66 个，废弃了 237 个，可疑的 6 种；通过 10 多年的研究，他（1987）整理出我国银耳目 2 科 13 属 55 种，主要分布在热带、亚热带，其次为温带；1989 年，他报道了银耳目银耳科的 3 个新种，其中 1 种为长担银耳 *Tremella longibasidia*；1990 年，他还报道了银耳属新种 1 个，即血银耳 *T. sanguinea*。关于银耳目银耳科刺皮属 *Heterochaete* 真菌的研究，胡新文（1988）针对中国科学院微生物研究所真菌标本室（HMAS）的该属 28 份标本进行了定种修订，表明这些标本实为 4 种，并对鉴定种的形态特征进行了补充说明；1988～1993 年先后发表关于我国刺皮属真菌分类地位的文章多篇，在我国原有 6 种的基础上，共发表了 15 个新种。关于花耳的研究，邓叔群（1963）描述了 2 种：花耳 *Dacryopinax spathularia* 和桂花耳 *Guepiniopsis buccina*。李茹光（1991）记载了花耳目真菌 10 种。1988 年，刘波等对我国花耳进行研究，为此彭寅斌提供大量标本，他们研究发现了我国花耳科的新种 5 个；次年，他报道了产于中国的花耳科 Dacrymycetaceae 2 个新种，即莽山胶角菌 *Calocera mangshanensis* 和云南花耳 *Dacrymyces yunnanensis*；刘波（1992）在《中国真菌志・第 2 卷・银耳目 花耳目》中，记载了我国的银耳目和花耳目 3 科 20 属 199 种和变种。邵力平和项存悌（1997）合著的《中国森林蘑菇》，记录我国银耳属真菌 8 种，花耳属真菌 4 种。2005 年，杨祝良等发现了花耳目下 1 个新属，即金舌耳属 *Dacryoscyphus*，该新属仅包括 1 种——金舌耳 *D. chrysochilus*。2010 年，杨祝良等也报道了来自中国的胶质菌新种——卵碟菌 *Ovipoculum album*。

鸡油菌类：在我国，1964 年邓叔群在《中国的真菌》中，记录了中国分布的鸡油菌 9 种。1973 年，裘维蕃在《云南伞菌的十个新种》中描述了 1 个中国新种，即云南鸡油菌 *Cantharellus yunnanensis*。在《我国西藏担子菌类数新种》（1980）中，臧穆描述产自我国的 1 个新种，即疣孢鸡油菌 *C. tuberculosporus*；他参与编著的《横断山区真菌》（1996），报道了西南地区 14 种。1990 年，李筑艳编写了鸡油菌及其相近属检索表，涉及国内外鸡油菌有 13 种。1994 年，应建浙在《西南地区大型经济真菌》记录了热带地区和西北地区 11 种。1996 年，李荣春对云南鸡油菌进行了资源调查，全世界已知鸡油菌属 *Cantharellus* 有 70 余种，我国已知 16 种，而云南省种类最多，约 13 种。在卯晓岚（2000）的《中国大型真菌》中，记载了鸡油菌 11 种。刘培贵于 2004 年出版的《云南野生商品蘑菇图鉴》中，记载了云南市场上常见鸡油菌 5 种；田霄飞、刘培贵和邵士成于 2009 年发表的《鸡油菌属的研究概论》中，指出《中国的真菌》中的 9 个种类中只有 5 个属于鸡油菌属，西南地区报道的该属 14 个种类中真正的鸡油菌只有 8 种；此外，他们对西南地区该属的种类重新进行了鉴定和研究，表明该地区分布有 15 种鸡油菌，其中包含 7 个新种，2 个新记录种。2008 年，魏铁铮等报道了鸡油菌中国新记录种 1 个。王丽等于 2009 年对鸡油菌资源分布进行了研究并描述了鸡油菌 10 种。在《中国大型菌物资源图鉴》（2015）中，记载了鸡油菌 11 种。

以上列举的只是部分分类学工作者开展的资源调查工作，本书作为教材体例的书籍很难全部记录于此。总之，我国幅员辽阔，蕈菌资源丰富，资源调查工作任重而道远。

7. 蕈菌菌种保藏

我国菌种保藏事业自新中国成立后从少数的研究单位和人员发展到有领导、有组织。1979 年，经国务院批准，我国成立了中国微生物菌种保藏管理委员会；1985 年经中国微生物菌种保藏管理委员会常委会审议和国家有关部门批准，正式成立了林业微生物菌种保藏中心。目前，中国微生物菌种保藏管理委员会下设普通、农业、工业、林业、医学、抗生素、兽医等 7 个国家级专业微生物菌种保藏管理中心。

中国普通微生物菌种保藏管理中心（China General Microbiological Culture Collection Center，CGMCC），隶属于中国科学院微生物研究所，其前身是成立于 1952 年的中国科学院微生物菌种保藏委员会。CGMCC 目前保存各类微生物资源超过 5000 种，46 000 余株，用于专利程序的生物材料有 7100 余株，微生物元基因文库约 75 万个克隆。该中心是普通微生物和部分工农业用菌种保藏中心，是我国保藏数量最多的保藏中心，现在保藏真菌 218 属 5886 株。在微生物资源研究领域开展了大量研究工作，如孢子志编研项目、西南地区微生物资源调查、西南热带大型真菌调查等，为中国普通微生物菌种保藏中心开展资源收集和共享工作奠定了坚实的物质和科学基础，编著了《应用菌种目录》（1978）、《菌种保藏手册》（1980）、《中国菌种目录》（1983）等。

中国农业微生物菌种保藏管理中心（Agricultural Culture Collection of China，ACCC），隶属于中国农业科学院，其前身是 1969 年在中国农业科学院土壤肥料研究所成立的菌种保藏组。1983 年，中心增加食用菌资源组；ACCC 目前库藏资源共计 733 余属，2580 余种，15 623 株菌种，约 30 万份。中国农业微生物菌种保藏管理中心是各类菌肥用菌、食用菌和多类农副产品加工用菌等的菌种保藏中心。参与出版《中国农业菌种目录》（1991）、《中国菌种目录（英文版）》（2000）、《模式菌目录》（2005）、《中国菌种目录》（2007 年版）、《微生物菌种资源描述规范汇编》（2009）等。

中国工业微生物菌种保藏管理中心（China Center of Industrial Culture Collection，CICC），隶属于中国食品发酵工业研究院，其前身是 1953 年原上海工业实验所组建工业微生物菌种保藏小组。CICC 保藏各类工业微生物菌种资源 11 000 余株，300 000 余份备份。

中国林业微生物菌种保藏管理中心（China Forestry Culture Collection Center，CFCC），成立于 1985 年，隶属于中国林业科学研究院森林生态环境与保护研究所。中心保藏有各类林业微生物菌株 10 700 余株，分属于 392 属 954 种（亚种或变种）。

菌种保藏的目的主要是保持菌种在较长时间内存活；保持菌种在遗传、形态和生理上的稳定性；保持菌种的物种独立性，使其避免杂菌污染，保持纯培养性状。菌物具有遗传性和变异性。遗传性保证了子代特征的相对稳定，是科学利用的基础；变异性使自带的性状与亲代有所不同。菌种发生变异，通常与新陈代谢的速度、培养基中的各种因素形成的选择压力和菌种本身的遗传特性有关，因此使菌种保藏和科学利用具有了一定难度。蕈菌中很多种类具有较高的营养价值和药用价值，也有些能够分解枯死植物，对维持自然界物质循环、生态平衡有重要的作用，因此对蕈菌菌种进行保藏具有一定的意义。为了保证保藏效果，需要优化条件进行妥善保藏。

保藏菌种，是通过控制其代谢能力完成的。使菌种代谢能力降低的关键是控制温度、水分、空气等重要因素，因此根据低温、干燥和隔绝空气等条件而设计的菌种保藏方法多样。蕈菌菌种常用的保藏方法有斜面移植法、蒸馏水保藏法、矿物油保藏方法、冷冻干燥保藏法、液氮保藏法等。

斜面移植法是指将菌种保藏在 4℃冰箱或室温并定期转接菌种。优点是方法简单易行，设备要求低；缺点是频繁转接会使菌种易变异。大部分大型真菌适合用斜面移植法进行保藏。

蒸馏水保藏法是指将长有菌丝体的培养物置于除菌后的蒸馏水中密封保藏，适用于绝大多数食用菌菌种保藏。优点是操作简单，设备要求低；缺点是保藏时间短。

矿物油保藏方法是指利用经过灭菌并除尽里面水分的矿物油覆盖在长满菌丝的培养物上，密封于干燥室温下保藏。优点是方法简便，成本较低、保藏时间较长；缺点是转接培养时生长较慢，而且一般需要转接 2～3 次才能得到干净菌丝，使菌种恢复正常生长。

冷冻干燥保藏法是指在减压条件下，将冷冻状态的培养物或孢子悬液予以真空干燥，最终使其含水量为5%左右。优点是保藏周期长，存活率高；缺点是操作复杂。

液氮保藏法根据液氮罐的构造类型，可以分为隔氮式保藏和浸氮式保藏。隔氮式保藏方法是将菌种保藏于气相氮中，保藏温度一般在–135℃左右。浸氮式保藏方法是将菌种置于液氮的液面之下，保藏温度为–196℃左右。优点是保藏周期长；缺点是对菌种的损伤大。

菌种保藏技术的研究也在进行中，曾做过土壤、沙土、麸皮、蒸馏水、矿油、滤纸、液体石蜡、冷冻干燥等保藏菌种效果的观察。菌株的稳定性是相对的，而变异是绝对的。因此，在菌种保藏过程中要定期进行鉴定复核，根据菌种变异和退化的情况进行复壮，以恢复原来的生活力和优良种性。

8. 蕈菌研究展望

物种是基因的载体，基因本身在生物个体之外是没有生存价值的，一个物种一个基因库。因此，没有物种便没有基因，便无法进行基因组学的研究、开发和利用。保护物种便是保护基因；保护物种多样性便是保护基因多样性。因此，所谓生物多样性，是指在多样性的生态系统中生存着含有基因多样性的物种多样性。在我国多气候带的生态系统多样性中生存的极为丰富的菌物物种多样性，是我国的重要生物资源宝库。自然界中的物种多样性绝非一成不变。生物在其漫长的演化过程中，新的物种在不断产生，濒危物种在不断灭绝。不断地认识自然界生物物种多样性，尤其是菌物物种多样性，给它们命名，为研究它们的基因组学、亲缘关系与演化系统，为菌物物种资源和基因资源的开发利用提供三大存取系统，即作为论文和专著的物种资源信息存取系统、作为菌种库的物种资源和基因资源存取系统及作为标本馆的物种原型参证存取系统，是菌物系统分类学和菌物演化系统生物学研究的重要内容，是生命科学研究和人类可持续发展的重要支撑体系，是菌物资源研发中必不可少的上游环节；在农业发展、环境治理、新药发现与人类健康方面具有重要的战略意义。

由于蕈菌物种的形态特征有限，加之物种演化进程复杂，以外部形态、内部结构及生理生化指标作为判定标准具有局限性，把握真菌的系统亲缘关系较难。在研究中应用DNA特定片段测序、基因组测序、比较基因组学及生物信息学等技术，可以快速识别单系支系，准确划分和识别物种，精细研究种内遗传差异及群体遗传结构，深度探究属种演化历程，为科学研究提供有力证据，也为蕈菌分类学研究注入新的活力。自2000年以来，关于蕈菌分类的研究，已有不少的新种、新属、新科乃至更高级分类单元发现和建立，这一现象将会在今后10年内持续。从事真菌分类研究的人员将传统形态分类与分子生物学方法相结合，并赋有创新思维，借助新技术、新思路、新机制来构建新的真菌分类学，提高研究效率，充分利用我国丰富的真菌资源，继续为真菌分类学的发展做出贡献，完善现有的真菌分类系统。

第二节　蕈菌的价值

一、蕈菌在自然界中的作用

在1hm^{2}肥沃的森林土壤表层中存在着相当于1～10t干物质的微生物，其中60%～80%是真菌。在整个陆地生态系统中菌物的生物量仅次于植物，因而菌物在地球环境与化学物质的循环等方面起着重要的作用。

1. 共生蕈菌与森林植被

除了莎草科 Cyperaceae、灯心草科 Juncaceae 等水生植物和十字花科 Cruciferae 等少数陆生植物外，绝大多数维管植物与真菌发生共生关系，这种共生体叫作菌根（mycorrhiza）。菌根是高等植物和真菌之间互利共生的活体营养现象，即植物通过根系为真菌提供有利生长的环境和严格限制异养生物生长的碳水化合物，而菌根真菌供给植物不能通过根系直接从土壤中吸收到的养分，并促进水分吸收。其中，有些是外生菌根，有些则形成内生菌根或内外生菌根。

外生菌根多数为担子菌的伞菌和非褶菌的少数种类。已知形成外生菌根的菌类有牛肝菌属 *Boletus*、乳牛肝菌属 *Suillus*、革菌属 *Thelephora*、鹅膏属 *Amanita*、丝膜菌属 *Cortinarius*、口蘑属 *Tricholoma*、乳菇属 *Lactarius*、红菇属 *Russula*、桩菇属 *Paxillus*、黏滑菇属 *Hebeloma*、须腹菌属 *Rizopogon*、硬皮马勃属 *Scleroderma*、块菌属 *Tuber* 等 65 属 10 000 种以上。有的属如牛肝菌属、丝膜菌属、鹅膏菌属无一例外都是菌根菌。外生菌根菌的分布以北半球为主，甚至在北半球的北极圈及亚高山带均能见到其踪影，而南半球极少。有些植物仅和一种真菌发生菌根关系，而另外一些植物必须与几种真菌建立菌根才能正常生存。因此，菌根菌的有无及其分布直接影响着高等植物的生存与生态地理分布，如松属 *Pinus*、云杉属 *Picea*、冷杉属 *Abies* 和落叶松属 *Larix* 等属的植物在无菌根条件下是不能存活的。从这个意义上讲，没有菌根就没有森林，失去菌根菌就等于失去森林。有人指出，菌根菌能够产生植物激素类物质，从而影响着植物的生长和物质运输。Rygiewica 等（1994）对松树与 *Hebeloma crustuliniforme* 的菌根研究结果表明，菌根虽然不影响 CO_2 的同化量，但可使其同化产物往根系部位的运输总量增加 23%，并促进根系和共生菌的呼吸强度。这说明菌根菌所产生的物质能够改变同化产物在植物体内的分配，加速碳素循环。

总之，植物与蕈菌之间建立的共生关系是二者在自然界长期协同进化的结果，这种相互关系影响着植物之间的竞争，因而影响着植物群落的组成、结构、演替和植被的分布。

2. 腐生蕈菌与物质分解

物质循环包括两个方面，一是同化合成作用，即无机物的有机化过程，主要靠绿色植物的光合作用来实现；二是异化分解作用，即有机物的无机化过程，是靠菌物来完成的。在土壤表面凋落物的纤维素、半纤维素、木质素及淀粉、几丁质等不同基质上生活着分解这些物质的各种腐生蕈菌，是它们将这些有机物降解成为植物根系可吸收利用的无机成分。因此，这些菌物既是分解者又是植物营养的贮存库和提供者。

腐生菌包括落叶分解菌、木生菌和粪生菌。落叶分解菌的成员除了蕈菌外还有霉菌等，易于生长在枯枝、落叶及落果上。其实，这些森林凋落物的分解是从叶片生长阶段就开始的，由于一些小型子囊菌和细菌的侵染（分解前期），枝叶或果因病害而生长发育不良，落到地面后由地面上的其他真菌继续分解。起初幼嫩的叶肉组织被土壤动物所啃食，只剩下难分解的部分。子囊菌和半知菌没有分解木质素的能力，只分解纤维素和半纤维素，落叶呈褐色（褐色腐朽，简称褐腐，brownrot），而当出现金钱菌属 *Collybia*、小菇属 *Mycena*、杯伞属 *Clitocybe* 和蘑菇属 *Agaricus* 等担子菌时，由于木质素和纤维素同时被分解掉，因此呈白色（白色腐朽，简称白腐，white rot）。腐生蕈菌虽然没有菌根菌那样严格的选择性，但因树种的不同落叶分解菌的种类组成或多或少存在差异。木生菌生于树干或木材上，能分解木质素、纤维素和半纤维素，绝大部分是担子菌，但所分解的部位（心材或边材）和树种也因菌物种类而异。真菌分解同一基质的演替规律为：分解糖类真菌→分解半纤维素类真菌→分解纤维素类真菌→

分解甲壳质类真菌→分解木质素类真菌→分解腐殖质类真菌。有的是二次分解菌，即一种菌分解后另一种再侵入分解的过程，如日本类脐菇 *Omphalotus japonicus* 之后由重脉鬼笔 *Phallus costatus* 侵入。木生菌也分为白色腐朽和褐色腐朽，前者有云芝属 *Coriolus*、侧耳属 *Pleurotus*、碳角菌属 *Xylaria* 等；后者有革裥菌属 *Lenzites*、黏褶菌属 *Gloephyllum*、卧孔菌属 *Poria* 和香菇属 *Lentinus* 等。成熟木材的 40%～60%为纤维素，通过真菌和其他菌物的分解作用每年将约 850 亿吨碳源以 CO_2 的方式归还到大气中，因此有人预测如果菌物的这一分解活动停止，则地球上的所有生命可能在 20 年内因缺乏 CO_2 而终止。粪生菌分解动物的粪便，同分解落叶和木材是相似的。例如，鬼伞属 *Coprinus* 分解草食性动物粪便中未被消化的植物残渣，属于白色腐朽。蘑菇属 *Agaricus*、裸盖菇属 *Psilocybe*、斑褶菌属 *Panaeolus* 等均属于此类。另外，还有一些菌喜欢长在动物尸体、骨骼、洞穴及排泄物等富含氨素的环境中，称为氨生菌（ammonia fungi），如黏滑菇属 *Hebeloma*、丽蘑属 *Calocybe*、盘菌属 *Peziza*、蜡蘑属 *Laccaria* 等。

3. 寄生蕈菌的生态学意义

寄生蕈菌（锈菌、黑粉菌等）生存于活的植物、动物（如冬虫夏草）和真菌（如蕈寄生）上。虽然有人把冬虫夏草列为杀生性真菌（necrotrophic fungi），而把锈菌和黑粉菌称为活体营养真菌（biotrophic fungi），但无论如何它们的共同点是侵染活体生物并从中得到生存所必需的养分，从植物保护学的角度统称为病原菌，而从生态学的角度来看均属于分解者，或称为活体分解者，和腐生真菌一起形成生态系统中的分解者演替（decomposer succession）。分解者真菌的多样性也反映了自然界中被分解物质的复杂性。

病原菌除了分解活体外，还起着控制森林生态系统中的种群数量、大小及群落动态等作用。首先，病原菌引起苗木的死亡对森林群落的更新起着重要的作用。同样，由于病原菌的存在，森林植被的分布格局也会发生变化，甚至导致大片森林的迅速衰退，病原菌的种类可能不同，但所起的生态作用却是一致的。

4. 蕈菌与放射性污染

核污染对整个地球环境的破坏是极其严重的。人们发现在受核污染地区生长的野生菌物（如蘑菇）子实体内含有高浓度的放射性物质 Cs，说明蘑菇可吸收和浓缩土壤中 Cs，从而保护环境。大量的研究证明，切尔诺贝利核电站发生泄漏事故后，在欧洲一些地方齿菌属 *Hydnum*、乳牛肝菌属 *Suillus*、绒盖牛肝菌属 *Xerocomus* 和疣柄牛肝菌属 *Leccinium* 等菌的子实体内 ^{137}Cs 的浓度普遍提高，而且比周围植物体内的含量要高。有趣的是，事故后的 2～3 年蘑菇子实体内的 Cs 量还在增高（在植物体内的浓度下降），说明蘑菇并非直接从大气中吸收 Cs，而是从土壤中吸收并浓缩。Yoshida 等（1994）于 1989～1991 年在日本进行一次调查分析，即 ^{137}Cs、^{134}Cs 和 ^{40}K 在 120 种（284 份材料）野生蘑菇中的分布情况。结果表明，^{137}Cs 因供试材料的不同变化很大，^{134}Cs 仅在 33 份材料中检出，而天然放射性物质 ^{40}K 的浓度较为恒定。原因是由切尔诺贝利核电站泄漏的 ^{134}Cs 浓度低，而日本本土上的 ^{137}Cs 污染可能是由 20 世纪 90 年代核试验产生的放射性尘埃所致。在吸收放射性物质方面，菌根菌与腐生菌之间虽有差别，但进一步研究证明，其差别取决于菌丝在土壤中的分布情况。当然，不能排除种类之间的差异。从这个意义上讲，菌物（尤其是蕈菌）是一种出色的环境指示剂，尽管很多人对这一提法还很陌生。

蕈菌的经济价值与生态学息息相关，其主导腐殖质的分解过程及导致树木的死亡腐败对森林生态系统物质循环乃至环境变化起到至关重要的作用，这些变化使人类的经济活动如木材的利用等受到影响。另外，蕈菌富集重金属等特点可以直接地反映土壤情况，以便日后更好地保护环境，为人类带来更大的经济利益。

二、蕈菌与人类社会的关系

蕈菌广泛分布于森林树木、木材、林地、林缘和草地上。根据其生境及与人类的经济关系，将其分为四大类，即森林病害蕈菌、食用蕈菌、药用蕈菌和有毒蕈菌。

1. 森林病害蕈菌

森林是重要的自然资源之一，可用于制作多种多样的生活制品，当然也是不少真菌的栖息地，然而林业上所指的活立木腐朽菌和木材腐朽菌，它们对活立木、木材的破坏作用极为严重，被视为林业上的大害。活立木腐朽菌是指生长于活立木的基部或根部、树干或树枝上的腐朽菌，引起严重的树木病害，影响树木正常生长，引起风折、风倒，此类真菌常为担子菌；木材腐朽菌是指生长在倒木、枯立木及一切木制品上的腐朽菌，此类真菌通常为子囊菌，其中一些生长在木材内，可能产生色素从而引起木材变色，一些生长在木材表面并形成菌落，也可能是腐生担子菌，被此类菌侵蚀的木材一般不可以用作材料继续使用。腐朽真菌主要分为两类：分解木质素引起白色腐朽的白腐真菌；分解纤维素和半纤维素等多糖成分留下木质素，引起褐色腐朽的褐腐真菌。例如，生于针叶树干部的松木层孔菌 *Phellinus pini*，其孢子从枝迹或树干伤口处侵入树干的心材，在心材形成菌丝体，并迅速大量地繁殖，经十几年至200 多年，使心材全部形成蜂窝状白色腐朽，进而变成空心木，然后菌丝在树干的外表产生子实体，由子实体产生大量的孢子，传布到其他树干上，如在病株干部距地高 20m 处的树皮上发现担子果，则可以断定从此向下直到干基部的心材全部已被破坏。还有在针叶树种或蒙古栎树种的干基部发现鲜艳的硫黄菌 *Laetiporus sulphur*，则树干基部的心材一定已造成块状褐色腐朽，从基部向上一直到 2～3m 处的心材也已经全部遭到破坏，若遇强风或机械撞击则即刻折倒而形成倒木。黑轮炭壳 *Daldinia contrica*，俗称炭球菌，使被害木质部的边材部分变色，形成轻度的杂斑白色腐朽，能在烧焦了的桦树木头上生长。

2. 食用蕈菌

食用蕈菌的种类大部分为立木腐朽菌、木材腐朽菌及林地、林缘和草地上的大型真菌。仅东北产常食和常见的食用大型真菌就有 150 种以上，其中被誉为世界珍品、味美香郁和营养价值高的有 20 余种，如金针菇 *Flammulina velutipes*、蜜环菌 *Armillaria mellea*、侧耳 *Pleurotus ostreatus*、金顶侧耳 *P. citrinopileatus* Singer、榆耳 *Gloeostereum incarnatum*、猴头菌 *Hericium erinaceus*、黑木耳 *Auricularia heimuer*、胶陀螺 *Bulgaria inquinans*、荷叶离褶伞 *Lyophyllum decastes*、紫丁香蘑 *Lepista nuda*、美味扇菇 *Panellus edulis*、棕灰口蘑 *Tricholoma myomyces*、松口蘑 *T. matsutake*、蒙古口蘑 *T. mongolicum*、柠檬腊伞 *Hygrophorus lucorum*、小海绵羊肚菌 *Morchella spongiola*、乳酪绚孔菌 *Laetiporus cremeiporus*、美味牛肝菌 *Boletus edulis*、血红铆钉菇 *Chroogomphus rutilus*、香菇 *Lentinula edodes*、鸡油菌 *Cantharellus cibarius*、花脸香蘑 *Lepista sordida* 等均为百姓所喜食的野生食用菌，在当地的山货店及农贸市场都十分常见，是当地部分农民的主要经济来源之一。

自古以来，人们认为蘑菇是滋味鲜美、别有风味、富有营养的副食品。经初步营养成分测定，一般食用菌含有水分 85%～90%，蛋白质 3%，脂肪 0.4%，碳水化合物 6%，无机盐类 1%。其蛋白质含量与一般蔬菜、水果相比是相当高的。因此，食用菌在国际上被认为是很好的蛋白质来源，并有“素中之荤”的美称。

食用蕈菌中所含的蕈菌多糖或多或少都具有抗癌、防治慢性肝炎及预防感冒等多种功能。蕈菌多糖是指从蕈菌中分离提出由10个以上的单糖以糖苷键连接而成的高分子多聚物。目前已经提取出来并有研究的蕈菌多糖种类繁多，如香菇多糖、灵芝多糖、猴头菇多糖、银耳多糖等。

蕈菌中的脂肪含量，可以达干重的2%～8%，且脂肪种类齐全，类似于植物脂肪，含有较高不饱和脂肪酸。不饱和脂肪酸有益于人体生长发育，降低血脂，预防心血管疾病和肥胖等，如亚油酸及其衍生物，是必需的营养物质，其含量占总脂肪酸含量较高，如草菇 *Volvariella volvacea*、香菇 *Lentinula edodes* 分别占69%和70%。

蕈菌还含有其他如菌物矿物质、蕈菌萜类等有益成分，有助于人体新陈代谢、增强体质等，因此越来越多的人开始喜欢食用蕈菌。

3. 药用蕈菌

蕈菌入药在我国已有两三千年的历史，当前我国在这方面的研究和应用也远远超过其他使用中草药的国家。许多种蕈菌可用于治疗胃肠病、气管炎、关节炎、心脏病、肺结核、肾炎等疾病；具有解表、祛风湿、调节血压、舒筋、活血、止血、祛痛等功能。用于调节有机体代谢、调节人体免疫功能、滋补、强身、安神的蕈菌种类也不少，如白耙齿菌 *Irpex lacteus*、鲜红密孔菌 *Pycnoporus cinnabarinus*、红缘拟层孔菌 *Fomitopsis pinicola*、药用拟层孔菌 *Fomitopsis officinalis*、木蹄层孔菌 *Fomes fomentarius*、大秃马勃 *Calvatia gigantea*、蛹虫草 *Cordyceps militaris*、猪苓 *Polyporus umbollalus*、猴头菌 *Hericum erinaceus*、榆耳 *Gloeostereum incarnatum*、裂褶菌 *Schizophyllum commune*、扁灵芝 *Ganoderma applanatum*、松杉灵芝 *G. tsugae*、云芝栓孔菌 *Trametes versicolor*、假蜜环菌 *Armillaria tabescens*、桦褐孔菌 *Inonotus obliquus*、桦滴孔菌 *Piptoporus betulinus*、安络小皮伞 *Gymnopus androsaceus* 等，"菌物药"已成为国药重要组成部分。

近30年来，用蕈菌研制药品在日本、欧美等国家发展得很快。我国也有新的突破，如用杂色云芝 *Trametes versicolor* 提取多糖，在防治各种癌症上已取得明显治疗效果。云芝多糖治疗慢性肝炎，经临床试验，一致认为药效显著。小刺猴头 *Hericium caput-medusae*（= *H. erinaceus*）研制的药品，用于治疗胃、肠溃疡和慢性胃肠炎效果明显；树舌多糖，用于治疗慢性乙型肝炎疗效显著。

近年来，利用蕈菌多糖研制抗癌药物也取得了明显进展，并已研制出防治癌症的成药投入市场销售。目前我国已开始重视研制防治癌症的药物，现已确认可用于研制防治癌症的蘑菇有100余种。很多团队开展了涵盖基础、应用基础和应用研究，取得了诸多原创性的成果，为人民健康做出贡献。

4. 有毒蕈菌

有毒蕈菌又称为毒蘑菇，是指大型真菌的子实体被食用后对人或畜禽产生中毒反应的物种，绝大部分属于担子菌，少数属于子囊菌。由于毒蘑菇与野生可食菌的宏观特征有时极其相似，因此在野外混生情况下容易混淆而造成采食者误食中毒，导致中国每年仍有毒蘑菇中毒乃至致死事件的发生。据统计，全世界毒蘑菇达1000种左右，我国地域广阔，毒蘑菇种类也丰富，目前确认中国毒蘑菇有435种，一些毒蘑菇种类较多的类群，无论在分类学还是毒性成分及中毒机理乃至解毒方面都开展了卓有成效的工作，如鹅膏属。

在我国，根据全国突发公共卫生事件报告管理信息系统2004～2014年上报的毒蘑菇中毒事件统计表明，11年间共上报蘑菇中毒事件576起，累计报道中毒病例3701例，死亡786例，病死率为 21.24%。毒蘑菇中毒死亡人数占整个食物中毒死亡人数的比例达 27.6%～45.7%。毒蘑菇中毒是我国食物中毒事件中导致死亡的最主要原因。由于蘑菇种类不同，其所含毒素成分不同，导致中毒类型多样，根据作用标靶器官，我国的蘑菇中毒症状可分为 7 种类型：急性肝损害型、急性肾衰竭型、神经精神型、胃肠炎型、溶血型、横纹肌溶解型和光过敏性皮炎型。

引起急性肝损害型的蘑菇主要有鹅膏菌属 *Amanita*、盔孢伞属 *Galerina*、环柄菇属 *Lepiota* 等，引发该中毒类型的鹅膏毒素，可分为鹅膏毒肽、鬼笔毒肽和毒伞素三类。引起急性肾衰竭型的蘑菇主要是含奥来毒素的丝膜菌属 *Cortinarius* 和含 2-氨基-4, 5-己二烯酸的鹅膏属 *Amanita*。引起神经精神型的蘑菇主要有丝盖伞属 *Inocybe* 和杯伞属 *Clitocybe*，引发该中毒类型的毒素，可分为蝇毒碱、异噁唑衍生物、鹿花菌素和裸盖菇素 4 类。引起胃肠炎型的蘑菇种类很多，如蘑菇属 *Agaricus*、青褶伞属 *Chlorophyllum*、粉褶蕈属 *Entoloma* 等，引发该中毒类型的毒素种类多样。引起溶血型的蘑菇种类主要是卷边桩菇 *Paxillus involutus*，其引发中毒主要是通过自身免疫性溶血产生的，毒素成分还不清楚。引起横纹肌溶解型的蘑菇主要有油黄口蘑 *Tricholoma equestre* 和亚稀褶红菇 *Russula subnigricans*，其中亚稀褶红菇引发此中毒现象的毒素是环丙-2-烯羧酸。引起光过敏性皮炎型的蘑菇主要是污胶鼓菌 *Bulgaria inquinans* 和叶状耳盘菌 *Cordierites frondosa*，引发该中毒类型的毒素可能是光过敏物质卟啉毒素类。

在蕈菌中，毒蘑菇所占的种类和数量虽然不多，但危害十分严重。尤其鹅膏属 *Amanita* 中的剧毒种，如致命鹅膏 *Amanita exitialis*、黄盖鹅膏 *A. subjunquillea* 和灰花纹鹅膏 *A. fuliginea* 等。误食毒鹅膏、春生鹅膏，通常 8h 以后症状明显，腹痛、呕吐、冷汗、泻肚、干渴，稍缓以后，又强烈发作，可破坏肝脏，伤害中枢神经，引起谵语、昏迷直至死亡。误食毒蝇鹅膏、豹斑鹅膏 1.5h 后发病，表现症状为神经兴奋、手舞足蹈、昏迷、幻觉严重，死亡率最高。

日本类脐菇（月夜菌）*Omphalotus japonicus* 外形很似常食的侧耳，误食后 1h 即可发病，表现症状为吐泻、腹痛、下痢频繁、眩晕、沉闷、脉弱、心音微弱、呼吸缓慢、嗜睡，重者呼吸困难，如抢救不及时，极易因心脏停止跳动而死亡。

误食丝盖伞属 *Inocybe* 的一些剧毒种，如裂丝盖伞 *Inocybe rimosa*，食后不久即发生呕吐、腹痛泻肚、斜视、发汗过多，重者可因心脏停止跳动而死。

综上，蕈菌在人类社会中扮演着重要的角色，其丰富的营养成分和显著的抗肿瘤等药用价值得到广泛认可和应用的同时，导致中毒甚至死亡的毒菌也应引起高度关注。无论是生长在森林中，还是草地上的大型真菌；无论其是腐生、寄生还是兼性寄生（腐生）的大型真菌，从其代谢类型来分，皆属于分解者。能够将衰老或死亡的各种植物残体，如枯立木、风倒木、朽木、树根、伐桩、枯枝、落叶及原木、木材等分解为无机物，如二氧化碳、水及各种无机元素等，再被绿色植物所利用。因此，我们可以看出蕈菌在生态系统中对生态平衡的维持起着重要而不可代替的作用。这种作用远比供人类及一些动物作食用、药用价值的意义大得多。

开展蕈菌分类学研究使人类高效利用经济真菌的同时也避免误食毒蘑菇发生中毒乃至死亡事件，并对保持生态平衡和环境保护及人类健康提供科学依据。

第三节　蕈菌分类研究方法

我国在蕈菌利用上有悠久的历史，虽然关于其分类地位和性质研究记载不多，但尚有的记载中能看出我国先民对其认识颇精。在东汉末年的《神农本草经》中记载了真菌药物 12 种，根据其形态、色泽、功能等进行分类；隋代《太上灵宝芝草品》（公元 581～618）记录了灵芝属、假芝属、多孔菌属、大孔菌属、蜂窝菌属等，图文并茂，堪称最早的多孔菌专著；明代《本草纲目》（1578），记载 30 余种真菌药材，并进行了分类，可代表当时中国真菌研究水平；宋代陈仁玉《菌谱》，记载了浙江的松蕈、竹蕈、鹅膏蕈等 11 种大型真菌，并对其形态、生态环境进行了描述和分类，是中国第一部地方性食用蕈菌志。在西方，早期同样曾有人对真菌做过记载并进行简单分类，*Theatrum Fungorum*（《菌物舞台》）（1675）是西方最早的蕈菌专著，比我国要晚 400 多年；Magnol（1689）是以形态作为大型真菌分类特征的创始人，Tournefort（1694）首先介绍以"属"命名，随加特征摘要和绘图的方法。由于缺乏科学的认识、没有先进科学技术，早期主要是依据易于识别的宏观形态特征来鉴别的，使用的是简单的描述性语言。17 世纪中期显微镜的发明促进了真菌的研究由大型真菌转入小型真菌并推动了真菌分类工作在形态结构方面的研究。1859 年，达尔文进化论的问世、巴斯德发酵实验的研究，为真菌学的进一步发展奠定了理论基础。随后的 100 多年中，真菌的分类从形态结构方面深入系统演化方面，建立了以系统发育为基础的分类系统，它反映了系统发育的进程，使真菌分类从外表形态上相似和内在本质上的相关联相统一，应用到我国蕈菌分类的主要方法如下。

一、形态分类

这种分类主要以宏观形态和显微特征观察为主，后者依靠显微镜对菌物的营养体与繁殖体形态解剖结构进行观察与测量，并进行科学描述，其方法直观可靠、可比性强，这是当今世界各国进行菌物分类的主要方法，然而这种方法对其结构特征相似的种或变种的界定往往比较困难，若能辅助其他分类方法无疑使分类结果更准确、更可靠。

另外，电镜技术的发展为观察和研究菌物细微结构（fine structure）和亚显微结构（submicroscopic structure）提供了有力手段，从而促进了菌物系统分类和鉴定工作的发展。菌物的细胞学特性、发育和形成方式、孢子壁结构等具有较高的分类价值，电镜技术可反映这些结构特征，因此该分类方式可以认为是一种高级形态分类。

二、数值分类

数值分类法是生物分类学在 20 世纪中的一项突破。它是依靠电子计算机，根据等权原则（equal weighting），按运筹分类单位（OUT's operational taxonomic unit）性状状态的全面相似性（overall similarity），将它们分为不同的表征群（phenon）。英国细菌学家 Sneath 最先将此法用于细菌分类。Proctor 和 Kendrick 首次用数值分类的方法对半知菌的 *Haplobasidion* 及相近属进行分类研究，将数值分类法引入菌物分类。在子囊菌中，Poncet（1967a）首先使用数值分类法研究酵母的分类，Campbell（1975）利用该属的标准描述性状数据对 104 种酵母菌做了聚类分析研究，并将其分为 6 个大类群。Cantrell 和 Hanlin 将此法用于分析晶杯菌科属间物种的亲缘关系。此法的优点在于能综合多种来源的数据，其分类效能较高，但蕈菌分类中用得较少。

三、化学分类

化学分类是基于化学特征的分类方法。几十年来，它一直是许多生物分类的一个重要部分，由于分析方法、分子生物学方法发展及有关仪器的改进，许多不同化学分类方法相继产生，主要包括对多糖、蛋白质及脂肪酸分析，细胞壁组成分析，代谢成分分析，同工酶分析等。有些学者认为次级代谢物为化学分类的主要方面，这些化学特征可能在种、属、科级水平上具有分类学价值。广义地说，化学分类指标应包括生物的化学成分（初级和次级代谢产物）与生物的化学和生理活动的评价（evaluation）。蛋白质和同工酶酶谱在菌物分类鉴定中的应用价值得到广泛的证实。菌物的 GC 含量在一定程度上反映了 DNA 的组成情况，为人们从分子水平上探索菌物分类及其系统发育提供了理论依据。Stork 和 Alexopulos 曾建议以 2%和 10%分别作为种和属 GC 含量的变化范围，随着分类等级的提高，种、属、科、目、纲的 GC 含量变化范围也逐步增加，目前更多地用于根据蕈菌亲缘关系寻找功能性化合物上。

四、分子分类

20 世纪 80 年代以来，由于科学技术的迅速发展，特别是分子生物学的迅速发展，给真菌分类学以巨大的推动力，其中以核酸和蛋白质等分子生物学性状来探索真菌的种、属、科、目、纲、门等各级分类阶元的进化和亲缘关系应用日趋广泛，弥补了传统分类的不足，使人们对真菌系统发育的认识更接近于客观实际，为真菌分类学的研究开辟了一条新路。分子生物学分类手段从物种遗传物质分析入手，揭示真菌间的本质联系与区别。遗传物质不易受到外界因素的干扰，十分稳定，可更客观、更接近于“自然分类”。1986 年，美国科学家 Thomas Roderick 提出基因组学概念，人类基因组计划带动了模式生物和其他重要生物体基因组学研究。2000 年，美国 Broad 研究所与真菌学研究团体发起真菌基因组行动（fungal genome initiative，FGI），目的是促进在医药、农业和工业上具有重要作用的真菌代表性物种的基因组测序。在蕈菌的现代分类学中，利用 DNA 条形码，可用一段或几段短的 DNA 序列来对物种进行快速、准确的鉴定。

1）线粒体 DNA（mtDNA）。mtDNA 为环状且容易提取，并且为单拷贝，不含内含子（intron）和基因间隔区（spacer），易于分析，其限制性片段长度多态性（restriction fragment length polymorphism，RFLP）已被广泛用于菌物变异研究，其是一个 17.6～175kb 的环状分子。小的环状 mtDNA 适合做限制性酶切分析，可以用来说明菌物种间和种内变异。由于菌株之间 mtDNA 具有多样性，不能直接对 mtDNA 片段进行比较，因此用 mtDNA 探针与总 DNA 杂交后通过 RFLP 分析可以揭示 mtDNA 的变异性。

2）随机扩增多态性 DNA（random amplified polymorphic DNA，RAPD）。RAPD 是用任意核酸序列的短的（5～10bp）单一引物在低严紧性（low stringency）下扩增基因组 DNA 产生的特征指纹。该技术具有用量少、鉴定迅速、可重复性等优点，已被广泛用于菌物种内水平的分类鉴定研究中。

3）核糖体 DNA（rDNA）。rDNA 序列中存在着可变区和高变区，在进化过程中保守性强，因此被广泛用于菌物分类研究中。28S rDNA 序列适合在种或更高分类等级水平上研究分类和进化问题，一些学者曾用它来研究确定壶菌纲菌物内及担子菌、子囊菌与壶菌的进化关系，从而澄清了壶菌的分类地位。

4）转录间区（internal transcribed spacer region，ITS 区域）。ITS 区域包括 ITS1、5.8S rDNA 和 ITS2 区域，可能是已得到的 DNA 中最古老和最保守的区域之一，由于它们又包含了可变区域（domain），因此能在属、种或亚种水平上进行区分。由于未编码区域比编码区域易发生变异，因此用未编码的中间转录间区（ITS1 和 ITS2）可以鉴定菌物属内亲缘关系很近的种类。有些学者不通过测序，而对 PCR 扩增的 ITS 进行限制性酶切分析探索物种变异。

5）基因间间隔（intergenic spacer，IGS）。IGS 是使 rDNA 重复单位分开的区域，属于非转录序列，它比 ITS 保守性低，可以用来进行种内鉴定。有学者利用 PCR 扩增的 IGSDNA 限制性酶切分析对亲缘关系很近的 *Laccaria* 的菌株进行鉴别。由于这种基因间区域也能区分种间的遗传差异，Anderson 和 Stasovski 用 PCR 扩增并直接测序 IGS 区域进行 *Armillaria* 种间系统学关系研究。

6）DNA 碱基同源性分析。这种分析方法要凭借 DNA 分子杂交技术，即采用示踪物标记的一条 DNA 分子作探针与另一条 DNA 片段在适当的条件下杂交获得两者间的 DNA 同源性即杂交百分率，由此判断两菌株间的亲缘关系。一般认为用于菌物种、属间亲缘关系与分类鉴定，同种异株的菌物基因组 DNA 序列差异在 35%以内，而进行属或属以上的分类鉴定可采用 DNA-rDNA 杂交方法，因为 rRNA 在进化过程中保守性强。

7）扩增片段长度多态性（amplified fragment length polymorphism，AFLP）。AFLP 是基于从全部消化的基因组 DNA 的限制性酶切片段的选择性 PCR 扩增，已用于菌物研究中。

8）变性梯度凝胶电泳（denataring gradient gel electrophonesis，DGGE）与单链构象多态性（single-strand conformation polymorphism，SSCP）。DGGE 可以把长度相同而核酸序列不同的 DNA 片段分开，其原理是依据 DNA 片段迁移至变性环境中诱导 DNA 解链（melting）。序列的变化会导致 DNA 片段解链温度与迁移距离的差异。SSCP 是对扩增产物单链构象多态性分析，检测出单碱基被替代的序列变化。它与 DGGE 技术不同的是，电泳是在中性丙烯酰胺凝胶上进行的，而且将 DNA 变性后才迁移。单链 DNA 的序列变化，会导致复性链构象的变化，而引起迁移率变化而被检出，如 Simon 等将 PCR 与 SSCP 分析结合起来，研究内生菌根真菌的性状。显然，这两种方法在不通过序列分析情况下，就能检测出小到单个碱基的变化，其灵敏度如此之高，为蕈菌分类提供了一条很好的途径。

此外，在蕈菌分类研究过程中，我们发现有的物种纯培养物能分泌不同的色素，若能对之辅以色谱分析将有助于种的界定。实际上，气相色谱法已广泛应用于医学、微生物学和工业诸领域的分析与科学研究中，但用于菌物的分类和鉴定尚处于试验探索阶段。例如，用裂解气液色谱法对一些皮肤真菌进行的研究结果表明，种间和种内的交配型间存在差异，用裂解气液色谱法区分种也有不少报道。由于菌物菌体较为复杂，营养类型、生态环境复杂多样，因此要将色谱法很好地用于菌物分类与鉴定，还有待研究不同类型真菌的最佳取样方法和色谱条件，建立起规范化的分析方法。高效液相色谱由于样品不需气化的特点，可应用于菌物的化学分类研究。

蕈菌分类学研究使人类能更好地认识和理解真菌与自然、人类的关系，在资源保育与环境保护的前提下合理地开发蕈菌资源，为人类带来最大程度的经济效益。并且，随着多相分类应用于分类研究中，必将使蕈菌的分类趋向于自然。

2 第二章 蕈菌的基本特征

蕈菌作为菌物的组成部分，具备菌物的形态、发育、生态与分布特征，这些特征也是和分类研究密不可分的。因此，本章重点介绍蕈菌上述几方面的基本特征，以便对蕈菌特征进行了解和学习。

第一节 蕈菌的形态特征

一、菌丝和菌丝体

蕈菌的细胞核比其他真核生物的细胞核小。在菌丝细胞内，含有核糖体、线粒体、内质网膜、空泡、微管、类脂体、膜边体等一套典型的细胞组分。在子囊菌和担子菌中，尚未见到高尔基体。子囊菌的细胞通常是单核的。但是由于原生质融合、外核的引入及细胞核通过隔膜孔可以从上个分隔迁移到另一个分隔，因此在子囊菌由多核细胞组成的菌丝体也颇为常见。大型真菌的菌丝体都是由有隔菌丝组成。隔膜是由细胞壁向内做环状生长而形成的。大多数子囊菌的隔膜在中心附近留有一小孔，称为单孔型。原生质通过小孔，自菌丝的一个分隔伸到下一个分隔。在担子菌中，大多数种类的初生和次生菌丝体的隔膜是颇为特殊的，称为桶孔隔膜。它的特征是在隔膜壁的中部围绕着中心膜孔有一个桶形的膨大。菌丝细胞的最外层结构是细胞壁，其主要成分是几丁质。胞壁厚度一般为100～250nm，也有超过1μm厚的。

多数担子菌的菌丝体，在完成其生活史前，要经过三个明显不同的发育阶段，即初生、次生及三生菌丝体。初生菌丝体是由担孢子萌发而形成的单核细胞构成。单核细胞融合及经过质配过程，产生了双核细胞，继而发育为双核的次生菌丝体。子实体是在次生菌丝形成复杂组织的时候开始发育的。子实体由三生菌丝体构成，三生菌丝细胞也是双核的，是次生的双核菌丝特化的结果。子囊菌、银耳目、木耳目、花耳目和蘑菇目成员的菌丝体和子实体通常由薄壁菌丝细胞组成。多孔菌目成员的子实体常由生殖菌丝、联络菌丝和骨架菌丝组成，称为三体菌丝型（图2-1）。

在担子菌单核细胞融合成双核细胞以后，多数种类以锁状联合的方式进行细胞分裂，并发育为双核的次生菌丝体，所以在菌丝上能见到锁状联合的特殊结构，如在木耳科和侧耳科中甚为明显。但没有锁状联合的种类也为数不少，如蜡壳属 *Sebacina* 的鉴定性特征是整个担子果内均无锁状联合，甚至在担子基部也是如此。所谓锁状联合（图2-2），是指在双核菌丝的横隔膜处产生的一个具有特征性的侧生突起。它往往发生在菌丝顶部双核细胞的两核之间。最初由细胞向侧面伸出一个喙状突起，向下弯曲，其顶端与母细胞接触。与此同时，两

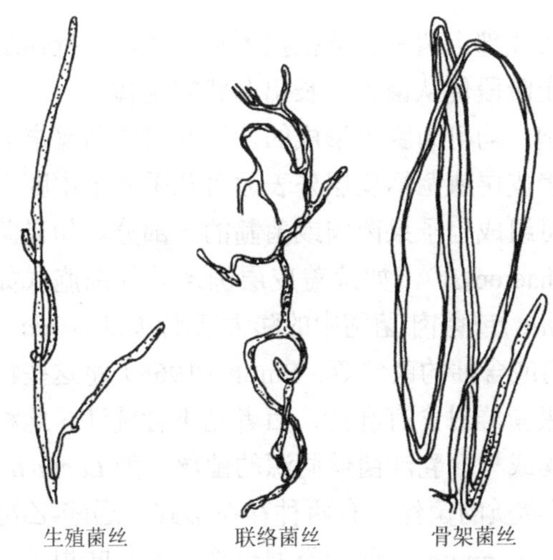

图 2-1 菌丝系统（引自应建浙，1982）

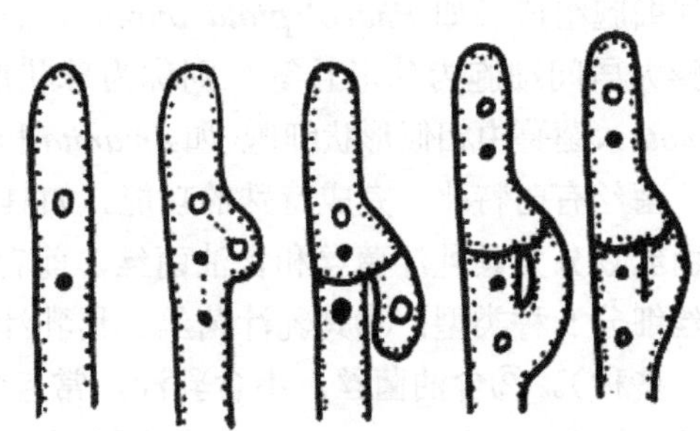
图 2-2 锁状联合形成示意图

核之一移入突起之中，然后两核同时分裂，产生四个子核，两核留在细胞上部，一核居下部，一核在突起之中。这时细胞生出隔膜，将原来的细胞分成两个，上面细胞双核，下面细胞一核；突起的基部也同时产生隔膜，其顶端与下面细胞接触融通，其中的核也移入下面细胞中，因而就构成了上下两个双核细胞。侧面就留下了锁状联合的痕迹。这样重复进行双核并裂伴随隔膜形成的结果，形成了每个细胞都是双核的庞大菌丝体。

锁状联合的多度值得注意，因为此特点可用于区别密切相关的属。另外，也应观察锁状联合的形状。大多数锁状联合纤细短小，非常难以观察。相反，一些锁状联合相当大且主菌丝及连接菌丝细胞的产囊丝钩之间具明显的裂隙，此种锁状联合称为具隙锁状联合。有时弯曲的分枝，无论与其起源菌丝接触或不接触，均可发育成外观上与锁状联合极为相似的形态，此种结构通常发育为分枝，而后称为假锁状联合。除非有延长现象的发生，否则此两种分枝不易于区分。

锁状联合常难以观察。通常观察锁状联合所使用的技术为用刚果红、亚甲蓝或水合甲苯胺蓝将菌丝染色，然后通过使用钝圆物如橡皮擦或探头顶端向盖玻片施加少量持续压力以使菌丝分散开。分散菌丝利于增加着色隔膜和封固剂介质之间的反差。相差显微镜大大促进了锁状联合存在的确定，因为相位光学可以突出强调含有浓密内容物的锁状联合的弯曲部位。

菌丝体生长到一定程度，由于适应一定的环境条件或抵抗不良的环境条件，菌丝体变成疏松的或紧密的密丝组织，形成特殊的组织体，归纳起来不外是菌核和子座。它们的初期都是营养结构，后期都能生出繁殖体。菌核是一个由菌丝组成的坚硬的休眠体，具有各种形状、色泽，大小差异也很大。例如，小型菌核只有小米粒大小，而茯苓 *Poria cocos* 的菌核可达 60kg 重。菌核的内部结构可分两层，即皮层和髓层。皮层是由一层或数层紧密交错、具有光泽的厚壁菌丝细胞组成。髓层由无色菌丝组成。子囊菌和担子菌的许多种类常形成菌核。菌核休眠后，遇到适宜条件就萌发成菌丝体再长出子实体。

菌丝体有时形成长的绳状物叫作菌索，一般生在树皮下或地下，白色或有各种色泽，其外貌很像高等植物的根。它有一个坚实的外层和一个生长的尖端，多种伞菌如蜜环菌 *Armillaria mellea* 有根状菌索。从根状菌索的横切面看，可以见到由数层小型厚壁暗色细胞组成的密丝组织的皮层和由薄壁菌丝细胞组成的中央髓部。菌索也能抵抗不良环境，保持休眠状态，当环境转好时，又从尖端继续生长，到一定阶段便从菌索上长出伞状繁殖体。

任何担子果菌丝细胞，无论末端还是居间细胞，均可为膨大形成的。子实层中菌丝末端膨大细胞为担子、囊状体或幼担子。担子果、菌盖皮层或菌柄皮层外表面可几乎完全由膨大居间细胞组成（如 *Phaeolepiota aurea*），它们也可组成担子果菌肉或菌髓的一部分。如果菌丝膨大居间细胞为球形且等径则称为球状胞（sphaerocyst），如菌盖皮层圆形等径细胞（如 *Lepiota*）、菌幕中相似形状细胞（如 *Amanita* 和 *Coprinus*）或菌肉/菌髓中的膨大细胞（如 *Russula*）。

菌丝有时特化，完成特殊的功能，如具乳汁的或含油的菌丝等。Smith（1966）将这些特化菌丝划分为具乳汁菌丝和含油菌丝，前者担子果新鲜时含有乳汁，后者则不含乳汁。此种菌丝细分 5 种类型：①具乳汁菌丝。具乳汁的菌丝或与含乳汁菌丝同源的菌丝（如 *Lactarius* 的一些种）。②含油菌丝。不含乳汁，常包含树脂物质的菌丝。有两种存在形式，遇酸-乙醛变色（如 *Lactarius emetica*）或不变色（如 *Amanita vaginata*）。前一类型也许与辛辣味担子果有关。③胶囊体管。菌髓管状成分附着于子实层中的胶囊体上。此类成分通常为弯曲菌丝，遇酸-乙醛变深蓝色。④筛丝。含有较多色素的输导成分，在菌丝表面和菌丝隔上具有大量筛状孔。⑤金黄色管。与含油菌丝或胶囊体管相似，但含有在碱水溶液中可变黄的颗粒状或树脂状物质。

蕈菌菌丝有时也有其独特的生理作用，如亚侧耳属 *Hohenbuehelia* 的菌丝捕捉并且消化线虫。侧耳 *Pleurotus ostreatus* 菌丝体用毒素杀死线虫并且在线虫里长菌丝。

关于蕈菌菌丝体的长度和寿命有各种各样的传闻，如有人推测黄蜜环菌 *Armillaria lutea* 菌丝体的延伸范围超过 15hm^2，重量超过 100 000kg，活 1500 年；人们已知的最老的仙人环接近 700 年，直径 1km；硬柄小皮伞所形成的蘑菇圈可达 300 年，直径 100m。

二、子实体

真菌在有性繁殖过程中，还相应地形成繁简不一的各式组织体，借以承受或容纳有性孢子，这类组织体称为子实体。大型真菌的子实体形体较大，结构复杂。

子囊菌的子实体称为子囊果，子囊果的组织多由两个系统的菌丝组成，产囊丝及子囊是产囊器发育来的，四周的包被和侧丝为另一系统，来自营养菌丝。子囊果形状多种多样，如盘形、球形、瓶状和棒状等。核菌纲的许多种类，如肉座菌科 Hypocreaceae、炭角菌科 Xylariaceae、麦角菌科 Clavicipitaceae，其子囊壳埋生在一团称为子座的组织内。肉座菌科的子囊果发育属丛赤壳型，产囊体在子座内形成后，营养菌丝把它一圈圈地包围起来，组成了子囊壳的壁，子囊壳顶部的内壁细胞向下产生一排栅栏状排列的菌丝，称为顶侧丝，顶侧丝向下生长的压力导致了子囊壳壁的扩展，从而在子囊壳内形成了一个中心腔。炭角菌科和麦角菌科的子囊壳发育属于炭角菌型，子囊壳的壁由产囊体的柄细胞或邻近的营养菌丝上产生的分枝包围而成，侧丝是从基部或侧面向上或向中间生长，使子囊壳得到扩张，并形成了一个中心腔。

在盘菌纲中，如柔膜菌目 Helotiales 和盘菌目 Pezizales，子囊是生在一个盘状开口的子囊果内，并在成熟时是完全裸露的，子囊与侧丝平行排列在一起形成子实层，这样的子囊果称为子囊盘。典型的子囊盘由子实层、囊盘被、囊层基和菌柄等几部分组成。构成囊盘被和菌柄的菌丝组织有各种不同的类型，不同的菌类之间有明显的差异，这种差异具有重要的分类上的意义。

菌丝组织的类型，概括起来可分为 7 种（图 2-3）：①球胞组织（textura globulosa），这种组织是由球形的细胞组成，细胞与细胞之间有空隙存在；②角胞组织（textura angularis），这是由多角形的等径细胞紧密地结合在一起而组成的，细胞之间没有空隙；③矩胞组织（textura prismatica），这是由具砖形细胞的菌丝结合而成的；④交错丝组织（textura intricata），这是由具长形细胞的菌丝交织而成的，菌丝与菌丝之间有空隙；⑤表层组织（textura epidermoidea），这是由具不规则的长形细胞的菌丝交织而成的，菌丝之间没有空隙；⑥厚壁丝组织（textura oblita），这是由厚壁菌丝平行排列而构成的；⑦薄壁丝组织（textura porrecta），这是由薄壁菌丝平行聚合构成的组织。在有些子囊盘的包被组织内出现胶质，这些胶质可以是某些菌丝分泌的，也可以是通过厚壁细胞的细胞壁崩溃而产生的，但从切片上看，都好像是菌丝埋在胶质内，如埋在胶质中的交错丝组织和埋在胶质中的薄壁丝组织。凡是具有胶质的菌丝组织通常都具有较强的折光性能，外表看上去像是玻璃质的。菌丝的组织分化，在愈是高等的盘菌中愈见明显。

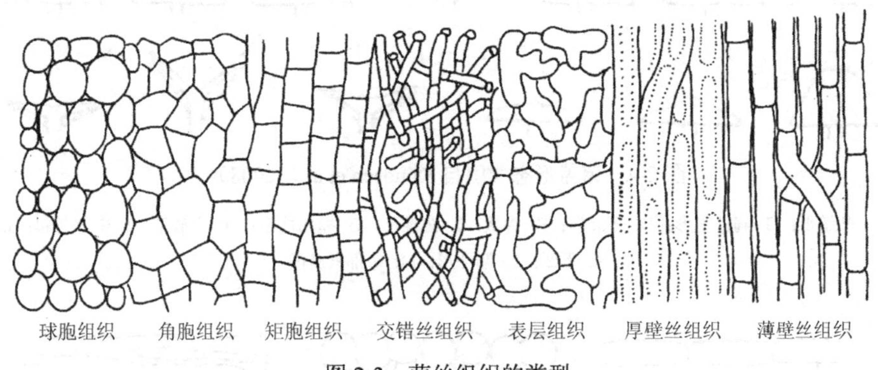

图 2-3　菌丝组织的类型

担子果（担子体）是高等担子菌产生子实层的一种高度组织化结构。担子果可以呈薄的硬壳状、胶质、革质、软骨质、肉质、海绵质、软木质、木栓质或者实际上是几乎任何其他质地。形状也多种多样，胶质菌类如木耳属 *Auricularia*，子实体常呈耳壳状，在凹面产生子实层；银耳 *Tremella fuciformis*、茶耳 *T. foliacea* 为叶状，子实层生两侧表面；金耳 *T. aurantialba* 为脑状，气生表面皆产生子实层。珊瑚菌类，子实体棒状或树枝状，多分枝，子实层生于分枝的四周表面。齿菌类，子实体块状如猴头 *Hericium erinaceus*，或有柄有盖如齿菌 *Hydnum repandum*，它们的子实层生于肉刺状细齿的表面。腹菌类如秃马勃属 *Clavatia*、马勃属 *Lycoperdon*，子实体胶陀螺形或近球形，产孢组织被包被封闭于子实体内。多孔菌类子实体平展、平伏反卷、壳状或有菌柄菌盖的伞状，子实层常生于菌管孔内的周壁上。牛肝菌类通常是有柄、有盖，子实层也是生菌管孔内的周壁上。蘑菇类属和种甚多，但形状颇近一致，子实体像一把小伞，故可称伞菌。伞菌常分菌盖、菌柄、菌褶、菌环、菌托等几部分，子实层生菌褶两侧表面。以下着重以伞菌子实体为例并简单涉及其他种类做些介绍。

1. 菌盖

菌盖是子实体的帽状部分，因种类不同，形状也有所区别，有的在幼时和成熟时也不一样。基本形状以成熟时为标准，大致有半球形、凸镜形、扁凸镜形、平展形、钟状、圆锥形、抛物面形、平截形、中部凸起等（图 2-4）。

菌盖中央部可分为平展、中凸、脐状或下凹等。菌盖边缘的形状，各种之间也常不一样，幼时和成熟时可完全不同。以个体成熟时为标准，有的边缘内抚、外翻和内卷、外卷；有的边缘平滑无条纹，有的边缘瓣状或撕裂，有的边缘表皮延伸。

菌盖的表面有的光滑，有的具皱纹、条纹或龟裂，有的干燥，有的湿润，水浸状，黏、胶黏或黏滑。还有的表面粗糙具纤毛状、丛毛状鳞片或粉末状。鹅膏属 *Amanita* 的不少种类在发育过程中，外菌幕残留在菌盖表面而形成了角锥状、疣状或块状鳞片。有的表面光滑或有花斑和花纹，不少种类往往随着子实体的变老而鳞片逐渐脱落或增多。

菌盖表面的颜色也多种多样。色素一般仅存在于表皮层细胞中，有的则延及菌肉，另有的是伤处内含物在空气中发生氧化反应的结果。

菌盖皮层类型如图 2-5 所示。

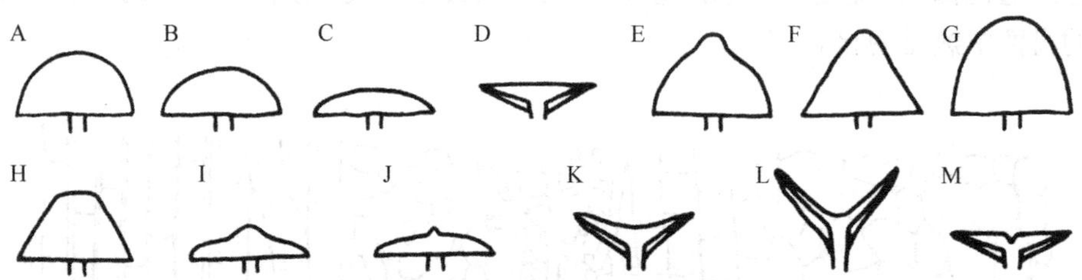

图 2-4　菌盖形态（引自 Knudsen et al.，2008）

A. 半球形；B. 凸镜形；C. 扁凸镜形；D. 平展形；E. 钟状；F. 圆锥形；G. 抛物面形；H. 平截型；I. 中部凸起；J. 具小乳突；K. 下凹；L. 漏斗形；M. 中部具脐凹

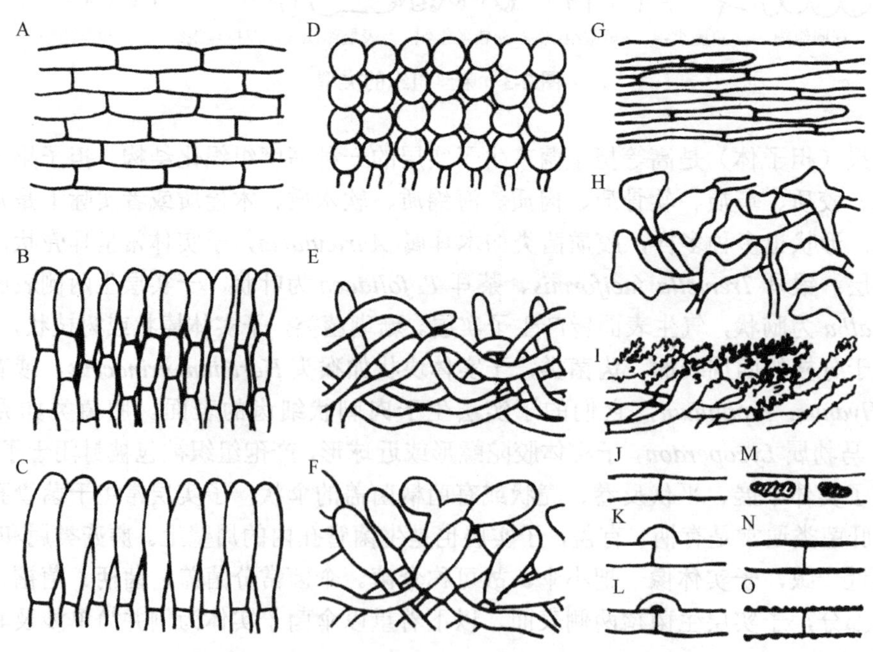

图 2-5　菌盖皮层类型（引自 Knudsen et al.，2008）

A. 表皮（cutis）；B. 毛皮型（trichoderm）；C. 膜皮型（hymeniderm）；D. 上皮型（epithelium）；E. 绒毛型（tomentum）；F. 棒状皮型（clavicutis）；G. 黏皮型（ixocutis）；H. 薄叶山砜型皮型（dryophila structure）；I. 枝状结构（rameales-structure）；J. 简单隔膜型［simple septum（without clamp）］（即无锁状联合）；K. 锁状联合（clamp）；L. 具隙锁状联合（medallion clamp）；M. 细胞内色素（intracellular pigment）；N. 侧壁色素（parietal pigment）；O. 结痂色素（incrusting pigment）

2. 菌肉

菌盖表皮层下面是菌盖菌肉。香菇 *Lentinula edodes* 的表皮与菌肉不易分开，而毒红菇 *Russula emetica* 的表皮层则可大片地从菌肉撕离下来。菌肉的构造通常可分两种。一般全由丝状菌丝组成，即同型菌丝；另有的红菇属 *Russula* 和乳菇属 *Lactarius* 中的种类，菌丝中很多的分枝细胞变成泡囊，这种泡囊成群地遍布于菌肉之中，有时形成了菌肉的主要成分，只在间隙内充以丝状菌丝，即异型菌丝，故红菇属和乳菇属的子实体显得特别松脆易碎（图 2-6）。菌肉白色或有色，但有的伤后变色。乳菇属伤后流出的乳汁又有颜色变化。菌肉受伤或乳汁变色的情况，常是分类上的重要特征。

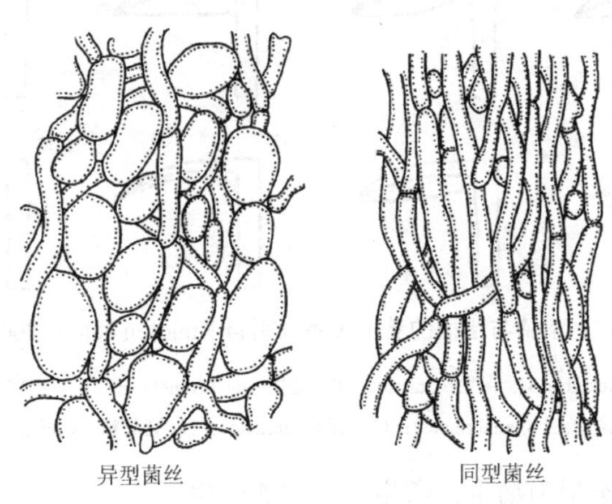

图 2-6 菌肉菌丝（引自应建浙等，1985）

3. 菌管和菌褶

菌盖下面辐射状生长的薄片叫作菌褶。牛肝菌 *Boletus*、多孔菌 *Polyporus* 的菌盖下面是生长着向下垂直的菌管。子实层着生在菌褶两侧或菌管周壁上，故菌褶和菌管又称为子实层体。鸡油菌科的喇叭菌 *Craterellus cornucopioides* 和鸡油菌 *Cantharellus cibarius* 的子实层体居菌盖下侧面形成皱纹或棱脊，这种结构有时在外形上无异于伞菌的真正菌褶。但从发育上看，前者子实体可向侧面无限继续生长，已存在的子实层体总是有新的组成加入，即子实层体的各组成具有不同的龄期。然而在蘑菇目中，子实体主要是一次形成的，它们全部成熟，因而在一定时间内同时发育，相应的，整个子实层体在龄期上近乎是相同的。

菌褶的颜色，往往不是由菌褶的组织菌丝所决定。例如，蘑菇 *Agaricus campestris* 幼时菌褶白色，不久渐变粉红色，后又变为暗褐色至紫褐色，这是担孢子幼时内含有细胞质色素，到后期孢子壁沉积有暗色素的原因。其他如草菇属 *Volvariella*、光柄菇属 *Pluteus*、丝盖伞属 *Inocybe* 及鬼伞属 *Coprinus* 等的菌褶颜色，也都是由孢子的颜色造成的。但也有些种类菌褶的颜色是由囊状体显示出来的，如多汁乳菇 *Lactarius volemus* 的囊状体为淡黄色，常使菌褶带淡黄色。但蜡伞属 *Hygrophorus* 的一些种的菌褶颜色是因为菌褶组织菌丝本身内含有色素，特别是斑褶菌属 *Panaeolus*。Buller（1922）认为，菌褶表面出现色斑，是由于担子在一定面积倾向于同时成熟的缘故。

蘑菇目大多数种类的菌褶与菌盖下表面垂直，每一片菌褶与菌盖连生的一侧较厚，而愈向下侧的游离边缘愈稍薄，使菌褶横切面呈楔形。这种楔形构造，可以在子实体由垂直的位置倾斜时，使孢子的损耗量减少到最低限度。Buller（1909）曾计算野生蘑菇 *Agaricus arvensis*

从垂直的位置移动 2°30′ 时，仍能让所有的孢子释放出来。很明显，子实层同时发育型的菌褶，这种剖面楔形结构是一种很好的适应。子实层非同时发育型的菌褶，横向切面不呈楔形而是二侧平行的，菌褶成熟是从菌盖边缘一端开始，然后慢慢向菌盖中心一端推进，当菌褶边缘的担子释放了孢子之后，由于菌褶组织体本身蛋白酶等的活动使自身消解（自溶）成墨汁似的液汁从菌盖上滴落下来。

菌褶与菌柄的着生关系也是菌褶的重要特征，常作为分类上的依据。大致可分为下列几种类型（图 2-7）。

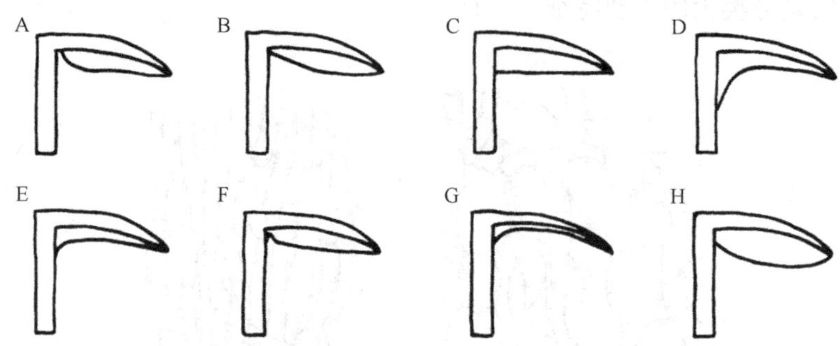

图 2-7　菌褶与菌柄的着生关系（引自 Knudsen et al.，2008）

A. 离生（free）；B. 弯生（adnexed）；C. 直生（adnate）；D. 延生（decurrent）；E. 具有延生的齿（with a decurrent tooth）；F. 顶端微凹（emarginate）；G. 弓形（arcuate）；H. 腹鼓状（ventricose）

一般常见或基本的类型为离生、弯生、直生或延生。

离生，又称为游生。菌褶内端不与菌柄接触，如蘑菇属 *Agaricus*、小包脚菇属 *Volvariella*。

弯生，又称为凹生。菌褶内端与菌柄着生处呈一弯曲，如口蘑属 *Tricholoma*、香菇 *Lentinla edodes*。

直生，又称为贴生。菌褶内端呈直角状着生在菌柄上，如鳞伞属 *Pholiota*。

延生，菌褶内端沿菌柄下延，如杯伞属 *Clitocybe*。

菌褶的内部构造通常由三部分组成，即菌髓、子实下层和子实层（图 2-8）。子实层是菌褶最外面的一层，它由担子组成。担子丛生或单生于可育菌丝顶端。此外，总存在一些不育成分，如线形或分枝的侧丝、胶囊体和囊状体。子实下层是一层很薄的组织，居子实层和菌髓之间。菌髓是两侧子实层基之间菌褶组织的整个中间部分，它与菌盖的菌肉组织直接联系，其联系紧密者，菌褶与菌盖不易分离，其联系松弛者，菌褶与菌盖易分离。

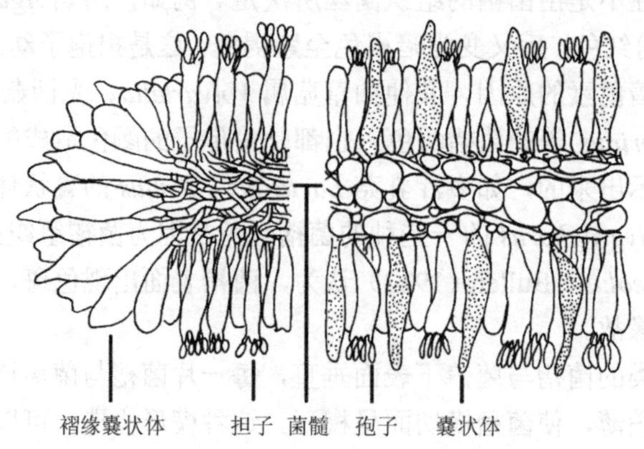

图 2-8　菌髓、子实下层和子实层（仿卯晓岚，1998）

菌褶的菌髓构造，也有多种形式。大多由丝状菌丝组成，称为同型菌髓；红菇科除丝状菌丝组织外，尚有泡囊状组织，称为异型菌髓。菌丝在菌髓中有不同的排列方式，主要有规则型（平行型）、不规则型（交错型）、两侧型（正面侧向型、趋同型）、逆两侧型（反面侧向型、倒位型）等（图 2-9）。规则型主要是菌丝由菌髓处向下延长，彼此大致平行；逆两侧型是从子实下层伸出的菌丝向菌髓中心靠拢，而两侧型则是构成菌髓中心层的菌丝由该处向两侧分出两层来。

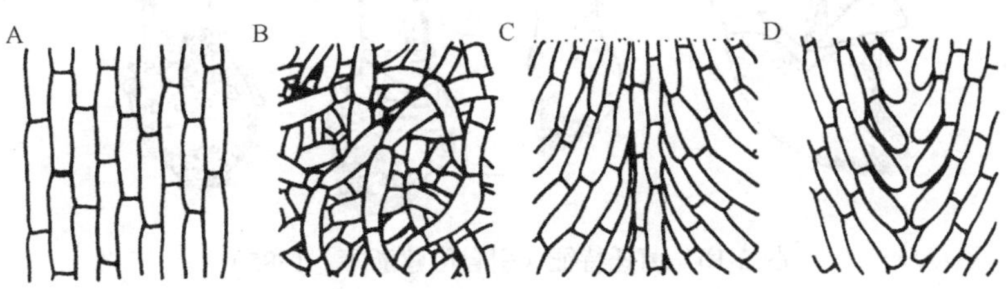

图 2-9　菌髓类型（引自 Knudsen et al.，2008）

A. 规则型；B. 不规则型；C. 两侧型；D. 逆两侧型

菌髓除了菌褶菌髓以外还有菌盖菌髓和菌柄菌髓。菌盖菌髓位于菌盖皮层和子实下层之间。菌盖菌髓菌丝向下分枝形成下子实层菌髓。尽管菌柄菌髓与菌盖菌髓相连，但也可以把菌柄菌髓与菌盖菌髓相区分。大多伞菌菌柄菌髓的研究还不够，但有的可作分类依据，如 *Amanita citrina* 和 *A. porphyria* 巨大棒状菌丝和狭窄分枝的纵向排列的混杂菌丝。

4. 菌柄、菌环、菌托

在伞菌中，有些是无菌柄或仅具短柄的，但多数种类具有圆柱状的菌柄。菌柄的长短、大小、形状、质地及颜色因种不同而有差异，有肉质、纤维质、脆骨质或稍坚韧半革质至革质。与菌盖着生关系，多为中生，即菌柄生菌盖中心，如蘑菇属 *Agaricus*、小包脚菇属 *Volvariella*、口蘑属 *Tricholoma*、乳菇属 *Lactarius*、红菇属 *Russula* 等；菌柄生于菌盖中心稍偏一些的叫作偏生，如香菇 *Lentinula edodes*；菌柄生菌盖一侧的叫作侧生，如胶质刺银耳 *Tremellodon gelatinosum*、亚侧耳 *Panellus serotinus*。菌柄表面光滑或具鳞片或条纹。菌柄的形状，有圆柱形、棒状、纺锤形，通常直立，也有弯曲或扭转的，有分枝的，有仅基部联合的；菌柄基部有的特别膨大呈球状或臼状，或下延呈假根状，这些特征在分类鉴定时有一定的意义。菌柄内部松软、空心或实心。有的种类随着子实体的成长可由实心变为空心。

蘑菇目的不少种类，有的具菌环，如环柄菇属 *Lepiota*；有的有菌托，如金疣鹅膏 *Amanita inaurata*、赤褐鹅膏 *Amanita fulva*、雪白鹅膏 *Amanita nivalis*、灰鹅膏 *Amanita vaginata*、小包脚菇属 *Volvariella*；有的同时具有菌环和菌托，如鳞柄白鹅膏 *Amanita virosa*、春生鹅膏 *Amanita verna*、毒鹅膏 *Amanita phalloides*、湖南鹅膏 *Amanita hunanensis*、橙盖鹅膏 *Amanita caesarea* 等。一般认为，菌托是外菌幕遗留在菌柄基部的袋状或环状结构（图 2-10），菌环是内菌幕残留在菌柄上的环状物（图 2-11）。菌环或菌托存在与否及其形态特征的差异，在分类鉴定上具有重要意义。

蘑菇目担子果的发育大致可分为三种类型，即裸果型、假被果型和半被果型，在担子菌的分类中，可以用此来区分大的类别，如科和目。

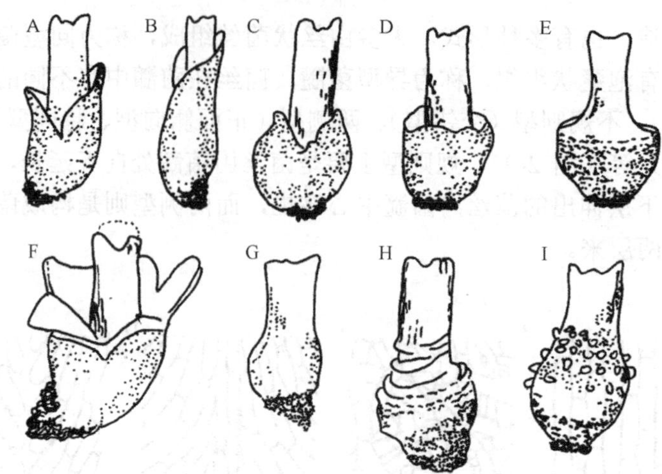

图 2-10　菌托特征（引自应建浙等，1985）

A. 苞状；B. 鞘状；C. 鳞茎状；D. 杯状；E. 杵状；F. 瓣状；G. 菌托退化；H. 带状；I. 数圈颗粒状

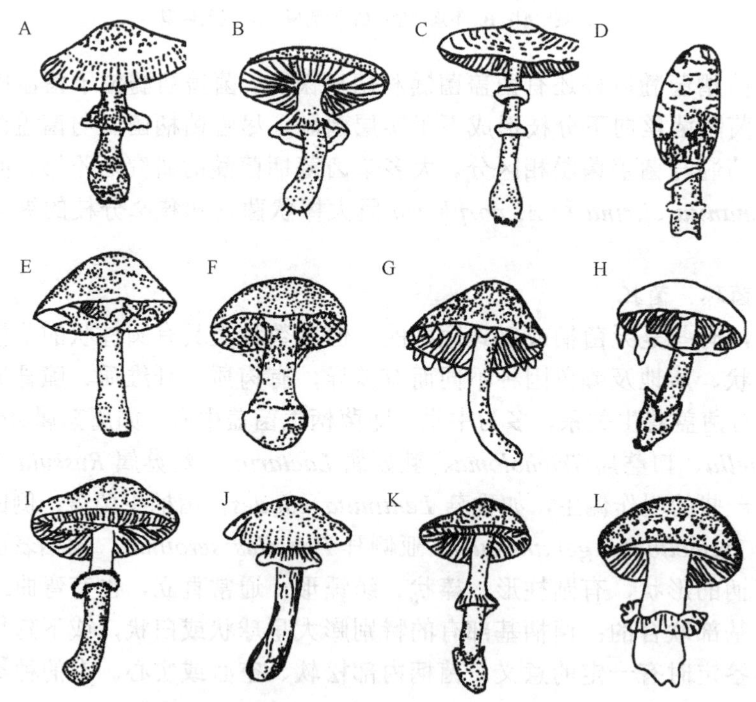

图 2-11　菌环特征（引自应建浙等，1985）

A. 单层；B. 双层；C，D. 菌环可沿菌柄上下移动；E. 膜质絮状；F. 丝膜状（蛛网状）；G，H. 外菌幕破裂后附着菌盖边缘；I. 呈齿轮状；J. 生于菌柄上部；K. 生于菌柄中部；L. 生于菌柄下部

裸果型：子实层体从它开始出现时起就是裸露的，决不被任何组织包裹。例如，鸡油菌 *Cantharellus cibarius*、喇叭菌 *C. floccosus* 及侧耳属 *Pleurotus* 均属于裸果型。而且从定义上讲，盘菌纲 Discomycetes 的部分种类、多孔菌目 Polyporales、银耳目 Tremellales、木耳目 Auriculariales、花耳目 Dacrymycetales 及隔担耳目 Septobasidiales 的担子果均为这种发育方式。

假被果型：最初子实层的形成是开放式的、外生的、裸果型的，其后幼小菌盖的边缘向柄弯曲，其菌丝与菌柄表皮的菌丝相绞连，因此子实层体短时期内是封闭的。在这种后来发生的内菌幕中，菌盖的边缘和柄的表皮因种的不同而不同程度地参与其组成，如虎皮香菇 *Lentinus tigrinus* 是从菌盖边缘和菌柄上同时延伸出菌丝来，而后包围正在发育的菌褶。当子实体成熟，菌盖开展，内菌幕伸展并随之破裂，一般不能再识别出来或者只靠一点菌丝残留加以佐证。由于内菌幕的消失，子实层又暴露于外，因此这种情况只能暂时给人以被果型的假象，故这种发育方式称为“假被果型”。这种类型也发现于蜡伞科、红菇科和牛肝菌科。

半被果型：在蘑菇目中是很常见的且在不同的科中出现。其特征是即使在担子果发育的最早阶段，子实层或能育层都是被担子果的组织所包围的。这种组织称为内菌幕，是菌盖边缘与菌柄相连接的膜状结构。直到菌盖扩展撕裂内菌幕时，子实层才暴露出来，这发生在孢子成熟并从担子释放出来前不久。内菌幕常从菌盖的边缘脱离并附着在菌柄上形成一个环即菌环。有些种类的内菌幕撕裂后从菌盖边缘垂挂下来，形成类似蛛网状的薄幕。另外，如鹅膏属 *Amanita* 的一些种，除了内菌幕之外，子实体在发育早期，连整个菌蕾又被周包膜包裹起来，这个周包膜叫作外菌幕。当菌蕾长大伸展后，就会把外菌幕冲破而遗留于菌柄基部成为菌托。种类不同，外菌幕发育强弱等也有不同，故形成的菌托形状就有苞状、鞘状、鳞茎状、杯状、杵状，或由残存的数圈颗粒组成，甚或完全退化。有些种类，外菌幕的部分也常作为鳞片或碎片残留于菌盖上。

伞菌类以外的担子菌，如腹菌类还有一种发育类型——被果型。

5. 子实层

子实层是由子囊或担子等组成的一个可育层，整齐排列成栅状，位于子实体的表面。在子囊菌中，它是由子囊和侧丝组成。盘菌属 *Peziza* 的子实层生盘状子实体的内表面；羊肚菌属 *Morchella* 的子实层生头部凹坑中而棱上缺生；马鞍菌属 *Helvella* 的子实层生菌盖表面；核菌纲 Pyrenomycetes 的种类，子实层则生子囊壳内。在担子菌中，子实层在子实体的着生方式是多种多样的。从演化上看，子实层是沿着增加面积和提高孢子数量来发展的，从多孔菌目可以看到这一点，伏革菌科的子实层生平展的子实体上；珊瑚菌科的子实体分枝，子实层生在全部分枝的表面；鸡油菌科的子实层体的面积因出现棱脊而有所增加。齿菌科的子实层生子实体的齿或刺的表面；多孔菌科和蘑菇目 Agaricales，子实层生菌管孔内壁表面或菌褶表面，因而子实层的面积大大增加了。据统计，子实层体由平铺至片状，子实层的面积成倍增加。红菇属 *Russula* 增加 7 倍；蜜环菌属 *Armillaria* 增加 13 倍；橙盖鹅膏 *Amanita caesarea* 增加 10～12 倍；蘑菇属 *Agaricus* 增加 20 倍。一般来说，担子菌的子实层比子囊菌的要复杂，主要包括担子、囊状体等。

（1）子囊与子囊孢子

核菌和盘菌的子囊是由受精的产囊体上伸出的产囊丝发育而来。产囊丝具隔膜。每个细胞内含两个核，一个来自雄器，一个来自产囊体。由产囊丝顶端的双核细胞伸长和弯曲成为一个钩状体，双核并裂成 4 个子核，其中两核移到钩头，一个在钩尖，另一核在钩柄。继之，钩头与钩尖、钩柄之间各生一隔膜，将钩状体分成三个细胞，钩尖、钩柄各含一核，钩头细胞含两核，此两核细胞即为子囊母细胞，由它伸长和双核进行核配发育成子囊。子囊中的双倍体细胞核，经过减数分裂形成 4 个单倍体的细胞核，再经过一次有丝分裂形成 8 个细胞核，以后围着每核的细胞质与子囊中其余细胞质分离，并形成细胞壁成为 8 个子囊孢子（图 2-12）。

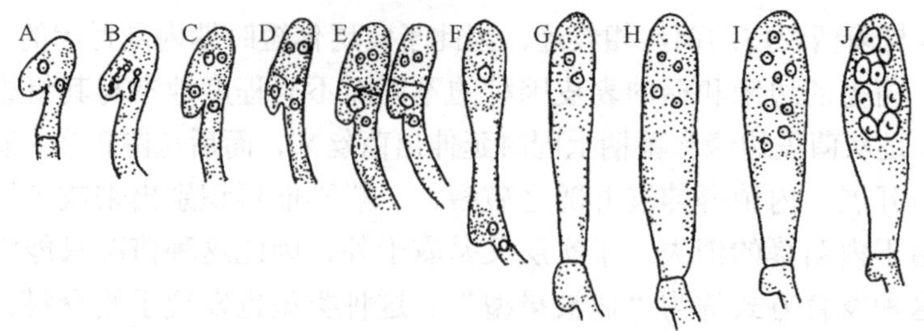

图 2-12　子囊与子囊孢子的形成（仿邢来君等，2010）

A. 双核产囊丝；B，C. 有丝分裂；D，E. 产生横隔；F. 核配；G，H. 减数分裂；I. 有丝分裂；J. 成熟子囊

子囊的形状有很大的差异，核菌和盘菌的子囊大多为圆筒形或棒状，罕见椭圆形或卵圆形；有柄或无柄；子囊膜单层或双层。很多子囊菌有简单的盘状、碟状或杯状的、有或无柄子实体。具有子囊的子实层在杯子的里面，有的则在褶状菌盖或者融合了的杯状菌盖边缘上，如马鞍菌属和羊肚菌。

在传统的核菌纲中，多数种类的子囊两侧壁薄，顶端厚，中间有小孔道，子囊孢子可以通过小孔道强力发射出去。炭角菌科 Xylariaceae 的一部分种类的子囊在小孔道周围有一环状构造为顶环，淀粉质的顶环遇碘液会变为蓝色；另有些菌的子囊在淀粉质的顶环上面还分化出一个垫状结构，称为顶垫。肉座菌科 Hypocreaceae、麦角菌科 Clavicipitaceae 和疣孢菌科 Hypomycetaceae 子囊的顶部构造是甲壳质而非淀粉质的，具强折光性，遇碘不变蓝，其中麦角菌科子囊的顶环很厚，位于子囊最顶端，很像一个帽子，称为顶帽。在盘菌中，有些菌子囊壁薄，具有顶生或亚顶生的囊盖，当子囊孢子成熟时，打开囊盖，发射孢子；许多盘菌的子囊顶端有一个垂直的裂缝；在无囊盖盘菌中，子囊顶部变厚，中间有一小孔道，这个孔道在孢子发射之前被一个由细胞壁物质构成的塞子所堵塞。

子囊孢子的形状各种各样，有圆形、椭圆形、腊肠形、圆筒形、砖壁形和丝状等；有单细胞的、双细胞的和多细胞的；表面光滑或具刻纹、瘤状突起等；无色或有色。每个子囊内通常含 8 个孢子，每个孢子细胞内含 1 个单倍体核。有些菌在 8 个细胞核形成以后，再分裂 1 次或多次，从而使一个子囊内含 8 个以上的子囊孢子。有些菌形成多隔的子囊孢子，释放前裂成分孢子，从而使子囊内的孢子数量增多。有些菌在一个子囊内只形成 4 个孢子，每个孢子含 2 个核。有些菌在子囊内产生 8 个核以后，部分核解体，因此在子囊内只形成少数几个孢子。子囊孢子在子囊内可呈单行或双行排列，或平行排列（如丝状孢子）。

子囊孢子的释放是很复杂的。块菌埋生地下，子囊不规则地散布于菌肉组织圈内，不外露，子囊近球形，子囊孢子常只有 2～4 个；子囊不能猛烈地发射孢子，可能是通过子实体成熟散发香气引诱动物取食时将孢子扩散开来。羊肚菌的子实层着生在凹坑内，子囊能向光弯曲，这样可使孢子发射，而不至于碰撞到凹坑的对侧上去。同时，由于子实体在发射孢子时产生强烈的物质分解使自己体温增高，因此发生气流使子囊孢子散发于外。一般认为，圆筒形子囊的孢子是爆炸发射出去的，这种爆炸释放被认为由子囊吸水引起的膨胀所致。在幼年子囊内，子囊孢子被分割形成以后，还有剩余的细胞质，含有糖原等丰富的多糖类，残留在细胞壁上，它围绕在一个大型的、含有子囊汁液的中央液泡周围，子囊孢子悬浮在这种液泡内。多糖类转化为分子质量较小的蔗糖时，增加了子囊汁液的渗透压，随之子囊大量吸水，膨压增加，导致子囊顶端破裂，喷出孢子。

（2）原担子与担子

原担子是未成熟、败育或发育中的担子。原担子通常呈棍棒状至宽棍棒状，有时与担子形状类似。原担子同担子一样是起源于子实下层的。

一些子实层成分如在鬼伞中，结构上与原担子十分相似。最大的不同是这些结构比原担子大和膨胀些，称为短原担子。这些短原担子相互重叠形成能产生担子的基部，起到调节间距的作用，以此结构为特征的子实层称为类鬼伞子实层结构。

在担子菌中，担子的构造和形状有很大差异，这是一个很重要的分类标准。典型的伞菌和牛肝菌担子是单细胞、薄壁，通常产生 4 个担孢子，成熟时担子呈棍棒状至宽棍棒状，幼小时呈纺锤状至窄棍棒状，称为无隔担子，而胶质真菌中担子是多细胞，形状各异，也称为有隔担子。

伞菌和牛肝菌中无隔担子在顶端突起的担子小梗上产生担孢子。一个小分枝的担子小梗上产生一个斜生的担孢子，称为异向着生方式。另一种是对称着生方式，在马勃菌及其同类群（腹菌目）和一些特殊的类群中担孢子对称地排列在担子上，两者纵轴互相平行。并非所有的腹菌中都存在对称着生方式，无此方式的种类常和异向着生的伞菌联系在一起。

典型的无隔担子是单细胞，双核时期，随担子成熟进行减数分裂生成 4 个单倍体的核。所有伞菌和牛肝菌中减数第二次分裂时，纺锤体水平排列，与担子纵轴平行。类似伞菌中的鸡油菌和钉菇中有典型的纺锤担子，在一些非菌褶状的担子果子实层中也有发现。

减数分裂后单倍体的细胞核在膨大液泡的压力下，经担子柄被推至顶点，直到担孢子从担子上强力射出。孢子强力弹射和无隔担子的异向着生方式有关，一次一个核迁移至一个担子柄中，担子成熟过程中，1～4 核都可观察到。要仔细观察担子在孢子成熟不同过程中的外观形态，幼担子（生长中的担子小梗为特征）易与子实层上的囊状体混淆，当要观察每个担子上孢子数目时就要考虑发育成熟阶段。

通常担子在子实层上孕育成熟，一定时间内有大致相同的担子同时发育成熟。这类子实层称为子实层同时发育。在这些蘑菇中，菌褶两侧面不是平行的，菌褶中靠近菌盖菌肉部位的菌髓比靠近褶缘的厚一些，具楔形的横切面。腹菌纲的孢子在子实体的腔中成长和成熟。

鬼伞属中，菌褶的两侧面平行排列，菌缘端菌髓与靠近菌盖菌肉端的厚度相同，排列在这种子实层上的担子自褶缘端由下至上成熟，担子成熟和担孢子形成后，产生孢子的子实层部位开始自溶，最终将菌褶溶化为墨汁状液体，鬼伞中发现的这类子实层称为非子实层发育。

典型伞菌和牛肝菌的担子在孢子数目、形状大小和担子壁等特征上都不尽相同，可作为分类依据。

无隔担子孢子数目通常是 4 个，而少数已描述过的种类中具产生 2 个担孢子的担子。4 孢担子较 2 孢担子多见。1 孢担子在蘑菇和牛肝菌中极少见，1 孢担子呈纺锤体状的担子要产生 2～4 个孢子的棒状担子。3 孢担子更为稀有，伞菌中少数几个种是以此为特征，如 *Coprinus trisporus*，该种也有少许的 4 孢担子。鸡油菌属中一些担子中可产生 6～8 个担孢子。

值得一提的是，一些蕈菌除了产生子囊孢子、担孢子等有性孢子以外还可以产生无性孢子，如 *Tremella* 的许多种可以产生无性孢子或分生孢子，*Abortiporus biennis* 和 *Laetiporus sulphureus* 偶尔产生球状的分生孢子，伞菌中 *Asterophora* 在菌盖的表面也可产生分生孢子。

伞菌和牛肝菌中绝大多数担子呈棍棒状至宽棍棒状，担子高是宽的 2～4 倍。*Hygrophorus* 的担子呈圆柱形、棍棒状，高为宽的 5～8 倍，菌褶较厚，蜡质状。应该注意并非所有厚的蜡质菌褶都是由长担子所致，如 *Laccaria* 的蜡质菌褶是由厚的菌褶菌髓所致。此外，伞菌中还有一些具有长担子而不产生蜡质菌褶，如 *Catathelasma* 和 *Mycena* 的一些种。

还有一些担子较小或粗短，典型的有蘑菇属（小）、锥盖伞属 *Conocybe*（短）、小脐柄菇属（短）和红菇属（球状）。鬼伞属中担子的形状显著不同，有小的、短和圆形的。

典型无隔担子壁通常很薄，显微镜下观察像一条线。相反的，在少数伞菌中具有担子厚壁（≥0.5μm），称为厚垣担子。厚垣担子通常是败育的，*Hygrotrama* 中的厚垣担子就是败育的，而法伞菌属 *Fayodia* 一些种的厚垣担子是可育的。

担子的类型可作为大类群的分类依据（图 2-13）。

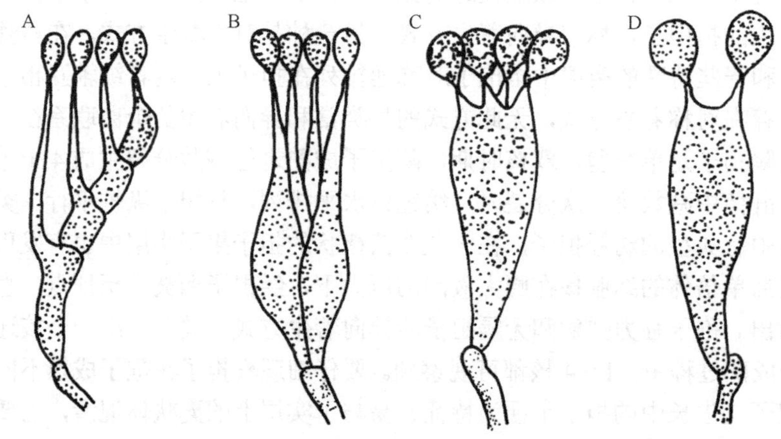

图 2-13　担子的类型（引自应建浙等，1985）

A. 横隔担子；B. 纵隔担子；C，D. 无隔担子

木耳目 Auriculariales 的横隔担子：通过锁状联合形成的双核菌丝顶端细胞成为柱状的幼担子，核配后减数分裂过程中第一次核分裂后产生一个横隔，第二次核分裂后产生二个横隔，使成熟担子成为 4 个细胞，每个细胞产生一个长的管状上担子，也有人称之为小梗，每个小梗先端着生一个担孢子。

银耳目 Tremellales 的纵隔担子：双核菌丝顶端细胞形成的幼年担子称为原担子，核配后，减数分裂仍在这里进行，原来单细胞球形、卵形、梨形或棒状的原担子，长大且十字形纵分隔成 4 个细胞，横切面呈“田”字形。每个细胞的顶部伸出一长的管状物，称为上担子，其先端小而尖锐称为小尖，这个小尖担负担孢子形成和掷射之用。这时已纵裂长大的担子称为下担子。

蘑菇目 Agaricales 等的无隔担子：构成菌褶组织的双核菌丝顶端细胞，经核配和减数分裂成熟后，仍是圆筒形或棒状的单细胞，没有隔膜，在其顶端伸出 4 个小梗，每个小梗上形成一个担孢子。

花耳目 Dacrymycetales 等的叉担子：担子不分隔，幼时棍棒状，成熟时上部呈二叉或形成两个长臂，每臂先端产生一个小尖并形成一个担孢子，称为叉担子。典型的叉担子只产生两个担孢子。因减数分裂产生的 4 个子核，两个早期退化，只剩下两个有功能的核。

叉担子类子实体胶质，担子上产生的两个长梗与银耳类的相似，也称为上担子，担孢子萌发时也产生再生孢子。在系统分类上，长期把该类真菌作为一个科包括在银耳目内。传统上因其担子是无隔的等原因，认为把它们安置在无隔担子菌类。

（3）担孢子

担孢子的形状、大小、颜色、表面特征、孢壁厚度等是进行分类的重要依据之一。

观察新鲜子实体的担孢子，最好从孢子印上取，因为应该观察成熟的、已弹射的孢子。若没能得到孢子印，看能否在该子实体的某些部位，如菌环、菌柄上部或菌盖上观察到孢子。若以上方法得不到孢子，那么剩下的唯一方法就是将一小块菌褶放在载玻片上，并加一滴水。研究干标本时也从这些部位取孢子，但这时比研究新鲜材料时需要观察更多的孢子，因为有些孢子在烘干过程中会萎缩或变形，而且可能观察到一些未成熟的或不正常的孢子。

种类不同，孢子的形状也常不同，常见的有球形、近球形、宽椭圆形、椭圆形、长椭圆形、圆柱形等（图 2-14）。这只是为了形容一些中间形状的孢子人为强加于孢子的几何名称，实际上孢子的形状在各个面上可不同，如 *Coprinus cordisporus* 的孢子侧面是椭圆、正面是心形、顶端是长方形的，而 *Cystoagaricus* 的孢子正面心形、侧面和顶端都是椭圆形的。因此，有时产生了一些复合式名词，如椭圆-长方形。这一术语是指孢子或多或少呈长方形，但又有点椭圆，或者常常用“近”（sub-）这个字加在前面用，如近球形。

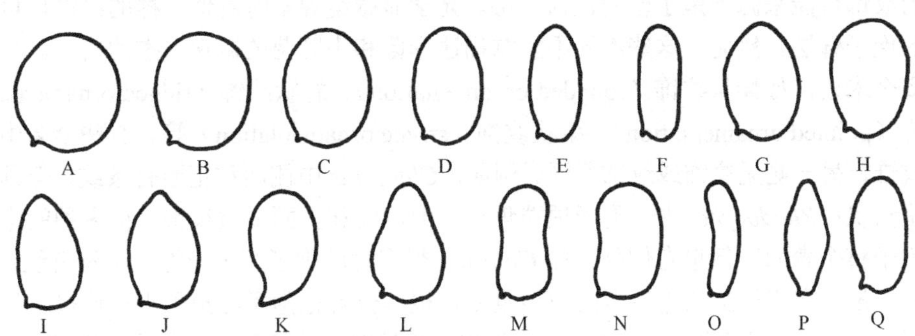

图 2-14　孢子形状（引自 Knudsen et al.，2008）

A. 球状；B. 近球形；C. 宽椭圆形；D. 椭圆形；E. 长椭圆形；F. 圆柱形；G. 卵圆形；H. 倒卵圆形；I. 杏仁状；J. 柠檬形；K. 近梨形；L. 梨形；M. 豆形；N. 肾形；O. 香肠形；P. 纺锤形；Q. 脐上区凹陷型

在显微镜下就能确定孢子的颜色。若孢子颜色明显，一般观察其水中的颜色即可，也可以在碱性溶液中观察。但孢子印的颜色和孢子的颜色并不一致，如孢子印淡黄色，但孢子在水中可能就是无色的，因为那是孢子整体的颜色，是在折射光下看到的。

一般观察新鲜标本时把孢子放入浮载剂中后应立即观察其颜色，否则孢子的颜色会发生改变。颜色改变所需时间有所不同，一些孢子的颜色很快就有变化，另一些则需要一段时间。例如，*Bolbitius* 的孢子在水中呈金黄色，但时间若长就变成锈褐色；在碱性溶液中变成暗锈褐色。

测量孢子大小时一般测两个数值，即孢子的长度和宽度；若有可能，同样要求测量时最好从孢子印取孢子，这样能保证测量的是成熟的孢子。一般测宽度时测正面/侧面的宽，而不从顶端或底端测孢子。实际上，我们一般只测量孢子的长度和正面宽度（width），很少测侧面的宽度（breadth）。想象一下孢子是个普通的杏仁，可以测量它的长度、正面宽度，还有它的侧面宽度，即厚度。只有一小部分孢子明显像杏仁呈扁平，如 *Crepidotus amygdolosporus*。

孢子大小的范围和平均大小都应测量。基于所测的大部分孢子确定孢子的大小，但不能包括最小的和最大的孢子。用数学统计方式表示所测得的数据，如最小孢子的长度是 7.5μm，最大的为 14μm，但大多孢子的长度平均在 9～12μm，那么应表示为：（7.5～）9.0～12.0（～14.0）μm。平均孢子大小在伞菌的很多属中极其重要，如 *Cortinarius* 和 *Leptonia*。若用新鲜子实体做的孢子印，菌肉厚的伞菌可测 10～15 个孢子，但菌肉薄的最好测 25 个。若测量干标本的孢子，至少要测 20 个孢子，当孢子大小差距过大时需要测多达 50 个孢子。

孢子大小范围测定后，就可以计算出 *Q* 值（quotient），此外有些伞菌学家测量平均孢子差和孢子差范围（*L–W* 或 *L–D*），这些计算数据有时可说明孢子的形状。例如，Bas 测 *Amanita* 的孢子时形状是这么定义的，现在很多蕈菌的孢子采用这一测量标准。

球形	$Q = 1.01$～1.05	椭圆形	$Q = 1.30$～1.60
近球形	$Q = 1.05$～1.15	长方形	$Q = 1.60$～2.0
宽椭圆形	$Q = 1.15$～1.30	圆柱形	$Q = 2.0$～3.0
		杆状	$Q > 3.0$

测量孢子一般包括其纹饰，不包括脐侧附胞，但像红菇科和钉菇或枝瑚菌的有些种的孢子纹饰极其大的除外。这些种的纹饰需单独测量，这时孢子大小一般不包括纹饰。

孢子纹饰主要是由孢子壁有些部分向外生长造成的（图 2-15）。电子显微镜观察表明一个孢子的纹饰可能来源于孢子壁的任何一层。光学显微镜观察时看似一样的纹饰也可能起源于不同的孢子壁层。然而，这些不同不影响描述伞菌和牛肝菌的微观形态的研究。描述孢子纹饰有多个术语，如棒状纹饰（rounded ornamentation）、脊状纹饰（ridged ornamentation）、点状纹饰（pointed ornamentation）、条状纹饰（striate ornamentation）等。有些伞菌中，孢子一侧有纹饰，另一侧无纹饰或纹饰不同。例如，*Clitopilus* 中侧面和正面有条纹，但顶端和底部条纹呈角状；*Rhodocybe* 中，孢子顶端角形，但侧面和正面多皱纹饰。很多种的孢子纹饰都遍布孢子整个表面；但也有例外，如 *Galerina* 很多种的孢子脐上光滑区上没有纹饰。

此外，孢子在担子上的着生方式也很重要，根据位置把孢子与担子小梗连接时的上方称为孢子顶端（apex）或远端（distal end），与担子连接时孢子的下方叫作孢子底部（base）或近端（proximal end）。孢子的近轴面上，脐侧附胞附近有个明显的下凹区域，称为脐上光滑区（suprehilar disc 或 plage），如 *Galerina* 的孢子。若脐上光滑区是淀粉质的，称为脐点（hilar spot），如 *Russula* 的孢子。

孢子的颜色，在显微镜下无色或有色，但大量孢子成堆时，会很好地呈现出各自的群体色彩。孢子堆的颜色是蘑菇目分类的重要依据之一，通常用来制作孢子印做鉴别用。方法是取成熟且新鲜的子实体，在菌盖下把菌柄切去，将菌盖覆在白色或黑色的蜡光纸上，静放 2h 或更长时间（因子实体大小和种不同而有区别），轻轻取去菌盖，则见大量孢子按菌褶放射状排列方式脱落在纸上，就成孢子印或叫作孢子堆（图 2-16）。在过去的分类工作中，常把伞菌分为白色孢子类、粉红孢子类、黄-褐孢子类、紫褐-黑色孢子类。孢子印的颜色在分科分属上仍是重要的依据之一。

担孢子的发射，除了腹菌类以外，大多数是一个一个依次从小梗的顶端猛烈地发射出去，这种担孢子可以称为掷孢子。

担孢子即将发射之前，在孢子和小梗连接处的近轴一侧会出现一个液滴，常称为布勒氏液滴。这个液滴在几秒钟内就能膨大到最大体积，在孢子发射时由孢子所携带，这是观察到的担孢子发射时的一个较普遍的事实。但偶尔有的种，担孢子的发射没有液滴出现的情况。

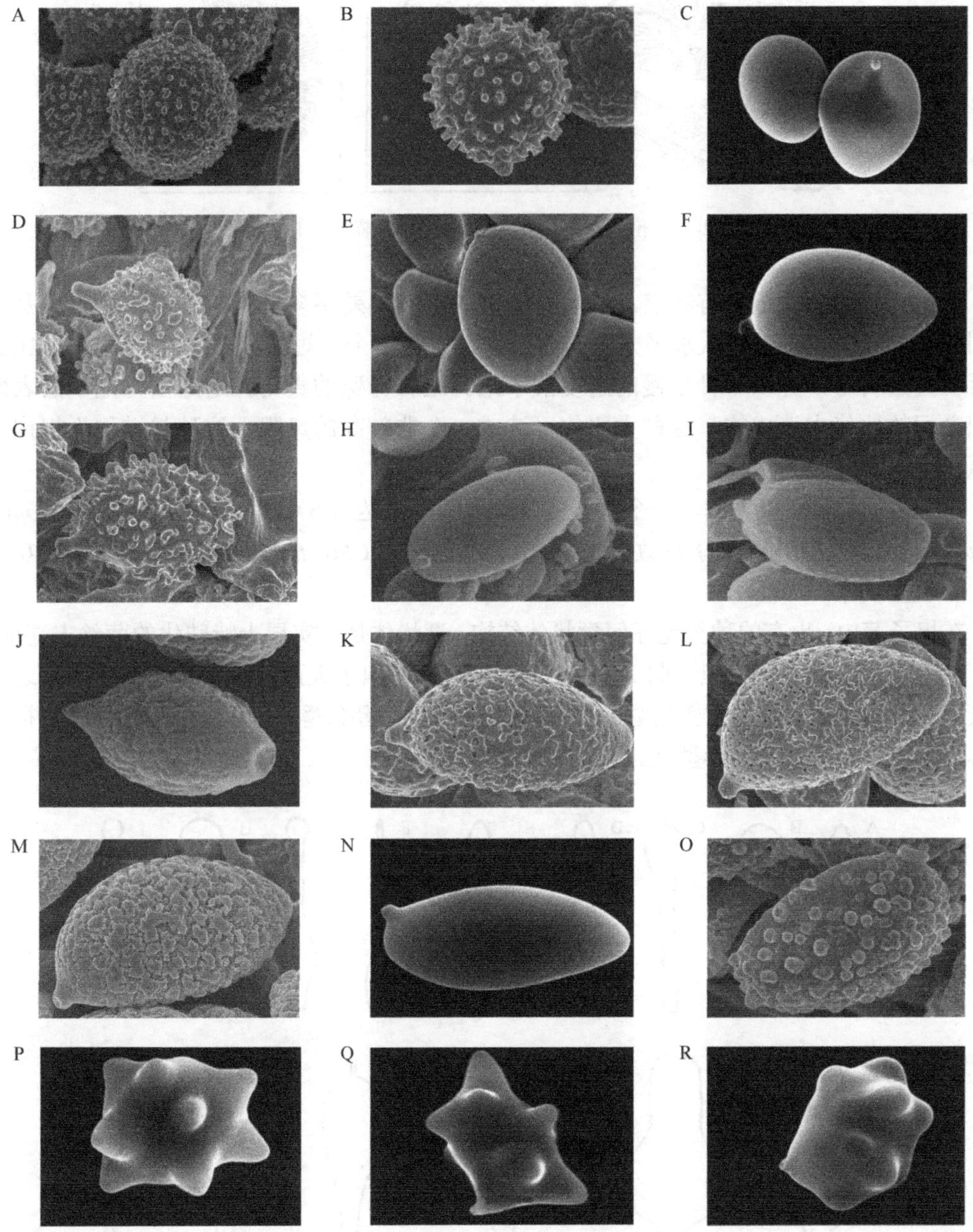

图 2-15　常见蕈菌孢子形态及纹饰

A. 近葵色靴耳 *Crepidotus malachioides* 球形，短柱状凸起；B. 铬黄靴耳 *Crepidotus crocophyllus* 球形，柱状凸起；C. 白锦丝盖伞 *Inocybe leucoloma* 近球形，光滑；D. 细皮囊体红菇 *Russula velenovskyi* 近球形，疣状突起，脐侧附孢明显；E. 潮湿靴耳 *Crepidotus uber* 豆形，光滑；F. 垂幕丝盖伞 *Inocybe appendiculata* 光滑，近杏仁形；G. 诺尔亚红菇 *Russula nuoljae* 宽椭圆形，刺状凸起；H. 丛毛小脆柄菇 *Psathyrella kauffmanii* 椭圆形，光滑；I. 赭褐小脆柄菇 *Psathyrella pennata* 椭圆形，顶端平截具芽孔；J. 毡毛小脆柄菇 *Psathyrella velutina* 椭圆形，瘤状突起；K. 肉色滑锈伞 *Hebeloma incarnatulum* 近扁桃状，蠕虫状纹饰；L. 毛缘滑锈伞 *Hebeloma velutipes* 近扁桃状，脑状回路状纹饰；M. 赭黄脆锈伞 *Alnicola luteolofibrillosa* 近扁桃状，块状纹饰；N. 暗毛丝盖伞沼生变种 *Inocybe lacera* var. *helobia* 长椭圆形；O. 新毛囊靴耳 *Crepidotus neotrichocystis* 长椭圆形，短柱状凸起；P. 星孢丝盖伞 *Inocybe asterospora* 星形；Q. 米易丝盖伞 *Inocybe miyiensis* 多角形；R. 荫生丝盖伞 *Inocybe umbratica* 不规则形

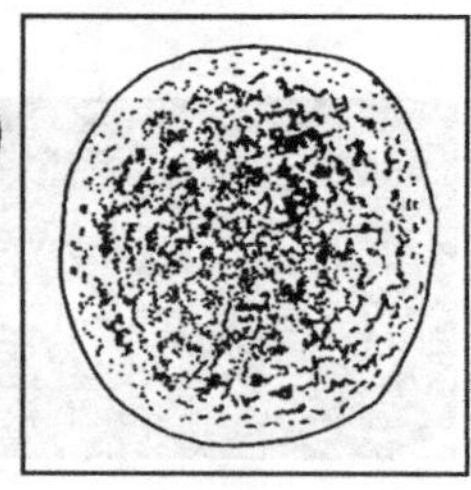
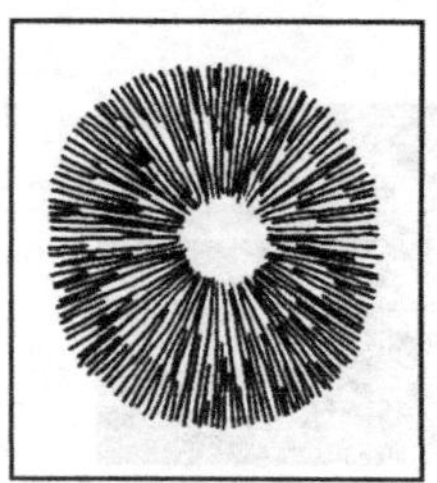

图 2-16　孢子印的制作方法（引自卯晓岚，1998）

担孢子发射的轨道也有特点。许多担子菌的子实层差不多都是垂直的，而担子是水平排列的，孢子释放时，先从水平方向向前发射，到达一个很短的距离（一般不超过 1mm），以后就直角转弯，并以一种很慢的速度落下来。这种特殊的直角弹道是由担孢子的表面与体积之间的比值大造成的，这种大比值可造成一个非常高的风阻，这种弹道称为担孢子发射弧线。

担孢子的数目是很大的。一个蘑菇能产生孢子总数达 1.6×10^{10} 个，毛头鬼伞 *Coprinus comatus* 两天落孢期内产孢子总数为 5.2×10^{9} 个，大马勃 *Clavatia gigantea* 则多达 7×10^{12} 个。

（4）囊状体

在担子菌中，也有的种类无任何囊状体结构。囊状体是子实层上特殊化的菌丝末端细胞，不产生担孢子，即不育细胞（图 2-17）。它们一般都比担子大而且形状特殊，不同种之间差异较大。根据着生部位分为盖生囊状体、柄生囊状体、褶缘囊状体和侧生囊状体，有褶缘囊状体而无侧生囊状体的为异型性。

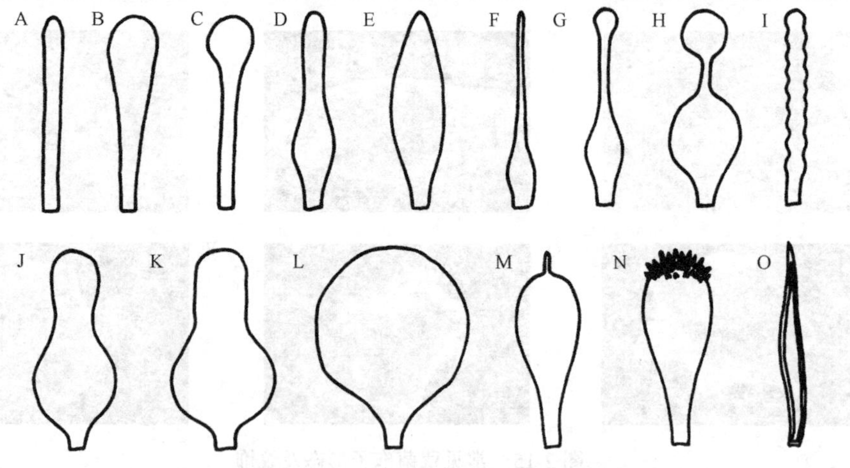

图 2-17　囊状体特征（引自 Knudsen et al.，2008）

A. 圆柱状；B. 棒状；C. 头状；D. 烧瓶形；E. 纺锤形；F. 荨麻蜇毛状；G. 近球顶长颈瓶形；H. 球顶短颈瓶形；I. 念珠形；J. 茶壶状；K. 囊状；L. 球茎状；M. 具短尖；N. 具短突起；O. 刚毛状

囊状体被认为有多种可能的功能：①作为空气捕捉器来维持发育过程中孢子周围最适湿度；②保持相近菌褶的分离和协助孢子扩散，如在鬼伞属 *Coprinus* 的许多种中，它们的子实层是非同时发育的，囊状体可以伸出来横贯在两个菌褶中间，其作用可能是使两个菌褶保持一定空间；③帮助水分和其他挥发性物质的蒸发；④作为分泌排泄组织，如乳菇属。然而很多功能只是猜测，事实是在多数类群中囊状体功能还不清楚，包括它的起源。

囊状体着生位置不限于菌褶表面，因此又常以其着生位置不同而有不同名称。着生在菌褶两侧面上的称为侧生囊状体；长在菌褶边缘的称为褶缘囊状体；侧生囊状体一般单生，褶缘囊状体有的则丛生。类似的构造在菌盖和菌柄上也有发现，前者称为盖生囊状体，后者称为柄生囊状体。

囊状体在形态上有别于担子，易于区分。但应注意不要将囊状体和发育中的担子混淆，尤其是具长担子柄的担子。囊状体的最后鉴定需要子实层和担子各发育阶段的全面调查和观察。未成熟、败育或在发育中受抑制的囊状体称为小囊状体。小囊状体和原担子很难区分，只有通过核分析才能区分开，小囊状体会在后期出现核积聚现象。

常见的囊状体类型有薄壁囊状体、结晶囊状体和胶囊体。

薄壁囊状体薄壁、光滑，没有特殊内含物，不是起源于菌髓，易和担子区分。鬼伞属中基细胞是薄壁囊状体的特殊类型，呈原担子状，称为短囊状体。结晶囊状体全部或至少一部分是厚壁，是无特殊内含物的囊状体，容易与担子区分。

结晶囊状体还有 5 个亚类型：刚毛——较长，在 KOH 中由褐色变至浅黑褐色。仅在多孔菌的种类中发现，如刺革菌属 *Hymenochate* 和木层孔菌属 *Phellinus*，伞菌和牛肝菌中没有发现。刚毛状囊状体——平底锅状，为在 KOH 中变黑的小刚毛状结晶囊状体。刚毛状结晶囊状体——长，在 KOH 中不反应。被结晶囊状体——顶端圆形或具多种顶端，有的覆以外皮，含有色素，有非淀粉质反应、类糊精或淀粉质反应，壁常加厚。胶囊体——变形的囊状体，与化学试剂稳定着色或有显著无形态的粒状内含物，若用碱性溶液如氨、氢氧化钾、氢氧化钠等处理能使囊状体内含物变为黄色，这在伞菌分类上实属重要，如鳞伞属 *Pholiota* 及裸盖菇属 *Psilocybe* 等中的许多种类均以黄色囊状体的有无来加以区别。

胶囊体：假囊状体或大囊状体——起源于菌髓，生长在子实层中或超越子实层在菌盖、菌柄表面的胶囊体。假囊状体在甲酚蓝中异染，在乙醛酸中可着色；在硫苯甲醛中呈黑色，氯香蓝醛中呈红色，硫甲醛液中呈褐色。黄色囊状体——在碱性水溶液中变黄或金色的胶囊体。典型黄色囊状体出现在垂幕菇属 *Hypholoma* 和球盖菇属 *Stropharia*。褐色囊状体——具轻微假淀粉质反应和浅褐色内含物的胶囊体。筛丝囊状体——内部海绵状，表面筛状或多孔的特殊囊状体。菌丝状囊状体——囊状体的变形，缺乏内含物，薄壁或厚壁，具复杂的分枝，如星状菌丝或星状刚毛（厚壁，顶端星状，下部膨大的囊状体）、枝状拟侧丝（树状分枝的菌丝）、刺状侧丝（沿菌丝表面有大量分枝并聚集成刷状结构）、鹿角状丝（叉状分枝菌丝）、囊状体状菌丝（多细胞结构，生于子实层中。有两类：褶缘链在多细胞菌丝上具有显著可区分并能脱落的结构，构成一些伞菌中菌褶边缘上的囊状体，如蘑菇属、蜜环菌和鹅膏属；囊状体状菌丝与褶缘链相似，菌丝上的结构无差别）。

液泡或细胞质中含有色素的囊状体可以观察到在菌褶边缘呈现大量颜色，菌褶边缘颜色肉眼可见时称为具边缘的，色素在碱性水溶液中溶解，因此可在水中观察含色素的囊状体。在囊状体的膜上和细胞间也可能含有色素，这需要通过研究来进一步阐明菌丝中色素的分布。有几种试剂用来研究囊状体，如梅尔策试剂使囊状体呈蓝黑色（淀粉质反应）、呈浅红褐色（类糊精反应）或保持透明（非淀粉质反应）。囊状体内含物遇酚蓝变蓝称为异染。在乙醛酸中囊状体可呈蓝色、黑色或绿色。

大多数的囊状体来源于幼担子，也有些种类则源于菌髓，如灰光柄菇 *Pluteus cervinus*、乳菇属 *Lactarius*。关于囊状体的起源、功能方面仍需要积累更多的知识。

第二节 蕈菌的发育特征

蕈菌的个体发育研究始于19世纪末，de Bary、Flyod和Maire对术语进行限定后，相关的研究在20世纪逐渐开展起来，Atkinson 对蘑菇 *Agaricus campestris* 和细环柄菇 *Lepiota clypeolaria* 发育过程进行研究，确定前者是子实层发育型，观察到子实层的分化滞后于菌褶腔（gill cavity）的形成，并首次详细描述了菌褶腔，1914年再将后者与鹅膏属进行对比后认为，两者之间的区别在于外菌幕与菌盖的关系不同。Allen（1906）在研究亚砖红垂幕菇 *Hypholoma sublateritium* 发育时发现菌盖原基先于其他结构分化的现象，这是观察到的首个菌盖发育型，是在结构发育顺序上确定的发育类型。这种结果在观察过程中常因为结构发育的不明显而产生争议，所以稍后部分学者对菌盖发育型进行了重新定义，以发现相应的发育组织为结构发育的标志，如基础密丝组织（basal plectenchyma）、疏丝组织（prosenchyma）。其中，基础密丝组织是首先在菌柄原基中发现的，也有翻译为基部密丝组织，菌丝特征为弯曲、螺旋，是个体发育中的常见组织；疏丝组织属于密丝组织（plectenchyma），菌丝细胞平行排列、长形，在确认菌盖发育型时就依据菌盖边缘是否具疏丝组织来判断。建立了以发育组织来判断结构的标准后，其他发育类型相继发现，但是直到现在对由什么发育组织产生特定的结构仍有争议，所以会出现不同的文献对同一种得出不同的发育类型。

一、主要发育类型

蕈菌的个体发育研究最早可追溯到1884年de Bary关于担子菌个体发育的文献，在其著作 *Vergleichende Morphologie und Biologie der Pilze* 中首次出现了关于个体发育的术语，该书在1887年由英国学者Henry E. F. Garnsey和Isaac Bayley Balfour翻译成英文后，经由Flyod和Maire（1889）完善形成了现在大型真菌个体发育学的主要术语体系，即：①gymnocarpic（裸果型）。子实层在发育的整个过程中一直暴露在担子果的表面。②angiocarpic（被果型）。子实层一直被担子果组织包被，传统的腹菌目及牛肝菌科Boletaceae、红菇科Russulaceae及少数多孔菌属 *Polyporus* 的种类多属于此类型。③hemiangiocarpic（半被果型）。子实层在菌褶腔中出现，后在担子果的成熟前，被一层封闭膜（内菌幕）包被，球盖菇科Strophariaceae、丝膜菌科Cortinariaceae、鹅膏菌科Amanitaceae、蘑菇科Agaricaceae的种类多属于这种发育类型。

由于这些术语仅仅是对大型真菌个体发育的主要阶段进行描述，Gilbert（1931）曾经质疑过这个术语体系，Kühner（1938）对半被果型重新进行限定和描述后，该体系得到了更进一步的完善。对半被果型进行了限制：子实层初时被菌幕包被，当孢子成熟后才暴露于担子果表面。

除上述的发育类型外，还有pseudoangiocarpous（假被果型）：担子果在最开始的时候是裸果型发育，菌盖原基边缘内卷形成半包膜（velum partial）包被子实层原基。

Reijnders根据保护性菌幕的数量和位置将被果型细分为4个亚类型：①monovelangiocarpic（单菌幕型），（外）菌幕从原基开始出现的时候就包被原基。②paravelangiocarpic（副菌幕型），（内）菌幕保护子实层，子实层在成熟后暴露。③bivelangiocarpic（双菌幕型），原基在发育的过程中同时具有内、外菌幕。④metavelangiocarpic（次生菌幕被果型），（外）菌幕完全包被原基，原基子实层或被菌盖边缘或被菌柄附属物包被，或两者共同作用包被子实层。

同时，另外几种术语描述子实层是否暴露、是否有除了专门的菌幕外的另外一层保护膜，即：①gymnocarpic（裸果包被型），在原基发育过程中没有菌幕或者保护型组织的覆盖，子实层暴露或者在原基发育的初期由于菌盖贴向菌柄而暂时未暴露。②pilangiocarpic（菌盖包被型），原基发育初期菌盖边缘内卷包被整个子实层，子实层暴露后仍有部分菌盖边缘内卷包被保护子实层。③mixangiocarpic（假被果包被型），原基最初进行裸果型发育，后由菌盖边缘或者菌柄发育出的组织包被子实层，或者由两者同时发育的组织包被。④stipitangiocarpic（菌柄包被型），子实层原基由菌柄原基发育出的组织包被，后随原基的发育子实层暴露。

除此之外，Reijnders（1963）由于在研究 *Volvariella* 中发现的一个特殊的结构，另引入了 bulbangiocarpic（完全包被型）：原基在发育的初期由菌柄基部出现的组织包被了原基，在原基子实层发育的过程中这层包被破裂从而原基子实层暴露。另外，Reijnders 还提到了一种较为特殊的类型——hypovelangiocarpic（微包被），这种类型用于描述裸果包被型和菌盖包被型发育。对子实层的包被研究并不始于 Reijnders 对上述类型的描述，实际上早在 1925 年 Kühner 就定义过一个类型的包被：pseudoangiocarpic。该种类型子实层最初暴露，后来由向下和向内卷曲的菌盖边缘包被，由于这种现象并不容易观察到，因此鲜见报道，已知的有 *Lactarius rufus* 和 *Russula fellea*。

关于菌褶的形成 Reijnders 主要描述了三种方式：①levhymenial（光滑子实层），菌褶腔形成后，菌褶在端向形成并由于细胞的增殖被推入菌褶腔中。②rupthymenial（不规则子实层），与光滑子实层相似，不同的是菌褶是由子实层相连的两层栅栏状细胞组成的。③schizohymenial（裂子实层），菌褶菌髓形成后围绕菌褶菌髓形成栅栏细胞。

尽管 Atkinson（1914）曾观察到裂子实层发育型，但是对于另外两种的区分却是十分困难的。在对这个问题进行深入研究的过程中，很多学者提出了不同意见，如 Atkinson 就曾不赞成上述的子实层术语系统，因为他没有看到任何可以支持这三种发育型的证据，尽管 Levine、kühner 和 Reijnders 认同 levhymenial（光滑子实层）、rupthymenial（不规则子实层）两种发育型，但是过渡类型的存在和研究的不清晰对上述术语的理解造成了很大的争议，实际研究中不同的类群可能具有的子实层发育类型不同也使部分学者一直坚持不同观点。虽然这是十分重要和基础的工作，但是直到现在仍然缺少必要的数据支持。

关于原基发育类型的概念主要有以下几类：①stipitocarp/stipitocarpous（菌柄发育型），菌柄发育先于菌盖和子实层，初时原基菌柄样，由无明显自由端的菌丝细胞构成。②pileocarpy/pileocarpous（菌盖发育型），菌盖发育先于菌柄和子实层，菌盖边缘具平行生长的菌丝后菌柄发育开始。③pileostipitocarpy/pileostipitocarpous（菌柄菌盖发育型），菌柄菌盖同时进行发育，子实层原基的出现与菌柄原基或菌盖原基发育有关，抑或是两者共同作用的结果。④hymenocarpy/hymenocarpous（子实层发育型），菌柄原基和菌盖原基尚未发育的时候，栅栏状细胞沿一环形区域出现。⑤hymenopileocarpy（菌盖菌柄接触型发育），术语主要用于定义在发育过程中菌盖原基边缘与菌柄原基的短暂接触，与子实层的包被有关，相应的还有另外两种类型，即菌盖包被型和假被果包被型，前者多见于厚环乳牛肝菌 *Suillus grevillei* 和迷孔牛肝菌属 *Boletinus*，后者多见于革耳属 *Panus*，另外 stipiangiocarpe 见于球根小菇 *Mycena bulbosa*。⑥isocarpy（同步发育型），子实层出现时，菌盖边缘、子实层、菌柄菌盖连接处菌丝生长特征明显。

蕈菌个体发育的研究方法近年来在不断改进，部分学者开始用电镜进行研究，致力于发现发育过程中超显微结构，如 Walther（2001）利用光学显微镜和透射电镜对 *Mycena stylobates* 进行较为详细的个体发育学研究，并给出详细发育过程的手绘图，提出该种的发育可划分两个阶段：第一阶段是具成熟个体所有结构的原基形成；第二阶段是原基内的菌柄迅速伸长，暴露的子实层立即产生孢子。Reijnders（1992）对采集到的材料做切片后，对以往的非褶菌目 Aphyllophorales 和伞菌目 Agaricales 子实层体菌髓的组成进行研究，利用新鲜材料对扫描电子显微镜和光学显微镜观察。新鲜材料对部分结构的发育具有重要意义，如菌褶腔的形成、内菌幕的产生和消失，应用个体发育学数据进行分类学问题的研究更多的应该是对细微结构变化的描述，部分细微结构在相近种和相近属的研究中往往提供区分和进化的依据。

二、个体发育与系统分类

蕈菌的个体发育对于了解其生长发育乃至系统发育有着重要的参考意义，即不同类群的蕈菌往往有着独特的发育类型，可能暗示着它独有的系统发育经历和途径。例如，Reijnders（1979）在分析鬼伞属个体发育数据后，尝试依靠个体发育信息对鬼伞属建立系统发育关系。其实早在 1941 年 Johnson 开始对鬼伞属进行相关的研究。由于鬼伞属的部分种具有生长周期短、易培养、材料易获得的特点，成为首个进行广泛个体发育研究的属，并由此发现了更多的发育学中的结构。但是由于该属种类发育中多是菌柄菌盖型发育或者子实层发育型，其研究的局限性也是显而易见的。Reijnders（1983）对 *Hygrotrama atropuncta*、*Tectella patellaris*、*Marasmiellus candidus*、*Tricholoma populinum*、*Trrcholoma vaccinum*、*Hygrophoropsis aurantiaca*、*Hygrophorus pudorinus* 发育过程进行详细描述，尝试对出现的各种发育类型进行描述。同时也有部分学者对子囊菌的发育过程进行研究，如 Brummelen 根据对粪盘菌科 Ascobolaceae 子囊盘形发育结果提出子囊盘至子实层暴露的 5 个阶段，并分析了子囊菌个体发育在分类学上意义。

实际上，学者对个体发育的原始数据积累做出了大量的工作，表 2-1 对做过相关研究的科属进行统计。

表 2-1　蕈菌不同科属的发育

科属	已知发育类型种的数量	发育类型
Hydnaceae		
Hydnum rufescens	1	裸果型（gymnocarpic）
Cantharellaceae		
Cantharellus & Craterellus	11	裸果型（gymnocarpic）
Boletaceae		
Xerocomus	5	裸果型（gymnocarpic），副菌幕型（paravelangiocarpic）
Pulveroboletus	3	次生菌幕被果型（metavelangiocarpic）
Suillus	8	裸果型（gymnocarpic）或菌盖包被型（pilangiocarpic）或假被果包被型（mixangiocarpic）
Leccinum	2	菌盖包被型（pilangiocarpic）

续表

科属	已知发育类型种的数量	发育类型
Austroboletus	1	次生菌幕被果型（metavelangiocarpic）
Boletellus	2	假被果包被型（mixangiocarpic）
Boletochaete	1	裸果型（gymnocarpic）
Tylopilus	2	裸果型（gymnocarpic）
Gyrodon	1	裸果型（gymnocarpic）
Gyroporus	2	裸果型（gymnocarpic）或次生菌幕被果型（metavelangiocarpic）
Boletinus	4	菌盖包被型（pilangiocarpic）
Strobilomyces	2	次生菌幕被果型（metavelangiocarpic）
Heimiella	1	裸果型（gymnocarpic）
Paxillaceae		
Paxillus	2	菌盖包被型（pilangiocarpic）
Gomphidiaceae		
Gomphidius	3	次生菌幕被果型（metavelangiocarpic）
Russulaceae		
Russula	8	裸果型（gymnocarpic）或假被果包被型（mixangiocarpic）
Lactarius	7	裸果型（gymnocarpic）或假被果包被型（mixangiocarpic）
Hygrophoraceae		
Hygrophorus	7	假被果包被型（mixangiocarpic）或裸果型（gymnocarpic）
Pleurotaceae		
Pleurotus	3	裸果型（gymnocarpic）或次生菌幕被果型（metavelangiocarpicio）
Hohenbuehelia	1	裸果型（gymnocarpic）
Resupinatus	2	裸果型（gymnocarpic）
Pleurotellus	2	裸果型（gymnocarpic）
Phyllotopsis	1	裸果型（gymnocarpic）
Geopetalum	1	裸果型（gymnocarpic）
Lentinus	6	假被果包被型（mixangiocarpic）或裸果型（gymnocarpic）
Lentinellus	2	裸果型（gymnocarpic）
Panellus	2	裸果型（gymnocarpic）
Tectella	1	双菌幕型（bivelangiocarpic）
Schizophyllum	1	裸果型（gymnocarpic）
Polyporaceae		
Polyporus	3	裸果型（gymnocarpic）
Entolomataceae	5	裸果型（gymnocarpic）
Pluteaceae		
Volvariella	4	完全包被型（bulbangiocarpic）
Pluteus	4	裸果型（gymnocarpic）或副菌幕型（paravelangiocarpic）
Amanitaceae		
Amanita	6	双菌幕型（bivelangiocarpic）

续表

科属	已知发育类型种的数量	发育类型
Limacella	2	双菌幕型（bivelangiocarpic）
Termitomyces	2	双菌幕型（bivelangiocarpic）
Agaricaceae		
Agaricus	5	双菌幕型（bivelangiocarpic）
Melanophyllum	1	双菌幕型（bivelangiocarpic）
Lepiota	7	双菌幕型（bivelangiocarpic）
Leucocoprinus	3	双菌幕型（bivelangiocarpic）
Macrolepiota		双菌幕型（bivelangiocarpic）
Leucoagaricus	2	双菌幕型（bivelangiocarpic）
Cystoderma	5	单菌幕型（monovelangiocarpic）
Drosella	2	单菌幕型（monovelangiocarpic）
Bolbitiaceae		
Bolbitius	3	副菌幕型（paravelangiocarpic）
Conocybe	18	副菌幕型（paravelangiocarpic），裸果型（gymnocarpic）
Coprinaceae		
Coprinus	37	副菌幕型（paravelangiocarpic）
Psathyrella	12	子实层发育型或菌柄菌盖发育型
Lacrymaria	2	双菌幕型（bivelangiocarpic）
Panaeolus	7	双菌幕型（bivelangiocarpic）或单菌幕型（monovelangiocarpic）或次生菌幕被果型（metavelangiocarpic）
Strophariaceae		
Stropharia	4	副菌幕型（paravelangiocarpicio）
Hypholoma	9	双菌幕型（bivelangiocarpic）或单菌幕
Psilocybe	10	双菌幕型（bivelangiocarpic）或单菌幕
Melanotus	1	双菌幕型（bivelangiocarpic）
Cortinariaceae		
Cortinarius	22	双菌幕型（bivelangiocarpic）或单菌幕
Leucocortinarius	1	双菌幕型（bivelangiocarpic）
Rozites	2	双菌幕型（bivelangiocarpic）
Flocculina	1	单菌幕型（monovelangiocarpic）
Tubaria	3	双菌幕型（bivelangiocarpic）
Gymnopilus	3	单菌幕型（monovelangiocarpic）
Galerina	5	单菌幕型（monovelangiocarpic）或副菌幕型（paravelangiocarpic）
Pholiota	4	单菌幕型（monovelangiocarpic）
Hebeloma	13	双菌幕型（bivelangiocarpic）
Naucoria	5	单菌幕型（monovelangiocarpic）
Inocybe	10	单菌幕型（monovelangiocarpic）
Ripartites	1	单菌幕型（monovelangiocarpic）

续表

科属	已知发育类型种的数量	发育类型
Tricholomataceae		
Tricholoma	11	单菌幕型（monovelangiocarpic）
Calocybe	1	裸果型（gymnocarpic）
Tricholomopsis	3	单菌幕型（monovelangiocarpic）或副菌幕型
Lyophyllum	1	（paravelangiocarpic）
Melanoleuca	1	裸果型（gymnocarpic）
		裸果型（gymnocarpic）副菌幕型
Squamanita	1	（paravelangiocarpic）
Clitocybe	4	裸果型（gymnocarpic）
Tephrocybe	1	裸果型（gymnocarpic）
Armillaria	3	单菌幕型（monovelangiocarpic）
Leucopaxillus	2	裸果型（gymnocarpic）
Cantharellula	1	裸果型（gymnocarpic）
		单菌幕型（monovelangiocarpic）或次生菌幕被果型
Hygrophoropsis	1	（metavelangiocarpic）
Laccaria		裸果型（gymnocarpic）
Biannularia	2	单菌幕型（monovelangiocarpic）
Collybia	1	双菌幕型 Bivelangiocarpic
Nyctalis	7	裸果型（gymnocarpic）
Oudemansiella	2	裸果型（gymnocarpic）
		单菌幕型（monovelangiocarpic）或双菌幕型
Flammulina	4	（bivelangiocarpic）
Mycena	1	副菌幕型（paravelangiocarpic）
		单菌幕型（monovelangiocarpic）或裸果型
Myxomphalia	26	（gymnocarpic）
		菌柄包被型或菌盖包被型（pilangiocarpic）
Omphalina	1	裸果型（gymnocarpic）
Marasmius	55	裸果型（gymnocarpic）
Physalacria	8	副菌幕型（paravelangiocarpic）
Micromphale	1	裸果型（gymnocarpic）
Trogia	1	副菌幕型（paravelangiocarpic）
Calyptella	3	
Clitopilaceae		
Clitopilus	1	裸果型（gymnocarpic）
Lepista	1	裸果型（gymnocarpic）
Rhodocybe	1	菌盖包被型（pilangiocarpic）
Rhodotus	1	副菌幕型（paravelangiocarpic）

值得指出的是，国内蕈菌个体发育的研究集中在食用蕈菌上。例如，梁伟对长裙竹荪 *Dictyphora indusiata* 发育中的形态变化进行描述，胡文瑞对侧耳 *Pleurotus ostreatus*、韩绍英对金顶侧耳 *Pleurotus citrinopileatus*、邓芳席（1995）对凤尾菇 *Pleurotus sajor-caju* 的子实体发育过程进行分期描述；刘作易（2003）、李玉玲（2007）、曾伟（1998）、李黎（2000）对冬虫夏草 *Ophiocordyceps sinensis* 孢子萌发过程进行研究，其中梁宗琦将冬虫夏草 *Ophiocordyceps sinensis* 与甘肃虫草 *Cordyceps gansuensis*、阔孢虫草 *Cordyceps crassispora* 孢子形态进行比较，提出孢子形态不同可能是由处于不同发育阶段所致。李荣春、图力古尔分别对双孢蘑菇 *Agaricus bisporus* 个体发育过程详细描述，其中李荣春对发育原基进行电镜观察，但是没有对结构起源进行研究；图力古尔通过石蜡切片对双孢蘑菇的各个阶段分别进行研究，发现菌褶腔是由菌盖中的裂缝形成的，在这一裂缝中最先形成栅栏层，开始子实层的分化，据此认为菌褶是起源于菌盖基础组织，通过观察子实层形成过程菌褶的 Y 形生长，提出 Y 形菌褶是增加子实层面积的需要，也是高等真菌进化的方向，即在适应环境的过程中产生更多的后代。

杨祝良（2005）认为鹅膏属中菌幕残余（volval remnant）可能来源于外菌幕或菌盖菌幕和菌柄菌幕，外菌幕分为菌盖菌幕和菌柄菌幕，因为二者是由不同组织发育而成，并且首次提出了子实层发育中关键的步骤是菌丝的消融。由于选取的材料不同，王欢在研究鳞伞属的发育时发现外菌幕是由同一组织分化的，并且“外菌幕”与“内菌幕”具有区别，两者组织有着明显的区别，但在另一些种中这种区别也如杨祝良所述是不明显的。

王欢(2006)选择了宏观结构差异较小的鳞伞属 *Pholiota* 的 7 种：光帽鳞伞 *Pholiota nameko*、多脂翘鳞伞 *Pholiota squarrosa-adiposa*、金毛鳞伞丝变种 *Pholiota aurivella* var. *filamentosa*、黄鳞伞 *Pholiota flammans*、多脂鳞伞 *Pholiota adiposa*、翘鳞伞 *Pholiota squarrosa* 和金毛鳞伞 *Pholiota aurivella*。对它们进行了发育生物学研究，包括菌丝体发育试验、栽培试验，以及在此基础上对其中的 6 种（除了黄鳞伞）进行了子实体个体发育研究，发现上述种类均为子实层发育型，并认为菌幕出现早晚及厚度可作为分类依据。将个体发育学结果应用到分类学研究，在与库恩菇属、裸伞属发育结果对比后提出鳞伞属在发育过程中较其他两属差异较大。宋超（2010）将多脂鳞伞 *Pholiota adiposa*、双孢蘑菇 *Agaricus bisporus*、橘黄裸伞 *Gymnopilus spectabilis* 和日本亚脐菇 *Omphalotus japonicus* 作为试验材料，进行子实体个体发育研究，发现多脂鳞伞、双孢蘑菇和橘黄裸伞属于半被果型发育，其中多脂鳞伞和橘黄裸伞是双菌幕发育型，发育顺序为菌柄发育型，而双孢蘑菇是副菌幕发育型，发育顺序为菌盖发育型；日本亚脐菇是菌膜接触型发育，发育顺序为子实层发育型，发育顺序为菌柄发育型，并通过日本亚脐菇中出现的菌膜及半包膜结构认为该种不属于裸果型发育，不赞成将其归入侧耳科中。宋超在此研究中的多脂鳞伞发育方式与王欢（2006）的观点（鳞伞属的发育为子实层发育）相悖。图力古尔（2011）认为子实层原基出现前原基端向菌丝是疏松交织的，所以认为多脂鳞伞是菌盖菌柄型发育。在同一个种的个体发育中出现不同的结果，这是由于对菌褶腔出现前组织的变化采用不同的标准导致的，在同进一步细化和选用发育学术语的同时应该对鳞伞属更多的种进行更为细致的发育学研究。回溯担子菌个体发育的历史，我们可以清楚地发现，在 20 世纪后半叶，发育的主要研究热点出现在对菌幕及相关发育的研究，如菌柄发育型（stipitocarp）、菌盖发育型（pileocarpy）和菌柄菌盖发育型（pileostipitocarpy）的发育。

根据 Reijnders、Dennis、Orton、Hora、Walting、Sweeney、杨祝良、图力古尔等的最近研究结果，现将分科统计数据列表表述（表 2-2）。

表 2-2　蕈菌部分种类的发育

发育类型	种名
裸果型（gymnocarpic）	*Boletus armeniacus*；*B. porosporus*；*Russula fellea*；*Hygrocybe lilacina*；*H. nivea*；*H. psittacina*；*H. affceracea*；*Lentinellus cochleatus*；*Pleurotus flabellatus*；*Polyporus squamosus*；*Entoloma abortivum*；*Nolanea verna*；*Clitopilus prunulus*；*Collybia cirrhata*；*C. cookei*；*C. maculata*；*C. peronata*；*Hohenbuehelia geogenia*；*Mycena fibula*；*Myxomphalia maura*；*Omphalina cupulatoides*；*O. ericetorum*；*O. hudsoniana*；*O. lutrovitellina*；*Resupinatus cyphelliformis*；*Strobilurus tenacellus*；*Tenhrocybe palustris*；*Calyptella campanella*
裸果型至菌盖包被型（gymno to pilangio）	*Tephrocybe palustris*；*Calyptella campanella*；*Leccinum versipelle*；*Lactarius atrotomentosus*
双菌幕型（bivelangiocarpic）	*Lactarius pubescens*；*L. torminosus*；*Lepiota xanthophylla*；*Leucoagaricus bresadolae*；*L. carneifolius*；*L. birnbaumii*；*Macrolepiota bohemica*；*Psathyrella spadiceogrisea*；*Hypholoma marginatum*；*H. subericaeum*；*H. elongatum*；*Melanotus vorax*；*Psilocybe fimetaria*；*P. merdaria*；*Stropharia cyanea*；*Cortinarius alboviolaceus*；*C. anomalus*；*C. callisteus*；*C. lepidopus*；*C. paleaceus*；*Flocculina carpophila*；*Pholiota alnicola*；*P. highlandedsis*；*P. lubrica*；*P. pusilla*；*P. scamba*
副菌幕型（paravelangiocarpic）	*Pholiota tuberculosa*；*Tubaria conspersa*；Bolbitiaceae；*Agrocybe firma*；*A. acericola*；*Bolbitius titubans*；*Conocybe coprophila*；*C. pubescens*；Coprinaceae；*Panaeolus antillarum*；*P. phaleanarum*；*P.sub-balteatus*；*Psathyrella coprophila*；*P. polycycystis*
单菌幕型（monovelangiocarpic）	*Marasmius hudsonii*；*M. epiphyllus*；*Psilocybe cyanescens*；*Galerrina ampullaceocystis*；*G. mycenopsis*；*Gymnopilus penetrans*；*G. hybridus*；*G. junonius*；*Hebeloma cavipes*；*H. populinum*；*Inocybe fastigiata*；*I. leptocystis*；*Laccaria bicolor*；*Tricholoma imbricatum*；*T. vaccinium*；*T. virgatum*

第三节　蕈菌的生态型

大多数蕈菌是腐生菌或菌根共生菌，在木质基质上生长的真菌是腐生菌。真菌和其他生物一样，在自然界中产生突变、遗传重组的适应，是在诸多因子影响下的自然选择中的必然结果，在自体的遗传调节中导致物种变异性的飞跃和生命物质的活化是真菌在演化过程中的必然趋势。真菌在实际的生存中，习性的稳定只是相对而言，而变异和分化、适应于新的环境，在变化中求生存才是绝对的。

一、腐生型蕈菌

在一个地区开展调查或监测之前，调查者应进行一些初步的背景探查，包括研究区域的地图、气候、地质及植被，甚至需要植物学知识，学习识别可能遇到的木本植物物种和主要植物，这些是非常重要的。大型真菌具有多样性模式，这些模式和基质与宿主的选择性有很大关系。然而，不同物种表现出不同的成熟期气候条件，这个气候条件在不同的海拔与纬度每年都不同。成熟物种最大丰富度仅发生在极短时间里而且每年不同。不论研究目标如何，在研究中记录物种可能性的影响因素（如环境变量和生态过程），是非常重要的。

1）木栖蕈菌：在腐木上产生子实体，同时通过分解木材中的有机化合物获得营养，重新循环木质纤维和矿物质到原生态系统，并且腐蚀活动可以软化木质组织，使这些物质更容易被鸟类和小哺乳动物、节肢动物、线虫、其他无脊椎动物及真菌利用。在森林中，褐色腐烂的碎屑是主要的土壤肥料，腐生菌能从根部、底部或中心腐蚀有机体，这些真菌腐蚀树的根或茎，使树容易受风吹倒或树干断裂。例如，北温带习见的宽鳞大孔菌 *Polyporus squamosus*、糙皮侧耳 *Pleurotus ostreatus* 等是阔叶树的白腐菌，具有较强的分解纤维素和木质素的能力。革菌类具有不同生活适应的活力，显刺革菌属 *Phanerochaete* 已被认为是一个降解木质素的好菌种源。我国西南和台湾及印度分布的喜峰显刺革菌 *Phanerochaete himalayensis*，是较丰富的物种资源之一，可以考虑利用。

自然界的木材中所含的淀粉、可溶性糖类、脂类、肽类和其他不少代谢产物占木材干重的10%以上。腐生型蕈菌和其他微生物均是分解木材的主要成员。真菌中以担子菌类尤为习见，松柏类中以松属为生的红拟口蘑 *Tricholomopsis rutilans* 和以松属为主的黑毛桩菇 *Paxillus atrotomentosus*，生于桦木干上的桦滴孔菌 *Piptoporus betulinus* 等。在子囊菌中，如炭角菌属 *Xylaria*、炭团菌属 *Hypoxylon*、层碳壳属 *Daldinia*、焦菌 *Ustulina vulgaris* 等均能使多种木材褐腐，其分解木材的速度大于白腐。多孔菌科的翁孔菌类 *Onnia* 具腐生性能，该属不同种有地区性分化，湿翁孔菌 *Onnia vallata* 多生于海南和南亚椰树枯干上，而环纹翁孔菌 *Onnia circinatus* 则多生于温寒带的云杉枯干上。在参与分解木材的真菌中，不同部位、不同腐朽程度，菌类的属种有所不同，可谓各尽其才，如稀硬木层孔菌 *Phellinus robustus* 多生于边材部位，胶质干朽菌 *Merulius tremllosus* 常见于枯枝的梢头，皮革菌 *Mycoacia himantia* 则仅见于林下地表的枯枝残条上。

对木材而言，其分解的部位以心材外部的木质部最为活跃。以对碳源的索取而言也是丰富的，以温带材的垂桦 *Betula pendula* 为例，其心材外缘所含的木聚糖在细胞壁中占35%，边材含的葡甘露聚糖（glucomannan）占20%，而热带材的碳源和聚糖类一般较温带高。

2）叶栖真菌：实质上与木栖蕈菌同类，也属于木腐真菌（即使有的生长于草本植物的叶上），只是子实体较小。这类蕈菌数量较多，对枯枝落叶的分解有重要的作用，如小皮伞属 *Marasmius*、小菇属 *Mycena*、裸脚伞属 *Gymnopus* 等属于此类。如果生长于活的绿色叶片上可视为寄生。

3）土腐蕈菌：生于地上的菌根菌以外的蕈菌。此类蕈菌多数生长在粪土上，少数生长在各种土壤甚至在沙地上，如蘑菇属 *Agaricus*、鬼伞属 *Coprinus*、斑褶菇属 *Panaeolus*、马勃属 *Lycoperdon* 等。这类蕈菌可直接从土壤中吸收生长发育所需要的物质，完成生活史。个别情况下，小型蕈菌可生于裸露的岩石上，如斜盖伞属 *Clitopilus*。

4）氨生蕈菌：在真菌与植物的腐生型的适应外，值得一提的是某些菌类还可对动物的代谢和脱落的残物进行腐生和分解，称为氨生蕈菌（ammonia fungi）。例如，根黏滑菇 *Hebeloma radicosum* 地下的菌丝往往与鼹鼠巢穴周围由鼹鼠的排泄物和脱落的残毛骨片组成交织群落，并取得营养。在日本、欧洲相近似的鼹鼠巢穴，均有多次研究报告。这种从动物代谢产物和残体上营腐生生活的真菌，充分显示出真菌适应力的多样性。

二、寄生型蕈菌

寄生型泛指某一有机体必须从另一活着的寄主体上索取营养，赖以生存。寄生真菌可以寄生在活的植物、动物和人体上，并引起病害，甚至死亡。农作物的减产、森林的枯死、动物和人体的疾病，不少都是由寄生菌的感染而引起的。有的菌是专主寄生，即该菌只寄生于一种寄主上，有的菌是多主寄生，即该菌寄生于多种寄主上。

1）寄生蕈菌：蕈菌生长在活立木上并不鲜见，但它并不意味着寄生，可能是因为局部枯死所导致的。然而，真正的寄生是指蕈菌从活体中直接汲取营养，大型蕈菌中并不多见，只有小型伞菌或多孔菌有可能营此类生存方式，如靴耳属 *Crepidotus* 的一些种类可寄生在姜科植物的绿色叶片上。

2）蕈生菌：一种真菌长在另外一个真菌上，甚至一种蘑菇长在另一个蘑菇上，这种现象虽然不是普遍现象，但并不是什么奇怪的事情。经典的例子是蕈生菇 *Asterophora lycoperdoides* 专门寄生于黑菇 *Russula nigricans* 的菌盖上，属专性寄生。血红小菇 *Mycena haematopus* 的菌盖上生长着一种接合菌——小菇伞菌霉 *Spinellus fusiger*。有时因受蕈菌菌丝的感染生长变得畸形，如蜜环菌的菌丝寄生斜盖粉褶菌 *Entoloma abortivum* 导致后者的子实体不能够正常生长而成一团块。

无论如何，寄生菌与寄主间的关系是两个对立的矛盾方面，其间的对抗是连续的；或甲胜乙，或乙胜甲，或暂时白热化的平衡相持，甚至还有第三者的中间参与，成败存亡时刻在变化中。松根白腐病菌一年生异担子菌 *Heterobasidion annosum* 是温带松树根部的一种有寄生、腐生性能的病原菌，但在该菌的寄生部位如有伏革菌属 *Corticium* 出现，则松根白腐病菌往往被抑制。

三、共生型蕈菌

所谓共生（symbiosis）是指一个以上的有机体，双方建立互利共存，或一方有利、对方无害地生活在一起的一种关系，其表现在以下几个方面。

1. 互惠共生

形成双方互惠的组合。例如，菌根型蕈菌类是真菌和植物根系形成的局部共生复合体；在种子植物中已知有 1000 多个属与菌类形成菌根关系。真菌将在土壤中吸收的水分和矿质营养，如硫等植物不能直接吸收的物质提供给植物。植物的代谢产物给真菌提供营养。这些物质的交换和运输，可以在植物根部的细胞外，或细胞间隙或细胞内的原生质中，菌丝一般不与植物的细胞核接触，故对植物无损伤之虞。

营菌根共生关系的类型大致分为：内生菌根［即泡囊-丛枝菌根（vesicular arbuscular mycorrhiza，VA 菌根）］、外生菌根、内外生菌根、石楠类菌根、兰科菌根等。这一学科因为对造林业、农业有极密切的关系，近年来有长足发展，我国该领域正向纵深发展。

蘑菇在地上生长的时候按照一定的规律成圈，就形成了蘑菇圈，又叫“仙人环”。实际上，蘑菇圈就是蘑菇和植物特异共生的产物。

2. 寄生-腐生现象

寄生泛指在活的生物体上营寄生方式，如果寄主失去了抵抗能力，则寄主死亡，该寄生菌则可转化成靠摄取死体营养寄生在腐体上生活，同时另一些真菌又会寄生在这些寄生菌的菌体上，这种寄生中有寄生、寄生在腐体上的现象具有广泛的多样化。蜜环菌 *Armillaria mellea* 有多种生态型，有寄生性，可导致梨、苹果和桑树的根腐病和根朽病；其根状菌索在被害根部及土壤中越冬。该菌也具有腐生的性能，在林下的倒木上不难找到该菌的菌索。菌索又可与兰科的一种药用植物天麻 *Gastrodia elata* 有着共生的关系，天麻是一种营腐生和寄生的无叶草本植物，其球茎入药，幼小的天麻球茎必须与蜜环菌建立营养交换关系，菌丝输给天麻以丰富的水分和营养，否则天麻幼胚细胞内所贮存的多糖及蛋白质将迅速耗尽；而蜜环菌菌丝在天麻皮层组织中，皮层细胞释放出大量水解酶，菌丝被消解，营养反被天麻吸收，菌丝变为反寄生者。菌丝的入侵，造成天麻细胞产生溶酶体以消解菌丝，这是植物体的免疫机能，这种寄生和反寄生，达到了双方在不同阶段中都各自获利。Guo 等（2016）研究认为，中国蜜环菌属真菌在系统树中可分为 15 个稳定的分支，其中 4 个分支的种可与天麻形成共生关系，而我们常种植的红天麻 *G. elata* f. *elata* 与黄天麻 *G. elata* f. *glauca*，与其所共生的蜜环菌来自不同的分支。因此，分类学在天麻共生菌的鉴定中发挥着作用。自然界中凡有天麻生长的地方，一定有蜜环菌，而有蜜环菌的地方不一定有天麻，看来天麻的生长离不开蜜环菌。

另外，虫草 *Cordyceps* spp.也是由寄生转化为腐生的例子。

3. 共栖性

两个或多个有机体，相互栖居，与对方不具明显的危害或不具致命的影响，或保持单方的利益，或和平共处。例如，鸡㙡菌属 *Termitomyces* 是我国长江以南的广大地区及东南亚热带、非洲热带分布的真菌，华鸡㙡属 *Sinotermitomyces* 是我国滇西南和缅甸季雨林带共有的属，它们生长的基质均在地表下的白蚁巢圃上，有关巢圃中的白蚁有多属，如土白蚁属、球白蚁属、歪白蚁属、棘白蚁属和大白蚁属等。如果白蚁他迁只存空巢，则鸡㙡菌不再生长，在生长鸡㙡的蚁巢的菌、蚁间，未见对双方不利的因素，这种共栖现象，可以多年维持，相安共好。

在银耳 *Tremella fuciformis* 的栽培中，如果没有另一种伴生菌（俗称香灰菌，有人认为可能是炭团菌 *Hypoxylom* 的无性世代），则银耳的菌丝生长缓慢，几乎难形成子实体。另一个实例是金耳 *Tremella aurantialba* 子实体的基部和髓部是由毛韧革菌 *Stereum hirsutum* 和片韧革菌 *Stereum fasciatum* 等的菌丝交织而成，彼此组成一个共同体，联合共处；如果只分离金耳表面的组织培养，很难形成子实体，如果只分离基部的菌丝，生出的多是韧革菌的子实体，只有把两属菌丝相交织的菌肉组织分离培养，才易获得金耳的子实体。

蕈菌与其他生物之间也存在着各种有趣的关系。例如，菌丝体和子实体是蛞蝓和蠕虫等昆虫和它们的幼虫的重要孵化所和营养来源，而且在秋天富含蛋白质的子实体是鼠、松鼠、兔子、鹿和野猪等哺乳动物的日常菜谱。*Agathomyia wankowiczi* 将它们的蛋产在树舌灵芝 *Ganoderma applanatum* 的子实层表面，幼虫在中央开口的乳头状的结构中蛹化并飞出。鬼伞属 *Coprinus* 的一些种偶尔在木材上产生一种无菌的黄褐色菌丝束等，也属于这种现象。

人为划分的腐生、寄生、共生，实际上并没有严格的鸿沟，都属于蕈菌对自然界的适应方式，即所谓的生态位而已。

第四节　蕈菌的分布特征

蕈菌因伴植物而生，所以有着较为明显的分布特征，包括水平分布和垂直分布。然而，对蕈菌而言，这方面的研究还比较缺乏，主要原因是我国的地理条件复杂、植物种类繁多，很多地区的蕈菌调查仅处于初步阶段，蕈菌种类多样性与植被之间的相关性研究很不充分。

一、水平分布

本节以蕈菌为实例，用高等真菌来划分地理分区，与宏观的植被和动物分区相接近和吻合。依据卯晓岚（1998）的建议，将我国真菌的地理分区和亚区做如下划分。

1. 东北地区

东面和北面直抵国界，西面和南面大致从大兴安岭东侧向南延伸，包括辽东半岛和山海关。

（1）东北地区东部亚区

北部从黑河向南经哈尔滨至南端的长白山与朝鲜半岛接壤，此线以东，包括小兴安岭、张广材岭，以红松 *Pinus koraiensis*、蒙古栎 *Quercus mongolica* 为森林优势种，著名的松茸 *Tricholoma matsutake*、掌状玫耳 *Rhodotus palmatus*、榆耳 *Gloeostereum incarnatum* 和日本亚

脐菇 *Omphalotus japonicus* 在朝鲜半岛和日本兼有分布。长白山乳菇 *Lactarius changbainensis*、温泉乳菇 *Lactarius wenquanensis*、侧壁泡头菌 *Physalacria lateriparies* 是本区的特有种。

（2）东北地区西部亚区

位于东北地区的西部，包括大兴安岭的主体，其林型是以落叶松 *Larix gmelinii* 和獐子松 *Pinus sylvestris* var. *mongolica* 针叶林为代表，阔叶落叶树以黑桦 *Betula dahurica* 和白桦 *Betula platyphylla* 为代表，西伯利亚乳牛肝菌 *Suillus sibiricus*、厚环乳牛肝菌 *S. grevillei*、铜绿乳牛肝菌 *S. viscidus* 均是当地松柏科植物的外生菌根菌。本区东部较潮湿，西部较干旱，因此东部蜡伞属 *Hygrophorus* 较普遍，而西部的层孔菌属 *Fomes* 和拟层孔菌属 *Fomitopsis* 较突出。

2. 华北地区

本区东临黄海、渤海，北与东北和内蒙古相接，西连洮河、岷山；南部以秦岭北坡和淮河为界，大部分亚热带真菌难以逾越此界而北进，此线是我国亚热带和暖温带的分界线。

本区以暖温带针阔叶林为主体，代表树种有油松 *Pinus tabulaeformis*、赤松 *P. densiflora*，阔叶树中的臭椿属 *Ailanthus* 和构树属 *Broussonetia* 被认为是第三纪的孑遗属。本区大致沿石家庄和郑州为一子午线，可分为东、西两亚区。

（1）华北地区东部亚区

包括山东半岛，东部的崂山、连云港的云台山；该地有山胡椒 *Lindera glauca* 和常绿的红楠 *Machilus thunbergii*，泰山是本区的高山，海拔 1500m 有余，是我国茯苓 *Wolfiporia cocos* 的盛产地之一，《本草纲目》已有明文记载，这种与松属根系有密切关系的药用菌，其菌核是传统中药。林下菌类如辣乳菇 *Lactarius piperatus* 和褐环乳牛肝菌 *Suillus luteus* 尚较普遍。在平原一带的冬麦区，由于用驴马厩粪为肥，小麦网腥黑粉菌 *Tilletia caries* 曾一度传播流行，直至 20 世纪 50 年代澄清传病原因之后才杜绝。

（2）华北地区西部亚区

黄土高原的地貌在本亚区最为明显。愈近草原荒漠，则木本植物愈渐减少，但愈向秦岭北坡则愈多，油松、槲栎仍占相当比例，狭叶槭 *Acer pilosum* 可为本亚区代表。地下菌类已研究和发表的较多，如瘤孢地菇 *Terfezia arenaria*、刺孢地菇 *Terfezia spinosa*、太原块菌 *Tuber taiyuanense*、苍岩山层腹菌 *Hymenogaster cangyanshanensis*、承德高腹菌 *Gautieria chengdensis* 等均见于本区。从本区中部石家庄一带的榆树枝干上，分离和培养了一种毛木耳银白色变种 *Auricularia polytricha* var. *argentea*，本区降雨量高达 700mm，自然界中一些胶质菌类仍可生长良好。

3. 华中、华东地区

本区大致位于秦岭的余脉，如伏牛山、桐柏山、大别山与南岭山脉之间，包括长江中下游的大部和南岭山地；东连闽浙丘陵，这里是暖温带和亚热带森林的过渡地带。松林以马尾松 *Pinus massoniana* 为主，长绿阔叶树种较前区明显增加，习见的有青冈栎 *Cyclobalanopsis glauca* 和紫金楠 *Phoebe sheareri*，均显示其大叶长绿树种的亚热带亮叶特征。本区从中部大致东始三门湾西至衡山，再分以下南、北两亚区。

（1）华中、华东地区北部亚区

主要针叶林除马尾松外，尚有杉木 *Cunninghamia lanceolata*，高海拔出现的黄山松 *Pinus taiwanensis* 与台湾共有。大别山五针松 *Pinus dabeshanensis* 和百山祖冷杉 *Abies beshanzuensis* 均为本区特有。本区竹林较茂盛，有长裙竹荪 *Dictyophora indusiata*，竹黄 *Shiraia bambusicola* 蕴藏量也较大。菌寄生菌的现象已出现，如栖星绒盖牛肝菌 *Xerocomus astereicolopsis* 见于高山。

本区松林下的血红乳菇 *Lactarius sanguifluus*、松乳菇 *L. deliciosus* 均为松林下的美味食菌。鸡㙡菌属是一个热带成分的属，其中鸡㙡菌 *Termitomyces alvuminosus* 在我国分布的最北界是南京的清凉山和江苏的宝华山。本区北部，冬季有较长的零下气候，并有盐碱土，菌类较贫乏。

（2）华中、华东地区南部亚区

属于本区的南部，由亚热带向南部的热带过渡的地带。马尾松和杉木已渐被福建柏 *Fukienia* 和罗汉柏 *Podocarpus* 所取代。五针松 *Pinus kwangtungensis* 是南亚热带树种，在本区可以越冬。菌类中的笼头菌科 Clathraceae 的皱盖笼头菌 *Clathrus crispus* 和星头鬼笔 *Aseroe arachnoidea* 已出现。南牛肝菌属的 2 种，网盖南牛肝菌 *Austroboletus dictyotus* 和鳞被南牛肝菌 *A. malaccensis* 均见于粤北。

湖北境内的莽山自然保护区是位于本区的亚热带向热带过渡的地带。本区大致在北纬 25°附近，曾报道过方孢粉褶菌 *Entoloma muraii* 的记录。该菌在日本的宫崎县，以及美国大烟山国家公园（Great Smoky Mountains National Park）的混交林下，均有普遍生长。

4. 西南地区

本区东北部与华北地区相连，以洮河为东界与华中、华东地区相接，西北部大致在玉树以南至怒江流域的左贡至云南的贡山并抵国境线，南部西由尖高山经潞西北部再经文山至广西百色以北与华南地区为界。这一地区包括秦岭南部山地、川西山地、滇中滇西高原、贵州高原兼有鄂西、湘西、桂西等地。本区亚区的划分，大致北以雅砻江至昆明以南的南盘江为界，分为东、西两亚区，而其西北部为横断山亚区。

（1）西南地区中东部亚区

本区的针叶林，以油杉属 *Keteleeria*、粗榧属 *Cephalotaxus* 为特色；水杉属 *Metasequoia*、银杉属 *Cathaya* 则呈孑遗属存在。巴山松 *Pinus henryi* 为本区特有。通江的银耳 *Tremella fuciformis* 颇享盛誉。贵州境内南部地区由于石灰岩岩带的交叉连续，土质瘠薄，土生菌类如黑根须腹菌 *Rhizopogon piceus*、头状马勃 *Calvatia craniiformis*、硬皮马勃 *Scleroderma citrinum* 却较易见。凉山虫草 *Metacordyceps liangshanensis* 见于贵州绥阳县境的宽阔水和四川的凉山区。罗鳞伞菌 *Rozites caperata*、黄环罗鳞伞菌 *Rozites flavoannulata* 在本区均较普遍。鸡㙡菌属相应丰富，有 6 种之多。

（2）西南地区中西部亚区

主要包括云南的中部和东部，贵州西部，即云贵高原大部，不包括横断山区。本区真菌有一个单种属，即云南内鬼笔菌 *Endophallus yunnanensis*。红托竹荪 *Dictyophora rubrovolvata* 适于本区气候温凉的环境。高原的红边绿菇 *Russula viridirubrolimbata*、干巴菌 *Thecephora ganbajun*、滇贵高原共有的紫褐牛肝菌 *Boletus violaceofuscus* 均为本区所特有或普遍，后者在日本和朝鲜半岛有报道，这显示本区与日本真菌区系有一定的共性。本区所见的印度块菌 *Tuber indica* 与阿萨姆所共有，这又证明本区与喜马拉雅真菌区系有相应的亲缘。

（3）西南地区横断山亚区

本区地势海拔垂直分布明显，怒江、澜沧江、金沙江等从北贯南，山脉走势均以南北排列，为世界高等植物区系最丰富的区域，立体气候明显，典型的低纬度高海拔，高山栎群 *Quercus semicarpifolia* 林带是本亚群高山地带的特有种群，不少与此林相关的真菌相应而生，如青冈蕈 *Tricholoma guercicola*、金耳均见于本区的高山带。

本区的东北部与华北地区的西北部的白龙江、洮河林区，位于东经 102°46′～104°52′，北纬 33°04′～35°09′，其海拔低处有柑橘 *Citrus reticulata*、棕榈 *Trachycarpus fortunei*，山地有

岷江冷杉 *Abies faxoniana*，4000m 以上有高山流石滩和终年积雪带。这一地区被认为是青藏高原、横断山区和黄土高原的植被交汇处。其地下菌有山地高腹菌 *Gautieria monticola*，同属的另一种见于河北；脑状腔块菌 *Hydnotrya fortunei* 除本区外，尚见于新疆和山西；灰辐片包菌 *Hysterangium cinereum*、沙地假菇 *Montagnea arenaria* 见于草滩和沙土地，与西北的干旱区系似相接应；在三针松林下的点柄乳牛肝菌 *Suillus granulatus* 是于横断山区所最为常见的种；棕灰口蘑 *Tricholoma terreum* 亦见于西藏的山南。

5. 华南和滇、藏南部热带地区

本区位于我国的最南端。北与华中、华东地区和西南地区相接，南面包括海南诸岛并与印度尼西亚诸岛相望，在行政区上包括台湾、海南、闽东南、两广中南部、滇南、滇西南、滨西北的马库和西藏的墨脱。本区包括热带雨林、季雨林和南亚热带季雨常绿阔叶林带，龙脑香科有青梅属 *Vatica*、坡垒属 *Hopea* 和望天树 *Parashorea chinensis* 及多层的藤本植物等，足以显示其热带特征。其亚区划分如下。

（1）华南和滇、藏南部热带地区东部亚区

包括台湾、海南岛和雷州半岛的云开大山。台湾的热带滨海成分的肉豆蔻科 Myristicaceae、无叶草科 Petrosaviaceae 均显示其热带成分。热带成分的长柄条孢牛肝菌 *Boletellus longicollis*、怪形牛肝菌 *Boletus portentosus*、婆罗洲牛肝菌 *Boletus borneensis* 均与马来西亚所共有。多孔菌科的单种属，莲蓬稀孔菌 *Sparsitubus nelumbiformis* 只报道于海南。

（2）华南和滇、藏南部热带地区中西部亚区

从云开大山以西，包括北部湾地区、广西西南部、南部至滇西北的马库和西藏的墨脱，这一断续的狭长地带孕育着一些古老植物成分，如东京桐 *Deutzianthus*、长果姜 *Siliquamomum* 均属热带成分的寡型属或单种属。本区的热带真菌，与白蚁巢有密切关系的华鸡㙡属，产于滇西南和缅甸，如肉柄华鸡㙡*Sinotermitomyces carnosus*、空柄华鸡㙡*S. cavus*、糙盖华鸡㙡*S. rugosiceps* 和灰色华鸡㙡*S. griseus*。侧耳菌属的菌核侧耳 *Pleurotus tuber-regium* 和炭角菌属的黑柄炭角菌 *Xylaria nigripes* 产生菌核的现象，在本区出现，这也是适于热带季雨林的干季较长的一种生活型。

6. 内蒙古地区

本区位于我国北部边陲，东临大兴安岭的西侧，南接华北地区，西部以狼山南端、沙漠东缘、贺兰山西麓，向南抵甘肃省的乌鞘岭，在兰州附近与华北地区相衔接。

本区木本植物极为贫乏，特有的如沙冬青 *Ammopiptanthus mongolicus*、蒙古银叶树 *Heritiera mongolica* 等均是罕有的木本代表。内蒙古中部的大青山，高等真菌的种类已知有 500 余种，桦木林下尚有黏小德蘑 *Oudemansiella mucida* 出现。针叶林下的丝膜菌属不少于 11 种，光亮丝膜菌 *Cortinarius fulgens* 为建群种；褐金钱菌 *Phaeocollybia festiva* 见于松林下，这显示出与北欧有密切的关系。

本区的草原带包括华北地区的张家口以北，所产的蒙古口蘑 *Tricholoma mongolicum* 是著名的食用菌。草原上的腹菌类较普遍，如灰菇包 *Secotium agaricoides*。

7. 新疆、西北地区

本区包括新疆的大部。西界、北界为图界，东接贺兰山，南连祁连山、昆仑山的北麓。本区植被除部分地区有天山云杉 *Picea schrenkiana* var. *tianshanica* 和梭梭 *Haloxylon ammodendron* 外，其他也均以沙漠植物为主体。在有林地的潮湿地区，有多种羊肚菌现于春季，如圆锥羊肚菌 *Morchella conica*、皱柄羊肚菌 *M. crassipes*、小羊肚菌 *M. deliciosa*。天山林下，部分潮湿环境中，尚有焰耳 *Phlogiotis helvelloides*、胶质刺耳 *Pseudohydnum gelatinosum*、阿尔泰花耳 *Femsjonia altaica* 等胶质菌类出现。以西昆仑山区而言，在海拔 3000～3500m 处的雪岭云杉 *Picea schrenkiana* 林下，尚可见沙丘生埋盘菌 *Geopara arenicola*、地耳 *Otidea leporina* 等肉质子囊菌。阿魏侧耳 *Pleurotus ferulae* 生于栽培的阿魏 *Ferula sinkiangensis* 根际，为新疆和川西所特有。圆孢托菇 *Agaricus gennadii* 在艾比湖的芦苇丛中和叶城的乌夏巴什被当地群众采撷晾干食用。伞菌状灰菇包 *Secotium agaricoides* 在塔什库尔干的海拔 4200m 处有较多的记录报道。草原上的巨孢墨伞 *Coprinus giganteosporus* 和林木上的漆红拟层孔菌 *Fomitopsis rufolaccatus* 也报道于本区。

8. 青藏高原地区

本区位于我国西南部。东接西南地区、华北地区、华中华东地区；西部以国境线与前苏联、阿富汗、巴基斯坦、印度、尼泊尔、不丹接壤；但不丹以东至云南，至国境线属华南热带地区。

本区从喜马拉雅山脉以北，真菌贫乏，雨季来临后，偶有蘑菇属 *Agaricus* 和毛头鬼伞 *Coprinus comatus* 破土而出。在牦牛的粪便上有时出现粪生真菌，如喜粪裸盖菇 *Psilocybe coprophila* 和一些小型盘菌类，为数不多。但东喜马拉雅南坡，沿雅鲁藏布（江）的森林带，真菌资源丰富，暗针叶林下的蓝丝膜菌 *Cortinarius caerulescens*、褐色丝膜菌 *C. decoloratus*；针阔混交林下的翘鳞肉齿菌 *Sarcodon imbricatus* 在雨季来临后，均极丰富。在林芝、易贡一带，每年夏季，居民喜将金耳晒干，备长年食用。南迦巴瓦峰，海拔 7782m，是东喜马拉雅的最高峰。其中海拔地区，一般在 3000m 上下，冬春积雪，但 7～8 月，受孟加拉湾暖流的影响，有一些温带和亚热带的真菌短期出现，如南牛肝菌属的细柄南牛肝菌 *Austroboletus gracilis* 就有记录。某些小环境的气候可与北美的田纳西州和北卡罗来纳州相近似，该菌在上述两州极为普遍。

高山雪线以上的虫草，是本区高山带的特有类群，如冬虫夏草 *Ophiocordyceps sinensis* 和阔孢虫草 *Ophiocordyceps crassispora* 等生于蝙蝠蛾科的多属寄主上，其昆虫寄主有西藏二岔蝠蛾、樟木蝙蝠蛾、尼泊尔蝙蝠蛾等。本区高山虫草的分布范围西从狮泉河，东向普兰、吉隆、米林；北部的那曲、巴青；东北部的江达均有不同种类的记录。

二、垂直分布

目前对蕈菌的垂直分布规律研究不多，这里仅以长白山为例简要说明。

长白山位于中国东北，北纬 41°～42°，东经 127°～128°，是东北地区最高的山脉，也是国家级自然保护区之一。真菌资源十分丰富，随着植被的垂直分布，大型真菌也显示着明显的垂直分布规律。

1. 长白山高山苔原带

高山苔原带位于长白山火山锥体顶部，海拔 2000～2600m，气温低、干旱、风大、日照充足、紫外线照射强烈。≥10℃年积温 300～500℃。年降水量 1000～1300mm，6～9 月降水 800～900mm，湿润系数为 4.8～5.9，年平均相对湿度为 74%。2200m 附近的黑风口，全年各月都可能出现 40m/s 的大风。高山苔原带土壤为泥炭质山地苔原土，土层浅薄，富含石块和石砾，质地为粗砂壤土或粗砂土。高山苔原带由于气候严酷，土壤瘠薄，植物分布由下而上逐渐稀疏，种类逐渐减少，木本植物以矮小灌木为主，形成了广阔的地毯式苔原植被。按照其生活型，将长白山的高山苔原分为矮灌木藓类高山苔原和多年生草本藓类高山苔原两种基本的植被群落类型。

根据编者在长白山自然保护区高山苔原带所采集的标本，长白山高山苔原带分布的大型真菌有 4 目 12 科 19 属 37 种，标本采集地点包括长白山自然保护区的北坡、西坡和南坡苔原带。由于生活环境寒冷而严酷，高山真菌产生的酶和其他生物活性物质很可能对人类有重要的用途。因此，高山真菌多样性调查意义重大。极地和高山真菌在阿尔卑斯山、斯堪的纳维亚山、落基山、格陵兰、冰岛和苏格兰等地已经有了较系统的研究。在俄罗斯、阿拉斯加和加拿大的一些地区也有过相关报道，有关东北亚大陆高山大型真菌方面未见报道。

高山地带虽然真菌种类不多，但往往有形态特征特殊的种类，如长白乳菇 *Lactarius changbaiensis*、矮红菇 *Russula emetica*、黄基粉孢牛肝菌 *Harrya chromapes* 等种类在长白山地区仅见于高山苔原带，为该植被带的特有种。

2. 亚高山岳桦林带

岳桦林带位于长白山火山锥体，海拔 1800～2100m，冷而多强风是其主要特征。1 月平均气温为–20℃，7 月平均气温为 10～14℃，≥10℃年积温 500～1000℃。年降水量 100～1000mm，相对湿度 74%，湿润系数为 3.8～4.7。林稀通风透光好，年平均风速为 6～8m/s，≥8 级大风可达 200d 以上。长白山岳华林带土壤贫瘠，为亚高山草甸森林土，成土过程主要为草甸化和半泥炭化，母质为碱性粗面岩和火山灰等火山喷出岩的风化物。土层薄，不足 20cm。质地粗，粗骨化特征明显。亚高山岳桦林带是长白山森林分布的上限，以岳桦 *Betula ermanii* 为建群种，构成长白山自然保护区森林分布的上限。岳桦矮曲林在长白山多呈舌状沿沟谷向山地苔原伸展，与高山苔原带犬牙交错，近下限的林带内常混有长白鱼鳞云杉 *Picea jezoensis* var. *komarovii*、臭冷杉 *Abies nephrolepis* 等树种。此林带又可分为 3 种植物群落，即牛皮杜鹃 *Rhododendron aureum*-岳桦林群落、兔儿伞 *Syneilesis aconitifolia*-岳桦林群落和小叶章 *Calamagrostis angustifolia*-岳桦林群落。

长白山的岳桦林因其特殊的地理位置和集中的分布成为生态学研究的热点区域，此区域关于植物物种组成、生理生态、林线、森林凋落物分解和土壤呼吸等方面的研究均有报道，但关于岳桦林内大型真菌方面缺乏记载。岳桦林是长白山森林分布的上限，也是某些真菌分布的上限，此区域生长期短、气候条件偏冷，孕育了独特的菌物种质资源。根据在长白山自然保护区北坡、西坡和南坡的岳桦林带所采标本，鉴定出长白山亚高山岳桦林带分布的大型真菌 10 目 29 科 57 属 116 种，其中不乏可食和药用的种类。例如，蛹虫草 *Cordyceps militaris*、荷叶离褶伞 *Lyophyllum decastes*、糙皮侧耳 *Pleurotus ostreatus*、蜜环菌 *Armillaria mellea*、紫丁香蘑 *Lepista nuda*、鸡油菌 *Cantharellus cibarius*、火木层孔菌 *Phellinus igniarius*、树舌灵芝 *Ganoderma applanatum* 等，但由于岳桦林带地势险峻，一般采集者很少涉足。亚高山铦囊蘑 *Melanoleuca subalpina* 等种类为该植被带特有分布种。

3. 针叶林带

针叶林带位于海拔 1100～1800m 的地区，阴湿凉冷为其主要特征，年降水量为 800～1000mm。由于林高树密，尽管每年有 123～124kcal①/cm^2 辐射能到达，但在浓密的云杉、冷杉林中有 95%以上被林冠阻截，直接到达地面的不足 5%。林内气流静稳，蒸发量小，年平均相对湿度为 73%，≥10℃年积温 1000～1500℃，无霜期为 80～100d。此林带土壤为山地

① 1kcal≈4.1868kJ

棕色针叶林土，分布面积较大，母质以火山喷出岩风化物为主，如浮石、碱性粗面岩、火山灰的风化物，土层较薄，多为20～30cm，表层腐殖质累积。针叶林在长白山自然保护区以天池为中心呈环状围绕，是长白山主要森林植被类型之一，也是长白山4个典型林带中海拔跨度最大的区域。植被主要为长白鱼鳞云杉 *Picea jezoensis* var. *komarovii*、臭冷杉 *Abies nephrolepis*、鱼鳞云杉 *Picea jezoensis* var. *microsperma*、红皮云杉 *Picea koraiensis* 及隐域性的长白落叶松 *Larix olgensis* 等占优势的复层异龄林，林分密度大，单位蓄积量高。长白山针叶林上限常有岳桦混交，下限常有红松伴生，主要林型有：①苔藓岳桦云冷杉林。以岳桦为标志种，其特点是岳桦呈乔木状分布于海拔1600～1800m处。②蕨类云冷杉林。以长白鱼鳞云杉、臭冷杉为主要标志树种，分布在海拔1300～1600m处。③红松云冷杉林。位于暗针叶林下限，是云冷杉向阔叶红松林过渡类型，分布在海拔1100～1400m处。

根据在长白山北坡、西坡和南坡针叶林带所采集的标本，鉴定出大型真菌共310种，隶属于56科137属。其中，腐生菌166种，外生菌根菌136种，菌寄生真菌6种和虫生菌2种。其中，较高丝膜菌 *Cortinarius elatior*、短黑耳 *Exidia recisa*、盖氏盘菌 *Galiella amurensis*、地衣状类肉座菌 *Hypocreopsis lichenoides*、紫杉帕氏孔菌 *Parmastomyces taxi* 等为该植被带特有分布物种。

4. 针阔混交林带

长白山针阔混交林带冬季寒冷，夏季温暖湿热。年平均气温在3℃左右，最冷月（1月）平均气温为–17～–15℃，最热月（7月）平均气温是17～19℃，≥10℃年积温＞1500℃，无霜期为100～120d，太阳辐射为553kcal/cm^2，年降水量为700～800mm，年平均相对湿度为72%，年平均风速＜3.9m/s，雾日为38～90d。暗棕壤为本区地带性土壤，主要成土过程为黏化和森林腐殖化过程，局部也有潜育化、草甸化与白浆化过程。母质主要为残积风化物。土壤质地较粗，结构疏松，排水良好，土层厚度约40cm。长白山针阔混交林分布于海拔700～1100m的玄武岩台地上，在长白山的下部，处于长白山自然保护区的外围，是长白植物区系的地带性顶级植被。该林带是长白山自然保护区内典型的地带性植被，类型较多，如灌木阔叶红松林、蕨类云冷杉红松林、陡坡红松林等亚类，为各种真菌生长提供了良好的条件。红松针阔混交林是其主体，其组成种类除红松 *Pinus koraiensis* 外，还有杉松 *Abies holophylla*、云杉 *Picea koraiensis*、长白松 *Pinus sylvestriformis*、蒙古栎 *Quercus mongolica*、色木槭 *Acer mono*、枫桦 *Betula costata*、水曲柳 *Fraxinus mandschurica*、黄波萝 *Phellodendron amurense*、核桃楸 *Juglans mandshurica* 等，有着巨大的木材储量。

根据在长白山国家级自然保护区针阔混交林及露水河、松江河和长白县等地相同林带所采的1700余号标本，报道了长白山针阔混交林带分布的大型真菌有68科209属497种，为4个典型植被带中已知真菌数量最多的，比针叶林带多出近200种。其中，紫褶亚脐菇 *Chromosera cyanophylla*、橙黄靴耳 *Crepidotus lutescens*、金黄鳞盖菇 *Cyptotrama asprata*、毛榆孔菌 *Elmerina hispida*、亮盖灵芝 *Ganoderma lucidum*、灰树花 *Grifola frondosa*、斑玉蕈 *Hypsizygus marmoreus* 等为该植被带特有分布物种。

5. 阔叶林带

本植被类型的主要分布区年平均气温为2～5.8℃，最冷月（1月）平均气温为–19～–16℃，最热月（7月）平均气温为18～23℃，10℃以上年积温1700～3000℃，全年日照时数为2250～2800h，无霜期为113～140d，年降雨量为502～980mm，多集中在6～9月。长白山区落叶阔叶林土壤以山地暗棕壤为主，呈酸性反应，尚有白浆土、草甸土、河滩森林土和沼泽土等土壤类型。阔叶林是指以阔叶树种为建群种所组成的森林群落的总称，长白山区的阔叶林属于落叶阔叶林植被类型。广义的长白山脉东部近海，西接农区，南随千山山脉南下，北与小兴安岭林区接壤，其中的阔叶林遍布吉林省东部广大地区，为省内主要的森林植被类型之一。除亚高山岳桦林外，主要为台地、丘陵、低山和中山地貌。长白山的阔叶林类型多样，成分组成也较复杂，主要树种有蒙古栎 *Quercus mongolica*、大青杨 *Populus ussuriensis*、白桦 *Betula platyphylla*、山杨 *Pobulus davidiana*、水曲柳 *Fraxinus mandshurica*、胡桃楸 *Juglans mandshurica*、色木槭 *Acer mono*、紫椴 *Tilia amurensis* 等。其中，长白山自然保护区及附近（安图境内）为水曲柳、胡桃楸林及山杨、白桦林，蛟河境内为槭、椴林，敦化老白山为大青杨林，和龙、汪清境内为蒙古栎林及阔叶混交林，辉南、临江境内为阔叶混交林。

本植被带分布着大量的食用和药用真菌。其中，橙红鹅膏菌 *Amanita hemibapha*、淡玫红鹅膏 *Amanita pallidorosea*、美味牛肝菌 *Boletus edulis*、榆耳 *Gloeostereum incarnatum*、猴头菌 *Hericium erinaceus*、掌状玫耳 *Rhodotus palmatus* 等为该植被带特有分布物种。

参照高等植物的研究结果看，垂直分布和水平分布之间存在着一定的联系，大致上认为高海拔上出现的物种往往是更高纬度上分布的物种，只有低海拔上出现的物种才接近水平分布上本土的物种。根据这一规律可以判断高山以北的地区分布的物种，但这只是理论上的推测，更详尽的规律性的认识需要进一步探索。

3

第三章 蕈菌的物种与命名

第一节 蕈菌物种概念

物种的划分是生物分类学研究的主要内容。狭义的分类学仅包括物种的划分、鉴定和归类，而广义的分类学还探讨物种的相互关系及系统学，同时往往还包含了系统发育和进化的内容。在现代生物分类学早期，物种被认为是上帝创造的，其特征永恒不变，分类学研究更多的是对物种的鉴定和描述。然而，生物分类系统中的界、门、纲、目、科、属、种等各分类等级则已经携有系统发育和进化的色彩。达尔文生物进化论（Darwin，1859）为分类学研究带来进化的思想。物种不再被认为是一成不变的，而仅仅是一个独立的进化单元。

数百年来，物种概念及物种的划分一直都是生物分类学中讨论的热点话题。据 Mayden（1997）的统计，广泛使用的物种概念多达 26 余种，如早期就已经在形态学分类中使用的形态种（morphospecies）、数字分类学派的表型种（taxospecies）、古生物学研究中的年代种（chronospecies）和古生物种（paleospecies），以及生物学种（biological species）和系统发育学种（phylogenetic species）等。这些物种概念可划分为理论的（theoretical）和可操作的（operational）两大类。理论的物种概念有各种表述，但一般都认为：物种是具有一定形态、生理和生态特征，占据一定自然地理区域，以一定的方式进行繁衍并进行相互基因交流的自然生物类群；并且物种之间在生殖上相互隔离，也就是一个物种中的个体一般不与其他物种的个体交配，即使交配也不产生有生殖能力的后代。理论的物种概念除生殖隔离以外，不包含其他用以区分不同物种的可用标准，因此在实际研究中讨论更多的是由此衍生出的可操作的物种概念，如形态学种、生物学种和系统发育学种等（姚一建，2016）。

一、形态学种

形态学种是完全基于形态特征的物种，其划分往往具有明确的、可识别的宏观或微观形态依据，使用简便。迄今描述的绝大部分菌物物种是以形态学特征为依据的，适用于形态学种的概念。以形态特征为基础建立的分类系统不仅可区分不同的物种，在一定程度上也可反映物种的进化历史，尤其是在一些高阶的分类单元上，如以有性生殖产孢结构的差异划分出的蕈菌子囊菌 Ascomycetes、担子菌 Basidiomycetes 等。但依据形态特征进行的传统分类往往无法反映物种间的进化关系，特别是在进化末端或不同起源的生物类群形态特征出现趋同进化现象时。形态学种概念在分类学研究的早期发挥了不可替代的作用，但形态分类学存在很多固有的缺陷。在菌物分类学研究中，小型或微型菌物可依据的形态特征往往十分有限，不同类群之间极易混淆，要发现或描述这些物种都十分困难；即使是大型菌物，形态特征的变异究竟是种内或是种间差异有时也很难界定。菌物分类中所依据的很多形态特征如孢子形状、大小、颜色等，随着研究标本范围的扩大，变异范围往往都由间断的状态逐渐形成了连续的无法区分的特征，使可能的物种界限也逐渐模糊起来。此外，形态分类不仅要求研究者熟悉各种形态特征及其变异特点，还对物种的生物学、遗传学、发育学及种群特征等背景知识也要有全面的了解，因此往往只有专业研究人员才能完成，尤其是那些小型且复杂的菌物类群。此外，尽管形态分类学研究可凭借特征性状的演变趋势及化石材料等在一定程度上推测出主要类群的演化历史，但往往无法为某个进化末端的类群或单个物种的形成和演化提供更多的证据。

二、生物学种

与形态学物种概念相比，生物学物种概念更接近物种的本质。它是指一个交配可育的个体群，种内个体通过交配和基因交流联系在一起，而与其他物种在生殖和遗传上存在隔离。生物学种概念在动物及有性繁殖的植物中有较好的应用，但在菌物分类研究中的可操作性远远不如形态学种。据估计，约 20%的菌物不产生减数分裂孢子，缺乏有性阶段（Reynolds，1993）。近年来 DNA 序列分析发现自然界中可能还存在大量未描述的菌物物种（Benny et al.，2016），而这些物种大部分为微小的菌物，很难观察到其有性生殖过程，生物学种概念很难得到应用。尽管菌物的交配系统及其控制基因在一些模式生物中有很好的研究，但菌物的有性生殖过程仍然是一个谜（Ni et al.，2011）。研究发现，香菇 *Lentinula edodes* 包含 4 个生物学种（Hibbett and Donoghue，1996），蜜环菌存在更多的生物学种。

三、系统学种

系统学种的概念最早由 Cracraft（1983）提出，与 Hennig（1966）提出的支序物种概念（cladisticspecies concept）类似，是指存在祖裔传承关系的可鉴别的最小生物群体。系统发育学种和支序物种的概念都强调单系性。在系统发育种概念提出之初，系统发育学种的划分主要还是依赖于形态特征的衍变分析，但近年来随着 DNA 测序技术的发展，DNA 序列分析已广泛应用于菌物分类和系统发育研究。在分子系统发育分析中，单系群成为物种划分的关键依据。系统发育学种概念与生物学种相比可操作性更强，与形态学种相比受主观因素的影响更小，理论上可反映物种的进化历史。但在实际研究中，系统发育学种的界定仍然受到诸多因素的限制。早期菌物的系统发育研究尝试效仿采用动物线粒体细胞色素 c 氧化酶亚基Ⅰ（mitochondrial cytochrome c oxidase subunit Ⅰ，COⅠ）的基因分析，但具有局限性。此外，单基因系统发育分析在依据单系群划分物种界限时存在一定的不确定性。后来，菌物系统发育研究大多采用多基因分析的方法，如 *ITS*、*LSU*、*SSU*、*rpb1*、*rpb2*、*β-tubulin*、*EF-1a* 等都是常用的 DNA 片段。Taylor 等（2000）提出基于多基因系统发育分析的“谱系一致的系统发育学种识别法”（genealogical concordance phylogenetic species recognition，GCPSR），将不同基因在分析中形成的一致谱系作为物种划分的依据。GCPSR 相对于单基因分析提供了更多的系统发育信息，应用到很多形态特征难以区分的类群中，如鹅膏属 *Amanita*（Zhang et al.，2004）、丝膜菌属 *Cortinarius*（Frøslev et al.，2007）、狭义干蘑属 *Xerula*（王岚等，2008）等。但 GCPSR 划分出的物种也需要获得形态、生理、地理分布、生态分布、寄主范围和生物学特性等方面信息的支持。近年来随着测序成本的降低，基因组测序的菌物物种数量不断增加，线粒体基因组和核基因组数据也开始用于菌物的系统发育分析（王征等，2009；Hettiarachchige et al.，2015；Dentinger et al.，2016；Leavitt et al.，2016）。基因组数据理论上能够提供比多基因序列更多的信息，但基因组数据如何准确地反映物种间的系统发育关系，在分析方法上仍然是一个难题。

形态学种、生物学种及系统发育学种在菌物分类研究中都有着重要的应用，但 3 个物种概念出现冲突的例子并不鲜见。物种概念尽管在理论上是明确的，但物种的划分在实际操作过程中并没有统一的标准。合理的物种划分需要结合形态、分子及生物学等多方面的证据。

可以这样说，一个生物的正确名称就是一把打开其文献宝库的钥匙。我们一旦知道了这个生物的名称，就能查出有关它的资料，如它以前在什么地方被人发现的，在什么环境下，是有益还是有害的，有什么特征，等等。总之能知道有关它的一切已知的科学知识，因而为我们进一步研究提供必不可少的资料。

真菌分类的目的就是要根据国际上已承认的一些分类系统来给每一种真菌命名，以便互相交流有关真菌的各种知识，并尽可能地反映已知菌种之间的亲缘关系。因为亲缘关系比较密切的种类中，其生物学特性往往是比较接近的。人们只要找到一个有某些用途的菌种，就往往可以从它所属的类群中找到更多的有类似价值的菌种。虽然我们对植物和动物的亲缘关系的概念在相当大的程度上是依靠化石证据，但是关于真菌化石所知甚少，以至在确定这群有机体的亲缘关系时就存在着缺乏化石依据的困难。然而，随着我们认识的深入，我们的分类也会发生改变，甚至物种的名称也会有改变。现代分子生物学技术为我们了解这种关系提供了有力的证据。

第二节　菌物的分类

人类对菌物的认识很有限，目前为止描述过的物种总数（约 9.8 万种）仅占估计种数（约 150 万种）的 6.5%左右。而且，被研究过的地区和类群极不平衡。欧洲一些国家（如英国、芬兰、瑞士）的菌物与维管植物种数之比已达(4～6)∶1，而亚洲大部分地区、澳大利亚、非洲甚至美洲的大部分地区仍属菌物区系资料的空白区。我国已知真菌按 1.5 万种计，维管植物约 3 万种，因此，菌物和植物的比例是 1∶2，即每 2 种植物有 1 种菌。相对而言，蕈菌稍好一点，而小型菌的有些类群仍无人问津。有人预见，若按目前的进度要想搞清地球上菌物“家底”尚需 800 年以上的艰苦努力。

一、真菌分类系统

在真菌分类领域中，具有进化概念和代表性的真菌分类系统主要有 Whitaker（1959）系统、Martin（1961）系统、Ainsworth（1973）系统等（表 3-1）。真菌学研究者在实践中经常参照和应用的系统一般是以 Martin 为代表提出的 4 纲分类系统，即将真菌归属植物界的菌藻植物门，下分黏菌和真菌 2 个亚门，真菌亚门再分 4 纲，这一分类系统自 19 世纪末到 20 世纪 70 年代中期，曾被世界各国的真菌学者广泛地接受和采用。200 多年的真菌研究中，随着科学技术的发展，在国际菌物研究的大背景下，我国近、现代菌物学和菌物分类系统研究也深受影响。从最开始的植物病原真菌的研究到现在涉及真菌、黏菌、卵菌等菌物研究，出现过戴芳澜（1979b，1987）提出的“三纲一类”系统，邓叔群（1963，1996）的“四纲一类”系统，周宗璜（1981）的“三纲”系统，沈瑞祥（1998）的真菌门下设 5 亚门和邢来君（2010）的真菌界下的“四门一类”，这些说明我国菌物研究正在不断深入和不断进步。

表 3-1 真菌几个主流分类系统对比（引自杨祝良，2015）

Whittaker（1959）	Martin（1961）	Ainsworth（1973）
真菌界 Fungi	植物界 Plantae	真菌界 Fungi
真菌亚界	真菌亚门 Eumycotina	真菌门 Eumycota
Subkingdom Eumycota	藻状菌（纲）phycomycetes	鞭毛菌亚门 Mastigomycotina
藻状菌（纲）	毛菌亚纲 Trichomycetidae	壶菌纲 Chytridiomycetes
Phycomycetes	卵菌亚纲 Oomycetidae	丝壶菌纲 Hyphochytriomycetes
子囊菌（纲）	结合菌亚纲 Zygomycetidae	卵菌纲 Oomycetes
Ascomycetes	子囊菌纲 Ascomycetes	接合菌亚门 Zygomycotina（含 2 纲）
担子菌（纲）	半子囊菌亚纲 Hemiascomycetidae	子囊菌亚门 Ascomycotina（含 6 纲）
Basidiomycetes	真子囊菌亚纲 Hemiascomycetidae	担子菌亚门 Basidiomycotina（含 3 纲）
黏菌亚界	担子菌纲 Basidiomycetes	半知菌亚门 Deuteromycotina（含 3 纲）
Subkingdom Myxomycota	异担子菌亚纲 Homobasidiomycetidae	黏菌门 Myxomycota
	同担子菌亚纲 Holobasidiomycetidae	集孢菌纲 Acrasiomycetes
	半知菌类（纲）Deuteromyces	网黏菌（纲）Labyrinthulomycetes
	黏菌亚门 Myxomycotina	黏菌纲 Myxomycetes
		根肿菌纲 Plasmodiophoromycetes

Alexopoulos 和 Mins（1996）	Kirk 等（2001）	Kirk 等（2008）
真菌界 Fungi	真菌界 Fungi	真菌界 Fungi
壶菌门 Chytridiomycota	壶菌门 Chytridiomycota	微孢菌（门）Microsporidia
接合菌门 Zygomycota	接合菌门 Zygomycota	壶菌门 Chytridiomycota
子囊菌门 Ascomycota	子囊菌门 Ascomycota	球囊菌门 Glomeromycota
担子菌门 Basidiomycota	担子菌门 Basidiomycota	接合菌门 Zygomycota
茸鞭生物界 Stramenopila	无性型	子囊菌门 Ascomycota
丝壶菌门 Hyphochytriomycota	藻菌界 Chromista	担子菌门 Basidiomycota
网黏菌门 Labyrinthulomycota	丝壶菌门 Hyphochytriomycota	菌藻界 Chromista
卵菌门 Oomycota	网黏菌门 Labyrinthulomycota	丝壶菌门 Hyphochytriomycota
原生生物 Protista	卵菌门 Oomycota	网黏菌门 Labyrinthulomycota
根肿菌门 Plasmodiophoromycota	原生动物界 Protozoa	卵菌门 Oomycota
网柄菌门 Dictyostelimycota	根肿菌门 Plasmodiophoromycota	原生动物界 Protozoa
集孢菌门 Acrasiomycota	集孢菌门 Acrasiomycota	Plasmodiophorids 支系
黏菌门 Myxomycota	黏菌门 Myxomycota	Copromyxida 支系
	黏菌纲 Myxomycetes	Fonticulida 支系
	网柄菌纲 Dictyoteliomycetes	Heterolobosea 支系
	原柄菌纲 Protosteliomycetes	Ramicristates 支系
	鹅绒菌纲 Ceratiomycetes	原柄菌纲 Protosteliomycetes
		网柄菌纲 Dictyoteliomycetes
		黏菌纲 Myxomycetes

二、本教材采用的分类系统

目前广泛被推崇的是《菌物字典》（第 8 版）（*Ainsworth & Bisby's Dictionary of the Fungi* 1995）的系统，菌物成立三个界，即原生动物界 Protozoa、藻菌界 Chromista 和真菌界 Fungi。在真菌界中，包括子囊菌门 Ascomycota、担子菌门 Basidiomycota、壶菌门 Chytridiomycota 和接合菌门 Zygomycota。《菌物字典》（第 10 版）真菌界增加了球囊菌门 Glomeromycota 及微孢子虫门 Microsporidiomycota 2 个门，主要门以上系统框架如下。

- 原生动物界 Protozoa
  - 集胞黏菌门 Acraciomycota
  - 网柱黏菌门 Dictyosteliomycota
  - 黏菌门 Myxomycota
  - 根肿菌门 Plasmodiophoromycota
- 藻菌界 Chromista
  - 丝壶菌门 Hyphochytriomycota
  - 网黏菌门 Labyrinthulomycota
  - 卵菌门 Oomycota
- 真菌界 Fungi
  - 子囊菌门 Ascomycota
  - 担子菌门 Basidiomycota
  - 壶菌门 Chytridiomycota
  - 接合菌门 Zygomycota
  - 球囊菌门 Glomeromycota
  - 微孢子虫门 Microsporidiomycota

本教材主要采纳了该分类系统，蕈菌主要是指双核亚界下的子囊菌门 Ascomycota 和担子菌门 Basidiomycota 中个体较大的所谓“肉眼所见、用手可采摘”的类群。按照《菌物字典》，其主要组成类群见附录一。

真菌的分类和其他生物，如植物一样，也是按界（regnum）、门（divicio）、纲（classis）、目（ordo）、科（familia）、属（genus）、种（species）的等级依次排列的。必要时还可以分出亚门（subdivicio）、亚纲（subclassis）、亚目（subordo）、亚科（subfamilia）、族（tribus）、亚族（subtribus）、亚属（subgenus）、亚种（subspecies）分类辅助等级。种（物种）是真菌分类的基本单位，种下有时还可划分为变种（var.）、亚种（subsp.或 ssp.）、变型（f.）。

属以上的等级都有标准化的词尾：门为-mycota，亚门为-mycotina，纲为-mycetes，亚纲为-mycetidae，目为-ales，亚目为-ineae，科为-aceae，亚科为-oideae。

第三节　真菌的命名

虽然人们在实际生活中对许多真菌比较熟悉，甚至能较好地加以利用，并给予一定的名称，而且这种名称在当地是通用的。但由于地区和民族等不同，往往同一种真菌的名称就有不同，甚至同一真菌在同一地区也有几种通俗名称。这种情况势必造成很多混乱。

林奈（C. Linnaeus）对生物界的最大贡献就在于1753年创立了“双名法”，即所谓的拉丁学名。这个学名是由拉丁文的两个词所组成的。第一个词是属名，其第一个字母必须大写；第二个词是种加词，其第一个字母现在均改为小写；最后还要加上命名人的姓或姓名。属名是一个名词，种加词常为形容词，形容那个名词。手写体的拉丁学名，在属名和种加词下应加横线，而在印刷时则应用斜体字，如 *Myriangium bambusae* Rlck。当属以下的分类群，由这一属转移至另一属或另一种时，如等级不变，而它原来的加词在新的位置上仍然是正确的而被留用，这样组成的新名称叫作新组合，原来的名称则叫作基原异名。这种情况下应将原来定名的作者的姓写在小括号内，重新予以组合的作者的姓写在小括号之外。例如，周以良教授发表一个种为 *Triphragmium laricunum* Chou，后来戴芳澜教授把该种移到 *Triphragmiopsis* 中组成新组合，则应写成 *Triphragmiopsis laricina*（Chou）Tai。如果命名人是两个人，则在两人的姓之间用“et”或“&”联起来，如 *Mycosphaerella larici-leptolepis* K.Ito et S.Sato。如果一个种由一位作者命名，但未曾合格发表，后来由另一位作者合格发表了，则在两位作者的姓之间用“ex”联起来，合格发表的作者写在后面，若要缩写，则因合格发表的作者更重要，故应予保留，如 *Helvella crispa* Scop.ex Fr.或写成 *Helvella crispa* Fr.。如是变种，应在种名后写上“变种”的缩写“var.”字样，其后再写变种的词和命名人的姓，如 *Russula puellaris* var. *leprosa* Bres.。命名人应按规定缩写，如 Linnaeus 缩写成 L.，Fries 缩写成 Fr.，Persoon 则缩写成 Pers.等，不能随意缩写。由于真菌的命名起点日期由原先规定的提前至1753年5月1日，但对 Persoon 和 Fries 认可的名称具有特殊地位予以保护，因此称为保护名称，一般用“：”表示，如 *Boletus piperotus* Bull.: Fr.。为了避免混乱，便于世界各国通用，真菌的命名和其他生物一样，都是按照统一的“命名法规”进行命名，决不能随心所欲。而国际命名法规也是随着科学的发展不断进行部分修改或变动的，因此作为一个真菌分类学者，不但要懂得命名法规的基本条款和各种具体规则，而且应该及时掌握修改或变动情况。

一、真菌的命名法规

真菌的命名是按照《国际植物命名法规》予以命名的。这个法规从1867年在法国巴黎召开的第一次国际植物学会上形成的第一个法规（即“巴黎法规”）至1981年在澳大利亚召开的第十三届植物学会上通过的所谓“悉尼法规”，已经过14次修改成为第15个法规。在这个法规中对具复型生活史的真菌类和归隶入型式属的化石的名称做了补充（Turland，2016）。

1）在具有有丝分裂的无性繁殖型式（无性型）及减数分裂的有性型式（有性型）的子囊菌和担子菌（包括黑粉菌目）中，整个全型（即这个种的全部型式）的正确名称是以有性型（即以产生子囊/子囊孢子、担子/担孢子、冬孢子或其他产生担子器官为特征的型式）为模式的最早合法名称，但地衣型的真菌除外。

2）作为一个全型的双名的条件，不但其模式标本必须具有有性型的特征，而且在其原白（或译作“原记述”）中也必须包括有性型的特征集要或描述（或者在原白的措辞中不能排除已指出参照有性型的可能性）。

3）假如上述条件不能满足时，那么这个名称是个型式分类群的名称。这个名称只能用于在原白描述的，或指示参照的无性型，并且为其模式所代表。名称的模式（被人们所接受为无性型或有性型）决定着名称的使用。不管这个属下分类群被作者归隶于的属是全型的抑或无性型的。

4）全型的名称（属的、种的等）优先权并不由于它有较早发表的无性型名称（被判断为该全型的相关型式的型式属、型式种等的无性型名称）而受到影响。

5）本条款不应理解为当人们认为有必要或愿意单独引用无性型时也不能发表和使用型式分类群的双名。

6）在有直接的和明确的证据来引进一个新型式——这个新型式被其作者断定与一个以其基原异名为模式的型式有联系，并满足规则第 32～45 条（列宁格勒法规的编号）对一个新分类群的合格发表的全部要求时，这个新型式的任何一个新组合或新名称的标志，都被认为是一种形式上的错误。而且，这个引进的名称被作为一个新分类群的名称来处理，其定名人只归于这个引进新型的作者。当仅仅是满足于发表新组合的要求时，则该名称被作为新组合来接受，这个新组合的根据是作者讲明的或暗示的基原异名的模式。例如，蜂头球果菌 *Sphaeria sphecocephala* Klotzsch ex Berk.是基于有性型和无性型的材料，尽管作者将它归隶于一个型式属，但它是一个合格发表和合法的全型名称。它合法地组合于一个全型属，作为蜂头虫草 *Cordyceps sphecocephala*（Klotzsch ex Berk.）Berk. & M.A. Curtis。*Sphaeria sphecocephala* 不单是按狭义的含义仅用于无性型。又如，*Cordyceps flavoviridis* Möller 这一名称是基于无形性的材料，尽管作者将它归隶于一个全型的属，但它是一个合格发表和合法的无性型名称，它合法地组合于一个型式属，作为 *Torrubiella flavoviridis*（Möller）Kobayasi。*Cordyceps flavoviridis* 不能用作包括有性型的名称。*Ophiocordyceps hirsutellae*（Petch）D. Johnson，G.H. Sung，Hywel-Jones & Spatafora 是基于 *Calonectria hirsutellae* Petch 的新组合发表的，但它伴有对有性型的拉丁文特征集要。“comb.nov.”的标志算作形式错误，*Ophiocordyceps hirsutellae* 可被接受为合格发表的全型新种，并以 Johnson 等所描述的有性型材料作为其模式。*Cordyceps bassiana* Z.Z. Li，C.R. Li，B. Huang & M.Z. Fan 于 2001 年发表时没有“comb. nov.”的标志，但明确注明 *Beauveria bassiana*（Bals.-Criv.）Vuill.为其无性型。因此，*Cordyceps bassiana* 不能被认为是一个新组合，而应认为是一个新描述的分类群。此外，还有两条作为辅则，即在没有现成的、可利用的名称时，无性型的种或种以下名称可在发表真菌的全型名称的同时或以后提出。如果愿意的话，只要不成为同名的组合，其加词可与其全型名称的加词相同。另外，如果要描述一种过去已知真菌的繁殖体新型式，它应作为一个有性型的新种，或一个无性型模式的新型式，而不是作为一个较早名称的新组合。

在命名法规中所谓的“有效发表”，是指发表一定要是印刷品，并且可以通过购买、交换或赠送，到达公共图书馆或者至少一般植物学家包括真菌学家能去的研究所的图书馆。但在 1953 年 1 月 1 日之前的擦不掉的手抄本也有效。凡手写的材料，即使通过某种机械或制版过程（如石印、胶印或金属蚀刻）的复制品，也属擦不掉的手抄本。所谓“合格发表”即必须是有效发表的，遵循各等级的分类群的命名规则的，而且必须伴随有该分类群的描述或特征集要或者（直接或间接）引证以前已有效发表过的描述或特征集要的才算合格发表。但下列问题必须考虑：①一个组合，除非作者明确指出各有关的加词是使用于那个特定的组合，否则不是合格发表的组合；②自 1953 年 1 月 1 日起，发表新组合或新名称时必须引证其基原异名或者被新名称所代替的那个异名，以及它们的作者、文献、页码、图版、日期等，否则不作为合格发表；③如果发表时连本人也不承认，或暂定名称，或只是附带提及的名称，或作异名发表的名称，或仅提及包括在该名称下的有关从属的分类群名称均不作为合格发表的名称；④自 1953 年 1 月 1 日起，当同一作者对同一分类群给予两个或多个相异的名称，则它们之中无一算是合格发表的；⑤自 1953 年 1 月 1 日起，一个新名称或新组合的发表，必须明确指出其等级，否则不算合格发表；⑥自 1953 年 1 月 1 日起，除藻类（自 1958 年 1 月 1 日起）和化石植物外，一个新分类群名称的发表必须伴随有拉丁文描述或特征集要，或引证该分类群以前已有发表过的拉丁文描述或特征集要，否则不作为合格发表；⑦对属名的合格发表必须有其特征集要或描述，并直接或间接引证以前有效发表过的属级或属的次级区分的描述或特征集要；⑧对发表一个新的单种属时必须备有属种联合描述或特征集要，但在 1908 年 1 月 1 日以前发表的属，只要备有显示其主要特征的解剖图，相当于属的描述，可认作合格发表；⑨属级以下的分类群名称，除非该分类群归隶的属或种的名称在同时合格发表或者以前合格发表过，否则不算合格发表；⑩1908 年 1 月 1 日以前发表的种或种以下分类群名称，只要伴随有显示其主要特征的图解，就算合格发表；⑪对于合格发表一个名称或加词的所有要求未能同时满足，则满足最后一个条件的日期作为发表日期。但自 1973 年 1 月 1 日起，对于合格发表的各个条件未能同时满足的名称就不作为合格发表，除非全面和直接引证以前已满足的文献；⑫只有合法名称和合法加词，才给予它们在优先律方面的考虑。但合格发表的早出同名，不论其合法与否，都使其晚出同名被废弃。

除了优先律等之外，命名模式是命名法规六条原则中的一条重要原则。科级以下的分类群的名称都是凭命名模式来决定的，但更高一级的名称只有当其名称是基于属名的，则也是凭命名模式来决定的。属或属和种级之间的任何分类群的名称的命名模式是为其所包含的一个种的名称的模式。科或科和属之间的任何分类群的名称的命名模式是属。

所谓主模式（holotype）是作者使用过的或被作者指定为命名模式的那一张标本或一个其他分子。若发表分类群的作者未曾指出主模式，或虽指定过，但后来遗失或损毁了，则可另行指定候（后）选模式或新模式作为其代替品。

候（后）选模式（lectotype）总是优先于新模式。在指定候选模式时，指定者必须对该分类群的原白做充分了解，避免采用机械或不科学的方式。倘若有等模式，则必须指定等模式为候选模式。若无等模式，而有合模式存在，则候选模式必须从合模式中选定。只有当等模式与合模式及原来的引证材料都已经不存在时，才可以选定新模式。

等模式（isotype）是指主模式的任何一个重号标本。

合模式（syntype）是原作者未曾指定主模式而引证的两个或更多个标本中的任何一个标本，或者是同时被原作者指定为模式的两个或更多个标本中的任何一个标本。

新模式（neotype）是指当分类群的名称所依据的全部材料不存在时，所选出来充当命名模式的标本。

副模式（paratype）是指在原白中除主模式、等模式或合模式之外所引证的标本。所谓原白，是指与名称发表时有联系的每一事项，如特征集要、特征描述，图、文献引证，异名、地理分布、标本引证及讨论和注释，等等。

附加模式（epitype）是为了使分类群的名称能够得到准确的应用，在一个合格发表名称的主模式、候选模式或之前指定的新模式或所有的原始材料明显含糊不清以致不能提供准确鉴定之用的情况下，作为一种解释性的模式而被选中的标本或插图。

命名模式并非是分类群的最典型的，或最具代表性的分子，它不过是与名称永远结合着的那个个体而已，不管这个名称是正确名称，还是作为异名。

在命名法规中，分类群的名称必须符合法规的规则才算合法名称，否则为不合法名称。

如果按照规则，对一个特定范围、位置、等级的分类群必须采用的那个名称则称为正确名称。因此，合法名称对一个分类群来讲，由于作者对它概念的不同，也可能是正确的，或者是不正确的。

异名则是对同一个分类群的不同的名称，这可能是基于同一模式而作为异名，因而是命名上的异名；也可能是基于不同模式的名称，但被认为是属于同一分类群而作为异名，因而是分类学上的异名。多余名则是命名上的异名之一，其所指的分类群包括了按照规则应该采用的另一名称（或加词）的模式，因此在命名上是多余的，是不合法的。

同名是对同一等级的，基于不同模式的分类群，具有拼法完全相同的名称。重词名是指种加词和属名相同的名称。

自动名是指由于建立一个新分类群而相应地自动建立另一同等级的分类群的名称。

新名称则是当发现一个分类群的名称是不合法的，而对这个特定的分类群无其他合法名称时所取的名称。

命名法规是非常复杂、严格的。作为一个真菌分类学者就必须对此有具体的了解才有可能在实际工作中不因错误的理解而造成种种混乱。因此，了解命名法规的发展历史（表 3-2）至关重要。

表 3-2　命名法规演变历史

IBC 年份	法规文本	重要日期	主要修改
		1753 年 5 月 1 日	菌物和维管植物的命名起点
1867	《植物命名法》（巴黎法规）		
		1887 年 1 月 1 日	属以上等级的暗示
		1890 年 1 月 1 日	变种是默认的种下等级
1905	《国际植物命名规则》（维也纳规则）		
		1908 年 1 月 1 日	具有分解图的插图
1910	《国际植物命名规则》（布鲁塞尔规则）		
		1912 年 1 月 1 日	拉丁文专业术语作为属名
1930	《国际植物命名规则》（剑桥规则）		
		1935 年 1 月 1 日～2011 年 12 月 31 日	除非伴随拉丁文描述或特征集要，或对它们进行引用，否则一个发表在 1935 年 1 月 1 日～2011 年 12 月 31 日的菌物或植物分类群的名称是不合格发表
1950	《国际植物命名法规》（斯德哥尔摩法规）		
		1953 年 1 月 1 日	①有效发表；②互用名称是不合格发表；③指明等级；④完整而直接的引用
1954	《国际植物命名法规》（巴黎法规）		
		1958 年 1 月 1 日	指明模式
1959	《国际植物命名法规》（蒙特利尔法规）		
1964	《国际植物命名法规》（爱丁堡法规）		
1969	《国际植物命名法规》（西雅图法规）		
		1973 年 1 月 1 日	合格发表条件未同时满足
1975	《国际植物命名法规》（列宁格勒法规）		

续表

IBC 年份	法规文本	重要日期	主要修改
1981	《国际植物命名法规》（悉尼法规）		
1987	《国际植物命名法规》（柏林法规）		
		1990 年 1 月 1 日	①注明“typus”（“模式”）或“holotypus”（“主模式”）；②指明主模式的馆藏处；③指明候选模式或新模式的馆藏处
1993	《国际植物命名法规》（东京法规）		
1999	《国际植物命名法规》（圣路易斯法规）		
		2001 年 1 月 1 日	①注明“lectotypus”（“候选模式”）或“neotypus”（“新模式”）；②注明“designated here”（“此处指定”）；③确定合格化插图与模式一致
2005	《国际植物命名法规》（维也纳法规）		
		2007 年 1 月 1 日	①插图作为模式；②引证基名或被替代异名
2011	《国际藻类、菌物和植物命名法规》（墨尔本法规）		
		2012 年 1 月 1 日	①现在通用拉丁文或英文的要求；②有效的电子发表
		2013 年 1 月 1 日	①命名法规的名称由《国际植物命名法规》改为《国际藻类、菌物和植物命名法规》（International Code of Nomenclature for algae，fungi，and plants）；②拉丁文或英文撰写菌物新分类单元特征集要或描述；③电子出版物：以电子版 PDF 格式（推荐格式为 PDF/A）发表的新名称均为有效发表；④菌物名称注册；⑤一个菌物一个名称；⑥认可名称的模式标定

2011 年 7 月在第 18 届国际植物学大会命名法分会上通过了命名法规的一系列重大改动，并在全体大会上得到了接受批准。命名法规的变化对菌物的研究有着重大的意义。

第一，命名法规标题的变化表明了藻类和菌物与植物平行，作为不同的生物类群，在命名法规里同等对待。有了这个变化，对有一个单独的法规来管理菌物名称的需求就显著削弱了。

第二，对传播手段的正确认识和研究手段的进步。传统上的文献积累和传递是通过纸质媒介进行的，这种方式在以往的历史条件下是最为高效的手段，但随着科学的进步，特别是互联网的发明，知识的传播可以选择多种方式。从传播学的角度去理解，电子文件的传播速度和广度是纸质媒介所不具有的，是更高效的文献传播手段，在世界范围内极大地促进了知识的传播和研究水平。

第三，允许英文描述特征集要也相对降低了研究门槛，却更大地提升了整体的研究水平。新分类单元的特征集要从只能使用拉丁文一种文字到使用拉丁文或英文两种文字来撰写的变化，使许多未能很好掌握拉丁文这一古代语言的研究人员大大减少了描述新分类单元的困难。拉丁文或英文的任何一种文种都将满足新分类单元合格发表的要求。

第四，菌物名称注册的机制将有助于研究人员找到新发表的名称，而不论它们在哪里发表，特别是在出现大量电子出版物的情况下。

第五，认可名称模式标定的法规变化完全是为了菌物。有了这个修改，现在可以从很大范围的“原始材料”中进行后选模式的指定，以此来保护大量认可名称的现行用法。

墨尔本法规可以称为革命性变革的，命名法规变化是由菌物学家提出来的，包括了命名法规的标题、新分类单元合格发表的语言要求、菌物名称注册、删除法则第59条的双重命名法，以及认可名称的模式标定问题等，菌物学因此将有许多收益（Krik，Norvell，姚一建，2011）。

二、蕈菌新种发表的一般格式

1. 新种规范发表的必要条件

（1）名称的有效发表（effective publication）

1）新种须在公开发行的正式出版物中发表才能视为有效发表，不能是某个会议上宣读的新名称，不能是打字手稿、微缩胶片、印刷品预告等中出现的新名称，也不能是通过电子媒介传播的新名称，它是在同时具有印刷版和电子版的学术期刊中发表的新名称，且必须满足以下条件：①两个版本（印刷版和电子版）在内容和页码编排上完全一致；②电子版必须独立存在，并能够打印出与印刷版完全相同的格式；③电子版本必须在www网页或其后续网站中公开；④印刷版和电子版中出现的新名称必须予以显著标注。墨尔本法规对此条做出了补充规定：从2012年1月1日起，在具有ISSN或ISBN号码的期刊或书籍中，以电子版PDF格式（推荐格式为PDF/A）发表的新名称和在刊物上发表的名称一样，均视为有效发表（effective publication）（Hawksworth，2011a；Kirk et al.，2011）。随着时代的发展，实施这一规定有其必要性和迫切性。

2）有效发表日期的确定：发表日期是名称优先权的重要依据之一，通常以印刷物的出版日期为准。墨尔本会议修订后，也可根据电子期刊、书籍的发布时间作为新种的发表时间。同一物种若有两个或两个以上作者以不同名称命名，且名称的发表都有效并合格，则发表日期的先后是优先权的关键依据。

（2）名称的合格发表（valid publication）

1）指定命名模式。

2）特征描述（description）或特征集要（diagnosis）。以往的规定是必须用拉丁文撰写特征描述或集要，从2012年1月1日起墨尔本法规修改为拉丁文或英文均可撰写特征描述或特征集要。

3）指明分类单位的等级，如新种sp. nov.，新变种var. nov.，新亚种subsp. nov.等。

4）提供能清晰体现新种主要形态特征的插图。插图应注明所依据的标本，并有比例尺。

5）菌物新名称发表之前必须在认可的信息库进行登记并存储名称的重要信息，此条款已在墨尔本会议上通过并于2013年1月1日起执行。

2. 新种发表的规范格式

（1）新种命名

新种名称在取用时应充分掌握相关分类群（属）以往发表过的所有资料，避免新种名称成为晚出同名（later homonym，即一个名称与以前基于不同模式合法发表过的另一物种名称相同）而被废弃。名称不问其词源如何，均作为拉丁文处理。属名必须是一个单数名词。种的名称是属名和一个单词的种加词（specific epithet）组成的双名组合（binary combination）。种加词起着修饰属名（名词）的作用，取用时没有特别规定，采用形容词、同位名词和名词的所有格，不管词源来自何种语言，均需拉丁化，符合拉丁语法。

学名的命名人缩写必须符合法规规定。学名命名人的书写及缩写需全文保持一致。对中国作者而言，缩写时应姓名俱全，如“庄剑云”应缩写成“J.Y. Zhuang”，“庄文颖”应缩写成“W.Y. Zhuang”，切勿简缩成“Zhuang”。

（2）新种描述

合格发表一个新种或种下亚分类群的名称，必须伴有该分类群的拉丁文或英文的特征描述或特征集要。

从阿姆斯特丹法规（Amsterdam Code，1935 年通过，因第二次世界大战延至 1947 年在美国 *Brittonia* 杂志发表）到维也纳法规规定，从 1935 年 1 月 1 日起撰写特征集要必须使用拉丁文，之所以选择拉丁文进行描述有其历史的原因。最初在欧洲，植物的名称和著作都是用拉丁文写作，从而借助拉丁文打破地理上的隔离，起到学术交流的作用。除历史传承外，选择拉丁文作为描述语言，更主要的是因为拉丁文的词法有性、数、格的变化，其句法结构十分严密，不易引起歧义，从而能够准确表达作者的原意。

在最近 1/4 世纪里，关于使用英文撰写新分类单元特征集要的提议一直处于争论之中。2011 年 7 月墨尔本会议才通过以拉丁文或英文撰写菌物新种特征描述或特征集要。此规定生效期是 2012 年 1 月 1 日（Hawkswortha，2011；Kirk et al.，2011）。

特征集要（diagnosis）是一个短的描述，简要指明新种（或新分类群）的主要特征及其与近似种（或分类群）的异同或亲缘关系。经典的传统习惯是先用拉丁文夺格写出特征集要，然后用主格详细描述形态特征。但后来很少作者遵循这个方式，习惯直接发表较长的描述，这样也未尝不可。按照规定，仅用特征集要发表的新种是有效的。特征集要虽然不是一个全面的特征记载，但指明了与近似种的主要区别。然而如果特征集要起不到区别近似种的作用，则会变得毫无用处。新种特征描述为权威描述，必须包括全部的关键特征，如果描述不完整，关键特征不突出，严格追究，终将使名称变为双关名（nomen ambiguum，即某学名可用在两种或两种以上不同的物种），从而无法使用该描述对物种进行准确鉴定。

（3）模式指定

模式指定（typification）是指定名称的一种方式，是命名法规的基本原则之一，但模式不一定是新种特征最典型的成分。种或种下分类群名称的模式（主模式、后选模式或新模式）是一个保存在标本馆或其他保藏机构及研究所的单个标本。模式必须能够永久保存并且不能使用活的菌株或菌种。活的培养物必须经过干燥处理才能成为合格的模式。维也纳法规规定，在非代谢状态下（如冷冻干燥或深冻）的菌种可以被接受作为模式，墨尔本会议通过了要求使用“永久保存在代谢不活跃状态下”（permanently preserved in a metabolically inactive state）的词组或相当的词汇以明确无误地表明模式培养物的生理状态（Hawkswortha，2011；Kirk et al.，2011）。使用活菌种作为模式，是不合法的。

出于优先权的考虑，模式的指定必须通过有效发表的途径；模式的指定必须明确地标注“type”（typus）或“holotype”（holotypus）字样或类似的表述，维也纳法规要求用“hic designatus”（此处指定）。模式标本必须标明采集地点，如果可以，最好同时提供采集地的经纬度等地标，具体的日期书写是按拉丁文或英文格式的日-月-年（阿拉伯数字-罗马数字或拉丁文或英文-阿拉伯数字），详细标明采集人、标本的保存地点及标本的编号。同时写明寄主或基物。

（4）插图的绘制

形态特征插图用来直观体现主模式及具体的拉丁描述，根据观察到的真实形态进行绘制。绘制时有如下几点需要把握：①内容排列紧凑，力求在科学的基础上达到美观，注意用笔的轻重及粗细；②绘制时务必将粗细合适的比例尺一并绘制在图内，同时在图注中标明出自哪个标本；③在显微镜下绘制的图最好用扫描仪扫描或相机拍照后保存电子版，方便发表时做图片处理；④作者可自行用作图软件处理图片，如是手绘图，可处理成位图格式，但务必注意图片上内容的完整性，原图上一些不是很清晰的形态会被白色替代。

（5）登录信息库并录入信息

墨尔本会议通过，从 2013 年 1 月 1 日起，菌物新名称发表之前必须在认可的信息库进行登记并存储名称的重要信息，这将成为名称合格发表（valid publication）的强制要求。在特征集要中必须显示出其相应的注册号。自 2005 年以来许多菌物学刊物就已经要求这种注册了。例如，从 2008 年起，在《菌物学报》发表新种时，要求作者登录 MycoBank（http：//www.mycobank.org/）（王敏等，2009），将已经定稿待发的新种内容按要求录入，通过审核后获得 MycoBank 编码。目前，墨尔本会议通过认证的信息库有 3 个。荷兰 MycoBank（http：//www.mycobank.org）是目前最活跃的菌物名称信息库；英国 Index Fungorum（http：//www.indexfungorum.org/names/indexfungorumregistration.asp）从 2010 年开始接受菌物名称的注册。为方便国内研究人员，同时也为国际同行服务，特别是亚洲的同行，一个新的菌物名称信息库 Fungal Name（http：//www.fungalinfo.net）已经在北京由中国科学院菌物标本馆建成，可供名称注册使用。这 3 个菌物名称注册网址使用同一序列的编码，除了前缀不同外，其名称注册号亦不会重复（韩丽，2012）。

目前对生物物种特别是菌物物种的各种界定和划分都带有一定的探索性，在未来相当长的时间内可能还是一个不易澄清的问题。但随着技术手段的发展和认识水平的提高，对物种的理解将不断深入，物种的概念也将越来越清晰。密切关注国际植物学大会命名法规的一系列变化，使菌物的命名更加科学和合理，菌物分类也将更趋于自然。

4 第四章 蕈菌拉丁文基础

第一节 字　　母

一、拉丁文字母表

古典拉丁语只有 24 个字母，并无 j 和 w。字母 j 是从西班牙文中加进去的。近代又因引用外来语（人名、地名等）的需要，将 w 列入拉丁语字母表中，因此拉丁语字母为 26 个，排列次序与英语同（表 4-1）。

表 4-1　拉丁文字母表

字母		名称	发音	字母		名称	发音
印刷体				印刷体			
大写	小写	国际音标	国际音标	大写	小写	国际音标	国际音标
A	a	[aː]	[aː]	N	n	[en]	[n]
B	b	[be]	[b]	O	o	[o]	[o]
C	c	[te]	[k]，[ts]	P	p	[pe]	[p]
D	d	[de]	[d]	Q	q	[kuː]	[k]
E	e	[e]	[e]	R	r	[er]颤音	[r]颤音
F	f	[ef]	[f]	S	s	[es]	[s]
G	g	[ge]	[g]，[dʒ]	T	t	[te]	[t]
H	h	[haː]	不发音或[h]	U	u	[uː]	[uː]
I	i	[iː]	[iː]	V	v	[ve]	[v]
J	j	[jot]	[j]	W	w	[dupleksve]	[w]
K	k	[kaː]	[k]	X	x	[iːks]	[ks]
L	l	[el]	[l]	Y	y	[ipsilon]	[iː]
M	m	[em]	[m]	Z	z	[zeta]	[z]

二、拉丁文字母的名称及发音

1. 拉丁字母的分类

拉丁文的 26 个字母按照发音时气流是否受到舌、齿、唇等发音器官的阻碍，分为元音字母和辅音字母两大类。元音字母可以划分成单元音和双元音。

单元音有 6 个：a，e，i，o，u，y。

双元音有 4 个：ae，oe，au，eu。

辅音可以划分为单辅音和双辅音两种，单辅音字母共有 20 个，根据它发音时声带是否震动，可划分为清辅音和浊辅音。

清辅音：p，t，c，k，q，f，s，h，x。

浊辅音：b，d，g，v，z，j，l，m，n，r，w。

双辅音是由两个单辅音组合而成的，读一个音，双辅音字母有共 4 个：ch，ph，rh，th。字母的分类情况见表 4-2。

表 4-2　元音与辅音

<table>
<tr><td rowspan="5">字母</td><td rowspan="2">元音字母</td><td colspan="2">单元音</td><td>a e i o u y</td></tr>
<tr><td colspan="2">双元音</td><td>ae oe au eu</td></tr>
<tr><td rowspan="3">辅音字母</td><td rowspan="2">单辅音</td><td>浊辅音</td><td>b d g v w z m n l r j</td></tr>
<tr><td>清辅音</td><td>p t k c q f s h x</td></tr>
<tr><td colspan="2">双辅音</td><td>ch ph rh th</td></tr>
</table>

（1）元音字母及其发音

元音字母是语音中的基本成分。发音时气流由肺部呼出，振动声带，通过口腔，不受舌、齿、唇等发音器官的阻碍。靠口形和舌的位置的不同发出不同的元音因素。

a [a:]：口大开，舌自然平放，舌尖略近下齿龈，气流振动声带。

Agaricus 蘑菇属　　*Amanita* 鹅膏属

alba 白色的

e [e]：口半开，唇形扁圆形，舌尖抵下齿，舌前部略抬起，上下齿间可容一食指，气流振动声带。

Exidia 黑耳属　　et 和

Entoloma 粉褶菌属　　eburneus 象牙色的

i，y [i:]：口小开，两唇角向外略伸展，呈扁平形，上下齿近乎合拢，舌面鼓起，气流由上下齿间冲出，振动声带。

hispidus 粗毛的　　*Inonotus* 纤孔菌属

Inocybe 丝盖伞属　　fissilis 易裂的

o [o]：口开合度较 a 小，双唇收拢前伸，呈圆形，舌位较 a 低，气流振动声带。

Oudemansiella 奥德蘑属　　obovatus 倒卵形的

octo 八　　*Oxyporus* 锐孔菌属

u [u:]：口开合度较 o 小，双唇进一步收拢前伸，呈小圆口形，舌向后移，振动声带。

-ulus 小的　　unicolor 单色的

ursinus 熊的　　utrinque 两侧

ae [e]：发音同 e。

-aceae 科结尾词　　praecox 早生的

aeruginosa 铜绿色的　　*Daedalea* 迷孔菌属

oe [e]：发音同 e。

Gloeostereum 榆耳属　　foetens 恶臭味的

hypophloeodus 树皮下生的

au [au]：au 是 a 和 u 两个音素的快速连续。发音时由 a 快速滑向 u，中间不要停顿。a 要读得长而重，u 要读得短而轻。

auranticus 橙色的　　autumnalis 秋生的

Auricularia 木耳属　　australis 南方的

eu [eu]：eu 是 e 和 u 两个音素的快速连续，同 au 的读音方法一样，发音时要前长后短，前重后轻。

eury-宽的　　lepideus 鳞片

Pleurotus 侧耳属　　*Pluteus* 光柄菇属

（2）辅音字母及其发音

辅音字母是语音的辅助成分，共有 20 个。发音时由肺部呼出的气流通过口腔的过程中，受到发音器官不同部位的阻碍，突破这些阻碍所发出的语音叫作辅音。发音时，振动声带的叫作浊辅音，不振动声带的叫作清辅音（见前字母分类表）。

辅音字母的发音及发音要领如下。

b [b]：双唇闭合，然后突然分开，气流冲出口腔，形成爆破音，同时振动声带。

bombardus 炮弹形的　　*Boletus* 牛肝菌属

basidium 担子　　bubalinus 灰黄色的

p [p]：发音要领与 b 同，但不振动声带。

palustris 沼地生的　　papilla 乳头状突起

Polyporus 多孔菌属　　*Piptoporus* 滴孔菌属

d [d]：舌尖紧贴上齿龈，形成阻碍，然后突然下降，气流冲开舌尖与齿龈的阻碍，形成爆破音，同时振动声带。

dense 密的　　discus 盘

delica 美丽的　　deliciosus 美味的

t [t]：发音要领与 d 同，但不振动声带。

Tricholoma 口蘑属　　tenuis 细的

temperatura 温度　　tabula 图版

f [f]：上齿轻接下唇，气流从齿间的缝隙中通过，引起摩擦音，不振动声带。

-formis 像　　fasciculatus 束生的

flora 区系　　*Flammulina* 冬菇属

v [v]：发音要领与 f 同，但要振动声带。

valvatus 瓣片状的　　velutinus 绒毛的

vel 或　　volva 菌托

m [m]：双唇闭拢，软腭下垂，气流由鼻腔泄出，振动声带。

mycologia 真菌学　　myxomycetes 黏菌纲

mycelium 菌丝体　　multi-多的

n [n]：双唇微开，舌尖紧贴上齿龈，形成阻碍，气流由鼻腔泄出，振动声带。

nanus 小的　　nomen 名称

non 不、非　　nudus 裸露的

l [l]：舌尖抵上齿龈，舌前向硬腭抬起，双唇略开并稍向前伸，气流从舌的两侧泄出，振动声带。

Lactarius 乳菇属　　longus 长的

lamella 菌褶　　lepis 鳞片

r [r]：舌尖稍向上卷，略近上腭，双唇略开，气流冲击舌尖使之颤动，振动声带。

rareus 罕见　　*Ramaria* 枝瑚菌属

rotundus 圆的　　ros 霜

注：拉丁语 r 的发音，要求舌尖必需颤动。汉语中无此颤音，发音常感困难。国际音标[r]为之注音，并不确切。

w [w]：舌后部向软腭抬起，双唇收得小而圆，并向前突出，犹如元音 u 的发音，振动声带。

schweintzii（人名）　　wang（人名）

j [j]：发音要领与元音 i 同，舌前部尽量靠近上腭，但并不贴住，双唇扁平，发音短促，音一发出就滑向后面的元音，发音时振动声带。

junior 幼小的　　juxta 接近、近似

Bjerkandera 烟管菌属

s[s]：舌端靠近齿龈，但不要贴住，双唇微开，气流由舌端齿龈之间泄出，摩擦成音，不振动声带。

sex 六　　serotinus 晚生的

specimen 标本　　spora 孢子

z [z]：发音要领与 s 同，但要振动声带。

zona 地带　　zoogenus 动物体着生的

zygota 结合子　　zantho-黄色的

h [h]：在单词里一般不发音，也有人读[h]。读[h]时双唇略开，舌自然平放，声门敞开，气流从声门轻轻摩擦泄出，不振动声带。

herbarium 标本室（馆）　　hetero-异型的

holotypus（主）模式标本　　hypha 菌丝

k [k]：舌后部隆起，紧贴软腭，形成阻碍，然后突然分开，气流从舌根与腭间冲出，不振动声带。

kalium 钾　　nameko 滑子蘑

matsutake 松茸　　*Kuehneromyces* 库恩菇属

x [ks]：发 k 和 s 的连接音，但是要求紧密连接读出，不振动声带。

Exidia 黑耳属　　ex 和、与

maximus 大的　　*Oxyporus* 锐孔菌属

c [ts]，[k]：在元音 e，i，y 和双元音 ae，oe，eu 前发[ts]音。发音时舌前部抬起，平贴于上颚，形成阻碍，然后突然下降，气流冲开舌前部和上颚的阻碍，破擦成音，不振动声带。其他情况下一律发[k]音，发音要领同 k。

cystidium 囊状体　　crassus 厚的

Cortinarius 丝膜菌属　　caeruleus 蓝色的

g [g]，[ʒ]：在元音 e，i，y 和双元音 ae，oe，eu 前发[ʒ]音，发音要领同[ts]，但振动声带。其他情况下一律发[g]音，发音要领同[k]，但振动声带。

genus 属　　giganteus 巨大的

glaber 光滑的　　granulata 颗粒状的

q [k]：往往与 u 结合构成辅音组 qu，发音[kw]。

aqua 水　　quinque 五

quadrum 四角　　quiscens 休眠的

ch [k]：发音同 k。

chinensis 中国的

conchatus 贝壳形的

chlorinus 绿色的

chracter 特征

ph [f]：发音同 f。

Pholiota 鳞伞属

Camarophyllus 拱顶伞属

phylum 门

phyllum 叶片

rh [r]：发音同 r。

Rhodotus 玫耳属

rhizomorpha 菌索

mycorrhiza 菌根

Rhodophyllus 粉褶菌属

th [t]：发音同 t。

Thelephora 革菌属

Cantharellus 鸡油菌属

Cyathus 蛋巢菌属

Psathyrella 脆柄菇属

2. 拉丁文字母的书写

在应用文体中，拉丁文分印刷体和书写体，大写和小写，正体和斜体。

印刷体：a，b，d，e，f，g，h，i，j，k，l，m，n，o，p，q，u，v，w，x，y，z。

书写体：*a，b，c，d，e，f，g，h，i，j，k，l，m，n，o，p，q，u，v，w，x，y，z*。

大写：A，B，C，D，E，F，G，H，I，J，K，L，M，N，O，P，Q，U，V，W，X，Y，Z。

小写：a，b，d，e，f，g，h，i，j，k，l，m，n，o，p，q，u，v，w，x，y，z。

正体：a，b，d，e，f，g，h，i，j，k，l，m，n，o，p，q，u，v，w，x，y，z。

斜体：*a，b，d，e，f，g，h，i，j，k，l，m，n，o，p，q，u，v，w，x，y，z*。

第二节　语　　音

一、语音、音素

语音是指具有语言作用的声音；字母是记录语音的符号，也是组成单词的基本单位，有名称音和发音两种读法，在单词中，读其发音；称呼字母时读其名称音。构成语音的最小单位叫作音素。给音素注音的书面符号叫作音标。

二、发音器官

语音是由发音器官发出的，了解发音器官的构造、作用及发音原理，是运用发音器官准确发音的必要前提。语音的产生主要与舌、唇、声带、软腭等发音器官有关，是由肺部呼出的气流，通过发音器官的调节而形成。气流由肺部进入气管，然后经过喉头泄出。气流振动声带时，发出浊音。若声带张开，声门放大，气流不使声带振动，便发出清音。发音时要注意上述几种发音器官的位置和形状的变化，由于它们的种种变化，可发出不同的语音。

三、音节及其划分

1. 音节

音节是拉丁文单词的读音单位，也是书写时移行的单位。构成音节的基本单位是元音，根据元音的多少和分布可以给单词划分音节。一般元音和辅音连接构成一个音节或自成一个音节。所以，在一个单词中有几个元音（或双元音）就有几个音节。

根据音节的数目将单词划分为以下三类。

1）单音节词：只含一个元音，如 lac（乳）、ad（到）。

2）双音节词：含两个元音，如 alba（白色的）、*Irpex*（耙齿菌属）。

3）多音节词：含三个或三个以上元音，如 Poria（卧孔菌属）、campanulatus（钟形的）。只有准确识别和划分音节，才能够准确发音。因此，音节在口头交流上尤其重要。

2. 音节划分规则

1）单音节词无需划分音节，无论几个字母组成，均视为一个音节。

2）元音+元音型，即一个元音前面还有一个元音时，中间分开各成一个音节。

oidium 分裂　　o-i-di-um

-oides 像，近似　　-o-i-des

Vialaea 威亚利菌属　　Vi-a-lae-a

Bulgaria 胶陀螺属　　Bul-ga-ri-a

3）元音+辅音+元音型，即两个辅音之间一个辅音时，这个辅音与后面的元音构成一个音节。

ovalis 卵形的　　o-va-lis

Agaricus 蘑菇属　　A-ga-ri-cus

Amanita 鹅膏属　　A-ma-ni-ta

Boletus 牛肝菌属　　Bo-le-tus

4）元音+辅音+辅音+元音型，即两个元音之间有两个辅音时，这两个辅音分别与前后两个元音组成一个音节。

Helvella 马鞍菌属　　Hel-vel-la

Lactarius 乳菇属　　Lac-ta-ri-us

Calvatia 大马勃属　　Cal-va-ti-a

5）元音+辅音+…+辅音+元音型，即两个元音之间有两个以上辅音时，最后一个辅音与后面的元音组成一个音节，其他与前面的元音组成一个音节。

6）双元音和双辅音分别当作一个元音、一个辅音看待。

Auricularia 木耳属　　Au-ri-cu-la-ri-a

-aceae 科的词尾　　-a-ce-ae

Tricholoma 口蘑属　　Tri-cho-lo-ma

Rhodophyllus 粉褶菌属　　Rho-do-phyl-lus

Trichia 团毛菌属　　Tri-chi-a

7）辅音组 qu 当作一个辅音，不能分开。

aqua 水　　a-qua

quater 四次　　qua-ter

8）辅音 b、p、d、t、g、c 后面有 l、r 而形成 bl、pl、dl、tl、gl、cl、gl 或 br、pr、dr、tr、gr、cr 的，不能分开，当作一个辅音。

Hygrophorus 湿伞属　　Hy-gro-pho-rus

Astrocystis 星囊菌属　　As-tro-cys-tis

9）第一个元音之前和最后一个元音之后的辅音，无论它们有几个都与该元音成为一个音节。

Schizophyllum 裂褶菌属　　Schi-zo-phyl-lum

sclerotium 菌核　　scle-ro-ti-um

3. 移行

当书写一个单词在上行写不完时，可将剩下的部分移到下一行里写，这叫作移行。移行时，在上行没写完的词后划一短线“-”，将后半部分单词在下一行顶格写。注意：单音节词不能移行，必须按音节的划分移行。

四、音量

1. 音量概念

音量是指一个元音或一个音节在单词中读音的量度，也就是读音的长短或快慢。记录音量长短的符号叫作音量符号，长音符号为“-”，短音符号为“ ˇ ”，标在该音节元音字母的上面。例如：带“-”的 a，e，i，o，u，y 为长元音；带“ ˇ ”的 a，e，i，o，u，y 为短元音。拉丁语元音的长短，只指读音时间的长短，并无口形舌位的变化，一般长音节的音量为短音节音量的一倍。

拉丁文中多音节词重音的位置与其倒数第二音节的音量有密切关系。但是，也要考虑倒数第二音节是长音还是短音。

2. 音量规则

（1）长音规则

1）倒数第二音节的元音如为双元音，则为长音。

2）倒数第二音节的元音在两个或两个以上辅音之前或在辅音 x 和 z 前面时，读长音。

3）下面的词尾是固定长音：-inus，-ina，-inum；-iquus，-iqua，-iquum；-ivus，-iva，-ivum；-urus，-ura，-urum；-atus，-ata，-atum；-abus；-amus；-atis；-ebus；-onis；-udus；-alis；-osus，-osa，-osum。

（2）短音规则

1）元音前的元音为短音。

2）辅音 h 和双辅音前的元音是短音。

3）下面的词尾是固定短音：-icus，-ica，-icum；-idus，-ida，-idum；-imus，-ima，-imum；-ibus；-itas；-inis，-ine，-ini，-erus，-era，-erum，-olus，-ola，-olum；-ulus，-ula，-ulum；-ilis，-ile。

3. 重音和重音符号

（1）重音概念

凡由两个或两个以上音节构成的单词，必然有一个音节读起来长而且重些，这个音节叫作重读音节，简称重音。通常在重读音节的元音上标以重音符号“′”。

（2）重音规则

1）单音节词无论怎样组成，皆重读。

a′d 到　　la′c 乳

2）双音节词的重音固定在倒数第二音节上。

Pha′llus 鬼笔属　　sca′ber 粗糙的

3）多音节词的重音，取决于倒数第二音节的长、短音。例如，该音节为长音，重音就在这个音节上；如为短音，重音就在倒数第三音节上，不管第三音节是短音还是长音。

Ascomyco′ta 子囊菌门　　*Amani′ta*　鹅膏菌属

4）多音节词的重音一般不会在倒数第一音节上，也不会在倒数第四、五音节上。

拉丁文的多音节词的重音位置虽取决于倒数第二音节的长短，但有的单词仅根据前面所述的规则，其重音位置往往还是难以确定，因为上述规则并不能将单词的结构现象完全概括，遇到这种情况就要查阅字典。

第三节　语　　法

一、拉丁文的词性及变格法

名词（substrantivum，缩写为 subst.或 n.）表示人或事物的名称。

pluvia 雨　　pileus 菌盖

形容词（adjectivum，缩写为 adj.）表示人或事物的特征或性质。

albus 白色的　　alliaceus 具有葱味的

动词（verbum，缩写为 verb.）表示人或事物动作或状态。

dare 给予　　solvere 溶解

数词（numerale，缩写为 num.）表示人或事物的数量或次序。

unus 一　　primus 第一

副词（adverbium，缩写为 adv.）表示行为的特征、性质或状态。

statim 立即　　semel 一次

介词（praepositio，缩写为 praep.）置于名词或代词之前，说明该词与其他词之间的关系。

ante 在……之前　　cum 含有

连词（conjunctio，缩写为 conj.）用于连接单词、词组或句子。

et 和、及　　vel 或

1. 名词

（1）性、数、格

性（genus）：阳性（masculinum，缩写为 m.）；阴性（femininum，缩写为 f.）；中性（neutrum，缩写为 n.）。

数（numerus）：单数（Singularis，缩写为 Sing.或 s.）；复数（pluralis，缩写为 plur.或 pl.）。

格（casus）：主格（nominativus，缩写为 nom.）。即主语：谁？什么？

受格（accusativus，缩写为 acc.），即宾语：把……

所有格（属格）（genitivus，缩写为 gen.），即定语：谁的？什么的？

与格（dativus，缩写为 dat.），即间接宾语：给谁？给什么？

夺格（ablativus，缩写为 abl.），即状语：具有……

呼格（vocativus，缩写为 voc.），即称呼人用。

（2）变格法

第一变格法：单数主格-a 结尾、所有格-ae 结尾，复数主格-ae 结尾的。

第二变格法：单数主格-us 结尾，单数所有格和复数主格-i 结尾的。

第三变格法：单数主格以-i，-o，-u，-y 及各种辅音结尾，单数所有格-is、复数主格-es 结尾的。

第四变格法：单数主格-us 或-u 结尾、所有格-us 结尾，复数主格-us 或-u 结尾的。

第五变格法：单数主格-s 结尾、所有格-ei 结尾的。

（3）变格法的认定

简单地将名词的变格法与单数所有格的词尾关系归纳如下。

变格法	I	II	III	IV	V
单数所有格	-ae	-i	-is	-us	-ei

在字典中是以单数主格形式记载的，同时还写出所有格词尾（格尾）及性的符号（m. f. n.）的。因此，通过查阅辞书可了解名词的变格类型。例如，diagnosis（特征纪要）的后面一般记载（is，f.），即单数所有格为-is，是第三变格法名词；有时则直接标出 diagnosis（s. f. III）。

1）第一变格法名词。

A. 特征：单数主格-a 结尾；单数所有格-ae 结尾；复数主格-ae 结尾。

B. 阴性名词（f.）。

范例：mycologia（菌物学）。

格（casus）	单数（sing.）	复数（plur.）
主格（nom.）	mycologi-**a**	mycologi-**ae**
受格（acc.）	mycologi-**am**	mycologi-**as**
所有格（gen.）	mycologi-**ae**	mycologi-**arum**
与格（dat.）	mycologi-**ae**	mycologi-**is**
夺格（abl.）	mycologi-**a**	mycologi-**is**

第一变格法名词中包括绝大多数的阴性词，如洲、国家、地名及山川河流的名称和用人名、地名命名的菌物类群的名称。例如，Africa，ae，f.（非洲），*Amanita*，ae，f.（鹅膏菌属），America，ae，f.（美洲），Asia，ae，f.（亚洲），*Clavaria*，ae，f.（珊瑚菌属），colonia，ae，f.（菌落），medulla，ae，f.（髓），morphologia，ae，f.（形态学），mycorrhiza，ae，f.（菌根），planta，ae，f.（植物），volva，ae，f.（菌托）。

注意：以-a 结尾的名词中以-ma 结尾的希腊语来源的词为中性（n.）。

2）第二变格法名词。

特征：单数主格以-us 或-er、-um、-on 结尾；单数所有格-i 结尾；以阳性词（-us，-er 结尾）为主，也有中性词（-um，-on 结尾）。

范例 1：annulus（菌环）。

格（casus）	单数（sing.）	复数（plur.）
主格（nom.）	annul-**us**	annul-**i**
受格（acc.）	annul-**um**	annul-**os**
所有格（gen.）	annul-**i**	annul-**orum**
与格（dat.）	annul-**o**	annul-**is**
夺格（abl.）	annul-**o**	annul-**is**

注意：一些树木的名称虽以-us 结尾，但是实际为阴性（f.）。例如，*Alnus*、*Crataegus*、*Fagus*、*Fraxinus*、*Juniperus*、*Malus*、*Morua*、*Pinus*、*Populus*、*Prunus*、*Pyrus*、*Sorbus*、*Ulmus*、*Taxus*、*Quercus*、*Ficus* 等。另外，树木名称中也有少量的阳性（m.）词，如 *Euonymus*、*Rudus* 等；以-us 结尾的词中也有阴性（f.）词，如 acus（针）、humus（大地）、domus（家）等。

范例 2：diameter（直径）。

格（casus）	单数（sing.）	复数（plur.）
主格（nom.）	diamet-**er**	diamet-**i**
受格（acc.）	diamet-**um**	diamet-**os**
所有格（gen.）	diamet-**i**	diamet-**orum**
与格（dat.）	diamet-**o**	diamet-**is**
夺格（abl.）	diamet-**o**	diamet-**is**

范例 3：basidium（担子）。

格（casus）	单数（sing.）	复数（plur.）
主格（nom.）	basidi-**um**	basidi-**a**
受格（acc.）	basidi-**um**	basidi-**a**
所有格（gen.）	basidi-**i**	basidi-**orum**
与格（dat.）	basidi-**o**	basidi-**is**
夺格（abl.）	basidi-**o**	basidi-**is**

范例 4：*Lycoperdon*（马勃属）。

格（casus）	单数（sing.）	复数（plur.）
主格（nom.）	Lycoperd-**on**	Lycoperd-**a**
受格（acc.）	Lycoperd-**on**	Lycoperd-**a**
所有格（gen.）	Lycoperd-**i**	Lycoperd-**orum**
与格（dat.）	Lycoperd-**o**	Lycoperd-**is**
夺格（abl.）	Lycoperd-**o**	Lycoperd-**is**

3）第三变格法名词。

特征：单数所有格-is；单属主格以元音-i，-o，-u，-y 和各种辅音结尾；词干为-i，复数所有格-ium；词干为辅音，复数所有格-um；阳性、阴性、中性词均有。

范例 1：varietas（变种）。

格（casus）	单数（sing.）	复数（plur.）
主格（nom.）	variet-**as**	varietat-**es**

受格（acc.）	varietat-**em**	varietat-**es**
所有格（gen.）	varietat-**is**	varietat-**um**
与格（dat.）	varietat-**i**	varietat-**ibus**
夺格（abl.）	varietat-**i**	varietat-**ibus**

范例 2：specimen（标本）。

格（casus）	单数（sing.）	复数（plur.）
主格（nom.）	specimen	specimin-**a**
受格（acc.）	Specimen	specimin-**a**
所有格（gen.）	specimin-**is**	specimin-**um**
与格（dat.）	specimin-**i**	specimin-**ibus**
夺格（abl.）	specimin-**e**	specimin-**ibus**

范例 3：apex（顶端）。

格（casus）	单数（sing.）	复数（plur.）
主格（nom.）	apex	apic-**es**
受格（acc.）	apic-**em**	apic-**es**
所有格（gen.）	apic-**is**	apic-**ium**
与格（dat.）	apic-**i**	apic-**ibus**
夺格（abl.）	apic-**e**	apic-**ibus**

范例 4：stipes（柄）。

格（casus）	单数（sing.）	复数（plur.）
主格（nom.）	Stipes	stipit-**es**
受格（acc.）	stipit-**em**	stipit-**es**
所有格（gen.）	stipit-**is**	stipit-**um**
与格（dat.）	stipit-**i**	stipit-**ibus**
夺格（abl.）	stipit-**e**	stipit-**ibus**

4）第四变格法名词。

特征：单数主格格尾-u（n.）或-us（m.f.）结尾；单数所有格-us 结尾。

范例 1：habitus（m.）（习性）。

格（casus）	单数（sing.）	复数（plur.）
主格（nom.）	habit-**us**	habit-**us**
受格（acc.）	habit-**um**	habit-**us**
所有格（gen.）	habit-**us**	habit-**uum**
与格（dat.）	habit-**ui**	habit-**ibus**
夺格（abl.）	habit-**u**	habit-**ibus**

范例 2：cornu（n.）（角）。

格（casus）	单数（sing.）	复数（plur.）
主格（nom.）	corn-**u**	corn-**ua**
受格（acc.）	corn-**u**	corn-**ua**
所有格（gen.）	corn-**us**	corn-**uum**
与格（dat.）	corn-**ui**	corn-**ibus**
夺格（abl.）	corn-**u**	corn-**ibus**

5）第五变格法名词。

特征：单数主格-s 结尾，词干-e 结尾；单数所有格-i 结尾；阴性词（f.）。

范例：species（f.）（物种）。

格（casus）	单数（sing.）	复数（plur.）
主格（nom.）	specie-**s**	specie-**s**
受格（acc.）	specie-**m**	specie-**s**
所有格（gen.）	specie-**i**	specie-**rum**
与格（dat.）	specie-**i**	specie-**bus**
夺格（abl.）	Species	specie-**bus**

2. 形容词

形容词在菌物学中有两种用途，一是当作种加词与属名（名词）搭配使用；二是菌物新分类群的描述时使用。然而，无论怎么使用，形容词的性、数、格必须与名词的性、数、格要求一致，因此形容词的词尾也和名词一样发生变格。

形容词的词尾变格有两种：第一、第二变格法和第三变格法。

（1）第一、第二变格法形容词

单数主格格尾-us（m.），-a（f.），-um（n.）或-er（m.），-ra（f.），-rum（n.）的形容词属于此类。其中，阴性词按名词的第一变格法、阳性和中性词按第二变格法进行变格。

范例 1：longus（m.），-a（f.），-um（n.）（长）。

	单数		
格（casus）	m.	f.	n.
主格（nom.）	long-**us**	long-a	long-**um**
受格（acc.）	long-**um**	long-**am**	long-**um**
所有格（gen.）	long-**i**	long-**ae**	long-**i**
与格（dat.）	long-**o**	long-**ae**	long-**o**
夺格（abl.）	long-**o**	long-**a**	long-**o**
	复数		
主格（nom.）	long-**i**	long-**ae**	long-**a**
受格（acc.）	long-**os**	long-**as**	long-**a**

所有格（gen.）	long-**orum**	long-**arum**	long-**orum**
与格（dat.）	long-**is**	long-**is**	long-**is**
夺格（abl.）	long-**is**	long-**is**	long-**is**

范例 2：tener（m.），-era（f.），-erum（n.）（细）。

格（casus）	m.	f.	n.
		单数	
主格（nom.）	tener	tener-**a**	tener-**um**
受格（acc.）	tener-**um**	tener-**am**	tener-**um**
所有格（gen.）	tener-**i**	tener-**ae**	tener-**i**
与格（dat.）	tener-**o**	tener-**ae**	tener-**o**
夺格（abl.）	tener-**o**	tener-**a**	tener-**o**
		复数	
主格（nom.）	tener-**i**	tener-**ae**	tener-**a**
受格（acc.）	tener-**os**	tener-**as**	tener-**a**
所有格（gen.）	tener-**orum**	tener-**arum**	tener-**orum**
与格（dat.）	tener-**is**	tener-**is**	tener-**is**
夺格（abl.）	tener-**is**	tener-**is**	tener-**is**

（2）第三变格法形容词

按照它们具有性别词尾的数目分为：一尾形容词（只有 1 个词尾）；二尾形容词（具有 2 个词尾）；三尾形容词（具有 3 个词尾）。

第三变格法形容词一律按照元音名词或-i 结尾名词进行变化。

1）一尾形容词。

其阳性、阴性和中性的主格单数具有相同的词尾-r，-x 或–s。如，par（成对的），simplex（单一的），teres（圆柱形的）。

范例：teres（m.f.n.）。

格（casus）	m.	f.	n.
		单数	
主格（nom.）	teres	teres	teres
受格（acc.）	teret-**em**	teret-**em**	Teres
所有格（gen.）	teret-**is**	teret-**is**	teret-**is**
与格（dat.）	teret-**i**	teret-**i**	teret-**i**
夺格（abl.）	teret-i	teret-i	teret-i
		复数	
主格（nom.）	teret-**es**	teret-**es**	teret-**ia**
受格（acc.）	teret-**es**	teret-**es**	teret-**ia**

所有格（gen.）	teret-**ium**	teret-**ium**	teret-**ium**
与格（dat.）	teret-**ibus**	teret-**ibus**	teret-**ibus**
夺格（abl.）	teret-**ibus**	teret-**ibus**	teret-**ibus**

2）二尾形容词。

其阳性和阴性词具有同样的词尾-is，而中性词的词尾为-e。例如，vulgaris（m.f.），-e（n.）（普通的），viridis（m.f.），-e（n.）（绿色的），orientalis（m.f.），-e（n.）（东方的），tnuis（m.f.），-e（n.）（纤细的）。

范例：viridis（m.f.），-e（n.）。

单数

格（casus）	m.	f.	n.
主格（nom.）	viridis	viridis	virid-**e**
受格（acc.）	virid-**em**	virid-**em**	virid-**em**
所有格（gen.）	virid-**is**	virid-**is**	virid-**is**
与格（dat.）	virid-**i**	virid-**i**	virid-**i**
夺格（abl.）	virid-**i**	virid-**i**	virid-**i**

复数

主格（nom.）	virid-**es**	virid-**es**	virid-**ia**
受格（acc.）	virid-**es**	virid-**es**	virid-**ia**
所有格（gen.）	virid-**ium**	virid-**ium**	virid-**ium**
与格（dat.）	virid-**ibus**	virid-**ibus**	virid-**ibus**
夺格（abl.）	virid-**ibus**	virid-**ibus**	Virid-**ibus**

3）三尾形容词。

其阳性词尾为-er，阴性词尾-is，中性词尾-e。这种词在菌物拉丁文中并不多见。例如，acer（m.），acris（f.），acre（n.）尖的，puter（m.），putris（f.），putre（n.）（腐败的），campester（m.），campestris（f.），campestre（n.）（原野生的），silvester（m.），silvestris（f.），silvestre（n.）（林地生的），paluster（m.），palustris（f.），palustre（n.）（沼泽地生的），terrester（m.），terrestris（f.），terrestre（n.）（陆地生的）。

范例：acer（m.），acris（f.），acre（n.）。

单数

格（casus）	acer（m.）	acris（f.）	acre（n.）
主格（nom.）	acer	acr-**is**	acr-**e**
受格（acc.）	acer-**em**	acr-**em**	acr-**e**
所有格（gen.）	acer-**is**	acr-**is**	acr-**is**
与格（dat.）	acer-**i**	acr-**i**	acr-**i**
夺格（abl.）	acer-**i**	acr-**i**	acr-**i**

	复数		
主格（nom.）	acr-**es**	acr-**es**	acr-**ia**
受格（acc.）	acr-**es**	acr-**es**	acr-**ia**
所有格（gen.）	acr-**ium**	acr-**ium**	acr-**ium**
与格（dat.）	acr-**ibus**	acr-**ibus**	acr-**ibus**
夺格（abl.）	acr-**ibus**	acr-**ibus**	acr-**ibus**

（3）形容词的比较级

形容词有三个比较级，即原级、比较级和最高级。

比较级的变格法：表达时在形容词的词干上加-ior（m.f.）或-ius（n.），之后其比较级第三变格法名词进行变格。

范例 1：logus（长的）。

比较级：long-ior（m.f.），long-ius（n.）（比较长的）。

	单数（sing.）		复数（plur.）	
格（casus）	m. f.	n.	m. f.	n.
主格（nom.）	long-**ior**	long-**ius**	long-**iores**	long-**iora**
受格（acc.）	long-**iorem**	long-**ius**	long-**iores**	long-**iora**
所有格（gen.）	long-**ioris**	long-**ioris**	long-**iorum**	long-**iorum**
与格（dat.）	long-**ioris**	long-**iori**	long-**ioribus**	long-**ioribus**
夺格（abl.）	long-**iore**	long-**iore**	long-**ioribus**	long-**ioribus**

范例 2：tener（薄的）。

比较级：tener-ior（m.f.），tener-ius（n.）（比较薄的）。

	单数（sing.）		复数（plur.）	
格（casus）	m. f.	n.	m. f.	n.
主格（nom.）	tener-**ior**	tener-**ius**	tener-**iores**	tener-**iora**
受格（acc.）	tener-**iorem**	tener-**ius**	tener-**iores**	tener-**iora**
所有格（gen.）	tener-**ioris**	tener-**ioris**	tener-**iorum**	tener-**iorum**
与格（dat.）	tener-**ioris**	tener-**iori**	tener-**ioribus**	tener-**ioribus**
夺格（abl.）	tener-**iore**	tener-**iore**	tener-**ioribus**	tener-**ioribus**

最高级的变格法：表达时在形容词的词干上加-issimus（m.），-issima（f.）或-issimum（n.），之后其最高级按第一、第二变格法名词进行变格。

范例 3：longus（长的）。

最高级：longissimus（m.），logissima（f.），longissimum（n.）（最长的）。

	单数（sing.）			复数（plur.）		
格（casus）	m.	f.	n.	m.	f.	n.
主格（nom.）	longissim-**us**	**-a**	**-um**	**-i**	**-ae**	**-a**

受格（acc.）	**-um**	**-am**	**-um**	**-os**	**-as**	**-a**
所有格（gen.）	**-i**	**-ae**	**-i**	**-orum**	**-arum**	**-orum**
与格（dat.）	**-o**	**-ae**	**-o**	**-is**	**-is**	**-is**
夺格（abl.）	**-o**	**-a**	**-o**	**-is**	**-is**	**-is**

范例 4：tener（薄的）。

最高级：tenerrimus（m.），tenerrima（f.），tenerrimum（n.）（最薄的）。

	单数（sing.）			复数（plur.）		
格（casus）	m.	f.	n.	m.	f.	n.
主格（nom.）	tenerrim-**us**	**-a**	**-um**	**-i**	**-ae**	**-a**
受格（acc.）	**-um**	**-am**	**-um**	**-os**	**-as**	**-a**
所有格（gen.）	**-i**	**-ae**	**-i**	**-orum**	**-arum**	**-orum**
与格（dat.）	**-o**	**-ae**	**-o**	**-is**	**-is**	**-is**
夺格（abl.）	**-o**	**-a**	**-o**	**-is**	**-is**	**-is**

范例 5：gracilis（纤细的）。

最高级：gracil-limus（m.），gracil-lima（f.），gracil-limum（n.）（最细的）。

	单数（sing.）			复数（plur.）		
格（casus）	m.	f.	n.	m.	f.	n.
主格（nom.）	gracillim-**us**	**-a**	**-um**	**-i**	**-ae**	**-a**
受格（acc.）	**-um**	**-am**	**-um**	**-os**	**-as**	**-a**
所有格（gen.）	**-i**	**-ae**	**-i**	**-orum**	**-arum**	**-orum**
与格（dat.）	**-o**	**-ae**	**-o**	**-is**	**-is**	**-is**
夺格（abl.）	**-o**	**-a**	**-o**	**-is**	**-is**	**-is**

不规则的比较级和最高级如下。

	原级	比较级	最高级
大的	magnus，a，um	major，jor，jus	maximus，a，um
小的	parvus，a，um	minor，nor，nus	minimus，a，um
多的	multus，a，um	plures，es，a	plurimi，ae，a

3. 数词

（1）基数词及其变格法

unus 1	duo 2	tres 3	quatuor 4
quinque 5	sex 6	septem 7	octo 8
novem 9	decem 10	undecim 11	deodecim 12
tredecim 13	quatuordecim 14	quindecim 15	sedecim 16
sependecim 17	duodeviginti 18	undeviginti 19	viginti 20
centum 100	mille 1000		

其中，只有 unus，duo，tres 有性和格的变化，而 quatuor 至 centum 则没有词尾变化。有词尾变化的 unus、duo、tres 三个单词中，unus 只有单数，duo 和 tres 有复数。变格法如下。

格（casus）	unus 的词尾变化 m.	f.	n.	duo 的词尾变化 m.	f.	n.
主格（nom.）	unus	una	unum	duo	duae	duo
受格（acc.）	unum	unam	unum	duo，duos	duas	duo
所有格（gen.）	unius	unius	unius	duorum	duarum	duorum
与格（dat.）	uni	uni	uni	duobus	duarum	duobus
夺格（abl.）	uno	una	uno	duobus	duabus	duobus

tres 的词尾变化

格（casus）	m.	f.	n.
主格（nom.）	tres	tres	tria
受格（acc.）	tres	tres	tria
所有格（gen.）	trium	trium	trium
与格（dat.）	tribus	tribus	tribus
夺格（abl.）	tribus	tribus	tribus

（2）序数词及其变格法

primus 第一　secondus 第二　tertius 第三　quartus 第四

quintus 第五　sextus 第六　septimus 第七　octavus 第八

nonus 第九　decimus 第十

词尾变化如下：primus（其他与之相同）。

格（casus）	m.	f.	n.
主格（nom.）	primus	prima	primum
受格（acc.）	primum	priman	primum
所有格（gen.）	primius	primius	primius
与格（dat.）	primi	primi	primi
夺格（abl.）	primo	prima	primo

4. 副词

副词在菌物描述语言中起着修饰形容词并说明其状态、位置及性质的作用。一般以如下几种词尾：-tim，-im；-e；-ter，-iter；-o；-um；-tus。

常用的副词如下。

aliquanum	有点	aliquando	有时
anguste	窄、细	breviter	短
crasse	厚	deinde	之后
demum	最后	dense	密

depressum	向下	extra	向外
fere	几乎	frequenter	常常、频繁
haud	几乎不……	inferne	下边
infra	下侧	interdum	经常
intra	内面	irregulariter	不规则的
late	宽	lateraliter	侧面
leviter	稍	longe	长
minute	小	mox	紧接着
non	不……，非……	nunquam	决不……
oblique	斜的	omnino	全部
pallide	淡（色）	paulo	略……
plerumque	非常（多见）	postice	后面
postremo	最后	praecipue	主要的
primo	先，最初	primum	第一，首先
raro	很少	saepe	偶尔
semper	常常	superne	从上
sursum	向上	tarde	慢慢地
tenuiter	薄的	usque	达，到
utrinque	两侧	valde	极其
vix	几乎不……		

5. 介词

介词，又称为前置词。一般用于名词或形容词之前，并组成介词短语，在句子当中作状语、定语或补语。根据前置词的意义，名词的格有时是受格（acc.），有时则为夺格（abl.）。

常用介词及接续法如下。

（1）与受格连接介词

ad	至	in	在
infra	往下	inter	……之间
intra	内部	per	通过……
post	……之后	prope	与……近
sub	……之下	subter	在……下侧
supra	在……之上	versus	向……方向

（2）与夺格连接介词

a，ad	由……，从……，与……区别	cum	同，具有
e，ex	由于，从	in	在……中，在……之上，在...之间
sine	无，不，缺少	sub	……之下
supter	下边，下属	super	上边，超……

6. 连词

又称为接续词，在句子中起到前后连接的作用。词汇并不多，常见的有 et（和、与），ex（和、与），vel（或），sed（但是）等。其他的如下。

at	但，还有	atque	并且
aut	或	aut…aut	或……或
autem	然而	etiam	也有
nec…	也不	nec…nec	既不……也不……
necnon	而且	neque	也不

二、描述用语词汇

1. 外形

圆形	orbicularis，circularis	半圆形	semiorbicularis
球形	globosus，sphaericus	类球形	subglobosus，sphaeroideus
半球形	semiglobosus，hemisphaericus	椭圆形	ellipticus
椭圆体形	ellipsoideus	长椭圆形	oblongus
纺锤形	fusoideus，fusiformis	圆筒形	cylindricus
棍棒形	clavatus，coryneus	圆柱形	teres
立方形	cubicus	圆锥形	conicus
圆锥状	conoideus	倒圆锥形	obconicus
卵形	ovatus	倒卵形	obovatus
菱形	rhombicus，rhombeus	三角形	triangularis，triangulatus，triangulus
三角柱形（平展）	trigonus	三角柱形（表面下凹）	triqueter
洋梨形	pyriformis	倒洋梨形	obpyriformis
柠檬形	limoniformis	斗笠形	napiformis
杯状	doliiformis	碗形（较浅）	cupularis，cupulatus，cupuliformis

碗形（上边比底宽）	cyathiformis	碗形（圆底、侧边直立）	poculiformis
碗形（半球状底渐柄状）	crateriformis	皿形（圆形较后厚下面凸形，上面凹形）	patelliformis，patellaris
皿形（卵形较厚下面凸形，上面凹形）	scutelliform，scutellaris	皿形（边缘内卷）	acetabuliformis，acetabulosus
皿形（薄表皿状）	meniscoideus	杯形	calathinus
浅杯形	scyphiformis	茶壶形，盆形	olliformis
漏斗形	infundibuliformis，infundibularis	扁腹（一侧膨大）	ventricosus
水壶形	lageniformis	烧杯形	ampulliformis，ampullaris
船形	naviculiformis，navicularis，cymbiformis	香肠形	allantoideus，botuliformis
角状	cornutus，corniculatus	新月形	lunatus，lunaris，lunulatus
镰刀形	falcatus	扇形	flabellatus，lunuatus
圆盘形	discoideus	圆盾形	scutatus，flabellifomis
靠垫形、枕形	pulvinatus	铲子形	spathularis，spathiformis
透镜形	lenticularis，lentiformis	头巾形	cucullatus
舌形	lingulatus，linguiformis，ligulatus	泪滴形、泪形	dacryoideus，lacrymoideus
帽形、运动帽形	pileatus	头盔形、安全帽形	galeiformis
僧帽形	mitriformis	念珠形	moniliformis，monilioideus
羽状	alatus，-pterus	线形	lincaris，lineatus
丝状	filiformis	针状	acicularis
毛状（比丝状细）	capillaris	蚯蚓形（圆筒形不规则弯曲）	vermicularis
S 形	sigmoideus	螺旋形	spiralis
螺旋形（卷贝形）	cochleatus	发条形	circinatus
管状、筒状	tubulosus	管状、筒状（两端闭合）	fistulosus

2. 前端、顶端的形状

圆头	rotundus，rotundatus	钝形、钝头	obtusus
锐头、锐形	acutus	锐尖形	acuminatus

微突形	mucronatus	微突头	apiculatus
刀切形、刀截形、裁切形	truncatus	楔形	cuneiformis，obtriangularis
短剑形	subulatus	剑形	ensiformis，gladiatus
耳形	auriculatus，auricularis	心脏形	cordatus，cordiformis
逐渐变细	attenuatus	钩状	uncinatus，uncatus
嘴状	rostratus，rostellatus	尾状	caudatus
头状	capitatus		

3. 表面的状态

平滑	laevis	无毛	glaber
变得无毛	glabratus，glabrescens	干燥	aridus，siccatus
黏性	viscidus	黏质	mucosus
湿性	humidus	粉状	farinaceus
表面有粉状物	farinosus	细粉状	pruinosus
粉质	pulverulentus	白粉状	glaucus
霜状、细粉状	pruinosus	疣状	verrucosus，tuberculatus
瘤状	nodulosus	皱纹状	rugosus
棉絮状	papillatus	有乳头状的突起	muricatus
有细微的突起	spinosus	有刺，有针状的刺	aculeatus
有针	echinatus，echinulatus	粗面	scaber，asper
有毛	pilosus	有软的毛	pubescens
有微软的毛	puberulens	有长软的毛	villosus
有粗长毛	hirsutus	有棉毛	lanatus
有密棉毛	tomentosus	有棉絮状毛	floccosus
金丝绒状	velutinus	软棉毛状	floccosus
绢毛状	sericeus	纤维状	fibrillosus
蜘蛛网状	arachnoideus，araneosus	有刚毛	hispidus，setosus
有微细的刚毛	hirtellus	有硬纤毛	strigosus
有鳞片	squamosus，squamatus	有小鳞片	squamulosus
鳞片状	squarrosus	有纤维状鳞片	fibrilloso-squamosus
小点状	punctatus	有小颗粒	micaceus
有小的发光点	atomatus	羽毛状	plumosus

有长束毛	barbatus	有腺毛	glandulosus
有光泽（因为平滑）	nitidus	网状	reticulatus，rugosus
有孔	lacunosus	有穴	fovatus
有小穴	foveolatus	蜂窝状	favosus，alveolatus
有线条	striatus，lineatus	有畦	costatus
有细沟	sulcatus	易裂	fissilis
易碎	friabilis	有环状纹	zonatus
格子模样、马赛克状	tessellates	剥落性	separatus

4. *蘑菇的伞的形状（菌盖的形状）*

平	applanatus，planus	平展	expansus
圆顶的小山	convexus	包子形	pulvinatus
平展中间渐高	plano-convexus	中间下凹	depressus，concavus
中间有很深的凹坑	umbilicatus	平展逐渐下凹	plano-depressus
半球形	hemisphaericus	吊钟形	campanulatus
圆锥形	conicus	中间开裂形	dimidiatus
扇形	flabelliformis	铲子形	spathulatus
花瓣形	petaloideus	碗形	cupulatus，cyathiformis，poculiformis
蹄形	ungulatus，unguliformis	贝壳形	conchatus，conchiformis
乳头状	papillatus	中央有疣状的突起	bullatus
有肚脐状的隆起	umbonatus	有肚脐状的凹陷	umbilicatus
漏斗形	infundibuliformis	有放射状的裂痕	rimosus
龟裂状	areolatus	有波形沟	rimosus
扇面状	plicatus		

5. *菌褶的着生方式*

离生	liber	弯生	sinuatus
直生	adnatus	上生（狭生）	adnexus
延生	decurrens	密生	confertus
疏生	distans		

6. *菌伞的边缘*

全缘	integer	笔直	rectus，strictus
波状	sinuatus	裂片状	lobatus

浅裂	lobulatus	牙齿状	dentatus
锯齿状	serratus	圆锯齿状	crenatus
小圆锯齿状	crenulatus	条裂	laciniatus
细沟状	sulcatus	有缘毛	fimbriatus
微粉状	granulosus	向内侧弯生	inflexus
内卷	involutus	外卷	revolutus
反转	reflexus	穗状	fimbriatus

7. 子实体的着生

有柄	stipitatus	渐有柄	substipitatus
无柄	sessilis	单生、孤生	solitarius
散生	sparsus	群生	gregarius
群生	caespitosus，cespitosus	束生	fasciculatus
背着性	resupinatus	半背着性	resupinato-reflexus
下垂生	pendens，pendulus	一年生	annuus
多年生	perennis	生在地上	terrestris
生在地下	hypogaeus	生在叶表	epiphyllus
生在叶里	hypophyllus	生在两面	amphigenus
生在叶的两面	amphigenus in foliis	生在茎上	caulicola
生在干上	truncicola	生在木材上	lignicola
生在枝上	ramicola	生长在禾本科植物上	graminicola
粪生	fimicola，coprophilus	寄生在虫体上	entomogenus
生长在草地上	campestris	生长在火烧的痕迹上	pyrophilus
生长在地表上	superficialis	生长在土中生长	immersus
生长在水中	submerses	生长在地表下	subepidermalis
生长在表皮下	subcuticularis	破口后出菇	erumpens

8. 柄

中心生	centralis	偏心生	excentricus
侧生	lateralis	实心	solidus
中空但是中间有塞	farctus，farctilis	中空	fistulosus
有线条	striatus，grammatus	皱纹状	rugosus
脉状	costatus	粗面	scabris
网纹状	reticulatus	鳞片状	squamulosus
上下同大	aequicrassus	根球状（基部）	bulbosus
裁断状	abruptus	根状	radicatus

9. 菌环和菌托

膜质	membranaceus	棉絮状	byssaceus
蜘蛛网状	arachnoideus，araneus	蜘蛛网膜状	cortinalis
可动性	mobilis	永存性	persistens
消失性	fugax	有菌托	volvatus
袋状的菌托	peronatus	容易破	friabilis，fragilis
袋状	saccatus	鞘状的菌托	vaginatus
粉状菌托	pulverulentus	鳞片状的菌托	squamulosus
疣状菌托	verrucosus，verruciformis	环状	annularis，annuliformis

10. 质地（组织）

炭质	carbonaceus	膜质	membranaceus
肉质	carnosus	纸质	papyraceus
革质	coriaceus	骨质	osseus
软骨质	cartilagineus	角质	corneus
纤维质	fibrosus	木质	lignosus
木栓质	suberosus	胶质	gelatinosus
海绵质	spongiosus	石膏质	gypseus
粉笔质	calcareus		

11. 子实层体

褶状	Lamellosus，lamellaris，lamellatus	管孔状	porosus
迷路状	daedaleoideus，labyrinthiformis	针状	spiniformis
齿牙状	denticulatus	皱纹状	verruciformis
皱纹堆积状	rugosus	疣状	tuberculatus，tubercularis
平滑，平坦	laevis，laevigatus		

12. 囊状体

水壶形	lageniformis	烧杯形	ampulliformis
皮针形	lanceolatus	针状	aculeatus
短剑状	subulatus	扁圆形状	ventricosus
有嘴的扁圆形状	ventricoso-rostratus	壶形	urniformis
头状	capitatus	小头状	capitulatus
念珠状	moniliformis，torulosus	狭窄形	strangulatus

树枝状	dendriticus，dendroideus	细颈瓶形	lecythiformis，tibiiformis
气球形	sphaeropedunculatus	菌丝状	hyphoideus
被晶	muricatus	厚壁被晶	metuloideus
有指状突起	diverticulatus		

13. 颜色

（1）红色 ruber，rubellus，rubeolus，rubidus，rufus，rubens，erythro-

深红	carmineus，kermesinus，puniceus	粉红色	roseus，rosaceus，rhodo-
血红色	sanguineus，sanguinolentus，haematinus，haematicus	鲜红色（有金属光泽）	rutilans，rutilus
深红色（带黄色）	miniatus，vermiculatus	深红色（多少带黄色）	coccineus，coccinellus
深红色（多少带橙色）	cinnabarinus，scarlatinus	红褐色	rubiginosus，haematiticus
红褐色	xerampelinus	红褐色（砖红色）	lateritius
火红色	flammeus，igneus	肉色	carneus，carneolus，incarnatus
红色	corallinus	鲑肉色	salmonicolor，salmonaceus，salmoneus
淡红色	helvolus	粉红色	caryophyllaceus
桃红色	persicus，persicinus	变成红色	erubescens

（2）红黄色，橙黄色

橙黄色	aurantiacus，aurantius	黄色（渐渐变深）	croceus，crocatus，crocinus
卵黄色	vitellinus，luteus	杏黄色	armeniacus

（3）黄色 flavus，flavidus，xanthus

金黄色	aureus，aurarus，chryseus	柠檬色	citrinus，citreus，citrellus
硫黄色	sulphureus，sulphurinus	淡黄色	flavidus，luteolus
奶油色	cremeus，ermineus，cremicolor	稻秸色	stramineus
皮革色（渐渐变白）	alutaceus	琥珀色	succineus
黄杨色	buxeus	土黄色	ochraceus

蜂蜡色	cerinus	蜂蜜色	melleus，mellinus
灰褐黄色	helvolus	纯黄色	bubalinus
骆驼毛色	camellinus	鹿皮色	cervinus，cervinus
灰黄红色	gilvus	黄褐色	testaceus，fulvus，lividus，argillaceus

（4）褐色 brunneus

黄褐色（光亮）	spadiceus	暗褐色	fuscus，phaeo-
黑褐色	atrobrunneus	茶色	umbrinus
茶色（烧焦的木材的颜色）	ustulatus，ustalis	栗褐色（褐色中带有红色）	badius，castaneus
浅褐色	brunneolus	淡褐色（牛的颜色）	vaccinus，helvus
淡褐色	avellaneus	肉桂色	cinnamomeus
红褐色	porphyreus	红褐色（比 porphyreus 更红）	rufus，rufescens
红褐色（肝脏色）	hepaticus	巧克力色	chocolatinus，theobrominus，cacainus
咖啡色	coffeatus	烟叶色	tabacinus
污褐色	luridus	锈褐色	rubiginosus，ferrugineus

（5）黑色 ater，mela-，melano-

黑色（黑色中带有灰色）	niger	黑色（光亮）	coracinus，pullus
深黑色(黑色中带褐色)	piceus，memnonius	深黑色（颜色较深）	nigerrimus
木炭色	anthracinus	黑色（象墨汁一样的颜色）	atramentarius
变黑	atratus，nigritus	比黑色稍浅	pullulatus，pullus
青黑色（有金属光泽）	corvinus，coracinus	深黑色	nigellus，denigratus

（6）青色

天蓝色	caeruleus，caelestis，azureus	蓝色	indigoticus
群青	cyaneus	蔚蓝色	cobaltinus，caerulescens
青（灰青色）	caesius	青绿色	turcosus，turcosinus
青黑色	cyanater	淡青色	lilacinus

（7）紫色 purpureus，purpurellus

黑紫色	atropurpureus	葡萄色	vinaceus，vinosus
紫花地丁色，青紫色	violaceus，ianthinus	浓青紫色	amethystinus，hyacinthinus

（8）绿色 viridis，virens，viridulus，chlora-

草绿色	prasinus	碧绿色（绿）	smaragdinus
浓绿色	atrovirens，atroviridis	浓青绿色	aeruginosus
深绿色（深海的颜色）	venetus	黄绿色	flavovirens
橄榄绿色	olivaceus	青铜色	aereus
青绿色	aerugineus，aeruginosus	青绿色（海水的颜色）	aquamarinus

（9）灰色

灰白色（淡）	canus，incanus	灰色（木灰色）	cinereus，tephreus，spodo-
灰色（木灰色，比 cinereus 白）	cineraceus	灰色（带有青色，珍珠色）	griseus，griseolus，grisellus
鼠灰色	schistaceus，ardesiacus	铅色	plumbeus，molybdinus
烟色	fumosus，fumeus	鼠灰色（稍微带点红色）	murinus
暗灰色	atroschistaceus	煤烟色	fuliginosus，fuligineus，capnodes
灰黑色	nigricans		

（10）白色 albus

纯白	candidus，argo-	比较白	albidus，albidulus，albellus，candidulus
雪白色	niveus，nivalis	象牙色	eburneus
白色	gypseus，cretaceus，calcareus	乳白色	lacteus，lacticolor，galacticolor
青白色	caesius	银色	argenteus，argentatus，argyraceus
没有污点的白色	virgineus		

三、常用缩写字及其含义

a.m.	上午	ad lit.	海岸边
ad niv. deliquesc.	在融化的雪中	ad ped.m.	在山脚
ad ripas	在河岸边	addenda	补遗，附录
adv.	外国的，从外国引进的	aest.	夏季
aff.	近似	al.	其他人
alt.	高度，海拔高度	an sp.nov?	是否是新种
an spont.?	是否是野生的	app.	附录
Apr.	四月	aq.	水生的
auct.	某些作者的	auct.non…	某些作者的，而非某作者的
Aug.	八月	austr.	南方的
aut.	秋季	bor.	北方的
c.(cult.)	栽培的	cat.	目录
cf.(cfr.)	参照，参考（与某一个种接近）	char.	特征
cm.	厘米	coll.(collect.)	采集人
comb.	组合	comb. nov.(n.)	新组合
conserv.	（标本）保存	comserv.	集合种
corr.	改正了	cotyp.	副模式标本
cult.	栽培	cv.	栽培变种（品种）
Dec.	十二月	descr.	描述
diam.	直径	diff.	不同，区别
diss.	学位论文	distr.(distrib.)	分布
dr.	博士	duplum	副号标本
enum.	名录	et.	和
et al.	等（包括其他作者）	etc.	等
ex.	和，与	f.	变型
f.(fig.)	图	fam.	科
g.(gen)	属	gen. nov.	新属
grad. nov.	新等级	hab.(habit.)	生境

hab.in…	生于	hb.propr.	私人标本馆
herb.no	标本号	holotyp.	主模式
homonym.	异物同名	hybr.	杂种
in calid.	在温室里	in cult.	在农田中
in herb.	在标本室	in reg.silv.	在森林地带
in ruber.	在垃圾堆上	in sched.	在标签上
in vicin.	在……附近	inc.sed.	（分类）地位不清楚的
incl.	包括……	ind.	索引
invest.	研究者，调查者	isotyp.	同号模式
Jan.	一月	Jul.	七月
Jun.	六月	l. b.	北纬
leg.	采集	loc. nat.	原产地
Mart.	三月	mt.	山
no.	号码	N. B.	注意！
n. n.(nom. nud.)	裸名	n. sp.	新种
n.var.	新变种	n.gen.	新属
nat.	天然的	nom.	名称
nom. conserv.	保留名	nom.gen.	属名
nom.illegit.	非法名，不合法名	nom.mut.	已经修改过的名
nom.provisorium	暂定名	nom.vulg.	俗名
Oct.	八月	off.	药用
op.	著作	p. m.	下午
pag.	页码	part.	部分
pict.	图片	pp.	页（复数）
rad.	根	ram.	枝
s. ang.	狭义的	s. l.	广义的
sensu. ampl.	较广义的	sensu ang.	较狭义的
Sept.	九月	ser.	系列
sine num.	无号（标本）	sp.(spec.)	种，物种
spp.	（多数）种	suppl.	补遗，补记
syn.	异名	t.(tab.)	图版

typ.	模式	ult. obs.	需要进一步观察的
var.	变种	varr.	（多数）变种
vol.	卷		

第四节　应　　用

一、拉丁学名的订正

在一般的文献中，一种菌物的拉丁学名不止一个，有时有几个甚至几十个。但是，分类学要求的是“一物一名”，因此在这种情况下，有必要对拉丁学名进行订正（考证），尽量选用符合命名法规的名称，其他的可做异名处理。订正或考证是分类学中常常遇到的问题，这里需要运用命名法规中的各项条例，同时对所要考证的类群要相当熟悉。

例如，著名的松口蘑最早由伊藤和今关于1925年在《东京植物学》杂志上发表的新种，当时他们把它放在蜜环菌属中，拉丁学名为 *Armillaria matsutake* S. Ito et Imai。相隔24年后，美国人 R. Singer 研究发现放在 *Armillaria* 中并不合适，认为应该放在口蘑属中，并且在他的《现代伞菌分类》专著中重新组合成 *Tricholoma matsutake*（S. Ito et Imai）Sing.。目前，在绝大多数文献中采用后者，前者已成为异名（基本异名）而不被使用，只是在学名考证的时候提到它而已。又如黑耳，在历史上曾经出现17个不同的拉丁学名，即异名，包括分类学异名和命名异名。那么，到底使用哪个名称较为准确，这是分类学工作者所要解决的问题。此处以刘波教授在《中国真菌志》（第二卷）中所订正的例子来说明。

Exidia glandulosa Fr.：Fr.，Syst. Mycol. 2：224. 1822
≡*Tremella glandulosa* Merat，Fl. Env. Par. Ed.2. 1：28. 1821
≡*Spicularia glandulosa* Chev.，Fl. Gen. Env. Par.94.1826
=*Tremella arborea* Hook.，Fl. Scotica 2：31. 1821
=*Gyraria spiculosa* S. F. Gray，Nat. Arr. Brit. Pl. 1：594. 1821
=*Tremella spiculosa* Pers.，Mycol. Eur. 1：102. 1822
=*Exidia spiculosa* Somm.，Supp. Fl. Fl. Lapp. 307.1826
=*Exidia spiculata* Schw.，Trans. Am. Phil. Soc. 11. 4：185. 1832
=*Exidia applanata* Schw. Trans. Am. Phil. Soc. 11. 4：185. 1832
=*Exidia plicata* Klotzsch，Dietr. Fl. Reg. Borus. 7：no.475. 1839
=*Tremella nigra* Bon.，Handb. Allg. Mykol. 151. 1851
=*Tremella intumescens* Quel.，Champ. Jura Vosg. 315. 1872
=*Tremella myricae* Berk. et Cooke，Grevillea 6：133. 1877
=*Exidia epapillata* Bref.，Unters. 7：87. 1888
=*Exidia faginea* Britz.，Bot. Centralbl. 68：346. 1896
=*Exidia arborea*（Hook.）Sacc.，Fl. Ital. Crypt. Fung. 1：1275. 1916
=*Heterochaete nigerrima* Viegas，Bragantia 5：240. 1945

其中，*Tremella glandulosa* 和 *Spicularia glandulosa* 为基本（基源）异名或命名异名，其他为分类异名。在分类异名的订正过程中要注意作者的观点，因为他们都不是基于同一个模式的，也就是说因不同的作者对物种概念的理解不同，所采取的订正结论也是不同的。

二、特征纪要与新种描述

发表新分类群的时候，按照国际惯例或命名法规的要求用英文或/和拉丁文进行描述。如果是指出区别点而不是完整描述的，叫作特征纪要（diagnosis）；如果是按各个不同的器官进行系统描述的，称为描述文（description）。前者多用于新变种（或其他种下等级）的描述上，而后者则多用于新种的描述上。

新分类群的描述是按一定顺序进行的，如在子囊菌一般按菌丝体、菌落、子座、菌核、子囊壳、子囊盘、子囊、子囊孢子的顺序；而在担子菌（菇类）则按子实体一般形态、菌盖、菌褶（管）、菌柄、菌环、菌托、子实层（担子、囊状体）、担孢子的顺序进行描述。

1. 特征纪要范例

竹生拟口蘑大孢变种　新变种

Tricholomopsis bambusina var. **megaspora** P.G. Liu var. nov.，Acta Mycol. Sin.，1994，13（3）：181-187

Varietas a typo differt sporis（4.5-）(6-8) μm×（4-6）μm，late ellipsoideis usque subglobosis；hyphis squamarum pileorum termina1iter ampliatis ad 12-28μm diam.，flavo-brunneis，inclinatis vel erectiusculis，ad parietem granulis pigmenti depositis in KOH；habitat ad truncos lithocarporum.

本变种与原变种的区别在于担孢子（4.5～）（6～8）μm×（4～6）μm，阔椭圆形至近球形。菌盖鳞片菌丝末端膨大直径达 12～28μm，淡黄褐色，斜倚至近直立，在 KOH 中有色素颗粒沉淀于菌丝壁上。生于石栎木桩上。

2. 新种描述范例

（1）苦味全缘孔菌　新种

Haloporus amarus X.L. Zeng et Bai，sp. nov.，Acta Mycol. Sin.，1993，12（1）：12

Sporophorum perenne，sessile vel pendulum，singulare ungulatum，lignosum，6cm×8cm×10cm，sapore amarissimo，odore amygdalo. Pileus primo flavidus vel canus，puberulus，postea nigrifactus，acrustosus，irregularibus concentricis sulcis，rimosis，superficie musco obtecto. Pori rotundati vel subregulares，3-4per mm，superficie flavido vel cano，convexo. Strata tubulorum crassa，stratosa，flavida，per stratum 0.2-0.5cm crassum，inter strata non contextibus. Contextus tenuis，0.2-0.5cm crassus，primo flavidus，postea fuscans，scleroticus. Systema hypharum trimiticum；hyphae generatoriae hyalinae，tenuitunicatae，fibulatae，2-3μm diam.；hyphae skeletales hyalinae，numerosae，crassitunicatae，ramis paucis，2-4μm diam.；hyphae lignates ramosae，crassitunicatae，1.5-3μm diam.. Cystidia nulla in hymeniis，cystidiolula fusiformi，（3-6）μm×（6-12）μm. Basidia clavata，（5-8）μm×（10-16）μm . Sporae ovoideae vel ellipsoideae，hyalinae，verrucatae，flavo-infuscatae in solutione Melzerii，（4-4.5）（-5）μm×（2.5-3.5）μm.

担子果多年生，无柄或悬垂，单生，蹄状，木质，6cm×8cm×10cm，味很苦，苦杏仁气味浓。菌盖表面初期淡黄色至灰白色，有细绒毛，后期变黑色，无皮壳，有不规则的环棱和龟裂，表面被有苔藓。管口圆形至近规则形，每毫米间 3～4 个，管口面淡黄色至灰白色，中凸。菌管层厚，明显分层，淡黄色，每层厚 0.2～0.5cm，各层间无菌肉。菌肉薄，厚 0.2～0.5cm，初期淡黄色，后期变黑、硬。菌丝系统三型；生殖菌丝无色，薄壁，有锁状联合，直径 2～3μm；骨架菌丝多，厚壁，无色，分枝少，直径 2～4μm；联络菌丝多分枝，厚壁，直径 1.5～3μm。子实层中无囊状体，有近纺锤形的小囊体，（3～6）μm×（6～12）μm，担子棒状，（5～8）μm×（10～16）μm。担孢子卵形至宽椭圆形，无色，厚壁，表面有小疣突，在 Melzer 试剂中淡黄色，（4～4.5）（～5）μm×（2.5～3.5）μm。

（2）棱紫盘菌　新种

Acetabula purpurea M. Zang sp. nov.，Acta Bot.Yunnanica，1979，1（2）：101

Apothecia ad 4.5-6.2cm diam.，primo subglobosa，ad maturitatem scutellata，unregularia，carnoso-viscidula，superficie purpurea. Stipites 2cm longi，1cm crassi，lacunosi costatique，brunneo-purpurei. Hymenium purpureo-brunneum vel rubro-brunneum，leave. Asci（80-97）μm×（8-9.2）μm. Octospori，cylindraceo-clavati，apice obtusi，subtus angustati ad basin abrupte crassi，operculo apicali. Ascosporae （8.7-10）μm×（4.5-5）μm. Uniseriatae，hyalinae，ellipsoideae，leaves，1-2guttatae. Paraphyses infra ad 1.5-2μm supra ad 2.5-3.5μm latae，graciles，septatae，simplices vel furcatae. Hypothecium purpureo-brunneum. Hyphae ad 2.5-6.8μm latae，septatae，furcatae，intertextes sed versus marginem paralleles.

子囊盘直径 4.5～6.2cm，初近球形，后平展呈盘状，不甚规则，菌肉微黏，外层表面紫色。柄高 2cm，粗 1cm，具洼痕和棱纹，褐紫色。子实层紫褐色或红褐色，光滑。子囊（80～97）μm×（8～9.2）μm，圆柱形—棒形，顶端钝圆，基部渐狭而变细，具 8 枚孢子，顶端具囊盖。子囊孢子（8.7～10）μm×（4.5～5）μm，单列，透明，椭圆形，光滑，具 1～2 个油滴，隔丝阔 1.5～2μm，顶端粗 2.5～3.5μm，纤细而具隔。单一或双叉分。下盘层紫褐色，菌丝粗 2.5～6.8μm，具横隔，叉分，互相交织，外缘部菌丝平符排列。

（3）亮耳菌　新种

Lampteromyces luminescens M.Zang sp. nov. Acta Bot.Yunnanica，1979，1（2）：102

Pileus 5-9cm latus，flabelliformis，reniformis vel conchiformis，albus demum pallido-purpureus，glaber，planus post fractu celeriter cyanescens，sessilis. Stipes brevis lateralis，3-5mm longus，5-6mm crassus. aequalis vel ad basim leviter incrassatus. Lamellae adnatae vel decurrentes，albidae，serratae，trama lamellarum regularis，ex hyphis subflexuosis vel strictis. Basidiosporae12-14μm diam. globosae，punctatae. Basidia（25-35）μm×（10-13）μm. Pleurocystidia desunt. Cheilocystidia（40-50）μm×（15-18）μm，ventricosa vel cylindrica. Odor nullus. Nocte luminescens.

菌盖宽 5～9cm，扇形，肾形或贝壳形，初期白色，后期呈淡紫色，光滑，扁平，伤后立变蓝色。柄短，侧生，3～5mm 长，5～6mm 宽，等粗，基部增大。褶片贴生或延生，白色，褶缘有裂齿。褶髓菌丝排列规则，弯曲或直伸。担孢子 12～14μm，圆形，有斑点。担子（25～35）μm×（10～13）μm。侧生囊状体未见。褶缘囊状体（40～50）μm×（15～18）μm，腹鼓状或圆柱状。无异味。夜间发光。

（4）大孢皮伞菌　新种

Marasmius macrosporus M. Zang sp. nov.，Acta Bot.Yunnanica，1979，1（2）：102

Pileus 2.5-3.2cm latus，siccus，planus vel depressus，umbonatus，radiato-sulcatus，membranaceus，tenuis，primo flavidus，demum albus vel eburneus. Lamellae angustae tenuesque，liberae，albidae. Stipes 3-6cm longus，0.1-0.15cm crassus. Centralis，albus vel eburneus. aequalis vel ad basim incrassatus. Mycelium basaliter pulvinatum，eburneum vel fulvum. Basidiosporae（20-24）μm×（16-18）μm，hyalinae，obovatae vel rotundae. Basidia（22-25）μm×（5-7）μm，clavata，4-spora. Pileocystidia vesiculosa，superficialiter granulata. Cystidia hymenii nulla.

菌盖阔 2.5～3.2cm，干燥，扁平或平凹，具脐状顶部，有放射状沟纹，膜质，盖肉薄。初墨黄色，后呈白色或象牙白色。褶片狭而薄，离生，白色。柄长 3～6cm，粗 0.1～0.15cm，中央生，白色或象牙白色，等粗或基部扩大，形成垫座状，象牙白或褐黄色。担孢子（20～24）μm×（16～18）μm，透明，近卵圆形、圆形。担子（22～25）μm×（5～7）μm，棒状。担子具 4 孢子。盖面囊状体泡囊状，顶端有颗粒状突起。子实层的囊状体未见。

（5）杏仁形小奥德蘑　新种

Oudemansiella amygdaliformis Z. L. Yang et M. Zang，sp. nov. Acta Mycol. Sin.，1993，12（1）：16-27

Pileus 4-8cm latus，convexus，subumbonatus vel planoumbonatus，griseo-fuscescens，velutinus，glabrescens，siccus vel subviscidus. Caro tenuis，albida，inodora. Lamellae adnexae vel adnatae，albidae，cum lamellulis，subdistantes vel distantes，crassae，ad 0.8cm latae. Stipes（6-20）cm×（0.3-1.0）cm，subcylindricus，sursum attenuatus，squamulosus. Epicutis pilie ex hyphis clavatis erectis composita. Sporae（14.0-）（15.0-20.0）（-22.0）×（10.0-）（11.3-15.0）（-16.0）μm，amygdaliformes，leves，hyalinae. Basidia 4-sporigera. Pleurocystidia fusoidea，saepe capitata. Cheilocystidia fusoidea. Pileocystidia subcylindrica. Hyphae fibulatae.

菌盖宽 4～8cm，扁半球形至扁平，中部常稍凸，灰褐色，被短绒毛、渐变光滑，干至稍黏；菌肉薄，白色、味淡；菌褶弯生至直生，白色，较稀，宽达 8mm，有小菌褶；菌柄长 6～20cm，粗 3～10mm，近圆柱形，上部白色，中、下部灰褐色，被褐色鳞毛，有假根。菌盖皮层细胞多呈棒状，拟子实层型排列；孢子（14.0～）（15.0～20.0）（～22.0）μm×（10.0～）（11.3～15.0）（～16.0）μm，杏仁形，光滑，无色；担子具 4 孢；侧生囊状体梭形；盖表囊状体近圆柱形，近基部稍膨大，壁稍加厚，无色。菌丝有锁状联合。

（6）黑鳞乳菇　新种

Lactarius atrosquamulosus X. He sp. nov.，Acta Mycol. Sin.，1996，15（1）：17-20

Pileus 0.5-1cm latus，plano-convexus，umbilicatus in centro，involutus vel decurvus ad marginem，purpureo-nigricans，concoloriter lanate squamosus. Caro concolora cum pileo，hygrophana. Latex albus，immutabilis. Lamellae sordidae albae，decurrentes，subconfertae；lamellulis praesentibus. Stipes centralisvel aliquanto excentricus，1-2cm longus，0.2-0.4cm crassus，cavus，incrassatus ad basim，ravidus，indumento argenteo fibroso. Basidiocarpus in sicco fragrans. Sporae（5-7.5）μm×（5-6.5）μm，globosae，subglobosae vel late ellipsoideae；amylaceis ornamentis brevi-fasciariis et longi-fasciariis. Basidia（34-45）μm×（10-12.5）μm，clavata，bispora vel tetraspora，Macrocystidia（45-55）μm×（5-6.25）μm，lanceotata vel cylindrica attenuata ad apicem. Cheilocystidia conformia cum pleurocystidiis sed parviora，（27-32）μm×（4.5-5）μm.

菌盖扁平，宽 0.5～1cm，中部凹陷脐状，边缘内卷。盖面灰黑带紫色，密生深色（与盖面同色）绵毛状鳞片。菌肉与盖面同色，水浸状，薄。菌褶污白色，稍密，不等长，延生，伤时流出白色乳汁。乳汁不变色。菌柄中生至稍偏生，中空，（1～2）cm×（0.2～0.4）cm，上部稍细，向下渐粗，肉灰色，外具银白色纤毛复层，伤时也有白色乳汁。整个子实体干后有浓郁的香气。孢子印近白色。孢子（5～7.5）μm×（5～6.5）μm，球形、近球形至宽椭圆形，具淀粉质，短肋至若断若续的长肋状纹饰，光镜下略似斑马纹状。担子（34～45）μm×（10～12.5）μm，棒状，2～4 孢。侧囊体（大囊体）（45～53）μm×（5～6.25）μm，披针形至先端渐尖的柱状，薄壁，数量多，突出子实层。缘生囊状体与侧生囊状体近同形但较小或较少，（27～32）μm×（4.5～5）μm，亦为薄壁。

（7）红鳞环柄菇　新种

Lepiota squamulosa T. Bau et Y. Li sp.nov，J. Fungal Res.，2（3）：49（2004）

Pileus hemisphaericus，demum planus，0.5-2cm diam.，dense roseo-squamulosus. Caro alba，tenuissima. Lamellae albidae，subadnexae. Stipes centralis，1.8-3.5cm longus，1-2mm crassus，solidus，medio et interiore roseo-squamulosus. Annulus fugax. Sporae ellipsoideae，leves，subgranulatae（sub SEM），（4.5-5.5）μm×（2.5-3.5）μm，inamyloideae. Basidia clavata，（11.5-15）μm×（5-6.5）μm，4-sporigera，sterigmata 1.2-2μm. Pleurocystidia et cheilocystidia nulla.

Epicute pilei hymeniformi. Hyphis fibulatis. Sparsa vel gregaria ad terram in silvis.

菌盖 0.5～2cm，半球形，后平展，中部突起，密被粉红色鳞片，边缘具外菌幕残余片。菌肉白色，薄。菌褶白色，稍密。菌柄中生，纤维质，长 1.8～3.5cm，粗 1～2mm，中下部密被与盖面相同的鳞片，上部白色。菌环上位，易落。孢子椭圆形，光滑，在扫描电镜下观察有细小颗粒，（4.5～5.5）μm×（2.5～3.5）μm，非淀粉质。担子棒状，（11.5～15）μm×（5～6.5）μm，4 个孢子，担子小梗长 1.2～2μm。缺囊状体。

盖皮菌丝栅状排列，上面有多层球形至囊状细胞组成的鳞片。菌丝有锁状联合。散生或群生于林内地上。

5

第五章　蕈菌生物多样性及保育

第一节　蕈菌生物多样性

生物多样性与人类生存的密切关系已日益被人们所认识。生物多样性的保护及持续利用已成为国际社会重点关注的问题之一。蕈菌是一个多样性丰富的生物类群，这表现在其物种数量和生态角色的多样性上。菌物多样性是整个生物多样性的组成部分，它在人类社会和自然生态系统中发挥着重要的作用。从生态学意义上来说，包括蕈菌在内的菌物的存在直接关系到整个陆地生态系统的稳定性和环境质量。但由于工业革命带来的大气污染和人为造成的地球环境变化等因素的影响，菌物多样性也面临着前所未有的挑战。有关菌物多样性的编目和保育研究已列为优先发展领域。

蕈菌的生物多样性一般包括物种多样性（species diversity）、遗传多样性（genetic diversity）和生态多样性（ecological diversity）三个层次，并且在不同水平的多样性之间的相互关系是形成其蕈菌生物多样性特征和功能的主要内部机制。

一、物种多样性

物种多样性是生物多样性的基本组成元素，菌物物种多样性是整个生物多样性研究的基石。据菌物学家估计全球约有150万种真菌，在地球生物圈中仅次于昆虫，属第二大生物类群。根据张树庭的蕈菌种的评估法，地球上共有蕈菌2.8万种，而真正被人们所认识的不过1万种。按照欧洲一些国家（如英国、芬兰、瑞士）的菌物与维管植物种数之比已达(4～6)∶1（即有一种维管植物就有4～6种菌物），我国的菌物总数应该为12万～24万种。但实际情况并非如此，我国蕈菌中了解较多的伞菌类仅1600多种，多孔菌类1300余种，腹菌类近300种，胶质菌类近100种，子囊菌400多种，共计约4000种。其中包括食用蕈菌966种，药用蕈菌453种，有毒蕈菌435种。然而，随着调查的深入，我国的蕈菌物种总数将远远高出这个数字，如编者仅在吉林长白山地区报道的中国新记录蕈菌就有110多种。

近20年来我国的蕈菌物种多样性调查在各地普遍展开，各地出版了大型真菌多样性的图鉴或志；一些自然保护区或国家森林公园的研究较为深入，如吉林的长白山、净月潭，内蒙古大青沟、大兴安岭，湖南莽山、舜皇山，浙江天目山、九龙山，福建武夷山，广东鼎湖山，云南丽江、老君山、龙门山、澜沧江、车八岭等地均有相关调查文献。值得指出的是，这里所提到的文献并不完全代表全国的情况，仍有许多蕈菌资源丰富的地区和省份却至今无人涉足，从分类的角度看仍存在诸多空白领域。总之，我国的蕈菌物种多样性研究还需要很长的路要走。

二、遗传多样性

遗传多样性是指种内基因的变化，包括种内显著不同的种群间和同一种群内的遗传变异，也称为基因多样性。种内的多样性是物种以上各水平多样性的最重要来源。遗传变异、生活史特点、种群动态及其遗传结构等决定或影响着一个物种与其他物种及其环境相互作用的方式，而且种内的多样性是一个物种对人为干扰进行成功反应的决定因素。种内的遗传变异程度也决定其进化的潜势。

我国学者较早开展了蕈菌不同类群的遗传多样性研究。在早期，人们通过考察蕈菌性非亲和性系统或体细胞非亲和性系统，来研究蕈菌的遗传多样性，但该方法耗时费力、工作量大，限制了其在实践中的应用。现代分子生物学技术的发展及其在蕈菌分类鉴定上的应用，为人们从分子水平上分析蕈菌不同分类单元之间的差异和亲缘关系提供了有力的工具，一些分类地位不明确、亲缘关系不清楚的类群通过该技术也得到了验证。

目前，应用于蕈菌遗传多样性研究的分子标记主要包括蛋白质（同工酶）标记和核酸（DNA）标记两种类型。同工酶作为基因表达的产物，受到严格的遗传控制，因此可以用来对物种及其亲缘关系进行鉴定，进而分析遗传多样性。同工酶在分子标记的发展初期起到了非常重要作用，特别是在蕈菌遗传多样性的研究中，DNA 分子标记应用相对较晚，同工酶标记成为应用最早、最广泛的分子标记。早在 20 世纪 80 年代，我国学者就开始探讨将同工酶技术用于平菇和香菇等食用蕈菌的菌种鉴定。目前，大部分蕈菌的遗传多样性分析都曾采用过同工酶技术进行研究，并且直到今天，同工酶技术仍然在蕈菌遗传多样性研究中发挥着重要作用。

同工酶是基因表达的产物，因此受到发育阶段和环境条件的影响，而且同工酶只能反映一部分功能基因的变化，对于大部分功能基因和大量非功能基因则无法表现，因此在遗传多样性研究中就具有了一定的局限性。遗传多样性的本质是遗传物质 DNA 分子的多态性，DNA 分子标记就是以个体间核苷酸序列变异为基础的遗传标记，是 DNA 分子水平遗传变异的直接反映。因此，DNA 分子标记具有不受外界条件、生物个体发育阶段及组织器官特异性表达的影响等特点。目前，已开发出数十种基于 DNA 的分子标记技术，其中 RFLP、RAPD 和 rDNA 等是在食药用蕈菌资源的遗传多样性分析中应用较为广泛的分子标记，特别是在灵芝等著名食药用真菌的分子鉴定和多样性评价中的应用研究越来越深入。其他 DNA 分子标记技术，如 AFLP、ISSR、SCAR、SSR 和 ERIC 等也越来越多地应用于蕈菌资源的遗传多样性分析方面的研究。据统计，目前已被基因组研究的物种达 300 多种（图力古尔等，2017）。

我国野生蕈菌资源十分丰富，研究其遗传多样性对于野生蕈菌资源的保护和开发利用具有重要的意义。王子迎等（2005）采用 RAPD 分子标记技术研究了野生香菇和蜜环菌资源的遗传多样性；陈美元等（2009）采用 SRAP 和 ISSR 分子标记技术对从全国各地采集的野生蘑菇属 90 个菌株的遗传多样性进行了较为系统的研究，这些研究为我国野生蕈菌资源的持续开发利用提供了重要依据。

分子生物学技术的发展及计算机的广泛使用也给菌物系统学在分子水平上带来了革命性变化，使得该领域的研究更加丰富而深入。随着一些小类群和某一物种的群体遗传学研究的开展，给许多分类地位上有争议的分类单元的归属及亲缘关系等方面提供了十分有利的分子信息和证据。尤其是那些根据分子系统学研究结果讨论的菌物类群大系统的变更，凝集了许多真菌学知名学者的核心研究，也标志着菌物遗传多样性研究最终带给科学研究的巨大影响。

三、生态多样性

生态多样性是指整个菌物生物圈内的生境、群落和生态过程的多样化及生态系统内生境差异、生态过程变化的多样性。随着我国蕈菌调查结合生态学的取样方、定位、定量等调查方法对各地大型真菌进行系统研究。搞清楚大型真菌资源的群落多样性和区系地理分布、子实体生物量、物种生物量等特征，探讨大型真菌的发生、分布、演替规律。同时也探索了大型真菌与保护区保护物种栖息环境中的植物群落的关系等一系列科学问题。

植被是野生蕈菌分布的主要影响因素之一。植被的多样性、复杂性决定了蕈菌分布的多样化，如成熟的和幼龄的林内有着截然不同的大型真菌区系，且每个森林中都有其近半数的特有种。成熟林中的外生菌根菌难以在空地-新生树根际生存，它们需要发育成熟的树林提供足够的根系密度和菌丝的接触来维持。原生性森林和次生林中大型真菌的种类分布比例较大。即使在同一区域中，分布于阔叶林、针叶林和针阔混交林等不同林型下的大型真菌种类均有着不同的变化。通常在种群和数量上，阔叶林略优于针阔混交林而显著优于针叶纯林及灌丛。植被的多样性也为野生蕈菌的生长基物提供了丰富的种类，如 Darrin 等（2003）对混合栎树林内木生大型真菌的群落组成和生态学做了研究，木生大型真菌的物种丰富度与样地内木质残骸的体积、被研究木材的体积成正相关，与木材表面地衣覆盖程度呈负相关。Richard（2004）在地中海森林内一块样地上连续 3 年采集地上大型真菌，发现植被层数增加会降低物种的丰富度，并且在树荫的缝隙处物种的丰富度和子实体产量明显增加。林晓民等（2005a）根据大量的调查研究将大型真菌划分为木腐真菌、落叶及腐草生真菌、土壤腐生菌、粪生真菌等 12 个生态类型，还对大型真菌生态多样性的研究方法进行了讨论。

菌根真菌作为森林生态系统的重要组成部分，对维持生态系统的功能和生物多样性有着不可替代的作用，有很多研究已经证实菌根真菌可以提高宿主植物在恶劣环境中的生存能力。冯固等（2003）研究了美味牛肝菌 *Boletus edulis* 和褐环乳牛肝菌 *Suillus luteus*，发现它们对板栗生长及养分吸收起到极为重要的作用。梁军等（2004）的研究表明，美味牛肝菌 *Boletus edulis* 和褐疣柄牛肝菌 *Leccinum scabrum* 对北京杨有明显的促生长作用，并且对叶片叶绿素含量、树皮相对膨胀度、树体电容等生理及抗病性指标都有不同程度的增强。白淑兰等（2006）通过对大青山生境土壤理化因子分析结果表明，菌根真菌能够降低土壤 pH，并对环境中全 N 含量有所提高，对速效态 N、P、K 释放也有促进作用。

真菌菌丝、子实体的生长发育主要受控于温度、湿度及光照因子，由于自身的生物学特性，不同大型真菌都有其自己适宜生长的季节，这就体现在大型真菌分布的季节性上。何宗智（1991）研究结果表明，江西大型真菌的分布不仅在水平和垂直分布上具有一定的特征，在季节上也有鲜明的不同。吴人坚等（1993）从佘山采到的肉质菌中有 81%的子实体是在夏末和秋季形成的，但也有19%的子实体是在4～5月形成的。图力古尔和李玉（2000）探讨了植物群落与大型真菌群落多样性之间的关系，计算不同植物群落中蕈菌物种丰富度指数、多样性指数和均匀度指数，获得一些规律性的变化。图力古尔和李玉（2001）研究蕈菌子实体的发生与气温、降水显著相关性，并指出由于菌丝的生长需要基物一定的积温和含水量而出现了“滞后现象”。图力古尔等（2010）通过生态多样性研究方法分析了长白山自然保护区不同海拔、不同植被带中蕈菌多样性的分布特征。图力古尔等（2017）对蕈菌在长白山的垂直分布有比较全面的记载。

总之，大型真菌的群落组成及多样性与植物群落的组成和林中小生境（温度、湿度）密切相关，土壤类型、海拔高度、不同季节、不同气候条件等因素均约束着大型真菌的生长、分布和种类组成。

第二节　蕈菌生物多样性保育

保护生物学形成专门的学科是在20世纪80年代初，它包含拯救生物多样性，研究生物多样性和持续、合理地利用生物多样性。其中心任务是在一定理论指导下，拯救珍稀濒危物种，合理利用生物资源，保存地球上的生物多样性。菌物多样性的保护，包括就地保育（*in situ* conservation）和异地保育（*ex situ* conservation）两种。就地保育是指在原来的生境中对濒危物种进行保护，异地保护是指将濒危物种迁移到人工环境或易地实施保护。

一、就地保育

菌物学家对就地保护尚缺经验，仅有个别的欧洲国家（如意大利）有专为食用菌设立的保护区。由于对真菌的生态学、分布情况甚至分类学欠了解，菌物类群很少受到自然保护的关注。由于毁灭性开采、生态环境被破坏等因素，野生蕈菌资源明显减少的报道逐渐增加。例如，发现由于人类活动导致的环境污染，荷兰森林中野生食用菌数量明显下降。欧洲分布的8000种真菌中，20%的生存正受威胁，已报道的半数以上的大型真菌至少被列入了其中一个国家的红色目录中。捷克提出的大型真菌的物种红色目录，共包括904种濒危大型真菌，竟然占到全部大型真菌总数的20%～25%。这个红色目录还根据世界自然保护联盟（IUCN）的物种濒危等级标准将这904种濒危真菌分为很可能灭绝、极危种、濒危种、易危种、近危种和不了解的种。匈牙利的红色目录中包括了35种濒危大型真菌，自2005年9月1日起，这35种大型真菌在匈牙利的版图上就已经受到法律保护。Ryan和Smith（2004）从分子水平的角度讨论了真菌资源的保护问题。此外，乌克兰、瑞士、斯洛伐克、斯洛文尼亚、匈牙利、德国、爱沙尼亚、奥地利等国家的濒危真菌或其生境都不同程度地受到法律的保护。日本、瑞士等国家最近也公布了本国受威胁状态的菌物物种名录。

保护大型真菌应首先列出濒危真菌名录，然后根据每个物种受威胁程度及其本身的生物学、生态学特性采取不同的保护措施。IUCN统计的数字显示，直到2006年仅有白灵侧耳 *Pleurotus nebrodensis* 被列入IUCN的物种红色目录中，而且被列入物种红色目录的真菌数量与被评估的真菌数量之比为100%，即在所有已描述的真菌中仅有一个种被IUCN的物种濒危评价体系所评估。可见，真菌的保护、受威胁状况评估等工作急待加强。

我国近年来也加速了对野生大型真菌资源保育研究，戴玉成（2003）报道了长白山森林生态系统中稀有和濒危多孔菌27种，他们在2010年还筛选了48种中国多孔菌列为濒危种，占中国多孔菌总数的8%。于富强和刘培贵（2005）报道了云南松林下野生食用真菌种类和产量逐年下降，并呼吁立即采取行之有效的措施保护这些珍稀的自然资源。图力古尔和戴玉成（2004）报道长白山主要的食药用木腐菌，根据野外考察记录及其受威胁程度按IUCN提出的濒危生物划分标准将每个种划分为不同的等级并提出了相应的保育措施。范宇光和图力古尔（2008）评价了长白山自然保护区大型真菌的濒危状况，并通过野外调查、市场调查、民间调查与文献查阅及专家咨询等手段获得大型真菌的野生种群及生存状况的基本数据，建立大型真菌物种濒危程度量化评价指标体系，并对濒危状况和优先保护顺序做定量化评价。最终，从保护生物学的角度提出相应的保育措施和解濒技术。

我国陆续建立了松茸自然保护区、冬虫夏草自然保护区等以保护蕈菌为目的的自然保护区，尽管保护物种的数量和保护现状均有不尽人意之处，但是已经向蕈菌的就地保育靠近了一步。濒危蕈菌红色名录正在编写中，即将发布，这将对推进就地保育起到指导作用。当然，蕈菌多样性的就地保育在理论和实践方面都有待于深入研究。

二、异地保育

真菌的异地保育是指将濒危物种迁移到人工环境或易地实施保护。异地保护同时进行培育研究，最终使保护物种恢复到原环境的生存能力并利于人类开发利用是异地保育的意义，主要有离体保存和人工栽培两种方式。国内外对于野生蕈菌的异地保育研究越来越重视，Varese（2004）研究了 3 种不同的保藏方法对 35 种担子菌的保存效果，并注明真菌的离体保存是所有保护措施中最简便、直接、有效的方法。真菌的保藏技术方法很多，如斜面移植法、油管保藏法、蒸馏水保藏法、沙土管保藏法、硅胶保藏法，但是以上方法均为一些基本的保藏方法，没有一种保藏工艺能够适合所有真菌种类的保藏，且保藏效果在菌株水平上存在着差异性。由于大多数菌物人工尚未培养成功，需要有一定的人力、物力去投入有关菌种培养和保藏的研究工作中。

某些珍稀食用菌大规模商业化栽培的成功也使得其市场价格下降，间接地降低了其野生种群受人为干扰的程度，其野生种群则得到有效保护，同时为快速发展的食用菌产业提供了更多的产品种类。近年来，越来越多的野生种类被成功驯化栽培。据统计，我国近 20 年来人工栽培出菇的野生食用菌 50 多种。各种优质高效的栽培技术的研究与筛选也为异地保育措施的实现提供了保障。

异地保育需要一定的管理手段和技术体系，才能更好地完成和实现对野生菌的保护作用，以及在食用菌开发利用上起到的重要作用。建立菌种资源库，是异地保育技术研究的基础，也是蕈菌产业发展和建设的基石。菌种保藏技术的研究、管理方法、质量评价和栽培技术研究等方面均是异地保育技术体系研究的主要因素。建立完善规范化的异地保育技术体系，不仅可以使野生珍稀食药用蕈菌的保护和开发利用工作成为现实，还可以解决目前食用菌市场上存在的种源、遗传特性单一化等一些常见的疑难问题，进而促进食药用菌产业的健康和规范发展。

野生蕈菌生存正面临着威胁，威胁来自自然，更多是来自人类。由于人们缺乏对野生大型真菌种质资源的保护意识和保护措施，一些野生、珍稀的大型经济真菌面临灭绝的危险。相反，由于食用菌市场缺少对野生菌资源的了解，很多野生经济真菌也不能够被人们所利用，因此蕈菌生物多样性知识普及势在必行。

开展野生蕈菌的多样性调查与保育研究具有重要意义，国内外学者越来越重视该领域的研究。然而，在研究工作中仍存在很多问题，如物种鉴定和标本引证的不够准确、采用的分类系统陈旧，野外调查缺乏连续观察数据资料和定量调查的数据等，因此在今后的研究中应尽量避免此类问题，使我国的蕈菌多样性和保育研究工作规范发展。

总之，蕈菌是一个具有重要经济和生态学意义的生物类群，对于蕈菌生物多样性的研究具有非常重要的科学和经济价值，要像研究动植物一样重视蕈菌的生物多样性研究，研究好、保护好、开发好这一宝贵资源。

专论：中国蕈菌主要类群

蕈菌在分类学上包括真菌界 Fungi 双核亚界 Dikarya 的子囊菌门 Ascomycota 和担子菌门 Basidiomycota，这两个门下各类群的分类特征是专论部分的主要介绍内容，也是本教材的重点和核心内容。为了方便教学和学习，我们将蕈菌划分成子囊菌类、胶质菌类、伞菌类、牛肝菌类、腹菌类、多孔菌类、红菇类等几大类，分别设章介绍。主要介绍目级以下单元，重点是科、属特征。属的特征中除了其形态特征外，还有模式种、常见种的介绍，重要或常见的种类附有识别特征图，附部分蕈菌子实体原生境图片二维码，以便学习掌握。全书还附有蕈菌检索表，供参考。

第六章　子囊菌类蕈菌

包括大型子囊菌中的锤舌菌纲 Leotiomycetes、盘菌纲 Pezizomycetes、粪壳菌纲 Sordariomycetes 的 3 纲 5 目。子囊菌在蕈菌家族中所占的比例不大，种类相对少一些，仅设一章。但是该类群当中有重要的物种，如冬虫夏草、羊肚菌、块菌等。因此，子囊菌是蕈菌中不可缺少的组成部分。

第一节　锤舌菌目 Leotiales Korf & Lizoň

子实层埋生于子座内或外露，子囊无顶盖，但常具淀粉质菌环。

模式科：锤舌菌科 Leotiaceae Corda。

一、锤舌菌科 Leotiaceae Corda

囊盘被由长形菌丝构成，罕由三菱形细胞组成，子囊盘肉质至脆骨质，无明显的毛，淡色至鲜色，常有柄，子囊棒形，无囊盖。子囊孢子椭圆形至梭形或线形，单胞至多胞，无色，双行排列，或在上部双行排列而下部则单行排列。

地生、腐木生、腐树皮生或长于植物残体上。

模式属：锤舌菌属 *Leotia* Pers.。

锤舌菌属 *Leotia* Pers.

子囊果头状、色鲜艳，菌盖浅黄至绿色，菌柄绿色至黄色，胶质。子囊棒形，具顶孔，孔口遇碘液不变蓝色。子囊孢子有 8 个，子囊孢子近纺锤形至细椭圆形，大多数孢内有多个水滴状斑点，有隔膜，无色侧丝线形，具分枝。

从生、群生或散生。生于潮湿土壤上和腐木上。

模式种：润滑锤舌菌 *Leotia lubrica*（Scop.）Pers.（图 6-1A）。

常见种：润滑锤舌菌 *Leotia lubrica*（Scop.）Pers.。

二、胶陀螺科 Bulgariaceae Fr.

子囊盘较小，黑褐色，似陀螺状。直径约 4cm，高 2～3cm，质地柔软具弹性。除子实层面光滑外，其他部分密布簇生短绒毛。子囊近棒状，内有 4～8 个孢子。孢子卵圆形，近梭形或肾脏形，侧丝细长，线形，顶端稍弯曲，浅褐色。

模式属：胶陀螺属 *Bulgaria* Fr.。

胶陀螺属 *Bulgaria* Fr.

子囊盘大，幼小时呈近球形，渐变为浅盘形、陀螺形，成熟后变为边缘呈波纹状的不规则圆形或圆形，有短柄或近无柄，胶质，干后角质，色泽黑褐色，外部多有成簇的绒毛。子实层黑色，子囊棒形至近纺锤形，无囊盖，向下渐变细，顶端遇碘变蓝色。子囊孢子 8 个，分两种类型：一种为 4 个孢子表面具横隔，呈不等边椭圆形，呈褐色至黑褐色；另一种类型为 4 个孢子呈无色，侧丝线形，具分隔，近顶端分枝或近中央分枝或不分枝，顶端盘绕，弯曲呈波浪状。

生于倒木上和阔叶木的枝条上，常见于栎树上。

模式种：胶陀螺 *Bulgaria inquinans*（Pers.）Fr.（图 6-1B）。

常见种：胶陀螺 *Bulgaria inquinans*（Pers.）Fr.。

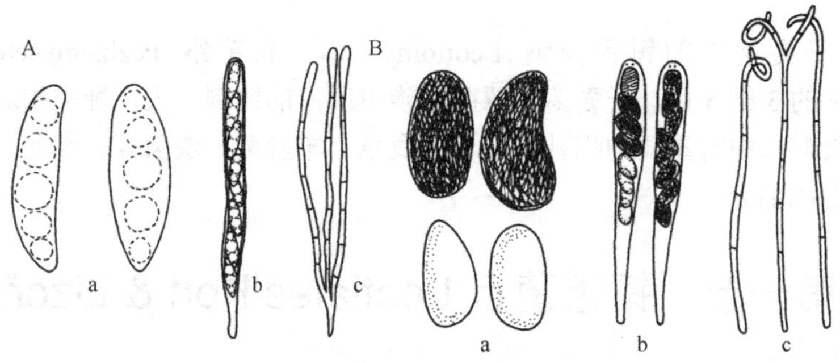

图 6-1　锤舌菌科和胶陀螺科

A. 润滑锤舌菌 *Leotia lubrica*，a. 孢子；b. 子囊；c. 侧丝。B. 胶陀螺 *Bulgaria inquinans*，a. 孢子；b. 子囊；c. 侧丝

第二节　柔膜菌目 Helotiales Nannf. ex Korf & Lizoň

子囊果小型至中型，形状不一，有盘状、杯形、棒状或头状，无柄或有柄，表生或埋生于基物内。子囊顶端无囊盖，中间有一小孔，小孔遇碘液不变蓝或变蓝。子囊内含 2～8 个孢子，有的孢子可在囊内芽殖，故在子囊内可以看到 8 个以上的孢子。子囊孢子形状不一，无色至褐色，光滑或罕具蓝色的纹饰，单胞至多胞。

多生于腐木上或为植物寄生菌，罕地生或粪生。

模式科：柔膜菌科 Helotiaceae Rehm。

一、柔膜菌科 Helotiaceae Rehm

无囊盖菌类，子实体多呈盘状。囊盘被的菌丝多呈平行排列。子囊盘具柄部与基质相连，全株肉质或蜡质，颜色较艳丽，绿色、橙色、黄色等。外表光滑或具绒毛，一般不具囊层被，子囊壁薄。子囊孢子无色，椭圆形、梭形、弯肾形、线形。

模式属：柔膜菌属 *Helotium* Pers.。

（1）耳盘菌属 *Cordierites* Mont.

子囊盘大型，多数呈瓣状丛生，直立或倾立，基部有短柄，初肉质，老熟后近革质，瓣缘多呈波浪状。上表面子实层单侧生，近光滑。下表面微粗糙，褐色至黑色。水浸后有黑色素析出。外囊盘被角胞细胞或囊胞组织，呈栅栏状排列，壁厚，埋于角质层中。中囊盘被由薄壁菌丝组成。子囊棒状，非淀粉质。子囊孢子 8 枚，圆柱状微弯曲，无隔至 1～2 隔，淡黄色至近无色。侧丝直立少分枝，淡褐色，顶端稍膨大。

生于腐木上。

模式种：*Cordierites guianensis* Mont.。

常见种：叶状耳盘菌 *Cordierites frondosa*（Kobay.）Korf（图 6-2A）。

（2）毛钉菌属 *Hymenoscyphus* Gray

子囊盘小至中型（最宽达 4mm），单生或群生，平展至杯状，具柄，长短不一，呈白色、粉色、黄色至褐色，外囊被由平行的薄壁细胞构成，髓囊被由稀疏菌丝交织构成，侧丝圆柱形，有的轻微膨大，子囊单层，呈长棍棒状，在碘液中呈蓝色，子囊孢子 8 个，无色，椭圆形至纺锤形。

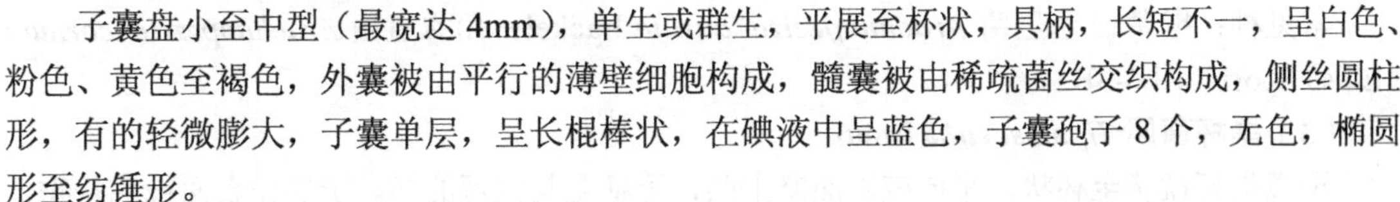

模式种：*Hymenoscyphus fructigenus*（Bull.）Gray。

常见种：健毛钉菌 *Hymenoscyphus robustior*（P. Karst.）Dennis（图 6-2B）；黄毛钉菌 *Hymenoscyphus scutula*（Pers.）W. Phillips。

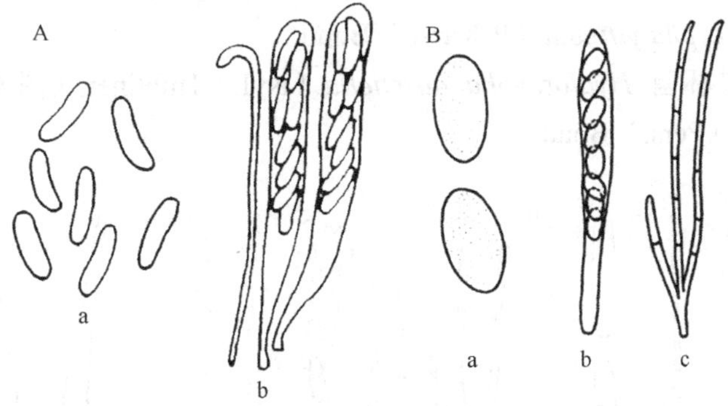

图 6-2　柔膜菌科（引自 Hanlin，1990）

A. 叶状耳盘菌 *Cordierites frondosa*，a. 孢子；b. 子囊及侧丝。B. 健毛钉菌 *Hymenoscyphus robustior*，a. 孢子；b. 子囊；c. 侧丝

二、晶杯菌科 Hyaloscyphaceae Nannf.

子囊盘一般小型，肉质。子层托表面被毛状物。外囊被为矩胞组织至角胞组织，罕见球胞组织。盘下层为交错丝组织。子囊无囊盖，通常具 8 个子囊孢子，柱棒状至棒状。子囊孢子纺锤状、拟纺锤状、椭圆形、拟椭圆形、近柱状、棒状、蠕虫状或球形，表面光滑，无色，单细胞至多细胞。侧丝线形、窄披针形或披针形，顶端与子囊平齐或不同程度地高于子囊顶端。

模式属：晶杯菌属 *Hyaloscypha* Boud.。

（1）白毛盘菌属 *Albotricha* Raitv.

子囊盘盘状至杯状，具短柄至近无柄。子层托表面被纤细的毛状物。毛状物针状，直立，表面平滑、略粗糙或覆盖有无色透明的流脂状物质，一般无色。外囊盘被为矩胞组织至角胞组织，细胞壁薄。盘下层为交错组织。子实下层不明显。子囊棍棒状，一般具 8 个子囊孢子，顶孔在 Melzer 试剂中呈蓝色。子囊孢子梭形、长椭圆形、不对称的长椭圆形或柱状下端较窄，具有或不具分隔。侧丝披针状或窄披针状，顶端常高于子囊顶部。

模式种：*Albotricha acutipila*（P. Karst.）Raitv.。

常见种：长白白毛盘菌 *Albotricha changbaiensis* W.Y. Zhuang & Z.H. Yu（图 6-3A）。

（2）蛛盘菌属 *Arachnopeziza* Fuckel

子囊盘生于白色菌丝层上，盘状，无柄，基部与基物广泛接触。子层托白色，表面密被纤细的毛状物或无明显的毛状物。毛状物近圆柱形或菌丝状，表面平滑，一般无色。外囊盘被为角胞组织，细胞壁薄。盘下层为交错丝组织或角胞组织与交错组织混杂。子实下层不明显。子囊通常自产囊丝钩上产生，棍棒状，一般具 8 个子囊孢子，顶孔在 Melzer 试剂中呈蓝色。子囊孢子纺锤形、拟纺锤形、近椭圆形、近圆柱形、柱棒状至线形，具有或不具分隔。侧丝线形。

模式种：*Arachnopeziza aurelia*（Pers.）Fuckel。

常见种：橙黄白毛盘菌 *Arachnopeziza aurata* Fuckel；角蛛盘菌 *Arachnopeziza cornuta*（Ellis）Korf（图 6-3B）。

（3）晶杯菌属 *Hyaloscypha* Boud.

子囊盘杯盘状至杯状，平展或表面略上凸，无柄至具很短的柄。子层托表面被毛状物。毛状物窄锥型，基部宽，上部渐细，顶部钝，直立无分隔，表面平滑或具疣状物，无色。外盘被为矩胞组织。盘下层为交错丝组织。子实下层不明显。子囊柱棒状，具 8 个子囊孢子，顶孔在 Melzer 试剂中一般呈蓝色，偶尔不变色。子囊孢子椭圆形至长椭圆形，无隔至具分隔，具或不具油滴。侧丝线形至近圆柱形，无色，顶端不高于子座。

模式种：*Hyaloscypha vitreola*（P. Karst.）Boud.。

常见种：黄脂晶杯菌 *Hyaloscypha aureliella*（Nyl.）Huhtinen（图 6-3C）；透明晶杯菌 *Hyaloscypha hyalina*（Pers.）Boud.。

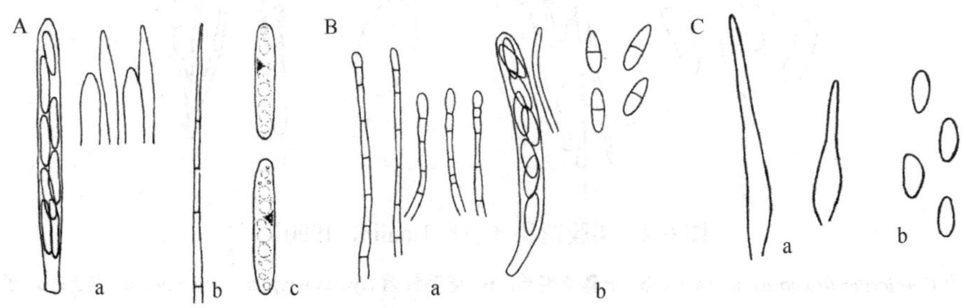

图 6-3　晶杯菌科（引自 Hanlin，1990）

A. 长白白毛盘菌 *Albotricha changbaiensis*，a. 子囊，子囊顶端与侧丝；b. 毛状物片段；c. 子囊孢子。B. 角蛛盘菌 *Arachnopeziza cornuta*，a. 毛状物；b. 子囊、侧丝及子囊孢子。C. 黄脂晶杯菌 *Hyaloscypha aureliella*，a. 毛状物；b. 子囊孢子

三、核盘菌科 Sclerotiniaceae Whetzel

子座生于黑色的菌核或生于色泽较深的菌丝束上。菌核和菌丝束形态多样，大小也各异。子囊盘杯状，浅肉色、红橙色或黑褐色，直径 0.5～10mm。柄一般色泽较深，如果上端色泽与子囊盘色泽相同，则柄基色泽必深。子囊圆柱形至棒形，通常为 8 枚孢子，少数例外。孢子椭圆形、梭形至长梭形，单孢、无色或淡褐色。侧丝线形，有隔，顶端分枝。

模式属：核盘菌属 *Sclerotinia* Fuckel。

核盘菌属 *Sclerotinia* Fuckel

子囊盘单一或多个生于菌核上，菌核黑色，不规则团块状，子囊盘直径 2～10mm，杯状至凸面状，呈肉桂色至红褐色，边缘呈黑色。子囊盘基部渐缩与延长的柄部相连，均为深褐色或黑色，子囊圆柱状，向基部渐细，壁薄，顶孔在碘液中变蓝色，子囊孢子 8 个，椭圆形、梭形。侧丝线形，多单一，少分枝，有横隔膜。

模式种：白腐核盘菌 *Sclerotinia libertiana* Fuckel。

常见种：核盘菌 *Sclerotinia sclerotiorum*（Lib.）de Bary。

第三节　斑痣盘菌目 Rhytismatales M.E. Barr ex Minter

子囊盘在子座或植物组织内发育，借一长形裂缝或几条多少呈辐射状排列的裂缝开口。囊间组织为侧丝，近基部有时由菌丝相连，顶部多半膨大，一般具胶质外套。子囊大都圆柱形，薄壁，顶端在 Melzer 试剂中一般不变蓝。子囊孢子通常无色，长形，外层多被胶质鞘。

模式科：斑痣盘菌科 Rhytismataceae Chevall.。

地锤菌科 Cudoniaceae P.F. Cannon

子实体棒状、头状、舌状或勺形具柄，颜色鲜艳。子囊棒状，孔口遇 Melzer 试剂不变蓝，8 个孢子，多行或成束排列。子囊孢子无色，线形至棒形，成熟后具 1 至多个隔板。侧丝线形，无色，顶部直立、弯曲或卷曲。

模式属：地锤菌属 *Cudonia* Fr.。

（1）地锤菌属 *Cudonia* Fr.

子实体头状或舌状，近肉质或近革质，颜色鲜艳，具柄。子囊棒状，孔口遇 Melzer 试剂不变蓝，8 个孢子，多行排列。子囊孢子梭形至椭圆形，光滑、无色，开始单胞，成熟后具 1 至多个隔板，可在子囊内产生分生孢子。侧丝线形、无色。地生，罕见木生。

模式种：膨柄地锤 *Cudonia circinans*（Pers.）Fr.。

常见种：红地锤 *Cudonia confusa* Bres.（图 6-4A）；日本地锤 *Cudonia japonica* Yasuda。

扫一扫　看彩图

（2）地勺菌属 *Spathularia* Pers.

子囊果直立，呈匙形或扇形，具柄，肉质至革质，黄色至黄褐色，菌柄圆柱状或平展，颜色较深，呈黑褐色。子囊棒形，顶端非淀粉质，子囊孢子 8 个，平行排列或弯曲，呈线形、无色，多分隔，侧丝线形，分枝，顶端盘绕或弯曲。生于腐木上或土壤上。

模式种：地勺 *Spathularia flavida* Pers.（图 6-4B）。

常见种：地勺 *Spathularia flavida* Pers.。

扫一扫　看彩图

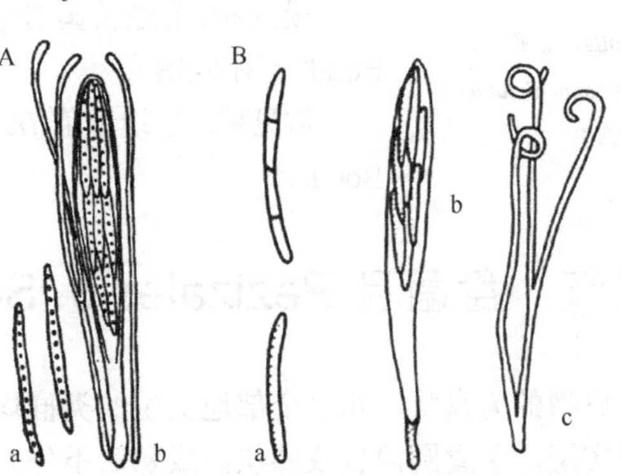

图 6-4　地锤菌科（引自 Hanlin，1990）

A. 红地锤 *Cudonia confuse*，a. 孢子；b. 子囊及侧丝。B. 地勺 *Spathularia flavida*，a.孢子；b. 子囊；c. 侧丝

第四节　地舌菌目 Geoglossales Zheng Wang，C.L. Schoch & Spatafora

子座单生或群生，头状，具柄。柄黑色，圆柱形，光滑或具鳞片，可育部分头状、棒状

或盘状，与柄分界不明显。子实层表面黑色。子囊棒状，无囊盖，壁薄，内含 8 个孢子。子囊孢子较长，深棕色，略带黑色或透明，成熟后分隔。侧丝线形，略带黑色或透明。

模式科：地舌菌科 Geoglossaceae Corda。

地舌菌科 Geoglossaceae Corda

子囊果具子实层部分和菌柄部分，子实层部分呈棒状、长椭圆形、舌形、匙形、头形、钟形至近球形、扁平或微圆棒形；柄圆柱形。子实层有多种色泽，依种而异。外囊盘被缺如。盘下层为交织菌丝组织。子囊棒状，具 4～8 枚子囊孢子。子囊孢子长棒形、近圆柱形、腊肠形、长梭形至长椭圆形，无色至褐色，不分隔或分隔。

模式属：地舌菌属 *Geoglossum* Pers.。

（1）地舌菌属 *Geoglossum* Pers.

子囊果单生或聚生。子实层部分勺形、披针形、舌形。下部的柄呈圆柱形。子囊被缺如。盘下层为交织的菌丝组织。子囊棒状，无囊盖。子囊孢子圆柱形或梭形，褐色，侧丝线形，顶部略膨大，有隔。

扫一扫　看彩图

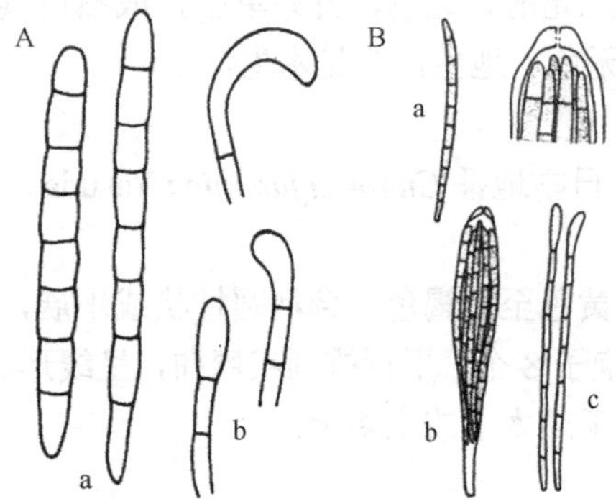

图 6-5　地舌菌科（引自 Hanlin，1990）

扫一扫　看彩图

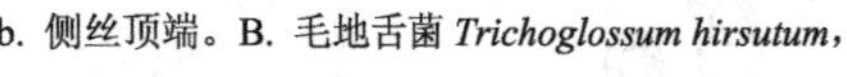
A. 隐蔽地舌菌 *Geoglossum umbratile*，a. 孢子；b. 侧丝顶端。B. 毛地舌菌 *Trichoglossum hirsutum*，a. 孢子；b. 子囊；c. 侧丝

模式种：地舌菌 *Geoglossum glabrum* Pers.。

常见种：隐蔽地舌菌 *Geoglossum umbratile* Sacc.（图 6-5A）；假地舌菌 *Geoglossum fallax* E.J. Durand。

（2）毛地舌菌属 *Trichoglossum* Boud.

子囊果肉质，韧而干，上部棒状、匙状或亚球状，两侧平展。柄呈圆柱状或直立或向下弯曲，呈黑褐色。有毛或光滑。子囊棒状至圆柱形，无囊盖，具宽孔，呈淀粉质，子囊孢子 4～8 个，成束或多行排列，圆柱形、棒形、纺锤形，直或弯曲，向基部渐细，呈褐色，多具横隔。

模式种：毛地舌菌 *Trichoglossum hirsutum*（Pers.）Boud.（图 6-5B）。

常见种：毛地舌菌 *Trichoglossum hirsutum*（Pers.）Boud.。

第五节　盘菌目 Pezizales J. Schröt

子囊果形状变化大，典型的为盘状，几乎全部地上生的类群均有明显的子实层，但在地下生的类群中，许多无子实层，子囊圆筒状或棒状，成熟后不外突或突出子实层之上，子囊顶部结构分为具囊盖的、裂缝状的和无囊盖的，子囊孢子 4～8 个，呈球形、卵形、椭圆形和纺锤形，光滑或有纹饰，多地生、粪生、腐木生。

模式科：盘菌科 Pezizaceae Dumort.。

一、粪盘菌科 Ascobolaceae Boud. ex Sacc.

子囊果圆盘状，常垫状，罕见闭囊壳，肉质，亮色，无刚毛；子囊宽，囊盖明显，子囊孢子二列，厚壁，常具纹饰，紫色或棕色。绝大多数粪生。

模式属：粪盘菌属 *Ascobolus* Pers.。

粪盘菌属 *Ascobolus* Pers.

该属子囊盘呈亚球形、梨形、倒圆锥形、杯形或碟形，子实层表面光滑或具皮屑，或有绒毛，肉质，脆而易折，铜绿色或褐绿色，干熟后黑褐色，基部无柄，或仅具缢缩的基部，子囊圆柱形至棒形或阔棒形；具囊盖，顶端圆顶状。成熟后的子囊突出于子实层表面；子囊孢子 4～8 个，呈亚球形至椭圆形或卵形，孢壁厚且具纵长条纹，或有较细致的网纹突起，少数种孢壁近光滑，侧丝细长，有横隔，多不分枝，顶端微膨大。多生于牛粪或其他哺乳动物的粪便上，或林中火烧地上。

模式种：*Ascobolus pezizoides* Pers.。

常见种：牛粪盘菌 *Ascobolus furfuroceus* Pers.；炭色粪盘菌 *Ascobolus carbonarius* P. karst.。

二、平盘菌科 Discinaceae Benedix

子实体盘状或有明显菌盖，无柄或具柄。子囊圆柱形，无色，具囊盖。子囊孢子椭圆形，光滑或具纹饰，多数具大油滴。侧丝线形或近棒状，顶端膨大或不膨大。

模式属：平盘菌属 *Discina*（Fr.）Fr.。

（1）平盘菌属 *Discina*（Fr.）Fr.

子囊盘中型或大型，有柄或无柄，深褐色，初观与木耳相似，但子囊盘平贴于基质上，不规则盘形，盘边缘厚而微卷，子实层中央近柄处呈下凹脐状，周围呈辐射状不规则卷皱，具凹槽。子囊圆柱形。孢子椭圆形、近阔棱形，两端尖，光滑，单行排列。隔丝线形，顶端膨大，浅褐色。

模式种：珠亮平盘菌 *Discina perlata* Fr.（图 6-6A）。

常见种：珠亮平盘菌 *Discina perlata* Fr.。

扫一扫　看彩图

（2）鹿花菌属 *Gyromitra* Fr.

菌盖脑状或近马鞍状。颜色各异，具明显的柄，空心或实心，颜色多数浅于菌盖。子囊近圆柱形，厚壁，无色，8 个孢子，单行或双行排列。子囊孢子无色、内含油滴，厚壁。侧丝无色，线形，顶端膨大或不膨大。

模式种：鹿花菌 *Gyromitra esculenta*（Pers.）Fr.。

常见种：疑鹿花菌 *Gyromitra ambigua*（P. Karst.）Harmaja（图 6-6B）；赭鹿花菌 *Gyromitra infula*（Schaeff.）Quél.（图 6-6C）。

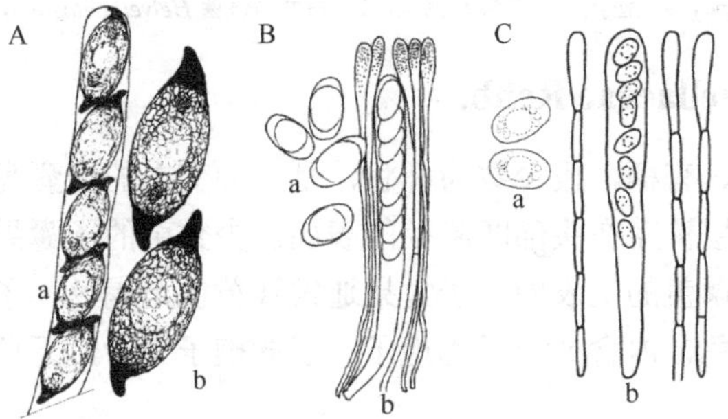

图 6-6　平盘菌科（引自 Hanlin，1990）

A. 珠亮平盘菌 *Discina perlata*，a. 子囊；b. 孢子。B. 疑鹿花菌 *Gyromitra ambigua*，a.孢子；b. 子囊及侧丝。C. 赭鹿花菌 *Gyromitra infula*，a. 孢子；b. 子囊及侧丝

三、马鞍菌科 Helvellaceae Fr.

子囊果有明显的菌盖和菌柄的分化。菌盖马鞍形、脑髓形或近圆球的不规则形，表面或平或皱，产孢前后呈棕褐色、黑褐色，表面微黏。菌柄光滑，或有不规则凹槽，白色或其他色泽。子实层位于盖部的外表。子囊圆筒形，壁薄，囊顶非淀粉质。子囊孢子椭圆形，无色或近无色、少数褐色，表面光滑或有疣状突起，内含1～2枚或多枚油滴。侧丝一般单一，不分枝，尖端稍粗。

模式属：马鞍菌属 *Helvella* L.。

马鞍菌属 *Helvella* L

该属菌盖呈杯状、马鞍形或钟形。平滑或皱曲，子实层面呈浅黄色至褐色，灰色至黑色，有时呈乳白色和白色。具柄或近无柄，菌柄形状多变，呈圆柱状或有棱纹的筒状。子囊圆柱状，具囊盖，子囊孢子8个，呈椭圆形、长椭圆形或纺锤形，表面光滑或具小疣状突起，无色，中央多具一大油滴，两侧具多个小油滴。侧丝细长，顶端稍膨大，无分枝，具分隔。生于土上或腐木上。单生或群生。

模式种：皱柄马鞍菌 *Helvella crispa*（Scop.）Fr.。

常见种：黑马鞍菌 *Helvella atra* J. König；皱马鞍菌 *Helvella crispa*（Scop.）Fr.（图 6-7A）；弹性马鞍菌 *Helvella elastica* Bull.（图 6-7B）；多洼马鞍菌 *Helvella lacunosa* Afzel.。

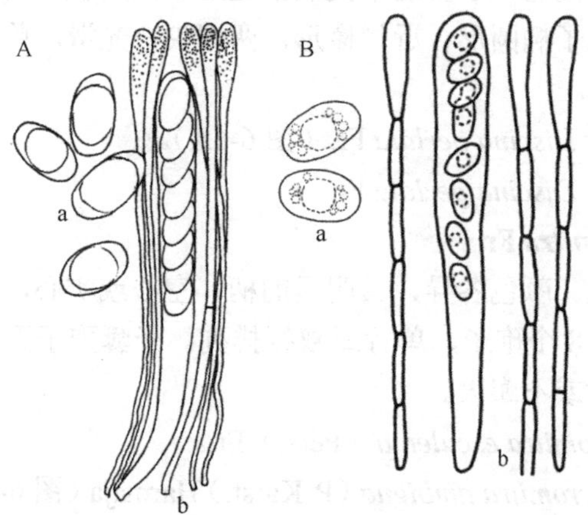

图 6-7 马鞍菌科（引自 Hanlin，1990）

A. 皱马鞍菌 *Helvella crispa*，a. 孢子；b. 子囊及侧丝。B. 弹性马鞍菌 *Helvella elastica*，a. 孢子；b. 子囊及侧丝

四、羊肚菌科 Morchellaceae Rchb.

子囊果大型、肉质、有柄，极少数为杯状，是一种变态的子囊盘。子囊果顶端着生蜂窝状的可育头状体，子实层覆盖在头部凹陷处的表面。少数菌的子囊果柄顶端着生一个吊钟状的菌盖，子实层覆盖在菌盖的上表面。子囊果通常浅黄色至褐色，子囊壁薄，圆筒状至棍棒状，顶端遇碘液不变蓝色，内含8个子囊孢子。子囊孢子光滑，无色或近无色，卵形、椭圆形至圆柱形，无油滴。

模式属：羊肚菌属 *Morchella* Dill. ex Pers.。

（1）羊肚菌属 *Morchella* Dill. ex Pers.

子囊果直立、具海绵状的菌盖，菌盖近球形或卵圆形或狭圆锥状，菌盖上有似海绵的网状凹陷，子实层生于凹陷内而不规则排列的棱脊不育，呈黄褐色至褐色，棱脊色较浅。菌柄中空易碎，呈圆柱形，有时基部呈球状，偶尔具沟痕，呈黄色或白色，光滑，子囊近圆柱形，向基部逐渐变细，具囊盖，在碘液中不变蓝。子囊孢子 8 个，宽椭圆形至长椭圆形，光滑，无色，内无油滴。侧丝分枝或不分枝，有横隔，顶部稍膨大。单生或散生于土壤上。

模式种：普通羊肚菌 *Morchella esculenta*（L.）Pers.（图 6-8A）。

常见种：普通羊肚菌 *Morchella esculenta*（L.）Pers.；粗腿羊肚菌 *Morchella crassipes*（Vent.）Pers.；梯棱羊肚菌 *Morchella importuna* M. Kuo，O'Donnell & T.J. Volk。

（2）钟菌属 *Verpa* Sw.

菌盖钟形，平滑，具凹槽或棱纹，盖缘与菌柄分离。柄平滑或具凹槽。子囊近圆柱形，无色，具 2 个或 8 个孢子，单行排列。孢子椭圆形，光滑，无色或近无色。侧丝无色，棒状。

模式种：圆锥钟菌 *Verpa conica*（O.F. Müll.）Sw.（图 6-8B）。

常见种：皱盖钟菌 *Verpa bohemica*（Krombh.）J. Schröt.；钟菌 *Verpa digitaliformis* Pers.。

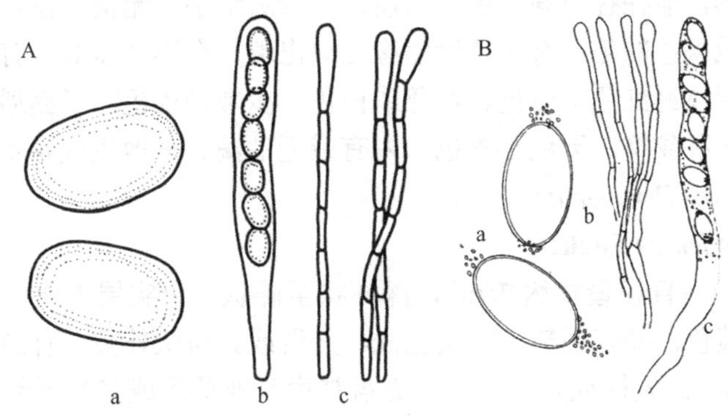

图 6-8　羊肚菌科（引自 Hanlin，1990）

A. 普通羊肚菌 *Morchella esculenta*，a. 孢子；b. 子囊；c. 侧丝。B. 圆锥钟菌 *Verpa conica*，a. 孢子；b. 侧丝；c. 子囊

五、盘菌科 Pezizaceae Dumort.

子囊盘呈杯状或盘状，或呈卷耳状，子实层均生于盘的上面或耳之内侧面，肉质，颜色多样。外侧光滑或有毛状突起。有柄或无柄。子囊圆柱形、棒形或近圆形，单囊壁型，囊顶一般不增厚，子囊孢子释放通过盖裂或缝裂。子囊孢子均为单细胞，壁光滑或有不同的纹饰，长圆形、梭形或棒状等多种形态，两侧对称。腐生于木上、土上、粪上。

模式属：盘菌属 *Peziza* Dill. ex Fr.。

盘菌属 *Peziza* Dill. ex Fr.

该属子囊盘杯状、钵状或盘状，初下凹，后期反卷。子实层多为暗褐色，不平滑，略有皱纹，囊盘被外表近淡褐色、白色。盘底的中心部着生于基质上，或具有明显的柄，粗壮。子囊圆柱形，子囊顶端淀粉质。子囊孢子 8 个，单行排列，椭圆形、球形或近纺锤形。孢壁多光滑，少数具疣状突起，内含 1 至多枚油滴，无色。侧丝顶端膨大，浅褐色。生于土壤上、腐木上，或火烧地的土表及枯木、腐殖土上。

模式种：泡质盘菌 *Peziza vesiculosa* Bull.。

常见种：疣孢褐盘菌 *Peziza badia* Pers.（图 6-9A）；居室盘菌 *Peziza domiciliana* Cooke（图 6-9B）；泡质盘菌 *Peziza vesiculosa* Bull.（图 6-9C）。

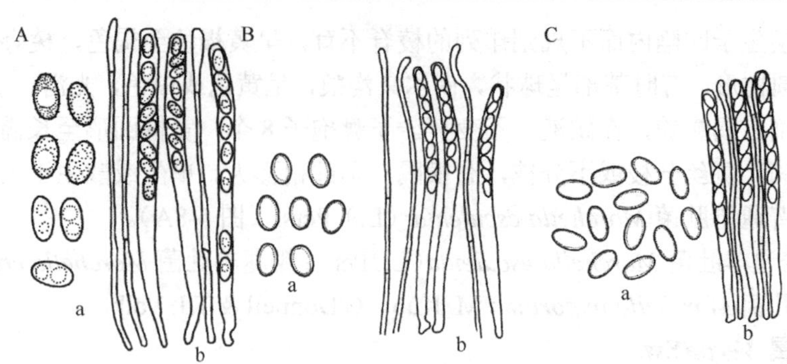

图 6-9　盘菌科（引自 Hanlin，1990）

A. 疣孢褐盘菌 *Peziza badia*，a. 孢子；b. 子囊及侧丝。B. 居室盘菌 *Peziza domiciliana*，a. 孢子；b. 子囊及侧丝。C. 泡质盘菌 *Peziza vesiculosa*，a. 孢子；b. 子囊及侧丝

六、火丝菌科 Pyronemataceae Corda

子囊果有时杯形，但往往呈扁平形或凸镜形，一般细小，无柄。在许多属中，在囊盘被的外表面上有白色或褐色的毛，有时靠近盘缘处只出现一个不明显圈，有时却形成明显向外四射的刚毛。子实层体鲜红色、橙色、灰色或白色，少数种褐色。子囊遇碘液绝不变蓝色。子囊孢子光滑或有各种纹饰，无色至褐色，内有或无油滴。多地生或腐木生。

模式属：火丝菌属 *Pyronema* Carus。

（1）网孢盘属 *Aleuria* Fuckel

子囊盘小至大型（直径最宽达 7cm），深杯状至碟状，子实层中凹，光滑，色泽鲜艳，呈橙色、橙红色、黄色。外表面较子实层色浅，光滑或具粉状外被（有的种外表面由似发丝的透明薄壁菌丝构成）。无柄或具短柄。外囊盘被由具亚球形或多角形细胞的拟薄壁组织构成，髓囊盘被由容易识别的交织组织构成。子囊圆柱形，具囊盖，基部有狭细的柄部，遇碘液不变色。子囊孢子 8 个，椭圆形至长椭圆形，无色，具网状或疣状纹饰，孢子内部具 1～2 个大油滴。侧丝纤细，内具橙色颗粒状物质。顶端膨大，笔直或弯曲成钩状。生于潮湿土上和腐殖土上。多散生或群生，少丛生。

模式种：橙黄网孢盘菌 *Aleuria aurantia*（Pers.）Fuckel（图 6-10A）。

常见种：橙黄网孢盘菌 *Aleuria aurantia*（Pers.）Fuckel。

（2）缘刺盘菌属 *Cheilymenia* Boud.

子囊盘盘状至盾状，小型，无柄或近无柄。子实层表面黄色、橙黄色至橙红色。子实层托表面被有源自囊盘被内层细胞的厚壁，直立、具分隔、顶端尖、基部分叉或具星状分枝的毛状物，基部可以形成 1 至多个小根，或者被有自表皮细胞产生的薄壁的菌丝型毛状物，无色、略带黄色至淡褐色。外囊盘被为角胞组织。盘下层为角胞组织。子囊近圆柱形，具囊盖，在 Melzer 试剂中不变蓝，具 8 个子囊孢子，单行排列。子囊孢子椭圆形至矩圆-椭圆形，无色至近无色，单细胞，无油滴，内含物常具折射性，表面平滑或具明显至不明显的纹饰，外表常覆盖一层很薄的包膜，在棉蓝试剂中常剥离。侧丝线形，顶端近棒状，直立，具分隔。

模式种：*Cheilymenia stercorea*（Pers.）Boud.。

常见种：黄缘刺盘菌 *Cheilymenia theleboloides*（Alb. & Schwein.）Boud.。

（3）地孔菌属 *Geopora* Harkn.

子实体地下生、半地下生或表生，球形或块状，一般中型。子实层污白色至黄褐色。囊

盘被表面覆盖褐色的毛状物，黄褐色至褐色，囊盘被分为两层，外层为角胞组织，壁淡褐色至褐色，内层为角胞组织或交错丝组织，细胞和菌丝无色。子囊近圆柱形，具囊盖，在 Melzer 试剂中不变蓝，具 8 个子囊孢子，单行排列。子囊孢子近球形、椭圆形至梭形，表面平滑，无色，单细胞，具油滴。侧丝线形，顶端略膨大，具分隔。

模式种：*Geopora cooperi* Harkn.。

常见种：砂生地孔菌 *Geopora arenicola*（Lév.）Kers；沙地盘菌 *Geopora sumneriana*（Cooke）M. Torre；细地盘菌 *Geopora tenuis*（Fuckel）T. Schumach.。

扫一扫 看彩图

（4）土盘菌属 *Humaria* Fuckel

子囊盘深杯状，中型，通常无柄。子实层新鲜时污白色、淡褐色。子层托表面被明显的毛状物。毛状物自表层细胞产生，刚毛状，顶端尖锐，褐色，具分隔，通常厚壁。外囊盘被为角胞组织，细胞多角形。盘下层为交错丝组织，菌丝壁薄。子囊近圆柱形，具囊盖，在 Melzer 试剂中不变蓝，具 8 个子囊孢子，单行排列。子囊孢子椭圆形，表面粗糙或具纹饰，无色，单细胞，具 2 个油滴。侧丝线形，顶端略膨大，直立，具分隔。

模式种：半球盾盘菌 *Humaria hemisphaerica*（F.H. Wigg.）Fuckel。

常见种：半球盾盘菌 *Humaria hemisphaerica*（F.H. Wigg.）Fuckel。

（5）南费盘菌属 *Jafnea* Korf

子囊盘深杯状，中型至大型，具柄。子实层表面新鲜时褐色、灰褐色至深褐色。子层托表面绒毛状，褐色至深褐色。毛状物自表层细胞产生，近圆柱形，顶端钝圆，短小，褐色，具分隔，通常厚壁。外囊盘被为角胞组织，细胞多角形，通常褐色。盘下层为交错丝组织，菌丝壁薄。子囊近圆柱形，具囊盖，在 Melzer 试剂中不变蓝，具 8 个子囊孢子，单行排列。子囊孢子梭形至椭圆梭形，表面具纹饰，无色，单细胞，具两个油滴。侧丝线形，顶端略膨大，直立，具分隔。

模式种：*Jafnea fusicarpa*（W.R. Gerard）Korf。

常见种：南费盘菌 *Jafnea fusicarpa*（W.R. Gerard）Korf。

（6）弯毛盘菌属 *Melastiza* Boud.

子囊盘盘状，小型至中型，通常无柄。子实层红色至橙色，子层托颜色浅于子实层，被有带褐色的绒毛。毛状物自表层细胞产生，近圆柱形，顶端钝圆，短小，褐色至黄褐色。外囊盘被为角胞组织。盘下层为交错丝组织。子囊近圆柱形，具囊盖，在 Melzer 试剂中不变蓝，具 8 个子囊孢子，单行排列。子囊孢子椭圆形，表面具网纹或疣突，无色，单细胞，一般具 2 个油滴。侧丝线形，顶端略膨大或不膨大，通常直立，具分隔。

模式种：*Melastiza cornubiensis*（Berk. & Broome）J. Moravec。

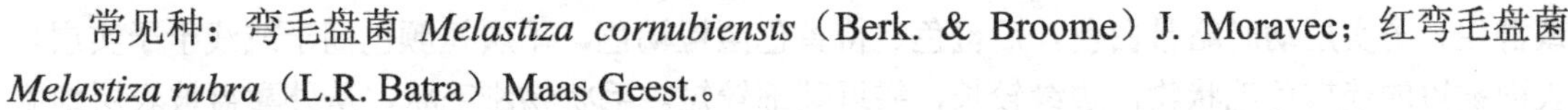

常见种：弯毛盘菌 *Melastiza cornubiensis*（Berk. & Broome）J. Moravec；红弯毛盘菌 *Melastiza rubra*（L.R. Batra）Maas Geest.。

（7）侧盘属 *Otidea*（Pers.）Bonord.

子囊盘小至大型（最高达 10cm），两侧不对称，呈斜杯状又似耳状，耸立。子实层呈土黄色、赭色、肉桂色至深褐色，外表面具粉状外被，呈黄色、褐色、赭褐色。孢托为两层，内层由相互交织的密致菌丝构成，外层由体积大的拟薄壁组织构成，无柄或具短柄，子囊圆柱形，具囊盖，向基部逐渐变细，遇碘液不变色。子囊孢子 8 个，无色，椭圆形至梭形，光滑，含两个油滴。侧丝呈丝状，有隔，较子囊长，顶端弯曲，近基部有分支。生于潮湿地上，单生或丛生。

模式种：驴耳状侧盘菌 *Otidea onotica*（Pers.）Fuckel。

常见种：革色侧盘菌 *Otidea alutacea*（Pers.）Massee（图 6-10B）；兔耳状侧盘菌 *Otidea leporina*（Batsch）Fuckel；褐侧盘菌 *Otidea cochleata*（L.）Fuckel。

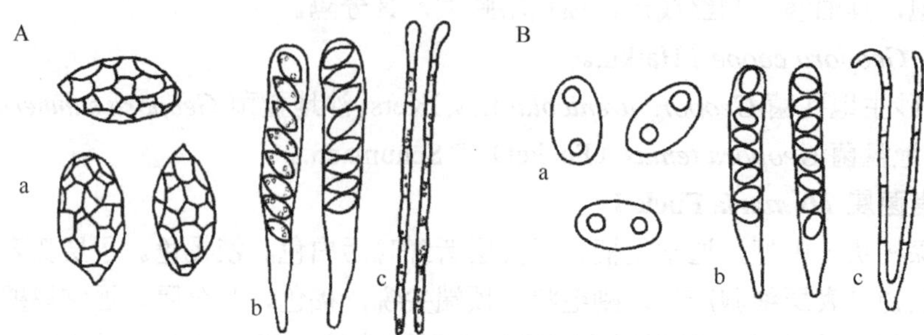

图 6-10　火丝菌科（引自 Hanlin，1990）

A. 橙黄网孢盘菌 *Aleuria aurantia*，a. 孢子；b. 子囊；c. 侧丝。B. 革色侧盘菌 *Otidea alutacea*，a. 孢子；b. 子囊；c. 侧丝

（8）盾盘属 *Scutellinia*（Cooke）Lambotte

子囊盘小型，盾状，基部与基质相接，无柄。色淡或鲜艳，有白色、黄色、红色等。囊盘被外表有毛，毛针形或微弯曲，有横隔。子囊圆柱形或长棒形，基部有柄。子囊孢子 8 个，单行排列，宽椭圆形，多具小疣突起。隔丝线形或长棒形，分枝，顶部膨大或不膨大。

模式种：盾盘菌 *Scutellinia scutellata*（L.）Lambotte。

常见种：盾盘菌 *Scutellinia scutellata*（L.）Lambotte；毛盾盘菌 *Scutellinia setosa*（Nees）Kuntze；华毛盾盘菌 *Scutellinia sinosetosa* W.Y. Zhuang & Zheng Wang；亚毛盾盘菌 *Scutellinia subhirtella* Svrček。

（9）疣杯菌属 *Tarzetta*（Cooke）Lambotte

子囊盘深杯状，中型，近无柄至具短柄。子实层表面新鲜时淡污黄色、奶油色、灰白色至带淡粉色。子层托颜色同于或深于子实层或呈淡褐色，具微小的疣状突起物，颗粒状。外囊盘被为角胞组织，有时混合球胞组织，细胞多角形至近球形，近无色。盘下层为交错丝组织，菌丝壁薄。子囊近圆柱形，具囊盖，在 Melzer 试剂中不变色，具 8 个子囊孢子，单行排列。子囊孢子椭圆形，表面平滑，无色，单细胞，具 2 个油滴。侧丝线形，直立，具分隔。

模式种：*Tarzetta catinus*（Holmsk.）Korf & J.K. Rogers。

常见种：碗状疣杯菌 *Tarzetta catinus*（Holmsk.）Korf & J.K. Rogers。

（10）威氏盘菌属 *Wilcoxina* Chin S. Yang & Korf

子囊盘较小，幼时半球状，后平展呈盘状，无柄，中央连接基物，直径 1～12mm，散生或群生。子实层幼时略带白色，后橙色、橙黄色至橙褐色，子层托颜色同于或浅于子实层。表面被短的淡棕色毛状物，边缘较长，靠近基部较短。毛状物刚毛状，从外囊盘被表层细胞长出，基部连接外囊盘被，呈链状，黄色至棕色，顶端钝圆或尖锐，向下渐宽，壁稍厚，具隔。外囊盘被为球胞组织或角胞组织，细胞无色、淡黄色至棕色，厚壁。子实下层分化不明显。盘下层为交错丝组织，菌丝无色，具隔。子囊棒状，单囊壁，具囊盖，遇 Melzer 试剂不变蓝，具 8 个或 4 个子囊孢子。子囊孢子椭圆形至长椭圆形，光滑，无色至淡黄色，无油滴，单行排列。侧丝线形，无色，具隔，基部分枝，顶端稍膨大。

模式种：*Wilcoxina mikolae*（Chin S. Yang & H.E. Wilcox）Chin S. Yang & Korf。

常见种：威氏盘菌 *Wilcoxina mikolae*（Chin S. Yang & H.E. Wilcox）Chin S. Yang & Korf。

七、肉杯菌科 Sarcoscyphaceae Le Gal ex Eckblad

子囊盘散生至群生，盘状、杯状至耳状。有柄或近无柄。菌体软肉质或硬肉质。子实层表面红色、橘红色、淡紫色或白色。孢托表面色泽较淡，外表光滑，或具疣状突。外囊盘被为薄壁菌丝组成，有的种类外被有胶质层。子囊长圆柱形，具亚囊盖，子囊孢子梭形或球形，平滑或具条纹。侧丝线形，具横隔，具分枝或融合成网状。多生于腐木枯枝上（图 6-11）。

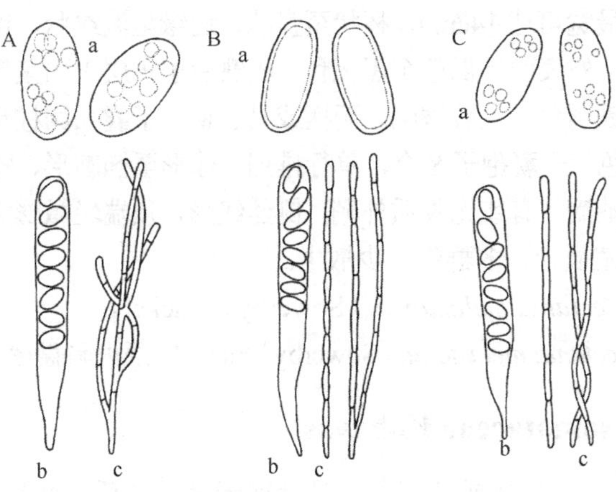

图 6-11　肉杯菌科（引自 Hanlin，1990）

A. 红白肉杯菌 *Sarcoscypha coccinea*，a. 孢子；b. 子囊；c. 侧丝。B. 黑杯盘菌 *Urnula craterium*，a. 孢子；b. 子囊；c. 侧丝。C. 暗盘菌 *Plectania melastoma*，a. 孢子；b. 子囊；c. 侧丝

模式属：肉杯菌属 *Sarcoscypha*（Fr.）Boud.。

（1）小口盘菌属 *Microstoma* Bernstein

子囊盘单生或聚生，深杯形，具柄，肉质或脆骨质。子层托表面被白色毛状物。毛状物由单个菌丝组成，刚毛状。外囊盘被为球孢组织或角孢组织。盘下层外侧为胶化的交错丝组织，内侧为薄壁丝组织至交错组织。子囊具亚囊盖，近圆柱形，含 8 个子囊孢子，基部渐细。子囊孢子椭圆形，壁平滑。侧丝线形具分枝、分隔。

模式种：*Microstoma hiemale* Bernstein。

常见种：聚生小口盘菌 *Microstoma aggregatum* Otani；白毛小口盘菌 *Microstoma floccosum*（Schwein.）Raitv.。

（2）肉杯菌属 *Sarcoscypha*（Fr.）Boud.

子囊盘小至中型（直径最宽达 5cm），杯状至碟状，子实层中凹，呈深红色、橙色或白色。孢托表面呈白色，外表光滑或具疣状突或被绒毛。外囊盘被由薄壁菌丝构成，髓囊盘被由具分隔的交错丝组织构成。有柄或无柄。子囊长圆柱形，壁厚，具亚囊盖，向基部逐渐变细，遇碘液不变色。子囊孢子 8 个，呈椭圆至长椭圆形，或近圆柱形，光滑，内部具油滴。侧丝线形，顶端轻微膨大，具横隔，具分枝。生于腐木和腐殖土上，单生至群生。

模式种：红白肉杯菌 *Sarcoscypha coccinea*（Jacq.）Sacc.。

常见种：红白肉杯菌 *Sarcoscypha coccinea*（Jacq.）Sacc.；西方肉杯菌 *Sarcoscypha occidentalis*（Schwein.）Sacc.；白色肉杯菌 *Sarcoscypha vassiljevae* Raitv.。

（3）杯盘菌属 *Urnula* Fr.

子囊盘小至中型，幼时闭合，成熟后展开，边缘呈放射状丝裂，深杯状至莲座状，呈黑

褐色至黑色，子实层黑褐色，外表面被绒毛，有柄或无柄。子囊圆柱形至亚圆柱形，具亚囊盖，具狭细的柄部，遇碘液不变色。子囊孢子 8 个，单行排列，呈卵形、椭圆形至纺锤形，光滑。侧丝线形，顶端轻微膨大，具分隔，多分枝。生于腐木上，单生至群生。

模式种：*Urnula craterium*（Schwein.）Fr.。

常见种：黑杯盘菌 *Urnula craterium*（Schwein.）Fr.。

（4）暗盘菌属 *Plectania* Fuckel

子囊盘小至大型（最宽可达 14cm），杯状至盘状，边缘呈波纹状、锯齿状或完整。幼时子实层表面呈黄褐色至褐色，外表面呈褐色至黑褐色，成熟后子实层表面呈黑褐色至黑色。外表面呈灰黑色至黑色，有时呈铁锈色，且被绒毛。无柄或具长柄。子囊长圆柱形，向基部逐渐变细，壁厚，具囊盖，遇碘液变色。子囊孢子 8 个，单行排列，球形至椭圆形、肾形。孢子光滑或具横向细纹的纹饰，有或无大油滴，有或无胶质外鞘，侧丝线形，顶端轻微膨大，具分隔，多分枝或不分枝。生于腐木上和腐殖质上，多群生，少散生。

模式种：暗盘菌 *Plectania melastoma*（Sowerby）Fuckel。

常见种：暗盘菌 *Plectania melastoma*（Sowerby）Fuckel；茶褐暗盘菌 *Plectania modesta* Otani。

八、肉盘菌科 Sarcosomataceae Kobayasi

子囊盘盘状、杯状、深杯状或陀螺形，具柄或无柄，革质、坚韧质或软木质。子实层表面被褐色毛状物。毛状物为深浅不一的褐色。外囊盘被角胞组织或交错组织，外层细胞一般具色素。盘下层为交错组织，组织有不同程度的胶化。子囊具亚囊盖，囊盖一般侧生，少数顶生，一般含 8 个子囊孢子，近圆柱形、长椭圆形、球形或肾形，表面平滑或具纹饰，无色，单细胞，在子囊中单排排列，具或不具油滴。侧丝线形或近圆柱形，具或不具分隔。

模式属：肉盘菌属 *Sarcosoma* Casp.。

（1）唐氏盘菌属 *Donadinia* Bellem.

子囊盘深杯状至高脚杯状，具明显的边缘，具柄，革质。子实层表面暗色。子层托暗色，较子实层表面颜色稍淡，表面被短毛状物。外囊被角胞组织。盘下层为交错组织，无明显胶化层。子囊具亚囊盖，含 8 个子囊孢子，近圆柱形，在 Melzer 试剂中呈阴性反应。子囊孢子椭圆形，具油滴，在子囊中单列排列，最初表面平滑，成熟后具小的疣状纹饰，无色，单细胞。侧丝线形，顶端具分枝。

模式种：*Donadinia helvelloides*（Donadini，Berthet & Astier）Bellem. & Mel.-Howell。

常见种：唐氏盘菌 *Donadinia helvelloides*（Donadini，Berthet & Astier）Bellem. & Mel.-Howell（图 6-12A）。

（2）盖氏盘菌属 *Galiella* Nannf. & Korf

子囊盘半球形至陀螺形，无柄，大型。子实层表面干后暗褐色、暗色、浅褐色、红褐色或灰褐色。子层托干后暗褐色至近黑色，表面皱缩，被褐色毛状物。毛状物近圆柱形，壁平滑或具小疣状纹饰，褐色或浅褐色。外囊被为角胞细胞至球胞细胞，接近交错组织，外层细胞具色素。盘下层为交错丝组织，高度胶化，呈半流质，很厚。子囊具亚囊盖，含 8 个子囊孢子，近圆柱形，在 Melzer 试剂中呈阴性反应。子囊孢子椭圆形，单列排列，表面具纹饰，无色，单细胞。侧丝线形。

模式种：*Galiella rufa*（Schwein.）Nannf. & Korf。

常见种：黑龙江盖氏盘菌 *Galiella amurensis*（Lj.N. Vassiljeva）Raitv.（图 6-12B）。

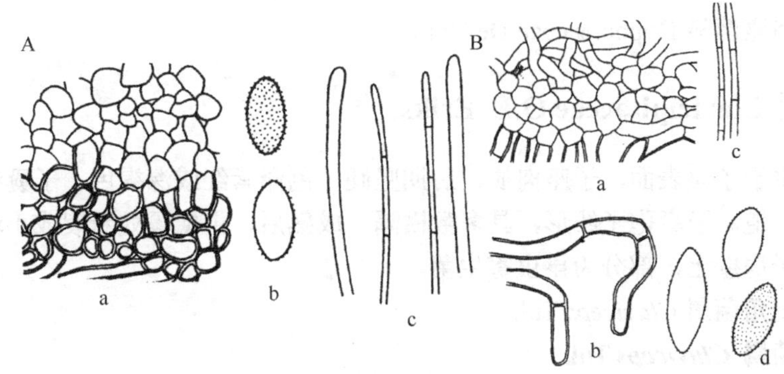

图 6-12 肉盘菌科（引自 Hanlin，1990）

A. 唐氏盘菌 *Donadinia helvelloides*，a. 外囊盘被结构；b. 子囊孢子；c. 子实层毛状物及侧丝。B. 黑龙江盖氏盘菌 *Galiella amurensis*，a. 外囊盘被结构；b. 毛状物；c. 侧丝顶部；d. 子囊孢子

九、块菌科 Tuberaceae Dumort.

子囊果生于土内或近地表。多与树木根系形成菌根。少数营腐生或寄生。子囊果近圆形，表面具锥状疣突，或有绒毛或平滑，闭合或有孔口，子实层分布于子囊果内部，由菌丝组织构成的大理石状花纹菌脉，菌脉的颜色与疏密程度有差异。子囊圆形、圆筒形或棒形，内含 1～8 枚孢子。子囊孢子单孢，圆形、椭圆形或纺锤形，表面光滑或有长刺或具网纹或具斑条状纹饰，透明或具多种色泽。不少是美味食用菌。全球 20 余属。最具经济价值者是块菌属 *Tuber*。

模式属：块菌属 *Tuber* P. Micheli ex F.H. Wigg。

块菌属 *Tuber* P. Micheli ex F.H. Wigg

块菌属为大中型子囊菌，地下菌根菌，子囊果球状至花瓣状或不规则球状，肉质或软骨质，外表面多具钻石状颗粒或多角形突起，呈集生或散生的疣头状，呈浅褐色至深褐色，有时也呈白色、红色或黑色。子囊呈梨形，椭圆形或亚球形，具短或长柄，子囊孢子 1～8 个，呈黄褐色至褐色，椭圆形至球形，表面呈蜂窝状或刺状。常生于树下。

模式种：夏块菌 *Tuber aestivum* Vittad.。

常见种：德州块菌 *Tuber texense* Heimsch（图 6-13）；印度块菌 *Tuber indicum* Cooke & Massee。

扫一扫 看彩图

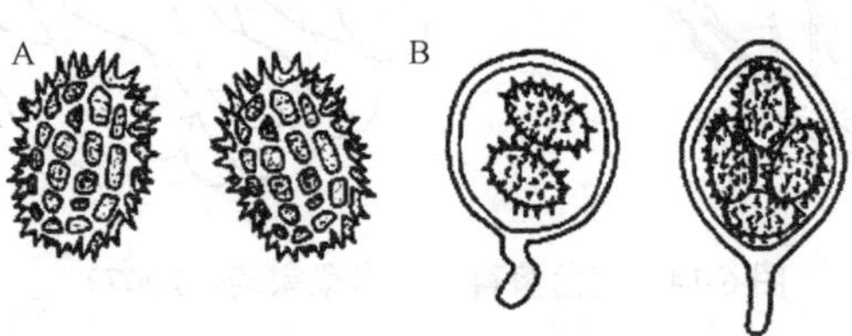

图 6-13 德州块菌

A. 孢子；B. 子囊

第六节 肉座菌目 Hypocreales Lindau

子囊壳浅色或鲜艳，球形或卵形，有孔口，膜质或半膜质，直接着生于基物上或密集于子座上至全部或部分地埋生于肉质的子座内或棉絮状的菌丝层内，子囊孢子椭圆形或纺锤形，单胞至多胞，一般无色。

模式科：肉座菌科 Hypocreaceae De Not.。

一、麦角菌科 Clavicipitaceae O.E. Erikss.

子囊壳埋生于子座表面，子座肉质，后期坚硬，色泽紫红或深褐色。子囊细长，顶部壁厚，有窄细的孔道。子囊孢子线形，具多数横隔，成熟后，由横隔处断裂成小段。部分寄生于禾本科植物子房壁上，部分为昆虫寄生菌。

模式属：麦角菌属 *Claviceps* Tul.。

（1）麦角菌属 *Claviceps* Tul.

寄生于禾本科和莎草科植物子房上。子座直立，近圆球形，有柄着生于菌核上，菌核近纺锤形或圆柱形，紫黑色至墨黑色，内部白色，坚硬。子囊壳埋陷于子座中。子囊单层，长圆柱形，具厚顶囊盖，子囊孢子 8 个，无色，呈线形，具分隔。

扫一扫　看彩图

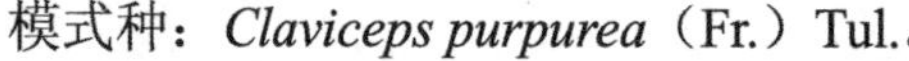

模式种：*Claviceps purpurea*（Fr.）Tul.。

常见种：麦角菌 *Claviceps purpurea*（Fr.）Tul.（图 6-14A）。

（2）绿僵虫草属 *Metacordyceps* G.H. Sung，J.M. Sung，Hywel-Jones & Spatafora

子座单生或数个，分枝或不分枝。质地坚韧或肉质，呈白色、黄绿色至绿色。可孕部分柱状至棒状。子囊可不完全或完全埋生于子座内，垂直或倾斜排列。子囊头部有加厚的子囊帽。子囊孢子圆柱形，多分隔，成熟后断裂或不断裂成次生子囊孢子。

模式种：戴氏虫草 *Metacordyceps taii*（Z.Q. Liang & A.Y. Liu）G.H. Sung，J.M. Sung（图 6-14B）。

常见种：戴氏虫草 *Metacordyceps taii*（Z.Q. Liang & A.Y. Liu）G.H. Sung，J.M. Sung。

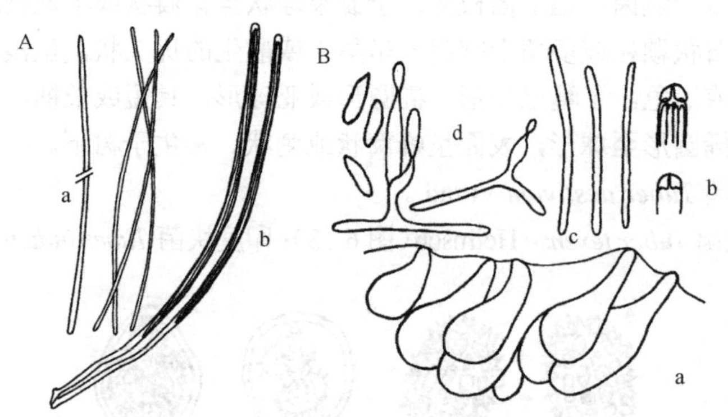

图 6-14　麦角菌科（引自梁宗琦，2007）

A. 麦角菌 *Claviceps purpurea*，a. 孢子；b. 子囊。B. 戴氏虫草 *Metacordyceps taii*，a.子囊壳；b. 子囊头部；c. 次生子囊孢子；d. 次生子囊孢子的微循环产孢

二、虫草科 Cordycipitaceae Kreisel ex G.H. Sung，J.M. Sung，Hywel-Jones & Spatafora

子座颜色为浅色至鲜亮色，肉质。子囊壳表生至完全埋生，垂直排列。子囊透明，柱状，头部有明显加厚的子囊帽。子囊孢子透明，圆柱状，多分隔，成熟后断裂或不断裂成次生子囊孢子。

模式属：虫草属 *Cordyceps* Fr.。

虫草属 *Cordyceps* Fr.

该属子座直立或弯曲，多呈圆柱形或棒形，不分枝或分枝，由昆虫体、蜘蛛体或土中大团囊菌科的子囊座上长出，可育头部椭圆形至圆柱状，或梭形至近梨形，有或无不育顶端，顶端钝圆或尖，上生子囊壳。子囊壳多埋生或生于子座的表面。子囊细圆柱形，近纺锤状或细棒形，顶端略膨大，通常具厚壁的顶帽。子囊孢子 8 个，线形，无色。

模式种：蛹虫草 *Cordyceps militaris*（L.）Link（图 6-15A）。

常见种：蛹虫草 *Cordyceps militaris*（L.）Link；高雄山虫草 *Cordyceps takaomontana* Yakush. & Kumaz.（图 6-15B）。

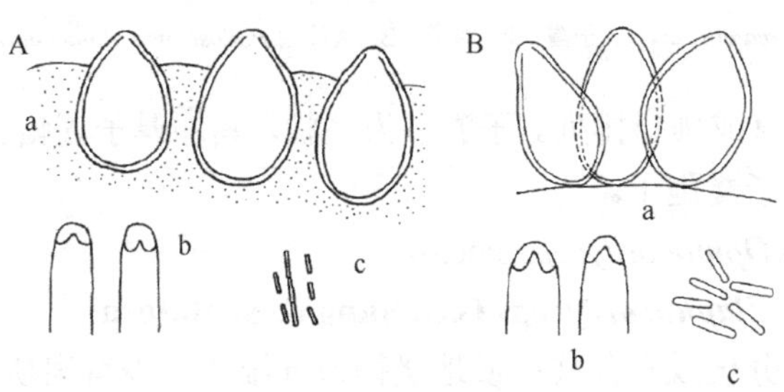

图 6-15 虫草科

A. 蛹虫草 *Cordyceps militaris*，a. 子囊壳；b. 子囊头部；c. 次生子囊孢子。B. 高雄山虫草 *Cordyceps takaomontana*，a. 子囊壳；b. 子囊头部；c. 次生子囊孢子

三、肉座菌科 Hypocreaceae De Not.

子座有或无，如有则子座肉质，色泽鲜艳，埋生或表生于寄主的组织内，子囊果有真正的子囊壳壁，肉质并有鲜艳的色泽，埋生或表生，壁膜质，有喙或具乳突，有拟侧丝；子囊为单囊壁，壁薄，在顶部变厚，但不形成折光性的顶环或顶帽，长形或球形，存留而不消解；子囊孢子线形、针形、纺锤形、蠕虫形等，两端有或无纤毛，平滑或有纹饰，无色或暗色，单胞或多胞，有横隔膜或有纵横隔膜，孢子 8 个左右，有的 8 个双胞孢子可以在早期断裂成 16 个单胞孢子，成熟时强力射出，但有时可在子囊内出芽。

模式属：肉座菌属 *Hypocrea* Fr.。

（1）肉座菌属 *Hypocrea* Fr.

子囊壳完全埋生在色泽鲜艳的子座内。子座垫状，有柄或无柄。每一子囊有 8 个双细胞的孢子，成熟后分裂为 16 个孢子。

模式种：红棕肉座菌 *Hypocrea rufa*（Pers.）Fr.。

常见种：橙肉座菌 *Hypocrea citrina*（Pers.）Fr.（图 6-16A）。

（2）肉棒菌属 *Podostroma* P. Karst.

子座有柄，棒状，肉质，色浅。子囊壳埋生于子座内。子囊圆柱形，无侧丝，每一子囊有 8 个双细胞的孢子，成熟后分裂为 16 个孢子。

模式种：*Podostroma leucopus* P. Karst.。

常见种：肉棒菌 *Podostroma alutaceum*（Pers.）G.F. Atk.（图 6-16B）。

扫一扫 看彩图

四、线虫草科 Ophiocordycipitaceae G.H. Sung, J.M. Sung, Hywel-Jones & Spatafora

子座暗色，少数为亮色，质地坚韧或纤维质，少有肉质，具有可育或不可育顶端。子囊

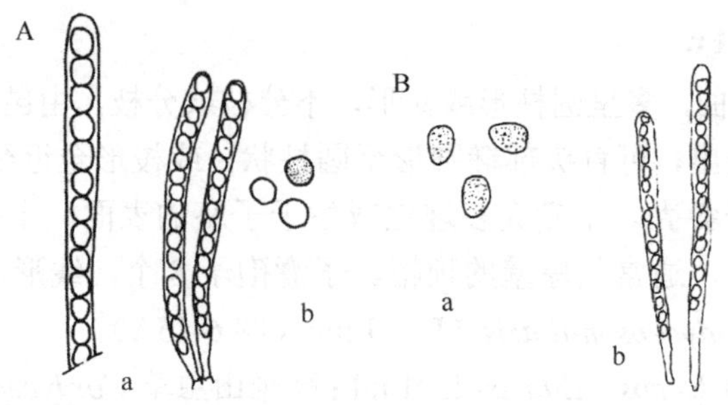

图 6-16　肉座菌科（引自 Breitrnbach，1984）

A. 橙肉座菌 *Hypocrea citrina*，a. 子囊；b. 孢子。B. 肉棒菌 *Podostroma alutaceum*，a. 孢子；b. 子囊

壳表生至完全埋生，垂直或倾斜排列。子囊多为柱状，具加厚子囊帽。子囊孢子柱状，分隔，断裂或不断裂形成次生子囊孢子。

模式属：线虫草属 *Ophiocordyceps* Petch。

（1）大团囊虫草属 *Elaphocordyceps* G.H. Sung & Spatafora

子座单生或数个，分枝或不分枝；质地坚韧或纤维质，少有肉质，黑褐色至橄榄绿色，少见白色；子座通过菌索连接在寄主上或直接生长在寄主上；可孕部分圆柱状至棒状；子囊壳半埋生或完全埋生，垂直排列；子囊具子囊帽；子囊孢子圆柱形，多分隔，断裂形成次生子囊孢子。

模式种：大团囊虫草 *Elaphocordyceps ophioglossoides*（Ehrh.）G.H. Sung，J.M. Sung & Spatafora。

常见种：头状虫草 *Elaphocordyceps capitata*（Holmsk.）G.H. Sung，J.M. Sung & Spatafora（图 6-17A）。

（2）线虫草属 *Ophiocordyceps* Petch

子座暗色，极少数为亮色，质地坚韧或纤维质，少有肉质；子囊壳表生至完全埋生，垂直或倾斜排列；子囊透明，圆柱状，通常顶端有子囊帽，极少纺锤状或椭圆形；子囊孢子圆柱状，多分隔，成熟后断裂或不断裂成次生子囊孢子。

模式种：*Ophiocordyceps blattae*（Petch）Petch。

常见种：椿象虫草 *Ophiocordyceps nutans*（Pat.）G.H. Sung，J.M. Sung & Spatafora（图 6-17B）；冬虫夏草 *Ophiocordyceps sinensis*（Berk.）G.H. Sung，J.M. Sung，Hywel-Jones & Spatafora。

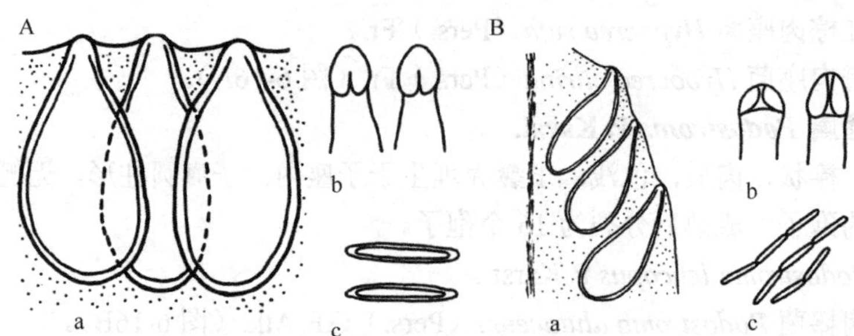

图 6-17　线虫草科

A. 头状虫草 *Elaphocordyceps capitata*，a. 子囊壳；b. 子囊头部；c. 次生子囊孢子。B.椿象虫草 *Ophiocordyceps nutans*，a. 子囊壳；b. 子囊头部；c. 次生子囊孢子

第七节　炭角菌目 Xylariales Nannf.

子囊壳自疏松的菌丝体直接产生，或生于子座上或埋生在其中，子囊壳形态多样，球形至梨形或长形，革质或碳质，多有孔口，孔口可显著伸长形成一个长颈或短乳头，以圆孔开口，孔口的内壁由周丝衬覆，子囊棒形或圆柱形，薄壁或仅顶端加厚形成一条自孔口扩展的短而窄的孔道，每个子囊典型含有 8 个孢子，少数种仅含 4 个，子囊孢子在形态、大小、颜色及纹饰的区别上非常明显。

模式科：炭角菌科 Xylariaceae Tul. & C. Tul.。

炭角菌科 Xylariaceae Tul. & C. Tul.

炭角菌科的子座发达，由菌丝组织组成多种形态，外壳色泽较深，多呈炭黑色、茶褐色，少数色淡。子囊壳埋于子座的表层下，或半埋，或表生，壳状、棒状、圆球状，有柄或无柄，不分枝或分枝，子囊长而大，囊顶增厚，中央有明显的通道和一枚淀粉质的围环或项圈。子囊孢子单细胞，多为椭圆形，对称或不对称，有发芽孔。孢子多有色泽。多生于林中木材或腐木上。

模式属：炭角菌属 *Xylaria* Hill ex Schrank。

（1）轮层炭壳属 *Daldinia* Ces. & De Not.

子囊壳埋生于子座上，子座碳质，由密丝组织构成，呈黑色，球形或亚球形至半球形（直径宽达 3cm），子座具短梗或直接坐落在基质上，内部有同心环带，子囊壳球形至椭圆形或倒梨形，单层埋生于子座边缘。子囊壳孔口与缘丝相连。子囊壳壁由扁平细胞构成，外层细胞厚壁呈黑色，内层细胞无色薄壁，中枢具丝状的侧丝。子囊单层，圆柱形，具短柄，子囊孢子单行排列，长椭圆纺锤形，具芽缝。

模式种：黑轮层炭壳菌 *Daldinia concentrica*（Bolton）Ces. & De Not.（图 6-18A）。

常见种：黑轮层炭壳菌 *Daldinia concentrica*（Bolton）Ces. & De Not.。

扫一扫　看彩图

（2）炭角菌属 *Xylaria* Hill ex Schrank

子座单一或分枝，直立，圆柱形、棒形至线形，有炭质皮壳，多呈黑色、茶褐色，偶有白色或淡色。表面有疣瘤突起，或呈糖葫芦串状，或表面光滑。内部黑色或褐色、白色。子囊埋生于子座内。无性阶段产生分生孢子。子囊棒状。子囊孢子不等边梭形、卵形、不等边长椭圆形，褐色至不透明。生于木材上、腐烂植物体上和类似基质上。

扫一扫　看彩图

模式种：鹿角炭角菌 *Xylaria hypoxylon*（L.）Grev.。

常见种：多形炭角菌 *Xylaria polymorpha*（Pers.）Grev（图 6-18B）。

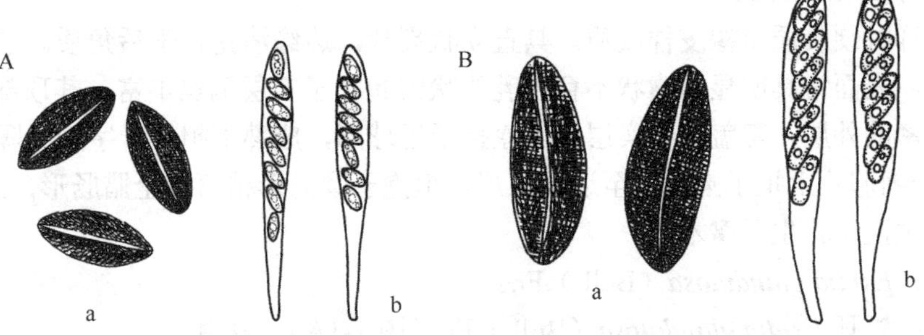

图 6-18　炭角菌科（引自 Hanlin，1990）

A. 黑轮层炭壳菌 *Daldinia concentric*，a. 孢子；b. 子囊。B. 多形炭角菌 *Xylaria polymorpha*，a. 孢子；b. 子囊

7 第七章 胶质菌类蕈菌

胶质菌类蕈菌的一般特征为担子体胶质，干后坚硬，担子有隔膜（异担子）或呈叉状，木生为主，为腐生真菌，包括银耳纲 Tremellomycetes 银耳目 Tremellales，花耳纲 Dacrymycetes 花耳目 Dacrymycetales 花耳科 Dacrymycetaceae，以及纲尚无确定的木耳目 Auriculariales 等类群，多数为重要的食用菌。

第一节 银耳目 Tremellales Fr.

担子体裸果型，平伏、无柄有盖、有柄有盖、脑状、叶状、棍棒状或珊瑚状，质地胶质、蜡质、肉质，干燥或革质。子实层生一侧或整个外露层，有双核化侧丝和拟侧丝；有或无厚壁囊状体和胶囊体。原担子球形、卵形、梨形或棍棒状，稀有纺锤形的或串珠状。下担子由原担子直接发育而来，呈十字形分隔为 4 个细胞，偶为 2 个或 3 个细胞。上担子伸长呈管状或钻状，偶脱落，先端有小尖或罕为无小尖。担孢子薄壁或偶为厚壁，光滑，稀有具刺或被疣，非淀粉质，无隔，萌发产生再生孢子或萌发管，或产生分生孢子、芽生孢子。偶有子实层分生孢子。多腐生于朽木上，少数生土壤上或寄生于其他真菌上。

模式科：银耳科 Tremellaceae Fr.。

银耳科 Tremellaceae Fr.

银耳科担子体胶质、蜡质或干燥，近有柄至平伏仰生，脑状至裂片状；原担子无隔；成熟下担子近球形至卵形或纺锤形，典型的十字形分隔成 2～4 个细胞；上担子长圆柱形至钻形；担孢子萌发产生再生孢子或萌发管。

模式属：*Tremella* Pers.。

（1）黑耳属 *Exidia* Fr.

担子体鲜时硬胶质至橡皮样胶质。具直立状裂片，边缘清楚，干后角质。子实层常分布于下面一侧，表面常具明显的瘤状不育小乳头状突起。子实层侧丝丰富，其顶部伸向表面，交织形成致密的外层，覆盖于子实层外。原担子近球形，成熟下担子十字形分隔或只 1 纵隔分成 2～4 个细胞。上担子圆筒形至近圆筒形，担孢子圆筒形稍弯曲至腊肠形，成堆时白色，萌发产生再生孢子。生于腐木。

模式种：*Exidia glandulosa*（Bull.）Fr.。

扫一扫 看彩图

常见种：黑耳 *Exidia glandulosa*（Bull.）Fr.（图 7-1A），食用。

（2）银耳属 *Tremella* Pers.

担子体鲜时胶质至韧胶质，脑状至叶状或具裂片，干后角质。子实层生于表面。原担子球形至近球形，成熟下担子呈卵形、梨形或近棒状，十字形分隔。上担子圆柱形至棒状。担孢子近球形至卵形，萌发产生再生孢子或萌发管。生于腐木。

模式种：*Tremella mesenterica* Retz.。

常见种：银耳 *Tremella fuciformis* Berk.（图 7-1B）；茶耳 *Tremella foliacea* Fr.。

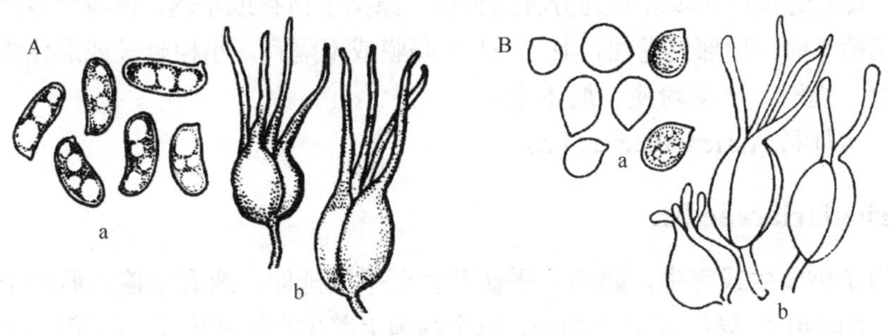

图 7-1　银耳科（引自卯晓岚，1998a）

A. 黑耳 *Exidia glandulosa*，a. 孢子；b. 担子；B. 银耳 *Tremella fuciformis*，a. 孢子；b. 担子

第二节　花耳目 Dacrymycetales Henn.

担子体典型胶质，橙黄色，裸果型方式发育。担子初圆柱形至棒状，后叉状，无隔。

模式科：花耳科 Dacrymycetaceae J. Schröt.。

花耳科 Dacrymycetaceae J. Schröt.

花耳科担子体多平伏，泡状突起，垫状，盘状，圆柱形，无柄，脑状等。子实层单侧生或周生。有侧丝或无。担子无隔，圆柱状，棒状，上部叉状。担孢子薄壁或厚壁，光滑，非淀粉质，淡黄色，无隔或多隔，萌发产生芽管和分生孢子。

模式属：*Dacrymyces* Nees. ex Fr.。

花耳属 *Dacrymyces* Nees. ex Fr.

花耳属担子体散生或群生，软胶质至硬胶质。初为多泡状突起，后呈垫状至倒锥状、盘状，常分化为柄和菌盖，呈匙状、花瓣状、盘状、近球形或脑状，可愈合形成不规则的群体，有时平伏于基质表面，具根状基部。菌丝薄壁，锁状联合存在或缺如。皮层菌丝存在或缺如，存在时呈薄壁或厚壁，具隔，末端细胞常圆柱状，或近棒状，偶近球形或倒梨形。子实层周生或生于盘的内侧。原担子圆柱状至近棒状，成熟后叉状。担孢子圆柱状、弯圆柱状、腊肠形、椭圆形、广椭圆形、近球形、近卵形、广梭形，具小尖，具隔。萌发产生分生孢子和芽管。一般生于腐木。

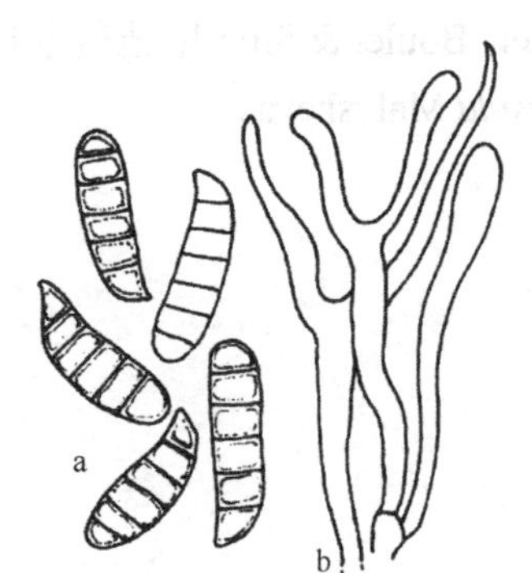

图 7-2　花耳科（引自卯晓岚，1998a）

掌状花耳 *Dacrymyces palmatus*，a. 孢子；b. 担子

模式种：*Dacrymyces stillatus* Nees。

常见种：掌状花耳 *Dacrymyces palmatus*（Schw.）Bres.（图 7-2）。

第三节　木耳目 Auriculariales J. Schröt.

担子体裸果型，平伏至泡状、耳状，无柄。胶质或蜡质，干燥或只是子实层体胶黏。不育面常有毛，其毛的长短和多寡常为分种的依据。原担子宿存或早落，薄壁至厚壁。有隔担子圆柱形，直或稍弯曲，顶部偶卷曲，具 1～3 个隔膜或不隔膜，小梗延长或退化成针状。孢子薄壁或偶厚壁，光滑，非淀粉质。腐木生。

模式科：木耳科 Auriculariaceae Fr.。

木耳科 Auriculariaceae Fr.

木耳科担子体腐生或寄生，蜡质，平伏贴生至平伏延伸，或有菌盖。原担子不分隔，圆柱形至棒形，有隔担子具横隔，4 个细胞，每个细胞上着生小梗和孢子。孢子形状多种，无色，非淀粉质。

模式属：木耳属 *Auricularia* Bull.。

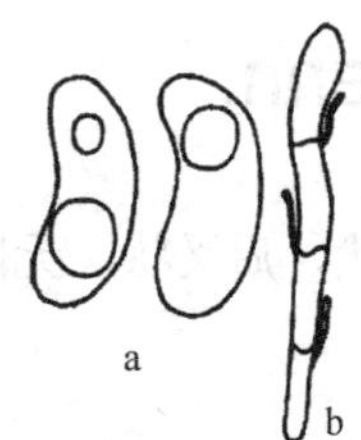

图 7-3　木耳科（仿吴芳，2016）

黑木耳 *Auricularia heimuer*，

a. 孢子；b. 担子

木耳属 *Auricularia* Bull.

木耳属担子体胶质至韧胶质或脆骨质，干后革质。有菌盖，呈耳壳状，圆形或贝壳状。单生至簇生。不孕面有绒毛，毛的多寡与长短常为分种的依据之一。子实层体具凹面，光滑至具网状孔格。担子体切面可区分出不同形态的菌丝带，常有髓层。原担子无隔，圆柱形。异担子圆柱形，具 3 个横分隔，小梗狭圆筒形。担孢子弯曲圆柱形，成堆时微白色，萌发产生再生孢子或萌发管。生于腐木。

模式种：*Auricularia mesenterica*（Dicks.）Pers.。

扫一扫　看彩图

常见种：黑木耳 *Auricularia heimuer* F. Wu et al.（图 7-3）；毛木耳 *Auricularia cornea* Ehrenb.；美洲木耳 *Auricularia americana* Parmasto & I. Parmasto ex Audet，Boulet & Sirard；毡盖木耳 *Auricularia mesenterica*（Dicks.）Pers.；短毛木耳 *Auricularia villosula* Malysheva。

扫一扫　看彩图

8 第八章　伞菌类蕈菌

狭义的伞菌仅指蘑菇纲 Agaricomycetes 蘑菇亚纲 Agaricomycetidae 蘑菇目 Agaricales 的真菌，尽管在其他类蕈菌中也有部分伞菌，其共同特点是菌体肉质，子实层体为菌褶，绝大多数种类有菌柄，少数无菌柄。本章也涵盖了分子系统学研究证实属于蘑菇目的少数非伞菌状的蕈菌及亚门级尚无确定的鸡油菌目 Cantharellales。

第一节　蘑菇目 Agaricales Underw.

担子体裸果型、半被果型或假被果型发育。伞形，少数半背着生，平展反卷，棒状，块菌状或盘状，有柄或无柄，一年（季）生。子实层体为菌褶、菌孔，光滑或迷路状；菌髓白色、褐色、黄色、红色、紫色、紫罗兰色或浅绿色；质地肉质或纤维质；孢子印白色、奶油色、浅黄色、粉色、橄榄色、锈色、黄褐色或黑色。孢子椭圆形、近球状、圆柱形、果仁状、杏仁状、柠檬形、香肠状，透明或粉色、黄色、褐色或黑色，壁薄至厚，光滑或具纹饰，芽孔有或无，具有疣状脐或孔状脐，单核或双核，非淀粉质、类糊精质或淀粉质。担子2～4孢。锁状联合有或无。囊状体有或无，若有则类型多样。菌丝系统为单型或二型。菌丝在隔膜处稍收缩，壁薄，少数壁厚，透明或少数呈褐色。菌盖皮层为多种类型。超微结构上，该目具有有孔的桶孔覆垫。

多数属为腐生，生于地上或枯枝落叶及残骸上，也生于树干和树枝上；少数为菌根菌；个别种类寄生在其他真菌上；腐生于活立木树干和树枝上的木腐菌可形成白腐；有些种为弱寄生菌，可使树干表面腐蚀。

一、蘑菇科 Agaricaceae Fr.

伞菌型：担子体带有离生的、棕色的菌褶和膜质的菌环。菌盖凸镜形，常带有顶凸，平展、圆锥形、贝壳形，表面光滑或常带有鳞片，干或黏，白色或其他颜色。菌褶离生。菌柄正常发育，肉质，有的易溶解。菌幕或菌环存在，菌托缺失。气味为八角味或酸味，或是不明显。担子棍棒状，通常4个孢子。孢子印白色、奶油色、淡黄色、淡粉色、绿色、橄榄色、粉色、黑棕色或黑色。孢子形状多样，椭圆形、卵圆形、近球形、纺锤形、杏仁形或弹头形，无色透明至黑棕色，一般厚壁，有或无萌发孔，表面光滑，拟糊精质，非淀粉质或很少淀粉质。嗜蓝性，具有开孔形的种脐，双核或很少单核。囊状体缺失，有时存在缘生囊状体（缘囊体）或侧生囊状体（侧囊体），薄壁。子实层髓规则至不规则。盖皮层皮层状、丛毛状或膜皮状，锁状联合存在或缺失。

马勃-灰锤型：担子体通过菌索与基物相连，无柄或有柄。包被 2 层，外包被易脱落，内包被薄或厚木栓质，不规则开裂或通过顶端孔口开裂。孢体成熟时粉末状，由孢丝和担孢子组成。孢丝形态多样，拟孢丝存在或无。担子产 4～8 个担孢子，担孢子球形或椭圆形，通常具小刺。

鸟巢菌型：担子体通常发育成垫子形或倒圆锥形。包被 1～3 层，开裂方式不规则或沿盖膜周裂使包被成杯形。极少数情况下只有 1 个小包，通常每个担子体具有多个小包，担子棍棒状，产 4～8 个（通常 4 个）孢子。担孢子光滑，无色，宽卵形、球形或近球形。腐生于地上或枯腐层，偶尔生于粪上。

（1）蘑菇属 *Agaricus* L.

担子体具有菌盖、离生并黑棕色菌褶，中生菌柄带有膜质的菌环。菌盖起初几乎是圆形，后平展或凸镜形，具有纤毛或鳞片，白色、黄色、灰色或紫色，干，一些种具有残留的菌幕。菌褶离生，宽至窄，密至很密，幼时白色，后渐成为黑棕色或灰棕色。菌柄圆柱形或中间稍浅，一些种具有一个球形的基部或菌柄向下渐尖，中空或实心，大多数白色，也有黄色、棕色或灰色，菌环存在，有时呈环膜状，一些种的菌环下具有残余的菌幕，菌环多样，厚，两层，上表面光滑或偶尔具有绒毛，下表面光滑或具有绒毛或鳞片。带有齿轮状的边缘，有时一层，薄，窄，膜质至丝膜状或易脱落。菌肉白色，伤后常带有粉色、红色、棕色或黄色。气味无或带有杏仁、鱼、尿液、墨汁或酸味。味道温和或酸。孢子印黑棕色。孢子椭圆形、卵圆形或近球形，表面光滑，厚壁，棕色常带有颗粒状内含物，大多数种不带有萌发孔。大多数种缘囊体存在，无色透明或棕色。担子 4 或 2 个孢子，无色透明至棕色。盖皮层皮层状，一些种的末端菌丝具有颜色。锁状联合缺失。

腐生，生于开阔地、草地、沙丘和滨海草地、针叶林或阔叶林，以及一些人家附近的环境中，如公园、花园、路边、草肥堆、腐殖质土或是黏土层中。

该属类群常因为气候和生态条件的差异而使担子体产生多样，导致很难鉴别，尤其是多样化的盖皮层，其盖面上的鳞片是否存在，担子体是否生于阳光下而导致其颜色是否发黄，菌柄上的绒毛是否存在，等等。该属孢子大小多样，很多情况下，孢子大小的描述是区分相近类群的重要标准。

模式种：*Agaricus campestris* L.。

常见种：田野蘑菇 *Agaricus arvensis* Schaeff.（图 8-1A）；巴氏蘑菇 *Agaricus blazei* Murrill；双孢蘑菇 *Agaricus bisporus*（Lange）Imbach；蘑菇 *Agaricus campestris* L.（图 8-1B）；双环林地蘑菇 *Agaricus placomyces* Peck。

（2）鬼伞属 *Coprinus* Pers.

担子体白色，后变黑，菌褶易溶解。菌盖圆柱形至椭圆形或卵圆形，后成贝壳形，平展至边缘反卷，表面具有鳞片，干，白色，中央带有黄棕色，易溶解。菌褶离生，密至极密。菌柄圆柱形或向下渐宽，基部球状，干，白色。菌幕在菌柄的下方形成一个套状的窄环。气味和味道不明显。孢子印黑色。孢子椭圆形至卵圆形或杏仁形，带有一个中生或偏生的萌发孔，表面光滑，起初粉色，后随着孢子成熟变成暗红棕色至黑色。担子 4 孢子。缘囊体椭圆形至卵圆形、长方形、三角形或近圆柱形。侧囊体缺失。盖皮层皮层状至丛毛状。锁状联合缺失，锁状联合有时存在或偶尔存在。腐生。生于土中或粪上。

分子研究证明该属属于蘑菇科 Agaricaceae，但是该属中先前的一些种，现在均归为小脆柄菇科 Psathyrellaceae 中的小鬼伞属 *Coprinellus*、拟鬼伞属 *Coprinopsis* 和近地伞属 *Parasola*。

模式种：*Coprinus comatus*（O.F. Müll.）Pers.

常见种：家园鬼伞 *Coprinus domesticus* Fr.（图 8-2A）；毛头鬼伞 *C.* comatus（O.F. Müll.）Pers.；晶粒鬼伞 *C. micaceus*（Bull.）Fr.（图 8-2B）。

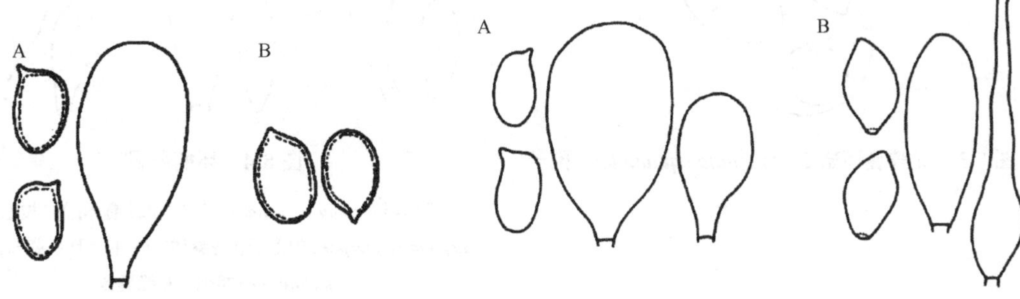

图 8-1　蘑菇属

A. 田野蘑菇 *Agaricus arvensis* 担孢子和缘囊体；B. 蘑菇 *A. campestris* 担孢子

图 8-2　鬼伞属

A. 家园鬼伞 *Coprinus domesticus* 担孢子和缘囊体；B. 晶粒鬼伞 *C. micaceus* 担孢子和缘囊体

（3）囊环菇属 *Cystolepiota* Singer

担子体环柄菇形，表面白粉状。菌盖半圆形，凸镜形至平展，有时白粉状，成熟后光滑、干、白色、粉色、黄色、棕色或紫色。菌褶离生，白色至奶油色。菌柄白粉状。常带有一个浅环痕。与菌盖同色，常向基部渐深。一些种的气味不明显，或有不好闻的汽油味。孢子印白色、淡黄色或带紫色。孢子椭圆形，光滑或具有纹饰，无萌发孔，无色透明，非淀粉质，一些种具有轻微的拟糊精质，大多数种异染性的。囊状体缺失或存在。盖皮层菌丝球形至长方形，链状排列成环形的菌丝，薄壁。腐生，生于石灰质土层中，大多数生于落叶树或灌木林下、林缘、路边、花园或公园中。

模式种：*Cystolepiota constricta* Singer。

常见种：红鳞囊环菇 *Cystolepiota squamulosa*　（T. Bau & Yu Li）Zhu L. Yang（图 8-3）。

（4）环柄菇属 *Lepiota*（Pers.：Fr.）Gray

担子体环柄菇型，带有离生的菌褶，有菌环或是环痕。菌盖干，光滑，或具辐射状的纤毛，同心环的鳞片，白色、黄色、橙色、棕色、粉色、砖红色、紫色、灰色、绿色或黑色，中央处色稍深，边缘色淡。菌褶离生，中等稀到密，白色或奶油色至粉色，掺有不同的黄橙色或红棕色。菌柄圆柱形或带有一个棒形的基部，光滑或有时具有纤毛或绒毛，菌环有或无，或有时退化成环痕，向基部常常带有菌盖颜色的斑点，基部红棕色。一些种经触摸后退化成淡黄色、淡红色或是淡棕色。有水果味、松柏味或汽油味。孢子印白色至奶油色。孢子椭圆形、卵圆形、杏仁形至广纺锤形，有刺或光滑，无色透明，拟糊精质。缘囊体存在，一些种中缺失，圆柱形、棒形、囊形至烧瓶形。侧囊体缺失。盖皮层膜皮状或丛毛状。大多数有锁状联合。

腐生于地上、针叶林或阔叶林的林地、花园和灌木林地，有时生于腐木上。

模式种：*Lepiota clypeolaria*（Bull.）P.Kumm.。

扫一扫 看彩图

常见种：细环柄菇 *Lepiota clypeolaria*（Bull.）Kummer（图 8-4A）；冠状环柄菇 *Lepiota cristata*（Bolton）P. Kumm.；梭孢环柄菇 *Lepiota magnispora* Murrill（图 8-4B）；长孢环柄菇 *Lepiota metulispora*（Berk. & Broome）Sacc.（图 8-4C）。

图 8-3 红鳞囊环菇 *Cystolepiota squamulosa* 孢子

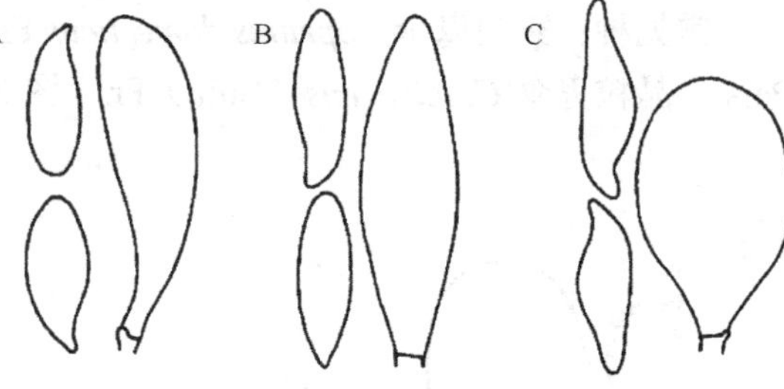

图 8-4 环柄菇属

A. 细环柄菇 *Lepiota clypeolaria* 担孢子和缘囊体；B. 梭孢环柄菇 *Lepiota magnispora* 担孢子和缘囊体；C. 长孢环柄菇 *Lepiota metulispora* 担孢子和缘囊体

（5）白环蘑菇属 *Leucoagaricus* Singer

担子体环柄菇形或伞菌形。菌盖干、丝滑或具有直立的鳞片，或辐射状、纤维状，白色、黄色、橙色、红棕色、紫色、灰色或黑色。菌褶离生，白色、奶油色或粉色，中等稀至密。菌柄棒形或具有根状结构，纤丝状或具与盖同色的环带状鳞片。菌环薄或厚，常可移动。菌肉白色，一些种触摸后变红色、黄色或黑色。气味不明显。味道温和。孢子印白色。孢子椭圆形至杏仁形，光滑，有或无萌发孔，拟糊精质。担子正常 4 孢子。缘囊体棒形、烧瓶形，顶端细长而尖，有或无结晶帽，在 KOH 中易溶解。侧囊体缺失。盖皮层多样，皮层状至丛毛状。锁状联合缺失。腐生菌，一般生于肥沃的土壤或在阔叶树和灌丛地上。

扫一扫 看彩图

模式种：*Leucoagaricus macrorhizus* Locq. ex Singer。

常见种：粉褶白环蘑 *Leucoagaricus leucothites*（Vittad.）Wasser；红顶白环菇 *Leucoagaricus rubrotinctus*（Peck）Singer；绿化白环蘑 *Leucoagaricus viriditinctus*（Berk. & Broome）J.F. Liang et al.（图 8-5）。

（6）白鬼伞属 *Leucocoprinus* Pat.

担子体环柄菇形，常具有深沟状条纹的菌盖边缘。菌盖起初蛋形至贝形，扁的凸镜形至平展，表面颗粒状的绒毛，成熟后光滑，边缘深沟状，菌肉薄。菌褶离生，较密，白色或黄色。菌柄脆，纤丝状或白粉状，带有一个棒状的基部，薄，菌环上位。气味或味道不明显。孢子印白色。孢子椭圆形至杏仁形，无色透明，光滑，带有萌发孔（*Leucocoprinus cygneus* 中很难见到），拟糊精质。缘囊体棒形至烧瓶形，常不规则。侧囊体缺失。盖皮层由不规则的或长方形的，甚至是分枝状的菌丝细胞组成，锁状联合缺失。腐生菌，生于肥沃土层中的枯枝落叶层或堆肥中。

模式种：*Leucocoprinus cepistipes*（Sowerby）Pat.。

扫一扫 看彩图

常见种：纯黄白鬼伞 *Leucocoprinus birnbaumii*（Corda）Singer（图 8-6A）；暗鳞白鬼伞 *Leucocoprinus bresadolae*（Schulz.）S. Wasser（图 8-6B）；易碎白鬼伞 *Leucocoprinus fragilissimus*（Berk. & M.A. Curtis）Pat.（图 8-6C）。

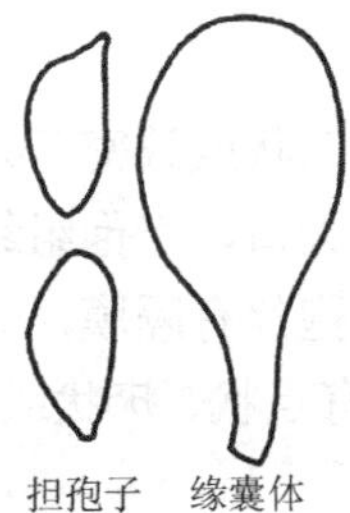

图 8-5　绿化白环蘑 *Leucoagaricus viriditinctus*

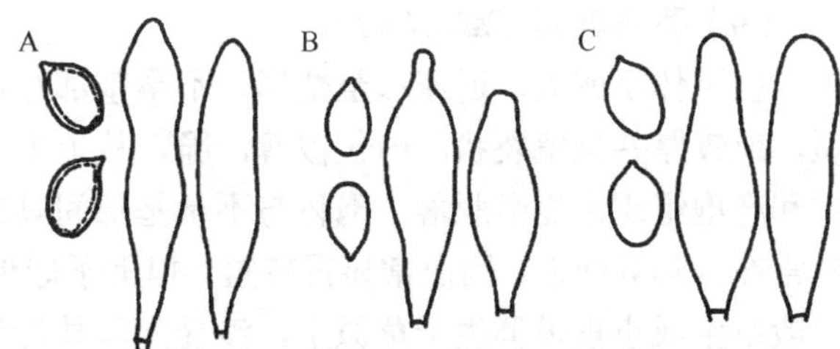

图 8-6　白鬼伞属担孢子和缘囊体

A. 纯黄白鬼伞 *Leucocoprinus birnbaumii*；B. 暗鳞白鬼伞 *Leucocoprinus bresadolae*；C. 易碎白鬼伞 *Leucocoprinus fragilissimus*

（7）马勃属 *Lycoperdon* Pers.

担子体球形、近球形或梨形，无柄至具多少发达的假柄。包被 2 层，外包被具疣、小刺、颗粒或鳞片等，永存或易脱落；内包被薄而坚韧，膜质或纸质，不消失，顶端开裂形成孔口。孢体成熟时成粉末状。孢丝丝状，较长，厚壁，有隔膜或无隔膜，分枝或不分枝，有色或无色，纹孔有或无。拟孢丝透明，薄壁，具隔，无纹孔。担孢子球形至近球形，具疣的，少数光滑，具小柄、单生群生或簇生，以及草地、林中地上或残株上。

模式种：*Lycoperdon perlatum* Pers.。

常见种：梨形马勃 *Lycoperdon pyriforme* Schaeff. ex Pers.；网纹马勃 *Lycoperdon perlatum* Pers.（图 8-7）。

扫一扫　看彩图

（8）脱盖马勃属 *Disciseda* Czern.

担子体倒卵形或扁球形，无不孕基部，成熟时，其基部的菌丝索断裂，担子体即与其着生的基物分离，同时在分离处形成一个小孔（孔口）。随后，担子体随风翻转使孔口向上，便于孢子释放，翻转后的担子体下半部包被有一个帽状或杯垫状结构，由外包被和沙砾组成，上半部的外包被脱落，露出光滑的内包被。孢体成熟时粉末状。孢丝丝状，短，厚壁，横隔处易断裂，具或不具纹孔。担孢子球形至椭球形，光滑至或具粗糙小疣，具小梗或不具梗。担子体只生于低洼的地方，少数生于开阔地。散生于干燥环境的砂型土壤中。

模式种：*Disciseda collabescens* Czern.。

常见种：脱盖灰包 *Disciseda cervina*（Berk.）Hollos.（图 8-8）。

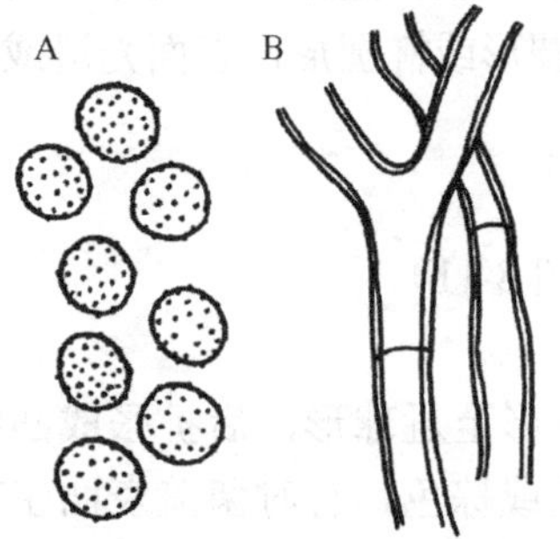

图 8-7　网纹马勃 *Lycoperdon perlatum*

A. 孢子；B. 孢丝

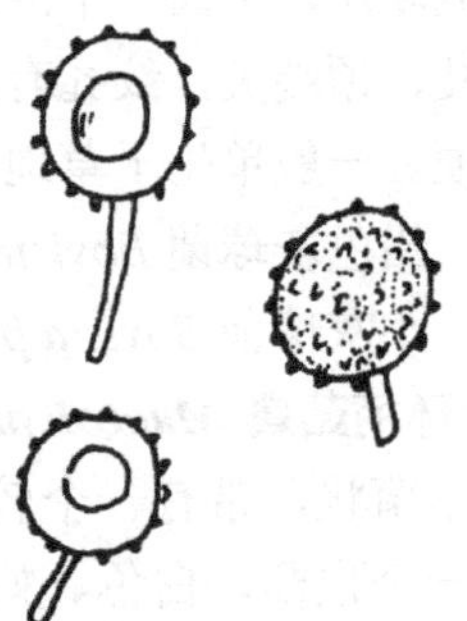

图 8-8　脱盖灰包 *Disciseda cervina* 担孢子

（9）秃马勃属 *Calvatia* Fr.

担子体小或大，近球形至梨形，不孕基部存在或不存在，蜂窝状或致密。外包被薄，膜质，或较厚并呈龟裂状，内包被薄，脆，从上半部碎裂而开裂成大口，产孢组织露出，内包被和产孢组织常逐渐脱落。孢体与不孕基部间具或不具横隔膜。孢丝有隔膜，分枝少，成熟时常在分隔处断裂，因而常显得较短。担孢子球形，表面光滑至有点状、疣状或小刺状饰纹。一般单生或小规模群生于草原上，沙丘上和林缘地上。

扫一扫 看彩图

模式种：头状秃马勃 *Calvatia craniiformis*（Schw.）Fr.（图 8-9）。

（10）静灰球菌属 *Bovistella* Morgan

担子体球形至陀螺状，有不孕基部，不孕基部与孢体间有假隔膜将两者隔开。外包被被浓密丛毛覆盖，通常集聚成刺或颗粒，最终消失。内包被薄，膜质，光滑，具光泽，淡棕色或淡黄色，顶部开口。孢体粉末状。孢丝具明显的主干，二叉状分枝。担孢子球形至倒卵形，平滑或具小疣，具小柄。单生于草地上。

模式种：*Bovistella ohiense*（Ellis & Morgan）Morgan。

常见种：中国静灰球 *Bovistella sinensis* Lloyd（图 8-10）。

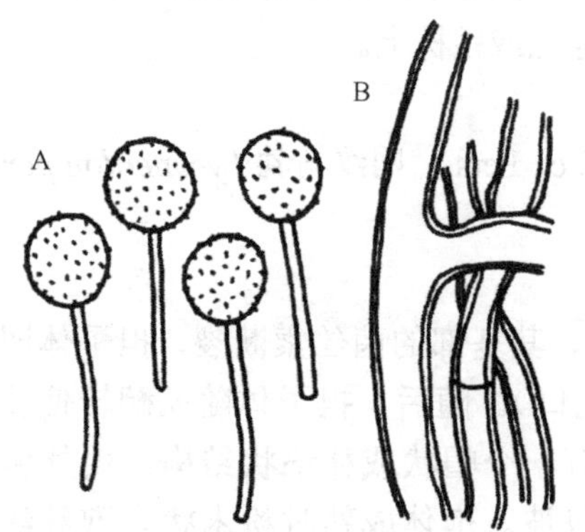

图 8-9　头状秃马勃 *Calvatia craniiformis*

A. 担孢子；B. 孢丝

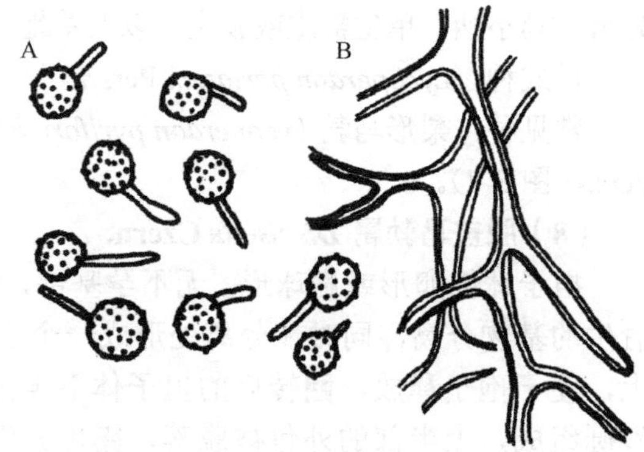

图 8-10　中国静灰球 *Bovistella sinensis*

A. 担孢子；B. 孢丝

（11）灰球菌属 *Bovista* Pers.

担子体球形或近球形，中央基部有菌丝索与基物相连，菌丝索呈假根状或否，成熟时与着生基物分离而随风滚动。不孕基部缺乏。外包被薄，易碎，成熟期部分或全部消失。内包被薄，纸质或膜质，坚固，平滑，顶部裂开成孔。孢体粉末状。孢丝常二叉分枝或不规则形成细小的分枝，顶端尖，纹孔有或无。担孢子球形、卵圆形或椭圆形，表面光滑或具小疣，具或不具小梗。一般单生于草地上，成熟期开裂。

模式种：铅色灰球菌 *Bovista plumbea* Pers.。

常见种：小灰球菌 *Bovista pusilla*（Batsch）Pers.（图 8-11）。

扫一扫 看彩图

（12）大环柄菇属 *Macrolepiota* Singer

担子体伞菌状，带有一个较长的菌柄。菌盖起初球形至近球形，后扩张成凸镜形至平展，常带有一个顶凸，白色、奶油色、灰棕色、红棕色或棕色，有时菌盖表面生有辐射状的纤毛或斑状鳞片。菌褶离生，密，白色至奶油色。菌柄圆柱形，基部棒形至球基状，光滑至纤毛状。菌肉白色。气味不明显或蘑菇味。味道温和。孢子印白色、奶油色至粉色。孢子椭圆形至卵圆形，光滑，厚壁，顶端带有一个萌发孔，拟糊精质。缘囊体圆柱形，囊形至稍棒形，或不规则。盖皮层丛毛状。锁状联合存在，至少在担子的基部存在，但是常常不易识别。

模式种：*Macrolepiota procera*（Scop.）Singer。

常见种：高大环柄菇 *Macrolepiota procera*（Scop.：Fr.）Singer（图 8-12）。

扫一扫　看彩图

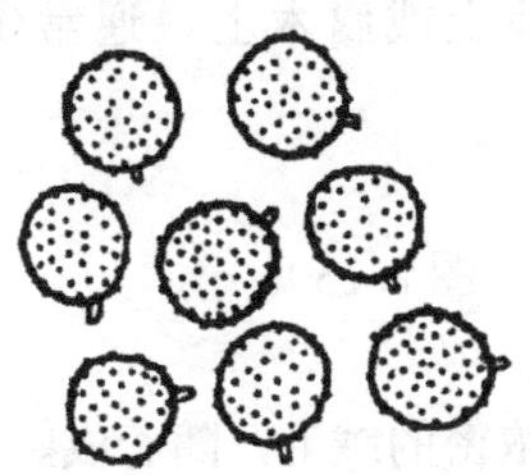

图 8-11　小灰球菌 *Bovista pusilla* 孢子

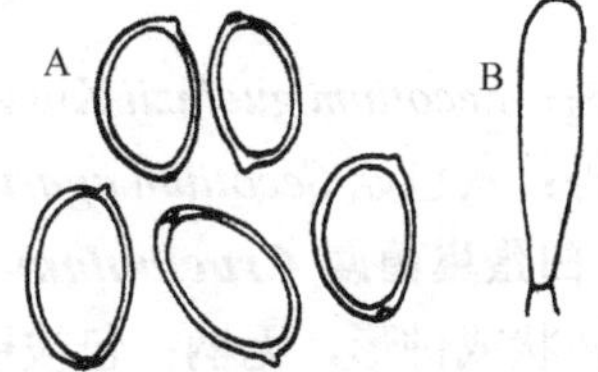

图 8-12　高大环柄菇 *Macrolepiota procera*

A. 担孢子；B. 缘生囊状体

（13）暗褶菌属 *Melanophyllum* Velen.

担子体环柄菇形，带有绿色或紫色的菌褶和粉状的菌盖。菌盖起初圆锥形至半圆形，后扩张成凸镜形至平展，常带有一个顶凸，冠有一个颗粒状或白粉状的盖皮层，老后易脱落而露出里面光滑的、纤维状的菌肉层。菌幕常残留在菌盖边缘。菌褶离生，中等密，红棕色或绿色。菌柄纤细，表面白粉状，与菌盖同色，无菌环或是仅留有环状的菌痕。气味不明显或是不好闻。味道不明显。鲜时孢子印红色或绿色，而后退化成棕色。孢子椭圆形至长方形，光滑或具有细疣突，无碘反应。缘囊体不明显。侧囊体缺失。盖皮层由球形细胞组成，锁状联合存在。

腐生于阔叶林中肥沃的土壤中。

模式种：*Melanophyllum canali* Velen.。

常见种：暗褶菌 *Melanophyllum echinatum*（Roth）Singer（图 8-13），红孢暗褶伞 *Melanophyllum haematospermum*（Bull.）Kreisel。

扫一扫　看彩图

（14）栓皮马勃属 *Mycenastrum* Desv.

担子体球形，倒卵形或梨形，不孕基部缺乏。包被 2 层，从顶端向下开裂，外包被薄，有丛毛，黏附于内包被上，内包被厚，质硬，持续存在。孢体粉末状，由担孢子和孢丝组成。孢丝粗，短分枝或不分枝，具有粗壮尖刺。担子产 4 个孢子，担孢子球形或近球形，棕色，粗糙具小刺或多少有网纹。单生、群生或簇生于草原地上。

模式种：*Mycenastrum corium*（Guers.）Desv.。

常见种：栓皮马勃 *Mycenastrum corium*（Guers.）Desv.（图 8-14）。

扫一扫　看彩图

图 8-13　暗褶菌 *Melanophyllum echinatum* 担孢子

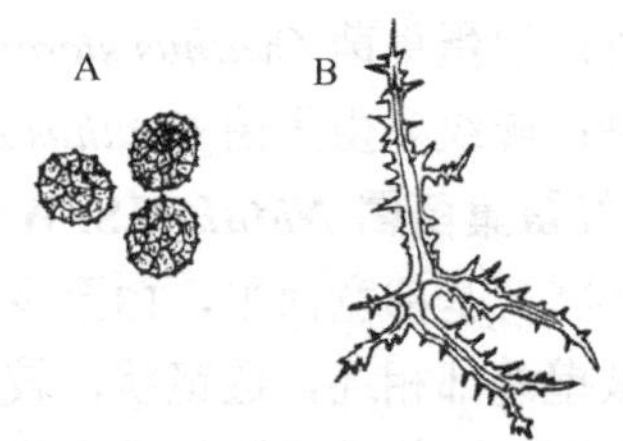

图 8-14　栓皮马勃 *Mycenastrum corium*（引自卯晓岚，1998）

A. 担孢子；B. 孢丝

（15）灰菇包属 *Secotium* Kunze

担子体具柄，包被不开裂，1层，光滑，被绒毛或黏质，颜色多样，边缘起初完整，与柄紧贴，之后出现裂纹并与柄多少分离。具中柱，穿过孢体到达顶端。孢体蜂窝状至近菌褶状，由永存、相互交织的菌髓片组成。孢体与包被牢固相连。担子产4个孢子。担孢子近球形、宽卵形或倒卵形的，表面光滑。生于地上或腐木上，通常生长在林中地上。

扫一扫 看彩图

模式种：*Secotium gueinzii* Kunze。

常见种：灰包菇 *Secotium agaricoides*（Czern.）Hollos（图 8-15）。

（16）白蛋巢菌属 *Crucibulum* Tul. & C. Tul.

包被杯状或钟形，无柄；包被壁1层，外表面起初有浓密的绒毛，随着成熟，表面变得几乎光滑，内表面光滑，银色光泽。盖膜覆盖口部，但很快消失。小包多个，通过菌索与包被壁相连，其外被较厚的白色被膜，小包被膜横切面可分为3层。单生，群生，簇生于腐木上、落叶上、地上等。

扫一扫 看彩图

模式种：*Crucibulum vulgare* Tul. & C. Tul.。

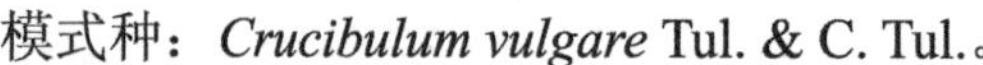

常见种：白蛋巢菌 *Crucibulum laeve*（Huds.）Kambly（图 8-16）。

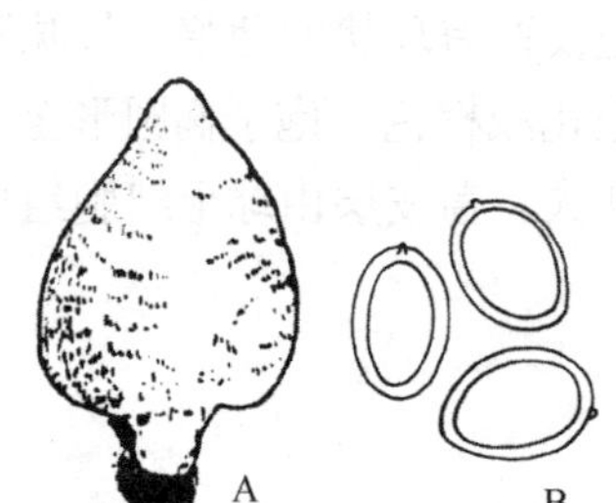

图 8-15　灰包菇 *Secotium agaricoides*

A. 担子体；B. 孢子

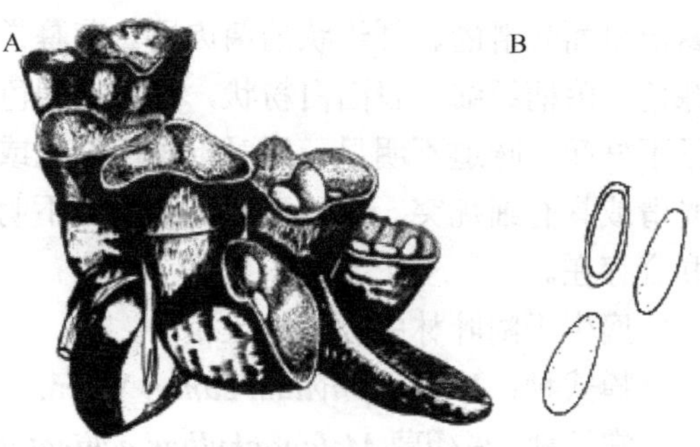

图 8-16　白蛋巢菌 *Crucibulum laeve*（仿周彤燊，2007）

A. 担子体；B. 担孢子

（17）黑蛋巢菌属 *Cyathus* Haller

包被钟形或漏斗状，连接在一个窄的底部平面；包被壁有3层，盖膜覆盖口部，成熟期消失。小包透镜状，通常呈深色，与包被壁通过菌索相连，其外常被一层薄而发白的被膜。担孢子圆柱形，光滑，壁厚或薄。地上生；群生于树上，土壤，腐烂的植物残体和动物粪便上。

扫一扫 看彩图

模式种：黑蛋巢菌 *Cyathus stercoreus*（Schwein.）De Toni。

常见种：隆纹黑蛋巢菌 *Cyathus striatus*（Huds.）Willd.（图 8-17）。

（18）红蛋巢菌属 *Nidula* V.S. White

包被杯状，基部宽而平，由至少2层或3层菌丝黏结而成，盖膜覆盖口部。小包基部无菌索与包被壁基部相连，透镜状，较小，膜质，红棕色或灰棕色，外被一薄的被膜。担孢子圆柱形、椭圆形，外壁光滑。地上生，地上单生、群生或簇生于腐木上。

扫一扫 看彩图

模式种：*Nidula candida*（Peck）V.S. White。

常见种：白绒红蛋巢菌 *Nidula nivero-tomentosa*（Henn.）Lloyd（图 8-18）。

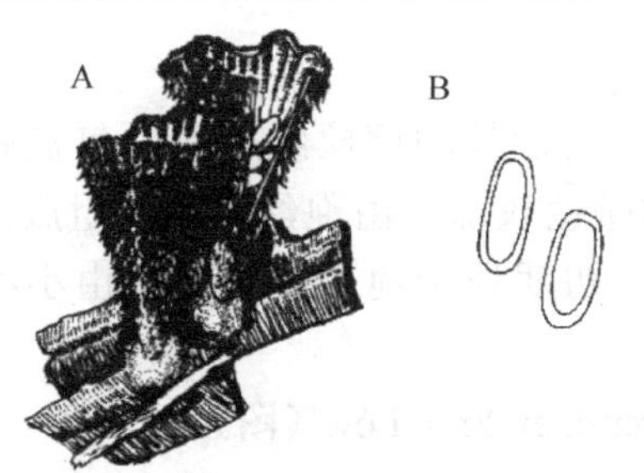

图 8-17　隆纹黑蛋巢菌 *Cyathus striatus*（引自周彤燊，2007）

A. 担子体；B. 担孢子

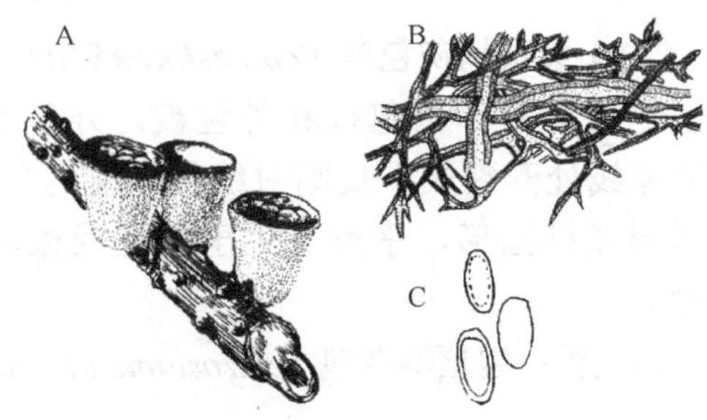

图 8-18　白绒红蛋巢菌 *Nidula nivero-tomentosa*（引自周彤燊，2007）

A. 担子体；B. 小包皮层外侧的鹿角状菌丝；C. 担孢子

（19）鸟巢菌属 *Nidularia* Fr.

包被近球形或收缩的球形，无盖膜，不规则开裂，因包被壁不完整而使小包堆积在基部或成堆地暴露在基物上。包被壁 1 层，外表面颗粒状或多毛，由有色、坚硬、多刺分枝的菌丝形成，少数情况也有圆柱状菌丝存在，分枝，分隔，具锁状联合。小包灰棕色至红棕色，具光泽，无菌索与包被壁相连，但新鲜时由黏液相互黏结。地上生，单生或簇生于腐木上或枯枝落叶上。

模式种：*Nidularia deformis*（Willd.）Fr.。

常见种：鸟巢菌 *Nidularia deformis*（Willd.）Fr.（图 8-19）。

扫一扫　看彩图

（20）柄灰包属 *Tulostoma* Pers.

担子体球形或扁球形。外包被通常脱落或脆弱。内包被薄，膜质，平滑或被外包被的残留部分覆盖，由顶开裂成孔。顶孔明显或不明显，裸露或纤维质，管状，凸形或平面状。菌柄插入位于包被基部的孔，菌柄平滑或有鳞片，有条纹，中空，基部具或不具孢托。孢丝粉末状。菌丝线腔通常有横隔，壁加厚与内包被内壁相连。担子产 2～4 个孢子。担孢子球形或近球形，少数有尖角或不规则，平滑或粗糙。生长在地上，通常生于沙地，单生、群生或簇生。

模式种：*Tulostoma mammosum* P. Micheli ex Fr.。

常见种：疣被柄灰锤 *Tulostoma verrucosum* Morgan；变孢柄灰包 *Tulostoma brumale* Pers.（图 8-20）。

扫一扫　看彩图

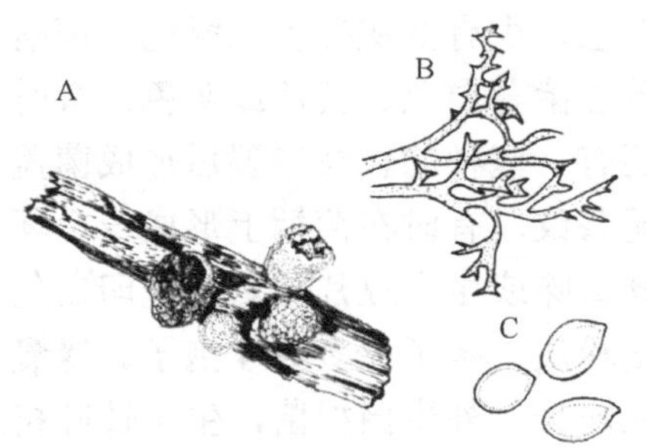

图 8-19　鸟巢菌 *Nidularia deformis*（仿周彤燊，2007）

A. 担子体；B. 组成担子体包被壁的菌丝；C. 担孢子

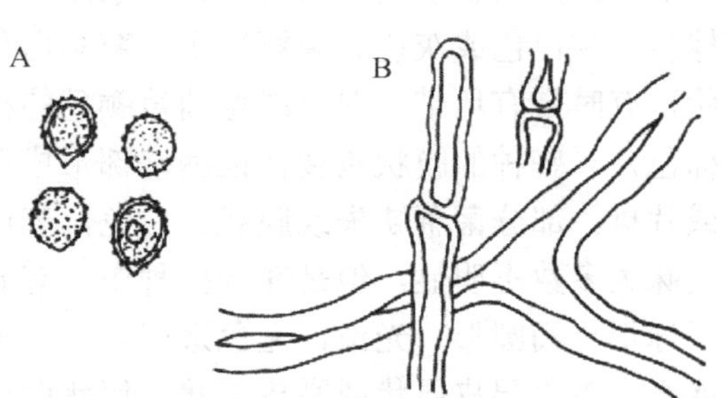

图 8-20　变孢柄灰包 *Tulostoma brumale*（引自刘波，2005）

A. 担孢子；B. 孢丝

（21）裂顶柄灰包属 *Schizostoma* Ehren. ex Lév.

包被 2 层，内包被和外包被。外包被为砂质，由沙粒和菌丝组成。内包被膜状，从合缝线处开裂成不规则射线状。菌柄中空。孢体颜色较深，由孢丝和孢子组成。担孢子球形或椭圆形，平滑。生于酸性或微酸性土壤，初期埋于地下，成熟期由小柄顶出土壤。

模式种：裂顶柄灰包 *Schizostoma laceratum*（Ehrenb. ex Fr.）Lév.（图 8-21）。

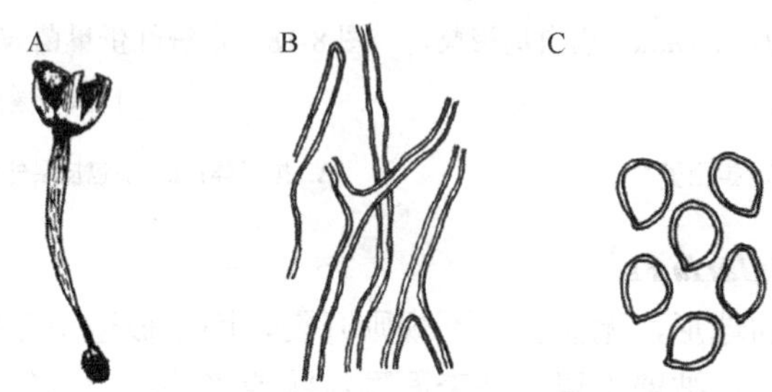

图 8-21　裂顶柄灰包 *Schizostoma laceratum*（引自刘波，2005）

A. 担子体；B. 孢丝；C. 担孢子

二、鹅膏科 Amanitaceae Pouzar

担子体为具菌褶的伞菌形。菌盖凸镜形、平展、半圆形，表面光滑或具有松散的鳞片或膜质的碎片，干，油或黏质，白色、灰色、黄色、橙色、红色、棕色或橄榄绿色。菌褶离生。菌柄存在，肉质。菌幕存在或缺失。菌环存在或缺失。菌托有时具带状鳞片。气味不明显，带甜味。孢子印白色。孢子近球形至椭圆形，无色透明，薄壁，无萌发孔，光滑，淀粉质或非淀粉质。缘囊体缺失，但是鹅膏属褶缘常常带有球梗状细胞，类似囊状体。子实层髓起初两侧形或规则形，后成不规则形。盖皮层皮层状或黏皮层状。锁状联合存在或缺失。针叶树或阔叶树的菌根菌，或单生于地上。

模式属：鹅膏属 *Amanita* Pers.。

（1）鹅膏属 *Amanita* Pers.

担子体一般大型。菌盖半圆形、圆锥形、卵圆形或凸镜形，成熟后有或无顶凸，光滑，边缘有或无沟状条纹，油或干，非水浸状，白色、黄色、橙色、红色、绿色、橄榄色、棕色、污白色或灰色。菌褶离生，菌褶白色或近白色，少有淡灰棕色或绿色。菌柄纤维状，有时带有环带。白色或像菌盖颜色的棕色。单层菌幕白色、黄色或灰色，有时带有棕色，一些种的膜状包被在菌柄基部形成菌托，还有一些种的包被破裂后形成菌盖上疣或片斑。部分菌幕缺失或膜状，白色，表面有或无条纹，有时在菌柄上形成一个环痕。气味大多数不明显，但是在一些种中，有腐臭的蜂蜜味或生土豆片味。孢子印白色。孢子球形至椭圆形，光滑，无色透明，淀粉质或非淀粉质。担子大多数 4 孢子。缘囊体有或无。盖皮层皮层状或黏皮层状。锁状联合存在或缺失。外生菌根菌，生于针叶树或阔叶树下。

模式种：*Amanita muscaria*（L.）Lam.。

常见种：毒蝇鹅膏菌 *Amanita muscaria*（L.）Lam.（图 8-22A）；淡玫鹅膏菌 *Amanita pallidorosea* P. Zhang & Zhu L. Yang；灰鹅膏菌 *Amanita vaginata*（Bull. ex Fr.）Vitt.（图 8-22B）。

扫一扫　看彩图

扫一扫　看彩图

扫一扫　看彩图

（2）黏盖伞属 *Limacella* Earle

菌盖圆锥形、凸镜形或贝壳形，带有顶凸或否，光滑，黏至干，非水浸状，白色、奶油色、淡棕色、棕橙色、红色或棕色。菌褶离生，白色，少灰白棕色。菌柄黏或干，有时具有菌幕的包被，有时同菌盖的棕色。部分菌幕膜质，絮毛状或黏。气味和味道温和至强烈粉质味。孢子印白色至奶油色。孢子球形至近球形，表面具有疣突或近似光滑，糊精质或非碘反应。担子大多数 4 孢子。囊状体缺失。盖皮层黏毛皮或黏栅状毛皮状。锁状联合存在。腐生于地上。

模式种：*Limacella delicata*（Fr.）H.V. Sm.。

常见种：斑黏伞 *Limacella guttata*（Pers.）Konr. et Maubl.（图 8-23）；黏伞 *Limacella illinita*（Fr.）Maire。

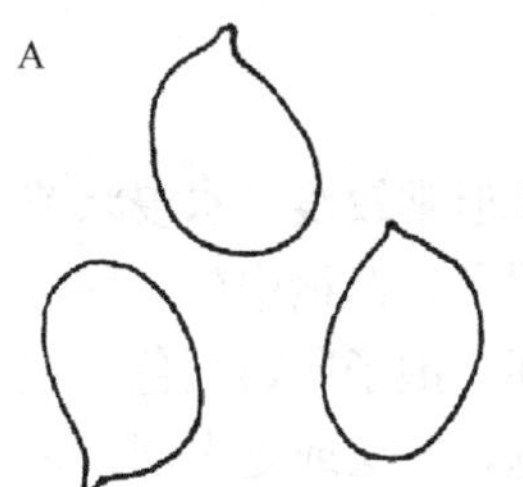

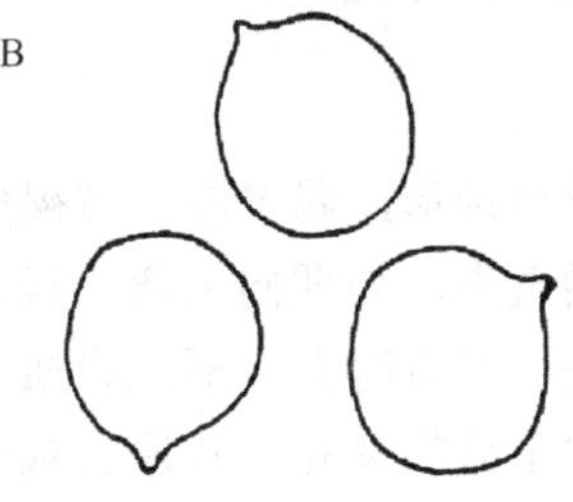

图 8-22　鹅膏属担孢子

A. 毒蝇鹅膏菌 *Amanita muscaria*；B. 灰鹅膏菌 *Amanita vaginata*

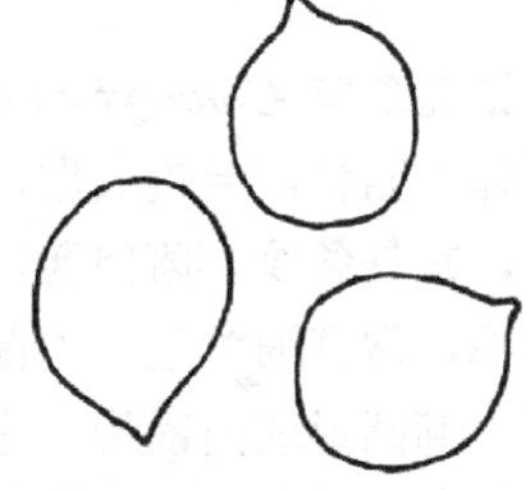

图 8-23　斑黏伞 *Limacella guttata* 担孢子

三、粪锈伞科 Bolbitiaceae Singer

担子体小型至中型，小菇状、金钱菌状至口蘑状，或鬼伞状。菌肉非淀粉质，绝非胶质化，有或缺锁状联合。菌褶离生、弯生至直生，锈褐色至茶褐色。菌柄中生，常有柄生囊状体。菌幕缺或罕以膜质菌环存留。孢子印锈褐色、污褐色或榛褐色，绝不带紫色。担孢子卵圆形至椭圆形，锈褐色，遇碱变暗色，光滑，罕粗糙或有小疣，常有顶生平截的萌发孔，厚壁。担子常短而宽。侧生囊状体缺或有且明显。有褶缘囊状体，薄壁。菌褶菌髓规则。子实层体褶状至脉状。表皮层常由匍匐的长菌丝组成；肉质的种类上表皮常由直立的洋梨状或球状的细胞构成，此时菌盖通常水浸状，干后有光泽；盖生囊状体由上表皮分化而来。地生、腐殖质生、木生或粪生。

模式属：粪伞属 *Bolbitius* Fr.。

（1）粪锈伞属 *Bolbitius* Fr.

担子体鬼伞状，易腐烂。菌盖半膜质，规则，薄，常有鲜艳的颜色，黏，边缘常有棱纹。菌肉薄。菌褶初期靠柄处上弯，后离生至近离生，薄，锈褐色，释放孢子后会自溶。菌柄中生，细长，脆骨质，细弱，初期近白色，空心。孢子印锈褐色或土黄色。担孢子卵形至椭圆形，顶端平截有芽孔，淡锈色至褐色，光滑，有复合壁。担子棒形至梨形。褶缘异型或不育，有褶缘囊状体。褶缘囊状体泡囊状，无头状顶端。有柄生囊状体。菌褶菌髓规则型，但常有膨胀菌丝。菌盖外皮层为不分层的囊皮层。有或缺锁状联合。副菌幕被果型发育。粪生或土生。世界性分布。

模式种：*Bolbitius vitellinus*（Pers.）Fr.。

扫一扫 看彩图

常见种：粉黏粪锈伞 *Bolbitius demangei*（Quél.）Sacc. & D. Sacc.（图 8-24A）；粪锈伞 *Bolbitius titubans*（Bull.）Fr.（图 8-24B）。

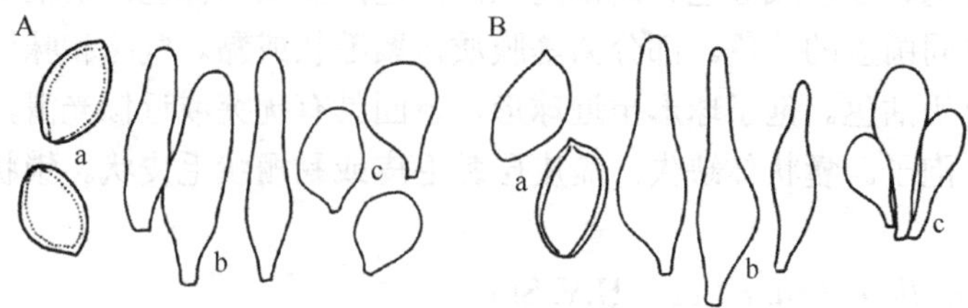

图 8-24 粪锈伞属 *Bolbitius*

A. 粉黏粪锈伞 *Bolbitius demangei*，a. 担孢子；b. 侧生囊状体；c. 褶缘囊状体。B. 粪锈伞 *Bolbitius titubans*，a. 担孢子；b. 侧生囊状体；c. 褶缘囊状体

（2）锥盖伞属 *Conocybe* Fay.

担子体小菇状，罕较大型，菌盖锥形至钟形，偶平展，带褐色色泽但常较浅，水浸状或变苍白色，常具条纹。菌肉薄，脆。菌褶直生，初期向上弯，线形，褐色。菌柄中生，脆，被丝质纤毛，常有细绒毛。内菌幕通常缺，但有时有，形成膜质的菌环。孢子印锈褐色。担孢子卵形、椭圆形或凸镜形，常具有顶端平截的芽孔，有厚且褐色的壁，2 层或更多层，多光滑，有时有皱或有疣。担子短且宽，2～4 个孢子。褶缘囊状体总是存在，常为球顶长颈瓶形。菌褶菌髓规则，易退化成一狭窄的髓心层，具有侧向的由膨胀菌丝组成的下子实层。菌盖外皮层由球形至梨形的薄壁细胞组成，有锁状联合。裸果型或拟菌膜被果型发育。地生、腐殖质生，罕粪生或木生。全球分布。

模式种：*Conocybe tenera*（Schaeff.）Fayod。

扫一扫 看彩图

常见种：柔锥盖伞 *Conocybe tenera*（Schaeff.）Fayod（图 8-25A）；石灰锥盖伞 *Conocybe siliginea*（Fr.）Kühner（图 8-25B）。

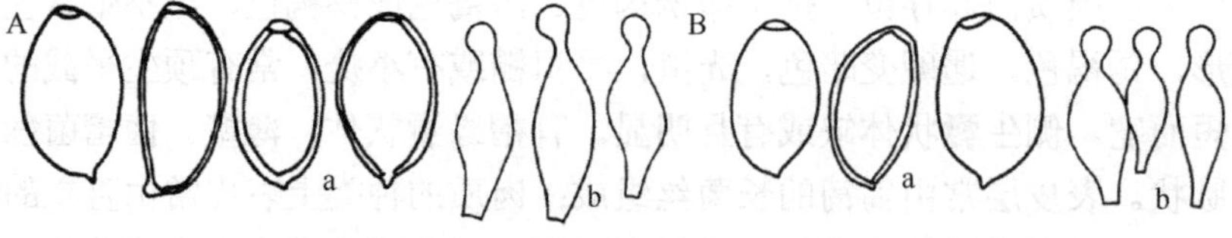

图 8-25 锥盖伞属 *Conocybe*

A. 柔锥盖伞 *Conocybe tenera*，a. 担孢子；b. 褶缘囊状体。B. 石灰锥盖伞 *Conocybe siliginea*，a. 担孢子；b. 褶缘囊状体

（3）环鳞伞属 *Descolea* Singer

菌盖平展，中部微凸，土黄褐色，盖表面有小鳞片或疣点。菌褶弯生，褐色。盖缘多具粉末。菌柄中生，圆柱形或近棒状，基部膨大，中部有菌环。担孢子柠檬形、近阔纺锤形，壁厚，壁具密疣，黑褐色。菌盖表皮子实层体担子棒状。褶缘囊状体棒状至囊状。侧生囊状体未见。生于柞木林中或红松及其他阔叶林地上，是树木的外生菌根菌。

扫一扫 看彩图

模式种：*Descolea antarctica* Singer。

常见种：黄环鳞伞 *Descolea flavoannulata*（Lj.N. Vassiljeva）E. Horak（图 8-26）。

（4）疣孢斑褶菇属 *Panaeolina* Maire

担子体小型，肉质，斑褶菇状，单生、丛生至群生。菌盖圆锥形、钟形或凸镜形至半球形，后期稍展开，表面光滑，黄褐色、淡暗褐色、暗红褐色至黑褐色，有些种菌盖边缘有一深色环带，干或黏，湿时有透明状条纹，水浸状。菌褶直生至弯生，幅窄至稍宽，密至疏，初期颜色淡，后出现灰色至黑色的斑驳直至变黑褐色。菌柄中生，细长，圆柱形，中实至中空。无菌幕。菌肉薄，菌丝有或无锁状联合。孢子印紫褐色至深褐色。担孢子大型，5% KOH 溶液中呈褐色至灰黑色，宽椭圆形，卵形或柠檬形，表面不光滑，中央有一油滴，具纹饰，萌发孔明显或不明显，顶端平截或稍呈平截，遇浓 H_2SO_4 溶液不褪色，不分解。担子粗棍棒状，常具 4 个担子小梗，偶 2 个担子小梗。侧生囊状体常缺失。褶缘囊状体无色，壁薄，长柱状、棍棒状、近葫芦状至纺锤状，常弯曲。菌褶菌髓规则型。菌盖外表皮由近球形，卵形至梨形的细胞组成。无锁状联合。

生于粪上或肥土上。世界分布。

模式种：*Panaeolina foenisecii*（Pers.）Maire。

常见种：黄褐疣孢斑褶菇 *Panaeolina foenisecii*（Pers.）Maire；栗褶疣孢斑褶菇 *Panaeolina castaneifolia*（Murrill）Bon（图 8-27）。

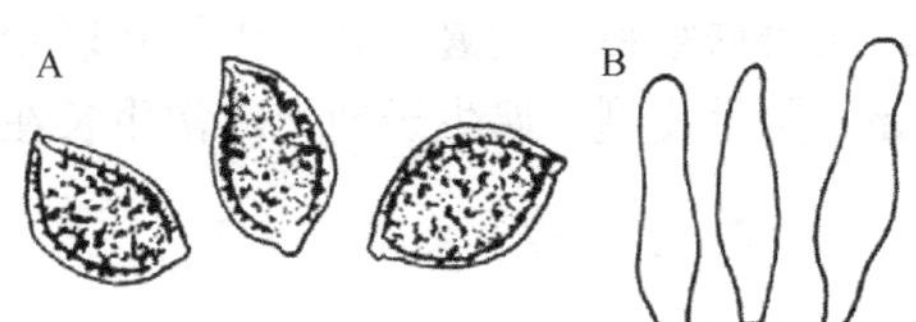

图 8-26　黄环鳞伞 *Descolea flavoannulata*

A. 担孢子；B. 褶缘囊状体

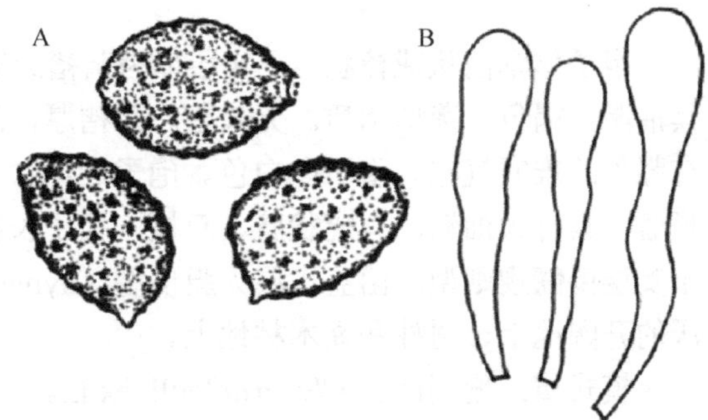

图 8-27　栗褶疣孢斑褶菇 *Panaeolina castaneifolia*

A. 担孢子；B. 褶缘囊状体

（5）斑褶菇属 *Panaeolus*（Fr.）Quél.

担子体小型，肉质，单生、丛生至群生。菌盖圆锥形、钟形，通常有色素，抛物线形至凸镜形，老时稍展开，灰白色、灰色、黄褐色至黑褐色，中央往往颜色稍深，表面无辐射状条纹，常水浸状，干或黏，菌盖边缘表皮常超过菌褶，常有悬垂的菌幕残片。菌肉薄，菌丝有或无锁状联合。菌褶直生至弯生，初期淡灰色，后期菌褶变褐黑色至黑色，幅窄至稍宽，密至疏。菌柄中生，细长，与菌盖组织相连，中实至中空，上常有细粉，有时上有短绒毛。孢子印色深，褐黑色至黑色。担孢子大型，5% KOH 溶液中呈黑褐色至黑色，宽椭圆形、卵形或柠檬形，不透明，表面光滑，萌发孔明显或不明显，顶端平截或稍呈平截。无侧生囊状体。褶缘囊状体无色，壁薄，长柱状、棍棒状、近葫芦状至纺锤状，常弯曲。菌褶菌髓规则型。菌盖表皮由 1～2 层近球形菌丝组成。生于粪上或肥土上。世界分布。

模式种：*Panaeolus papilionaceus*（Bull.）Quél.。

常见种（图 8-28）：粪生斑褶菇 *Panaeolus fimicola*（Pers.）Gillet；大孢斑褶菇 *Panaeolus papilionaceus*（Bull.）Quél.；网纹斑褶菇 *Panaeolus retirugus*（Fr.）Gillet。

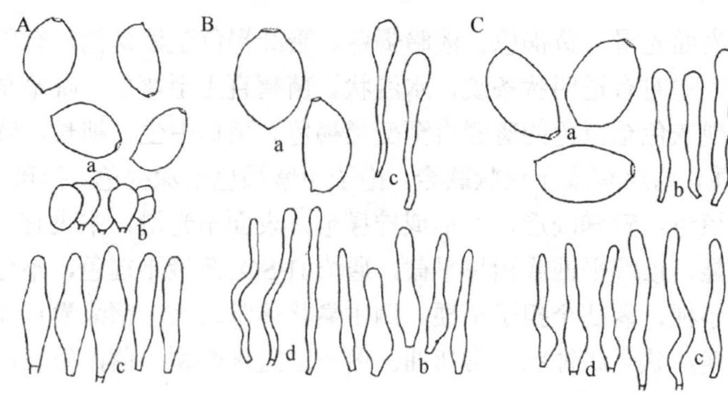

图 8-28 斑褶菇属 *Panaeolus*

A. 粪生斑褶菇 *Panaeolus fimicola*，a. 担孢子；b. 菌盖外表皮；c. 褶缘囊状体。B. 大孢斑褶菇 *Panaeolus papilionaceus*，a. 担孢子；b. 褶缘囊状体；c. 柄生囊状体；d. 盖缘囊状体。C. 网纹斑褶菇 *Panaeolus retirugus*，a. 担孢子；b. 柄生囊状体；c. 盖缘囊状体；d. 褶缘囊状体

四、珊瑚菌科 Clavariaceae Chevall.

担子体伞菌状或棒状，子实层体为菌褶或表面光滑。菌盖半球形、钟状，光滑、具鳞片，具油脂，褐色。菌柄肉质。无菌幕。菌褶厚，波状，稀疏，直生至深延生。气味不明显或具有强烈的难闻气味。孢子印白色。孢子近球状，透明，壁薄，无芽孔，光滑，非淀粉质，非嗜蓝，具有大油滴，有疣状脐，双核。担子长棒状，无嗜铁颗粒。无囊状体。无锁状联合。子实层菌髓规则型。菌盖皮层为膜皮型（hymeniderm）至毛皮型。腐生于地上，常生长在肥沃的开阔地上、树林和灌木林地上。

模式属：珊瑚菌属 *Clavaria* Vaill. ex L.。

（1）珊瑚菌属 *Clavaria* Vaill. ex L.

担子体细长圆柱形或长梭形，呈珊瑚状，肉质，易碎，顶端稍细或圆钝，直立，分枝或不分枝，密集成丛，白色、乳白色、淡紫色、堇紫色或水晶紫色，老后变浅色，脆，初期实心，后期空心。柄不明显。担孢子光滑，无色，长椭圆形、宽椭圆形至近球形或种子形。夏秋季丛生或群生于林中地上。

模式种：*Clavaria fragilis* Holmsk.。

常见种：脆珊瑚菌 *Clavaria fragilis* Holmsk.；堇紫珊瑚菌 *Clavaria zollingeri* Lév.（图 8-29）。

（2）拟锁瑚菌属 *Clavulinopsis* Overeem

担子体珊瑚状，不分枝或少分枝，鲜黄色，橘红色，棒形至近梭形，顶端钝，空心，枝端尖。菌柄分界不明显，颜色稍暗呈暗橙褐色。菌肉淡黄色、黄褐色，伤不变色。担子棒形，具 2～4 个担孢子。担孢子近球形、宽椭圆形，光滑，无色，非淀粉质。菌丝有锁状联合。夏秋季单生或丛生至簇生于阔叶林中地上。

模式种：*Clavulinopsis sulcata* Overeem。

常见种：金赤拟锁瑚菌 *Clavulinopsis aurantiocinnabarina*（Schwein.）Corner；梭形黄拟锁瑚菌 *Clavulinopsis fusiformis*（Sowerby）Corner（图 8-30）。

五、丝膜菌科 Cortinariaceae Heim

担子体小型至大型，小菇状至口蘑状或鳞伞状，罕靴耳状，肉质。子实层体排列规则，

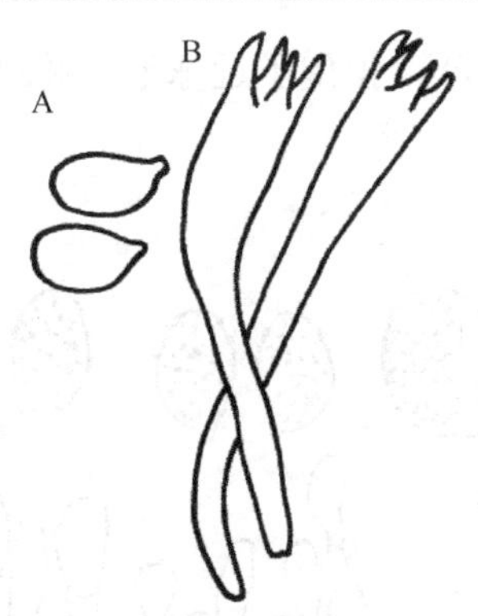

图 8-29　堇紫珊瑚菌 *Clavaria zollingeri*

A. 孢子；B. 担子

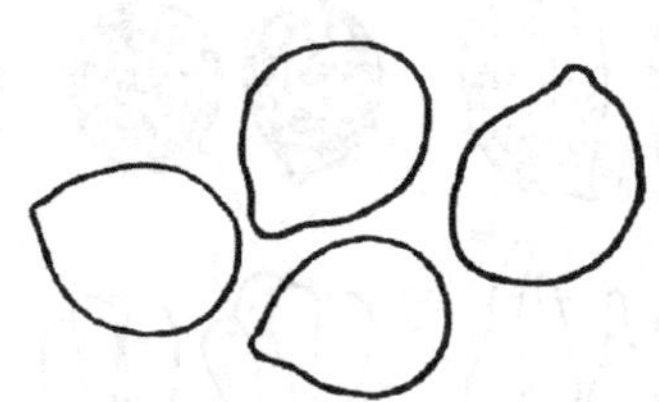

图 8-30　梭形黄拟锁瑚菌 *Clavulinopsis fusiformis* 孢子（引自卯晓岚，1998）

褶状或迷宫状。菌盖凸镜形，后渐平展，钟形，光滑，被绒毛或鳞片，干或黏，菌盖具较深的色素，多呈褐色、栗色、红褐色、紫色等。菌褶狭附生至延生，罕离生，具色素，不呈白色，而呈锈褐色、灰橄榄褐色、褐黑色。菌柄多中生，粗壮，环与盖缘多有丝膜相衔连，肉质，柄基部往往膨大呈臼状。有或无菌幕，常为丝膜状。菌肉薄，肉质。菌柄的菌肉有时纤维质，菌丝有或无锁状联合，非淀粉质。孢子印陶土褐色至锈褐色。担孢子小型至大型，近球形、椭圆形、杏仁形、柠檬形或纺锤形、豆形至橄榄形，光滑或外孢壁或黏孢壁有纹饰，具疣状突起或点片，黄褐色至锈色，绝无顶生芽孔，厚壁，拟糊精质或少数种类没有碘反应，嗜蓝。有或无侧生囊状体。有或无褶缘囊状体，菌褶菌髓规则，绝非两侧型。菌盖外皮层多为未分化的平伏菌丝，或有时为稍分化的近栅栏状排列的毛皮菌丝所构成，菌丝平伏或呈囊状耸立，或呈膨大的圆细胞状。有或无锁状联合。半被果型发育。地生或木生，有不少为外生菌根菌。全球分布。

模式属：*Cortinarius* Fr.。

（1）丝膜菌属 *Cortinarius* Fr.

菌盖通常凸镜形至矮凸镜形，丝绸般光滑至极少鳞片及纤状毛，色泽多深暗，少呈淡色，干至黏，盖表黏滑或具浓稠的黏液，水浸状或非水浸状。被小鳞片至绒毛，或光滑。菌褶弯生至延生或近离生，幼时颜色多样，锈色、茶褐色、紫褐色、土黄色，后逐渐变为褐色。菌柄中生，圆柱形至棒状，与盖缘间连接蛛网状丝膜菌幕，初期明显，后期常消失。有菌幕，有时形成膜质菌环或菌托或丝膜状物。一些种的外菌幕较为稀疏，颜色通常为白色、黄色、红色、蓝色、淡绿色、淡褐色或黑色。内菌幕蛛网状，残留的部分通常松散地分布于菌柄的上部。菌肉薄，肉质，伤时有时变为褐色，菌丝有或无锁状联合，非淀粉质。孢子印黄褐色至锈褐色。担孢子近球形、卵形、椭圆形至橄榄形，黄褐色至淡锈色，少光滑，有小瘤或疣状突起，无芽孔，无脐上光滑区。有或无侧生囊状体或褶缘囊状体。菌褶菌髓规则，非淀粉质，有时类糊精质。菌盖外皮层为未分化的平伏菌丝至分化为栅状排列的菌丝组成。半被果型、双菌幕被果型，有时为单菌幕被果型发育。地生。为外生菌根菌。

模式种：*Cortinarius violaceus*（L.）Gray。

***Cortinarius* 亚属：**菌盖和菌柄表面干，担子体深紫罗兰色或具鲜亮颜色，有时鲜亮的颜色仅限于菌褶，如红色、黄色、橘黄色、橄榄色或绿色。菌盖常被有纤毛或鳞片，非水浸状，

外菌幕和菌丝体颜色鲜亮。气味不明显，具香柏味或碘仿味。担孢子近球形，椭圆形或苦杏仁形。*Cortinarius* 亚属常见种如图 8-31 所示。

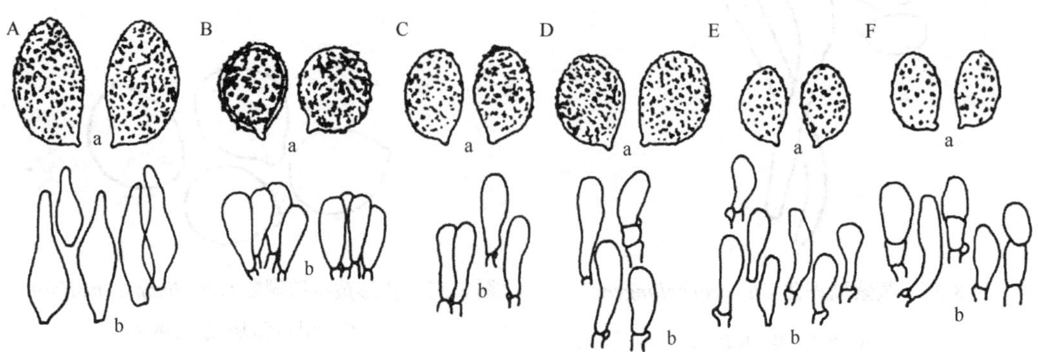

图 8-31 *Cortinarius* 亚属

A. *Cortinarius violaceus*，a. 担孢子；b. 褶缘囊状体。B. *Cortinarius cotoneus*，a. 担孢子；b. 褶缘囊状体。C. *Cortinarius orellanus*，a. 担孢子；b. 褶缘囊状体。D. *Cortinarius rubellus*，a. 担孢子；b. 褶缘囊状体。E. *Cortinarius cinnamomeus*，a. 担孢子；b. 褶缘囊状体。F. *Cortinarius semisanguineus*，a. 担孢子；b. 褶缘囊状体

***Myxacium* 亚属**：菌盖和菌柄湿时黏或稍微黏，味道苦。菌盖黏。菌褶幼时淡赭色，浅蓝色或浅白色。菌柄常棒状或圆柱形，基部有时向下稍膨大。外菌幕白色、黄色或淡紫罗兰色。有些种类外菌幕稀疏。菌肉白色至淡赭黄色。多数种类味道不明显，少数种类味道能引起不适或味道像萝卜味、蜂蜜味或碘仿味。担孢子柠檬形、杏仁形至近纺锤形，近球形至椭圆形，多数种类糊精质。褶缘细胞棒状或担子状。有或无锁状联合。*Myxacium* 亚属常见种如图 8-32 所示。

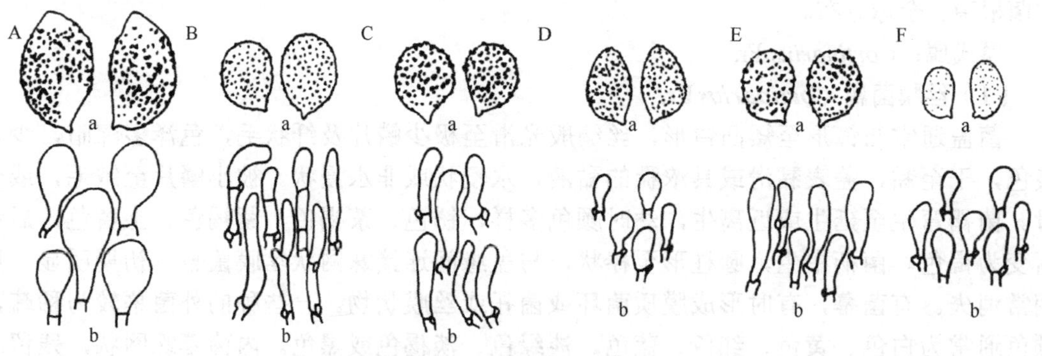

图 8-32 *Myxacium* 亚属

A. *Cortinarius stillatitius*，a. 担孢子；b. 褶缘囊状体。B. *Cortinarius delibutus*，a. 担孢子；b. 褶缘囊状体。C. *Cortinarius salor*，a. 担孢子；b. 褶缘囊状体。D. *Cortinarius lustrabilis*，a. 担孢子；b. 褶缘囊状体。E. *Cortinarius betulinus*，a. 担孢子；b. 褶缘囊状体。F. *Cortinarius pluvius*，a. 担孢子；b. 褶缘囊状体

***Phlegmmacium* 亚属**：菌盖多干少黏，菌柄干。菌盖半球形至矮凸镜形，黏，湿或完全干，光滑，被绒毛或小纤维。外菌幕残基有或无，常白色、灰色、橄榄色、绿色、黄色、紫罗兰色、蓝色或褐色。菌褶弯生，密至疏，有或无细锯齿边，宽至窄，常白色、灰色、橄榄色、绿色、黄色、紫罗兰色、蓝色或褐色。菌柄根状、圆柱形、棒状或球茎状，常白色、灰色、橄榄色、绿色、黄色、紫罗兰色、蓝色或褐色。带有明显的内菌幕残留，其颜色随着孢

子的成熟由肉桂色变为锈褐色，有或无带环状的外菌幕。菌肉常白色、灰色、橄榄色、绿色、黄色、紫罗兰色、蓝色或褐色。多数种类有麦芽味或土腥味，一些种类有香蕉皮味、蜂蜜味、面粉味、萝卜味、马郁兰味、柠檬饼味、稠李花味、西芹味、李子味、芹菜味或非常浓烈能引起不适的土腥味。担孢子柠檬形、杏仁形、椭圆形或近球形，带有一般至粗糙的纹饰，少数光滑。菌盖外皮层有两种类型，分别是：单层，只有一层较厚的外皮层，内部细胞有颜色；双层，外皮层较薄，内部细胞透明，菌丝表面有包被。*Phlegmmacium* 亚属常见种如图 8-33 所示。

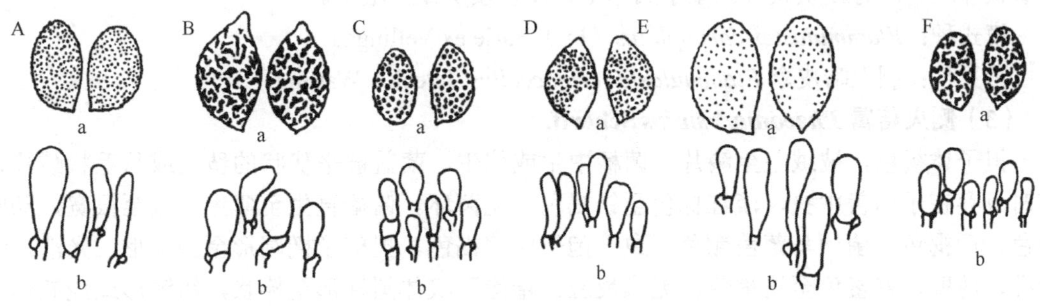

图 8-33 *Phlegmmacium* 亚属

A. *Cortinarius scaurus*，a：担孢子；b：褶缘囊状体。B. *Cortinarius elegantior*，a：担孢子；b：褶缘囊状体。C. *Cortinarius caerulescens*，a：担孢子；b：褶缘囊状体。D. *Cortinarius catharinae*，a：担孢子；b：褶缘囊状体。E. *Cortinarius reideri*，a：担孢子；b：褶缘囊状体。F. *Cortinarius calochroius*，a：担孢子；b：褶缘囊状体

***Telamonia* 亚属：**菌盖干或稍微干，菌柄干。菌盖水浸状或非水浸状。菌柄圆柱形至棒状，基部有时向下稍膨大。外菌幕白色或其他颜色，常形成完整或不完整的环带，菌柄常被有鳞片或小纤维，常作为鉴定时的一个重要的分类特征。味道不明显或萝卜味，一些种类具有香柏味、碘仿味、土腥味、八角味、天竺葵味、土豆味、紫罗兰味或西芹味，像环柄菇似的辛辣味。一些种类的菌盖和菌柄在湿润的状态下观察其菌盖的颜色是非常重要的，因为多数种类的颜色完全不同，但是干后颜色十分相似。干时白色至褐色或近黑色，该特征常作为鉴定该亚属的重要分类依据。担孢子纺锤形至近球形，非柠檬形。褶缘囊状体罕有。*Telamonia* 亚属常见种如图 8-34 所示。

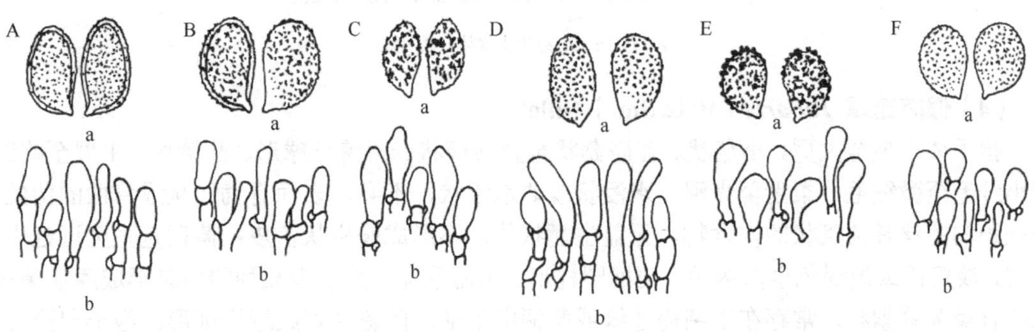

图 8-34 *Telamonia* 亚属常见种

A. *Cortinarius armillatus*，a. 担孢子；b. 褶缘囊状体。B. *Cortinarius fuscoperonatus*，a. 担孢子；b. 褶缘囊状体。C. *Cortinarius cinnabarinus*，a. 担孢子；b. 褶缘囊状体。D. *Cortinarius oreobius*，a. 担孢子；b. 褶缘囊状体。E. *Cortinarius vetnud*，a. 担孢子；b. 褶缘囊状体。F. *Cortinarius gentilis*，a. 担孢子；b. 褶缘囊状体

扫一扫 看彩图

（2）暗皮伞属 *Flammulaster* Earle

担子体小菇状至金钱菌状。菌盖圆锥形至凸镜形，后渐平展，毡毛状至被鳞片状，颗粒或粉状，干，水浸状或非水浸状，有或无透明条纹，白色、淡黄色、淡赭黄色、浅黄色或近褐色。菌褶直生、弯生或近延生，白色至褐色或锈褐色。菌柄圆柱形，干，菌柄下部被小纤维鳞片或淀粉状小颗粒。菌幕常形成易脱落的菌环。气味和味道不明显。孢子印淡黄色至褐色。担孢子椭圆形、豆形、近梨形、长菱形、纺锤形或苦杏仁形，光滑，壁薄或厚，有或无小芽孔，透明至褐色，拟糊精质或无碘反应。褶缘囊状体圆柱形、棒状、头状或烧瓶状。侧生囊状体缺失。有锁状联合。生于腐木上、腐殖质层或土壤上。

扫一扫 看彩图

模式种：*Flammulaster carpophilus*（Fr.）Earle ex Vellinga。

常见种：刺毛暗皮伞 *Flammulaster erinaceellus*（Peck）Watling。

（3）侧火菇属 *Phaeomarasmius* Scherff.

担子体褐色，被绒毛至鳞片，菌柄中生或偏生，菌盖被平伏状的毡毛或丛毛状鳞片，有时只存在于菌盖中央，淡红棕色至锈褐色。无菌环。菌褶直生至弯生，宽至很宽，幼时白色，后褐色。菌柄与菌盖颜色一致。孢子印暗褐色。担孢子椭圆形至卵圆形，光滑，无芽孔，薄壁，蜂蜜色至淡褐色，无碘反应。褶缘囊状体圆柱形至棒状，纺锤形或烧瓶形。无侧生囊状体。菌盖皮层由栅栏状组织组成，菌丝表面粗糙，被结痂。有锁状联合。生于阔叶树或灌木腐木上。

扫一扫 看彩图

模式种：*Phaeomarasmius excentricus* Scherff.。

常见种：黄侧火菇 *Pleuroflammula flammea*（Murrill）Singer；伏鳞侧火菇 *Pleuroflammula tuberculosa*（Schaeff.）E. Horak（图 8-35）。

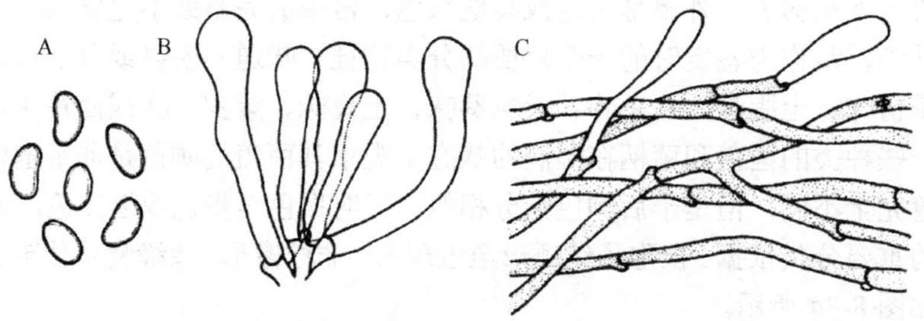

图 8-35　伏鳞侧火菇 *Pleuroflammula tuberculosa*

A. 孢子；B. 缘生囊状体；C. 盖皮

（4）假脐菇属 *Tubaria*（W.G. Sm.）Gillet

担子体小型至大型，小菇状、亚脐菇状至金钱菌状。菌盖半球形、凸镜形，平展至略凹，被小纤毛至微绒毛，柔滑至光滑，水浸状或非水浸状，不黏，表面有匍匐状或弯曲的菌丝，一些种的菌丝具油滴状的内含物，无盖生囊状体，不形成栅栏状盖皮；菌褶直生至近延生，较密，淡黄色或淡褐色至深褐色。菌柄圆柱形。菌幕明显，其中少数种的菌幕形成膜质菌环，其他种类菌幕絮状，常存在于菌盖边缘或菌柄中下部。菌髓规则或近规则形；孢子印淡黄色至浅黄色，灰褐色或鲜褐色。担孢子无纹饰，孢子壁具不明显的双层或单层，卵圆形、肾形至杏仁形，或椭圆形至船形或近圆柱形，罕豆形，无芽孔，光滑或微皱，壁薄或厚，无脐上光滑区，褐色、赭色、肉桂色或淡铁锈色，大多拟糊精质；担子常具 4 孢子，有时 2 孢子；大多数种无侧生囊状体，个别种有异形的或近异形的褶缘囊状体，圆柱形、棒状、头状或烧瓶形，无指状的附属丝；菌柄中生，与菌盖的直径同长或稍长，菌幕有或无，常有丝膜状假根，无柄生囊状体；具锁状联合。担子体发育半被果型。单生或散生，生于植物残体、果实、枯叶、腐木上或苔藓层及沙地上。

模式种：*Tubaria furfuracea*（Pers.）Gillet。

常见种：粗糙假脐菇 *Tubaria confragosa*（Fr.）Harmaja（图 8-36A）；鳞皮假脐菇 *Tubaria furfuracea*（Pers.）Gillet（图 8-36B）。

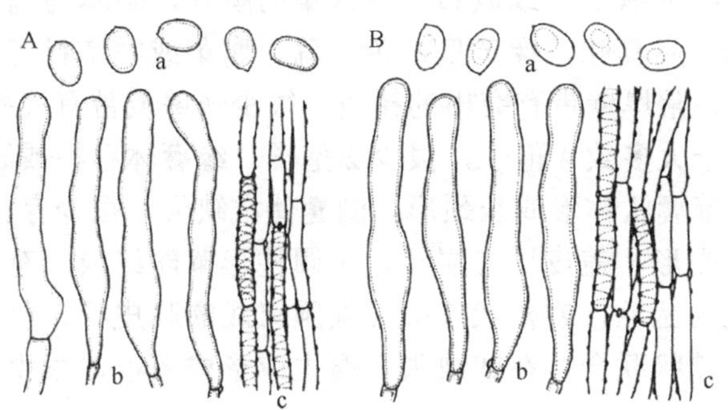

图 8-36　假脐菇属

A. 粗糙假脐菇 *Tubaria confragosa*，a. 担孢子；b. 褶缘囊状体；c. 菌盖皮外层菌丝。B. 鳞皮假脐菇 *Tubaria furfuracea*，a. 担孢子；b. 褶缘囊状体；c. 菌盖皮外层菌丝

六、粉褶菌科 Entolomataceae Kotl. & Pouzar

担子体伞菌状，子实层具有菌褶。菌盖凸镜形、平展、圆锥形、扇形，贝壳形至半圆形，表面光滑、绒毛至具有鳞片，干或油，大多数种棕色或灰色，但是各种颜色均可能存在。菌褶弯生、直生至延生。菌柄正常发育、退化或缺失，肉质。菌幕缺失。气味多样。孢子印粉色或少绿色。孢子多角形、长菱形，具有 5～9 个粗条棱或是具有疣突或刺，无色透明至淡黄色，薄壁，无萌发孔，非淀粉质，非嗜蓝性。带有疣状的种脐，典型的双核（*Rhodocybe* 中有单核）。大多数种的囊状体缺失，偶尔存在缘囊体，薄壁，子实层规则形或是不规则形。盖皮层皮层状或丛毛状。锁状联合存在或失。腐生于地上、树干、树枝、树脂、枯木、枯草或有的菌体上，与榆属和蔷薇科植物形成特殊的菌根关系。

（1）斜盖菇属 *Clitopilus*（Fr. ex Rabenh.）P. Kumm.

担子体带有中生或背生柄，或者不带菌柄。杯伞状、脐菇状、靴耳状或侧耳状。菌盖凸镜形至扁平，常带有脐突或是中央处具凹陷，或成扇形。白色至棕色或灰色，常光滑，很少水浸状。菌褶正常发育，直生至延生，或呈弯延生状，成熟后粉棕色。菌柄薄至厚，正常发育或退化。气味无，或有粉质的腐臭味或芳香味。味淡，少辛辣味。孢子印棕粉色。孢子椭圆形或杏仁状，带有 3～12 条纵向的条棱，两端面观呈多角形，薄壁至稍厚壁，水中呈淡草黄色，大量时呈粉色。缘囊体或少存在，胞内存在色素，但是在白色种里较少或无色素。盖皮层皮层状，菌丝圆柱形，内或外含有色素。锁状联合缺失或存在。地生或生于腐木、枯草茎或是其他死菌体上。

模式种：*Clitopilus prunulus*（Scop.）P.Kumm.。

常见种：斜盖菇 *Clitopilus prunulus*（Scop.）P. Kumm（图 8-37A）；从生斜盖菇 *Clitopilus caespitosus* Peck（图 8-37B）。

（2）粉褶菌属 *Entoloma*（Fr.）P. Kumm.

担子体带有中生柄，很少带有侧生或背生柄，靴耳状、脐菇状、金钱菌状、小菇状或口蘑状。菌盖圆锥形、贝壳形、半圆形、凸镜形或平展，中央处带有顶凸或凹陷，光滑，具白粉、绒毛或是鳞片，光滑或起皱，水浸状或非水浸状，透明条纹有或无，白色、奶油色、黄色、红色、绿色、蓝色、紫色或是粉色。菌褶直生、延生或弯生，稀至密，白色、黄色、灰色、棕色、蓝色或紫色，成熟时常带有粉棕色。菌柄通常正常发育，光滑，或带有纵向的纤毛或绒毛，或散布一些密集的鳞片，基本与菌盖同色。基部带有绒毛或粗毛。具粉质味、腐臭味，像黄瓜、鱼、蒜、腐菜或香辛料等气味。孢子印粉色或带棕色。孢子多角形，常厚壁带有突出的棱角，很少薄壁或带有浅棱角，或瘤状多角形，等径的或异径的。担子大多数 4 孢子，很少 2 孢子。缘囊体存在或缺失，圆柱形或棒形、烧瓶形、纺锤形、薄壁囊状体形或长颈形。侧囊体常缺失，很少存在，纺锤形至烧瓶形。子实层规则形或近规则形。盖皮层皮层状，由圆柱形菌丝组成。有时存在不明显的亚皮层，或膨大菌丝形成的丛毛，或棒状或圆形细胞组成的膜皮状，色素存在细胞内或细胞外，均质或颗粒状。锁状联合存在或缺失。腐生或形成菌根，很少寄生，从低地到极地高山均有分布。

模式种：*Entoloma sinuatum*（Bull.）P. Kumm.。

常见种：方孢粉褶菌 *Entoloma quadratum*（Berk. & M.A. Curtis）E. Horak（图 8-38A）；丛生粉褶菌 *Entoloma caespitosum* W.M. Zhang（图 8-38B）；尖顶粉褶菌 *Entoloma stylophorum*（Berk. & Broome）Sacc.（图 8-38C）；败育粉褶蕈 *Entoloma abortivum*（Berk. & M.A. Curtis）Donk；变绿粉褶蕈 *Entoloma virescens*（Berk. & M.A. Curtis）E. Horak。

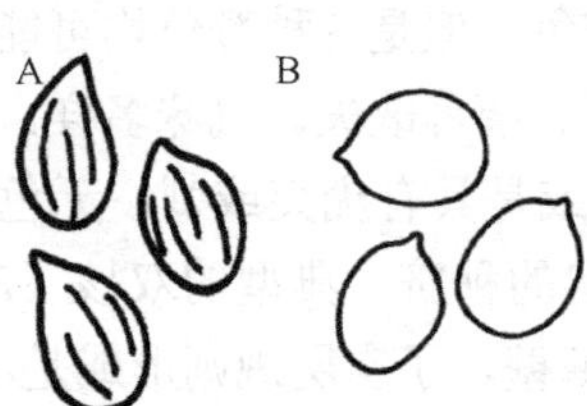

图 8-37 斜盖菇属担孢子

A. 斜盖菇 *Clitopilus prunulus*；B. 丛生斜盖菇 *Clitopilus caespitosus*

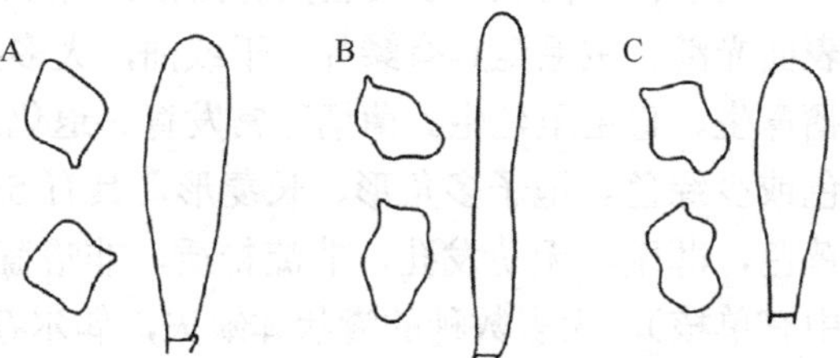

图 8-38 粉褶菌属担孢子和缘囊体

A. 方孢粉褶菌 *Entoloma quadratum*；B. 丛生粉褶菌 *Entoloma caespitosum*；C. 尖顶粉褶菌 *Entoloma stylophorum*

（3）红盖菇属 *Rhodocybe* Maire

担子体带有中生柄，有时偏生或无柄，口蘑形、金钱菌形、杯伞形、脐菇形或侧耳形。菌盖凸镜形，有时中央凹陷，或扇形，光滑或具有绒毛至鳞片，干。菌褶直生、弯生或延生，白色至灰色，成熟时带有粉棕色。菌柄常发育正常，中生。粉质气味、水果味或不明显。味道温和，粉质或辛辣。孢子印粉棕色或灰棕色。孢子近球形或椭圆形，表面有弱或不明显的疣突，薄壁，水中淡黄色至淡棕色，有或无嗜蓝性。缘囊体存在或缺失。盖皮层皮层状或丛毛状，菌丝圆柱形或稍宽，有时带有微宽菌丝组成的亚皮层，与盖髓明显分开。细胞外存在色素。锁状联合一般缺失（*Rhodophana* 组中存在）。腐生，生于地上或植物残体上，或寄生在其他真菌上。

模式种：*Rhodocybe caelata*（Fr.）Maire。

常见种：铜色红盖菇 *Rhodocybe nitellina*（Fr.）Singer（图 8-39A）；沙生红盖菇 *Rhodocybe caelata*（Fr.）Maire（图 8-39B）；红盖菇 *Rhodocybe mundula*（Lasch）Singer。

七、牛舌菌科 Fistulinaceae Lotsy

担子体具菌盖，有柄或无柄。菌盖匙形、肾形或圆形。菌柄多侧生且粗厚。菌肉肉质，多汁至纤维质。子实层假空状。菌管细小，密集而又分开，圆柱形。无囊状体。有或无棘状侧丝。孢子椭圆形至近球形，具尖突，光滑，无色，非淀粉质。木生。

模式属：牛舌菌属 *Fistulina* Bull.。

牛舌菌属 *Fistulina* Bull.

该属子实体一年生，无柄或具侧生柄，新鲜时肉质，伤后有血红色汁液流出，具难闻气味。菌盖近圆形，表面新鲜时粉褐色至紫褐色，被细小绒毛或栉状鳞片，干后具放射状褶皱。孔口表面新鲜时白色，触摸后变为黑色，干后变为暗褐色；独立或成簇聚集、易于剥离的小管。菌肉红色，具条纹斑痕。菌管新鲜时白色至浅黄色，干后褐色。担孢子宽椭圆形至近球形，无色，壁稍厚，光滑，非淀粉质，嗜蓝。春季至秋季生于壳斗科树干上，造成木材褐色腐朽。

模式种：*Fistulina buglossoides* Bull.。

常见种：牛舌菌 *Fistulina hepatica*（Schaeff.）With.（图 8-40）。

A B

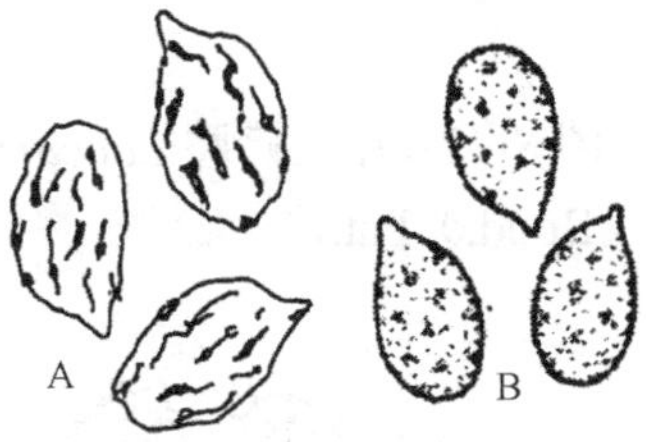

图 8-39 红盖菇属担孢子

A. 铜色红盖菇 *Rhodocybe nitellina*；B. 沙生红盖菇 *Rhodocybe caelata*

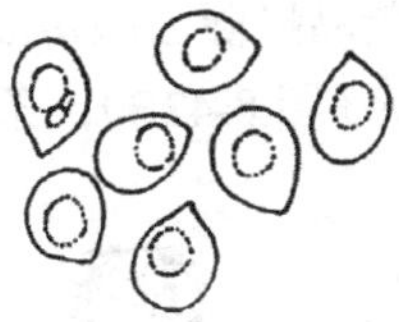

图 8-40 牛舌菌 *Fistulina hepatica* 孢子

八、轴腹菌科 Hydnangiaceae Gäum. & C.W. Dodge

腹菌型：担子体小，球形、陀螺状或不规则。包被甚薄，膜质，贴附于孢体，脱落或永存。孢体由小腔组成，小腔不规则或部分呈辐射状排列，淡红或赭色。菌髓片薄，由薄壁菌丝所组成。有锁状联合。菌丝时常膨大。中柱缺如或存在，局部或全部及顶。不育基部发育贫弱至缺如或存在而形成一短的、发育良好的柄。子实层托不胶质化。下子实层发育良好，假薄壁组织状，担子棒状，2 或 4 孢子。囊状体缺如。担孢子球形或近球形，无色至麦秆黄色，饰以圆锥状尖刺，脐肢近圆柱状具一宽的顶生脐孔，有时保留一崩解了的小梗附肢。地下生或半地上生。

伞菌（蜡蘑）型：菌盖凸镜形，后渐平展，表面光滑或粗糙，被密短绒毛或小鳞片，干或黏，褐色、粉色或紫色。菌褶直生或近延伸，厚，幅窄至稍宽，密至疏，粉色或紫色。菌柄发达，肉质。无菌幕。无明显气味。孢子印白色至浅灰色。担孢子近球形至球形，罕椭圆形，具小刺，透明，厚壁，无萌发孔，非淀粉质。褶缘囊状体不发达。菌盖表皮层无明显分化，有锁状联合。

模式属：轴腹菌属 *Hydnangium* Wallr.。

（1）轴腹菌属 *Hydnangium* Wallr.

担子体地下生或半地上生，球圆、近球圆或陀螺状，平滑，包被膜质，脱落性或永存性的。小腔小而不规则或交织状，时常从基部辐射而出，空心或局部充满子实层。菌髓片薄，由薄壁菌丝所组成。柄和中柱均缺如，有时具一小而不育的基部。锁状联合存在。菌丝常膨大。担子棒状，大多为4或2孢子的。囊状体缺如。子实下层发育良好，假薄壁组织的。担孢子球形或近球形，无色至麦秆黄色，孢壁稍增厚，有圆锥状的刺，刺向基处变为小疣；脐肢呈近圆柱状，有时保留小梗残迹。生于森林下土中或半埋土生。

模式种：*Hydnangium carneum* Wallr.。

常见种：柠檬黄轴腹菌 *Hydnangium citrinum* Wallr.（图8-41）。

（2）蜡蘑属 *Laccaria* Berk. & Broome

担子体杯伞状至口蘑状，橙褐色、红褐色、紫褐色至紫罗兰色。菌盖表面光滑，无毛至具絮状小鳞片，湿时常水浸状，条纹明显。菌褶直生或近延生，通常艳色。菌柄中生，圆柱形至棒状，常纤维质。无菌幕。菌肉与菌盖颜色相同。孢子印白色至淡紫色。担孢子大型，平滑，近球形至短椭圆形，有小刺或小疣，厚壁，透明，非淀粉质。担子棒状，2～4个担孢子。褶髓整形或近整形。褶缘囊状体有或无。无侧生囊状体。菌盖表皮层无明显分化，有锁状联合。

模式种：*Laccaria laccata*（Scop.）Cooke。

常见种：紫晶蜡蘑 *Laccaria amethystea*（Bull.）Murrill（图8-42A）；红蜡蘑 *Laccaria laccata*（Scop.）Cooke（图8-42B）；条柄蜡蘑 *Laccaria proxima*（Boud.）Pat.。

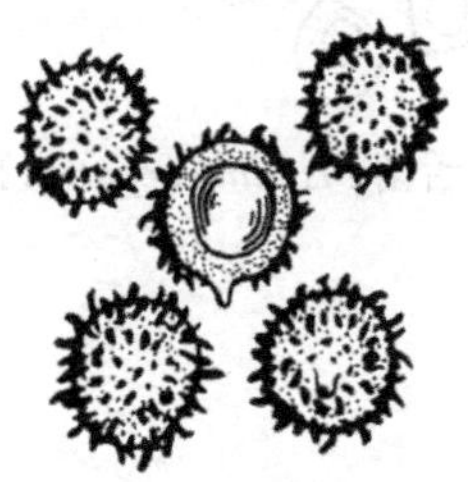

图8-41 柠檬黄轴腹菌 *Hydnangium citrinum* 孢子（引自刘波，1998）

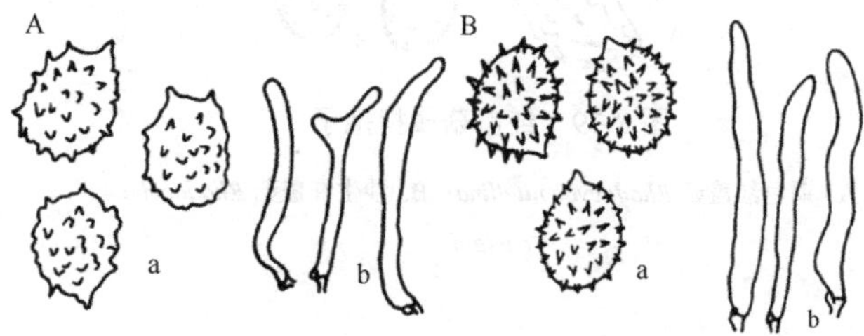

图8-42 蜡蘑属（引自木兰，2015）

A. 紫晶蜡蘑 *Laccaria amethystea*，a. 担孢子；b. 褶缘囊状体。B. 红蜡蘑 *Laccaria laccata*，a. 担孢子；b. 褶缘囊状体

九、蜡伞科 Hygrophoraceae Lotsy

担子体伞菌状，子实层体为菌褶。菌盖凸镜形、平展至钟状，光滑或具绒毛状鳞片，干、具油脂或黏，鲜红色、橙色、黄色、绿色和蓝绿色，也有白色、灰色或褐色。菌褶直生、弯生、顶端微凹（emarginate）或延生，厚，波状，稀疏。菌柄肉质。菌幕有或无。气味多样。孢子印白色至浅橙色。孢子近球状、椭圆形、少数圆柱状，有时具有特征性的中度收缩，透明，常具有大油滴，薄壁，无芽孔，光滑、少数具有小刺，非淀粉质，非嗜蓝，具有疣状脐，单核，少数双核或多核。担子长比孢子大5.5倍，无嗜铁颗粒。无囊状体。子实层菌髓规则型至不规则型。菌盖皮层为表皮型（cutis）、黏皮型、毛皮型或黏毛皮型。锁状联合有或无。腐生菌、菌根菌或地衣化菌；在开阔地、树林和灌木林中地生、少数木生。

模式属：蜡伞属 *Hygrophorus* Fr.。

（1）湿伞属 *Hygrocybe*（Fr.）P. Kumm.

担子体亚脐菇状、杯伞状、金钱菌状或口蘑状。菌盖表面干或黏至黏滑，若干则光滑、具纤丝状物、毡状或具有小鳞片，多数种为水浸状。菌褶厚，稀疏，离生、弯生、顶端微凹（emarginate）、直生至延生。菌柄表面干、湿至黏滑，若干则表面光滑或具纤丝状物。气味不明显，少数种具明显气味。味道温和，少数种具有苦味或腐臭气味。孢子印白色。孢子近球状、椭圆形、卵圆形、长椭圆形至圆柱形，光滑，透明，非淀粉质。担子细长，通常为 4 孢，常混有 2 孢。菌褶、菌髓相互交织、近规则型至规则型。无囊状体，但有些种具有由突出于子实层的菌髓、菌丝形成的假囊体。菌盖皮层和菌柄皮层为黏毛皮型、黏皮型、表皮型（cutis）或毛皮型。腐生生长在贫瘠的半人工草场地上及石楠灌丛、沙丘、草坪和沼泽地上。

模式种：*Hygrocybe conica*（Schaeff.）P.Kumm.。

常见种：变黑湿伞 *Hygrocybe conica*（Schaeff.）P. Kumm.（图 8-43A）；粉红湿伞 *Hygrocybe calyptriformis*（Berk.）Fayod；舟湿伞 *Hygrocybe cantharellus*（Schwein.）Murrill；绯红湿伞 *Hygrocybe coccinea*（Schaeff.）P. Kumm.（图 8-43B）；朱红湿伞 *Hygrocybe miniata*（Fr.）P. Kumm.（图 8-43C）。

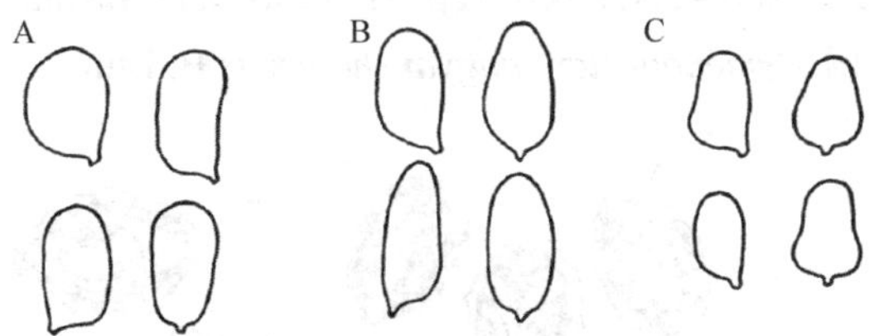

图 8-43　湿伞属担孢子

A. 变黑湿伞 *Hygrocybe conica*；B. 绯红湿伞 *Hygrocybe coccinea*；C. 朱红湿伞 *Hygrocybe miniata*

（2）蜡伞属 *Hygrophorus* Fr.

担子体口蘑状、杯伞状或金钱菌状。菌盖通常凸镜形或具中突，边缘内卷，光滑或少数具鳞片，干至黏，白色、近白色、灰色、褐色、橄榄色、黄色或橙色，有时具酒红色、浅红色或橙色色调。菌褶直生至深延生，厚，稀疏，在基部常有脉纹，白色，有些种呈黄色、亮酒红粉色。菌柄干至黏滑，光滑或具纤丝状物，在上部常具粉状物、颗粒状物或具水滴斑，与菌盖同色或更浅。有些种中有黏外菌幕或丝膜状菌幕。菌肉厚，白色或与菌盖近同色，少数种伤后变褐色、红色或黄色。具有苦杏仁味、松脂味、水果香味或无气味。味道温和，少数种味道苦。孢子印白色。孢子椭圆形，光滑，透明，非淀粉质。担子长，窄棒状，具 4 孢，少数具 2 孢。囊状体少见。菌褶菌髓两侧型。菌盖皮层为黏毛皮型、黏皮型或表皮型（cutis），少数为毛皮型。具有锁状联合。地生，与针叶树和阔叶树形成菌根。

模式种：*Hygrophorus eburneus*（Bull.）Fr.。

常见种：柠檬蜡伞 *Hygrophorus lucorum* Kalchbr.；皮尔松蜡伞 *Hygrophorus persoonii* Arnolds（图 8-44A）；红菇蜡伞 *Hygrophorus russula*（Schaeff.）Kauffman；美味蜡伞 *Hygrophorus agathosmus* Fr.（图 8-44B）。

十、层腹菌科 Hymenogastraceae de Toni

担子体伞菌状或块菌状，子实层体褶状或迷宫状。菌盖凸镜形、扁平状、钟形、半球形、圆锥形，光滑，被绒毛或鳞片，干，多脂或黏，多数种褐色，但发现有的种也呈现黄色、蜂蜜色、淡黄色或橄榄色。菌褶直生、弯生或近延生，有小褶片。菌柄发育中等，肉质，常根状。菌幕有或无；有或无菌环；无菌托。无气味或不明显（*Hebeloma* 常带有胡萝卜或水果气味）。孢子印淡红棕色、淡锈色至赭锈色、淡紫褐色至褐黑色。担孢子椭圆形、苦杏仁形或柠檬形，淡褐色至赭锈色，少透明，厚壁，有或无芽孔，近平截，光滑，具小疣或有疣状隆起，拟糊精质或无碘反应现象，嗜蓝，孢子顶端有开裂的孔隙。有褶缘囊状体，有或无侧生囊状体，有黄色囊状体，薄壁或少有厚壁，光滑或顶端硬壳包被，黄色囊状体有黄色内含物。菌褶菌髓规则型，老后不规则型。有或无锁状联合。菌根菌，少数腐生于植物残骸、苔藓、粪肥或树干、树枝上。

（1）层腹菌属 *Hymenogaster* Vittad.

担子体近球形，不规则球形，陀螺型。包被 1～2 层，不开裂。孢体通常呈棕色，浓淡不一，由从基部发出不规则或近辐射状的菌髓片结合形成的空腔组成。菌髓片无色至有色。担子产 2～4 个孢子。担孢子有色，宽纺锭状、柠檬形，平滑或具疣、多褶皱，蜂窝状或网状，具或不具近褶皱的孢壳。生长在地表或有机质丰富的地下。

模式种：*Hymenogaster citrinus* Vittad.。

扫一扫　看彩图

常见种：白层腹菌 *Hymenogaster albus*（Klotz.）Berk. et Br.（图 8-45A）；沙生层腹菌 *Hymenogaster arenarius* Tul.（图 8-45B）；黑层腹菌 *Hymenogaster atratus*（Rodw.）Zeller et Dodged（图 8-45C）；苍岩山层腹菌 *Hymenogaster cangyanshanensis* B. Liu。

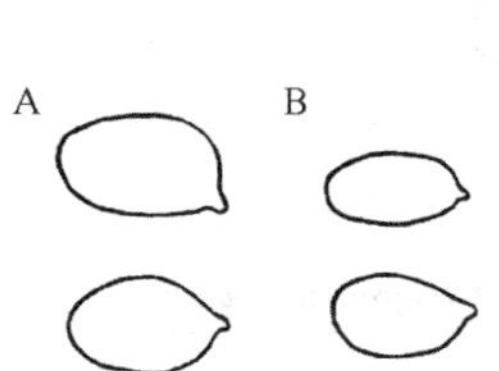

图 8-44　蜡伞属担孢子

A. 皮尔松蜡伞 *Hygrophorus persoonii*；B. 美味蜡伞 *Hygrophorus agathosmus*

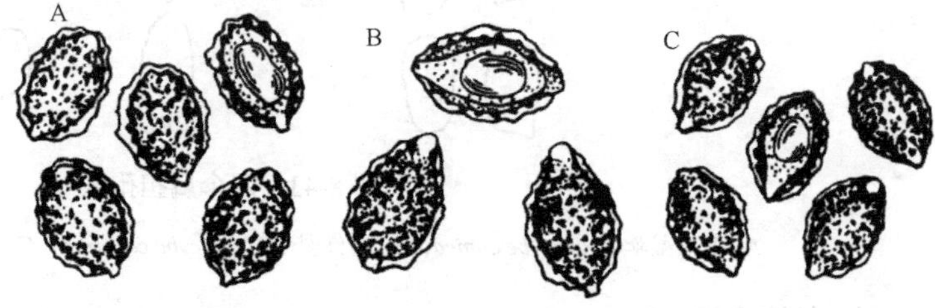

图 8-45　层腹菌属担孢子（引自刘波，1998）

A. 白层腹菌 *Hymenogaster albus*；B. 沙生层腹菌 *Hymenogaster arenarius*；C. 黑层腹菌 *Hymenogaster atratus*

（2）盔孢菌属 *Galerina* Earle

担子体小型，菌盖初期钟形或圆锥形，有时半球形或近球形，菌盖褐色、栗褐色、黄褐色或赭色，少有橘黄色，边缘有时水浸状。菌褶延生至直生，褐色、肉桂褐色或绣褐色。菌柄中生，柄上常具有丝膜状菌幕残迹，常有菌幕，有的有明显的菌环，或菌环状的带，丝状或膜状，白色、黄色，少有绿色。孢子印锈褐色至赭色。担孢子卵圆形至椭圆形，或近橄榄形至近梭形，在显微镜下呈蜜黄色至锈黄褐色，有脐上光滑区，在此区以外常具有小瘤，少有光滑，大多非淀粉质，有或无芽孔。担子具 2 个或 4 个孢子。菌丝有或无锁状联合。大部分种具有侧生囊状体和褶缘囊状体，个别种只具有褶缘囊状体。盖表皮囊体罕见，常常缺失，如果有也不形成稠密的子实下层状的一层，在角皮层中没有球形细胞。常有柄生囊状体。生于苔藓层上、腐木上、植物残体上和地上。

模式种：*Galerina vittiformis*（Fr.）Singer。

扫一扫　看彩图

常见种：沟条盔孢菌 *Galerina vittiformis*（Fr.）Singer（图 8-46A）；毒盔孢菌 *Galerina venenata* A.H. Sm.（图 8-46B）；大囊盔孢菌 *Galerina megalocystis* A.H. Sm. & Singer（图 8-46C）；

细条盔孢菌 *Galerina filiformis* A.H. Sm. & Singer（图 8-46D）、条纹盔孢菌 *Galerina marginata*（Batsch）kühner。

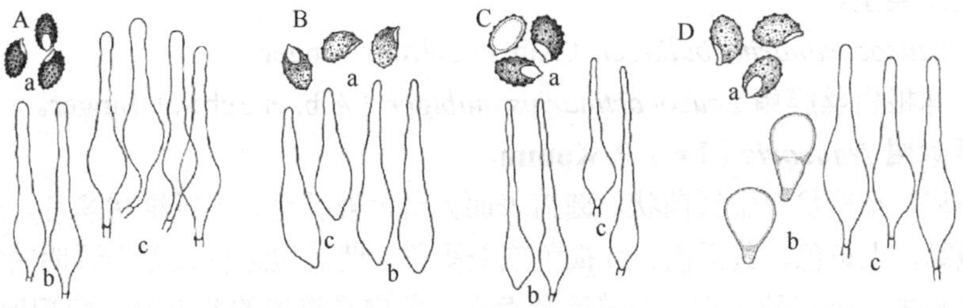

图 8-46　盔孢菌属

A. 沟条盔孢菌 *Galerina vittiformis*，a. 担孢子；b. 侧生囊状体；c. 褶缘囊状体。B. 毒盔孢菌 *Galerina venenata*，a. 担孢子；b. 侧生囊状体；c. 褶缘囊状体。C. 大囊盔孢菌 *Galerina megalocystis*，a. 担孢子；b. 侧生囊状体；c. 褶缘囊状体。D. 细条盔孢菌 *Galerina filiformis*，a. 担孢子；b. 侧生囊状体；c. 褶缘囊状体

（3）滑锈伞属 *Hebeloma*（Fr.）P. Kumm.

担子体小型、中等至大型。菌盖肉质，盖表面黏，幼时半球形，后渐平展，幼时盖缘内卷。菌褶弯生至近直生，初期淡陶土色或浅色，后呈深褐色，褶缘颜色稍浅或白色。菌肉较厚，无气味或具特殊的气味。菌柄肉质或纤维质，实心或空心，白色，绝大多数种从基部向上颜色逐渐变为淡黄色、淡黄褐色，柄上部具小鳞片或白色粉霜，具丝膜，菌环有或无。有时存在白色的根状菌索。孢子印黄褐色，赭褐色至红褐色。担孢子蜜黄色，表面具小疣，杏仁形至拟纺锤形，少为椭圆形和长椭圆形，无芽孔。担子棒状，具 2～4 小梗。无侧生囊状体，褶缘囊状体形状多样，柄生囊状体有或无。菌盖外皮层由平伏的胶质菌丝组成，下皮层多为不规则的菌丝，表面粗糙，具蜜黄色至锈色结晶。具锁状联合。地生，多数为外生菌根菌。

模式种：*Hebeloma fastibile*（Pers.）P. Kumm.。

常见种：大毒滑锈伞 *Hebeloma crustuliniforme*（Bull.）Quél.（图 8-47A）；酒红褶滑锈伞 *Hebeloma vinosophyllum* Hongo（图 8-47B）；毒滑锈伞 *Hebeloma fastibile*（Pers.）P. Kumm.（图 8-47C）。

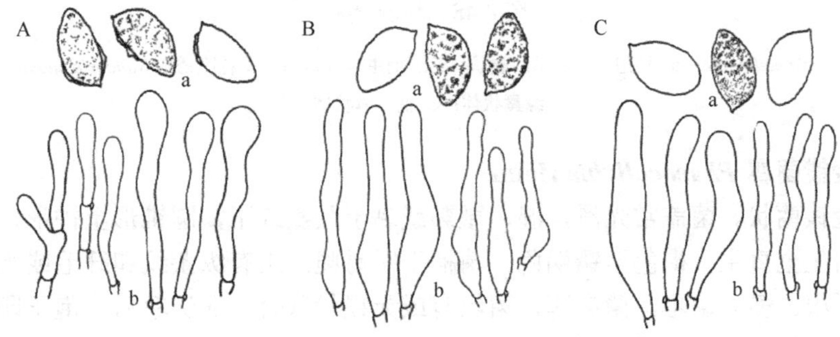

图 8-47　滑锈伞属

A. 大毒滑锈伞 *Hebeloma crustuliniforme*，a. 担孢子；b. 褶缘囊状体。B. 酒红褶滑锈伞 *Hebeloma vinosophyllum*，a. 担孢子；b. 褶缘囊状体。C. 毒滑锈伞 *Hebeloma fastibile*，a. 担孢子；b. 褶缘囊状体

（4）白丝膜菌属 *Leucocortinarius*（J. E. Lange）Singer

担子体外形颇似丝膜菌属 *Cortinarius*，但菌褶初期为白色，密而近弯生。孢子印初期白

色后期淡褐。菌盖幼期黏滑，柄上有菌环，柄基部球形膨大。担孢子在显微镜下较透明，不呈深褐色，无芽孔，壁双层，光滑，菌褶髓与菌丝交织型。具锁状联合。被认为是白蘑科和丝膜菌科的过渡类型。

扫一扫 看彩图

模式种：*Leucocortinarius bulbiger*（Alb. et Schw.）Singer。

常见种：球根白丝膜菌 *Leucocortinarius bulbiger*（Alb. et Schw.）Singer。

（5）脆锈伞属 *Naucoria*（Fr.）P. Kumm.

担子体小型，小菇状至金钱菌状。菌盖表面光滑、被绒毛、小纤维状鳞片，水浸状或非水浸状，干至微黏，土黄色、黄褐色、红褐色或灰褐色，菌盖边缘有或无半透明的短条纹。菌幕存在，通常易消失，个别种一直有菌幕残片存在。菌肉具淡淡的萝卜味。菌褶近弯生至直生，土黄色、灰褐色至茶褐色。菌柄纤维状，淡褐色至灰色，大多数种从基部（深褐色）向上渐褪色。孢子印土黄褐色至褐色。担孢子杏仁形、柠檬形至纺锤形，表面近光滑至具小疣，一些种为拟糊精质。担子圆柱形或棒状，具 2～4 小梗。褶缘囊状体锥形、烧瓶形或一侧膨大，顶端呈长喙状。侧生囊状体缺失。菌盖外皮层通常由未分化的平伏菌丝或由球形、短梨形或泡囊状的细胞成栅状排列组成。菌褶菌髓平行型至近平行型或交错型。锁状联合有或无。

林中地生，通常与桤木属 *Alnus* 和柳属 *Salix* 共生形成外生菌根菌。

模式种：穗粒脆锈伞 *Naucoria escharioides*（Fr.）P.Kumm.。

常见种：穗粒脆锈伞 *Naucoria escharioides*（Fr.）P.Kumm.（图 8-48A）；香花脆锈伞 *Naucoria suavis* Bres.（图 8-48B）。

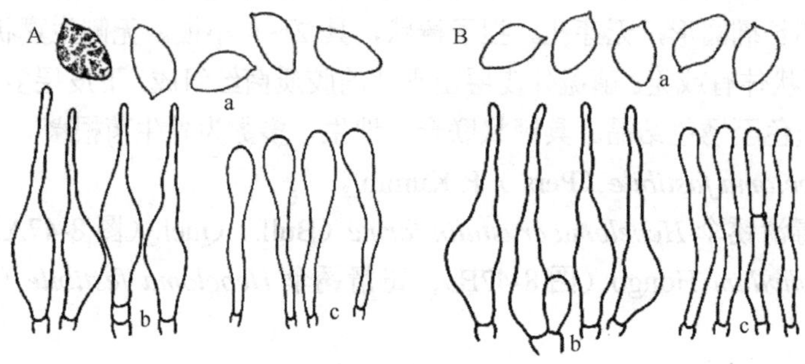

图 8-48　脆锈伞属

A. 穗粒脆锈伞 *Naucoria melinoides*，a. 担孢子；b. 褶缘囊状体；c. 柄生囊状体。B. 香花脆锈伞 *Naucoria suavis*，a. 担孢子；b. 褶缘囊状体；c. 柄生囊状体

扫一扫 看彩图

（6）暗金钱菌属 *Phaeocollybia* Heim

担子体金钱菌状。菌盖常光滑，湿，微黏或黏至胶黏或干，圆锥形至钟形，伸展后具脐凸。菌褶狭附生至直生，褐色至锈褐色。菌柄干时易脆，上有纵条纹和纤毛或光滑，有明显向下延伸的假根。多无菌幕。菌肉薄，菌丝有或无锁状联合，非淀粉质。孢子印锈色至赭褐色。担孢子有纹饰，有小瘤或小刺，罕光滑，褐黄色至锈色，椭圆形至近橄榄形，有或无侧生囊状体，常有褶缘囊状体。菌褶、菌髓规则至不规则。菌盖外皮层为未分化的平伏的菌丝至分化近栏状排列的菌丝组成。地生、粪生或生于枯枝落叶层上。

扫一扫 看彩图

模式种：*Phaeocollybia lugubris*（Fr.）R. Heim。

常见种：哥伦比亚暗金钱菌 *Phaeocollybia columbiana* Singer（图 8-49A）；褐暗金钱菌 *Phaeocollybia fallax* A.H. Sm.（图 8-49B）。

十一、丝盖伞科 Inocybaceae Jülich

担子体小型至大型，伞形，中央或具钝至锐突起，表面光滑或纤维丝状，少被鳞片。菌肉多为白色，薄，土腥味或无味。菌褶多为延生、弯生，中等密至较密，白色、褐色或锈色。菌柄圆柱形，基部或膨大，表面具纤维丝状、绒毛状、颗粒状鳞片，多与菌盖同色，少数种类具膜质环，易脱落。担子圆柱状至棒状，一般具 4（2）个担子小梗。担孢子黄褐色至锈色，近球形至椭圆形、杏仁形、部分种类孢子多角形，表面光滑、具疣突，或针刺多无色。缘生囊状体厚壁或薄壁状，侧囊体有或无，多生厚壁，被结晶，若无则缘生囊状体均为薄壁，柄生囊状体分为薄壁和厚壁，多与子实层囊状体形态相似。多生于林中地上，与树木形成外生菌根。

模式属：丝盖伞属 *Inocybe*（Fr.）Fr.。

丝盖伞属 *Inocybe*（Fr.）Fr.

该属担子体小菇状、金钱菌状或口蘑状，多数白色、灰色、褐色至黄色，有些种具有红、绿或紫色。菌盖纤维状至开裂，一些种具有反卷鳞片，干或稍黏。菌褶直生至贴生，初期白色、淡灰色、褐色或具有黄色或橄榄色，成熟后变为灰褐色。菌柄等粗或具球根状基部，多数种具白霜状粉末。菌盖边缘通常有菌幕存在，有时菌柄具环痕迹或纤维状片鳞，有时存在于菌盖表面或菌柄基部边缘。多数种具土腥味，一些种气味独特，有些种类味道不明显或稍苦。孢子印灰褐色。孢子多角形至具疣突，杏仁形、卵圆形至豆形，鲜有萌发孔。光滑，褐色至带褐色。缘生囊状体存在，丝盖伞亚属的种类一般具有厚壁的缘生囊状体和侧生囊状体，顶部具结晶体。此外，这些种类还通常具有薄壁的球形至梨形的薄囊体。菌盖表皮为未分化的平伏型至栅栏状。锁状联合存在。生于森林土壤，与植物形成外生菌根。

模式种：*Inocybe relicina*（*Fr.*）Quél.。

常见种：土味丝盖伞原变种 *Inocybe geophylla* var. *geophylla*；海南丝盖伞 *Inocybe hainanensis* T. Bau & Y.G. Fan；薄囊丝盖伞 *Inocybe leptocystis* G.F. Atk.；星孢丝盖伞 *Inocybe asterospora* Quél.（图 8-50）。

扫一扫　看彩图

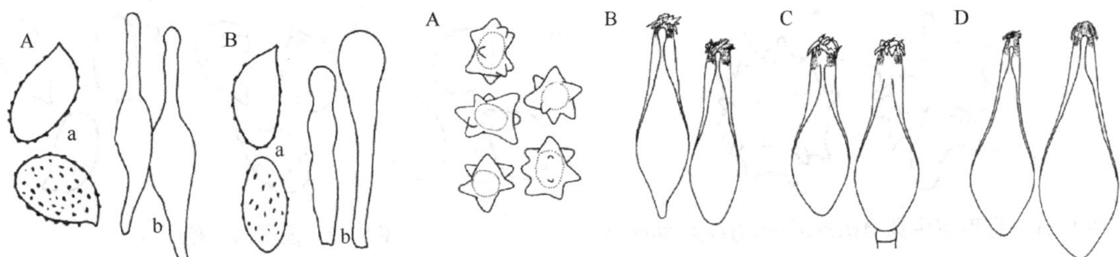

图 8-49　暗金钱菌属

A. 哥伦比亚暗金钱菌 *Phaeocollybia columbiana*，a. 担孢子；b. 褶缘囊状体。B. 褐暗金钱菌 *Phaeocollybia fallax*，a. 担孢子；b. 褶缘囊状体

图 8-50　星孢丝盖伞 *Inocybe asterospora*

A. 孢子；B. 侧生囊状体；C. 缘生囊状体；D. 柄生囊状体

十二、离褶伞科 Lyophyllaceae Jülich

担子体伞菌形，菌盖凸镜形、平展或贝形，表面光滑，干，油，白色、奶油色、灰色或

棕色，很少紫色、粉色或黄色。菌褶直生、弯生或稍延生，一些属伤后变蓝色、灰色或黑色。菌柄正常发育或是稍偏生，肉质，一些种具有根状结构。菌幕一般缺失。气味不明显或粉质。孢子印白色至淡奶油色。孢子形状多样，近球形、卵形、椭圆形、纺锤形、扁桃形、长菱形或三角形，无色透明，大多数属厚壁，无萌发孔，表面光滑、略粗糙或具有小刺，非淀粉质，具嗜蓝性。囊状体一般缺失或不明显。子实层髓规则型。盖皮层皮层状、丛毛状或膜皮状。锁状联合存在。腐生于地上、草茎、树干、树桩等，一些属可引起褐腐。寄生菇属 *Asterophora* 则寄生于红菇科 Russulaceae 和玉蕈属 *Hypsizygus* 的种上。常生于比较肥沃的土壤上、火烧地、森林、矮树林、开阔地及原木等环境中。

（1）寄生菇属 *Asterophora* Ditmar

担子体小菇形至金钱菌形，生于真菌上。菌盖圆锥形、半圆形或凸镜形，表面光滑至纤毛或粉状，干，白色，灰色至棕色。菌褶厚、稀，常退化。菌柄近圆柱形，与菌盖同色。气味和味道粉质或不明显。孢子印白色。孢子椭圆形，表面光滑，无碘反应，具有嗜蓝性，产孢结构退化。厚垣孢子大量存在于菌盖或是菌褶表面，具有嗜蓝性。囊状体缺失。盖皮层皮层状或是丛毛状。锁状联合存在。夏秋季寄生于红菇属 *Russula* 和乳菇属 *Lactarius* 种类的菌盖或菌柄上。

模式种：*Asterophora lycoperdoides*（Bull.）Ditmar。

常见种：星孢寄生菇 *Asterophora lycoperdoides*（Bull.）Ditmar（图 8-51）。

（2）丽蘑属 *Calocybe* Donk

子实体口蘑形。菌盖圆锥形至凸镜形，表面光滑至具有细绒毛，干。菌褶弯生，极密。菌柄圆柱形，实心。菌肉厚。气味和味道粉质或难闻。孢子印白色至奶油色。孢子椭圆形，光滑，具有嗜蓝性，无碘反应。担子较长，嗜铁性。缘囊体存在或缺失。盖皮层皮层状，色素存在或泡状。锁状联合存在。腐生于树林、草丛或草地上。

模式种：*Calocybe gambosa*（Fr.）Donk。

常见种：紫皮丽蘑 *Calocybe ionides*（Bull.）Donk（图 8-52A）；纯白丽蘑 *Calocybe leucocephala*（Fr.）Singer（图 8-52B）；香杏丽蘑 *Calocybe gambosa*（Fr.）Sing.（图 8-52C）。

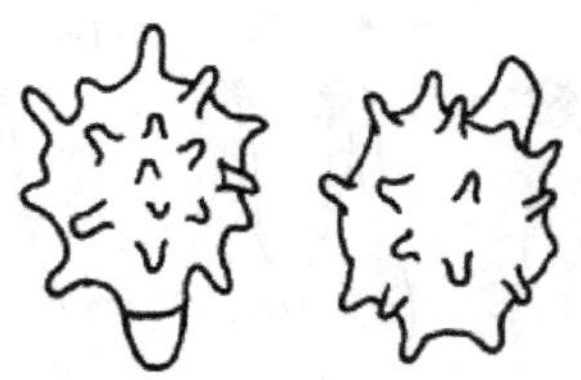

图 8-51　星孢寄生菇 *Asterophora lycoperdoides* 担孢子

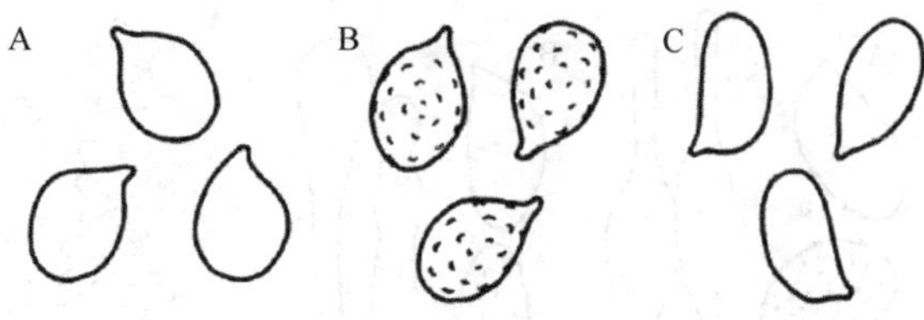

图 8-52　丽蘑属担孢子

A. 紫皮丽蘑 *Calocybe ionides*；B. 纯白丽蘑 *Calocybe leucocephala*；C. 香杏丽蘑 *Calocybe gambosa*

（3）玉蕈属 *Hypsizygus* Singer

担子体口蘑形至侧耳形，白色至淡灰棕色。菌盖凸镜形至平展，幼时边缘具有波状的细绒毛，光滑、干，通常带有水浸状的棕色小点。菌褶直生至稍延生，宽，密。菌柄实心，干，厚实，表面被有厚棉毛、绒毛或纤毛。气味少带有粉质味或不明显。味道温和。孢子印白色或淡奶油色。孢子宽椭圆形至近球形，表面光滑，无碘反应，具有嗜蓝性。担子较长，弱嗜蓝性。囊状体缺失。盖皮层皮层状。锁状联合存在。寄生或腐生于桦树或榆树上，偶见生于杨树上，生于活树、枯立木、倒木树干、树枝、树基部，有时簇生于公园、针叶树或阔叶树树林、果园中，白腐。

模式种：*Hypsizygus tessulatus*（Bull.）Singer。

常见种：斑玉蕈 *Hypsizygus marmoreus*（Peck）H.E.Bigelow（图 8-53）；榆干玉蕈 *Hypsizygus ulmarius*（Bull.）Redhead。

（4）离褶伞属 *Lyophyllum* P. Karst.

担子体小菇形、金钱菌形、杯伞形或是口蘑形。菌盖凸镜形、圆锥形、贝壳形、平展或是中央具有凹陷呈脐形，大多数带有相当暗的、灰色的或是棕色的颜色，常水浸状。菌褶窄，离生、弯生或短延生，白色至奶油色、灰色或棕色。气味粉质，腐臭或是类似黄瓜的味道，有时不明显。味道个别种辛辣。孢子印白色至奶油色。孢子球形、近球形、椭圆形、纺锤形、长菱形或四方形，表面光滑或具有纹饰，无色透明，无碘反应。缘囊体缺失或不明显。盖皮层皮层状。锁状联合存在。腐生于森林中的枯枝落叶层和腐殖土层。

模式种：*Lyophyllum leucophaeatum*（P. Karst.）P. Karst.。

常见种：角孢离褶伞 *Lyophyllum transforme*（Britz.）Singer（图 8-54A）；榆生离褶伞 *Lyophyllum ulmarium*（图 8-54B）；白褐离褶伞 *Lyophyllum leucophaeatum*（Karst.）Karst.（图 8-54C）；荷叶离褶伞 *Lyophyllum decastes*（Fr.）Singer（图 8-54D）。

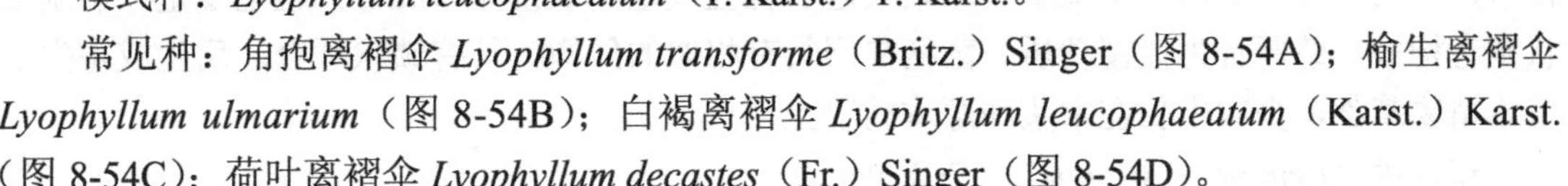

图 8-53　斑玉蕈 *Hypsizygus marmoreus* 担孢子

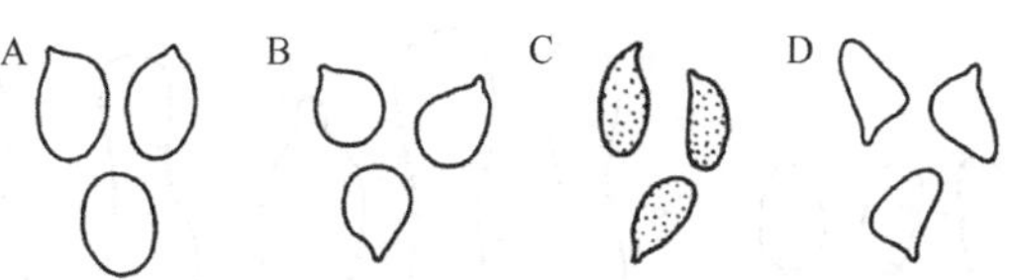

图 8-54　离褶伞属孢子

A. 角孢离褶伞 *Lyophyllum transforme*；B. 榆生离褶伞 *Lyophyllum ulmarium*；C. 白褐离褶伞 *Lyophyllum leucophaeatum*；D. 荷叶离褶伞 *Lyophyllum decastes*

十三、小皮伞科 Marasmiaceae Kühner

担子体伞菌状。菌盖凸镜形，平展，光滑或具菌毛状鳞片，干，白色、黄色、灰色、褐色至红褐色。菌柄正常发育或无菌柄，纤维质。无菌幕。气味不明显或具有甜味。孢子印白色。孢子椭圆形、近圆柱形、纺锤形、近梨形至棒状，透明，壁薄，无芽孔，光滑，非淀粉质或类糊精质，无嗜蓝反应。具有囊状体，为具分枝的缘囊体或具有许多短分枝；侧囊体细长，壁厚，刚毛状；盖囊体和柄囊体壁薄至厚，光滑。子实层菌髓规则至不规则型。菌盖皮层为膜皮型，或由栅栏状的菌毛构成，或者由具有短突起的细胞构成；有些属菌盖和菌柄上具有厚壁、类糊精质至淀粉质的菌毛。具有锁状联合。腐生于开阔地、树林和灌木丛中的枯枝落叶层、树干、树桩、树枝和枯草上。

（1）脉褶菌属 *Campanella* Henn.

担子体靴耳状。担子体无菌柄，背面附着或偏生于基质上。菌盖倒置的杯状至凸镜形，后期平展，少具有放射状的皱褶，黏，光滑，非水渍状，有或无透明的条纹，颜色多样：酒红蓝灰色至浅灰绿色，橄榄灰色或浅黄褐色，向边缘颜色渐浅。菌褶退化，宽，相互连接形成脉纹，有时形成网状，边缘具粉末，稀疏，与菌盖同色或更浅。气味不明显。味道温和。孢子印白色。孢子宽椭圆形至长椭圆形，卵圆形或杏仁状，壁薄，光滑，透明，非淀粉质。担子 4 孢，少数 2 孢。缘囊体烧瓶形，有时顶部近头状，下部具有许多丝状物。菌盖皮层为枝状结构（ramealis structure）。腐生于枯草茎上、草地上，沼泽地上及暴露的海岸沙丘上。

模式种：*Campanella buettneri* Henn.。

常见种：暗淡色脉褶菌 *Campanella tristis*（G. Stev.）Segedin（图 8-55）；中国脉褶菌 *Campanella sinica* T.H. Li；脉褶菌 *Campanella junghuhnii*（Mont.）Singer。

扫一扫 看彩图

（2）毛皮伞属 *Crinipellis* Pat.

担子体小皮伞状，具有褐色的长菌毛。菌盖半球形，渐变凸镜形，后期平展，常具有小乳突，浅奶油白色，密布放射状排列的橙色至红褐色硬菌毛。菌褶离生或窄直生，中等间距至密，白色。菌柄丝状，浅奶油色，密布橙色至红褐色硬菌毛。气味不明显。味道温和。孢子印白色。孢子宽椭圆形至长椭圆形，透明，非淀粉质。担子 4 孢。缘囊体窄棒状、纺锤形、棒状，常具有分叉或具一个或多个顶端突起。菌盖皮层为表皮型（cutis）至毛皮型，由刚毛状菌毛构成，壁厚且为拟糊精质。菌柄皮层具有相似的结构。具有锁状联合。腐生或寄生于草本植物基部，少数生长在木头和藤本植物上。

扫一扫 看彩图

模式种：*Crinipellis stipitaria*（Fr.）Pat.。

常见种：柄毛皮伞 *Crinipellis scabella*（Alb. & Schwein.）Murrill（图 8-56）。

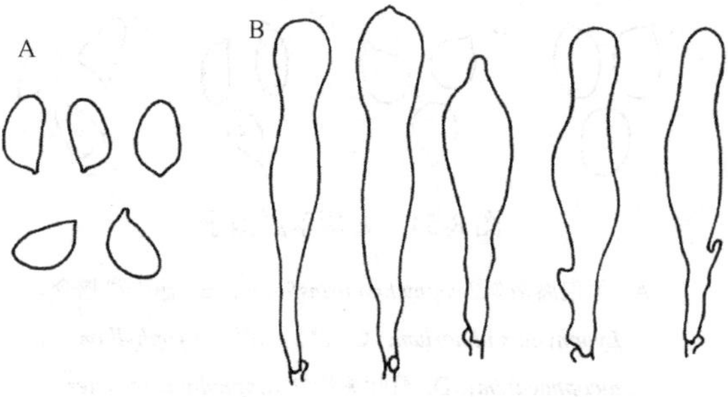

图 8-55　暗淡色脉褶菌 *Campanella tristis*

A. 孢子；B. 缘囊体

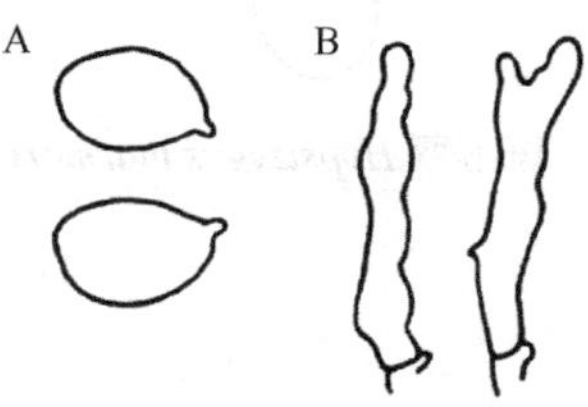

图 8-56　柄毛皮伞 *Crinipellis scabella*

A. 孢子；B. 缘囊体

（3）巨囊菌属 *Macrocystidia* Earle

担子体暗褐色，中型。菌盖圆锥形至钟状，光滑至具微小绒毛，干，暗褐色，边缘色浅，具条纹，水浸状。菌褶离生，浅赭色、浅黄色至黏土粉色，边缘具有微细毛缘。菌柄中空，干，具绒毛，与菌盖同色，上部色浅。菌盖菌肉脆，菌柄菌肉韧。具有黄瓜气味。味道呈淀粉味。孢子印粉赭色。孢子椭圆形，光滑，透明，非淀粉质，外壁嗜蓝。侧囊体和缘囊体烧瓶纺锤形，向上渐细，顶端渐细。菌盖皮层为表皮型（cutis）。具有锁状联合。夏季至秋季单生或群生于阔叶林中地上。

扫一扫 看彩图

模式种：*Macrocystidia cucumis*（Pers.）Joss.。

常见种：巨囊蘑 *Macrocystidia cucumis*（Pers.）Joss.（图 8-57）。

（4）小皮伞属 *Marasmius* Fr.

担子体小皮伞状，韧。菌盖圆锥状至凸镜形，后期平展，常平截，光滑或具放射状沟槽，光滑或具微细粉末至绒毛或菌毛。菌褶离生至直生，有时退化呈网纹状或无菌褶，稀疏，少数中等间距至密，窄至宽，白色、奶油色至浅褐色。菌柄常呈丝状或菌毛状，韧，软骨质，圆柱形或扁平，光滑，具绒毛或具菌毛，具有基部菌丝体，有时具假根，有时具小侧枝；有些种具有菌索和光滑菌柄。气味多样，从无气味至具甜味。味道温和。孢子印白色。孢子椭圆形至宽椭圆形，有时呈纺锤形，果仁状至近梨形，少数呈近球状，透明，非淀粉质，无或弱嗜蓝反应。担子4孢，少数2孢。具有子实层囊状体。菌盖皮层呈规则或不规则的栅栏状，由具短突起的细胞、扫帚状细胞或不规则分枝的具短突起的细胞构成。有时具盖囊体。锁状联合存在，少数无锁状联合。生长在草本和木本植物的叶子、小枝和茎上，少数生于地上。

模式种：*Marasmius rotula*（Scop.）Fr.。

常见种：硬柄小皮伞 *Marasmius oreades*（Bolton）Fr.（图 8-58）；琥珀小皮伞 *Marasmius siccus*（Schwein.）Fr.；车轴皮伞 *Marasmius rotula*（Scop.）Fr.；叶生皮伞 *Marasmius epiphyllus*（Pers.）Fr.。

扫一扫 看彩图

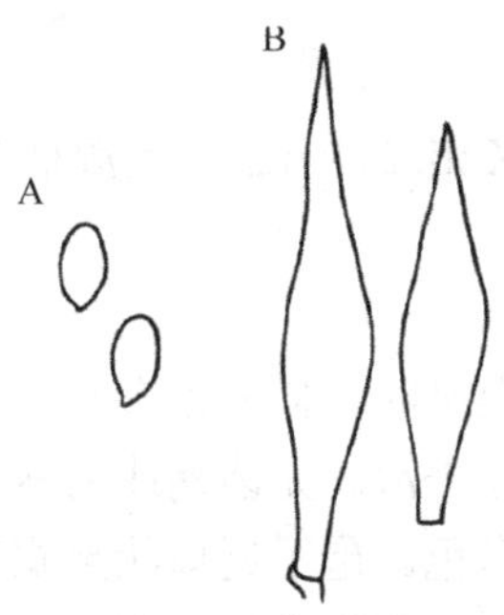

图 8-57 巨囊蘑 *Macrocystidia cucumis*

A. 孢子；B. 侧生囊状体

图 8-58 硬柄小皮伞 *Marasmius oreades* 孢子

（5）大金钱菌属 *Megacollybia* Kotl. & Pouzar

担子体口蘑状，菌柄基部具有明显的白色菌索。菌盖凸镜形至平展，有时中部下陷，具有放射状的纤丝，有时具有小鳞片，后期具有散开的纤维，干，浅灰褐色，后期颜色变浅至浅黄色，非水浸状。菌褶直生至窄直生至顶端微凹（emarginate），宽，稀疏，白色。菌柄圆柱形或基部膨大，常扁平，近白色，浅灰褐色，纤维质。气味不明显。味道温和。孢子印白色。孢子球状至近球状，光滑，透明，非淀粉质。担子4孢。缘囊体宽棒状。无侧囊体。菌盖皮层为表皮型（cutis）至毛皮型。具有锁状联合。腐生于阔叶树上，少数生于针叶树上，有时地生；春季至秋季生长。

模式种：*Megacollybia platyphylla*（Pers.）Kotl. & Pouzar。

常见种：宽褶大金钱菌 *Megacollybia platyphylla*（Pers.）Kotl. & Pouzar（图 8-59）。

扫一扫 看彩图

（6）老伞属 *Gerronema* Singer

担子体亚脐菇状。菌盖凸镜形至漏斗形或中部具脐凹，光滑，具有放射状纤丝，干，浅黄色至灰褐色。菌褶延生，常具分叉，白色至浅黄色。菌柄中生，白色，浅黄色至浅灰色。菌肉软质至软骨质。孢子印白色至浅黄色。孢子柠檬形、倒梨形、椭圆形至近梨形，光滑，壁薄，透明，非淀粉质，非异染性。缘囊体近圆柱形，棒状或烧瓶形。有或无侧囊体。菌盖皮层为表皮型（cutis）。菌柄和菌盖菌髓菌丝凝胶化。锁状联合有或无。夏季至秋季腐生于木头或残骸上。

模式种：*Gerronema melanomphax* Singer。

常见种：白老伞 *Gerronema albidum*（Fr.）Singer；膜质老伞 *Gerronema nemorale* Har. Takah.。

（7）湿柄伞属 *Hydropus* Singer

担子体小菇状至金钱菌状，少数为亚脐菇状。菌盖光滑，具有粉末至绒毛，常具纤丝状物，干至润滑，有或无水渍状，有或无条纹，浅黄褐色，灰色至暗灰黑褐色或黑色，有或无橄榄色调。菌褶弯生至延生，稀疏至密，白色至灰色，有时具有更暗的边缘，或为黑色。菌柄圆柱形，光滑至具绒毛，比菌盖色浅，具有粉末至绒毛。菌肉薄，菌柄菌肉呈水湿状。气味和味道不明显。孢子印白色至近白色。孢子球形、近梨形、椭圆形，圆柱形或香肠形，壁薄，光滑，无芽孔，淀粉质或非淀粉质，透明。具有缘囊体，烧瓶形，常混有担子。具有侧囊体，较大，棒状至烧瓶形，有时附着黏性物质。常具有盖囊体或菌盖皮层中特化的末端细胞。具有柄囊体。菌盖皮层为表皮型（cutis）或黏皮型至毛皮型。有锁状联合。腐生于腐木、木片或混有泥土的锯木屑上，或者直接生长在钙质土地上。

模式种：*Hydropus fuliginarius*（Batsch）Singer。

常见种：暗灰湿柄伞 *Hydropus atramentosus*（Kalchbr.）Kotl. & Pouzar；黑湿柄伞 *Hydropus nigrita*（Berk. & M.A. Curtis）Singer。

（8）圆孢侧耳属 *Pleurocybella* Singer

担子体侧耳状，颜色均匀呈白色至奶油色。菌盖舌状至耳状，向基部渐窄，边缘内卷，具有微小绒毛，渐变光滑，干，水渍状。菌褶窄，密，边缘平滑。无菌柄或菌柄退化。无菌幕。菌肉具弹性，无黏皮层。气味和味道不明显。孢子印白色。孢子近球状至宽椭圆形，光滑，透明，非淀粉质。缘囊体圆柱状至近棒状或烧瓶形，有时无缘囊体。菌盖皮层为表皮型（cutis）至毛皮型。有锁状联合。腐生于针叶树树桩或原木上，少数生长在木屑上，常叠生；秋季至晚秋发生。

模式种：*Pleurocybella porrigens*（Pers.）Singer。

常见种：贝形圆孢侧耳 *Pleurocybella porrigens*（Pers.）Singer（图 8-60）。

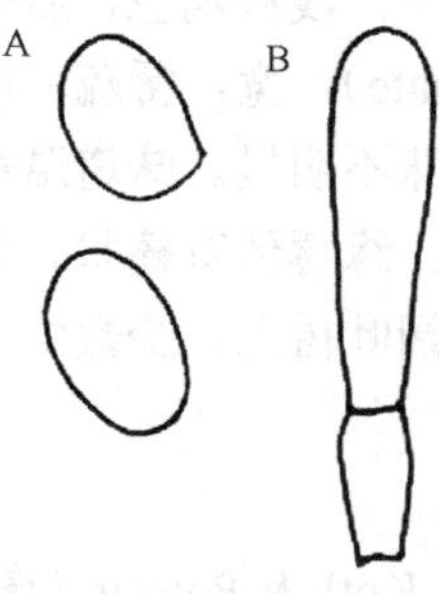

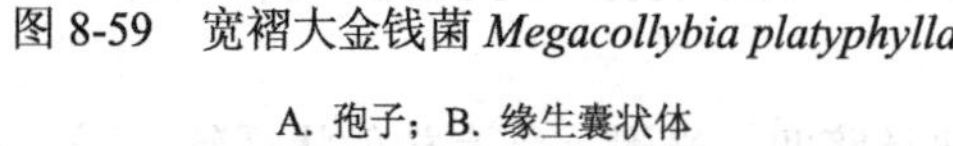
图 8-59 宽褶大金钱菌 *Megacollybia platyphylla*

A. 孢子；B. 缘生囊状体

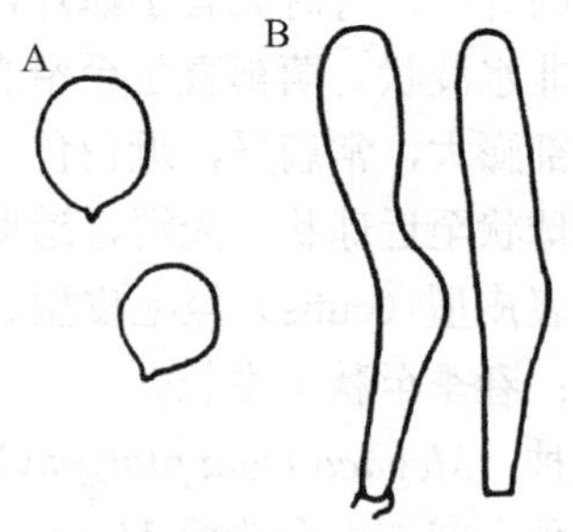

图 8-60 贝形圆孢侧耳 *Pleurocybella porrigens*

A. 孢子；B. 缘生囊状体

十四、小菇科 Mycenaceae Overeem

担子体肉质，易腐烂，小菇状、杯伞状、口蘑状或有点侧耳状。菌盖肉质或膜质，常具条纹，光滑或具绒毛。菌褶直生、弯生或延生。菌柄中生、侧生至偏生，多数中空，基部常具菌丝体，缺菌幕。孢子印白色至红褐色。担孢子薄壁，无色，近球形、椭圆形至梭形，淀粉质或非淀粉质。缘生囊状体纺锤形至腹鼓形，光滑或具瘤状突起，侧生囊状体常缺失。菌盖表皮多样，平伏状或栅状排列，光滑或具瘤突。地生、木生，偶见松果生。

模式属：小菇属 *Mycena*（Pers.）Roussel。

（1）半小菇属 *Hemimycena* Singer

担子体亚脐菇状或小菇状。菌盖圆锥形、钟状、凸镜形至平展，中部下陷至漏斗状，边缘内卷至具条纹或波状，有时中部具小乳头状突起，表面具粉末、绒毛、菌毛或近光滑，有或无透明条纹，水渍状，白色，但有些种呈奶油色至浅黄褐色至浅灰色。菌褶有或无，若有则为弯生至延生，薄，常具有脉纹或具有分叉，稀疏至密，白色或浅绿色或浅黄白色。菌柄中生，圆柱形至稍呈棒状，光滑，具粉末，具绒毛至具菌毛，干，白色，常透明。菌肉薄。气味不明显，略有淀粉气味或甜味。味道不明显至苦。孢子印白色。孢子球状至近球状、卵圆形、近梨形、近纺锤形、椭圆形、杏仁状、柠檬形、梨形、圆柱形，非淀粉质，光滑，透明，壁薄。担子 2～4 孢。缘囊体有或无，腹部膨大，常呈棒状纺锤形至烧瓶状，少数为指状，壁薄至厚，透明。无侧囊体，少数种中具侧囊体。菌盖皮层为表皮型，常具有明显的薄壁至厚壁囊状体，菌丝光滑或具短突起至呈珊瑚状。柄囊体囊状，壁薄或厚。有或无锁状联合。腐生或寄生；单生或群生于枯枝落叶层上，全年可生长，尤其夏季至秋季生长较多。

模式种：*Hemimycena lactea*（Pers.）Singer。

常见种：乳白半小菇 *Hemimycena lactea*（Pers.）Singer（图 8-61）；牡蛎半小菇 *Hemimycena cucullata*（Pers.）Singer。

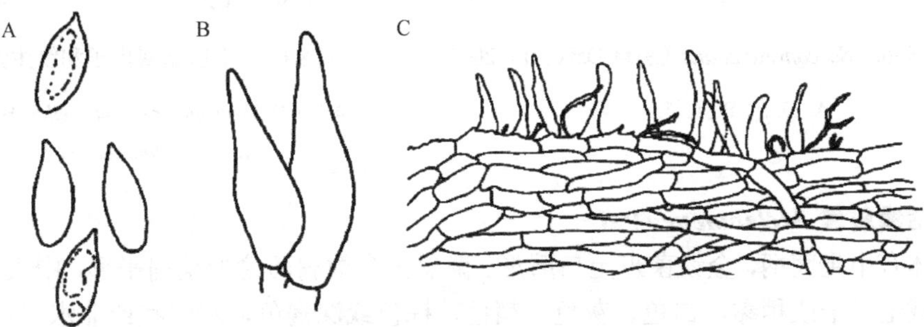

图 8-61　乳白半小菇 *Hemimycena lactea*

A. 担孢子；B. 褶缘囊状体；C. 菌盖表皮

（2）元蘑属 *Sarcomyxa* P. Karst.

担子体侧耳状或扇形，具有黏滑的菌盖。菌盖凸镜形，贝壳状、扇形或肾形，边缘内卷，后期伸展，具有微小丛卷毛至光滑，湿时黏，暗橄榄绿色、浅黄褐色或橄榄灰色，近菌柄处呈黄色。菌褶延生，窄，稠密，橙黄色至浅奶油色。菌柄侧生，具微小丛卷毛，浅黄色至赭黄色，具有红褐色小鳞片。菌肉厚，在菌盖表皮下具有黏皮层。气味不明显。味道温和。孢子印白色至浅黄色。孢子圆柱状至香肠状，光滑，淀粉质。担子具 2 或 4 孢子。缘囊体和侧囊体纺锤形至棒状，壁薄至稍厚，有时具有黄色内容物。柄囊体与缘囊体相似或更窄。菌盖皮层为毛皮型，其下为黏皮层，菌丝较细。有锁状联合。腐生，秋季至冬季单生或叠生于阔叶树立木或倒木上。

模式种：*Sarcomyxa serotina*（Pers.）P. Karst.。

扫一扫 看彩图

常见种：美味元蘑 *Sarcomyxa edulis*（Y.C. Dai，Niemelä & G.F. Qin）T. Saito et al.（图 8-62）。

（3）干脐菇属 *Xeromphalina* Kühner & Maire

担子体亚脐菇状，具有黄褐色的菌褶。菌盖通常具有亮色调，橙黄色至浅红褐色，水浸状，边缘有或无透明条纹，光滑。菌褶宽直生至延生，具有黄色调或赭色调，有时颜色较浅，但不呈白色。菌柄纤维质，韧，覆盖绒毛，基部具有浅黄色或浅黄褐色絮状菌丝和辐射状的菌丝体。气味不明显。味道温和或苦。具有菌索。孢子印白色。孢子椭圆形、宽椭圆形、长椭圆形、圆柱状或稍呈香肠形，光滑，壁薄，透明，淀粉质，嗜蓝。具有缘囊体。侧囊体有或无。具有两种类型的盖囊体：一种为薄壁且无分枝；一种为厚壁且具有分枝或呈珊瑚状。菌髓菌丝非淀粉质；菌柄菌肉为二型菌丝（sarcodimitic）。具有锁状联合。腐生于针叶树和阔叶树树干上或生于林中枯枝落叶层上和泥炭藓沼泽中。

模式种：*Xeromphalina campanella*（Batsch）Maire。

扫一扫 看彩图

常见种：黄干脐菇 *Xeromphalina campanella*（Batsch.）Kühner & Maire（图 8-63A）；黄褐干脐菇 *Xeromphalina cauticinalis*（With.）Kühner & Maire（图 8-63B）。

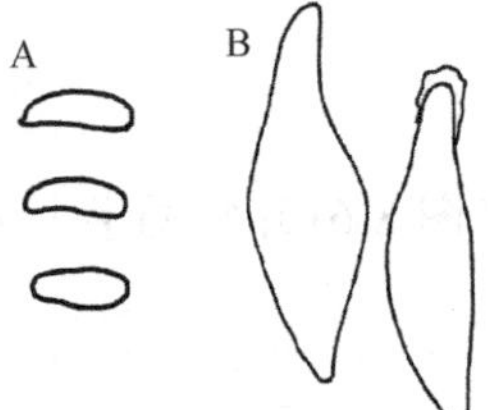

图 8-62 美味元蘑 *Sarcomyxa edulis*（引自 Dai et al.，2003）

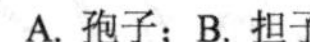
A. 孢子；B. 担子

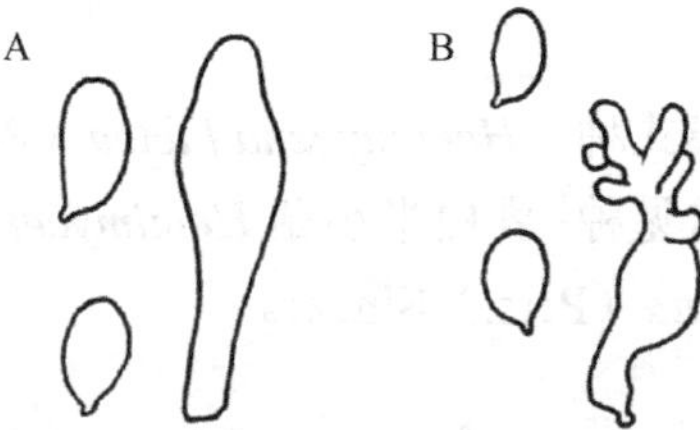

图 8-63 干脐菇属孢子和缘生囊状体

A. 黄干脐菇 *Xeromphalina campanella*；B.黄褐干脐菇 *Xeromphalina cauticinalis*

（4）铦囊蘑属 *Melanoleuca* Pat.

担子体有中生菌柄，金钱菌形至口蘑形。菌盖大多数扁凸镜形至扁平形，中央常具突起，光滑至具绒毛，干或稍黏，白色、灰色、赭色、棕色或深褐色，水浸状或非水浸状。菌褶顶端微凹成窄或宽直生，少短延生，菌褶密，白色至灰色。菌柄光滑至纤毛，常白粉状，个别种有点状的细小鳞片。菌幕缺失。气味弱，少有八角或甜芳香的气味。味道温和至辛辣。孢子印白色至淡黄色。孢子椭圆形，无色透明，带有淀粉质的疣突。担子大多数 4 孢子。缘囊体经常存在，常具隔，薄壁的纺锤形至烧瓶形，无隔时厚壁，有时顶端带有结晶粒。侧囊体存在或缺失，同缘囊体相似。盖皮层皮层状、黏皮层状或丛毛状。锁状联合缺失。腐生于土壤、枯枝落叶层或森林中的碎木上及草地上、沙丘和高山石南灌丛中。

模式种：*Melanoleuca vulgaris*（Pat.）Pat.。

扫一扫 看彩图

常见种(图 8-64)：黑白铦囊蘑 *Melanoleuca melaleuca*(Pers.)Murrill.；铦囊蘑 *Melanoleuca substrictipes* Kühn.；条柄铦囊蘑 *Melanoleuca grammopodia*(Bull.)Pat；钟形铦囊蘑 *Melanoleuca exscissa*（Fr.）Singer；疣柄铦囊蘑 *Melanoleuca verrucipes*（Fr.）Singer。

（5）小菇属 *Mycena*（Pers.）Roussel

担子体小菇型，小至中等大，常纤弱。菌盖抛面形、钟形、凸镜形至平展，有时具有顶凸或乳突。大多数种存在不明显条纹或沟纹，光滑，白粉状或稍有绒毛，干或黏，颜色多样，

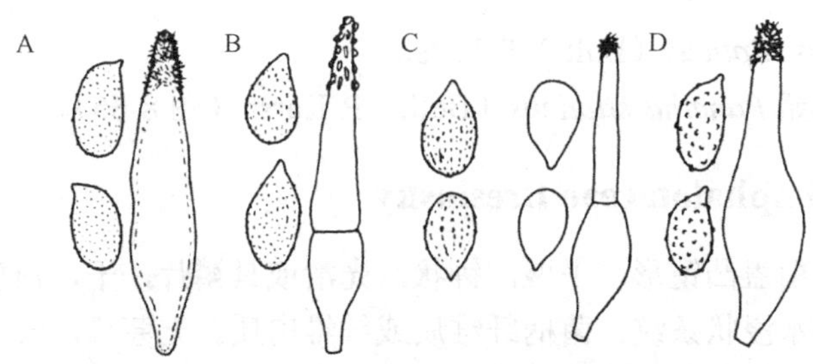

图 8-64 铦囊蘑属孢子和囊状体（仿卯晓岚，1998）

A. 黑白铦囊蘑 *Melanoleuca melaleuca*；B. 铦囊蘑 *Melanoleuca substrictipes*；C. 条柄铦囊蘑 *Melanoleuca grammopodia*；D. 钟形铦囊蘑 *Melanoleuca exscissa*

但是常常呈暗灰棕色系，有时黄色、红色、蓝色、紫色或黑色。菌褶大多数离生至深度延生，稀至密，多数中等密，有时具有横脉，颜色多样，常白色。菌柄典型的圆柱形，细至粗，脆骨质或纤维质，光滑，白粉状，细绒毛至粗绒毛。基部常带粗毛，或是光滑菌柄生于基部的绒毛基盘。常有碘仿、胡萝卜或是含氮物等气味，味道不明显，粉质或苦。孢子印白色。孢子球形、椭圆形、圆柱形至近梨形，光滑，无色透明，薄壁，淀粉质。担子2～4孢子，棒形，缘囊体和侧囊体存在，表面光滑，形状多样，有的中部或顶端常常带有不规则或是长指状突起。菌盖表皮光滑或具瘤状突起。菌柄皮层光滑或具圆柱状瘤状突起。柄囊体生于柄皮层菌丝末端。褶髓拟糊精质或非拟糊精质。锁状联合存在或缺失。腐生，偶寄生，生于枯枝落叶层、蕨根、草茎、枯死木、腐烂果实等，也可生于腐殖土和火烧地。

模式种：*Mycena galericulata*（Scop.）Gray。

常见种（图 8-65）：洁小菇 *Mycena pura*（Pers.）Kummer；角凸小菇 *Mycena corynephora* Maas Geest.；盔盖小菇 *Mycena galericulata*（Scop.）Gray；红汁小菇 *Mycena haematopus*（Pers.）Kummer。

扫一扫 看彩图

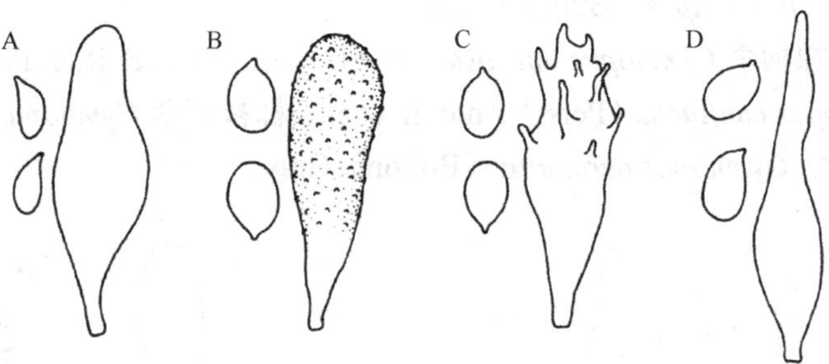

图 8-65 小菇属孢子和囊状体

A. 洁小菇 *Mycena pura*；B. 角凸小菇 *Mycena corynephora*；C. 盔盖小菇 *Mycena galericulate*；D. 红汁小菇 *Mycena haematopus*

（6）扇菇属 *Panellus* P. Karst.

担子体带有背生柄，或是菌柄很短，几乎附着在基质上，贝壳形、肾形或勺形。菌盖光滑，带纤毛、绒毛或粗毛，干或黏，非水浸状，浅黄色、淡紫色或棕色。菌褶从中生、侧生或背生的担子体着生基部处辐射状生出。菌柄退化或缺失。菌肉松软，有或无胶质层。菌幕缺失。气味不明显。孢子印白色。孢子圆柱形或椭圆形，光滑、无色透明，淀粉质。缘囊体缺失，如存在为圆柱形或近棒形，有时带有树脂状分泌物。盖皮层皮层状、黏皮层状、丛毛状或粗毛状。锁状联合存在。生于腐木上。

扫一扫 看彩图

模式种：*Panellus stipticus*（Bull.）P. Karst.。

常见种：鳞皮扇菇 *Panellus stipticus*（Bull.）P. Karst.（图 8-66）。

十五、光茸菌科 Omphalotaceae Bresinsky

担子体伞菌状。菌盖凸镜形，平展，钟状，光滑或具鳞片，干，白色、黄色、红褐色、褐色或黑色，无或弱水浸状条纹；菌柄纤维质或纤维肉质。无菌幕。气味不明显或在某些种中具有强烈的洋葱、大蒜或腐烂的卷心菜的气味。孢子印白色或粉色。孢子椭圆形至近球状，近梨形或长椭圆形，透明，薄壁，无芽孔，光滑，非淀粉质，嗜蓝或非嗜蓝。具有囊状体，多数种具有缘囊体，侧囊体少或无，盖囊体和柄囊体壁薄至厚，形状多样，常具有短分枝或呈扫帚状，有些种壁厚、褐色。子实层菌髓规则至不规则型。菌丝非淀粉质。菌盖皮层为表皮型（cutis）或黏皮型，或为毛皮型，有或无小枝结构。具有锁状联合。腐生于开阔地、树林和灌木丛中地上、树干、树桩、树枝、木头和枯草上。

模式属：类脐菇属 *Omphalotus* Fayod。

（1）裸柄伞属 *Gymnopus*（Pers.）Roussel

担子体金钱菌状，少数为口蘑状。菌盖凸镜形至平展，边缘向内弯曲或向下弯曲，有或无中部凹陷，少数具中突，光滑或具放射状的纤丝，干或稍黏，有或无水渍状，有或无透明条纹。菌褶顶端微凹（emarginate）或直生，少数离生，稀疏至密。菌柄中生，圆柱形，基部具菌丝体，有时具有假根，少数具有菌核。气味多样，从不明显至具有甜味或烂卷心菜或烂大蒜的气味。味道温和至苦或辛辣。孢子印白色。孢子椭圆形至长椭圆形，少数近球状至球状或近梨形，壁薄，透明。缘囊体圆柱形，弯曲，棒状至不规则珊瑚状，少数具有指状瘤突（扫帚状细胞）。通常无侧囊体。菌盖皮层为表皮型（cutis）或黏皮型，由放射状排列的光滑或稍具短突的圆柱形菌丝构成，或由相互交织的末端菌丝呈珊瑚状的菌丝构成。锁状联合存在于担子体的各个组织中。腐生，群生或簇生于腐殖土或木头上。

模式种：*Gymnopus fusipes*（Bull.）Gray。

扫一扫 看彩图

常见种：安络裸柄伞 *Gymnopus androsaceus*（L.）J.L. Mata & R.H. Petersen（图 8-67）；绒柄裸柄伞 *Gymnopus confluens*（Pers.）Antonín et al.；栎裸柄伞 *Gymnopus dryophilus*（Bull.）Murrill；靴状裸柄伞 *Gymnopus peronatus*（Bolton）Gray。

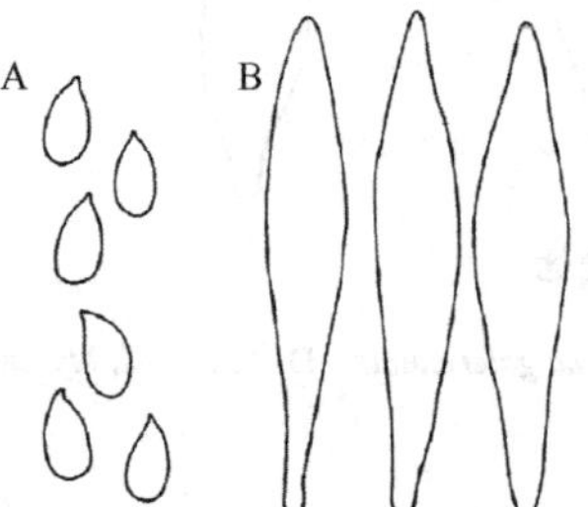

图 8-66　鳞皮扇菇 *Panellus stipticus*

A. 孢子；B. 缘生囊状体

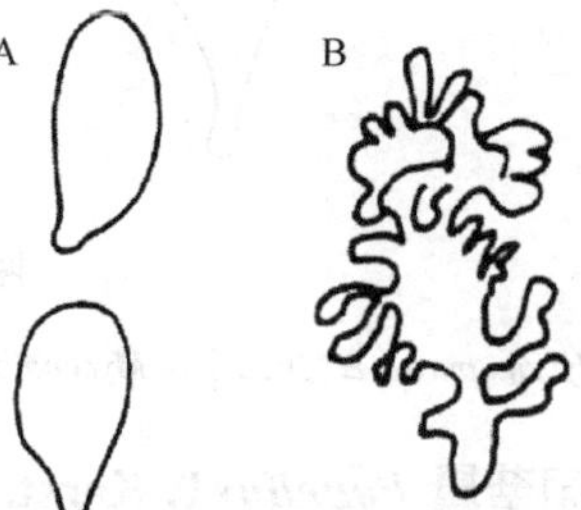

图 8-67　安络裸柄伞 *Gymnopus androsaceus*

A. 孢子；B. 缘生囊状体

（2）微香菇属 *Lentinula* Earle

担子体口蘑状，韧，具鳞片。菌盖凸镜形，边缘内卷，后渐变凸镜形，中部扁平，菌肉厚，具有放射状的纤丝至鳞片，干，浅灰褐色至暗褐色，近边缘具有浅灰白色至浅黄色的外菌幕形成的鳞片。菌褶顶端微凹（emarginate），窄直生至近离生，边缘锯齿状，密至稠密，白色至浅灰奶油色。菌柄圆柱形，常弯曲，上部具纤丝，中部和下部具丛卷毛状鳞片，有时初期具有菌环状的绒毛区域，浅灰白色至浅灰褐色。菌肉韧，白色。气味宜人。孢子印白色。孢子窄椭圆形，光滑，透明，非淀粉质。担子 4 孢。无缘囊体和侧囊体。菌丝系统为单型。菌盖皮层为表皮型（cutis）。有锁状联合。腐生于阔叶树树干上，单生或近簇生。

模式种：*Lentinula cubensis*（Berk. & M.A. Curtis）Earle ex Pegler。

常见种：香菇 *Lentinula edodes*（Berk.）Pegler（图 8-68）。

扫一扫　看彩图

（3）微皮伞属 *Marasmiellus* Murrill

担子体小皮伞状，金钱菌状或亚脐菇状，少数呈侧耳状。菌盖凸镜形，具乳突，白色、黄色或褐色。菌褶少数形成脉络，直生至延生。菌柄，基部常具有菌丝体，典型的为两种颜色，顶部色浅，基部色深。气味不明显、淀粉气味或恶臭味。孢子印白色。孢子椭圆形至长椭圆形或长卵圆形，少数近圆柱形、纺锤形、果仁状、近梨形、豆形或杏仁形，光滑，透明，壁薄，非淀粉质。常具有缘囊体。无侧囊体。菌盖皮层为表皮型（cutis）或黏皮型，有时为毛皮型，有或无枝状结构。有锁状联合。腐生，少数也可寄生；生于各种活体植物上；群生，少数单生。

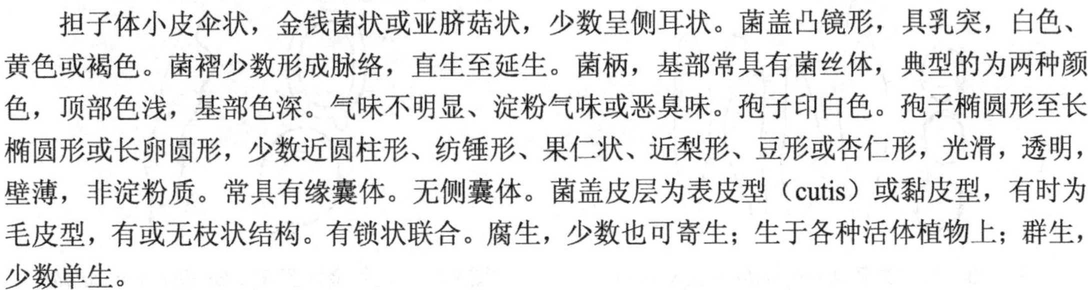

模式种：*Marasmiellus juniperinus* Murrill。

常见种：纯白微皮伞 *Marasmiellus candidus*（Bolt.）Singer（图 8-69A）；枝生微皮伞 *Marasmiellus ramealis*（Bull.）Singer（图 8-69B）。

扫一扫　看彩图

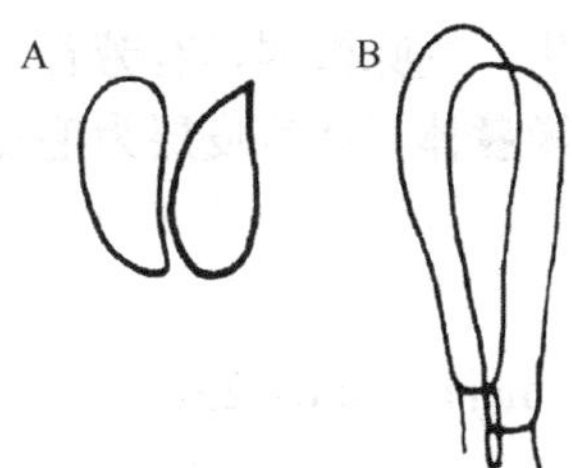

图 8-68　香菇 *Lentinula edodes*

A. 孢子；B. 缘生囊状体

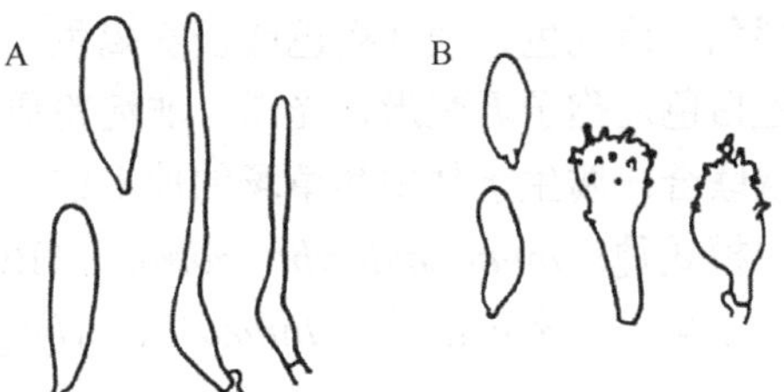

图 8-69　微皮伞属孢子和缘生囊状体

A. 纯白微皮伞 *Marasmiellus candidus*；B. 枝生微皮伞 *Marasmiellus ramealis*

（4）类脐菇属 *Omphalotus* Fayod

担子体杯伞状，颜色均匀呈黄橙色。菌盖平展或渐下陷，有时具中突，边缘内卷，波状，光滑至具放射状纤丝，无光泽，橙褐色、橙色至橙黄色。菌褶深延生，窄，密，与菌盖同色。菌柄中生或稍偏生。菌肉韧纤维质，菌丝黄色，具有强烈的折射性。味道温和。气味强烈，呈淀粉腐臭味。孢子印近白色。孢子近球状至宽椭圆形，非淀粉质，嗜蓝。缘囊体散生，不规则型，有时顶端具分枝。菌盖皮层为表皮型（cutis），菌丝光滑或具结痂。有锁状联合。簇生于阔叶树上。

模式种：*Omphalotus olearius*（DC.）Singer。

常见种：日本类脐菇 *Omphalotus japonicus*（Kawam.）Kirchm. & O.K. Mill.（图 8-70）。

扫一扫　看彩图

（5）红金钱菌属 *Rhodocollybia* Singer

担子体金钱菌状。菌盖稍黏，具有油脂或干。菌褶离生至顶端微凹的直生（adnate-emarginate），白色。菌柄表面具丝状物。气味不明显，稍具水果香气或辛辣气味。孢子印浅粉黄色至奶油色或浅粉褐色。孢子近球状、椭圆形至长椭圆形，有时呈近梨形，透明，嗜蓝，类糊精质。具有缘囊体，有时较少或不明显，形状多样，圆柱形、纺锤形或棒状至珊瑚状或具有不规则的顶端指状突起。无侧囊体。菌盖皮层为表皮型（cutis）或黏皮型，菌丝圆柱状，少数稍呈珊瑚状。有锁状联合。腐生或形成菌根；生于林中地上。

扫一扫 看彩图

模式种：*Rhodocollybia maculata*（Alb. & Schwein.）Singer。

常见种：斑红金钱菌 *Rhodocollybia maculata*（Alb. & Schwein.）Singer（图 8-71）；乳酪红金钱菌 *Rhodocollybia butyracea*（Bull.）Lennox。

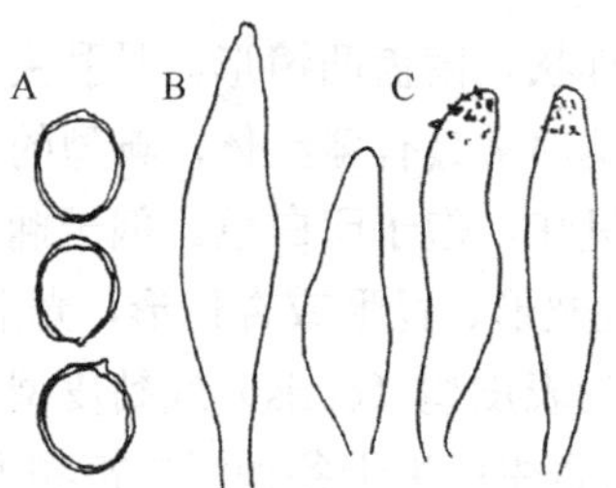

图 8-70 日本类脐菇 *Omphalotus japonicus*

A. 孢子；B. 侧生囊状体；C. 缘生囊状体

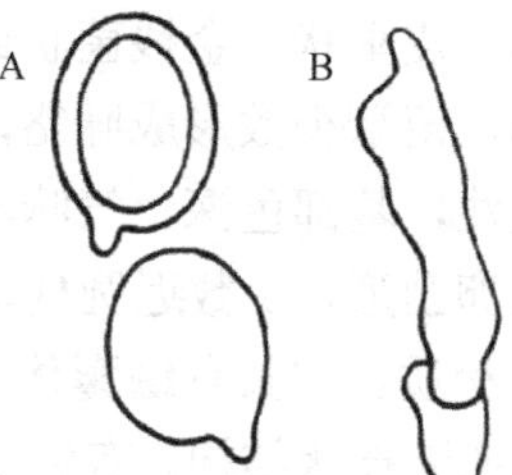

图 8-71 斑红金钱菌 *Rhodocollybia maculata*

A. 孢子；B. 缘生囊状体

（6）漏斗伞属 *Infundibulicybe* Harmaja

担子体杯伞状。菌盖下陷至漏斗形，具有绒毛至小鳞片，白色至浅黄色、浅粉黄色、浅黄褐色、橙褐色、浅红褐色或浅灰褐色。菌褶延生至深延生。气味微弱，有芳香气味。孢子印近白色。孢子近梨形，光滑，非淀粉质。担子 4 孢。无缘囊体。菌盖皮层为毛皮型。具有锁状联合。腐生于林中和草场的地上或枯枝落叶层上。

扫一扫 看彩图

模式种：*Infundibulicybe geotropa*（Bull.）Harmaja。

常见种：肉色漏斗伞 *Infundibulicybe gibba*（Pers.）Harmaja（图 8-72）。

十六、泡头菌科 Physalacriaceae Corner

担子体伞菌状或挂钟菌状，子实层体为菌褶或光滑。菌盖凸镜形至平展，光滑至具鳞片，干，具油脂或黏，褐色、浅黄色、黄色、粉色或黑色。菌褶直生，弯生，顶端微凹（emarginate）或延生，有的无菌褶。菌柄发育正常且具假根，肉质至纤维质，常具绒毛，在蜜环菌中常具菌索，或者菌柄退化或无菌柄。菌环有或无。气味不明显。孢子印白色或粉色。孢子椭圆形，近球状或纤维状，透明，壁薄稍厚，无芽孔，光滑或具小刺，常具有大油滴，非淀粉质，嗜蓝或非嗜蓝。具有囊状体，常较大，壁薄或厚，光滑或具结痂，有些种无囊状体。子实层菌髓规则至近规则型。菌盖皮层为表皮型（cutis），毛皮型或膜皮型。有或无锁状联合。在蜜环菌属 *Armillaria* 中菌丝体具有发光特性。腐生或寄生，生长在林中和灌木丛中地上或火烧的木头上或生长在残骸、树干、树桩、树枝或枯死的草或藻类植物上。

模式属：泡头菌属 *Physalacria* Peck。

（1）蜜环菌属 *Armillaria*（Fr.）Staude

担子体具有中生菌柄，簇生。菌盖凸镜形至钟状，后期平展至稍下陷，具鳞片，干，有或无水渍状。菌褶直生至短延生，中等间距至稠密。菌柄圆柱形，向基部膨大或渐细，光滑或具有菌幕残留的丛卷毛，菌环有或无，若有则为白色至黄色、膜质或棉质菌环。菌索黑色。

气味不明显。味道温和或苦。孢子印白色至奶油色。孢子椭圆形，光滑，透明，非淀粉质。担子 4 孢。缘囊体小，圆柱形至棒状或具分枝，常有隔膜。菌盖皮层为表皮型（cutis）至毛皮型。锁状联合有或无。寄生或腐生；生长在木头上，有时生于地上或泥炭沼泽中。

模式种：*Armillaria mellea*（Vahl）P. Kumm.。

常见种：蜜环菌 *Armillaria mellea*（Vahl）P. Kumm.（图 8-73）；奥氏蜜环菌 *Armillaria ostoyae*（Romagn.）Herink；假蜜环菌 *Armillaria tabescens*（Scop.）Emel。

（2）冬菇属 *Flammulina* P. Karst.

担子体金钱菌状。菌盖光滑，黏至黏滑，近白色或黄色至橙黄色，中部色深。菌褶直生至顶端微凹（emarginate），稀疏至稠密，白色至浅黄色。菌柄圆柱形或向基部渐细，有时具假根，具有绒毛，上部白色至黄色，向下渐呈暗褐色，在基部颜色更暗。气味不明显。味道温和。孢子印白色至浅黄色。孢子椭圆形至圆柱状，光滑，透明，非淀粉质。担子 4 孢。缘囊体和侧囊体呈囊状至烧瓶状，壁薄或稍厚。菌盖皮层为黏毛皮型，常具有厚壁的盖囊体。具有锁状联合。晚秋、初春季生于腐木上，常丛生。

模式种：*Flammulina velutipes*（Curtis）Singer。

常见种：冬菇（金针菇）*Flammulina velutipes*（Curtis）Singer（图 8-74）；淡色冬菇 *Flammulina rossica* Redhead & R.H. Petersen。

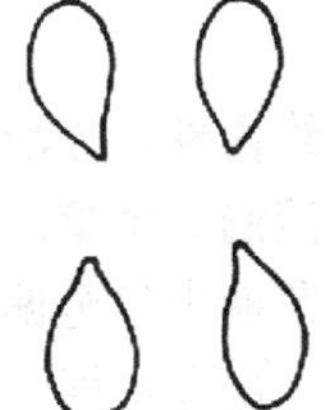

图 8-72 肉色漏斗伞 *Infundibulicybe gibba* 孢子

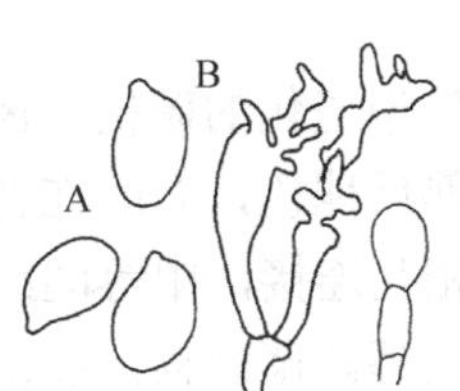

图 8-73 蜜环菌 *Armillaria mellea*

A. 孢子；B. 缘生囊状体及褶缘细胞

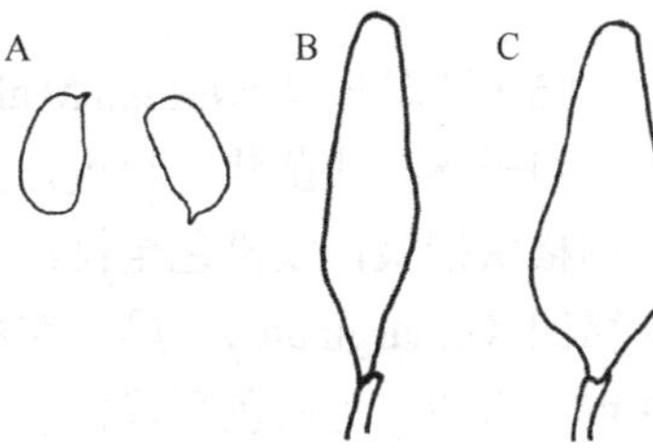

图 8-74 冬菇（金针菇）*Flammulina velutipes*

A. 孢子；B. 缘生囊状体；C. 盖囊体

（3）小奥德蘑属 *Oudemansiella* Speg.

担子体金钱菌型。菌盖凸镜形至平展，有时具有小中突，光滑或渐变为辐射状皱纹，黏滑，白色或近白色，有时呈浅灰褐色，非水渍状。菌褶顶端微凹（emarginate），宽，稀疏，白色。菌柄圆柱形基部膨大，常弯曲，具有膜质菌环，干，有时上部具沟痕，纤维质，菌环以下菌柄黏至黏滑，近白色、浅黄色至浅灰褐色，有时在基部具有褐色环带。气味不明显。味道温和。孢子印白色。孢子球状至近球状，光滑，壁厚，透明，非淀粉质。担子 4 孢。缘囊体纺锤形至圆柱形或不规则形，颈部较窄。无侧囊体。菌盖皮层为黏膜型。有锁状联合。腐生于山毛榉属 *Fagus* 的树干和大树枝上，常簇生；秋季至晚秋生长。

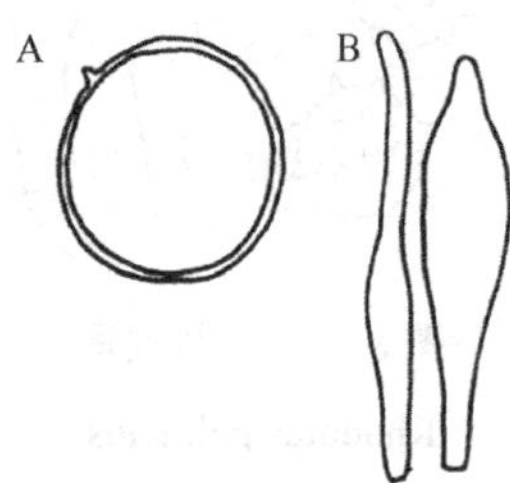

图 8-75 黏小奥德蘑 Oudemansiella mucida

A. 孢子；B. 缘囊体

模式种：*Oudemansiella platensis*（Speg.）Speg.。

常见种：黏小奥德蘑 *Oudemansiella mucida*（Schrad.）Höhn.（图 8-75）；褐褶缘小奥德蘑 *Oudemansiella brunneomarginata* Lj.N. Vassiljeva；长根小奥德蘑 *Oudemansiella radicata*（Relhan）Singer。

·（4）泡头菌属 *Physalacria* Peck

担子体小于1mm，具有一个菌柄和一个球状的头部。担子体表面覆盖子实层，菌柄短、白色、光滑。孢子圆柱形至近纺锤形，非淀粉质透明。担子4孢-囊状体存在于菌盖和菌柄上，壁厚，具头部，具分泌功能。腐生；群生于落枝或悬枝上；秋季至初冬生长。

模式种：*Physalacria inflata*（Schwein.）Peck。

常见种：侧壁泡头菌 *Physalacria lateriparies* X. He & F.Z. Xue（图8-76）；角状泡头菌 *Physalacria corneri* Zhu L. Yang & J. Qin。

扫一扫　看彩图

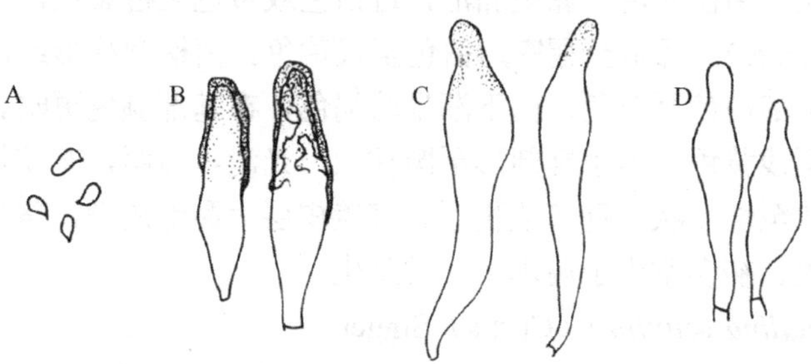

图8-76　侧壁泡头菌 Physalacria lateriparies（引自何显等，1996）

A. 孢子；B. 结晶囊状体；C. 油囊体；D. 囊状体

（5）玫耳属 *Rhodotus* Maire

担子体金钱菌状，粉色，具有侧生稍退化的菌柄。菌盖凸镜形，边缘内卷，光滑，但具有网格状褶皱，浅橙色至桃红色，成熟后褪色，有时在初期会渗出红色液滴。菌褶离生至顶端微凹（emarginate），厚，在菌柄处相互连接，中等间距，浅橙粉色。菌柄中生至偏生，弯曲或不弯曲，近白色至浅橙粉色。无菌幕。菌肉韧，在菌盖表皮下具有一层黏皮层。具有水果香味。味道苦。孢子印奶油粉色。孢子球形，具糙疣至小刺，透明，非淀粉质。缘囊体烧瓶形。菌盖皮层为膜皮型，菌丝直立、球状至瓶状、具柄、厚壁、平伏。腐生于阔叶树枯木上；簇生或叠生；春季至秋季生长。

模式种：*Rhodotus palmatus*（Bull.）Maire。

常见种：掌状玫耳 *Rhodotus palmatus*（Bull.：Fr.）Maire（图8-77）；糙孢玫耳 *Rhodotus asperior* L.P. Tang，Zhu L. Yang & T. Bau。

扫一扫　看彩图

（6）松果菌属 *Strobilurus* Singer

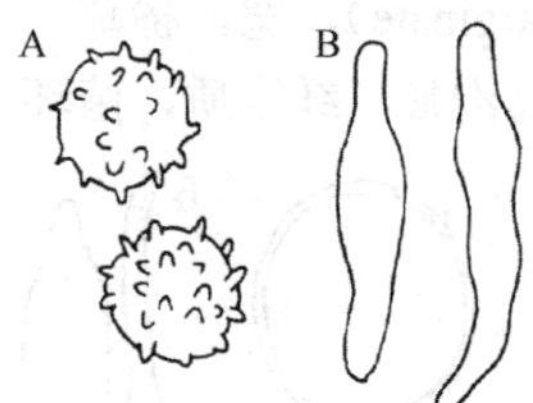

图8-77　掌状玫耳 Rhodotus palmatus

A. 孢子；B. 缘生囊状体

担子体金钱菌状至小皮伞状（marasmioid），生长在球果上。菌盖光滑，无光泽，褐色、灰色或近白色。菌褶离生至弯生，密至稠密，近白色。菌柄软骨质，中空，光滑，顶部近白色，下部与菌盖近同色，基部具有长假根与球果生长在一起，基部和假根具有锈褐色或赭色菌丝体鞘。气味不明显。味道温和或苦。孢子印白色。孢子椭圆形，光滑，透明，非淀粉质，非嗜蓝。缘囊体和侧囊体散生，烧瓶棒状或烧瓶纺锤形，壁薄或厚，顶部具有无定形水晶般的分泌液。具有盖囊体和柄囊体，柄囊体存在于假根和菌鞘中。菌盖皮层为膜皮型，由具细胞内色素的具柄球胞构成。腐生，秋季及早春至初夏生于落下的、埋生的云杉属 *Picea* 和松属 *Pinus* 的球果上。

模式种：*Strobilurus conigenoides*（Ellis）Singer。

常见种（图 8-78）：可食松果菌 *Strobilurus esculentus*（Wulfen）Singer；大囊松果菌 *Strobilurus stephanocystis*（Hora）Singer。

（7）干蘑属 *Xerula* Singer

担子体金钱菌型，具有较长的假根，菌柄光滑或具绒毛。菌盖光滑或具绒毛，干或黏至黏滑，褐色至浅黑色。菌褶窄直生或顶端微凹（emarginate），中等间距至稀疏，白色。菌柄长，软骨质，具有较长的假根。无菌幕。气味和味道不明显。孢子印白色。孢子近球状至宽椭圆形，光滑，透明，非淀粉质。缘囊体和侧囊体棒状纺缍形或囊状，有时具有头部，壁薄或厚，有时具尖的晶体。盖囊体有或无。菌盖皮层为膜皮型或黏膜皮型。有锁状联合。腐生或弱寄生于阔叶树或针叶树的根部，但表面上看似地生。

模式种：*Xerula longipes*（P. Kumm.）Maire。

常见种：干蘑 *Xerula pudens*（Pers.）Singer（图 8-79）；长根干蘑 *Xerula radicata*（Relhan）Dörfelt。

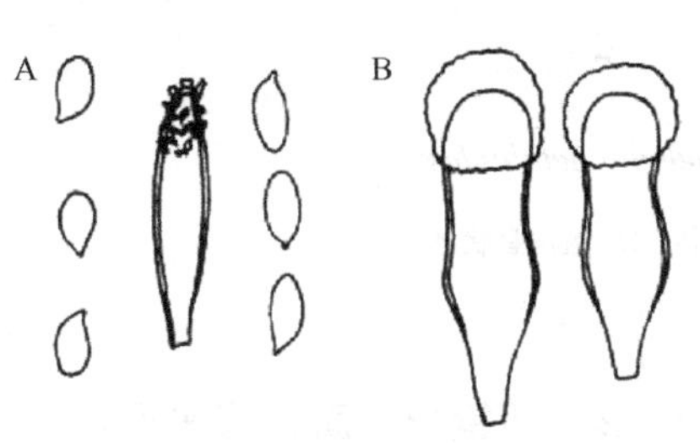

图 8-78　松果菌属孢子和侧囊体

A. 可食松果菌 *Strobilurus esculentus*；B. 大囊松果菌 *Strobilurus stephanocystis*

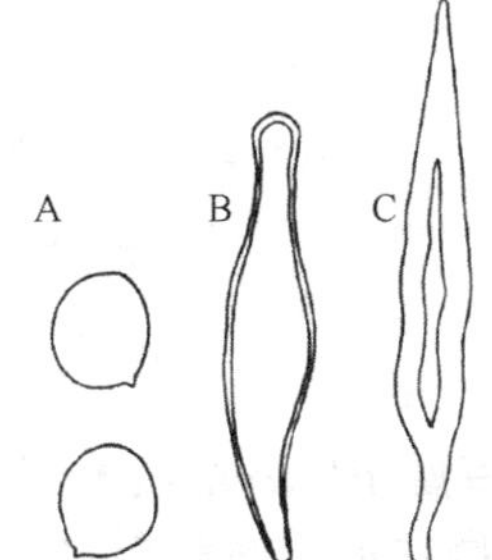

图 8-79　干蘑 *Xerula pudens*

A. 孢子；B. 侧囊体；C. 盖皮囊状体

十七、侧耳科 Pleurotaceae Kühner

担子体侧耳型，子实层具有菌褶。菌盖扇形或贝壳形，光滑或具有细小鳞片，表面干或黏，白色、灰色、棕色至淡蓝；菌柄退化或缺失。菌幕存在或缺失；菌环有或无，科中亚侧耳属（*Hohenbuehelia*）的髓中具有胶质层。具有淀粉质味道。孢子印白色、奶油色、粉色或淡灰紫色。孢子圆柱形、近球形或椭圆形，无色透明，薄壁，无萌发孔，光滑，非淀粉质，非嗜蓝性。囊状体有或无，有时存在具有帽状结构的带结晶缘生囊状体，薄壁或厚壁。子实层髓不规则。盖皮层皮层状或丛毛状。锁状联合存在。单型或二型菌丝。腐生于森林、灌丛等环境中的树干、树桩、树枝、木材及枯死草上。

模式属：侧耳属 *pleurotus*（Fr.）P. Kumm.

（1）亚侧耳属 *Hohenbuehelia* Schulzer

担子体靴耳形至侧耳形，髓具有胶质菌丝层。菌盖肾形、贝壳形、勺形、扇形或半扇形，表面干或黏，光滑至具绒毛、白色、灰色、棕色或黑色。菌褶延生，稀至密，白色至黑色。菌柄侧生或退化。菌幕缺失。菌肉上层为胶质层。味道或气味大多数粉质。孢子印白色或暗奶油色。孢子卵形，宽椭圆形至圆柱形或豆形，光滑，薄壁，无色透明，无碘反应。担子 2～4 孢子。缘囊体多，薄壁，无色透明，棒状至烧瓶形，顶端带有一个近圆形、倒卵球形或是收缩的小头，中间被收缩的隔膜隔开，外面被一个黏液滴包住。菌褶中存在被结晶囊状体，有时也生于菌盖或菌柄表面，厚壁，锐至尖顶的烧瓶形，少棒形，带有一个结晶帽，无色透明至棕色。盖皮层从毛状或皮层状。盖髓三层，上层为交织的胶质层，中间是一厚层的平行菌丝，底层是一层交织菌丝，锁状联合存在。腐生，单生或小群体生于针叶或阔叶树死木上，稀生于草地或灌丛上。

扫一扫 看彩图

模式种：*Hohenbuehelia petaloides*（Bull.）Schulzer。

常见种：勺形亚侧耳 *Hohenbuehelia petaloides*（Bull.）Schulzer（图 8-80）；巨囊亚侧耳 *Hohenbuehelia ingentimetuloidea* X. He；黑亚侧耳 *Hohenbuehelia nigra*（Schwein.）Singer。

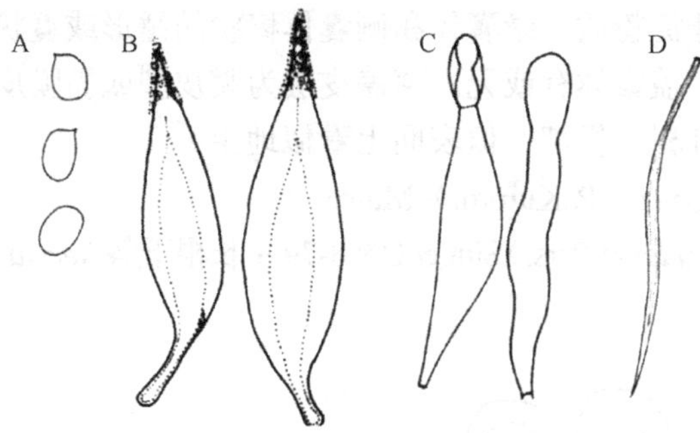

图 8-80 勺形亚侧耳 *Hohenbuehelia petaloides*

A. 孢子；B. 侧囊体；C. 缘生囊状体；D. 盖皮囊状体

（2）侧耳属 *Pleurotus*（Fr.）P. Kumm.

担子体侧耳型。菌盖扇形、贝壳形、肾形、半圆形、凸镜形、脐形或平展，干或黏，光滑至具有细鳞，有时中央处具有粗毛，白色、淡棕色至蓝灰色。菌褶密，延生，白色至灰色。菌柄有或缺失，基部常具有绒毛，白色。菌幕缺失或存在。菌肉肥厚。气味常具有淀粉质、水果、蜂蜜或八角味道。孢子印白色、奶油色、淡黄色或淡紫色。孢子圆柱形，光滑，薄壁，无色透明，无碘反应，非嗜蓝性。担子 4 孢子，少 2 孢子。囊状体有时缺失，有时为薄壁囊状体。单型菌丝或具有骨架菌丝的二型菌丝。褶髓不规则形。盖皮层皮层状。锁状联合存在。腐生或少带有寄生，单生或叠生于活或死的阔叶树上，少生于针叶树上，白腐。

模式种：*Pleurotus ostreatus*（Jacq.）P. Kumm.。

扫一扫 看彩图

常见种（图 8-81）：金顶侧耳 *Pleurotus citrinopileatus* Singer；刺芹侧耳（杏孢菇）*Pleurotus eryngii*（DC.：Fr.）Quél.；糙皮侧耳 *Pleurotus ostreatus*（Jacq.）P. Kumm.；肺形侧耳 *Pleurotus pulmonarius*（Fr.）Quél.；托里侧耳（白灵菇）*Pleurotus tuoliensis*（C. J. Mou）M.R. Zhao et J.X. Zhang。

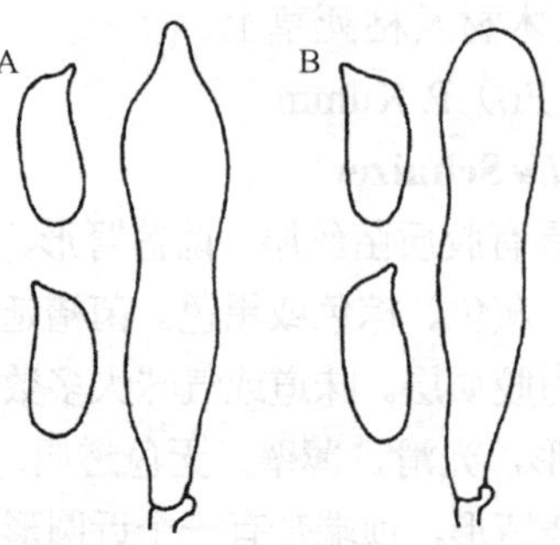

图 8-81 侧耳属孢子和囊状体（引自图力古尔，2014）

A. 金顶侧耳 *Pleurotus citrinopileatus*；B. 刺芹侧耳 *Pleurotus eryngii*

十八、小黑轮科 Resupinataceae Jülich

担子体伞菌形、拟孔形或浅杯形，子实层具有菌褶、菌管或光滑。菌盖凸镜形，平展至贝壳形，光滑至具有绒毛，尤其是在基部，常常着生于菌丝丛上，干，灰色，髓中存在胶质菌丝层。菌褶有或无，有时退化。菌柄退化或缺失。菌幕缺失。气味不明显。孢子印白色。孢子近球形至球形，薄壁，无萌发孔，无色透明，光滑或带有短疣状突起的角形，非淀粉质，非嗜蓝性。缘囊体存在或缺失，薄壁，具有短小分支，顶端通常具有硬壳。子实层髓不规则。盖皮层皮层状或丛毛状。锁状联合存在。腐生于森林或灌丛中的阔叶树的树干、树桩或树枝上，少数生于针叶树上。

小黑轮属 *Resupinatus* Gray

担子体浅杯形，拟孔状或靴耳状，灰色，有时生于菌丝丛中。菌盖杯形至贝壳形、凸镜形至平展，无条纹或边缘少具有条纹，干，光滑，粉霜状至具绒毛，灰白色至灰棕色。菌褶缺失、退化或正常存在，稀至密，灰棕色，边缘稍白。菌肉软、柔韧，部分胶质状。气味和味道不明显。孢子印白色。孢子近球形至球形，薄壁，光滑或带有短疣状突起的角形，非淀粉质。缘囊体存在或缺失，薄壁，具分枝，枝状拟侧丝形，通常带有结晶。盖皮层皮层状或丛毛状。盖髓中具有厚厚一层角质层，甚至有时延伸至褶髓中。锁状联合存在。腐生，主要生于阔叶树腐木上，少数生于针叶树上。

模式种：*Resupinatus applicatus*（Batsch）Gray。

常见种（图 8-82）：长孢黑轮 *Resupinatus alboniger*（Pat.）Singer；小黑轮 *Resupinatus applicatus*（Batsch）Gray；毛黑轮 *Resupinatus trichotis*（Pers.）Singer。

扫一扫　看彩图

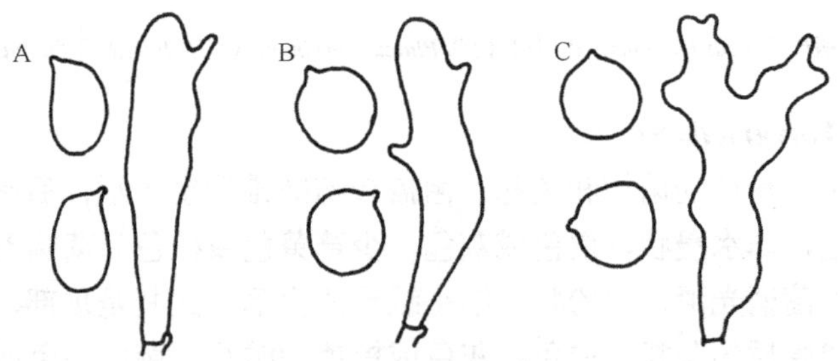

图 8-82　小黑轮属孢子和囊状体

A. 长孢黑轮 *Resupinatus alboniger*；B. 小黑轮 *Resupinatus applicatus*；C. 毛黑轮 *Resupinatus trichotis*

十九、光柄菇科 Pluteaceae Kotl. & Pouzar

担子体伞菌状，子实层具有菌褶。菌盖凸镜形、平展、半圆形、光滑或具有毛状鳞片，干，油或黏，棕色、灰色、黄色、白色或红色。菌褶离生，成熟时粉色。菌柄肉质。菌托存在或缺失。气味不明显。孢子印粉色或粉棕色。孢子近球形至椭圆形，稍带黄色至白棕色，中度厚壁，不带有萌发孔，光滑，非淀粉质，嗜蓝性。囊状体缺失，或常常以缘囊体或侧囊体存在，薄壁或厚壁，表面光滑或顶端具帽状结构，或者带有特征性的顶钩结构。子实层髓逆向形。盖皮层皮层状或膜皮状。锁状联合存在或缺失。腐生于地上或枯腐层、树干、树桩、树枝、草茎或寄生于其他真菌上，常常生在森林、矮树林和肥沃的开阔地上。

（1）光柄菇属 *Pluteus* Fr.

担子体带有离生、粉色的菌褶。菌盖凸镜形至平展，常带有一个顶凸，光滑，细绒毛或鳞片，有时具有脉纹，干至稍黏，白色、黄色、橙色、棕色或灰色，有时水浸状并具有透明状条纹。菌褶离生，白色渐变成浅橙色，老时粉色或粉棕色，有时带有黑色边缘。菌柄光滑或细小绒毛。气味带有瓜果味，稍甜或不明显。味道不明显或带有瓜果味，有时有点酸败味。孢子印粉色至粉棕色。孢子近球形至椭圆形、球形至三角形，光滑，白粉棕色，中度厚壁，嗜蓝性，无碘反应。缘囊体存在，侧囊体有时存在，大多数棒状至囊状，有时顶端具有钩或吻突。盖皮层皮层状、丛毛状或膜皮状。锁状联合缺失或很少存在。腐生于死枯木、植物草茎或腐殖质层，或土壤中。

模式种：*Pluteus cervinus*（Schaeff.）P.Kumm.。

常见种（图 8-83）：狮黄光柄菇 *Pluteus leoninus*（Schaeff.）Kumm.；灰光柄菇 *Pluteus cervinus*（Schaeff.）Fr.；皱盖光柄菇 *Pluteus umbrosus*（Pers.）P. Kumm.。

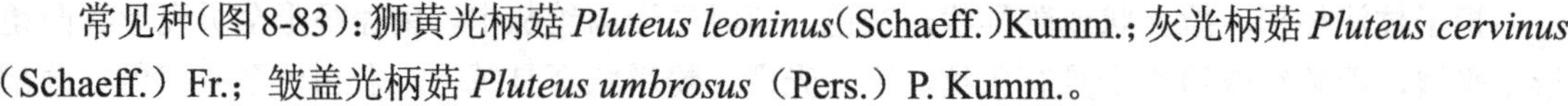

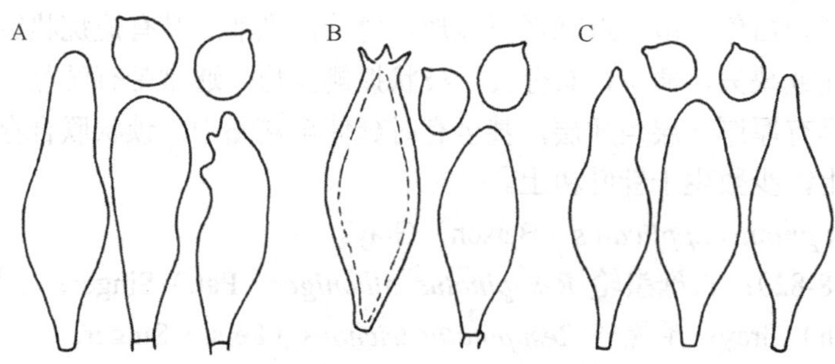

图 8-83　光柄菇属孢子和囊状体

A. 狮黄光柄菇 *Pluteus leoninus*；B. 灰光柄菇 *Pluteus cervinus*；C. 皱盖光柄菇 *Pluteus umbrosus*

（2）包脚菇属 *Volvariella* Speg.

担子体具有离生、粉色的菌褶和菌托。菌盖起初圆锥形至贝形，后平展，常带有顶凸，干至黏，光滑或多毛，非水浸状，白色或灰色，少草黄色或棕色。菌褶离生，起初白色，然后是粉色或粉棕色。菌柄光滑，白粉状，细小绒毛或粗毛，尤其是顶部，白色或灰色。单层包被在菌柄基部形成膜质的菌托，白色、灰色或棕色的鳞片。菌肉白色或近白色。气味带瓜果味或不明显。孢子印粉色至粉棕色。孢子长方形、椭圆形或卵形，光滑，厚壁，在 KOH 中，白棕色或锈棕色。担子 4 孢子，少 2 孢子。缘囊体和侧囊体存在，常见，大，烧瓶形，少棒形或气囊形，通常带有一个短小的附属物，薄壁，光滑。褶髓交织形。盖皮层皮层状或丛毛状。锁状联合缺失。腐生于地上或腐木上。

模式种：*Volvariella argentina* Speg.。

常见种（图 8-84）：银丝草菇 *Volvariella bombycina*（Schaeff.）Singer；黏盖草菇 *Volvariella gloiocephala*（DC.）Gill.；草菇 *Volvariella volvacea*（Bull.）Singer。

二十、脆柄菇科 Psathyrellaceae Redhead，Vilgalys & Hopple

担子体伞菌形，子实层体为菌褶，较脆。菌盖凸镜形、贝壳形、橡子形至平展，光滑，绒毛、粗毛或鳞片，干或黏，一些属的菌盖边缘起皱，白色、灰色或棕色。菌褶离生，直生至近延生，有时菌褶成熟后易溶解。菌柄肉质。菌幕存在或缺失。菌环存在或缺失。菌托缺

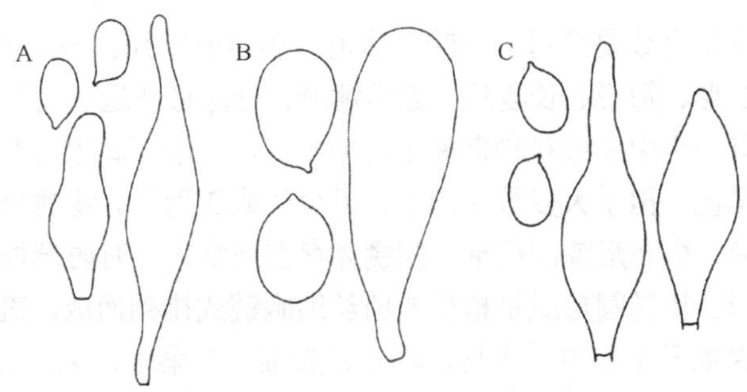

图 8-84　草菇属的孢子和囊状体

A. 银丝草菇 *Volvariella bombycina*；B. 黏盖草菇 *Volvariella gloiocephala*；C. 草菇 *Volvariella volvacea*

失或以棉膜状菌盖延伸而存在。气味一般不明显，一些种具有化学特征的气味。孢子印黑棕色、紫棕色至黑色。孢子椭圆形、卵圆形、豆形、长方形、杏仁形、柠檬形或钟形，有时两边扁平而成镜片形，深棕色或黑色，厚壁，通常有萌发孔，光滑或具有疣突，非淀粉质，非嗜蓝性，带有一个开孔形的种脐，一般是双核。缘囊体、侧囊体、柄囊体和盖囊体等囊状体存在，薄壁或厚壁，光滑或顶端冠帽（脆柄菇属 *Psathyrella* 中的很多种的缘囊体有两种类型）。子实层髓规则形。盖皮层多样，常带有球形和长形的菌丝细胞，上皮层形或膜皮状。一些种带有长的、棕色的，刚毛状的绒毛。锁状联合存在或缺失。腐生于地上、枯腐层、树干、树桩、树枝、木材、草茎和粪上，一般生于富饶的土中。

（1）小鬼伞属 *Coprinellus* P.Karst.

子实体易溶解。菌盖圆锥形、卵圆形、凸镜形或贝壳形，后膨大，有或无顶凸，常渐变成辐射状的沟纹，干，白色至淡黄色、黄棕色、橙棕色、灰棕色或粉棕色，后常灰色或黑色。单层菌幕颗粒状或缺失。菌褶离生，稀至密。菌柄圆柱形，常具细小绒毛，干。一些种带有黄棕色的菌丝束。气味和味道不明显。孢子印黑色。孢子椭圆形、卵圆形或豆形，有时杏仁形、柠檬形、钟形或多角形，一些种的正面观较侧面观宽一些，萌发孔中生或偏生，光滑，有时具有疣突，黑棕色至黑色。担子大多数 2～4 孢子。缘囊体存在，侧囊体存在或缺失，均为球形带小梗状、椭圆形、泡囊形、烧瓶形渐尖或是圆柱形。柄囊体大多数存在，烧瓶形、渐尖或是圆柱形。盖皮层由圆形的菌丝细胞形成的膜皮状，大多数种具有盖囊体，圆柱形，渐尖或头状，一些种带有厚壁的球囊体，窄烧瓶形或渐尖。菌幕缺失或存在，存在时由球形、椭圆形或纺锤形的细胞链状连接形成，薄壁或部分厚壁。锁状联合存在或缺失。腐生。生于土壤中或木材上，也生于草茎、粪、火烧地等环境中。

模式种：*Coprinellus deliquescens*（Bull.）P. Karst.。

常见种：晶粒小鬼伞 *Coprinellus micaceus*（Bull.）Vilgalys（图 8-85）。

（2）拟鬼伞属 *Coprinopsis* P.Karst.

担子体带有黑色的孢子印，存活时间较短或易溶解，一些种从菌核生出。菌盖圆锥形、卵圆形、凸镜形、半圆形或是贝壳形，成熟后期平展，带有或不带有顶凸，常带有辐射状的沟纹，干，白色、灰色、黄色、淡黄色、棕色或黑色。单被菌幕纤维质，表面粉状或形成毛状斑块，白色、灰色、棕色、淡黄色、黄色、橙色或红色。菌褶离生，中等稀至密。菌柄圆柱形，干。气味大多数

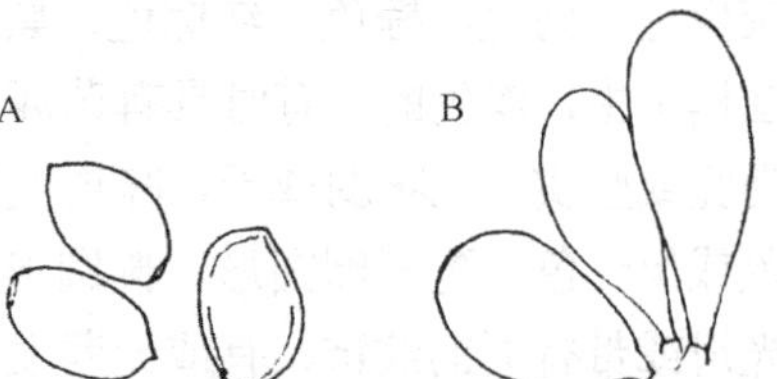

图 8-85　晶粒小鬼伞 *Coprinellus micaceus*

A. 孢子；B. 囊状体

不明显，但是一些种有腐臭或是酵母的气味。味道不明显或未知。孢子印黑色。孢子椭圆形、卵圆形、圆柱形、杏仁形、筛形、长菱形、近纺锤形、近球形或近多角形，一些种的正面观比侧面观要宽一些，带有一个中生或是稍微偏生的萌发孔，光滑，偶尔带有疣突，一些种带有松散的周壁，黑棕色至黑色。担子大多数4孢子，很少2或3孢子。缘囊体存在或缺失，有时球梗状、椭圆形、卵圆形、烧瓶形或圆柱形。侧囊体存在或缺失，有时球梗状、卵圆形、烧瓶形或圆柱形。菌幕由圆形、长椭圆形或是指状的菌丝细胞链式排列而成。盖皮层皮层状。锁状联合存在，很少缺如。腐生于土壤中、木材、草茎、粪堆、烂菜堆、火烧地等。

扫一扫 看彩图

模式种：*Coprinopsis friesii*（Quél.）P. Karst.。

常见种：墨汁拟鬼伞 *Coprinopsis atramentaria*（Bull.）Redhead，Vilgalys & Moncalvo（图 8-86）。

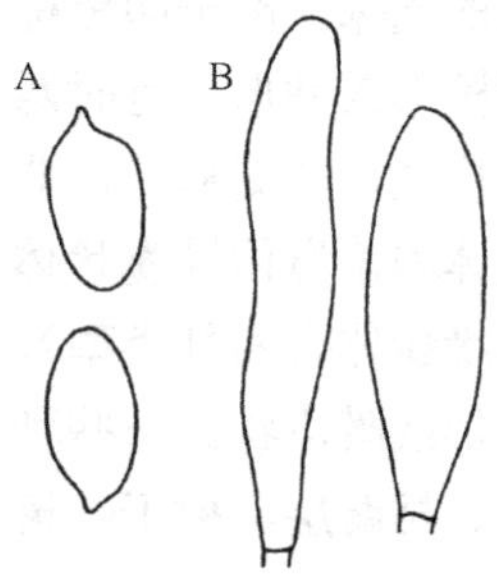

图 8-86　墨汁拟鬼伞

Coprinopsis atramentaria

A. 孢子；B. 囊状体

（3）近地伞属 *Parasola* Redhead，Vilgalys & Hopple

担子体的菌肉很薄，存活时间很短，脆，菌盖有褶，并带有黑色的孢子印。菌盖橡果形、卵圆形或椭圆形，后渐平展成凸镜形、贝壳形或平展，成熟后具有沟状的条纹，干，红棕色至橙棕色，偶尔有紫棕色，后期色渐白至灰色。菌褶离生，稀，大多数都不易溶解。菌柄圆柱形、光滑、干。菌幕缺失。气味不明显，味道不明显或未知。孢子印黑色。孢子正面观椭圆形或心形至多角形或圆形，侧面观椭圆形。大多数种带有偏生的萌发孔，光滑，黑棕色至黑色。担子大多数4孢子。缘囊体近球形、椭圆形、囊形、烧瓶形或圆柱形。侧囊体存在或缺失，近球形、椭圆形、囊形、烧瓶形或圆柱形。盖囊体通常缺失，但是属内一种的盖囊体常厚壁、棕色的球囊体。柄囊体缺失。盖皮层膜皮状。锁状联合存在。腐生于土壤、草、木屑、粪堆等基物上。

扫一扫 看彩图

模式种：*Parasola plicatilis*（Curtis）Redhead，Vilgalys & Hopple。

常见种：射纹近地伞 *Parasola leiocephala*（P.D. Orton）Redhead et al.；薄肉近地伞 *Parasola plicatilis*（Curtis）Redhead et al.（图 8-87）。

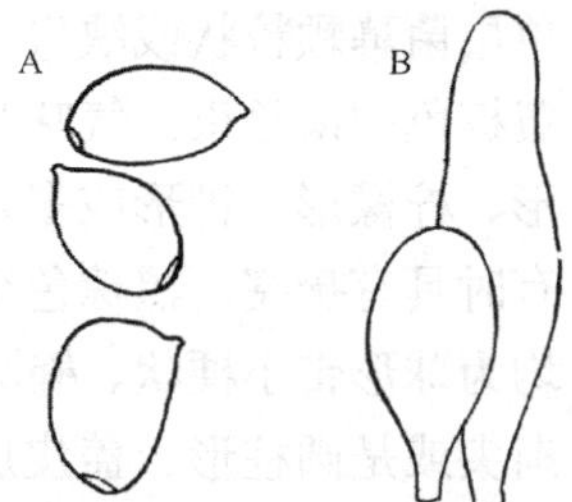

图 8-87　薄肉近地伞

Parasola plicatilis

A. 孢子；B. 囊状体

（4）小脆柄菇属 *Psathyrella*（Fr.）Quél.

菌盖幼时半圆形至似圆锥形，成熟后凸镜形至平展，光滑至具有纤毛，干，稀少黏，常具有透明状条纹，强水浸状，湿时白色、灰色、灰棕色、赭棕色、棕色、红棕色、黑红色或黑紫棕色，通常干后色变淡。菌褶直生至弯生，腹鼓形至窄，稀至密，幼时白色、灰色或淡棕色，成熟后灰色、灰黑色、肉色、棕色、红棕色、黑红棕色或紫棕色，边缘上部常白色毛缘状，下部有时红色。菌柄中生，淡色的，有时具有菌环。菌幕常留在菌柄和菌盖上，多或少，永存或是易消失。菌肉脆或坚实。气味弱或无，味道温和或带有一点辛辣。孢子印棕色、暗棕色、暗红棕色、污红色或黑红色。孢子卵圆形、椭圆形、近圆柱形或纺锤形，有时杏仁形、豆形或带有一个凹陷，光滑或带有弱的纹饰，有或无萌发孔，中生或是偏生，无色透明、淡棕色、黄色、红棕色、黄红色、红色、暗红棕色、暗红色、至污红色。担子4孢子，偶见2孢子。侧囊体存在或有时缺失。缘囊体通常有两种，一种是类似侧囊体，另一种是棒形或近梨形。一些种的菌褶边缘在10%的氨水中呈绿色的点斑，尤其是新鲜时。一些种的盖囊体存在。个别种存在球囊体。盖皮层膜皮状，或等径细胞型，少数表皮型。菌幕大多数存在，由不同大小的菌丝细胞构成，偶尔成球囊状。锁状联合存在或缺失。单生、群生或丛生于碱土中或木材上，大量生于粪中，很少生于火烧地或沼泽地上。

模式种：*Psathyrella corrugis*（Pers.）Konrad & Maubl.。

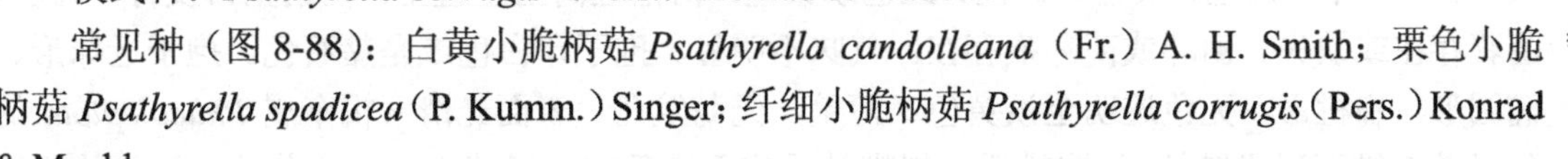

常见种（图 8-88）：白黄小脆柄菇 *Psathyrella candolleana*（Fr.）A. H. Smith；栗色小脆柄菇 *Psathyrella spadicea*（P. Kumm.）Singer；纤细小脆柄菇 *Psathyrella corrugis*（Pers.）Konrad & Maubl.。

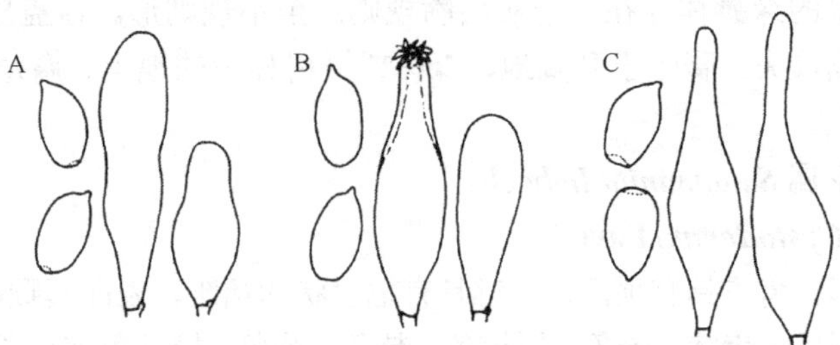

图 8-88　小脆柄菇属担孢子和囊状体

A. 白黄小脆柄菇 *Psathyrella candolleana*；B. 栗色小脆柄菇 *Psathyrella spadicea*；C. 纤细小脆柄菇 *Psathyrella corrugis*

二十一、裂褶菌科 Schizophyllaceae Quél.

担子体侧耳状，无柄。菌肉薄，韧，革质。单型菌丝系统，菌丝有锁状联合。子实层体为菌褶状，从基部辐射而出，沿褶缘纵向分裂。孢子印白色至鲑粉色，孢子小，圆柱形，无色，光滑，薄壁，非淀粉质。有囊状体，但常缺如。木生。

模式属：裂褶菌属 *Schizophyllum* Fr. ex Fr.。

裂褶菌属 *Schizophyllum* Fr.

担子体侧耳状，无柄，散生至叠生。菌盖至肾形，灰白色至棕褐色，薄，韧，革质，边缘内卷，多瓣裂，湿润时能恢复原状。菌肉薄，韧，革质。子实层体假褶状，菌褶从基部着生点辐射而出，沿褶缘纵向分裂。菌柄缺。菌幕无。孢子椭圆形至腊肠形至圆柱形，无色，光滑。担子狭棒形。囊状体有或缺。菌盖外皮层为疏松至密集交织的菌丝组成的毛皮型。裸果型发育。木生，全球分布。

模式种：*Schizophyllum commune* Fr.。

常见种：裂褶菌 *Schizophyllum commune* Fr.（图 8-89）。

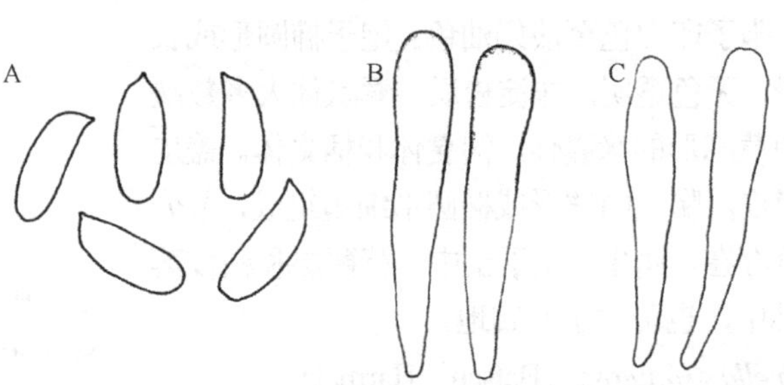

图 8-89　裂褶菌 *Schizophyllum commune*

A. 孢子；B. 侧生囊状体；C. 缘生囊状体

二十二、菌瘿伞科 Squamanitaceae Jülich

担子体伞菌形，子实层具有菌褶。菌盖凸镜形、平展、圆锥形，表面具有颗粒或鳞片，很少光滑，干，白色、黄色、棕色、红色或紫色。菌褶近离生至直生。菌柄正常发育，肉质。菌幕存在或缺失。菌环或菌环痕存在。气味不明显。孢子印白色或是赭石色。孢子近球形、椭圆形、扁桃形，无色透明至淡黄色，薄壁，无萌发孔，表面光滑（褐伞属 *Phaeolepiota* 的孢子壁起皱而形成皱纹），淀粉质，拟糊精质或无碘反应，嗜蓝性或非嗜蓝性。囊状体一般缺失，偶尔作为薄壁的缘囊体存在。子实层髓规则形至不规则形。盖盖皮层皮层型或角膜皮型。锁状联合存在或缺失。腐生于开阔地、森林或矮树林中的地上、腐殖质、树干、树桩上，或寄生于其他真菌上。

模式属：菌瘿伞属 *Squamanita Imbach*。

（1）囊皮菌属 *Cystoderma* Fayod

担子体金钱菌形。菌盖具有顶凸，有时具有辐射状的褶皱，表面具颗粒至细鳞片，干，边缘起初由残余的菌幕呈小齿状，粉色、锈棕色、赭色、黄色、橙棕色或白色。菌褶弯生或直生，或带有延生状的小齿，白色、淡奶油色或黄棕色。菌柄顶部具有细条纹，菌环膜质，上面光滑纤丝状，下面具颗粒，有时菌环容易消失，在菌柄上留下环痕，菌环以下菌柄具有粗糙的颗粒状毛，与菌盖同色，有时上端稍带有紫色。气味为土腥味或不明显。孢子印白色至淡奶油色。孢子椭圆形、长方形或纺锤形，表面光滑，无萌发孔，无色透明，淀粉质。囊状体缺失。盖皮层等径胞皮型，其外膜皮由膨大的球形或椭圆形细胞组成。近盖皮层部分的菌肉可产生节分生孢子。锁状联合存在。生于土中，有时生于腐木上，大多数生于森林中苔藓层和枯枝落叶层。

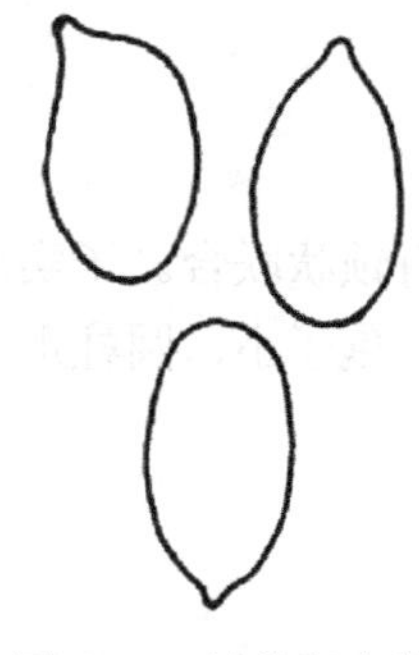

图 8-90 皱盖囊皮菌 *Cystoderma amianthinum* 担孢子

扫一扫 看彩图

模式种：*Cystoderma amianthinum*（Scop.）Fayod。

常见种：皱盖囊皮菌 *Cystoderma amianthinum*（Scop.）Fayod（图 8-90）；金粒囊皮伞 *Cystoderma fallax* A.H. Sm. & Singer。

（2）小囊皮菌属 *Cystodermella* Harmaja

担子体金钱菌形，具颗粒状鳞片。菌盖常具顶凸，有时起辐射状皱纹，表面具有颗粒或细鳞片，干，边缘起初由残余的菌幕形成小齿状，棕色、橙色、红色或白色，菌褶弯生、直生或带有延生状的小齿，白色至淡奶油色或黄棕色。菌柄顶端细条纹状，在菌柄上留下环痕，菌环以下菌柄具有粗糙的颗粒状毛，与菌盖同色。气味为霉腥土味或不明显。味道温和至口感不好。孢子印白色至淡奶油色。孢子椭圆形或长方形，无萌发孔，光滑，无色透明，非淀粉质。囊状体大多数缺失，但是属内有一种为荨麻形的缘囊体、侧囊体和柄囊体。盖皮层等径胞皮形，其外膜皮由膨大的球形或椭圆形细胞组成，节分生孢子缺失。锁状联合存在。腐生，生于土中、苔藓层和枯枝落叶层，大多数生于森林中，也可生于开阔地。

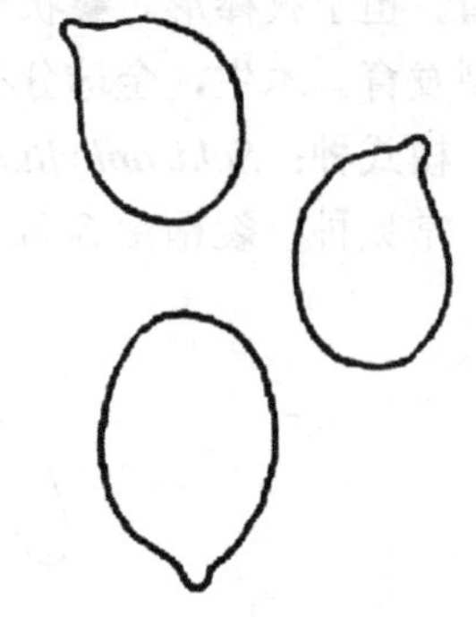

图 8-91 疣盖小囊皮菌 *Cystodermella granulosum* 担孢子

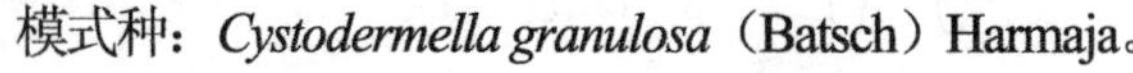

模式种：*Cystodermella granulosa*（Batsch）Harmaja。

扫一扫 看彩图

常见种：疣盖小囊皮菌 *Cystodermella granulosum*（Batsch）Fayod（图 8-91）；针囊小囊皮菌 *Cystodermella terryi*（Berk. & Broome）Bellù。

（3）暗环柄菇属 *Phaeolepiota* Konrad & Maubl.

担子体伞菌形，黄棕色系。菌盖金黄棕色，干，表面具粉状。菌褶直生，起初奶油色，后渐成为黄棕色。菌柄棒状，有脉纹，与菌盖同色。菌环膜质，上面淡黄色，菌环大，均一色，下面淡黄棕色。气味强烈，氰酸味。味道温和。孢子印赭石色。孢子窄杏仁形，光滑或稍粗糙，几乎无色透明至白棕色，无碘反应，嗜蓝性。担子 4 孢子。囊状体缺失。锁状联合存在。盖皮层和柄皮层均由球囊形菌丝组成。腐生于腐殖质土层中。常群生或丛生于森林、公园或是花园、草坪中。

扫一扫 看彩图

模式种：*Phaeolepiota aurea*（Matt.）Maire。

常见种：暗环柄菇 *Phaeolepiota aurea*（Matt.）Maire.（图 8-92）。

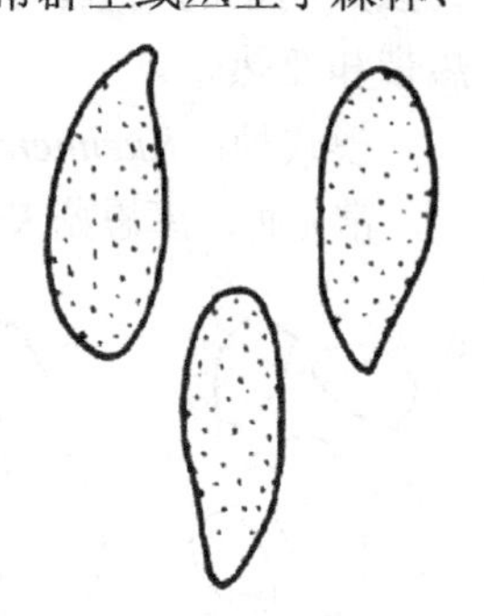

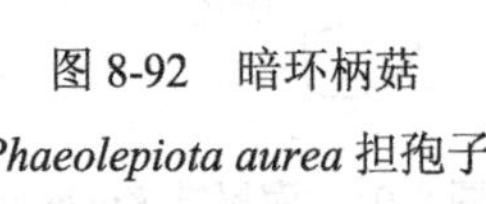

图 8-92 暗环柄菇

Phaeolepiota aurea 担孢子

（4）菌瘿伞属 *Squamanita* Imbach

担子体金钱菌形至口蘑形至小菇形。菌盖有浓密的纤毛或是叠波状的鳞片，边缘通常带附属物，干，紫色至蓝灰色。菌褶波状直生，有时带有延生的小齿，稀至中等密，常蓝色、紫色或是灰色。菌柄圆柱形至棒形，表面带有不明显的环带，干，顶端带有白粉状绒毛。菌幕存在，但是易消失，蛛网状。菌肉相当厚。气味无或是强香辛料味，近基部常带有寄主的气味。味道不明显。孢子印白色或灰色。孢子近球形至椭圆形，淀粉质，拟糊精质或无碘反应，无萌发孔，薄或稍微厚壁，无色透明，但是有时具有颜色。担子 4 孢子，无嗜铁性粗糙表面。缘囊体存在。盖囊体缺失。盖皮层从毛状至皮层状。柄皮层常存在，棒形。盖皮层具有色素。锁状联合存在。一些种存在厚垣孢子。活体寄生于一些伞菌类，包括那些可生长滑锈伞属 *Hebeloma*、盔孢菌 *Galerina*、库恩菌属 *Kuehneromyces* 和囊皮菌属 *Cystoderma* 的地方。这些寄主的不同往往是该属类群分类描述的重要特征。

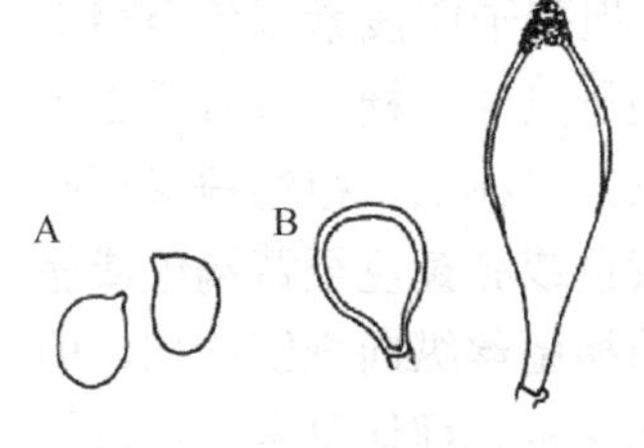

图 8-93 脐突菌瘿伞

Squamanita umbonata

A. 孢子；B. 囊状体

模式种：*Squamanita schreieri* Imbach。

常见种：脐突菌瘿伞 *Squamanita umbonata*（Sumst.）Bas（图 8-93）。

扫一扫 看彩图

二十三、球盖菇科 Strophariaceae Singer & A.H. Sm.

担子体小、中型至大型。菌盖凸镜形至具中突、半球形、钟形、平展型具中突或中部凹陷。表面干至黏，具鳞片至光滑。边缘平或呈波状，初期常附着菌幕残留物。菌褶直生、弯生至稍延生，初期近白色至黄色，成熟后呈紫灰色至紫褐色、近黑色，或黄褐色、肉桂色至锈褐色。菌柄中生或侧生至偏生。菌环膜质、蛛网状、纤丝状至棉絮状，易脱落至永久存在。担孢子印紫灰色至紫褐色，或肉桂色、锈褐色至黄褐色。担孢子黄褐色、暗黄褐色、栗褐色至橄榄褐色或蜜黄色，椭圆形至卵形，有时正面观呈近六角形至近菱形，芽孔有或无。担子棒状，通常具 4 个小梗，少数具 2 个小梗，壁薄，透明至含颗粒。侧囊体有或无，常有黄囊体。菌褶菌髓平行型至近平行型或稍呈交织型。通常生于草地、林内、肥沃土地或腐木上，有时生于植物残骸或动物粪便上。

模式属：球盖菇属 *Stropharia*（Fr.）Quél.。

（1）库恩菇属 *Kuehneromyces* Singer & A.H. Sm.

菌盖半球形，光滑，不黏至稍黏，菌盖边缘水渍状，赭色至肉桂色或褐色，有时具橄榄色、红色或黄色调。菌肉薄，肉质。菌柄中生，有时簇生，内含填充物渐中空，具小鳞片至尖鳞片或光滑，常具菌环。孢子印肉桂色至褐色。担孢子卵圆形或椭圆形，少数稍呈长椭圆形，几乎不呈豆形，KOH 中蜜黄色至浅赭褐色或赭褐色，芽孔宽，顶端平截。担子棒状。多数无侧囊体，若有则与缘囊体形状相似或不规则形。具缘囊体。菌盖皮层菌丝近平行型，平伏，壁薄，透明，常凝胶化。下皮层菌丝不规则形，直径更宽，壁更厚，覆盖具强烈色素的结痂。具锁状联合。木生或生于锯木屑、火山灰上。分布于南北半球的温带、热带和亚热带。

模式种：*Kuehneromyces mutabilis*（Schaeff.）Singer & Smith。

常见种：库恩菇 *Kuehneromyces mutabilis*（Schaeff.）Singer & Smith（图 8-94）。

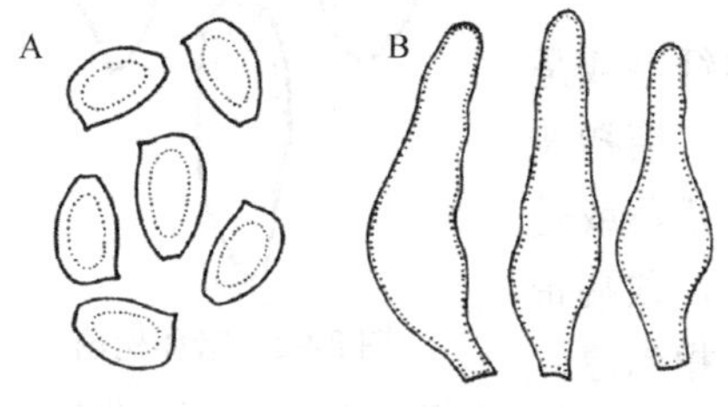

图 8-94　库恩菇 *Kuehneromyces mutabilis*

A. 孢子；B. 缘生囊状体

（2）垂幕菇属 *Hypholoma*（Fr.）P. Kumm.

担子体小型至中型；菌盖颜色常鲜艳，黄色、红褐色、橄榄绿色、硫黄色、砖红色及橘黄色等，中央颜色比边缘颜色稍深；非水渍状或近水渍状，盖缘无条纹，有时新鲜时具菌幕残片或丛毛状白色鳞片，干后易消失；菌褶不等长，窄至中等宽；密至稍稀疏；菌柄纤维质，较韧；无菌环；菌褶弯生至稍直生或有时稍延生；菌肉白色至浅黄色，味苦或无明显味道，伤后变为锈褐色至暗褐色。担孢子印浅紫褐色至暗紫褐色或紫褐色至暗红褐色；担孢子壁厚，具芽孔，顶端常平截；担子具 4 小梗，有时具 2 小梗，棒状，壁薄，透明至含有颗粒状内含物；侧囊体为黄囊体，具短尖棒状、拟纺锤形至腹鼓状，较多或稀少（罕见），具不定形折射物，KOH 溶液中呈金黄色或亮黄色至黄褐色或赭褐色，壁薄，不突越子实层；子实下层较薄，菌褶菌髓平行型；菌柄菌丝纵向规则排列，菌丝直径稍不等。具锁状联合。生于针叶树或阔叶树木桩、伐木、倒腐木、埋地腐木上；常簇生或丛生，罕见单生，偶尔散生或群生。

模式种：*Hypholoma lateritium*（Schaeff.）P. Kumm.。

常见种：烟色垂幕菇 *Hypholoma capnoides*（Fr.）P. Kumm.；簇生垂幕菇 *Hypholoma fasciculare*（Huds.）P. Kumm.（图 8-95）；砖红垂幕菇 *Hypholoma lateritium*（Schaeff.）P. Kumm.。

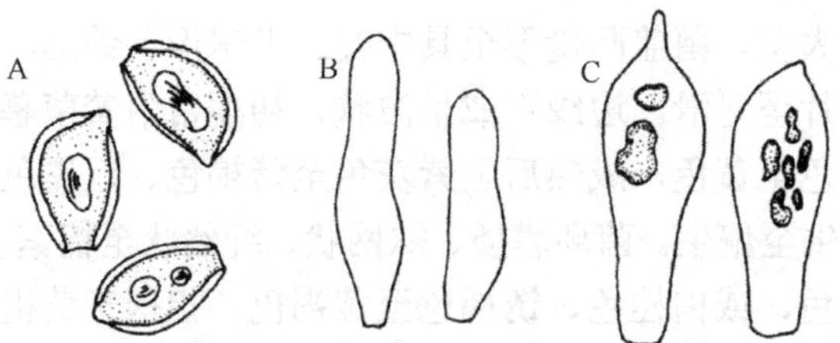

图 8-95　簇生重幕菇 *Hypholoma fasciculare*

A. 孢子；B. 缘生囊状体；C. 侧生囊状体

（3）鳞伞属 *Pholiota*（Fr.）Kummer

子实体小型、中型至大型。菌盖凸镜形至钟形，后期渐平展，少数中部下陷；菌盖表面干、湿时黏或胶黏；具绒毛至小鳞片或光滑。菌肉薄或厚，软至结实，伤后不变色，有时变淡褐色或红褐色。菌褶直生、弯生至近延生，初期颜色浅，后期颜色渐深，宽至窄，密至疏。菌柄中生，上具绒毛至小鳞片或光滑，干或黏，内实或中空。菌幕常形成蛛网状至膜质菌环，易脱落。孢子印锈褐色至肉桂褐色；担孢子卵圆形至椭圆形，光滑，土黄色至浅锈色或锈褐色，芽孔有或无；担子棒状，具2～4小梗。侧生囊状体有或无，黄色囊状体有或无；常具缘囊体。菌褶菌髓平行型至近平行型，有时稍呈交织型。菌盖外皮层菌丝凝胶化或非凝胶化。锁状联合有或无。木生、地生、腐殖质生，或生于枯枝落叶层上，偶见炭上生。

模式种：*Pholiota squarrosa*（Fr.）Kumm.。

常见种：多脂鳞伞 *Pholiota adiposa*（Basch）Kumm（图 8-96）；金毛鳞伞 *Pholiota aurivella*（Fr.）P. Kumm.；小孢鳞伞 *Pholiota microspora*（Berk.）Sacc.；翘鳞伞 *Pholiota squarrosa*（Fr.）P. Kumm.。

扫一扫　看彩图

（4）球盖菇属 *Stropharia*（Fr.）Quélet

子实体小型至大型。菌盖半球形至扁半球形，渐平展，光滑或具鳞片。菌褶直生至弯生，肉桂色至茶褐色，浅橄榄至绿紫褐色或深紫褐色，不等长，褶幅较宽，褶缘平滑或波状，或具有颗粒状附属物。菌柄中生，内实或中空，柄基部膨大或球根状，有时具有菌索。菌环易脱落或具永存性，膜质或肉质，单层或双层。菌肉白色，通常伤后不变色。担孢子印浅紫色至烟灰紫色渐变为浅紫褐色至深葡萄紫褐色；担孢子壁厚，KOH 溶液中呈暗黄褐色至深褐色，椭圆形至近卵形，有时正面观六角状，光滑，芽孔不明显或微小至平截。担子棒状，具 4 小梗，有时 2 个。具有黄囊体。缘囊体形状多样。菌褶菌髓平行型，菌丝膨大；子实下层菌丝呈短细胞状。菌盖上表皮层由平伏菌丝构成，凝胶化。具锁状联合。

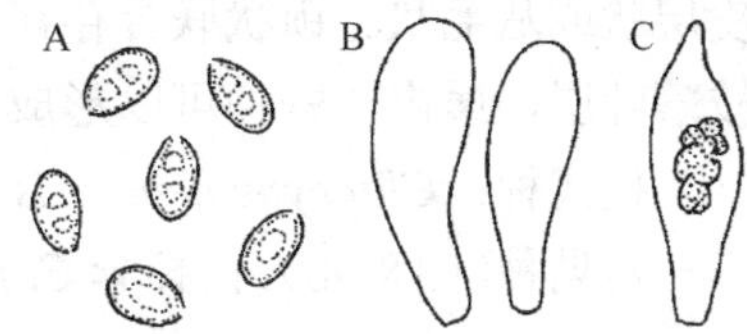

图 8-96　多脂鳞伞 *Pholiota adiposa*

A. 担孢子；B. 缘生囊状体；C. 侧生囊状体

模式种：*Stropharia aeruginosa*（Curtis）Quélet。

常见种：铜绿球盖菇 *Stropharia aeruginosa*（Curtis）Quélet；皱环球盖菇 *Stropharia rugosoannulata* Farl. ex Murrill（图 8-97）。

扫一扫　看彩图

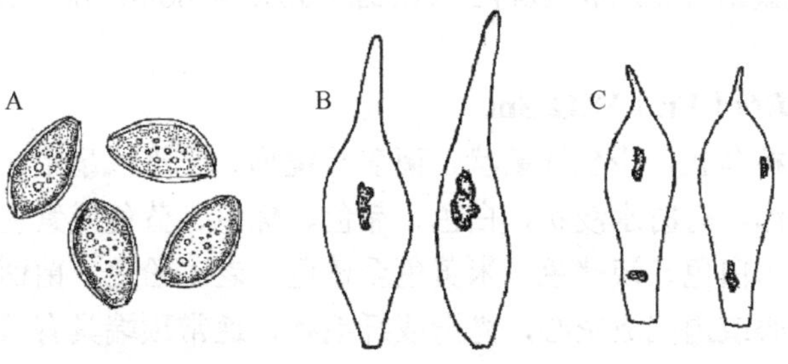

图 8-97　皱环球盖菇 *Stropharia rugosoannulata*

A. 担孢子；B. 缘生囊状体；C. 侧生囊状体

二十四、口蘑科 Tricholomataceae Pouzar

担子体伞菌状，子实层具有菌褶。菌盖凸镜形、平展至漏斗形，光滑或具有鳞片，干或油脂状，无条纹或具有透明状浅条纹，白色、灰色、棕色或黑色，少有黄色或蓝色。菌褶钩状弯生、直生至延生。菌柄正常发育，肉质。菌幕存在或缺失。菌环存在或缺失。菌托缺失。

气味不明显，一些属具有氰化物的气味。孢子印白色、黄色或粉色。孢子近球形、椭圆形、近梨形或豆形，无色透明、薄壁，不带萌发孔，光滑或具有疣突，淀粉质或非淀粉质，嗜蓝性或否。囊状体一般缺失。子实层规则型。盖皮层皮层状或膜皮状。锁状联合存在或缺失。生于地上、枯腐层、树干、树桩、树枝、枯草茎和死菌体上。

（1）杯伞属 *Clitocybe*（Fr.）Staude

担子体杯伞形。菌盖凸镜形、平展或漏斗形，光滑或具有细小鳞片，水浸状或非水浸状，个别种菌盖上具有白色粉霜，易脱落。菌褶延生，有时宽直生。气味大多数不明显，粉质味或是具有八角或香豆素的芳香。孢子印白色、粉奶油色、橙奶油色或赭色。孢子球形、椭圆形或圆柱形，光滑、无色透明，无碘反应，一些种的孢子容易黏集，常 4 个种黏附一起，尤其是干时，这也是产生粉色系孢子印的原因。担子 4 孢子。缘囊体缺失，偶尔存在。盖皮层皮层状或从毛状。锁状联合存在，偶尔缺失。腐生于草地、高山、沙丘、森林中的土壤或枯枝落叶层，属内一些种可以形成蘑菇圈。很少生于腐木上。

扫一扫　看彩图

模式种：*Clitocybe nebularis*（Batsch）P. Kumm.。

常见种（图 8-98）：白杯伞 *Clitocybe phyllophila*（Pers.）P. Kumm.；条边杯伞 *Clitocybe inorata*（Sow.）Fr.。

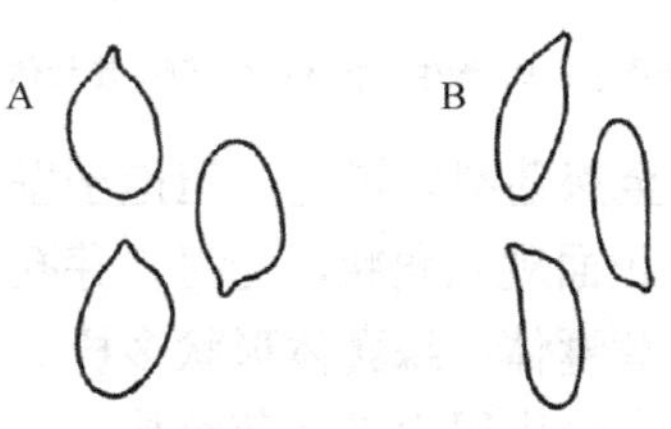

图 8-98　杯伞属担孢子

A. 白杯伞 *Clitocybe phyllophila*；B. 条边杯伞 *Clitocybe inorata*

（2）金钱菌属 *Collybia*（Fr.）Staude

担子体小，金钱菌型。菌盖具辐射状皱纹，白色或近白色。菌褶窄、直生，中等密至极密，白色至淡棕色或黄棕色。菌柄纤维质，至少下半部白粉状，基部常具有绒毛，根部常深深着生于基质中。孢子印白色。孢子椭圆形，无色透明，无碘反应。缘囊体不明显或是缺失。菌盖黏皮层状。锁状联合大量存在。生于枯枝落叶，也可生于肉质蘑菇的死菌体上，尤其是红菇科 Russulaceae，以及其他的伞菌、多孔菌或是腐殖质上，有时有菌核。

扫一扫　看彩图

模式种：*Collybia tuberosa* Fr.。

常见种：库克金钱菌 *Collybia cookei*（Bres.）J.D. Arnold；细金钱菌 *Collybia cirrhata*（Schumach.）Quél.。

（3）香蘑属 *Lepista*（Fr.）W.G. Sm.

担子体口蘑状或杯伞状，少金钱菌状，菌盖凸镜形、平展或扇形，边缘常波状或缺刻，稍黏至干，有或无光泽，有时水浸状，白色、赭色、棕色、蓝色或紫色。菌褶弯生、直生或延生，中等密至很密，白色、淡赭色、米黄色至蓝色，老时粉色。菌柄圆柱状、有时呈鳞茎状，向基部渐细，实心或内陷成空心，光滑或纤毛状，通常顶端具有绒毛。菌幕缺失。菌肉具有芳香气味，味道比较温和。孢子印粉色至浅橙色或是白色、奶油色至淡土黄色。孢子钝椭圆形至近球形，具有疣突或小刺，强嗜蓝性，在棉蓝试剂中可见纹饰，无碘反应，一些种的 4 个孢子常黏附一起。担子 4 孢子。缘囊体和侧囊体缺失或不明显。盖皮层为不明显的皮层状，一些种的皮层为黏皮层状。锁状联合存在。腐生，常生于氮丰富的土壤中、堆肥中、枯枝落叶层，常常群生或形成蘑菇圈。

模式种：*Lepista panaeolus*（Fr.）P. Karst.。

常见种（图 8-99）：花脸香蘑 *Lepista sordida*（Schumach.）Singer；紫丁香蘑 *Lepista nuda*（Bull.）Cooke；灰紫香蘑 *Lepista glaucocana*（Bres.）Singer；凹窝白香蘑 *Lepista ricekii* Bon。

扫一扫　看彩图

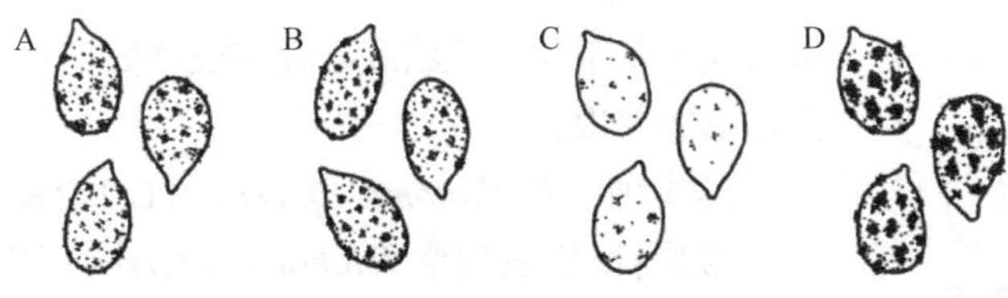

图 8-99　香蘑属担孢子

A. 花脸香蘑 *Lepista sordida*；B. 紫丁香蘑 *Lepista nuda*；
C. 灰紫香蘑 *Lepista glaucocana*；D. 凹窝白香蘑 *Lepista ricekii*

（4）白桩菇属 *Leucopaxillus* Boursier

担子体具有中生或偏生的菌柄，口蘑状或是杯伞状。菌盖凸镜形、平展或扇形，干，偶尔黏，有或无光泽，少水浸状，白色、黄色、粉色，赭石色或红棕色。菌褶大多数延生，一些种为直生，中等密或极密，白色、奶油色、黄色或粉色。菌柄圆柱形或球根形，光滑，具纤毛至绒毛。菌幕缺失。菌肉白色至白色系的。气味粉质、芳香、甜味、恶臭或不明显。味道温和或辛辣。孢子印白色或奶油色。孢子椭圆形或近球形，光滑或具有浅疣状疣突，光滑的孢子弱淀粉质，具有疣突的孢子强淀粉质和嗜蓝性。缘生囊状体缺失或菌丝状。盖皮层轻度分化。锁状联合存在。腐生于森林或是草地。该属虽然还没有DNA方面的研究，但是其被认为是多源的，可能与口蘑属 *Tricholoma* 和杯伞属 *Clitocybe* 的亲缘关系较近。

模式种：*Leucopaxillus paradoxus*（Costantin & L.M. Dufour）Boursier。

常见种（图 8-100）：白桩菇 *Leucopaxillus candidus*（Bres.）Singer；苦白桩菇 *Leucopaxillus amarus*（Alb. et Schw.）Kuehn.。

扫一扫　看彩图

（5）毛缘菇属 *Ripartites* P. Karst.

担子体杯伞状，具棕色菌褶。菌盖凸镜形，边缘缺刻状并内卷，后平展至顶端带有凹陷，有时中央处带有浅顶凸，表面光滑至具有辐射状纤毛或绒毛，边缘具有辐射状白毛边，干或黏，非水浸状，无透明状条纹，白色至淡黄色。菌褶短延生，窄，密，淡灰黄色至土黄色。菌柄圆柱形，淡粉棕色至灰棕色，具白色绒毛。菌幕缺失。气味不明显或稍带酸味。味道温和。孢子印淡黄色至淡灰棕色。孢子球形至宽椭圆形，具有疣突或小刺，淡棕色，无碘反应，囊状体缺失。盖皮层皮层状或丛毛状。锁状联合存在。腐生于针叶林中地上或是枯枝落叶层，尤其是云杉林下的枯腐针叶层上，很少生于阔叶林下、火烧地等。

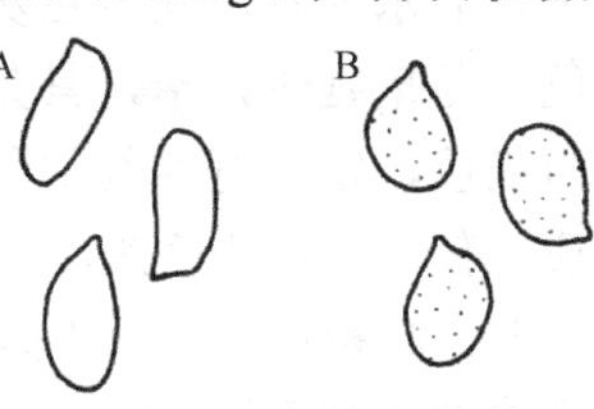

图 8-100　白桩菇属担孢子

A. 白桩菇 *Leucopaxillus candidus*；
B. 苦白桩菇 *Leucopaxillus amarus*

模式种：*Ripartites tricholoma*（Alb. & Schwein.）P. Karst.。

常见种：毛缘菇 *Ripartites tricholoma*（Alb. & Schwein.）P. Karst.。

扫一扫　看彩图

（6）口蘑属 *Tricholoma*（Fr.）Staude

担子体口蘑状。菌盖凸镜形至平展，顶端通常带有一个钝的突起，光滑、绒毛或具有鳞片，干或黏，白色、棕色、黄色、橙色、橄榄色、绿色、灰色或黑色，非水浸状。菌褶弯生、少直生，白色、奶油色或黄色，一些种的边缘无色至黑色、棕色或黄色。菌柄光滑，具有细绒毛，单层菌幕缺失，或很少存在，膜质。大多数种带有肥皂、蜂蜜、香料、汽油等气味，或不明显，味道大多数粉质感，有时有腐臭或辛辣至酸味。孢子印白色或白色系的。孢子椭圆形或近球形，光滑，无色透明，无碘反应。缘生囊状体大多数存在，有时不明显。侧囊体缺失。盖皮层（黏）皮层状

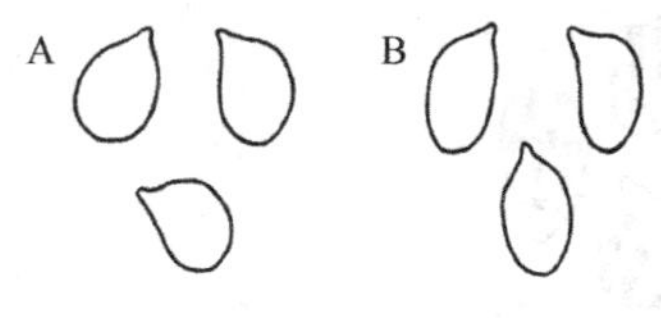

图 8-101 口蘑属担孢子

A. 棕灰口蘑 *Tricholoma terreum*；

B. 灰环口蘑 *Tricholoma cingulatum*

扫一扫 看彩图

或（黏）丛毛状。锁状联合存在或缺失。生于土壤中，与乔木或灌木形成菌根。

模式种：*Tricholoma equestre*（L.）P.Kumm.。

常见种：棕灰口蘑 *Tricholoma terreum*（Schaeff.: Fr.)Kummer（图 8-101A）；灰环口蘑 *Tricholoma cingulatum*（Ahnfelt：Fr.）Jacobasch（图 8-101B）；松口蘑 *Tricholoma matsutake*（S. Ito & S. Imai）Singer；蒙古口蘑 *Tricholoma mongolicum* S. Imai。

（7）拟口蘑属 *Tricholomopsis* Singer

担子体口蘑型。菌盖纤维状至具鳞片，干。菌褶直生或顶端微凹，中度稀至密，黄色。气味和味道不明显。孢子印白色。孢子宽椭圆形至椭圆形，光滑，无色透明，无碘反应。担子 4 孢子。缘生囊状体较大，圆柱形至棒形或纺锤形，有时具隔，薄壁至稍厚壁，有时具有带颜色的内含物。侧囊体缺失或不明显。盖皮层皮层状、丛毛状或绒毛状。锁状联合存在。腐生于针叶树腐木上，白腐。

扫一扫 看彩图

模式种：*Tricholomopsis rutilans*（Schaeff.）Singer。

常见种（图 8-102）：赭红拟口蘑 *Tricholomopsis rutilans*（Schaeff.)Singer；黄拟口蘑 *Tricholomopsis decora*（Fr.)Singer。

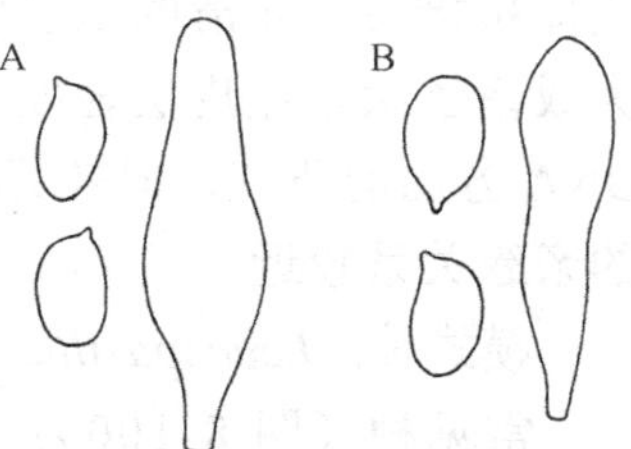

图 8-102 拟口蘑属担孢子和缘囊体

A. 赭红拟口蘑 *Tricholomopsis rutilans*；

B. 黄拟口蘑 *Tricholomopsis decora*

（8）小鸡油菌属 *Cantharellula* Singer

担子体亚脐菇状。菌盖钟状，后期平展至下陷或呈中部具突起的浅漏斗状，光滑或具有微小绒毛，有时具皱纹，干，非水渍状，紫罗兰灰色至铅灰色，后期渐变为浅红褐色。菌褶延生，窄，具分叉，中等间距，奶油色，后期变为红色，常具有浅红褐色斑点。菌柄圆柱形至棒状，纤维质，灰色，基部色浅、具有绒毛状物。孢子纺锤形，光滑，透明，淀粉质。担子 4 孢。无囊状体。菌盖皮层为表皮型、毛皮型或绒毛型（tomentum）。具有锁状联合。秋季至晚秋腐生在针叶林和沙质土生长的石楠灌丛内的苔藓上。

扫一扫 看彩图

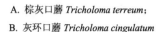

图 8-103 脐形小鸡油菌 *Cantharellula umbonata* 孢子

模式种：*Cantharellula umbonata*（J.F.Gmel.）Singer。

常见种：脐形小鸡油菌 *Cantharellula umbonata*（J.F. Gmel.）Singer（图 8-103）。

（9）亚脐菇属 *Omphalina* Quél.

担子体亚脐菇状。菌盖凸镜形至平展，中部具凹陷至漏斗状，边缘内卷至具条纹，光滑至具微小绒毛，水渍状，具有透明条纹或无条纹，白色或具有赭色至浅褐色色调。菌褶宽直生至延生，薄至厚，稀疏，白色、紫丁香色、粉色或浅褐色。菌柄圆柱形至稍呈棒状，光滑至具粉末，干，暗色，与菌盖同色或更浅。无菌幕。菌肉薄。气味不明显或具水果气味。味道不明显或苦。孢子印白色至粉色。孢子近球状、卵圆形、椭圆形、杏仁状或近梨形，非淀粉质，光滑，透明，壁薄。担子具 2 孢和 4 孢。无缘囊体或具有圆柱状、窄棒状或稍具分支、薄壁透明的缘囊体。腐生，单生或群生于地上，常生长在苔藓植物群落中。

扫一扫 看彩图

模式种：*Omphalina pyxidata*（Bull.）Quél.。

常见种：赭褐亚脐菇 *Omphalina lilaceorosea* Svrček & Kubička（图 8-104）。

（10）假杯伞属 *Pseudoclitocybe* Singer

担子体杯伞状，具有一个长柄。菌盖具脐凹，褐色至灰色，水渍状，有或无小条纹。菌褶延生，有或无分叉，中等间距，近白色。菌柄圆柱状或向下渐粗。气味不明显。味道温和。孢子印白色。孢子椭圆形，透明，淀粉质。无囊状体。菌盖皮层为表皮型，菌丝具结痂或在细胞间具色素。无锁状联合。秋季至晚秋腐生生长于苔藓或草丛地上，或生长在针叶、树叶或木头上。

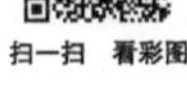

模式种：*Pseudoclitocybe cyathiformis*（Bull.）Singer。

常见种：灰假杯伞 *Pseudoclitocybe cyathiformis*（Bull.）Singer（图 8-105）。

图 8-104　赭褐亚脐菇
Omphalina lilaceorosea 孢子

图 8-105　灰假杯伞
Pseudoclitocybe cyathiformis 孢子

第二节　鸡油菌目 Cantharellales Gäum.

担子体珊瑚状或伞菌状，具有明显中生的菌柄。菌盖凸镜形至漏斗形，菌肉膜质至软胶质或肉质。子实层体平滑，有皱褶或有宽而钝的纵褶。单型菌丝系统，罕二型，具肿胀生殖菌丝，有或无锁状联合。子实层粗厚。孢子薄壁，近球形、椭圆形至圆柱形，光滑，无色，非淀粉质。担子细长，棒形，2～8 个孢子。囊状体大多缺。有时有胶囊体。裸果型发育。

地生或腐殖质生，罕生于植物残体上。

模式科：鸡油菌科 Cantharellaceae J. Schröt.。

鸡油菌科 Cantharellaceae J. Schröt.

该科担子体肉质或膜质，有柄，漏斗形至喇叭形，稀截顶棒形。子实层体生担子体外表面，平滑具皱纹或皱褶。单型菌丝系统，菌丝薄壁，膨大，有或无锁状联合。孢子印白色，孢子光滑，无色或浅色，卵圆形至椭圆形，薄壁，非淀粉质。地生，常见于森林中。

模式属：*Cantharellus* Adans. ex Fr.。

（1）喇叭菌属 *Craterellus* Pers.

担子体多为膜质或近膜质，漏斗形、号角形或扇形，灰褐色至黑色。子实层体平滑或有皱褶至脉纹。无囊状体。孢子光滑，无色或近无色至浅黄色。生于林内地上。

模式种：*Craterellus cornucopioides*（L.）Pers.。

常见种：金色喇叭菌 *Craterellus aureus* Berk.et Curt.（图 8-106）；喇叭菌 *Craterellus cornucopioides*（Pers.）Fr.。

（2）鸡油菌属 *Cantharellus* Adans. ex Fr.

菌盖肉质，扁平或稍凹至漏斗形或喇叭状，边缘常不规则瓣裂。白色至有鲜艳色泽，不孕面常被绒毛或小鳞片。菌柄中生或偏生，肉质，与菌盖不易脱离。子实层面居外侧，具皱褶或褶片样棱条，棱条窄，网状分叉，向柄延生。菌丝单型，有或无锁状联合。孢子光滑，后期变粗糙，无色至淡黄色，近球形至椭圆形。担子细长。囊状体缺。生于林地上。

扫一扫 看彩图

模式种：*Cantharellus cibarius* Fr.。

常见种：鸡油菌 *Cantharellus cibarius* Fr.（图 8-107）；小鸡油菌 *Cantharellus minor* Peck.。

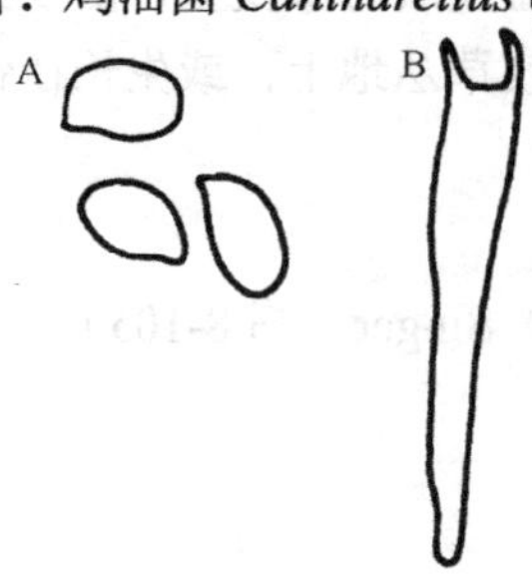

图 8-106　金色喇叭菌 *Craterellus aureus*

A. 孢子；B. 担子

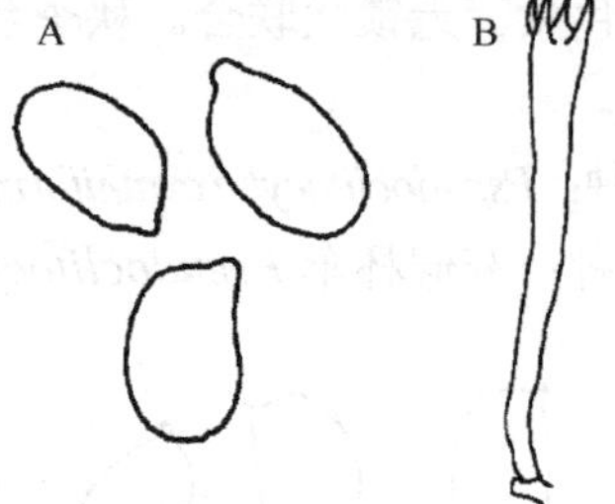

图 8-107　鸡油菌 *Cantharellus cibarius*

A. 孢子；B. 担子

9

第九章 牛肝菌类蕈菌

典型的牛肝菌类蕈菌为子实体肉质，肥厚，子实层体除了个别种类有菌褶外，取而代之的是菌管。而如今的系统发育学研究证实，本与牛肝菌区别较大的腹菌状类群及子实层体平伏至皱孔菌状类群也包括在该类群当中，尽管如此主体还是保持了原有牛肝菌的特征。

牛肝菌目 Boletales E.-J. Gilbert

典型的宏观特征为具肉质菌盖及菌柄，与伞菌的外形相似，呈“蘑菇” 状，菌盖下表面为密集的菌管而非片状菌褶；但部分系统发育与之亲近类群的子实层体可发育成腹菌状、菌褶状或皱孔菌状至伏革菌状，划分为典型的牛肝菌类群（具菌管类群）、具菌褶类群、腹菌状类群及子实层体平伏至皱孔菌状类群。典型牛肝菌类群又可以分为光滑孢子类群和粗糙孢子类群。

一、牛肝菌科 Boletaceae Chevall.

担子体肉质，具菌盖和菌柄，菌盖表面或光滑，或具鳞片、纤毛、绒毛、颗粒、绒状残片，或呈高低不平的网格纹。干燥或具黏液，盖缘平滑或具不规则的膜状延伸，子实层体由菌肉质管组成，近柄部管口或呈长形，下延呈褶片状，少数呈明显褶片状。

模式属：牛肝菌属 *Boletus* L.。

（1）金牛肝菌属 *Aureoboletus* Pouzar

菌盖初中凸，后近平展，表面平或具凹凸不平的网眼。色泽多样，亮黄、黄褐、金黄色、肉桂色、红褐色、橘红色、暗绿褐色、棕褐色或黑褐色。幼时菌盖较黏，菌盖表伤后易变粉红色、肉白色、淡黄色、深黄色，伤后变蓝或变色不明显。菌丝无锁状联合。子实层体有多重色泽，淡白色、黄色、橘红色、酒红色，但是不呈深红色，遇氨液检测，多有黄色色素呈现。盖表菌丝呈囊状交织。菌管黄色，近柄处微延生，或下陷，孔口不规则圆形，或长圆形。管髓菌丝平行排列。菌柄中生或近中生，外表黏滑，具网纹或纵纹。菌柄实心或微中空，肉乳白色或黄色，软骨质，菌柄基部菌丝黄色。担孢子长纺锤形，长卵圆形，金黄色，侧生囊状体和管缘囊状体长纺锤形、不规则长纺锤形，棒状，金黄色，担子顶部阔向下渐细，具 4 小梗。菌根菌，与冷杉属、白桦属、山毛榉属、栎属、松属共生，也有生于木桩和木渣堆上。

模式种：*Aureoboletus gentilis*（Quél.）Pouzar。

常见种：棒盖金牛肝菌 *Aureoboletus clavatus* N.K. Zeng & Ming Zhang（图 9-1）；长颈金牛肝菌 *Aureoboletus longicollis*（Ces.）N.K. Zeng & Ming Zhang。

扫一扫 看彩图

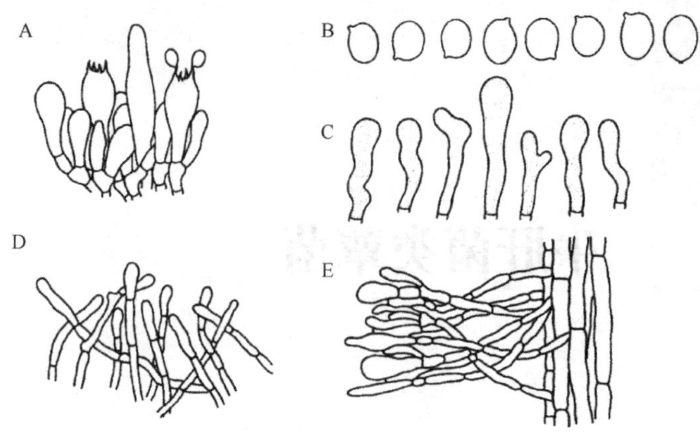

图 9-1　棒盖金牛肝菌 *Aureoboletus clavatus*（引自 Zeng et al.，2015）

A. 担子和侧生囊状体；B. 担孢子；C. 管缘囊状体；D. 菌盖表皮；E. 菌柄表皮

（2）南方牛肝菌属 *Austroboletus*（Corner）Wolfe

菌盖幼时干，老熟时偶尔黏，光滑或被绒毛至鳞片。子实层体管状，初白色，后呈玫瑰色至紫褐色，弯生或柄周下陷至离生。菌肉白色且伤不变色，或黄色，有的老后变金黄褐色。菌丝无锁状联合。菌柄中生，上有沟状网纹和棱纹，有时被粉末或糠麸状物。有或无菌幕形成，菌环或菌幕残余留挂柄上或盖缘上。孢子印葡酒红色至紫褐色或肉桂褐色。孢子卵圆形至椭圆形或近橄榄形，褐色至锈色。两端光滑，中央部具小瘤至鸡冠状纹饰，非淀粉质或类糊精质。侧生囊状体或管缘囊状体有或无。菌褶菌髓规则至两侧型。菌盖外皮层多分化成栅状至交错的毛皮型或黏毛皮型。裸果型发育。地生。

模式种：*Austroboletus dictyotus*（Boedijn）Wolfe。

常见种：纺锤孢南方牛肝菌 *Austroboletus fusisporus*（Kawam. ex Imazeki & Hongo）Wolfe（图 9-2）。

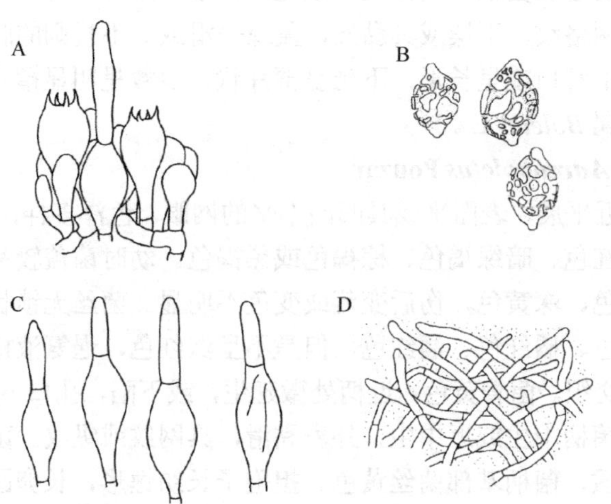

图 9-2　纺锤孢南方牛肝菌 *Austroboletus fusisporus*（曾念开 绘）

A. 担子及侧生囊状体；B. 担孢子；C. 管缘囊状体；D. 菌盖表皮

（3）条孢牛肝菌属 *Boletellus* Murril

菌盖光滑或有鳞片，盖表多干燥，少黏滑，呈枣红色、粉红色或褐黑色。子实层黄色至褐色。菌肉黄色或柠檬黄色。菌柄长棒状，中上端有时具薄膜与盖缘相衔接。柄表或近光滑，或具网状脉络，很少呈纵条状，柄基微膨大。担孢子长圆形，孢壁纹饰多具纵长条纹，脊多条呈放射状，幼时孢壁近光滑，成熟后条纹明显。与豆科、壳斗科、松科植物有菌根共生关系。

模式种：*Boletellus ananas*（M.A. Curtis）Murrill。

常见种：木生条孢牛肝菌 *Boletellus emodensis*（Berk.）Singer（图 9-3）。

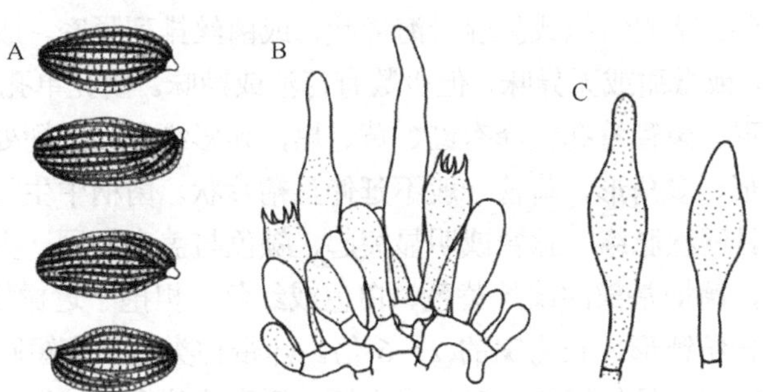

图 9-3　木生条孢牛肝菌 *Boletellus emodensis*（引自 Zeng and Yang，2011）

A. 担孢子；B. 担子及侧生囊状体；C. 管缘囊状体

（4）刺牛肝菌属 *Boletochaete* Singer

菌体肉质。菌盖表面具亚上皮层，即具有等径的盖表面细胞或单列丝状细胞。盖面光滑，色泽黄褐色、褐色，无光泽。菌肉微黏，黄色、淡黄色，伤后多变蓝色反应，肉生尝多具苦味。菌孔小型，管孔不规则圆形、长圆形，管孔初为白色，后呈淡黄色，近柄处贴生、陷生。柄中生，圆柱形，柄表面有不清晰网纹或无网纹。孢子呈肉桂粉红色，中、大型，短圆形，或椭圆形、长椭圆形，假淀粉质，担子棒状，4 孢子，囊状体被认为是假囊状体，即明显延长出子实层，腔内囊状体不具有被染色的成分，但囊壁新鲜时，遇碱性甲苯胺蓝液，其外壁呈蓝色，内壁呈红色反应，囊状体多密集丛生，棒状。纺锤状或延长呈柔丝状，囊壁有不规则增厚，新鲜时呈暗锈色、橄榄绿色、褐黄色、蜜黄色，菌管髓菌丝平行排列，菌丝白色，无锁状联合。

模式种：*Boletochaete spinifera*（Pat. & C.F. Baker）Singer。

常见种：棘刺牛肝菌 *Boletochaete setulosa* M. Zang（图 9-4A）；毛刺牛肝菌 *Boletochaete spinifera*（Pat. & C. F. Baker）Sing.（图 9-4B）。

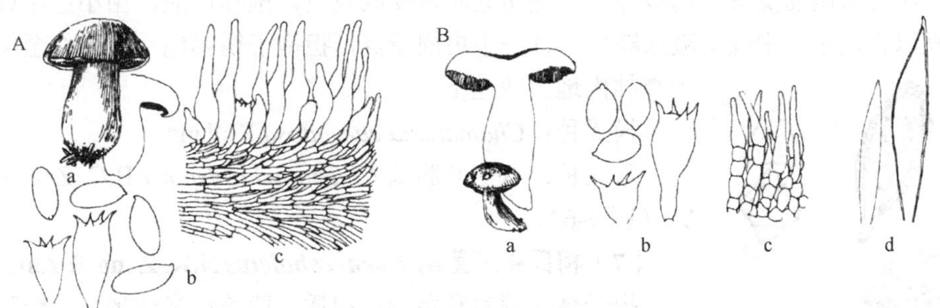

图 9-4　棘牛肝菌属 *Boletochaete*（引自臧穆，2006）

A. 棘刺牛肝菌 *Boletochaete setulosa*，a. 担子体；b. 侧生囊状体和菌管髓；c. 担子和担孢子。
B. 毛刺牛肝菌 *Boletochaete spinifera*，a. 担子体；b. 担子和担孢子；c. 菌盖表皮；d. 侧生囊状体

（5）牛肝菌属 *Boletus* L.

菌体肉质，易于腐烂，菌盖盖皮具有上表皮，热带种类较薄，温寒带和高山种类较厚，不呈毛绒状，或少数呈毛绒状。盖表多平滑，不具黏液层，或未成熟时少有黏滑感，色泽多端，红色、紫红色、褐红色、黄色、土黄色、灰蓝色、棕色、黑色，有光泽或无光泽。成熟后表皮多完整，少开裂，后期微干燥。盖缘连接担子体层缘，略长于担子体层缘，菌肉不黏，较滑脆，多呈黄色，也有白色、红色或紫色、淡褐色或灰色、黑色等。伤后多变色，呈蓝色、红色、褐色等反应，少数不变色。菌肉组织或呈疏松海绵状，或菌丝排列紧密，成熟后部分种菌肉有虫蚀孔道。多具清香味，或微甜或无异味，但少数有苦涩或辣味。菌孔单孔型，近圆形、长圆形、多角形、不规则多角形。菌管管孔色泽有红、黄、黑，异彩纷呈。近柄处多贴生，少陷生，近管处的菌管仍保持圆形、多角形，菌管一般不延伸呈褶片状。菌柄中生，近柱形，基部或膨大呈臼形，菌柄表面多具网状脉络，脉脊或明显突起，颜色与盖表相同，少异色，少数种柄表有鳞片，但很少具腺点，菌柄基部的菌丝黄色、白色或红色。担孢子近橄榄黄色、淡橄榄褐色、黄褐色。多呈圆形、长纺锤形，长为宽的 2～6 倍。热带种类孢子有短圆形。担子短柱状，初顶端阔，向下渐细，后期多呈长棒状，多具 4 小梗，侧囊状体多呈纺锤形、圆柱形，管缘囊状体多呈柱状、纺锤状，后者多较前者长。菌管髓菌丝或平行排列，或两侧型排列，或二者兼有，菌丝不具锁状联合。

扫一扫 看彩图

模式种：*Boletus edulis* Bull.：Fr.。

常见种：白肉牛肝菌 *Boletus bainiugan* Dentinger（图 9-5）；东方白牛肝菌 *Boletus orientialbus* N.K. Zeng & Zhu L. Yang。

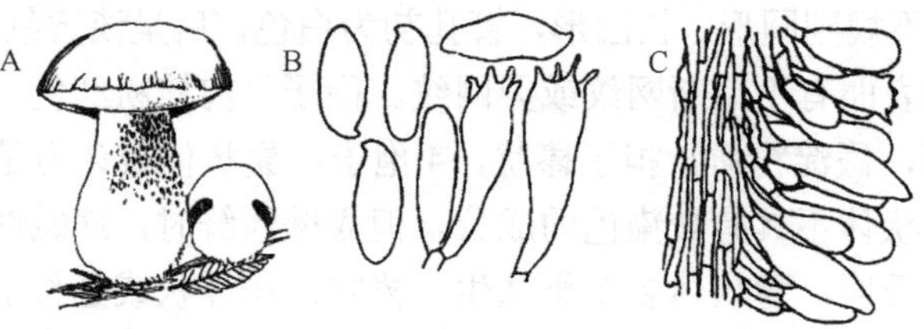

图 9-5 白肉牛肝菌 *Boletus bainiugan*（引自臧穆，2006）

A. 担子体；B. 担子和担孢子；C. 菌管髓

（6）叶腹菌属 *Chamonixia* Rolland.

担子体球形或近球形，宽 1～5cm，当几个担子体成一丛发育时常常呈现出有褶皱的外观，由于相互挤压而变形，包被存在，受伤处时常变成蓝色，孢体肉质，由小腔组成，大多仅局部充以担孢子。中柱退减或缺如，具一中央固着点，担孢子锈褐色，有条纹至棱脊。生于森林内地上或地下。

图 9-6 双孢叶腹菌 *Chamonixia bispora* 孢子（引自刘波，1998）

模式种：*Chamonixia caespitosa* Rolland.。

常见种：双孢叶腹菌 *Chamonixia bispora* B.C. Zhang & Y.N. Yu（图 9-6）。

（7）柯氏牛肝菌属 *Corneroboletus* N.K. Zeng & Zhu L. Yang

担子体具菌盖和菌柄，肉质。菌盖近半球形、凸镜形，平展或中央稍稍下陷；盖表黏，上覆锥状、近锥状或不规则的鳞片（菌幕残余）。子实层菌管状，在菌柄周围下陷，黄色，受伤后缓慢变为红褐色。菌柄中生，圆柱形；柄表上覆锥状、近锥状或不规则的鳞片（菌幕残余），但菌柄近顶端处光滑。菌环存在。担孢子近纺锤形至椭圆形，在光镜下光滑，在扫描电镜下可见不规则的疣点或杆菌状纹饰。囊状体存在。菌盖表皮黏球囊型；盖表鳞片由近直立的丝状菌丝构成。菌柄表皮类栅栏状；柄表鳞片由近直立的丝状菌丝构成。锁状联合缺失。地生，为外生菌根真菌。

模式种：*Corneroboletus indecorus*（Massee）N.K. Zeng & Zhu L. Yang。

常见种：柯氏牛肝菌 *Corneroboletus indecorus*（Massee）N.K. Zeng & Zhu L. Yang（图 9-7）。

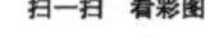

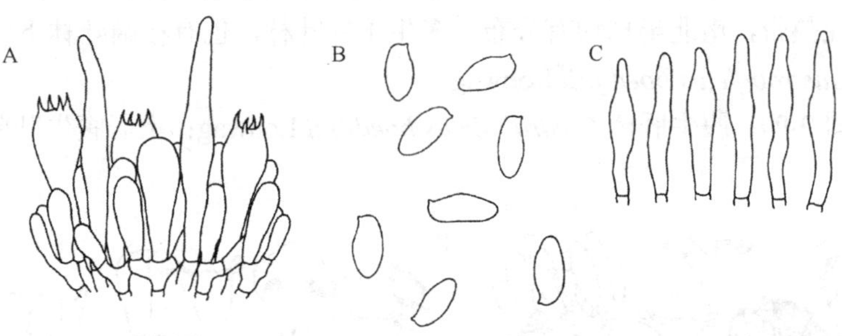

图 9-7　柯氏牛肝菌 *Corneroboletus indecorus*（引自 Zeng et al.，2012）

A. 担子和侧生囊状体；B. 担孢子；C. 管缘囊状体

（8）橙牛肝菌属 *Crocinoboletus* N.K. Zeng，Zhu L. Yang & G. Wu

担子体具菌盖和菌柄，肉质。菌盖幼时近半球形，成熟后凸镜形至近平展；盖表金黄色、橙色至红橙色，上覆细小的、深红褐色鳞片；盖表受伤后迅速变为蓝绿色，后变为黑色。菌肉黄色，受伤后迅速变为蓝绿色。子实层菌管状；管口近圆形，与菌管均为橙色，受伤后迅速变为蓝绿色，后变为黑色。菌柄近圆柱形；柄表与盖表同色，有时上覆深红橙色的细小鳞片，受伤后迅速变为蓝绿色，后变为黑色；菌肉黄色，受伤后迅速变为蓝绿色。基部菌丝橙黄色。担孢子近纺锤形至椭圆形，橄榄褐色至黄褐色；具管缘囊状体和侧生囊状体；菌盖表皮菌丝不膨大，呈交织状。锁状联合缺如。地生，为外生菌根真菌。

模式种：*Crocinoboletus rufoaureus*（Massee）N.K. Zeng，Zhu L. Yang & G. Wu。

常见种：红橙牛肝菌 *Crocinoboletus rufoaureus*（Massee）N.K. Zeng，Zhu L. Yang & G. Wu（图 9-8）。

扫一扫　看彩图

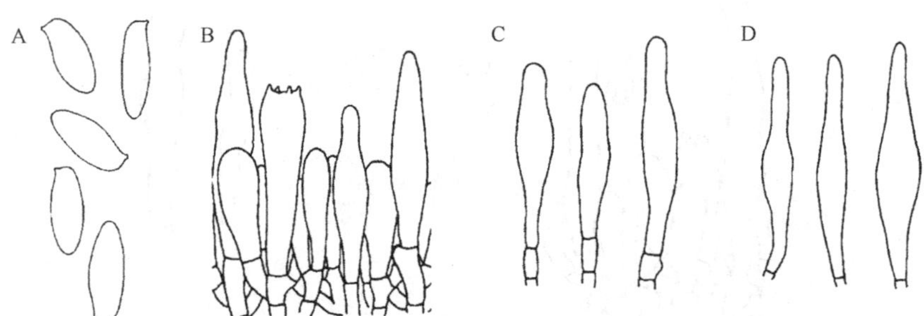

图 9-8　橙牛肝菌 *Crocinoboletus rufoaureus*（引自 Zeng et al.，2014c）

A. 担孢子；B. 担子及侧生囊状体；C. 管缘囊状体；D. 侧生囊状体

（9）腹牛肝菌属 *Gastroboletus* Lohwag

菌体肉质，初期有包被相包，大部分埋于地下，菌柄伸出土外，而柄基的包被呈菌托状相系。菌盖缘有时仍保留残幕状物，呈撕裂状或与菌托的缘膜继续相系，在土中的球形团块和初期出土时的形态特征，与腹菌目在宏观形态上相似。故以此形态学论，有人认为腹牛肝菌与腹菌目的发育上有一定的亲缘关系，菌盖张开后，其菌盖、菌管、菌柄的形态，与牛肝菌属 *Boletus*、绒盖牛肝菌 *Xerocomus* 相似。菌肉淡黄色、乳白色，伤后多变蓝色。菌管为单孔型，未见复孔型。担孢子椭圆形、纺锤形，孢壁光滑。担子基长圆形、近圆形或侧梨形。这种担子属于腹菌类的侧向离轴担子，担孢子的弹射方式非顶生弹射，而是侧生背轴弹射。分布于温带、亚热带，南北半球均有分布，多生于针叶林，也有在阔叶林下发现的。

模式种：*Gastroboletus boedijnii* Lohwag。

常见种（图 9-9）：腹牛肝菌 *Gastroboletus boedijnii* Lohwag；土居腹牛肝菌 *Gastroboletus doii* M. Zang。

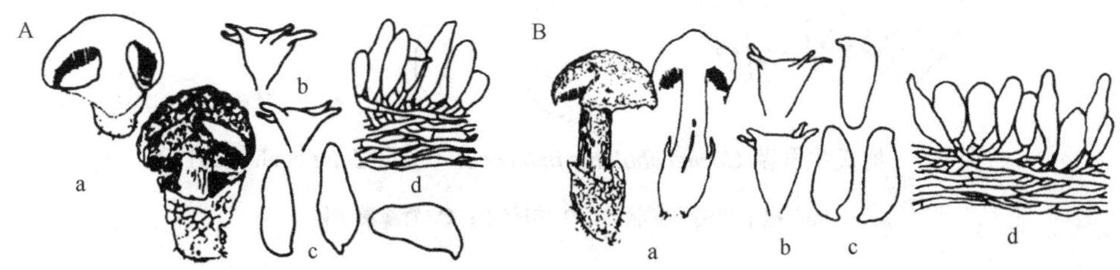

图 9-9　腹牛肝菌属（引自臧穆，2006）

A. 腹牛肝菌 *Gastroboletus boedijnii*，a.担子体；b. 担子；c. 担孢子；d.菌管髓。
B. 土居腹牛肝菌 *Gastroboletus doii*，a. 担子体；b. 担子；c. 担孢子；d. 菌管髓

（10）海氏牛肝菌属 *Heimioporus* E. Horak

菌盖干或黏，具大量膨胀的菌丝末端，但不呈附属物状。菌柄长。具糠麸状小鳞片、鳞片或稍具网纹，罕光滑。菌管呈腹鼓状，黄色至橄榄色、柠檬黄色或红色。菌肉伤不变色或微变蓝色转黑色. 不变红色。孢子印橄榄褐色，较松塔牛肝菌属浅。孢子广椭圆形。孢壁呈网状或有纵短条纹。不呈轴式放射，条脊断续不整，有时呈疣状。无锁状联合。裸果型。地生，罕腐木生。兼性或专性外生菌根菌。

模式种：*Heimioporus retisporus*（Pat. & C.F. Baker）E. Horak。

常见种：日本海氏牛肝菌 *Heimioporus japonicus*（Hongo）E. Horak（图 9-10）。

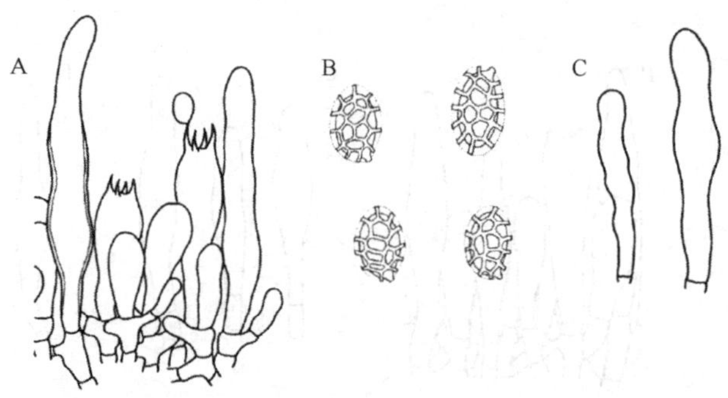

图 9-10　日本海氏牛肝菌 *Heimioporus japonicus*（曾念开 绘）

A. 担子及侧生囊状体；B. 担孢子；C. 管缘囊状体

（11）新牛肝菌属 *Neoboletus* Gelardi，Simonini & Vizzini

担子体具菌盖和菌柄，有时腹菌状，肉质。担子体为伞菌状时，菌盖近半球形，凸镜形至近平展；盖表干、绒毛状，受伤通常变蓝色；菌肉奶油黄色至浅黄色，受伤迅速变蓝色。子实层菌管状；管口圆形至近圆形，幼时褐色、深褐色至红褐色，成熟后变为黄褐色，受伤后迅速变为蓝色至深蓝色；菌管幼时浅黄色至黄色，成熟后颜色加深，受伤后迅速变为蓝色至深蓝色。菌柄中生，近圆柱形，上部浅黄色、黄色至黄褐色，下部褐色至红褐色，具点状鳞片，但不具网纹；柄表受伤通常变蓝色；菌肉幼时奶油黄色至浅黄色，成熟后下部变为褐色至红褐色，受伤后迅速变蓝；基部菌丝白色、奶油黄色或者褐色。担孢子光滑，近纺锤形至椭圆形，黄褐色；具管缘囊状体和侧生囊状体；菌盖表皮菌丝直立；锁状联合缺失。当担子体为腹菌状时，产孢组织由多个小腔室构成，通常裸露；菌肉黄色，受伤迅速变为蓝色。担孢子黄褐色、褐色至肉桂褐色；锁状联合缺如。地生，为外生菌根真菌。

模式种：*Neoboletus luridiformis*（Rostk.）Gelardi，Simonini & Vizzini。

常见种：茶褐新牛肝菌 *Neoboletus brunneissimus*（W.F. Chiu）Gelardi，Simonini & Vizzini（图 9-11）。

扫一扫　看彩图

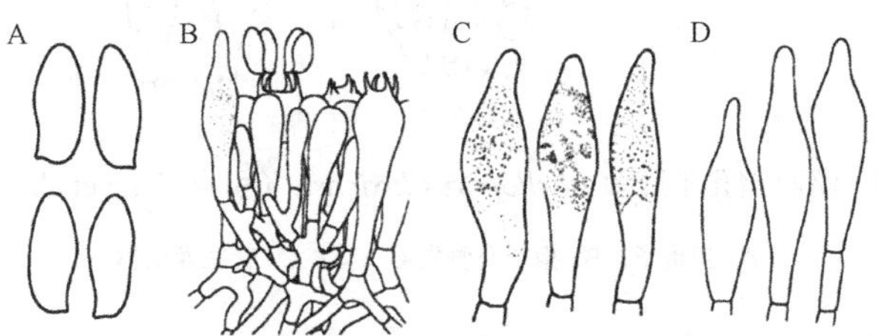

图 9-11　茶褐新牛肝菌 *Neoboletus brunneissimus*（引自 Wu et al.，2015）

A. 担孢子；B. 担子及侧生囊状体；C. 管缘囊状体；D. 侧生囊状体

（12）疣柄牛肝菌属 *Leccinum* Gray

菌盖半球形，后近平展，盖表层（epithelium）菌丝多呈球状囊体（spherocysts），单一或单列联成链状。盖表有绒毛；菌丝水平排列，黏或光滑；绒毛永存或脱落，老后盖表或龟裂。盖缘多有缘膜。子实层乳黄色、黄色，近柄处下陷。菌管孔径多小于 1mm。孢子印橄榄琥珀色、酒褐色。菌管髓菌丝排列多两侧型。菌柄粗大，柱状，柄表有鳞片状突起，多联结成线条状，不呈网状脉络。担子呈棒状。担孢子长圆形、梭形，淡褐色、淡黄褐色。囊状体近棒状、纺锤状。生于针叶林和多种阔叶树下，为外生菌根菌。

模式种：*Leccinum aurantiacum*（Bull.）Gray。

常见种：褐疣柄牛肝菌 *Leccinum scabrum*（Bull.）Gray（图 9-12）。

扫一扫　看彩图

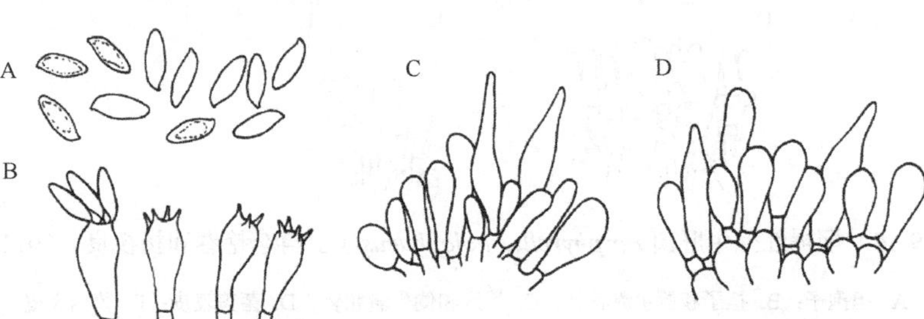

图 9-12　褐疣柄牛肝菌 *Leccinum scabrum*（引自臧穆，2006）

A. 担孢子；B. 担子；C. 担子及管缘囊状体；D. 担子及侧生囊状体

（13）褶孔牛肝菌属 *Phylloporus* Quél.

菌盖肉质。盖表初具细绒毛，后光滑，不黏。菌盖皮壳外层菌丝多呈不规则交织。柄中生、偏生。菌褶蜡质，较厚，延生，褶间多具横脉，有时在近柄处形成网状或亚孔状，与菌肉不分离。菌褶髓为中央分叉式。侧生囊状体棒形、纺锤形，壁光滑。褶缘囊状体，形态同前。担子棒状。担孢子长椭圆形至长纺锤形，壁光滑，橄榄色。多见于阔叶林或针阔混交林下，以亚热带多见。

模式种：*Phylloporus pelletieri*（Lév.）Quél.。

扫一扫　看彩图

常见种：潞西褶孔牛肝菌 *Phylloporus luxiensis* M. Zang（图 9-13）；美丽褶孔牛肝菌 *Phylloporus bellus*（Massee）Corner；覆鳞褶孔牛肝菌 *Phylloporus imbricatus* N.K. Zeng，Zhu L. Yang & L.P. Tang。

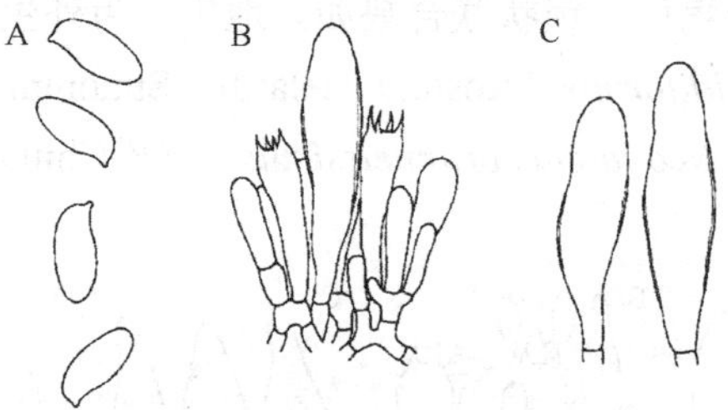

图 9-13　潞西褶孔牛肝菌 *Phylloporus luxiensis*（引自 Zeng et al.，2013）

A. 担孢子；B. 担子及侧生囊状体；C. 管缘囊状体

（14）红牛肝菌属 *Porphyrellus* E.-J. Gilbert

担子体肉质，易腐烂。表面干，有绒毛。菌管直生，初时白色，后褐色，菌柄中生，光滑或初时光滑，后绒状，中实。孢子印红褐色。孢子近梭形，光滑或近光滑。生于林中地上。

模式种：*Porphyrellus porphyrosporus*（Fr. & Hök）E.-J. Gilbert。

扫一扫　看彩图

常见种：烟褐红孢牛肝菌 *Porphyrellus holophaeus*（Corner）Y.C. Li & Zhu L. Yang（图 9-14）；黑红孢牛肝菌 *Porphyrellus nigropurpureus*（Hongo）Y.C. Li & Zhu L. Yang。

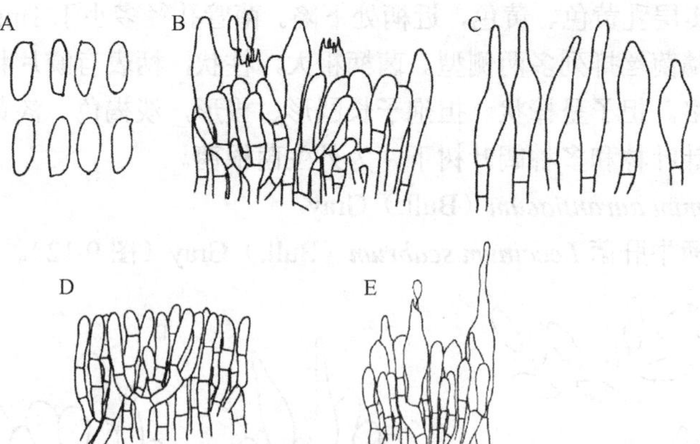

图 9-14　烟褐红孢牛肝菌 *Porphyrellus holophaeus*（引自李艳春和杨祝良，2011）

A. 担孢子；B. 担子和侧生囊状体；C. 管缘和侧生囊状体；D. 菌盖表皮；E. 菌柄表皮

（15）粉末牛肝菌属 *Pulveroboletus* Murrill

菌盖中等或更大，中央微凸或平展。盖表幼时微湿而黏，成熟后变干燥。盖表菌丝分枝，有横隔，近等粗，末端钝圆。菌盖表面多呈金黄色、明亮黄色或橘黄色，少数黄绿色，表层呈粉末状（pulverulent consistency），手触之有粉质感，盖表的黄色，不随标本干而变色，黄色近永存。柠檬色的粉末覆盖于菌盖和菌柄表面。柄棍棒状，表面光滑或有网纹，基部微膨大。子实层金黄色，近柄处贴生，菌柄至菌盖幼时有缘膜，后期多撕裂，多有残片附于盖缘和柄基。菌孔圆多角形，金黄色。菌肉乳白色、黄色，伤后变黄褐或微蓝，肉微酸或有令人不悦的气味。子实层有缘膜，后撕裂。菌管髓菌丝两侧型排列。担子近棒状，具 4 小梗。担孢子长棒状、椭圆形，橘褐色、橄榄褐色。囊状体棒状或纺锤状。菌丝多呈黄色，晶体也黄色。未见锁状联合。多分布于松林下或针阔混交林下，有时见于腐木上。

模式种：*Pulveroboletus ravenelii*（Berk. et M.A.Curtis）Murrill。

常见种：黄疸粉末牛肝菌 *Pulveroboletus icterinus*（Pat. & C.F. Baker）Watling；网盖粉末牛肝菌 *Pulveroboletus reticulopileus* M. Zang & R.H. Petersen（图 9-15）。

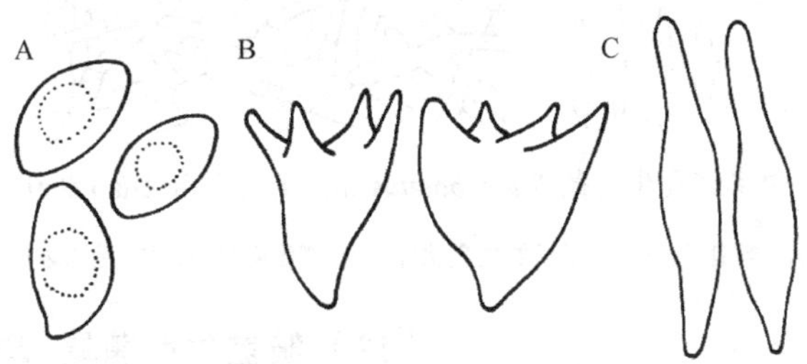

图 9-15　网盖粉末牛肝菌 *Pulveroboletus reticulopileus*

A. 担孢子；B. 担子；C. 侧生囊状体

（16）网柄牛肝菌属 *Retiboletus* Manfr. Binder & Bresinsky

担子体具菌盖和菌柄，肉质。菌盖近半球形、凸镜形至平展，干，上覆绒毛状鳞片，黑色、灰褐色或橄榄褐色；菌肉黄色或金黄色，受伤不变色。子实层菌管状，苍白色、灰色、黄色、褐色或黄褐色，受伤不变色。菌柄中生，具网纹；基部菌丝白色或黄色。担孢子椭圆形或近纺锤形，光滑。囊状体常见。菌盖表皮由平伏或直立的菌丝组成。有些种类含有特殊的色素。地生，为外生菌根菌。

模式种：*Retiboletus ornatipes*（Peck）Manfr. Binder & Bresinsky。

常见种：黑褐网柄牛肝菌 *Retiboletus fuscus*（Hongo）N.K. Zeng & Zhu L. Yang（图 9-16）；雪松村网柄牛肝菌 *Retiboletus kauffmanii*（Lohwag）N.K. Zeng & Zhu L. Yang。

（17）红孔牛肝菌属 *Rubroboletus* Kuan Zhao & Zhu L. Yang

担子体具菌盖和菌柄，肉质。菌盖近半球形、凸镜形至平展，盖表浅灰色、浅粉色至红色；菌肉白色、浅黄色至柠檬黄色，受伤迅速变蓝。子实层菌管状，管口成熟后橙红色至血红色，有时为橙黄色，受伤迅速变蓝；菌管黄色至橄榄绿色，受伤迅速变蓝，之后恢复为原来的颜色。菌柄中生，柄表上覆浅粉色、红色至褐红色的网纹或点状鳞片。菌盖表皮菌丝直立，

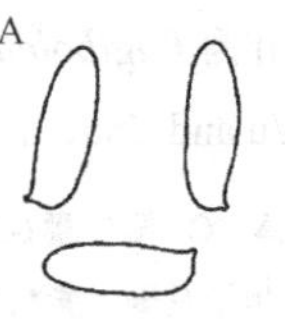

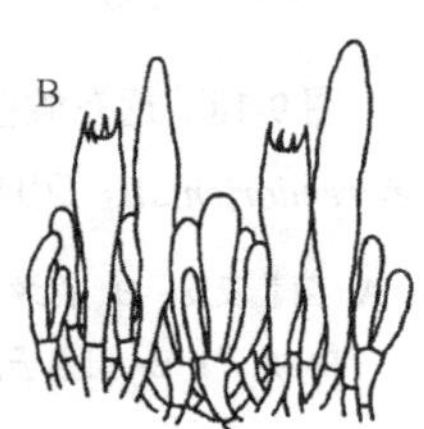

图 9-16　黑褐网柄牛肝菌 *Retiboletus fuscus*（引自 Zeng et al.，2015）

A. 担孢子；B. 担子及侧生囊状体

菌丝有时稍稍胶质化。担孢子光滑，椭圆形或近纺锤形。具有囊状体。锁状联合缺如。地生，为外生菌根菌。

扫一扫 看彩图

模式种：*Rubroboletus sinicus*（W.F. Chiu）Kuan Zhao et Zhu L. Yang。

常见种：中华红孔牛肝菌 *Rubroboletus sinicus*（W.F. Chiu）Kuan Zhao et Zhu L. Yang（图 9-17）。

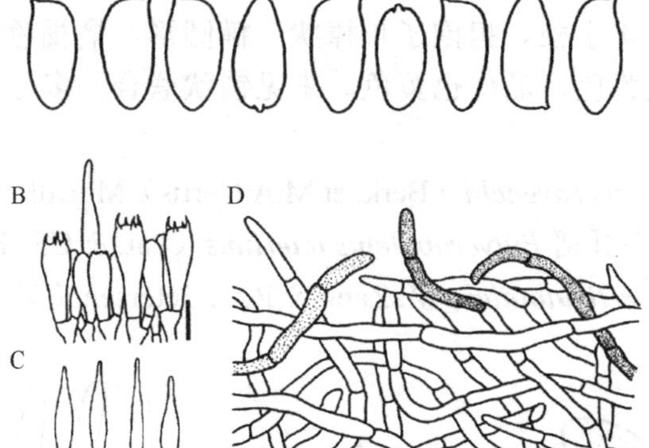

图 9-17　中华红孔牛肝菌 *Rubroboletus sinicus*（引自 Zhao et al.，2014）

A. 担孢子；B. 担子及侧生囊状体；C. 侧生囊状体；D. 菌盖表皮

（18）皱盖牛肝菌属 *Rugiboletus* G. Wu & Zhu L. Yang

担子体具菌盖和菌柄，肉质。菌盖近半球形、凸镜形至平展，盖表近绒毛状，具有明显的褶皱，且黏滑；菌肉奶油色、浅黄色至黄色，受伤不变色或稍稍变蓝。子实层菌管状，管口圆形至近圆形，浅黄色、黄色、褐色、红褐色至黄褐色，受伤不变色或迅速变蓝色；菌管灰黄色、褐黄色，受伤不变色或迅速变为蓝色、深蓝色至蓝绿色。菌柄中生，浅黄色至黄色，上覆细小的点状鳞片；菌肉奶油色至浅黄色，受伤不变色或受伤缓慢变为浅蓝色；基部菌丝灰白色至浅黄色。菌盖表皮黏栅栏型（ixotrichodermium），由直立或呈交织状的菌丝构成。担孢子光滑，椭圆形或近纺锤形，浅黄褐色至黄褐色；具有囊状体。锁状联合缺如。地生，为外生菌根菌。

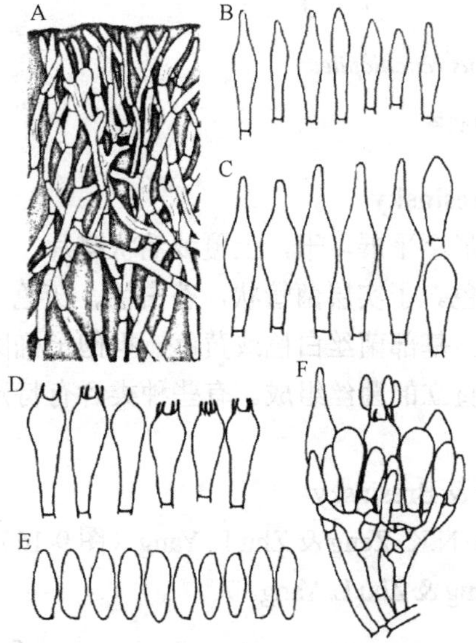
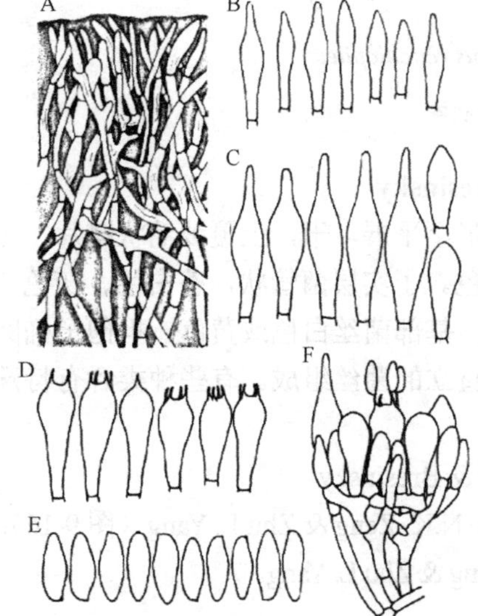

图 9-18　远东皱盖牛肝菌 *Rugiboletus extremiorientalis*（引自 Wu and Zhu，2015）

扫一扫 看彩图

A. 菌盖表皮；B. 管缘囊状体；C. 侧生囊状体；D. 担子；E. 担孢子；F. 担子及侧生囊状体

模式种：*Rugiboletus extremiorientalis*（Lar.N. Vassiljeva）G. Wu & Zhu L. Yang。

常见种：远东皱盖牛肝菌 *Rugiboletus extremiorientalis*（Lar.N. Vassiljeva）G. Wu & Zhu L. Yang（图 9-18）。

（19）松塔牛肝菌属 *Strobilomyces* Berk.

担子体肉质。菌盖和菌柄色泽较深暗，深蓝色、深紫色、黑褐色、黑色。盖表被大型鳞片。子实层灰黑色、灰紫色。担孢子卵圆形、长圆形，紫黑色；孢壁具断续网状纹或刺突。该属与豆科、山榄科、山毛榉科和松属有外生菌根关系。

模式种：松塔牛肝菌 *Strobilomyces strobilaceus*（Scop.）Berk.。

常见种（图 9-19）：混杂松塔牛肝菌 *Strobilomyces confusus* Singer；绒脚松塔牛肝菌 *Strobilomyces velutipes* Cooke & Massee。

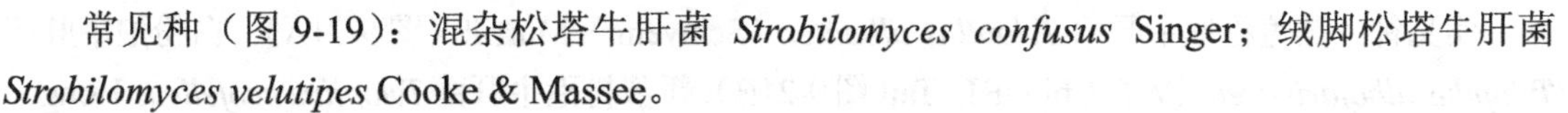

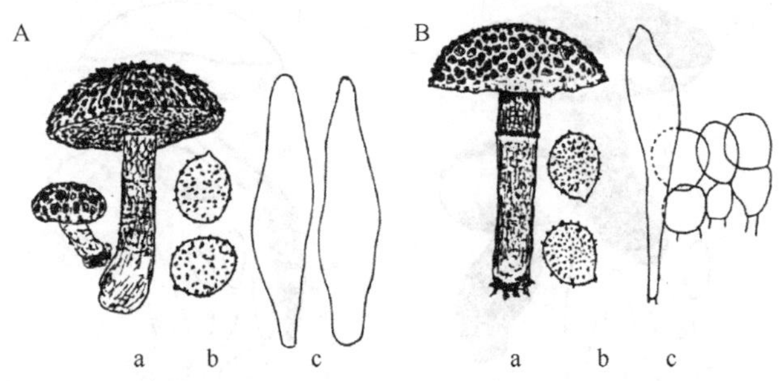

图 9-19　松塔牛肝菌属 *Strobilomyces*（引自毕志树等，1997）

A. 混杂松塔牛肝菌 *Strobilomyces confusus*，a. 担子体；b. 担孢子；c. 囊状体。
B. 绒脚松塔牛肝菌 *Strobilomyces velutipes*，a. 担子体；b. 担孢子；c. 管缘细胞和侧生囊状体

（20）刺管牛肝菌属 *Tubosaeta* E. Horak

菌体肉质，外形似绒盖牛肝菌 *Xerocomus* 体形较小的成员。盖表具毛绒覆盖，具栅状盖皮，但不具亚表层，盖表色泽多为褐色、紫褐色、褐黄色等，虽然无明显光泽，但色泽较明亮或明艳。菌肉紫黄色、红褐色，伤后多变蓝，菌肉生尝无苦味，较平淡。菌孔中等大小，15～20 孔/cm，孔口呈不规则多角形。菌管孔黄色、赭黄色，近柄处贴生或微下延，柄表无网纹。担孢子椭圆形，微黄色，担子短棒状，具 4 孢子，侧生囊状体呈刺状，顶端尖削或钝尖，直生或蠕虫状，明显高于子实层体，多高于 40μm，金黄色，囊状体壁较厚，菌管髓菌丝多平行排列，菌丝无锁状联合。

模式种：*Tubosaeta brunneosetosa*（Singer）E. Horak.。

常见种：金囊体刺管牛肝菌 *Tubosaeta aureocystis* M. Zang.（图 9-20）。

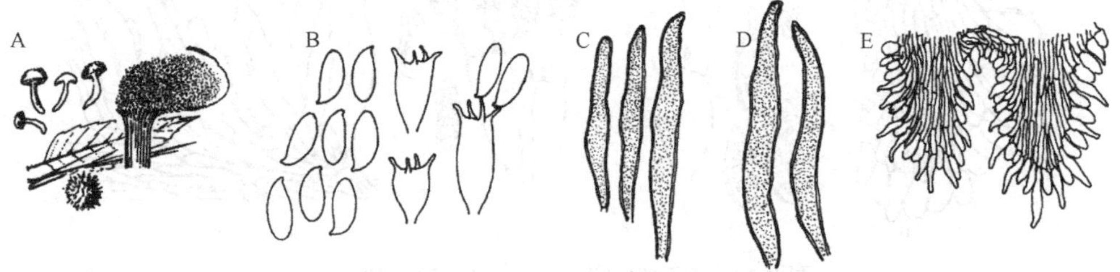

图 9-20　金囊体刺管牛肝菌 *Tubosaeta aureocystis*（引自臧穆，2006）

A. 担子体；B. 担子和担孢子；C. 管缘囊状体；D. 侧生囊状体；E. 菌管髓

（21）粉孢牛肝菌属 *Tylopilus* P. Karst.

子实体多具深紫、灰黑等色泽，少数菌柄色泽微艳如橙黄、红色，多粗大。菌管多为粉红至粉紫色。菌肉多为白色、米色至紫褐色，多具苦味。表面有网状突起或粒状突起，菌肉

伤后多变色。担子短棒状。担孢子长椭圆形。囊状体长纺锤状。为多种树的外生菌根菌，多见于温带和高山带。

模式种：*Tylopilus felleus*（Bull.）P. Karst.。

扫一扫 看彩图

常见种：黑盖粉孢牛肝菌 *Tylopilus alboater*（Schwein.）Murrill（图 9-21A）；白粉孢牛肝菌 *Tylopilus albofarinaceus*（W.F. Chiu）F.L. Tai（图 9-21B）；新苦粉孢牛肝菌 *Tylopilus neofelleus* Hongo。

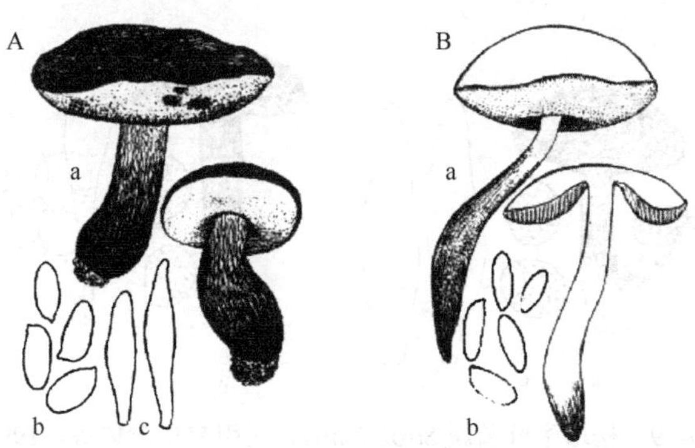

图 9-21　粉孢牛肝菌属（引自卯晓岚，1998）

A. 黑盖粉孢牛肝菌 *Tylopilus alboater*，a. 担子体；b. 担孢子；c. 管缘囊状体。

B. 白粉孢牛肝菌 *Tylopilus albofarinaceus*，a. 担子体；b. 担孢子

（22）金孢牛肝菌属 *Xanthoconium* Singer

子实体近柄处下陷而微下延，延柄的管长近 1cm。菌管髓双叉分，微具中心束。孢子印锈黄褐色、黄褐色。担子较密集，棒状。担孢子狭柱状，金黄色、苏丹褐色（Sudan browm）、赭褐色（Argus brown）。具侧生囊状体和管缘囊状体，长纺锤形、棒形。菌肉乳白色，无异味，伤后变色不明显。菌柄棒状或纺锤状。多见于针阔混交林下，分布于亚热带和温带。

模式种：*Xanthoconium stramineum*（Murrill）Singer。

常见种（图 9-22）：褐金孢牛肝菌 *Xanthoconium affine*（Peck）Singer；紫金孢牛肝菌 *Xanthoconium purpureum* Snell & E.A. Dick。

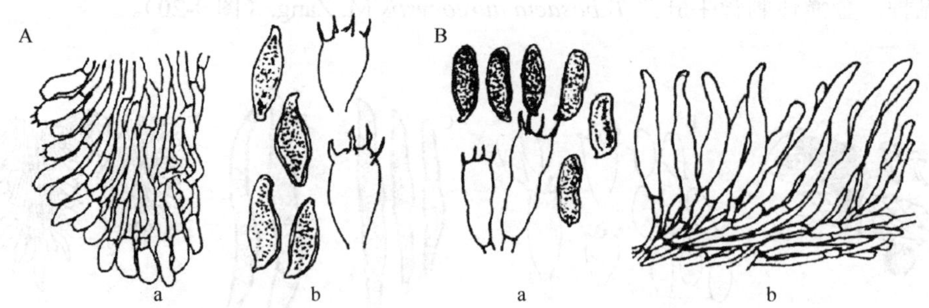

图 9-22　金孢牛肝菌属（引自臧穆，2006）

A. 褐金孢牛肝菌 *Xanthoconium affine*，a. 菌管髓；b. 担子和担孢子。

B. 紫金孢牛肝菌 *Xanthoconium purpureum*，a. 担子和担孢子；b. 菌管髓

（23）绒盖牛肝菌属 *Xerocomus* Quél.

菌盖表面或多或少具有绒毛，初期绒毛全被，后期多呈簇生或龟裂，老后绒毛散生，盖表菌丝多成栅栏状直立。子实层不呈褶片状，但近菌柄处往往顺柄下延而呈长孔状，具有由

菌管转化成菌褶的形态。菌管口平滑或具齿裂；菌孔稀下陷，多在柄表有下延的纵脊条。菌柄多呈棒状，近等粗，基部很少像牛肝菌属 *Boletus* 那样呈臼状膨大。菌肉乳白色、黄色，口尝微甘、微酸，少有苦味。柄表多具网纹，但不像牛肝菌属那样明显，色泽也不明显。柄部不具缘膜也无粉被。子实层土黄色、金黄色、污黄色，不像华牛肝菌属 *Sinoboletus* 和粉末牛肝菌属 *Pulveroboletus* 那样明艳金黄色。菌管髓菌丝多双叉列，未见明显的中心束。菌丝未见锁状联合。担子多呈棒状，少呈梨形。囊状体纺锤状、长棒状、不规则棒状，顶端未见晶体，多散生，少见簇生。为外生菌根菌，多与松科有菌根共生关系。

模式种：*Xerocomus subtomentosus*（L.）Quél.。

常见种：锈色绒盖牛肝菌 *Xerocomus ferrugineus*（Schaeff.）Alessio（图 9-23）；亚绒盖牛肝菌 *Xerocomus subtomentosus*（L.）Quél.。

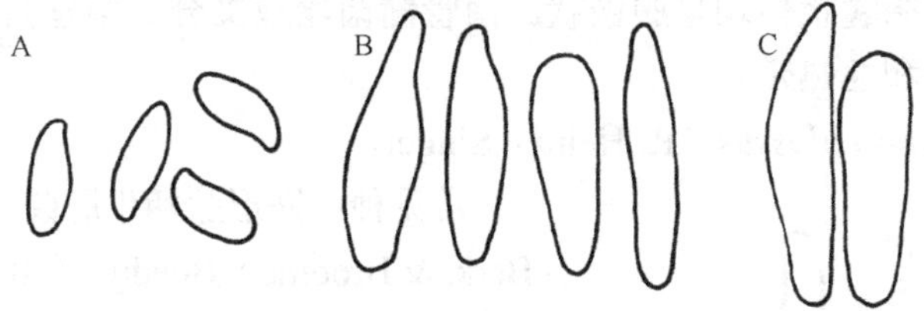

图 9-23　锈色绒盖牛肝菌 *Xerocomus ferrugineus*（引自 Li et al.，2011）

A. 担孢子；B. 管缘囊状体；C. 管侧囊状体

（24）臧氏牛肝菌属 *Zangia* Y.C. Li & Zhu L. Yang

担子体具菌盖和菌柄，肉质。菌盖半球形，中央凸起或近平展，湿润时稍黏，表面粗糙不平，幼嫩的个体菌盖表面具有白色至淡黄色的微绒毛。菌盖表皮具有三层结构：最外面一层为黄色至淡黄色相互缠绕的丝状菌丝，中间层由圆形、椭圆形至不规则形状的链状膨大细胞组成，里面一层由丝状菌丝组成。子实层管状，在菌柄周围下陷，幼嫩时白色、苍白色至淡粉色，成熟后变为粉色或污粉色，受伤后不变色。存在侧生囊状体及管缘囊状体。菌柄中生，白色、淡黄色或淡红色，顶端淡粉色，基部铬黄色或金黄色，表面具有红色至粉红色小疣突。菌柄基部菌丝铬黄色或金黄色，有些种受伤会变蓝。菌盖菌肉白色至苍白色，受伤不变色；菌柄上部菌肉白色至奶油色，但基部铬黄色或金黄色，有些种受伤后局部区域变蓝。无锁状联合。

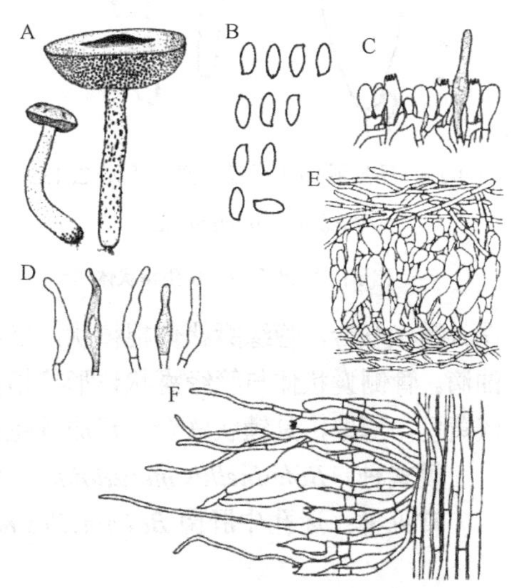

图 9-24　橙黄臧氏牛肝菌 *Zangia citrina*（引自 Li et al.，2011）

A. 担子体；B. 孢子；C. 子实层；D. 侧生及管缘囊状体；E. 菌盖表皮；F. 菌柄表皮

模式种：*Zangia roseola*（W.F. Chiu）Y.C. Li & Zhu L. Yang。

常见种：橙黄臧氏牛肝菌 *Zangia citrina* Y.C. Li & Zhu L. Yang（图 9-24）。

二、小牛肝菌科 Boletinellaceae P.M. Kirk，P.F. Cannon & J.C. David

担子果肉质。菌盖半球形至老后平展，表面干，或幼时具绒毛后光滑，黄色至褐色。菌肉伤后不变色或缓慢变蓝。菌管多见延生，黄油色至黄褐色。菌柄肉质，中生或偏生，等粗或基部膨大，具纵向条纹。担孢子光滑，椭圆形或卵形，非淀粉质。囊状体具深色不稳定内含物，侧生囊状体少见。所有组织具锁状联合。生于阔叶林地上，形成或不形成菌根。

模式属：迷孔牛肝菌属 *Boletinellus* Murrill。

（1）脉柄牛肝菌属 *Phlebopus*（R. Heim）Singer

担子体肉质，中等大小至大型，较易腐烂。菌盖平而中凸或具有不规则的丘状突起，丘间多具裂痕，或者无裂痕而较平滑。子实层淡黄色至橘黄色。菌管口多角圆形，近柄处明显下陷。菌肉黄色，无异味。菌柄中生，粗大圆柱形，内实，基部有时膨大呈腹鼓状，多具纵向凹凸沟条，往往无定形，其长短粗细的变异甚大，因此有用"怪形异态"来形容菌柄和菌盖的多变。不具菌环。担子椭圆棒状，具4小梗。担孢子近圆球形、卵圆形，内有透明的油滴。侧生囊状体和管缘囊状体均呈腹鼓状。菌管髓菌丝双叉分。菌丝具锁状联合。该属多可人工栽培，见于热带和亚热带。

扫一扫　看彩图

模式种：*Phlebopus colossus*（R. Heim）Singer。

常见种：怪形脉柄牛肝菌 *Phlebopus portentosus*（Berk. & Broome）Boedijn（图9-25）。

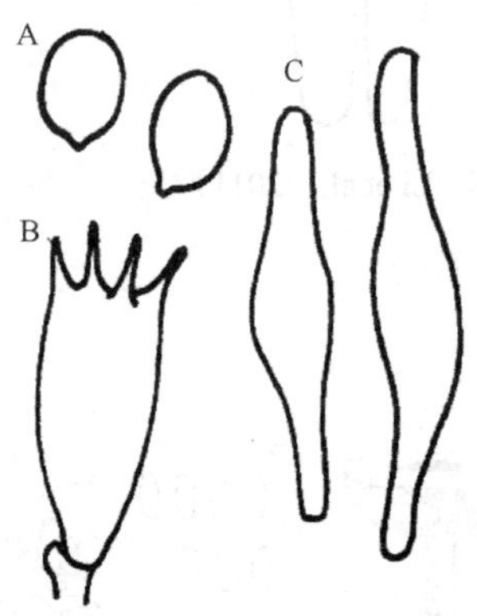

图9-25　怪形脉柄牛肝菌（仿臧穆，2013）

Phlebopus portentosus

A. 孢子；B. 担子；C. 侧生囊状体

（2）迷孔牛肝菌属 *Boletinellus* Murrill

担子果肉质，菌盖中央凸起，后近半圆形，老后近平展或下凹陷，初光滑，后干燥，或包被极细绒毛，黄褐色、砖褐色，有时具深褐色斑点。菌盖边缘下卷，菌肉土黄色或淡黄褐色，伤后变蓝。菌管延生，呈放射状，管口向菌柄处渐大，多角形呈褶片状，复孔式，形成迷路状。菌柄棒状，上下等粗，中生或偏生，圆柱形或底部稍膨大，内实，表面黄褐色、茶褐色、深褐色，粗糙，具纵向网纹，无菌环，基部常具黑褐色菌核。担孢子长椭圆形，淡黄褐色，光滑，薄壁，具油滴。担子棒状，无色至淡黄色，常具4小梗，基部偶具锁状联合。管缘囊状体棍棒状，淡黄色至黄褐色，内含褐色不稳定物质，薄壁，具黄褐色油滴。管侧囊状体与管缘囊状体形状相似，少见，具褐色油滴。盖皮菌丝交织型，菌丝无色至淡黄色，薄壁，具锁状联合。形成外生菌根或不形成菌根。生于阔叶林地上。

模式种：*Boletinellus merulioides*（Schwein.）Murrillc。

常见种：迷孔牛肝菌 *Boletinellus merulioides*（Schwein.）Murrillc（图9-26）。

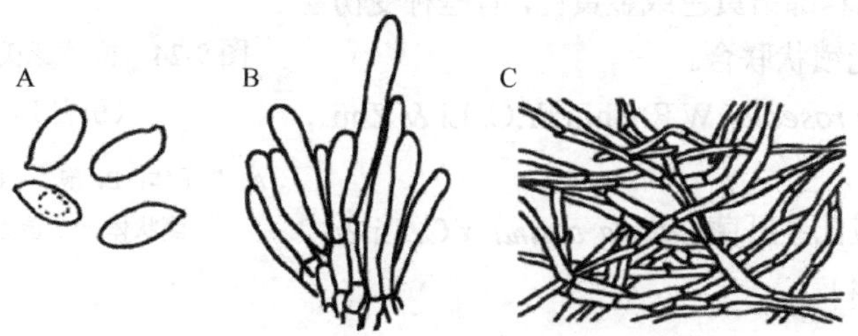

图9-26　迷孔牛肝菌 *Boletinellus merulioides*

A. 担孢子；B. 囊状体；C. 菌盖表皮

三、丽口菌科 Calostomataceae Fisch.

包被下有显著存在的假菌柄，分为明显的 4 层，最外层凝胶状或多刺，第二层有颜色，第三层角质，最内层膜质与外层相连于顶端星芒状孔口，角质的中层悬挂在两层之间。假菌柄由延续的外层和角质层组成。孢体苍白色，成熟期成粉末状。担子产 5～12 个不规则分散的孢子。担孢子无柄，近球形或椭圆形，具多种纹饰。

模式属：丽口菌属 *Calostoma* Desv.。

丽口菌属 *Calostoma* Desv.

包被 4 层，下有显著存在的假菌柄。包被最外层为孢托，胶质，很快消失；外包被位于孢托的内侧，早期破碎；内包被永存；孢子囊中包含孢体。包被在顶端星芒状孔口处开裂，孔口由明显的、具颜色的齿状裂片组成。孢体成熟时粉末状，由孢子和菌丝片段组成，缺少孢丝。担子多膨大，产 5～12 个孢子。担孢子球形或椭圆形，网状，有小斑点或凹痕。单生或群生于林中地上，半包埋，成熟期完全出土。

模式种：*Calostoma cinnabarinum* Corda。

常见种：红皮丽口菌 *Calostoma cinnabarinum* Corda（图 9-27A）；粗皮丽口菌 *Calostoma orirubrum* Cooke（图 9-27B）；小丽口菌 *Calostoma miniate* Zang（图 9-27C）。

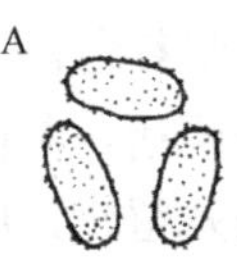

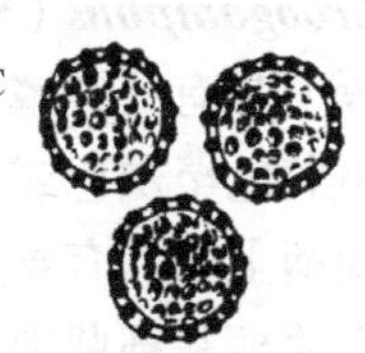

图 9-27　丽口蘑属担孢子（引自刘波，2005）

A. 红皮丽口菌 *Calostoma cinnabarinum*；B. 粗皮丽口菌 *Calostoma orirubrum*；C. 小丽口菌 *Calostoma miniate*

四、硬皮地星科 Astraeaceae Zeller ex Jülich

担子体无柄，初期近球形，具较厚且复杂的外包被，包被通常从顶部星芒状分裂形成星状，少数不开裂。内包被 1～2 层。孢体具大量孢丝。中柱缺乏。担孢子球形或近球形，表面具不规则瘤或网纹。

仅 1 属：硬皮地星属 *Astraeus* Morgan。

硬皮地星属 *Astraeus* Morgan

该属未开裂的担子体近球形。外包被较厚，皮质或软骨质，最初与内包被相连，成熟时裂成小块并与内包被分离。内包被薄，膜质，无柄，顶端开口。中柱缺乏。孢丝与内包被的内表面连接，较长，多分枝，相互交织。担孢子较大，球形，棕色，表面具瘤突。

模式种：*Astraeus hygrometricus*（Pers.）Morgan（图 9-28）。

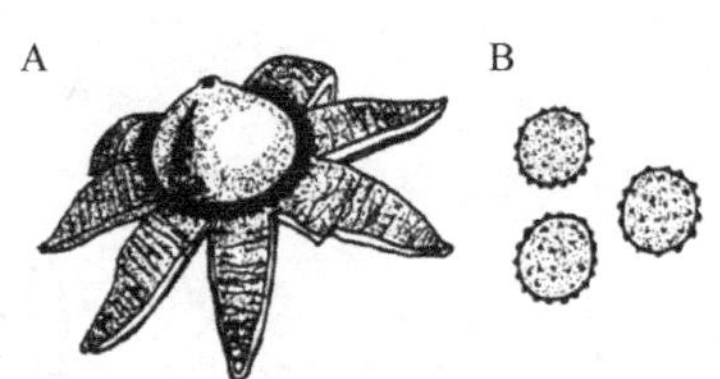

图 9-28　硬皮地星 *Astraeus hygrometricus*（引自卯晓岚，1993）

A. 担子体；B. 担孢子

五、腹孢菌科 Gastrosporiaceae Pilát

担子体地下生，无柄，球圆至近球圆。包被 2 层，内层胶质，延续的，成熟后不规则开裂。孢体粉末状。担孢子小型，球圆至近球圆，有色，有疣。

模式属：腹孢菌属 *Gastrosporium* Mattirolo.，单属科。

腹孢菌属 *Gastrosporium* Mattirolo.

该属担子体球圆至近球圆，具一基部菌丝索。包被2层，内层胶质，延续的；成熟后不规则开裂。孢体向心发育，成熟后粉末状，有时有假孢丝。担孢子有色，有疣，通常8孢子。多生于地上。

模式种：*Gastrosporium simplex* Mattir.，单种属。

常见种：腹孢菌 *Gastrosporium simplex* Mattir.（图9-29）。

图9-29 腹孢菌 *Gastrosporium simplex* 的担孢子（引自刘波等，1998）

六、铆钉菇科 Gomphidiaceae Maire ex Jülich

担子体伞菌状或牛肝菌状，子实层体为菌褶或菌管。菌盖凸镜形或平展，黏，少数种表面具绒毛状鳞片。菌褶厚，波状，深延生，近白色，不久颜色变暗；菌管规则至稍不规则，呈割裂状，黄色或浅灰绿色，成熟后颜色变暗，直生或延生，菌孔与菌管同色。菌柄中生，圆柱形或向下渐细，有或无分泌腺体；菌幕有或无；菌环有或无。菌肉白色、黄色或浅赭褐色。味道温和。气味不明显。孢子印褐色至近黑色。孢子褐色至暗灰色，近纺锤形，壁厚，无芽孔，非淀粉质或稍类糊精质。缘囊体存在，壁厚，具结痂。子实层菌髓两侧型。菌盖皮层为毛皮型，菌丝具淀粉质结痂。与针叶树形成菌根。

（1）色钉菇属 *Chroogomphus*（Singer）O.K. Mill.

菌盖表面黏至干燥，具有纤维鳞片，淡橙色、深肉色至暗红色。菌褶延生，较稀，幼嫩时橙黄色，成熟后灰橙黄色至灰色或烟灰色，具有同色的小菌褶。菌柄具有稀疏的纤维状鳞片；在幼嫩的担子体菌柄上部具有丝膜状橙色至肉色菌环的残留物，成熟后消失。菌肉肉色或淡橙色至深橙色，但菌柄基部菌肉淡黄色至橙褐色。菌盖表皮菌丝平伏，无色，有时具有微弱的淀粉质细胞质及细胞壁。菌盖髓部菌丝无色，具有明显淀粉质细胞质及细胞壁。菌褶菌髓近规则型，侧生及褶缘囊状体圆柱状、棒状或纺锤形，薄壁或厚壁；担孢子近纺锤形至椭圆形，KOH中淡灰褐色，Melzer试剂中赭黄色至锈红色。菌柄基部菌丝淀粉质，常具有锁状联合。该属真菌通常生于针叶林中，为外生菌根菌。

扫一扫 看彩图

模式种：血红色钉菇 *Chroogomphus rutilus*（Schaeff.）O.K. Mill.。

常见种：东方色钉菇 *Chroogomphus orientirutilus* Y.C. Li & Zhu L. Yang（图9-30）。

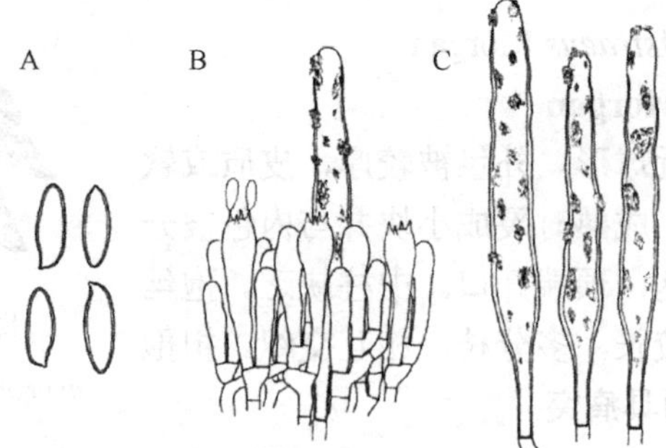

图9-30 东方色钉菇 *Chroogomphus orientirutilus*（引自 Li et al.，2009）

A. 担孢子；B. 担子及侧生囊状体；C. 侧生囊状体

（2）铆钉菇属 *Gomphidius* Fr.

担子体杯伞状。菌盖凸镜形，黏至胶黏。菌褶厚，波状，延生，近白色至暗灰色。菌柄具有易脱落的黏菌幕。菌肉近白色或在菌柄基部呈黄色。味道温和。气味不明显。孢子印橄榄灰色至深褐色。孢子暗橄榄灰色，近纺锤形。缘囊体和侧囊体圆柱状，光滑或具结痂。菌盖皮层为黏皮层。在担子体中无锁状联合，但可能存在于基部的菌丝体中。与针叶树形成外生菌根。

模式种：*Gomphidius glutinosus*（Schaeff.）Fr.。

常见种：斑点铆钉菇 *Gomphidius maculatus*（Scop.）Fr.；黏铆钉菇 *Gomphidius glutinosus*（Schaeff.）Fr.；血红铆钉菇 *Gomphidius rutilus*（Schaeff.）O.K. Mill.（图 9-31）。

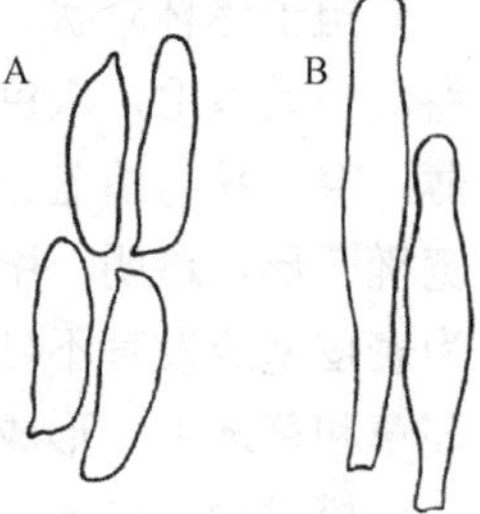

图 9-31　血红铆钉菇 *Gomphidius rutilus*

A. 孢子；B. 囊状体

七、圆孔牛肝菌科 Gyroporaceae Manfr. Binder & Bresinsky

菌盖表面近光滑，稍黏。菌柄中生，柄表无网状脉络，无腺点。担孢子短卵圆形，近肾状菜豆形，壁光滑，淡乳白色。具管缘囊状体，偶见侧生囊状体。菌管复孔式、单孔式兼有，深土黄色；管孔口多角形或不规则圆形，不呈放射状排列，近柄处的菌管下延。菌丝具锁状联合。与多种树木包括针、阔叶树种，如松属、桤木属等有外生菌根组合关系。单属科。

模式属：圆孔牛肝菌属 *Gyroporus* Quél.。

圆孔牛肝菌属 *Gyroporus* Quél.

该属菌盖外表不具黏液，表面光滑，具绒毛或鳞片；盖表菌丝多平行列，匍匐生，末端微仰起。菌柄圆柱形、纺锤形，中空，一室至多室，极少内实。菌肉伤后变蓝或不甚明显。子实层由菌管组成，管口径近柄处狭长，中部近圆形、多角形，黄色、藁干色。菌管髓菌丝双叉分或具中心束。孢子印近黄色。担孢子椭圆形、狭椭圆形，淡藁干色，近透明黄色。囊状体棒状，菌丝有锁状联合。菌肉对无机化学试剂反应不甚明显。为外生菌根菌，与松属 *Pinus*、桦木属 *Betula* 和赤杨属 *Alnus* 等有菌根组合关系。

该属的某些种与乳牛肝菌属 *Suillus* 在分类学的处理上也有不同论点，但该属菌盖表面黏液不甚明显而易与乳牛肝菌属相区别。该属多见于温带和亚热带。

模式种：*Gyroporus cyanescens*（Bull.）Quél.。

常见种：长囊体圆孔牛肝菌 *Gyroporus longicystidiatus* Nagas. & Hongo（图 9-32）；褐圆孔牛肝菌 *Gyroporus castaneus*（Bull.）Quél.。

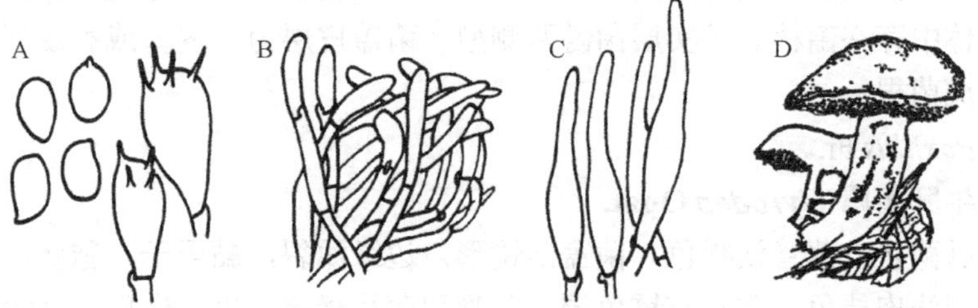

图 9-32　长囊体圆孔牛肝菌 *Gyroporus longicystidiatus*（引自臧穆，2006）

A. 担子和担孢子；B. 盖表皮菌丝；C. 管缘囊状体；D. 担子体

八、拟蜡伞科 Hygrophoropsidaceae Kühner

担子体伞菌状，子实层体为菌褶。菌盖平展或稍下陷，具绒毛。菌褶厚、窄，常分叉，深延生。菌柄中生，常稍退化且渐细。菌肉黄色或白色。气味和味道不明显。孢子印白色。孢子透明，壁厚，类糊精质，无芽孔。无囊状体。子实层菌髓两侧型，不久渐呈近规则型。菌盖皮层为表皮型，具有直立毛状的菌丝。腐生于针叶树腐木和残体上，或生长在禾草和莎草上，形成褐腐。

模式属：拟蜡伞属 *Hygrophoropsis*（J.Schröt.）Maire。

拟蜡伞属 *Hygrophoropsis*（J. Schröt.）Maire

担子体杯伞状，具有橙色、奶油色或粉色菌褶。菌盖平展至漏斗形，常不规则，边缘内卷，稍具绒毛，橙色、浅红色、浅褐色、浅粉色至浅黄色。菌褶深延生，二叉状分枝，厚或薄，窄，易与菌盖分离。菌肉近白色，软，稍具弹性。孢子印白色。孢子圆柱形至椭圆形或宽椭圆形，透明，壁薄或厚，类糊精质或非淀粉质。担子棒状，4 孢。无囊状体。菌盖皮层为表皮型或发育不良的毛皮型，菌丝圆柱状，末端细胞稍膨大。生于地上、针叶树腐木上或莎草和草地上，形成褐腐。

模式种：*Hygrophoropsis aurantiaca*（Wulfen）Maire。

常见种：金黄拟蜡伞 *Hygrophoropsis aurantiaca*（Wulfen）Maire（图 9-33）。

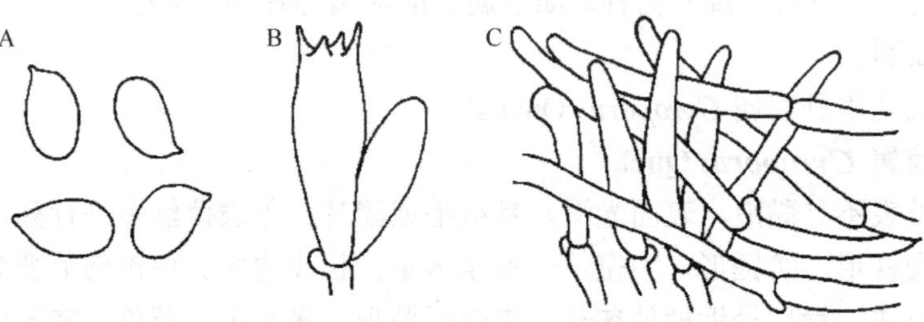

图 9-33　金黄拟蜡伞 *Hygrophoropsis aurantiaca*

A. 担孢子；B. 担子；C. 菌盖表皮

九、桩菇科 Paxillaceae Lotsy

担子体伞菌状或牛肝菌状，子实层体为菌褶或菌管。菌盖凸镜形或平展，光滑或具绒毛，边缘直或内卷。菌褶延生，近菌柄处具分叉，形成不完全的网状，黄色，伤后变为褐色；菌盖延生，短，不规则，开裂，与菌管同色。菌柄短，圆柱状或稍渐细。菌肉浅黄色至黄色，切开后变褐色或不变色。味道温和或具有酸味。气味不明显。孢子印橄榄褐色或褐色。孢子浅褐色至褐色，宽椭圆形，壁薄，光滑，无芽孔，类糊精质。具有缘囊体和侧囊体。具有锁状联合。菌丝体中存在菌核。子实层菌髓两侧型。菌盖皮层为表皮型或黏皮型。与多种阔叶树和针叶树形成菌根。

模式属：*Paxillus* Fr.。

（1）短孢牛肝菌属 *Gyrodon* Opat.

担子体牛肝菌状，菌管浅褐色。菌盖凸镜形，边缘浅裂，黏至干，毡状，污稻草色或浅赭色至浅黄色或浅肉桂色，常具有锈色调。菌管和菌孔暗硫黄色，伤后变浅绿灰色，后渐褪色至污褐色，短，深延生，不易与菌盖分离。菌孔大，角状，壁波状。菌柄圆柱形，与菌盖同色或色浅，后期呈酒红褐色，常稍偏生。菌盖菌肉浅柠檬色，菌柄基部菌肉赭色或锈色，在近菌管处和菌柄顶部菌肉渐变蓝色。气味和味道不明显。孢子印褐色。孢子椭圆形，浅褐色。具有缘囊体和侧囊体。无锁状联合。菌盖皮层为表皮型至毛皮型。夏至秋季生长，与桤木属 *Alnus* 形成外生菌根，近簇生至群生。

模式种：*Gyrodon sistotremoides* Opat.。

常见种：铅色短孢牛肝菌 *Gyrodon lividus*（Bull.）P. Karst.。

（2）桩菇属 *Paxillus* Fr.

担子体杯伞状。菌盖漏斗形，初期边缘内卷，表面具绒毛，成熟后光滑。菌褶延生，浅黄褐色，易与菌盖分离，伤后变褐色。菌柄中生，短。菌肉浅黄色至黄色。气味不明显。味道温和。孢子印锈色。孢子褐色，椭圆形，光滑，非淀粉质。具有缘囊体、侧囊体和柄囊体。菌褶菌髓两侧型。菌盖皮层为表皮型或毛皮型。具有锁状联合。与多种植物形成外生菌根。生长在树林、灌木丛及公园等地。

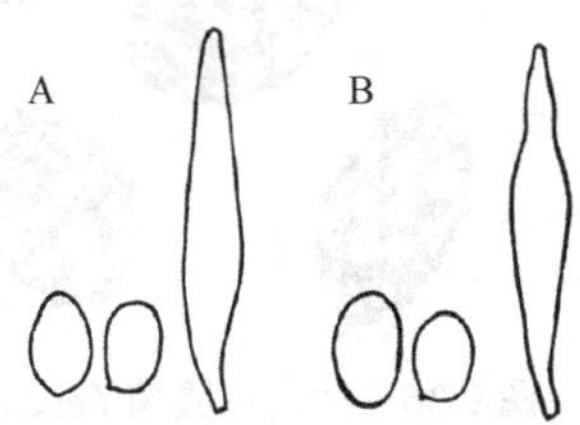

图 9-34　桩菇属孢子和侧囊体

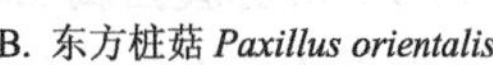

A. 卷边桩菇 *Paxillus involutus*；

B. 东方桩菇 *Paxillus orientalis*

模式种：*Paxillus involutus*（Batsch）Fr.。

常见种（图 9-34）：卷边桩菇 *Paxillus involutus*（Batsch）Fr.；东方桩菇 *Paxillus orientalis* Gelardi et al.。

十、黑腹菌科 Melanogastraceae E. Fisch.

担子体近球形，通常地下生，有时成熟时具一柄。孢体腔穴型，其担子在小巢内或在一退化的子实层内从充有胶液的或填塞有假薄壁组织的小腔壁上产生，成熟后不变为粉末状：孢丝缺如。

本科的成员，按照现在的分类系统应属于网褶菌科，但为了学习方便保留于此。

模式属：黑腹菌属 *Melanogaster* Corda.。

（1）光黑腹菌属 *Alpova* Dodge.

担子体球圆至不规则，基部菌索通常缺如。包被平滑。孢体中实：小腔由微小至大型而不规则，早期充以菌丝及担子，成熟后全部或局部充以孢子，无中柱，菌髓片淡色或无色，部分胶质化或不胶质化。担子圆柱状至棒状。担孢子平滑，无色至淡黄色或呈亮褐色，长椭圆或腊肠状，具一稍增厚的壁。生于森林内地下生、半地下生或枯枝落叶层。

模式种：*Alpova cinnamomeus* C.W. Dodge。

常见种（图 9-35）：柔软光黑腹菌 *Alpova mollis*（Lloyd）Trappe.；光黑须腹菌 *Alpova piceus*（Berk. et Curt.）Trappe.；山西光黑腹菌 *Alpova shanxiensis*（Liu）Liu et K. Tao.；特拉氏光黑腹菌 *Alpova trappei* Fogel.。

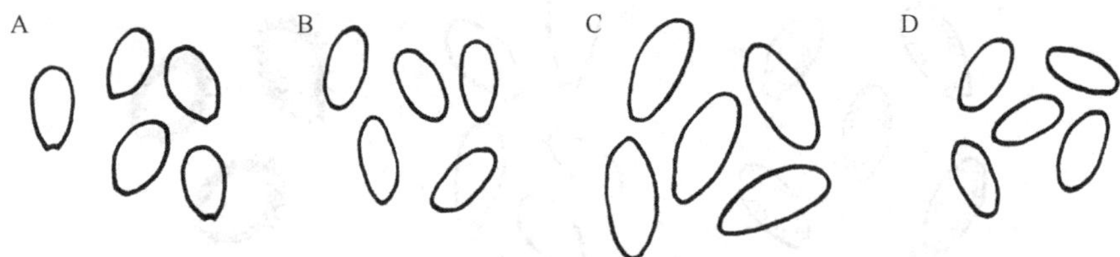

图 9-35　光黑腹菌属孢子（引自刘波，1998b）

A. 柔软光黑腹菌 *Alpova mollis*；B. 光黑须腹菌 *Alpova piceus*；

C. 山西光黑腹菌 *Alpova shanxiensis*；D. 特拉氏光黑腹菌 *Alpova trappei*

（2）白腹菌属 *Leucogaster* Hesse

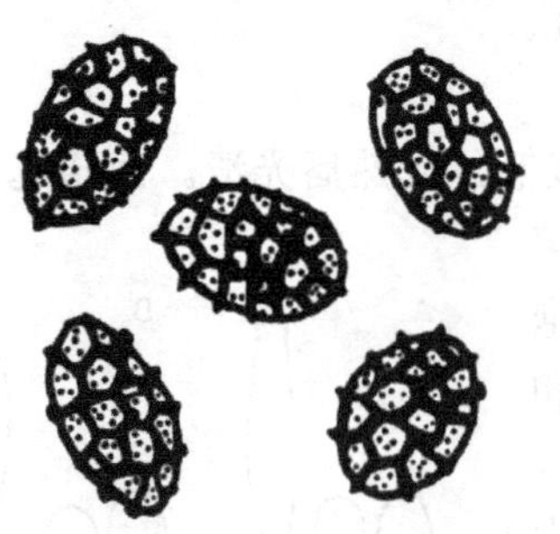

图 9-36　凹坑白腹菌 *Leucogaster foveolatus* 担孢子（引自刘波，1998b）

担子体球圆形至不规则，有时具菌索。柄、不育基部、中柱均缺如。包被通常薄而脆，成熟后有时破裂。孢体苍白；小腔常呈多角形，通常充满孢子成一胶质团；菌髓片同型组织的，具或无一清楚的髓，成熟后时常胶质化。担子近球形、卵形或近圆柱状，大多 4 孢子，有时 3 或 5 孢子。担孢子外表有一孢鞘，球形，有网纹或刺，无色或稍有色。生于森林内地下、落叶层下或苔藓丛中。

模式种：*Leucogaster liosporus* R. Hesse。

常见种：凹坑白腹菌 *Leucogaster foveolatus*（Harkn.）Zeller et Dodge.（图 9-36）。

（3）白脉腹菌属 *Leucophleps* Harkn.

担子体地下生，罕地上生；近球形至不规则分叶状。包被发育良好，白色至淡黄色，厚度变异大，单层；在 KOH 溶液内变粉红、酒红或堇色。孢体白色或稍呈淡黄色；小腔迷路状，充满菌丝和孢子且包在近胶质的团块内，孢子生在短分枝顶端；受伤处溢出白色乳汁；柄、不育基部及中柱均缺如；菌髓片薄，同型组织的。担子棒状至棒足状，2～4 孢子的，薄壁，成熟后自溶。担孢子无色，球形至广椭圆形，有小刺或网纹，非淀粉质；外面有一孢鞘。无锁状联合。生于森林内地下或地上。

模式种：*Leucophleps magnata* Harkn.。

常见种：刺孢白脉腹菌 *Leucophleps spinispora* Fogel.。

（4）黑腹菌属 *Melanogaster* Corda.

担子体球圆形至不规则，干后黑褐色，具基部菌丝索。包被淡色至暗褐色，2 层：外层较薄，由深色菌丝交织而成；内层菌丝色较淡，有时具膨大细胞，有锁状联合。孢体早期淡色，成熟后黄褐色至黑色，胶质；小腔圆形至不规则，被白色或黄褐色脉络分隔开；菌髓片由交织的、无色至淡黄色菌丝组成。担子柱形至棒状，无色，2～8 孢子的，但大多为 4 个。担孢子长椭圆形、椭圆形、倒卵圆、球圆、近球圆、梭状至不规则，基部有环状附肢，大多平滑或具小刺至有一孢鞘，黄褐色至暗褐色。生长在森林内地下或落叶层下、苔藓丛中。

模式种：*Melanogaster tuberiformis* Corda.。

常见种（图 9-37）：布鲁姆黑腹菌 *Melanogaster broomeanus* Berk.；山西黑腹菌 *Melanogaster shanxiensis* B. Liu，K. Tao & Ming C. Chang；刺孢黑腹菌 *Melanogaster spinisporus* Y. Wang。

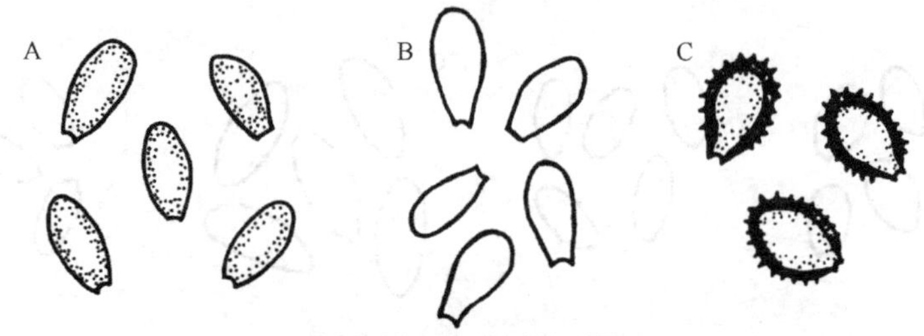

图 9-37　黑腹菌属孢子（引自刘波，1998b）

A. 布鲁姆黑腹菌 *Melanogaster broomeanus*；B. 山西黑腹菌 *Melanogaster shanxiensis*；C. 刺孢黑腹菌 *Melanogaster spinisporus*

十一、须腹菌科 Rhizopogonaceae Gäum. & C.W. Dodge

担子体近球形、块状至不规则，时常以细弱的菌丝索与基物相固着。包被发育良好，不开裂。孢体由小腔组成，局部胶质化；小腔小型，排列不规则，空虚至半充塞。菌丝系统为单型，生殖菌丝薄壁至稍增厚；锁状联合通常缺如，罕存在。柄中柱缺如。子实层托髓狭窄，规则，局部胶质化或不胶质化。包被皮层为一狭窄的菌丝索形成的横向的外皮层。担子葫芦形至圆柱棒状，时常崩解或自溶，大多为 4、6 或 8 孢子。担孢子为静态孢子，对称，腊肠状、圆柱状至宽卵圆形，无色，麦秆黄至淡褐色，无淀粉质反应，无拟糊精反应，孢壁平滑。囊状体缺如。地下生或半地上生，可在树木根上形成外生菌根，单属科。

模式属：须腹菌属 *Rhizopogon* Fr.。

须腹菌属 *Rhizopogon* Fr.

该属担子体球形、块状至不规则。包被坚韧、膜质，1 层或 2 层，表面覆盖以大量或少量贴附且交织着的暗色菌丝索，白色、淡色、淡褐或淡黄色，受伤处有时变红，表皮层由纤细的菌丝组成。孢体肉质，布以无数小腔，小腔内表面即子实层，淡色、淡褐或呈淡黄色。菌髓片胶质化或局部胶质化；无中柱。菌丝无锁状联合。担子棒状、长方椭圆形至葫芦状，通常 6～8 孢子，成熟后崩解。担孢子长椭圆形、圆柱状或梭状，平滑，无色至淡褐色，通常在夏秋两季生于沙质地区和腐殖质丰富的地下、地上或半埋土，时常与针叶树的根相连。

模式种：*Rhizopogon luteolus* Fr.。

常见种（图 9-38）：柱孢须腹菌 *Rhizopogon cylindriosporus* A.H. Smith.；截孢须腹菌 *Rhizopogon fabri* Trappe.；变红须腹菌 *Rhizopogon roseolus*（Corda）Th. Fr.。

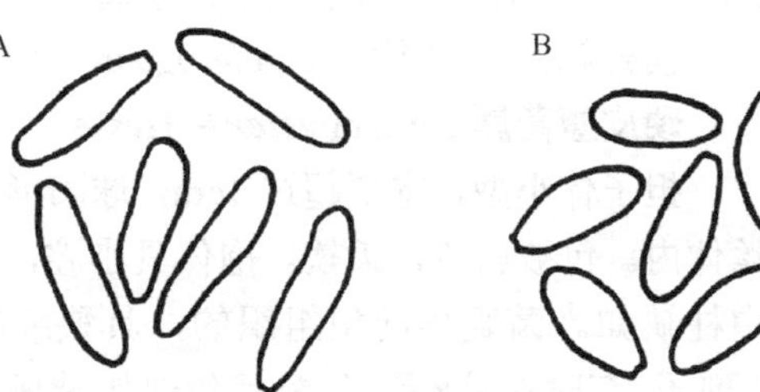

图 9-38　须腹菌属孢子（引自刘波，1998b）

A. 柱孢须腹菌 *Rhizopogon cylindriosporus*；B. 截孢须腹菌 *Rhizopogon fabri*

十二、硬皮马勃科 Sclerodermataceae Corda

担子体通常地上生，少数全部或部分埋于地下，近球形。包被不分层，顶部渐薄而开裂，少数不规则星状开裂。孢体最终粉末状，由大量的孢子组成，孢体被菌髓片贯穿。菌髓片可能破碎成粉末状或形成一直存在的壁包裹大量孢子。线腔孢丝较少但绒絮状存在。担子产 2～8 个孢子。担孢子通常球形，有色，具小刺或网状。

（1）硬皮马勃属 *Scleroderma* Pers.

担子体近球形、梨形或近陀螺形，无柄或相连于一较小的发育良好的柄状基部，基部有大量菌丝束。包被坚韧，由一层交织的菌丝组成，表面具网眼状空隙，具鳞片，有时光滑或

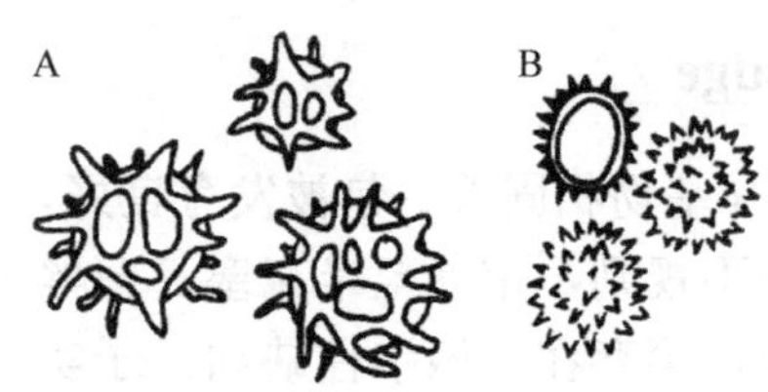

图 9-39　硬皮马勃属担孢子

（引自刘波等，2005）

A. 硬皮马勃 *Scleroderma anrantium*；

B. 光硬皮马勃 *Scleroderma cepa*

疣状，壁厚或薄。孢体由菌髓片和大量孢子构成，成熟时成粉末状。担子产 2～6 个孢子，担孢子球形或近球形，有颜色，较大，表面具小疣、小刺或网纹。单生或群生于地上，最初生于地下，后出土，少有埋于地下。

模式种：*Scleroderma verrucosum*（Bull.）Pers.。

常见种：硬皮马勃 *Scleroderma aurantium*（L.）Pers.（图 9-39A）；光硬皮马勃 *Scleroderma cepa* Pers.（图 9-39B）；橙黄硬皮马勃 *Scleroderma citrinum* Pers.。

扫一扫　看彩图

（2）豆马勃属 *Pisolithus* Alb. & Schwein.

担子体由发育良好的柄状基部和包被组成。包被单层，较薄，膜质，易碎，从顶部不规则开裂。孢体被永存的菌髓片分割成球形或多边形腔穴，其内被粉状的孢体填充。孢丝缺乏。担子棍棒状，产 2～6 个孢子。担孢子颜色较深，球形，具小刺。单生或群生，部分埋在沙土中。

扫一扫　看彩图

模式种：*Pisolithus arenarius* Alb. & Schwein.。

常见种：彩色豆马勃 *Pisolithus tinctorius*（Mont.）E. Fisch.（图 9-40）。

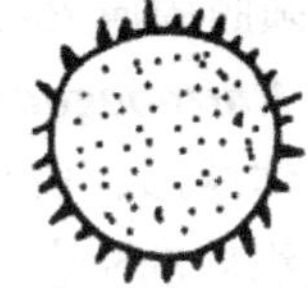
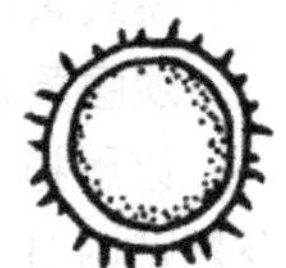

图 9-40　彩色豆马勃 *Pisolithus tinctorius* 担孢子

（引自刘波等，2005）

十三、硬皮腹菌科 Sclerogastraceae Locq. ex P.M. Kirk

担子体小型，球圆形，包裹在一厚的丛卷毛状菌丝体内。包被白色，柔软。孢体具小腔，淡黄至淡绿色，胶质。柄中柱缺如。菌髓片同型组织的，具狭细的菌丝；锁状联合缺如。担子 4 孢子，有时 6 或 8 孢子。囊状体缺如。担孢子球圆形，厚壁，近无色，大多具小刺或小疣，有一短柄，无糊精反应。埋生于森林或灌丛下土中。单属科。

模式属：硬皮腹菌属 *Sclerogaster* R.Hesse。

硬皮腹菌属 *Sclerogaster* R.Hesse

担子体小型，宽罕超过 1cm，球圆形，包裹在一层丛卷毛状菌丝体内。包被白色，柔软。孢体具小腔，淡黄至淡绿色，胶质。柄中柱缺如。菌髓片同型组织的，具狭细的菌丝；锁状联合缺如。4 孢子，有时 6 或 8 孢子。囊状体缺如。担孢子球圆形，直径 5～7μm，厚壁，近无色，大多具小刺或小疣，有一短柄，无糊精反应。埋生于森林或灌丛下土中。

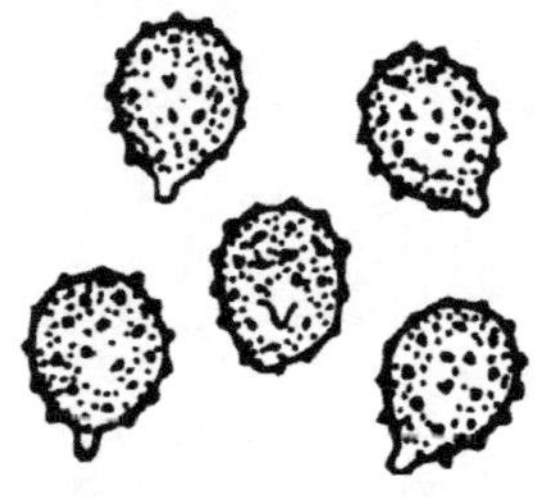

图 9-41　致密硬皮腹菌 *Sclerogaster compactus* 孢子（引自刘波，1998b）

模式种：*Sclerogaster lanatus* Mattir.。

常见种：致密硬皮腹菌 *Sclerogaster compactus*（Tul.）Sacc.（图 9-41）。

十四、乳牛肝菌科 Suillaceae Besl & Bresinsky

担子体肉质。菌盖半球形至平展，表面光滑，黏，多呈黄色、褐色至红褐色，少数具软纤毛。菌管常黄色，直生至下延，易与菌肉分离，管口小型至大型，多非放射状，常分泌乳汁，有时伤后变色。菌肉常与菌管同色，有时伤后变色。菌柄中生，实心，有或无腺点，常有膜质菌环。孢子光滑，椭圆形至长椭圆形，无色至浅黄褐色。囊状体外被不定型物质。生于针叶林或混交林地上，形成菌根。

模式属：乳牛肝菌属 *Suillus* Gray。

乳牛肝菌属 *Suillus* Gray

担子体湿时菌盖黏滑或胶黏。菌盖颜色多样，多呈黄色、淡红褐色至褐色，半球形，扁半球形或平展，部分种有黏的软纤毛质或膜质菌幕。管口多角形至近圆形。多数种菌柄有腺点，有的具膜质菌环。孢子印浅黄褐或暗黄褐色。孢子光滑，较小，椭圆形，无色至浅灰褐色。子实层上多有丛生的侧生囊状体和缘生囊状体，囊状体多外被红褐色不定型物质。绝大多数与松科 Pinaceae 形成菌根关系，极少与杨柳科 Salicaceae 植物形成外生菌根。

模式种：*Suillus luteus*（L.）Roussel。

常见种：空柄乳牛肝菌 *Suillus cavipes*（Opat.）A.H. Sm. & Thiers（图 9-42）；厚环乳牛肝菌 *Suillus grevillei*（Klotzsch）Singer；褐环乳牛肝菌 *Suillus luteus*（L.）Roussel。

扫一扫　看彩图

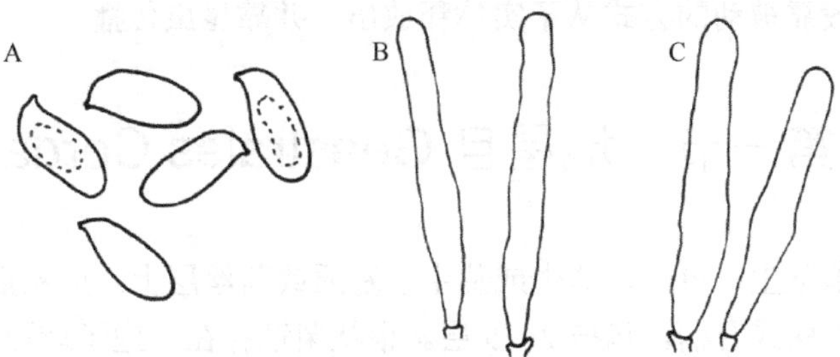

图 9-42　空柄乳牛肝菌 *Suillus cavipes*（引自娜琴，2015）

A. 担孢子；B. 管缘囊状体；C. 侧生囊状体

十五、小塔氏菌科 Tapinellaceae C. Hahn

担子体伞菌状，子实层体为菌褶或迷路状。菌盖凸镜形或平展，浅褐色至深褐色，干，具绒毛，边缘内卷。菌褶延生，黄色，伤后渐变为褐色。菌柄退化或无菌柄。菌肉黄色，切开后变为浅红褐色。味道温和或稍酸。气味不明显。孢子印赭褐色至褐色。孢子浅褐色，壁薄，无芽孔，类糊精质。具有锁状联合。无囊状体。子实层菌髓两侧型。在菌丝体中无菌核。菌盖皮层为表皮型（cutis）。具有菌索。腐生于针叶树树干和树桩上，形成褐腐。

模式属：*Tapinella* E.-J.Gilbert。

小塔氏菌属 *Tapinella* E.-J. Gilbert

担子体靴耳状至侧耳状，具有在近菌柄处相连接的黄褐色菌褶。菌盖具毡状物或具绒毛，成熟后常光滑，初期边缘内卷。菌褶浅黄色，渐变为褐色，延生，易与菌肉分离。菌柄偏生或无菌柄。孢子印锈褐色。孢子椭圆形，浅黄色，类糊精质。缘囊体存在，但与幼担子相似。菌盖皮层为表皮型（cutis）。具有锁状联合。

图 9-43　耳状小塔氏菌 *Tapinella panuoides* 孢子

模式种：*Tapinella panuoides*（Fr.）E.-J. Gilbert。

常见种：毛柄网褶菌 *Tapinella atrotomentosa*（Batsch：Fr.）Šutara；耳状小塔氏菌 *Tapinella panuoides*（Fr.）E.-J. Gilbert（图 9-43）。

扫一扫　看彩图

第十章　腹菌类蕈菌

担子体形态多样，担孢子成熟时形成产孢结构或孢体，常被包在一个包被内，属于被果形发育。担孢子一般靠被动的方式从子实体释放出，并靠昆虫传播。

第一节　地星目 Geastrales Corda

担子体地上或地下生，单生、群生或丛生于基质或菌丝层上。成熟后不开裂或星形或不规则开裂。内包被无柄或有柄。包被 2～5 层。根状菌锁存在。孢子球形、近球形至椭圆形，光滑、具疣凸、具刺或网状褶皱，非淀粉质，非糊精质。

模式科：地星科 Geastraceae Corda.

一、地星科 Geastraceae Corda.

包被 4 层，其中外包被 3 层，成熟时呈星状开裂，内包被薄，顶生孔口。孢体成熟时粉末状。孢丝无隔膜，通常不分枝，与内包被内壁相连或与中柱相连。担孢子球形、近球形，表面具疣、刺等纹饰。

模式属：地星属 *Geastrum* Pers.。

担子体球形、洋葱形、梨形。外包被 3 层，外层菌丝质，中层为原纤维层，内层肉质。外包被起初闭合包裹内包被，之后由顶端向下呈星状开裂，裂片外卷或内卷。内包被具小梗或不具小梗，膜质或纸质，薄，光滑或粗糙，顶端开口。孢体粉末状，具中柱。孢丝长而不分枝，顶端尖，从中柱或包被内壁发育形成。担子产 4 个孢子。担孢子球形至近球形，有颜色，光滑或粗糙。单生，群生或簇生于林中地上。

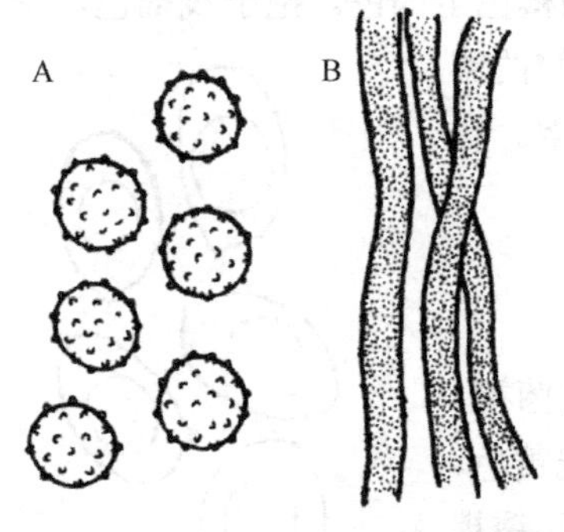

图 10-1　尖顶地星 *Geastrum triplex*

A. 孢子；B. 孢丝

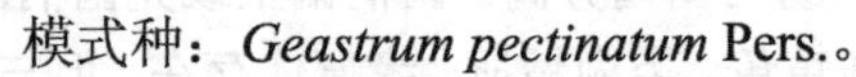

模式种：*Geastrum pectinatum* Pers.。

常见种：尖顶地星 *Geastrum triplex* Jungh.（图 10-1）。

二、弹球菌科 Sphaerobolaceae J. Schröt.

包被直径 3mm，球形。外包被放射状开裂而成星状裂片，内包被外翻强力释放小包。小包单个，球形，其内包含有菌丝、孢子、囊状体和胞芽。担子产 6～8 个孢子。担孢子光滑，球形或椭圆形。

仅 1 属，弹球菌属 *Sphaerobolus* Tode。

弹球菌属 *Sphaerobolus* Tode

该属包被近球形，4 层，当 2 层内壁外翻喷射单一的小包时，包被从头部呈星芒状分裂。小包球形，包含孢子、囊状体和胞芽，担孢子量大，光滑，椭圆形、卵形。生于腐木或落叶上，肥料上，地上。基物上有菌丝层覆盖。

模式种：*Sphaerobolus stellatus* Tode。

常见种：星状弹球菌 *Sphaerobolus stellatus* Tode（图 10-2）。

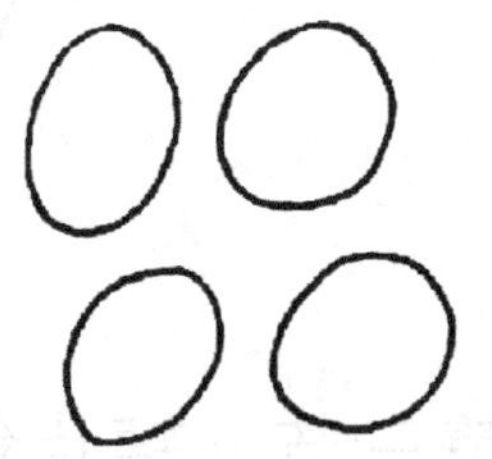

扫一扫　看彩图

图 10-2　星状弹球菌

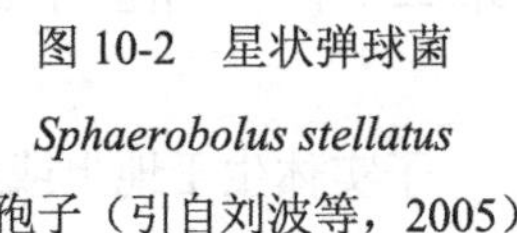

Sphaerobolus stellatus

担孢子（引自刘波等，2005）

第二节　钉菇目 Gomphales Jülich

担子体分枝或呈漏斗型，孢子具纹饰，嗜蓝。

模式科：钉菇科 Gomphaceae Donk。

一、棒瑚菌科 Clavariadelphaceae Corner

担子体棒状、棒槌状、陀螺状、舌状，单一或少有分枝或具菌盖，子实层齿状。菌肉较脆，或松软呈海绵质。担孢子长椭圆形、宽椭圆形、柠檬形、梨形、杏仁形，船状，透明或淡黄色，壁多光滑，或有纹饰，多生于针阔叶林下的枯枝落叶层上。

模式属：棒瑚菌属 *Clavariadelphus* Donk。

棒瑚菌属 *Clavariadelphus* Donk

担子体棒形，向下渐细成菌柄，不分枝，顶部圆钝或平截，蛋壳色至淡黄褐色。菌柄颜色稍淡，与上端可育部分分界不明显，基部有白色菌丝体。菌肉白色至污白色，伤不变色。担孢子椭圆形，表面光滑。夏秋季生于针叶林或针阔混交林中地上。

扫一扫　看彩图

常见种：棒瑚菌 *Clavariadelphus pistillaris*（L.）Donk；平截棒瑚菌 *Clavariadelphus truncatus*（L.）Donk。

二、高腹菌科 Gautieriaceae Zeller

担子体地下生，无柄。包被缺如或存在，若存在亦呈丛卷毛状，由疏松的菌丝或假薄壁组织组成。孢体新鲜时呈软骨般的透明和白色，担孢子成熟后变脆且呈淡褐色；中柱从基部菌丝索发出；菌髓片通常呈胶质软骨质。担子产生在子实层内。担孢子形状多样，大多呈宽梭状，有小疣或纵肋，褐色。

本科的成员应属于钉菇科，为了学习方便保留。

模式属：高腹菌属 *Gautieria* Vitt.。

高腹菌属 *Gautieria* Vitt.

担子体球圆形至稍不规则，具一不分枝的基部菌丝索。包被薄而易于脱落。孢体早期白色，后由于孢子团的成熟而变为有色；中柱在大小或形状上变异较大；小腔大小不同，时常延长或呈迷路状；菌髓片同型组织的，由紧密交织的、平行菌丝组成，成熟后不显著地胶质化。担子棒状，通常 2 孢子，具有长丝线状小梗，担孢子椭圆形至柠檬形，单细胞，孢壁具有纵行增厚的条纹。生于森林内地上。

模式种：*Gautieria morchelliformis* Vittad.。

常见种：新疆高腹菌 *Gautieria xinjiangensis* Bau（图 10-3）。

扫一扫　看彩图

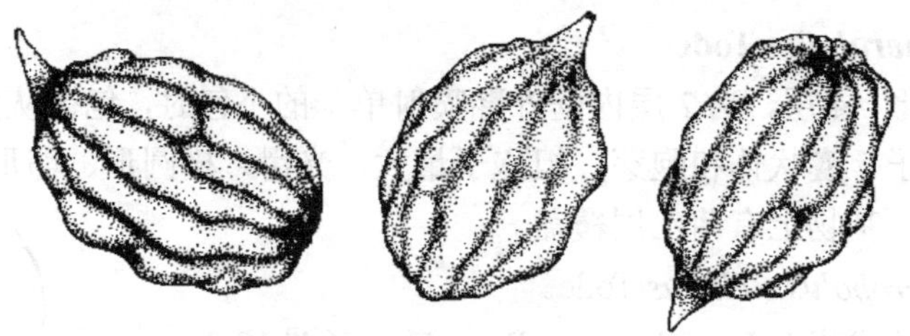

图 10-3　新疆高腹菌 *Gautieria xinjiangensis* 孢子

第三节　辐片包目 Hysterangiales K. Hosaka & Castellano

子实体生于地上或地下，单生或群生，球形或不规则，基部多具柄。根状菌索存在。包被常分隔，1～4 层。产孢组织软骨质至凝胶状或粉状，常具菌腔，产 2～8 个孢子。孢子椭圆形、长椭圆形至纺锤形，光滑或具小疣，少数具刺，常具褶皱，消失或不消失的孢囊，透明，在 KOH 中呈淡绿色或棕色，非淀粉质，偶见微糊精质。

模式科：辐片包科 Hysterangiaceae E. Fisch。

一、辐片包科 Hysterangiaceae E. Fisch.

担子体时常地下生，块状、梨形或球圆，以基部菌丝索相固着。包被大多单层。薄，成熟后开裂，胶质层发育弱，常呈软骨质。孢体由不规则小腔组成，以放射状菌髓片分隔开，粗糙，近胶质，成熟后溶解成胶质团块。担孢子椭圆形，平滑，无色或淡色。

模式属：辐片包属 *Hysterangium* Vittad.。

辐片包属 *Hysterangium* Vittad.

担子体球形、近球形、肾形、梨形或块状，以菌丝索与基物相固着。包被 1 层或 2 层，发育良好，由交织菌丝或假薄壁组织组成，通常局部胶质化且成熟后有时易于从孢体分离。孢体强韧，胶质至软骨质，最后液化，通常由许多胶质化的菌髓片交织成小腔，小腔内表面由圆柱状的担子形成子实层；贯穿以一分枝或不分枝的中柱，或偶然缺如，无色，最后胶质化。担子 2～8 孢子。担孢子平滑或在少数种内有一胶质孢鞘，有色或无色，椭圆形或椭梭状。

模式种：辐片包 *Hysterangium clathroides* Vittad.。

常见种(图 10-4)：白辐片包 *Hysterangium album* Zeller & C.W. Dodge；辐片包 *Hysterangium clathroides* Vittad.。

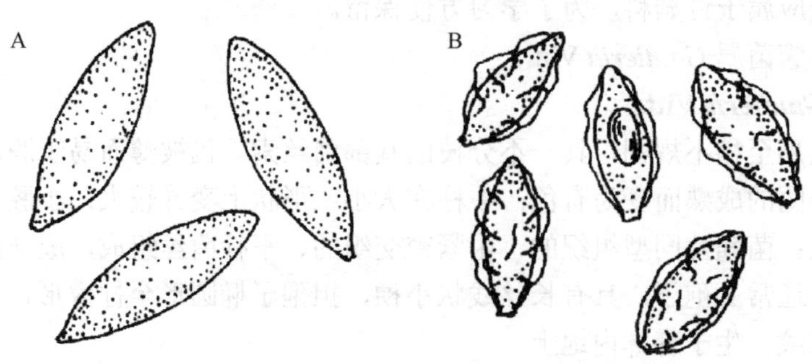

图 10-4　辐片包属孢子

A. 白辐片包 *Hysterangium album*；B. 辐片包 *Hysterangium clathroides*

二、鬼笔腹菌科 Phallogastraceae Locq.

担子体近球形，地下生或地上生。包被通常薄，为原始组织，覆盖有一层厚而呈胶质的髓包被（菌托），这种髓包被被原始组织的辐射状薄膜插入，与包被和孢体牢固地连合在一起。孢体胶质或软骨质，橄榄色或淡褐色，通常被从基部或中柱辐射出的胶质板片给分隔开；小腔早期空虚，后几乎被担孢子所充满，内表面布以子实层。担孢子小型、椭圆形，橄榄色或淡褐色。

模式属：鬼笔腹菌属 *Phallogaster* Morgan。

鬼笔腹菌属 *Phallogaster* Morgan

包被单层，表面有不规则的下陷，成熟时下陷处发育成不规则小孔孢体，由不规则的小腔组成，成熟时与中柱一并全部胶化溶解，仅剩下深绿色至橄榄色的孢子成堆附着在包被的内表面；担子体无菌托，成熟时袋状、中空。生于冷杉、云杉等针叶林地上。

常见种：鬼笔腹菌 *Phallogaster saccatus* Morgan。

第四节 鬼笔目 Phallales E. Fisch.

担子体最初生长在地下，近球形，具包被。包被通常 3 层，外包被坚韧、膜质，中层胶质，内包被为一层脆弱的薄膜结构。包被早期包裹着孢托和孢体，后常破裂。孢托具柄或无柄，后发育成一个或多个管状的结构或发育成中空、球面、笼形或网格状结构，表面附着有孢体。孢体常黏液状，具臭味，橄榄绿色或棕绿色。担子圆柱状，顶端产 4～8 个担孢子，担孢子有色，椭圆，表面光滑。

模式科：鬼笔科 Phallaceae Corda。

一、笼头菌科 Clathraceae Chevall.

包被 3 层，从顶端向下裂开，使孢托暴露，残留部分在孢托基部形成菌托。一些膜状包被缝将内包被分隔开，并将外包被与孢托相连接。孢托无柄或具柄，由数个或多个管状托臂组成，托臂或顶端连接、或顶端分散呈臂状、或相互连接形成网格并呈笼头状。孢体通常分布在孢托内侧，具臭味，淡橄榄色。担孢子有色，球形，表面光滑。

（1）笼头菌属 *Clathrus* P. Micheli ex L.

未开裂的担子体倒卵形，灰白色，孢子托呈中空、球面状或卵圆形网格状结构，托臂通常基部分离，少数连接成薄的、似柄的茎状结构；网格呈多边形，大小多相等，少数伸长至基部；托臂表面光滑或具褶皱，横切面呈椭圆形，多角形或圆形。孢体具大量黏液，恶臭，橄榄绿色，分布于托臂内侧。担孢子有色，椭圆，平滑。生于腐殖土上或腐木上。

模式种：*Clathrus ruber* P. Micheli ex Pers.。

常见种：红笼头菌 *Clathrus ruber* P. Micheli ex Pers.（图 10-5）；阿氏笼头菌 *Clathrus archeri* (Berk.) Dring（图 10-6）。

（2）柄笼头菌属 *Simblum* Klotz. ex Hook.

孢托亮色，具明显的柄，柄中空、纤细，顶端发育成膨大的网状结构，孢体着生于其内表面。具菌托。担孢子有色，椭圆形，光滑。生长于林中地上或草地上。

模式种：*Simblum periphragmoides* Klotzsch。

扫一扫 看彩图

常见种：黄柄笼头菌 *Simblum periphragmoides* Klotzsch（图 10-7）。

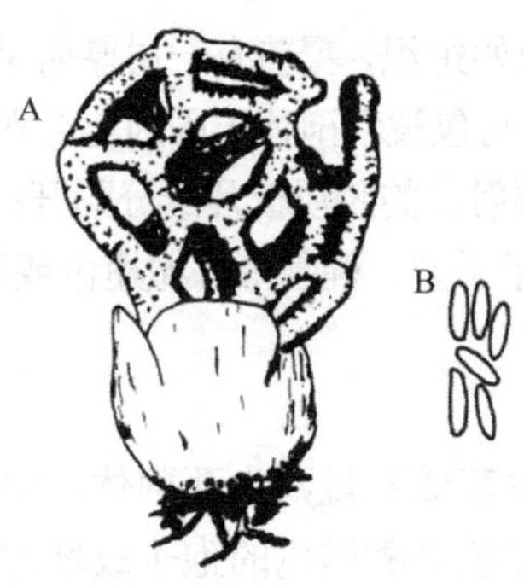

图 10-5 红笼头菌 *Clathrus ruber*
（引自刘波等，2005）
A. 担子体；B. 担孢子

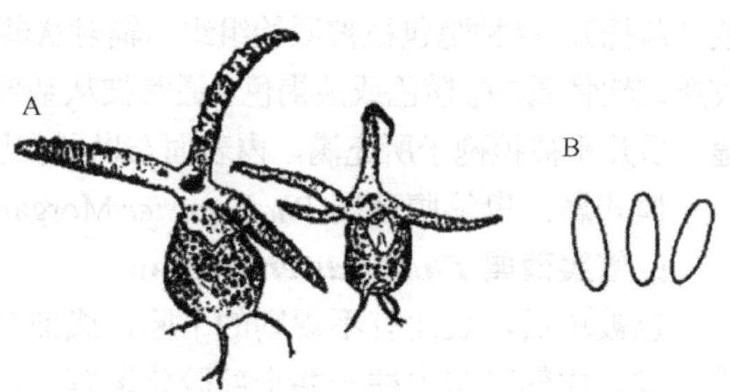

图 10-6 阿氏笼头菌 *Clathrus archeri*
（引自李泰辉等，2004）
A. 担子体；B.担孢子

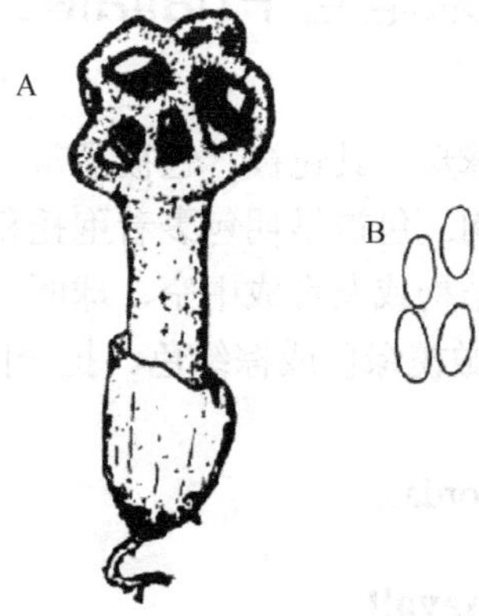

图 10-7 黄柄笼头菌 *Simblum periphragmoides*（引自刘波等，2005）
A. 担子体；B. 担孢子

（3）林德氏鬼笔属 *Linderia* G. H. Cunn.

未开裂的担子体近球形，包被 3 层，白色或浅灰色。孢托有数个托臂组成，顶部相连，基部分离。托臂有隔，由假薄壁组织组成，光滑或具横向纹理。托臂内表面分布黏液状、橄榄色的孢体。担孢子椭圆形，光滑。单生于地上。

模式种：*Linderia columnata*（Bosc.）C. H. Cunn.。

扫一扫 看彩图

常见种：柱状林德氏鬼笔 *Linderia columnata*（Bosc.）C.H. Cunn.（图 10-8）；双柱林德氏鬼笔 *Linderia bicolumnata*（Lloyd）G. Cunn.。

（4）星头鬼笔属 *Aseroe* Labill.

未开裂担子体球形或倒卵形，包被 3 层，从顶端开裂成不规则的裂片。孢托呈圆柱形柄状结构，中空，顶端膨大呈盘状，并经向裂开成分支或不分支的托臂，呈辐射状排列。孢体分布于柄顶端的隔膜，盘状膨大及托臂基部的表面，黏液状，恶臭，橄榄色。担孢子无色或有色，椭圆形或近圆柱状，平滑。单生于地上或腐木上。

模式种：*Aseroe rubra* Labill.。

常见种：星头鬼笔 *Aseroe arachnoidea* E. Fisch.（图 10-9）。

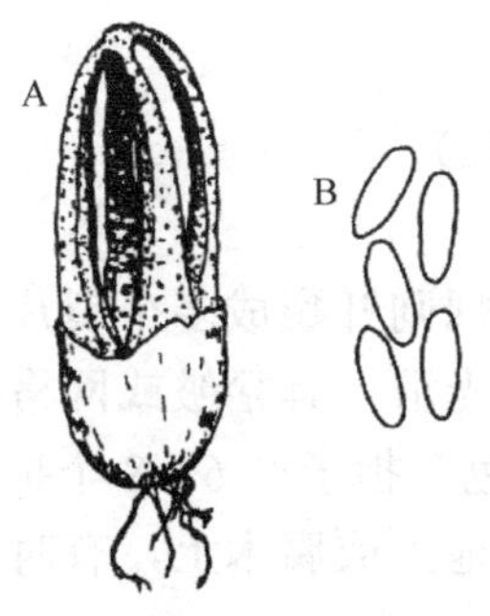

图 10-8　柱状林德氏鬼笔 *Linderia columnata*（引自刘波等，2005）

A. 担子体；B. 担孢子

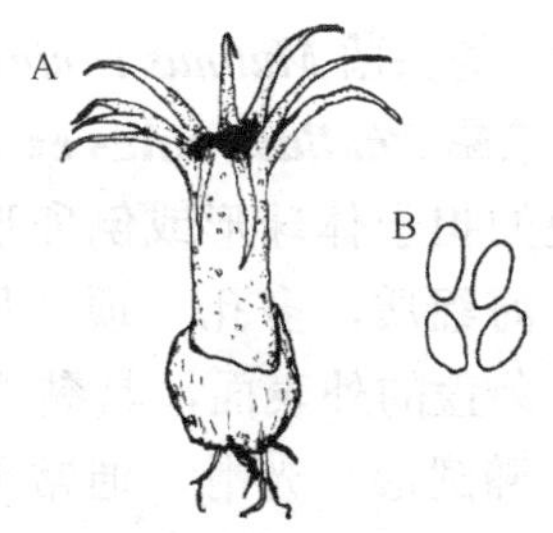

图 10-9　星头鬼笔 *Aseroe arachnoidea*（引自刘波等，2005）

A. 担子体；B. 担孢子

（5）假笼头菌属 *Pseudoclathrus* B. Liu et Y. S. Bau

担子体具柄。孢托由直立等径的托臂组成。托臂顶端相连，外侧有纵向的褶皱。孢体着生于托臂的内侧。担孢子圆柱形。生于地上。

模式种：*Pseudoclathrus cylindrosporus* B. Liu et Y. S. Bau。

常见种：假笼头菌 *Pseudoclathrus cylindrosporus* B. Liu et Y. S. Bau（图 10-10）。

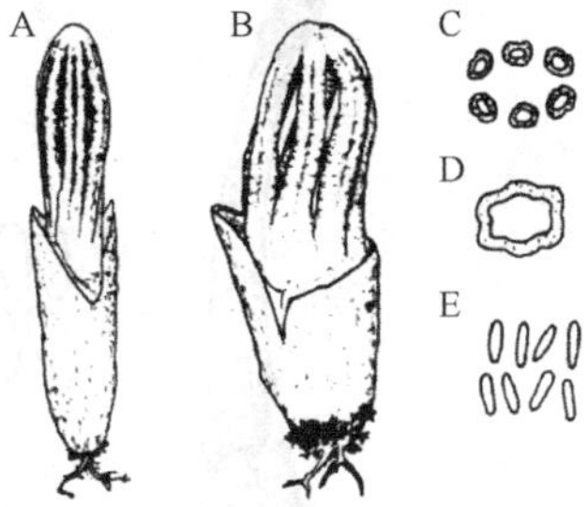

图 10-10　假笼头菌 *Pseudoclathrus cylindrosporus*（引自刘波等，2005）

A. 担子体侧面；B. 担子体正面；C. 托臂横切面；D. 菌柄横切面；E. 担孢子

（6）散尾鬼笔属 *Lysurus* Fr.

未开裂的担子体近球形，包被 3 层，顶端开裂成不规则的裂片。孢托为中空，圆柱状柄，近顶端的边缘连接有数个托臂，托臂顶端分离，或在膨大区域由一薄膜相连。孢体黏液状，恶臭，橄榄色，分布于除外表面较窄的中央纵沟外的整个托臂褶皱的组织上。担孢子有色，椭圆，光滑。生于腐殖质地上。

模式种：*Lysurus mokusin*（L.）Fr.。

常见种：五棱散尾鬼笔 *Lysurus mokusin*（L.）Fr.（图 10-11）。

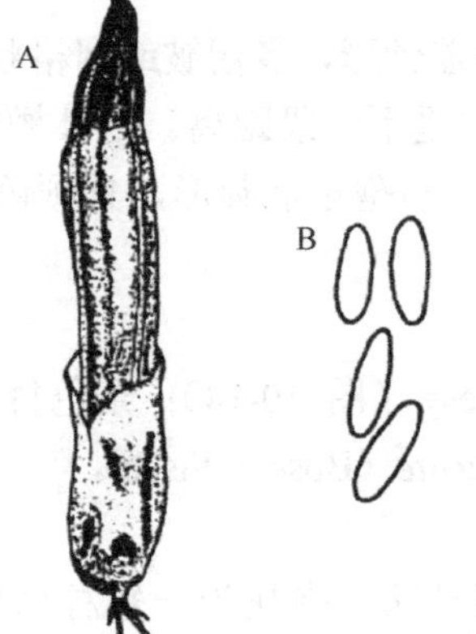

图 10-11　五棱散尾鬼笔 *Lysurus mokusin*（引自刘波等，2005）

A. 担子体；B. 担孢子

二、鬼笔科 Phallaceae Corda

包被 3 层，从顶端向下开裂，使孢托暴露，保留下来的包被在基部形成菌托。孢托圆柱状，不分枝，中空，顶端具有覆钟状菌盖或没有。孢体生于孢托顶端或覆钟状菌盖的外表面。菌裙有或没有。担子产生 4～8 个担孢子，担孢子有颜色，椭圆，表面光滑。

（1）蛇头菌属 *Mutinus* Fr.

未开裂的担子体球状或卵形，包被从顶部向下开裂成 2～3 个裂片，裂片卷曲贴近孢托的基部。孢托圆柱形或拟纺锤形，中空，靠近底部部分常拟纺锤形，有颜色，顶端具孔，表面光滑或有褥垫状或假薄壁细胞组织结构。孢体分布于孢托的近顶端部分，黏液状，有臭味橄榄色。担子产 2～8 个担孢子，担孢子有颜色，椭圆形，光滑。生于地上或腐木上。

扫一扫 看彩图

模式种：*Mutinus caninus*（Huds.）Fr.。

常见种：蛇头菌 *Mutinus caninus*（Huds.）Fr.（图 10-12）。

（2）鬼笔属 *Phallus* Junius ex L.

未开裂的担子体球形或倒卵形，包被从顶部向下不规则开裂成多个裂片。孢托圆柱形，中空，海绵质，多孔，顶端具有覆钟状菌盖；菌盖光滑，具褶皱或网格状，具孔。孢体分布在菌盖的外表面，具黏液，通常恶臭，橄榄绿色。担子产 6～8 个担孢子。担孢子具颜色，椭圆形，光滑。通常单生于有机质丰富的林地上或腐木上，有时也可在沙地上发现。

扫一扫 看彩图

模式种：*Phallus impudicus* L.。

常见种：红鬼笔 *Phallus rubicundus*（Bosc）Fr.（图 10-13）。

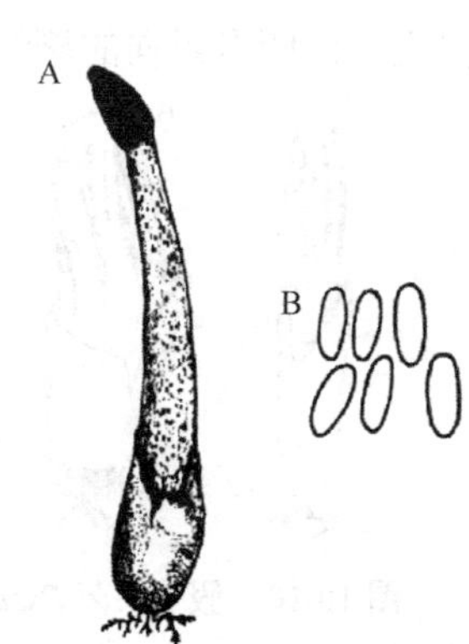

图 10-12　蛇头菌 *Mutinus caninus*
（引自刘波等，2005）
A. 担子体；B. 担孢子

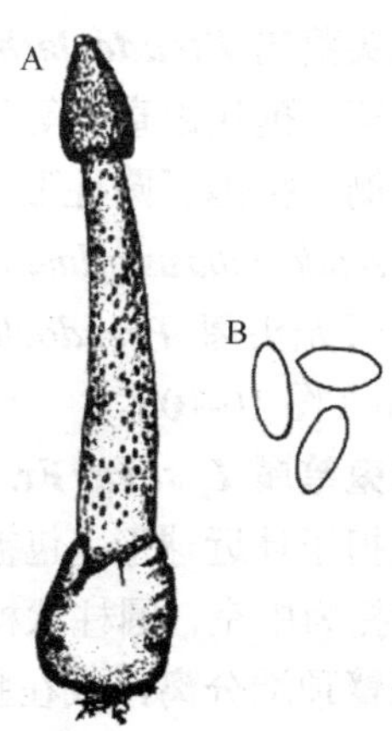

图 10-13　红鬼笔 *Phallus rubicundus*
（引自刘波等，2005）
A. 担子体；B. 担孢子

（3）竹荪属 *Dictyophora* Desv.

孢托为中空、圆柱形或拟纺锤形的柄，菌盖与菌裙相连。菌盖钟形，多褶皱或网格状，通常顶端有孔；菌裙网状，与菌盖相连于菌盖与菌柄的交界处，垂下一段距离。孢体橄榄绿色，具黏液，恶臭，覆盖菌盖外表面。担子产 6～8 个担孢子，担孢子椭圆形，具颜色，平滑。

扫一扫 看彩图

模式种：*Dictyophora indusiata*（Vent. ex Pers.）Desv.。

常见种：长裙竹荪 *Dictyophora indusiata*（Vent. ex Pers.）Desv.（图 10-14）；杂色竹荪 *Dictyophora multicolor* Berk. & Broome；短裙竹荪 *Dictyophora duplicate*（Bosc.）Fiseh.。

（4）尾花菌属 *Anthurus* Kalchbr. & MacOwan

担子体肉质，未开裂的担子果呈倒卵圆形，白色，外层糠麸状。孢托为一短柱状中空的柄，上部生出 2～5 根半圆锥状分枝，顶端红色，新鲜张开时顶端相连，但老熟时破裂。孢体生于分枝的内侧，青黄色，黏，有臭味。担孢子长椭圆形，平滑，无色至浅黄色。

模式种：*Anthurus archeri*（Ber k.）Fisch.

常见种：钟氏尾花菌 *Anthurus tsoongii*（Liou et Hwang）Jiang et Liu（图 10-15）。

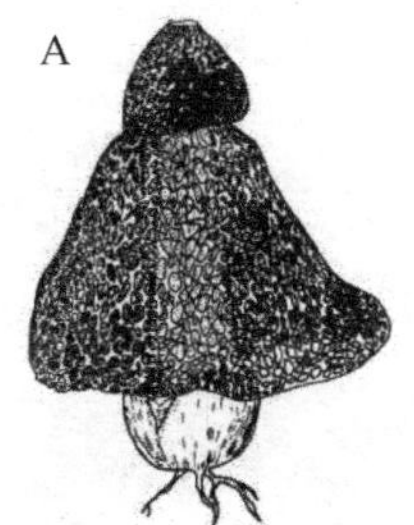

图 10-14　长裙竹荪 *Dictyophora indusiata*（引自刘波等，2005）

A. 担子体；B. 担孢子

A

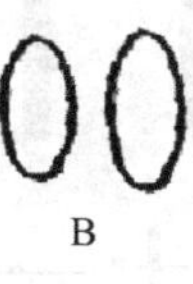

图 10-15　钟氏尾花菌 *Anthurus tsoongii*（引自姜守忠等，1982）

A. 担子体；B. 孢子

第十一章　多孔菌类蕈菌

多孔菌类或曾经称非褶菌类蕈菌的一般特征是子实体木质、革质、木栓质或肉质，往往有厚壁菌丝（骨干菌丝或联络菌丝），担子无分隔。无真正的菌褶，子实层体一般为菌管、刺或平滑、皱褶的子实体表面。木生或地生，腐生或寄生。极少数（如藓菇科 Rickenellaceae）为伞菌状。

第一节　伏革菌目 Corticiales K.-H. Larsson

担子体平伏，结构多样，多种颜色。孢子无色或淡色，平滑至有纹饰，不喜蓝或喜蓝。

模式科：伏革菌科 Corticiaceae Herter。

伏革菌科 Corticiaceae Herter

担子体无柄或稀具短柄，平伏贴生于基物表面或平伏反卷。菌盖叠生或相并连合，白色、灰白色或具显著颜色，光滑或被绒毛或纵裂。子实层体平滑或皱孔菌型，具小瘤、齿状或假齿状。单型、二型或三型菌丝系统，生殖菌丝有或无锁状联合。有或无囊状体、胶囊体和菌丝状体。孢子各种形状，无色或具浅色，表面光滑或具刺、疣，淀粉质或非淀粉质。腐木生。

模式属：*Corticium* Pers.。

伏革菌属 *Corticium* Pers.

担子体平伏贴生，松软，蜡质、膜质或革质。单型菌丝系统，有锁状联合。无囊状体，也无胶囊体。孢子光滑，无色，淀粉质或非淀粉质。生于枯枝、腐木上。

模式种：*Corticium roseum* Pers.。

常见种：蓝伏革菌 *Corticium caeruleum*（Schard.）Fr.（图 11-1）。

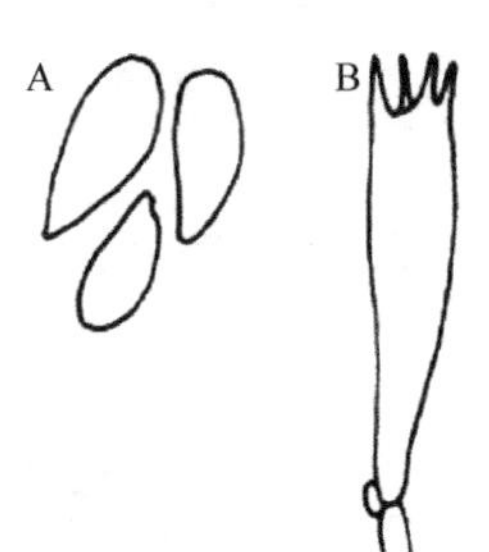

图 11-1　蓝伏革菌 *Corticium caeruleum*

A. 孢子；B. 担子

第二节　褐褶菌目 Gloeophyllales Thorn

担子体一年生或多年生，裸果或半被果型发育。伞形、半背着生或平展反卷，无柄或有柄。子实层体菌孔状、菌褶状或光滑，子实层缓慢加厚。菌髓褐色或浅褐色，KOH 溶液中颜色更暗；质地为革质、软木质或木质。孢子印近白色。孢子常为圆柱状至香肠状，透明，壁薄，光滑，双核，具有疣状脐，无芽孔，非淀粉质。担子 2～4 孢。具有锁状联合。有或无囊状体，若有，壁薄或少数壁厚，透明至褐色，有时顶端具结痂。菌丝系统单型、二型或三型。具有菌褶状子实层体的属的菌盖皮层为表皮型。

大多数种为腐生型，木腐菌可导致褐腐，生长在树干、树枝和木材上，有些属真菌可形成白腐；许多种喜干燥（xerophilous），在充足的阳光下或烧焦的木头上可生长担子体；主要生长在裸子植物上。

褐褶菌科 Gloeophyllaceae Jülich

担子体伞菌状，半背着生或平展反卷，无柄或有柄。子实层体为菌孔状或菌褶状。菌髓褐色或浅褐色，在 KOH 溶液下颜色更暗；质地为革质、软肉质或木质。孢子印近白色。孢子圆柱形至香肠状，透明，壁薄，光滑，双核，具有疣状脐，无芽孔；非淀粉质。具有锁状联合。无囊状体或具有壁薄，少数壁厚，透明至褐色、有时顶端具结痂的囊状体。菌丝系统为二型或三型。菌褶型属菌盖皮层为表皮型。腐生于树干和树枝上，形成褐腐。

褐褶菌属 *Gloeophyllum* P. Karst.

担子体一年生到多年生，无柄或平展至反卷，韧到木质。菌盖半圆形或其他形状，表面褐色到黑褐色或淡灰色，具硬毛到光滑。菌肉暗锈色或淡黄褐色到咖啡色。菌管、孔面与菌肉同色。管口孔状到褶状。菌丝系统二型或三型。担孢子圆柱形或近球形，透明、平滑。囊状体缺乏或存在。生于针叶树上，较少生阔叶树上。导致木材褐色腐朽。

模式种：*Gloeophyllum sepiarium*（Wulfen）P. Karst.。

常见种：针叶褐褶菌 *Gloeophyllum abietinum*（Bull.：Fr.）P. Karst.（图 11-2）；炭生褐褶菌 *Gloeophyllum carbonarium*（Berk. & Curt.）Ryvarden；褐褶菌 *Gloeophyllum sepiarium*（Wulfen）P. Karst.。

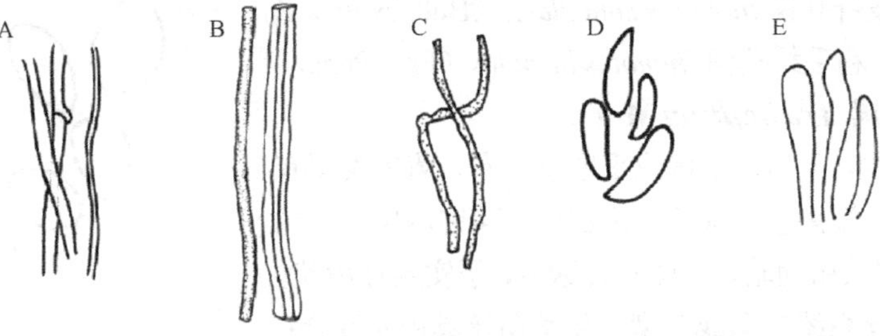

图 11-2　针叶褐褶菌 *Gloeophyllum abietinum*（引自赵继鼎，1998）

A. 生殖菌丝；B. 骨架菌丝；C. 缠绕菌丝；D. 担孢子；E. 囊状体

第三节　刺革菌目 Hymenochaetales Oberw.

担子体裸果型发育。平伏状或伞状，半背着生，平展反卷或棒状，无柄或有柄，一年生或多年生，若为一年生。子实层体为菌孔状，光滑，针刺状或菌褶状。菌髓褐色或白色；质地为木质、革质、软木质、纤维质或肉质。孢子印透明至褐色。孢子椭圆形、近球状至球状，透明至褐色，壁薄或厚，光滑，无芽孔，具有疣状脐，非淀粉质。有或无锁状联合。在具有褐色菌髓的大多数属中具有囊状体，部分为厚壁、褐色、尖的鬃毛状囊状体，部分为透明的薄壁囊状体，在具有菌褶的属中囊状体无或散生。菌丝系统为单型或二型，极少数为三型。在菌褶状的属中菌盖皮层为表皮型。大多数属为腐生型或弱寄生型，集毛菌属 *Coltricia* 类群可能为菌根真菌；大多数种腐生或弱寄生在活立木或活灌木上，形成白腐；有些种为弱腐生型，可使树干表面腐烂。

一、刺革菌科 Hymenochaetaceae Donk

担子体一年生或多年生，平展或有柄，有菌盖，金黄褐色至深赭褐色，偶黑色。菌肉黄色，奶油色至橙色、锈褐色或铁锈色，遇 KOH 溶液成永久暗色。单型或具骨架菌丝的二型菌丝系统，无锁状联合。子实层体光滑、疣状、齿状、管状，罕褶状。大多数种的子实层中有刚毛。孢子无色至褐色，薄壁或厚壁。光滑，罕具纹饰，多为非淀粉质，罕淀粉质。腐木生。

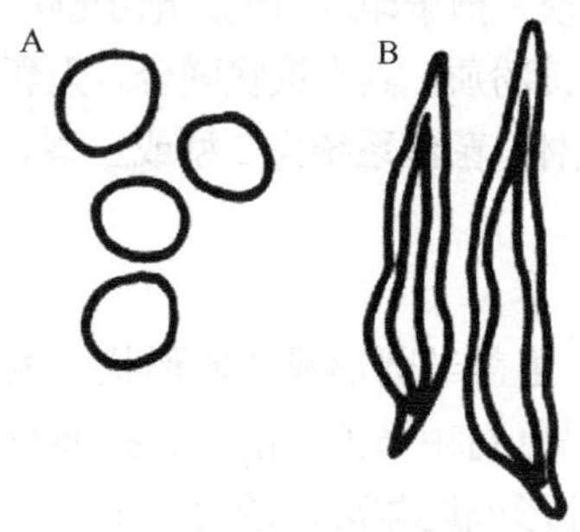

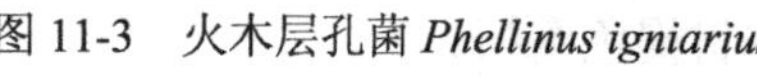

扫一扫　看彩图

图 11-3　火木层孔菌 *Phellinus igniarius*

A. 孢子；B. 刚毛

模式属：*Hymenochaete* Lev.。

（1）木层孔菌属 *Phellinus* Quél.

担子体多年生，无柄，半圆形或平伏而反卷成檐状。菌肉褐色。菌孔常为小型；菌管多层。菌丝系统二型，生殖菌丝多无色，薄壁。有刚毛。孢子光滑，无色或锈褐色，多非淀粉质，稀类糊精质。木生。

模式种：*Phellinus igniarius*（L.）Quél.。

常见种：火木层孔菌 *Phellinus igniarius*（Fr.）Quél.（图 11-3）。

（2）纤孔菌属 *Inonotus* Karst.

担子体一年生，无柄。菌盖半圆形，扁平，叠生。菌肉黄褐色，纤维质或木栓质。子实层管孔圆形，小。孢子无色至褐色，光滑。木生。

模式种：*Inonotus hispidus*（Bull.）P. Karst.。

扫一扫　看彩图

常见种：薄皮纤孔菌 *Inonotus cuticularis*（Bull. ex Fr.）P. Karst.（图 11-4）；粗毛纤孔菌 *Inonotus hispidus*（Fr.）Pers.。

（3）附毛菌属 *Trichaptum* Murr.

担子体一年生，无柄，平伏或平展至反卷。菌盖表面有硬毛到贴生绒毛，淡黑色、灰色或污白色。菌肉两层，上层白色、松软，下层致密而暗。孔面常带紫色，子实层体齿状、褶状或孔状。菌丝系统二型或三型；生殖菌丝具锁状联合；骨架菌丝在菌肉中占优势；缠绕菌丝少或无。囊状体薄壁到厚壁，钻型到棍棒状，顶端被结晶。担孢子圆柱形，常稍弯曲，透明、薄壁、平滑。生于针叶树和阔叶树上，白色腐朽。

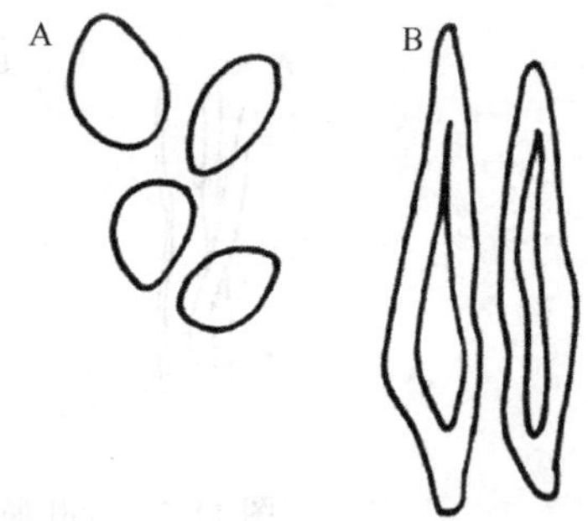

图 11-4　薄皮纤孔菌 *Inonotus cuticularis*

A. 孢子；B. 刚毛

扫一扫　看彩图

模式种：*Trichaptum trichormallum*（Berk. & Mont.）Murrill Pers. Fr.。

常见种：冷杉附毛菌 *Trichaptum abietinum*（Dick.）Ryvarden（图 11-5）；囊孔附毛菌 *Trichaptum biforme*（Fr.）Ryvarden。

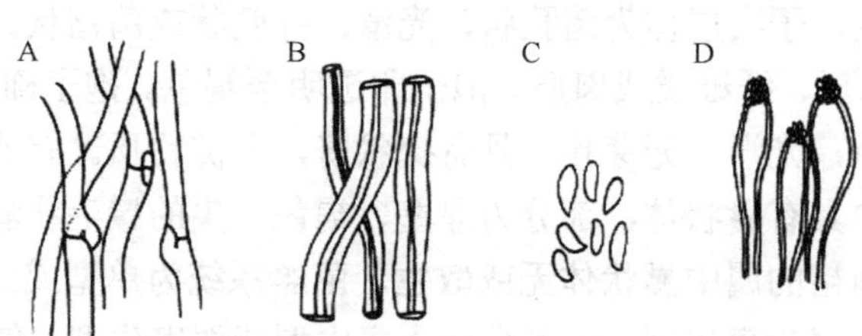

图 11-5　冷杉附毛菌 *Trichaptum abietinum*（引自赵继鼎，1998）

A. 生殖菌丝；B. 骨架菌丝；C. 担孢子；D. 囊状体

二、藓菇科 Rickenellaceae Vizzini

担子体小菇状。菌盖颜色明显，菌褶较密，弯生至延生。菌肉薄。单型菌丝系统。生殖菌丝分隔，具锁状联合，薄壁。囊状体存在。担子棒状，具 4 个小梗，基部具锁状联合。孢子椭圆形至近圆柱形，顶端尖锐，不嗜蓝，非淀粉质。生于布满苔藓的腐木上。

模式属：藓菇属 *Rickenella* Raithelh.。

藓菇属 *Rickenella* Raithelh.

该属担子体亚脐菇状或小菇状。菌盖凸镜形、钟状、平展，中部具突起、中部下陷或具有乳头状突起，被短绒毛，水渍状，具透明条纹。菌褶延生、宽直生或具延生齿的顶端微凹，稀疏。菌柄具微小短绒毛。气味和味道不明显。孢子印白色。孢子椭圆形至圆柱形，光滑、透明，非淀粉质。担子 4 孢。具有缘囊体、侧囊体、柄囊体和盖囊体。子实层菌髓菌丝膨大，非淀粉质。菌盖皮层为表皮型。具有锁状联合。寄生在苔藓上。

模式种：*Rickenella fibula*（Bull.）Raithelh.。

常见种：藓菇 *Rickenella fibula*（Bull.）Raithelh.。

扫一扫　看彩图

第四节　多孔菌目 Polyporales Gäum.

担子体裸果型或半被果型发育。平伏状或盖状半背着生，平展至反卷，棒状或菌褶状，有柄或无柄，一年生或多年生。子实层体为菌孔状、光滑、针刺状或菌褶状。大多数属的菌髓为白色，但也有褐色、黄色或红色；质地为肉质、革质、软木质或木质。孢子印白色、奶油色或褐色。孢子长圆柱形或香肠状，小，透明，罕见褐色，壁薄至厚，光滑或少数有纹饰，常无芽孔、少数有芽孔，类糊精质、淀粉质或非淀粉质。担子 2～4 孢。有或无锁状联合。有或无囊状体。菌丝系统为单型、二型或三型。在具有菌褶状子实层体的属中菌盖皮层为表皮型。多数属真菌为腐生型，多数种生长在树干、树桩或木材上，少数生长在树枝和灌木上，极少数种生长埋于地下的木头或树根上。

一、拟层孔菌科 Fomitopsidaceae Jülich

担子体一年生或多年生，单生或叠生，革质或木栓质，远子实层面光滑、褶皱或被绒毛。单型、二型或三型菌丝系统。锁状联合多存在。囊状体存在或缺失。担子棒状，具 4 个小梗。孢子椭圆形至圆柱形或囊状，光滑，淀粉质、非淀粉质或糊精质。

模式属：拟层孔菌属 *Fomitopsis* P. Karst.。

（1）薄孔菌属 *Antrodia* Karst.

担子体一年生或多年生，平伏到平展至反转，稀无柄，韧到硬。菌盖半圆形或其他形状，表面有绒毛到光滑，白色到浅土黄色或浅茶褐色，无环纹。菌肉近白色、米黄色或蛋壳色。菌管与菌肉同色。孔面白色或淡黄色；管口略圆形、不规则形、迷宫状，齿裂或担子体层变成近褶状。菌丝系统二型。担孢子圆柱形到长椭圆形，透明、平滑。生于阔叶树和针叶树上，导致木材褐色腐朽。

模式种：*Antrodia serpens*（Fr.）P. Karst.。

常见种：白薄孔菌 *Antrodia albida*（Fr.）Donk（图 11-6）；黄薄孔菌 *Antrodia xantha*（Fr.）Ryvarden；异形薄孔菌 *Antrodia heteromorpha*（Fr.）Donk。

扫一扫　看彩图

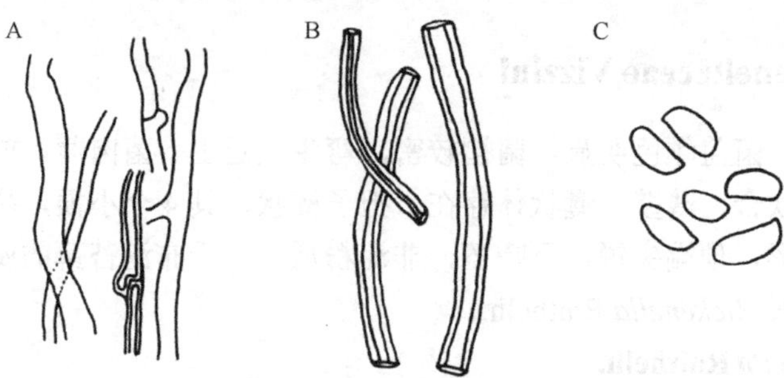

图 11-6　白薄孔菌 *Antrodia albida*（引自赵继鼎，1998）

A. 生殖菌丝；B. 骨架菌丝；C. 担孢子

（2）黄孔菌属 *Auriporia* Ryvaerden

担子体平伏到有盖菌，一年生。孔面黄色到白色。单型到二型菌丝系统；生殖菌丝具锁状联合，当骨架菌丝存在时，数量少，多限在菌肉中。囊状体纺锤状，厚壁，顶端被结晶。孢子圆柱形到椭圆形，平滑、透明、薄壁。生于阔叶树和针叶树上。引起褐色腐朽。北温带属。

模式种：*Auriporia aurea*（Peck）Ryvaerden。

常见种：橘黄孔菌 *Auriporia aurulenta* A. David，Tortič & Jelić；有盖黄孔菌 *Auriporia pileata* Parm.（图 11-7）。

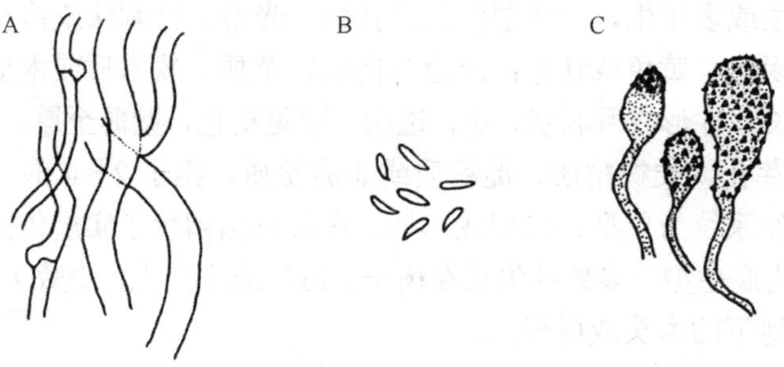

图 11-7　有盖黄孔菌 *Auriporia pileata*（引自赵继鼎，1998）

A. 生殖菌丝；B. 担孢子；C. 囊状体

（3）迷孔菌属 *Daedalea* Fr.

担子体一年生或多年生，无柄，木栓质到木质。菌盖半圆形、马蹄形或其他形状，表面有绒毛到光滑，常有同心环沟。菌肉肉色或淡黄褐色。菌管和孔面与菌肉几乎同色。管口孔状、迷宫状或褶状。菌丝系统三型。担孢子圆柱形到椭圆形，透明，平滑。生于阔叶树木材上，导致木材褐色腐朽。

模式种：*Daedalea quercina*（L.）Pers.。

常见种：迪氏迷孔菌 *Daedalea dickinsii*（Berk.）Yasuda（图 11-8）。

（4）拟层孔菌 *Fomitopsis* P. Karst.

担子体多年生，稀一年生，无柄或平展至反卷，韧到木质。菌肉白色到淡黄色或淡粉红色。菌管多层或一层。孔面与菌肉同色；管口较规则，大多数孔小。菌丝系统二型或三型。担孢子圆柱形，椭圆形、近球形或近卵圆形，透明、平滑。囊状体稀存在。生于活的或死的针叶树和阔叶树上。木材褐色腐朽。

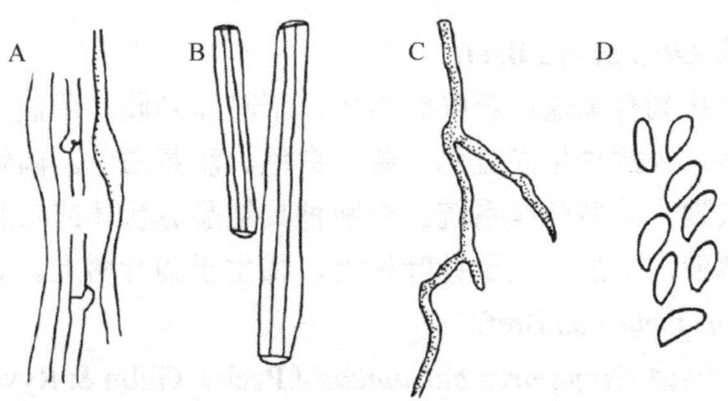

图 11-8　迪氏迷孔菌 *Daedalea dickinsii*（引自赵继鼎，1998）

A. 生殖菌丝；B. 骨架菌丝；C. 联络菌丝；D. 担孢子

模式种：*Fomitopsis pinicola*（Swartz）P. Karst.。

常见种：白边拟层孔菌 *Fomitopsis albomarginata*（Zipp. ex Lev.）Imaz.（图 11-9）；粉拟层孔菌 *Fomitopsis cajanderi*（P. Karst.）Kotl. & Pouzar；药用拟层孔菌 *Fomitopsis officinalis*（Vill.）Bondartsev & Singer；红缘拟层孔菌 *Fomitopsis pinicola*（Swartz：Fr.）P. Karst.。

（5）绚孔菌属 *Laetiporus* Murrill.

担子体一年生，无柄到有柄，新鲜时肉质，干后干酪质。菌盖扇形或其他形状，表面硫黄色或淡黄色。菌肉土黄色或暗黄褐色。菌管黄色，与孔面颜色相似。管口中等大小。二型菌丝系统。担孢子宽椭圆形到近球形，透明、平滑。生于活的或死的阔、针叶树上。木材褐色腐朽。

模式种：*Laetiporus speciosus* Battarra ex Murrill。

常见种：奶油绚孔菌 *Laetiporus cremeiporus* Y. Ota & T. Hatt.；高山绚孔菌 *Laetiporus montanus* Černý ex Tomšovský & Jankovský；绚孔菌 *Laetiporus sulphureus*（Bull.）Murrill（图 11-10）。

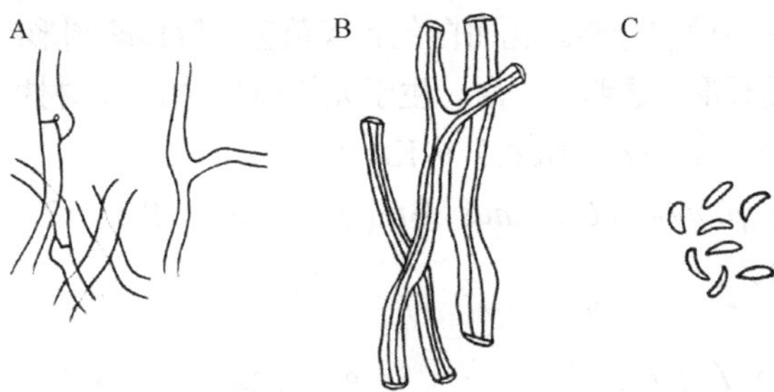

图 11-9　白边拟层孔菌 *Fomitopsis albomarginata*（引自赵继鼎，1998）

A. 生殖菌丝；B. 骨架菌丝；C. 担孢子

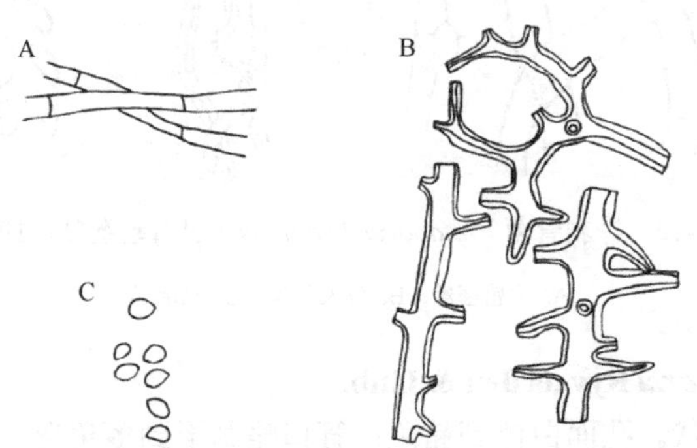

图 11-10　绚孔菌 *Laetiporus sulphureus*（引自赵继鼎，1998）

A. 生殖菌丝；B. 联络菌丝；C. 担孢子

（6）褐腐干酪菌属 *Oligoporus* Bref.

担子体一年生，平伏到有菌盖，新鲜时肉质，干时脆到硬。菌盖大多数白色到淡色，干时变淡褐色或其他颜色，少数种呈淡蓝色。菌肉白色、淡黄白色。菌管、菌肉及孔面颜色基本相同。管口完整或破裂。单型菌丝系统。个别种具结晶囊状体或具胶囊菌丝。担孢子腊肠形到椭圆形，透明、薄壁，平滑。生于针叶树上，稀生于阔叶树上。导致木材褐色腐朽。

模式种：*Oligoporus farinosus* Bref.。

扫一扫　看彩图

常见种：香褐腐干酪菌 *Oligoporus balsameus*（Peck）Gilbn & Ryvaerden（图 11-11）；灰蓝褐腐干酪菌 *Oligoporus caesius*（Schrad.）Gilbn & Ryvaerden。

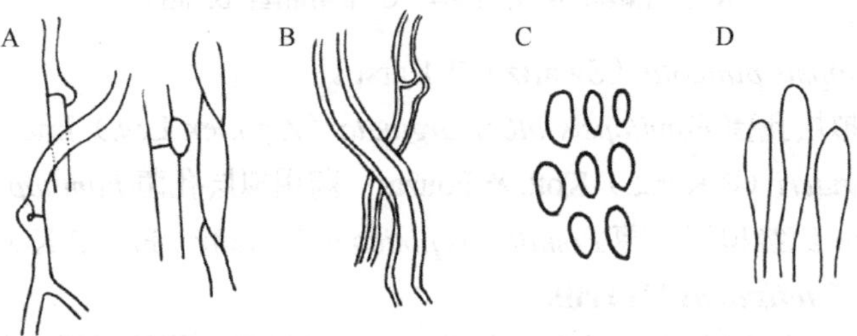

图 11-11　香褐腐干酪菌 *Oligoporus balsameus*（引自赵继鼎，1998）

A. 生殖菌丝；B. 骨架菌丝；C. 担孢子；D. 囊状体

（7）剥管菌属 *Piptoporus* P. Karst.

担子体一年生，无柄到有侧生短柄或有柄状基，干时轻。菌盖扁平、半圆形或肾形，表面有或无薄纸样可剥离的外皮层，白色、淡黄褐色或淡褐色，无环带。菌肉白色到稍带粉红色，干时海绵状到木栓质。菌管易与菌肉分离。孔面白色到淡黄色。管口略圆形或有些迷宫状。二型菌丝系统。担孢子圆柱形或椭圆形，透明、平滑。生于死的阔叶树上。木材褐色腐朽。

扫一扫　看彩图

模式种：*Piptoporus betulinus*（Bull.）P. Karst.。

常见种：桦剥管菌 *Piptoporus betulinus*（Bull.）P. Karst.（图 11-12）；梭伦剥管菌 *Piptoporus soloniensis*（Dub.）Pilat。

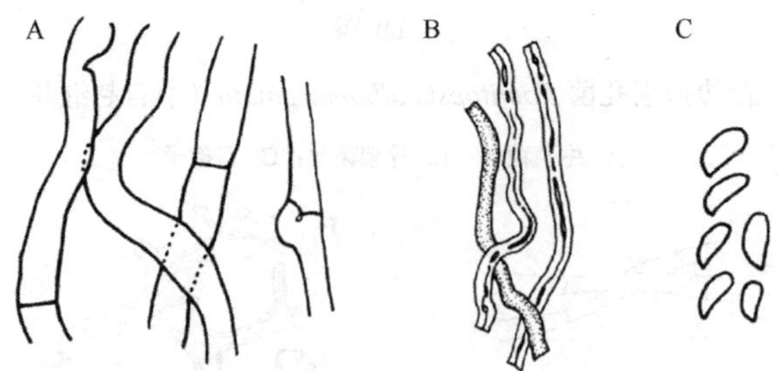

图 11-12　桦剥管菌 *Piptoporus betulinus*（引自赵继鼎，1998）

A. 生殖菌丝；B. 骨架菌丝；C. 担孢子

（8）茯苓属 *Wolfiporia* Ryvaerden & Gilb.

担子体一年生，平伏。孔面白色到赭色；管口略圆形到多角形。菌管白色到浅黄色。菌丝层与菌管同色，硬纤维质。菌丝系统单型至二型。有或无纺锤状小囊状体。担孢子椭圆形到圆柱形，透明，平滑。生于菌核上，导致木材褐色腐朽。

模式种：*Wolfiporia cocos*（F.A. Wolf）Ryvarden & Gilb.。

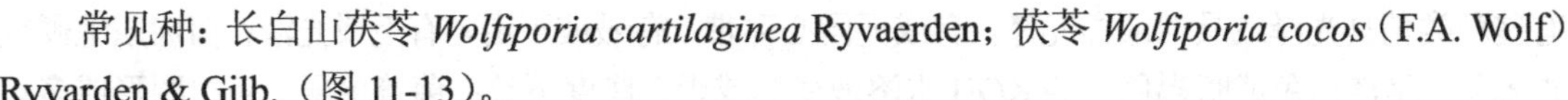

常见种：长白山茯苓 *Wolfiporia cartilaginea* Ryvaerden；茯苓 *Wolfiporia cocos*（F.A. Wolf）Ryvarden & Gilb.（图 11-13）。

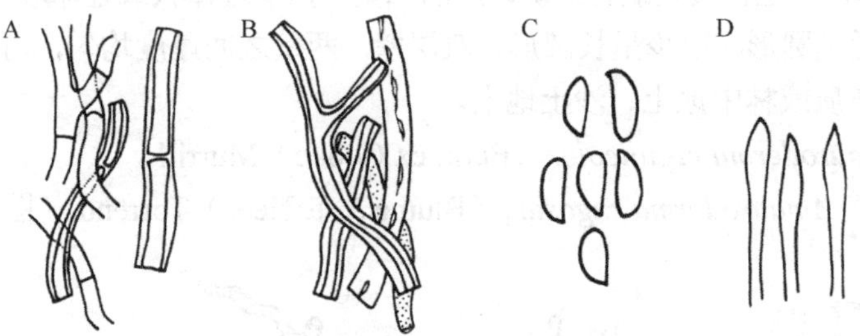

图 11-13　茯苓 *Wolfiporia cocos*（引自赵继鼎，1998）

A. 生殖菌丝；B. 骨架菌丝；C. 担孢子；D. 小囊状体

二、灵芝科 Ganodermataceae Donk

担子体一年生或多年生，有菌盖，半圆形或有柄。菌盖表面常有皮壳，有漆样光泽或无光泽，常有沟纹。子实层体管状，菌管小，分层或不分层。二型或三型菌丝系统，菌丝有锁状联合。孢子椭圆形至球形，常顶端平截，双层壁，外壁无色，光滑，内壁褐色，有小刺或其他类型的突起，伸入外孢壁，非淀粉质。木生。

（1）灵芝属 *Ganoderma* P. Karst.

担子体一年生或多年生，有菌盖，有侧生菌柄或无柄。菌盖肾脏形至扇形，表面光滑并具有漆样光泽的皮壳状表皮，黄色、褐色至紫红褐色。有菌柄时，漆样光泽更为显著。菌肉纤维状木栓质，肉桂色至褐色。三型菌丝系统，生殖菌丝无色至淡黄褐色，有锁状联合。子实层体管孔状，常分层，管孔圆形，细小至中等大小。孢子近卵形，先端钝，通常截头，双层壁，外壁薄膜状，光滑，无色，内壁厚，黄褐色，有小刺或粗糙。无囊状体。多生于被子植物朽木上，较少生于裸子植物朽木上。

模式种：*Ganoderma lucidum*（Curtis）P. Karst.。

常见种：扁灵芝 *Ganoderma applanatum*（Pers.）Pat.；灵芝 *Ganoderma lingzhi* Sheng H. Wu，Y. Cao & Y.C. Dai；紫芝 *Ganoderma sinense* J.D. Zhao，L.W. Hsu & X.Q. Zhang（图 11-14）。

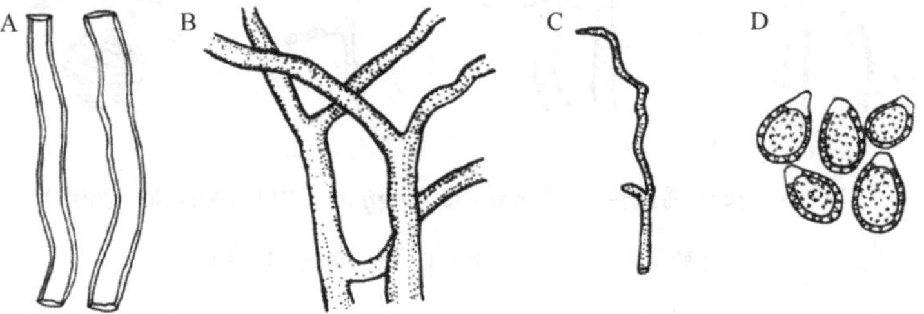

图 11-14　紫芝 *Ganoderma sinense*（引自赵继鼎，2000）

A. 生殖菌丝；B. 骨架菌丝；C. 联络菌丝；D. 孢子

（2）假芝属 *Amauroderma* Murrill

担子体多数有柄，一年生，纸质、革质、木栓质、近木栓质或木质。菌盖近圆形或其他形状，单生或合生；菌盖从淡黄色、淡乳黄色、淡黑色到各种色彩的褐色，大多数呈暗色，无光泽，有些种类稍具光泽或具似漆样光泽，有或无同心环带，有皱或平滑，有毛或光滑；菌肉质地硬或棉絮状，呈淡白色或暗褐色，遇 KOH 水溶液变黑或否，厚度不等；菌管单层，管口圆形或多角形。菌丝系统三型，有些种类是缺乏缠绕菌丝的二型。担子近棒状或近球形，4 孢。担孢子近球形到球形，偶尔近椭圆形，很少呈长圆形，双层壁，两壁之间厚度均匀，内壁有或无小刺。生于各种腐木、腐殖质或林中地上、沙土地上。

模式种：*Amauroderma regulicolor*（Berk. ex Cooke）Murrill。

常见种：假芝 *Amauroderma rugosum*（Blume & T. Nees）Torrend.（图 11-15）。

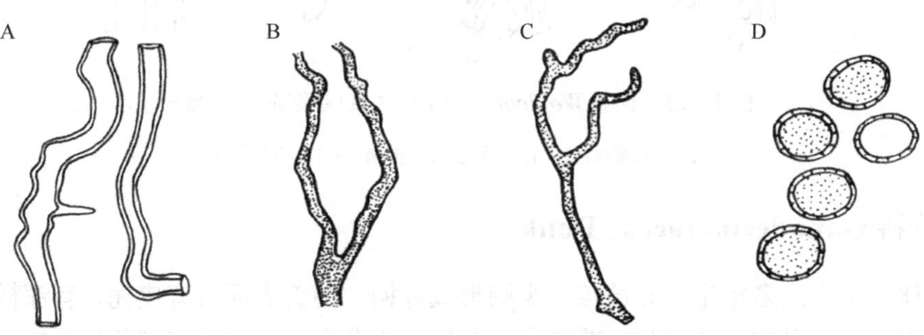

图 11-15　假芝 *Amauroderma rugosum*（引自赵继鼎，2000）

A. 生殖菌丝；B. 骨架菌丝；C. 联络菌丝；D. 担孢子

（3）鸡冠孢芝属 *Haddowia* Steyaert

担子体有柄，形状和颜色与灵芝属的种类相似，不同之处在于担孢子具纵肋，两个纵向的鸡冠状脊间生出多个横膜相联结而构成肋；皮壳构造呈拟子实层型。生地上，分布于热带地区。

模式种：*Haddowia longipes*（Lév.）Steyaert。

常见种：长柄鸡冠孢芝 *Haddowia longipes*（Lév.）Steyaert（图 11-16）。

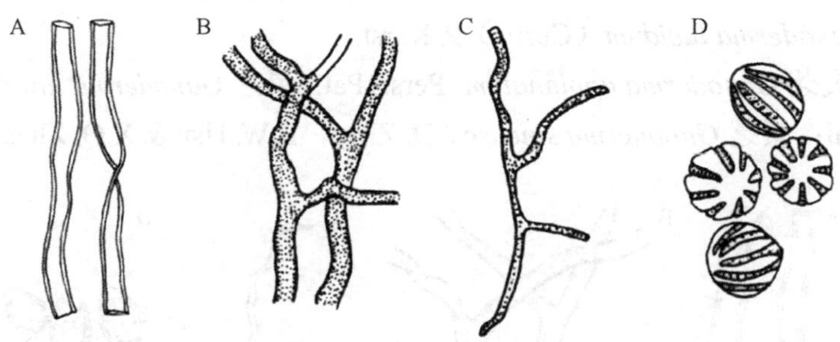

图 11-16　长柄鸡冠孢芝 *Haddowia longipes*（引自赵继鼎，2000）

A. 生殖菌丝；B. 骨架菌丝；C. 联络菌丝；D. 担孢子

（4）网孢芝属 *Humphreya* Steyaert

担子体呈广钝的漏斗形，具中生柄或侧生柄，淡灰褐色，菌肉和菌管同色，蜂蜜色，菌丝平行或全部垂直。皮壳厚，苍白色，其组成质地明显不同。担孢子双层壁，外壁和内壁由网状的但不连贯的脊分开。

模式种：*Humphreya lloydii*（Pat. et Har.）Steyaert。

常见种：咖啡网孢芝 *Humphreya coffeata*（Berk.）Steyaert（图 11-17）。

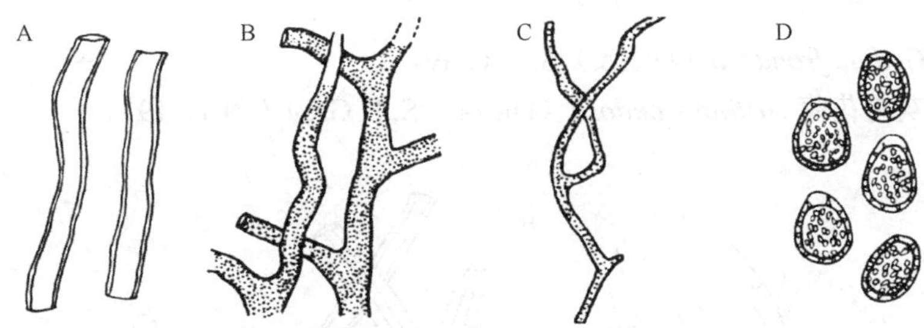

图 11-17　咖啡网孢芝 *Humphreya coffeata*（引自赵继鼎和张小青，2000）

A. 生殖菌丝；B. 骨架菌丝；C. 联络菌丝；D. 担孢子

三、薄孔菌科 Meripilaceae Jülich

担子果一年生，有柄，多分枝。单型菌丝系统，孢子多球形至椭圆形，无色。

模式属：薄孔菌属 *Meripilus* P.Karst.。

耙齿菌属 *Irpex* Fr.

该属担子体一年生，无柄，平展至反卷或平伏。菌盖半圆形或不规则形，表面有绒毛到具长硬毛，白色到淡黄色。菌肉与菌盖同色或呈深黄色。子实层体明显地变成齿状。孔面白色到黄色；管口齿状。菌丝系统二型。生于阔叶树腐木上，偶尔生于针叶树上，导致木材白色腐朽。

模式种：*Irpex lacteus*（Fr.）Fr.。

常见种：鲑贝耙齿菌 *Irpex consors* Berk.；黄囊耙齿菌 *Irpex flavus* Klotzsch.（图 11-18）；白耙齿菌 *Irpex lacteus*（Fr.）Fr.。

扫一扫　看彩图

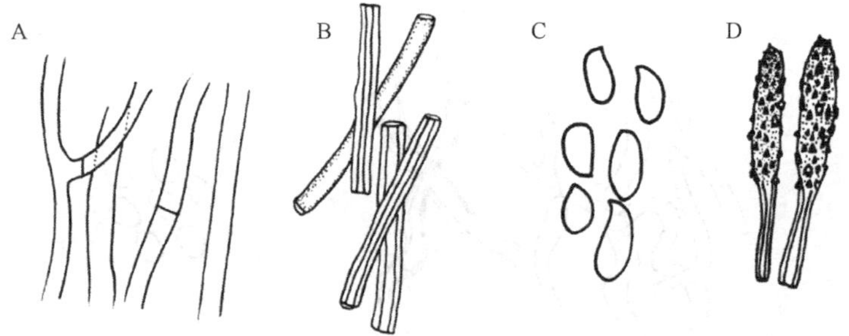

图 11-18　黄囊耙齿菌 *Irpex flavus*（引自赵继鼎，1998）

A. 生殖菌丝；B. 骨架菌丝；C. 担孢子；D. 囊状体

四、皱孔菌科 Meruliaceae P. Karst.

担子体膜质、肉质、胶革质，薄片状着生。子实层表面呈网眼状或窝孔状，盖缘有时呈毛状突起，表面粉质，幼时有黏滑感。担子棍棒状。担孢子圆筒形、卵形，壁光滑，无色。

模式属：皱孔菌属 *Merulius* Fr.。

（1）树花菌属 *Grifola* S. F. Gray

担子体一年生，有柄，柄单一或分枝。菌盖多扇形，形成一层覆瓦状菌盖，表面灰白色到淡褐色，有绒毛到光滑。菌肉白色，菌管下沿。孔面与菌肉同色。管口略圆形，较大。菌丝系统二型。担孢子卵圆形到椭圆形，透明、平滑。生于阔叶树树干或木桩周围地上。木材白色腐朽。

模式种：*Grifola frondosa*（Dicks.）S. F. Gray。

常见种：灰树花菌 *Grifola frondosa*（Dicks.）S. F. Gray（图 11-19）。

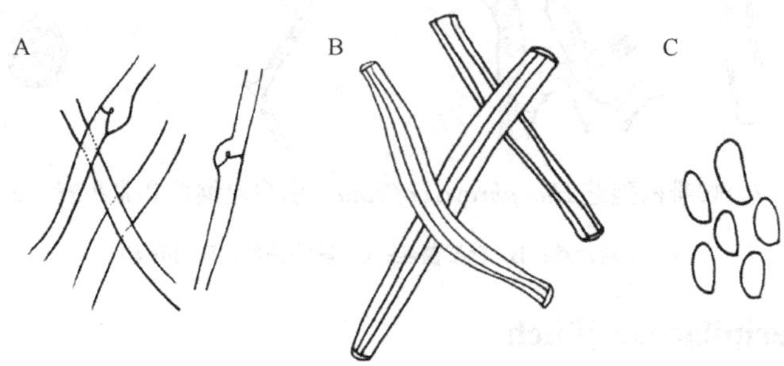

图 11-19　灰树花菌 *Grifola frondosa*（引自赵继鼎，1998）

A. 生殖菌丝；B. 骨架菌丝；C. 担孢子

（2）亚灰树花菌属 *Meripilus* P. Karst.

担子体一年生，大型，新鲜时肉质，干后硬而脆。菌盖半圆形、扇形或匙形，具短柄或基部处形成覆瓦状，表面褐色，具放射状条纹，光滑，有同心环带。菌肉白色。菌管与菌肉同色。孔面白色，新鲜时伤之或干时变暗；管口完整而小。菌丝系统单型。担孢子宽椭圆形到近球形，透明、平滑。生于阔叶树木材上，导致木材白色腐朽。

模式种：*Meripilus giganteus*（Pers.）P. Karst.。

常见种：大型亚灰树花菌 *Meripilus giganteus*（Pers.）P. Karst.（图 11-20）。

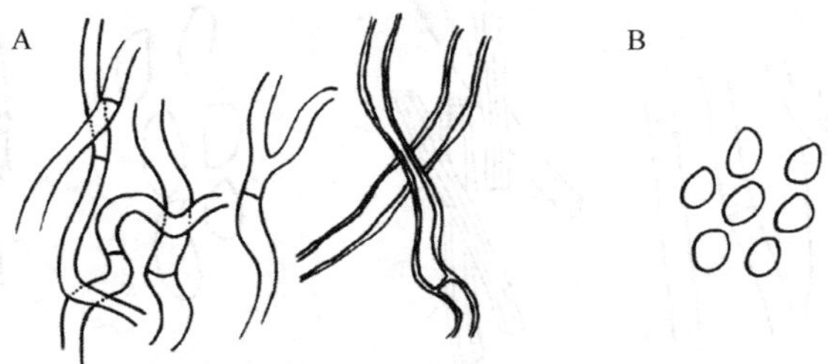

图 11-20　大型亚灰树花菌 *Meripilus giganteus*（引自赵继鼎，1998）

A. 生殖菌丝；B. 担孢子

五、酸味菌科 Oxyporaceae Zmitr. & Malysheva

担子体一年生至多年生。平伏或有菌盖。菌盖表面白色至浅黄色，有绒毛，常有绿藻和苔藓植物覆盖。菌肉与盖同色，纤维质至木质。菌管多单层，少多层。菌管间有齿肉相间，孔口呈破裂状孔或刺状突起，管口不规则。单型菌丝系统。担孢子椭圆形或球形，透明，平滑。多具囊状体，棒状，顶端加粗，晶体有或无。

模式属：*Oxyporus*（Bourdot & Galzin）Donk。

酸味菌属 *Oxyporus*（Bourdot & Galzin）Donk

担子体一年生到多年生，平伏到有菌盖，纤维质到木质。菌盖表面白色到浅黄色，有绒毛，常有苔藓或绿色藻覆盖。菌肉与菌盖同色。菌管单层或多层，管层间有薄菌肉相间。孔面与菌肉同色；管口略圆形到不规则形，大小不等。菌丝系统单型。担孢子椭圆形到近球形，透明，平滑。多数种类有囊状体，顶端被结晶。生于阔、针叶树上。木材白色腐朽。

模式种：*Oxyporus populinus*（Schum.）Donk。

常见种：树皮酸味菌 *Oxyporus corticola*（Fr.）Ryvaerden（图 11-21）；宽边酸味菌 *Oxyporus latemarginatus*（Dur. & Mont.）Donk；中国酸味菌 *Oxyporus sinensis* X.L. Zeng。

扫一扫　看彩图

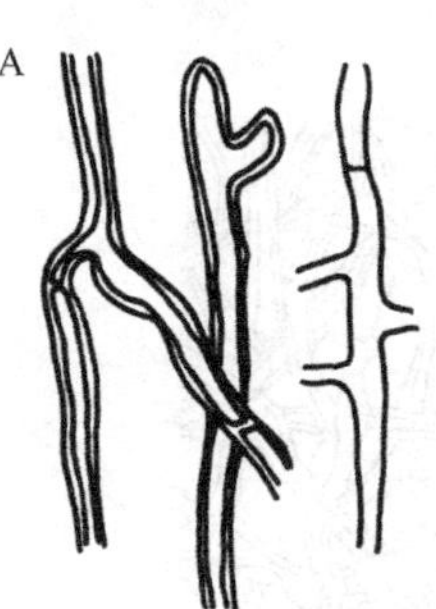

图 11-21　树皮酸味菌 *Oxyporus corticola*（引自赵继鼎，1998）

A. 生殖菌丝；B. 担孢子；C. 囊状体

六、多孔菌科 Polyporaceae Corda

担子体平伏状或盖状，半背着生或平展反卷；子实层体为菌孔状、菌褶状或光滑；菌盖漏斗状、中部具突起、贝壳状或平展，表面干，常具绒毛，边缘内卷。菌褶脉纹状或正常状态，窄，薄，常割裂，延生。有菌柄或菌柄退化或无菌柄，中生或偏生，韧，纤维状。有或无菌幕。菌肉韧；味道不明显或苦。气味甜或不明显。孢子印近白色。孢子透明，圆柱状，壁薄，非淀粉质，光滑，无芽孔。囊状体有或无，若有，则为非淀粉质或类糊精质的被结晶囊状体。具有锁状联合。菌丝系统为二型或三型。子实层菌髓规则或不规则。腐生型，形成白腐，生于树干、树桩、木材、树枝或火烧地上。

（1）褶孔菌属 *Lenzites* Fr.

担子体一年生，无柄，近革质。菌盖半圆形、近扇形或其他形状，表面光滑到有硬毛，常具不清楚的环带，干后呈白色到淡灰色。菌肉白色到淡黄色，韧。担子体迷宫状到褶状或孔状。孔面与菌肉同色。菌丝系统三型。担孢子圆柱形，透明、薄壁、平滑。生于死阔叶树木材上。木材白色腐朽。世界广布属。

模式种：*Lenzites betulina*（L.）Fr.。

扫一扫　看彩图

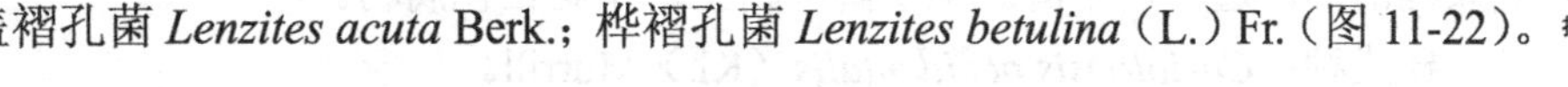
常见种：灰盖褶孔菌 *Lenzites acuta* Berk.；桦褶孔菌 *Lenzites betulina*（L.）Fr.（图 11-22）。

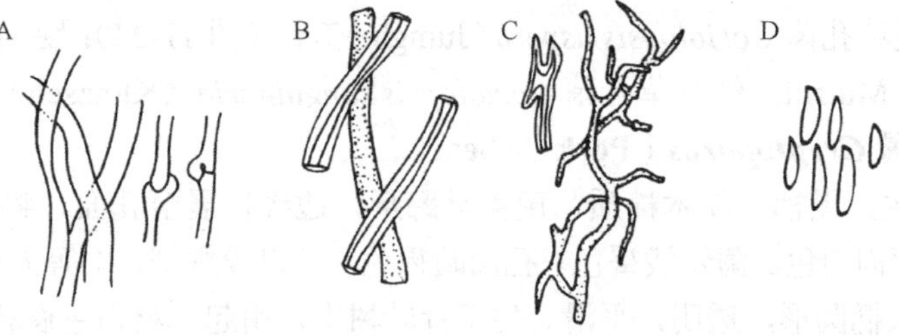

图 11-22　桦褶孔菌 *Lenzites betulina*（引自赵继鼎，1998）

A. 生殖菌丝；B. 骨架菌丝；C. 联络菌丝；D. 担孢子

（2）多孢孔菌属 *Abundisporus* Ryvarden

担子体多年生，平伏至菌盖；菌盖表面浅褐色至黑褐色；孔口表面奶油色、浅褐色至黑褐色；菌丝系统二型；生殖菌丝具锁状联合；骨架菌丝占多数，浅褐色。担孢子椭圆形，浅黄色，略厚壁、光滑、非淀粉质。生于阔叶树和针叶树上，引起木材白色腐朽。

模式种：*Abundisporus fuscopurpureus*（Pers.）Ryvarden。

常见种：紫褐多孢孔菌 *Abundisporus fuscopurpureus*（Pers.）Ryvarden（图 11-23）。

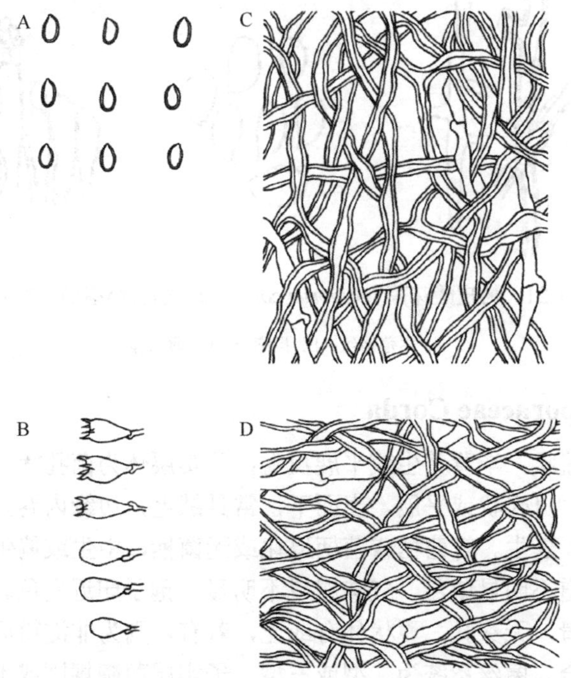

图 11-23 紫褐多孢孔菌 *Abundisporus fuscopurpureus*（引自 Zhao et al.，2015）

A. 担孢子；B. 担子和拟担子；C. 菌髓菌丝；D. 菌肉菌丝

（3）革孔菌属 *Coriolopsis* Murrill

担子体一年生到多年生，无柄，稀平伏。菌盖半圆形或其他形状，表面有绒毛到硬毛，稀光滑，有或无环带，淡黄色到茶褐色，菌肉土黄色至浅茶褐色，菌管和孔面与菌肉颜色相似。管口略圆形，完整，小到中等大小。菌丝系统三型，稀二型。担孢子圆柱形或近圆柱形到长椭圆形，透明，平滑。生于阔叶树上。木材白色腐朽。

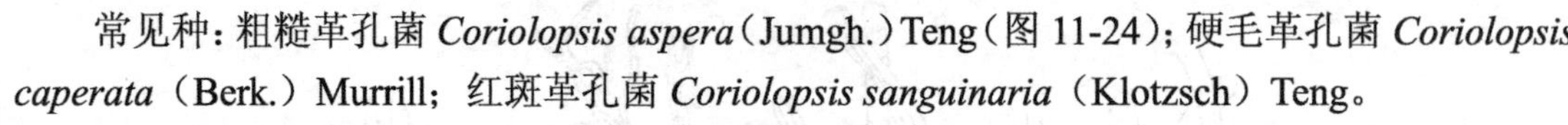

模式种：*Coriolopsis occidentalis*（Kl.）Murrill。

常见种：粗糙革孔菌 *Coriolopsis aspera*（Jumgh.）Teng（图 11-24）；硬毛革孔菌 *Coriolopsis caperata*（Berk.）Murrill；红斑革孔菌 *Coriolopsis sanguinaria*（Klotzsch）Teng。

（4）隐孔菌属 *Cryptoporus*（Peck）Shear

担子体一年生，无柄，软木栓质。菌盖马蹄形，边缘扩展至孔面，将孔面包起，仅在基部有一小开口。菌肉白色。菌管浅褐色。孔面暗褐色。管口较规则，中等大小。菌丝系统三型。担孢子圆柱形到长椭圆形，透明，平滑。生于针叶树上，引起木材白色腐朽。

模式种：*Cryptoporus volvatus*（Peck）Shear。

常见种：隐孔菌 *Cryptoporus volvatus*（Peck）Shear（图 11-25）。

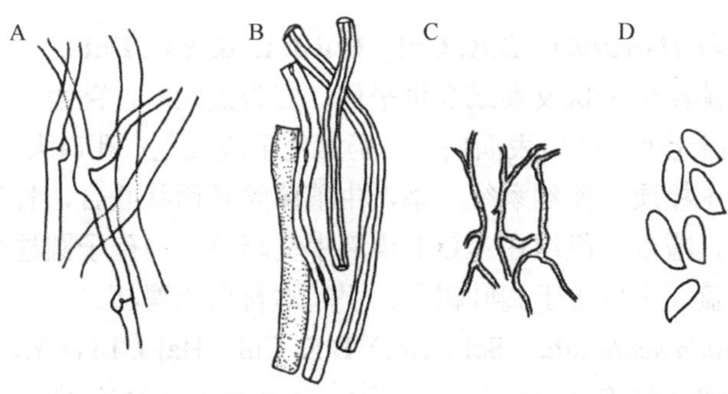

图 11-24　粗糙革孔菌 *Coriolopsis aspera*（引自赵继鼎，1998）

A. 生殖菌丝；B. 骨架菌丝；C. 联络菌丝；D. 担孢子

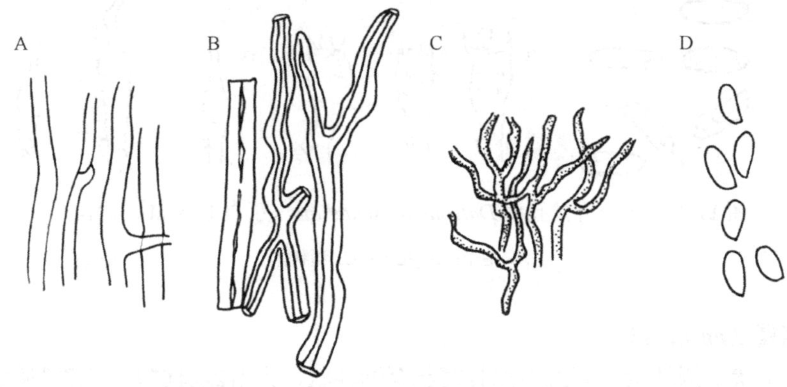

图 11-25　隐孔菌 *Cryptoporus volvatus*（引自赵继鼎，1998）

A. 生殖菌丝；B. 骨架菌丝；C. 联络菌丝；D. 担孢子

（5）拟迷孔菌属 *Daedaleopsis* J. Schröt.

担子体一年生，无柄到平展至反卷，韧纤维质。菌盖半圆形或其他形状。表面近白色、淡褐色到紫褐色，有环带，初期有绒毛，后变光滑，有同色环纹。菌肉近白色到淡褐色。菌管和孔面与菌肉同色或较暗。管口略圆形、迷宫状、齿状到近褶状。菌丝系统三型。树枝状菌丝存在。担孢子圆柱形，有时稍弯曲，透明，平滑。生于死阔叶树上，稀生于针叶树上，引起木材白色腐朽。

模式种：*Daedaleopsis confragosa*（Bolt.）J. Schröt.。

常见种：裂拟迷孔菌 *Daedaleopsis confragosa*（Bolt.）J. Schröt.（图 11-26）

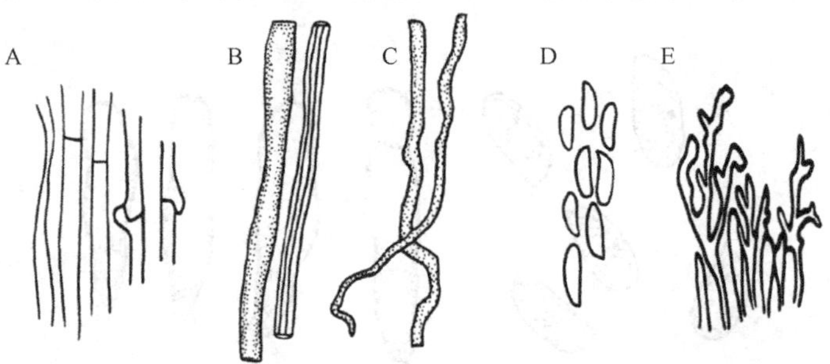

图 11-26　裂拟迷孔菌 *Daedaleopsis confragosa*（引自赵继鼎，1998）

A. 生殖菌丝；B. 骨架菌丝；C. 联络菌丝；D. 担孢子；E. 树枝状菌丝

（6）小异薄孔菌属 *Datroniella* B.K. Cui，Hai J. Li & Y.C. Dai

担子体一年生，菌盖至平伏反卷或少量平伏，若为盖状时，菌盖长度小于 3cm。菌盖表面浅褐色至褐色，光滑无毛。孔口表面白色，奶油色至浅褐色；孔口大至小，圆形至多角形。菌肉浅褐色至褐色，木栓质。菌丝系统二型，生殖菌丝具锁状联合，骨架菌丝占多数，浅褐色至褐色，非淀粉质，嗜蓝，组织在 KOH 溶液中变暗色。担孢子圆柱形，无色、薄壁、光滑、非淀粉质、非嗜蓝。主要生于阔叶树上，引起木材白色腐朽。

扫一扫　看彩图

模式种：*Datroniella scutellata*（Schwein.）B.K. Cui，Hai J. Li & Y.C. Dai。

常见种：盘小异薄孔菌 *Datroniella scutellata*（Schwein.）B.K. Cui，Hai J. Li & Y.C. Dai（图 11-27）；黑盖小异薄孔菌 *Datroniella melanocarpa* B.K. Cui，Hai J. Li & Y.C. Dai。

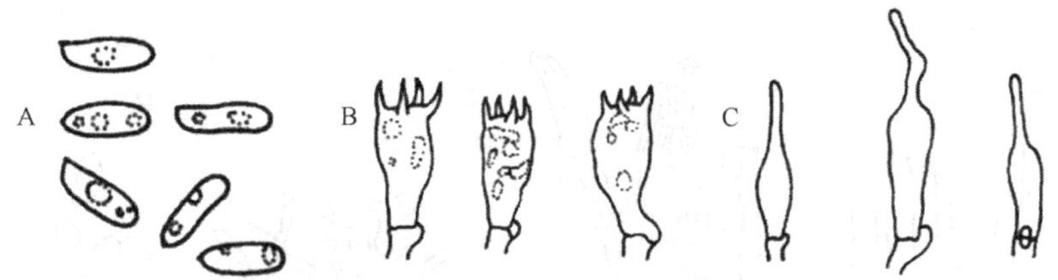

图 11-27　盘小异薄孔菌 *Datroniella scutellata*（引自 Li et al.，2014）

A. 孢子；B. 担子；C. 囊状体

（7）香菇属 *Lentinus* Fr.

担子体杯伞状至侧耳状。菌盖中部具突起至漏斗状，光滑或具鳞片。菌褶延生，边缘锯齿状，白色至浅黄色。菌柄发育良好至无菌柄，中生至偏生，光滑或具鳞片，有或无易脱落的菌幕。菌肉韧革质，近白色。气味不明显或具有八角气味。孢子印白色。孢子圆柱形至椭圆形，透明，非淀粉质。担子 4 孢。有或无缘囊体。具有锁状联合。菌丝系统二型；菌丝壁薄，窄，具有锁状联合；联络菌丝壁厚，透明。菌丝束存在，由簇生的浓密聚合生殖菌丝构成，突出于子实层。腐生型，形成白腐，生长于柳属 *Salix* 和杨属 *Populus* 的树干和树枝上。

模式种：*Lentinus crinitus*（L.）Fr.。

扫一扫　看彩图

常见种：虎皮香菇 *Lentinus tigrinus*（Bull.）Fr.（图 11-28）；细鳞香菇 *Lentinus squarrosulus* Mont.。

（8）新异薄孔菌属 *Neodatronia* B.K. Cui，Hai J. Li & Y.C. Dai

担子体一年生，平伏。孔口表面白色、奶油色至浅褐色；孔口小，圆形至多角形。菌肉浅褐色至黄褐色，木栓质。菌丝系统二型，生殖菌丝具锁状联合，骨架菌丝占多数，浅褐色

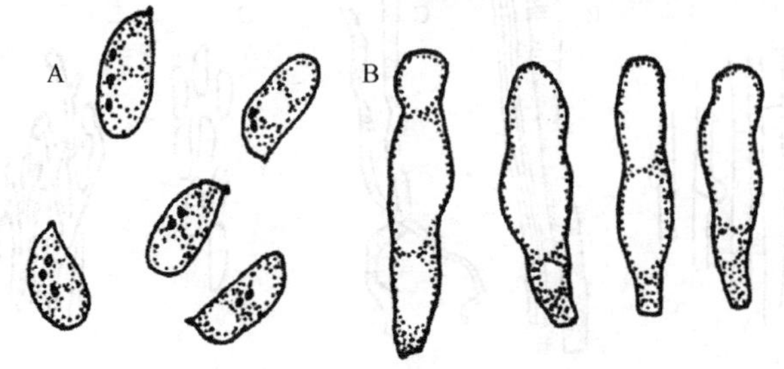

图 11-28　虎皮香菇 *Lentinus tigrinus*（引自图力古尔，2014）

A. 孢子；B. 缘生囊状体

至褐色，非淀粉质，嗜蓝，组织在 KOH 溶液中变暗色。子实层具树状生殖菌丝。担孢子圆柱形，无色、薄壁、光滑、非淀粉质、非嗜蓝。主要生于阔叶树上。木材白色腐朽。

模式种：*Neodatronia sinensis* B.K. Cui，Hai J. Li & Y.C. Dai。

常见种：中国新异薄孔菌 *Neodatronia sinensis* B.K. Cui，Hai J. Li & Y.C. Dai（图 11-29）。

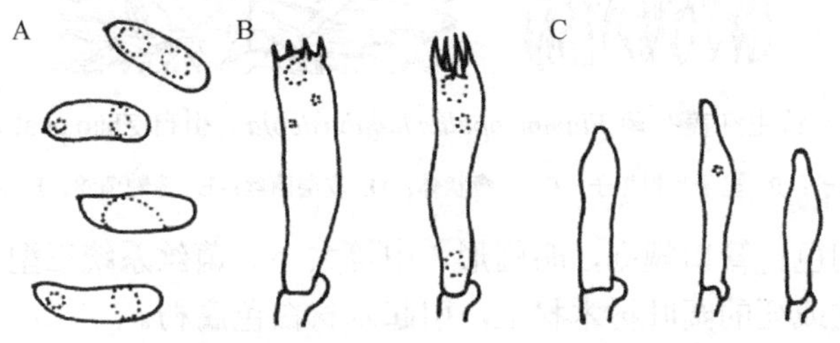

图 11-29　中国新异薄孔菌 *Neodatronia sinensis*（引自 Li et al.，2014）

A. 担孢子；B. 担子；C. 拟囊状体

（9）新香菇属 *Neolentinus* Redhead & Ginns

担子体口蘑状，质地为木质。菌盖革质至木质，光滑或具鳞片，近白色至赭色或褐色。菌褶弯生至延生，边缘锯齿状，革质至木质。菌柄中生至稍偏生，比菌盖直径更短或更长，光滑或具鳞片。具有芳香气味或气味不明显。孢子印白色。孢子椭圆形至圆柱形，4 孢子。无囊状体。具锁状联合。菌丝系统为二型。腐生于阔叶树和针叶树树干上及暴露在阳光下的木材上。

模式种：*Neolentinus kauffmanii*（A.H. Sm.）Redhead & Ginns。

常见种：洁丽新香菇 *Neolentinus lepideus*（Fr.）Redhead & Ginns（图 11-30）。

扫一扫　看彩图

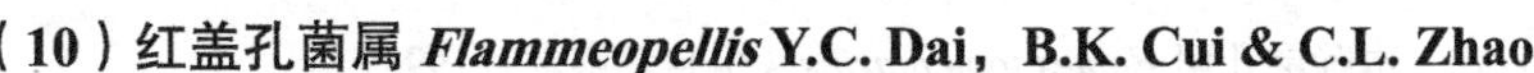

（10）红盖孔菌属 *Flammeopellis* Y.C. Dai，B.K. Cui & C.L. Zhao

担子体一年生，柄状；菌盖表面具红色皮壳；菌丝系统二型。担孢子椭圆形，无色至浅黄色、厚壁、光滑，在 Melzer 试剂中具弱拟糊精反应和在棉蓝试剂中具嗜蓝反应。生于竹子上。

模式种：*Flammeopellis bambusicola* Y.C. Dai，B.K. Cui & C.L. Zhao。

常见种：竹生红盖孔菌 *Flammeopellis bambusicola* Y.C. Dai，B.K. Cui & C.L. Zhao（图 11-31）。

图 11-30　洁丽新香菇 *Neolentinus lepideus* 孢子

（11）层孔菌属 *Fomes*（Fr.）Fr.

担子体多年生，无柄，木质。菌盖马蹄形，表面灰色、灰褐色到黑色，具硬而平滑的皮壳。菌肉淡褐色到褐色。菌管与菌肉同色，

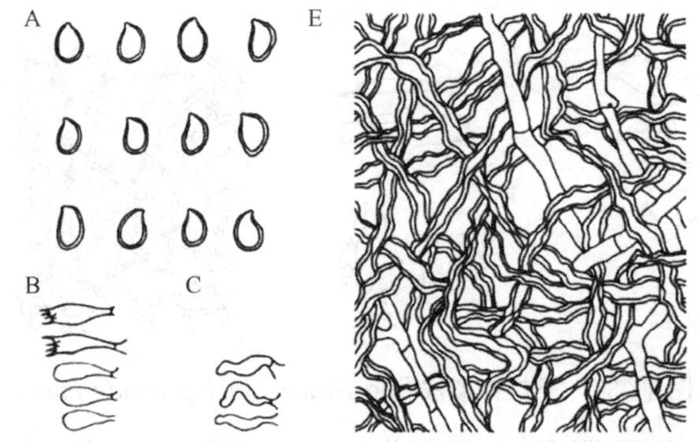

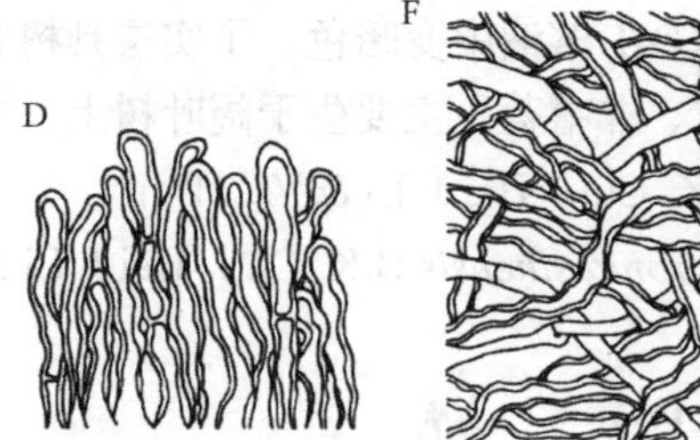

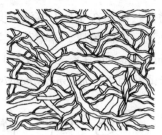

图 11-31　竹生红盖孔菌 *Flammeopellis bambusicola*（引自 Zhao et al.，2014）

A. 担孢子；B. 担子和拟担子；C. 拟囊状体；D. 皮层菌丝；E. 菌髓菌丝；F. 菌肉菌丝

成层。孔面与菌管同色；管口规则，略圆形，中等大小。菌丝系统三型。担孢子圆柱形，透明、平滑。生于活的或死的阔叶树木材上，引起木材白色腐朽。

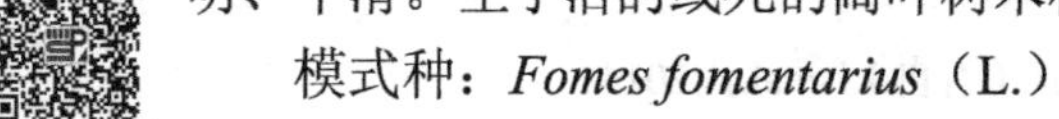

模式种：*Fomes fomentarius*（L.）Fr.。

常见种：木蹄层孔菌 *Fomes fomentarius*（L.）Fr.（图 11-32）。

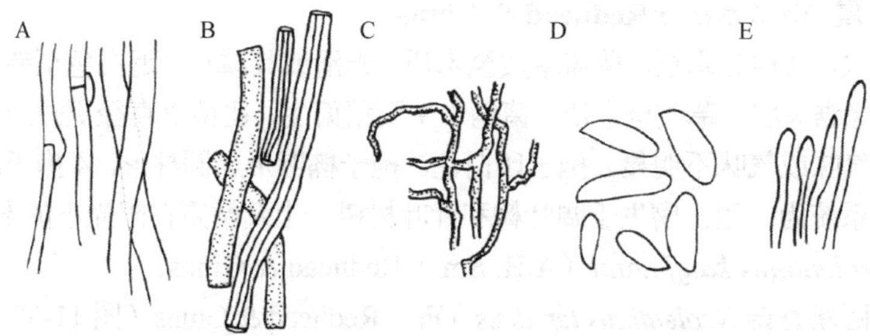

图 11-32　木蹄层孔菌 *Fomes fomentarius*（引自赵继鼎，1998）

A. 生殖菌丝；B. 骨架菌丝；C. 缠绕菌丝；D. 担孢子；E. 小囊状体

（12）拟浅孔菌属 *Grammothelopsis* Jülich

担子体一年生，平伏；孔口表面白色至奶油色；菌丝系统二型；生殖菌丝具锁状联合；骨架菌丝占多数，在 Melzer 试剂中具强烈的拟糊精反应，在棉蓝试剂中具嗜蓝反应。担孢子椭圆形至长椭圆形，无色、厚壁、光滑，在 Melzer 试剂中具拟糊精反应和嗜蓝。生于阔叶树上。

模式种：*Grammothelopsis macrospora*（Ryvarden）Jülich。

常见种：亚热带拟浅孔菌 *Grammothelopsis subtropica* B.K. Cui & C.L. Zhao（图 11-33），亚洲拟浅孔菌 *Grammothelopsis asiatica* Y.C. Dai & B. K. Cai。

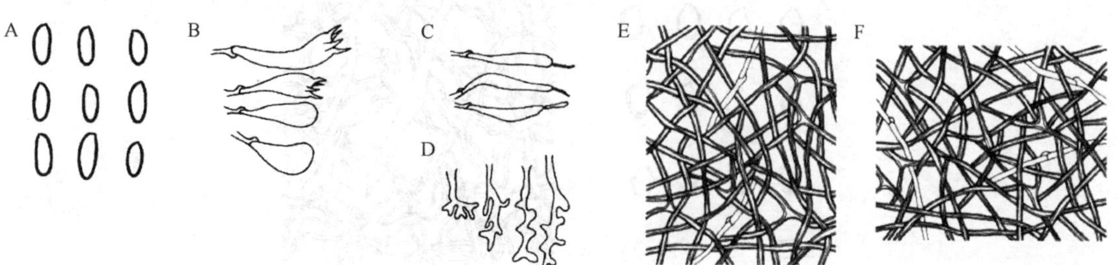

图 11-33　亚热带拟浅孔菌 *Grammothelopsis subtropica*

A. 担孢子；B. 担子和拟担子；C. 拟囊状体；D. 树状生殖菌丝；E. 菌髓菌丝；F. 菌肉菌丝

（13）蜂窝菌属 *Hexagonia* Fr.

担子体一年生至多年生，无柄，近革质、木栓质到木质。菌盖半圆形或其他形状，表面污褐色到黑色，有绒毛或具长而黑的稠密分叉粗毛。菌肉通常薄，暗褐色。孔面灰白色、淡褐色到深褐色；管口六角形、蜂窝状，大多数较大。菌丝系统三型；生殖菌丝具锁状联合，透明，薄壁；骨架菌丝和缠绕菌丝厚壁到几乎实心，无色到微带淡黄色。两种菌丝的末段常进入子实层，形成不整齐子实层。囊状体缺乏。担孢子圆柱形，透明、薄壁，平滑，一般较大。生于阔叶树上。泛热带属。导致木材白色腐朽。

模式种：*Hexagonia hirta*（P. Beauv.）Fr.。

常见种：毛蜂窝菌 *Hexagonia apiaria* Pers.: Fr.; 龟背蜂窝菌 *Hexagonia bipindiensis* P. Henn（图 11-34）。

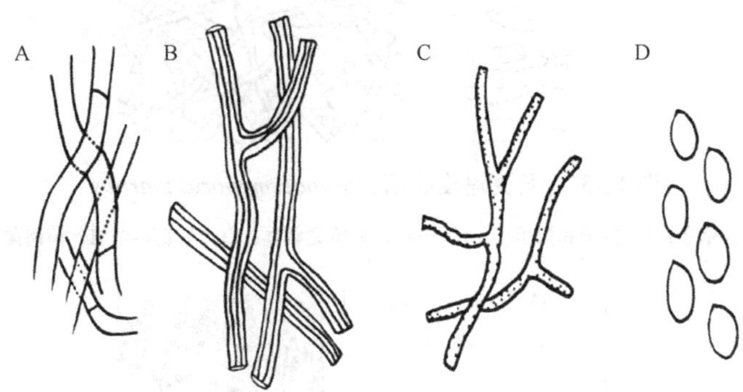

图 11-34　龟背蜂窝菌 *Hexagonia bipindiensis*（引自赵继鼎，1998）

A. 生殖菌丝；B. 骨架菌丝；C. 联络菌丝；D. 担孢子

（14）厚皮孔菌属 *Hornodermoporus* Teixeira

担子体一年生至多年生，无柄盖形；菌盖表面具褐色至黑色皮壳；菌丝系统二型；生殖菌丝具锁状联合；骨架菌丝占多数，无色，厚壁具宽至窄的空腔，不分枝，交织排列，在 Melzer 试剂中具强烈的拟糊精反应，在棉蓝试剂中具嗜蓝反应。担孢子椭圆形，无色、厚壁、光滑、平截，在 Melzer 试剂中具拟糊精反应、在棉蓝试剂中具嗜蓝反应。生于阔叶树上，导致产生白色腐朽。

模式种：*Hornodermoporus martius*（Berk.）Teixeira。

常见种：角壳厚皮孔菌 *Hornodermoporus martius*（Berk.）Teixeira（图 11-35）；宽被厚皮孔菌 *Hornodermoporus latissimus*（Bers.）Decock。

（15）巨孔菌属 *Megasporia* B.K. Cui，Y.C. Dai & Hai J. Li

担子体一年生，平伏；孔口表面白色至奶油色；菌丝系统二型；生殖菌丝具锁状联合；骨架菌丝在 Melzer 试剂中具拟糊精反应和遇棉蓝试剂嗜蓝反应。担孢子较大，圆柱形至椭圆形，薄壁、光滑、非淀粉质、非嗜蓝。生于阔叶树上。

模式种：*Megasporia hexagonoides*（Speg.）B.K. Cui，Y.C. Dai & Hai J. Li。

常见种：广东巨孔菌 *Megasporia guangdongensis* B.K. Cui & Hai J. Li（图 11-36）。

（16）大孔菌属 *Megasporoporia* Ryvarden & J.E. Wright

担子体一年生，平伏；孔口表面奶油色至浅黄色；菌丝系统二型；生殖菌丝具锁状联合；骨架菌丝在 Melzer 试剂中具强烈的拟糊精反应，在棉蓝试剂中具嗜蓝反应；子实层具大的结

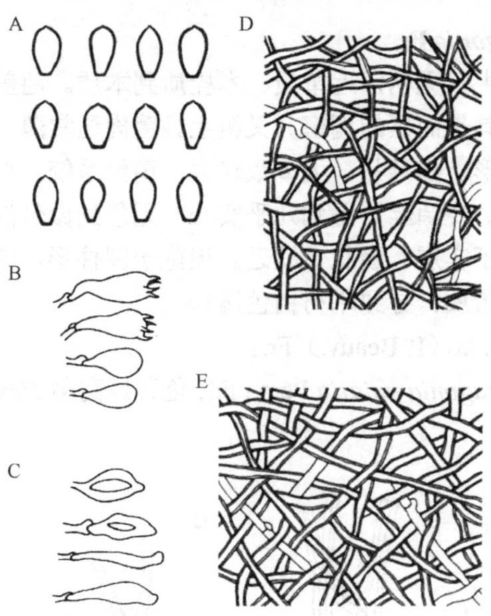

图 11-35　角壳厚皮孔菌 *Hornodermoporus martius*

A. 担孢子；B. 担子和拟担子；C. 囊状体和拟囊状体；D. 菌髓菌丝；E. 菌肉菌丝

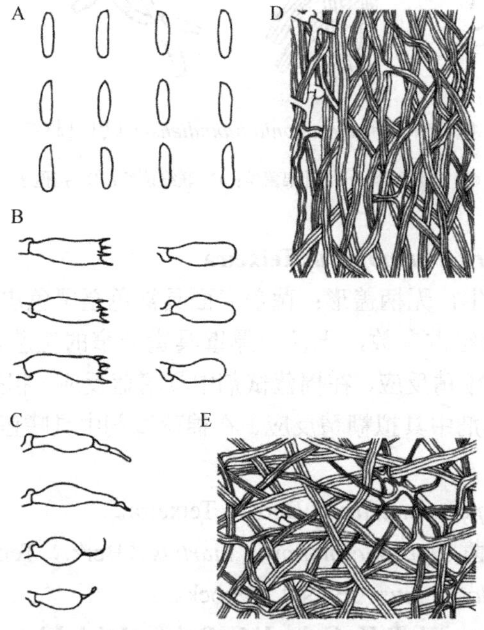

图 11-36　广东巨孔菌 *Megasporia guangdongensis*（引自 Li and Cui，2013a）

A. 担孢子；B. 担子和拟担子；C. 拟囊状体；D. 菌髓菌丝；E. 菌肉菌丝

晶。担孢子较大，圆柱形至腊肠形，薄壁、光滑、非淀粉质、非嗜蓝。生于阔叶树上，引起木材白色腐朽。

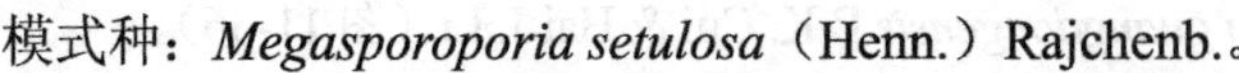

模式种：*Megasporoporia setulosa*（Henn.）Rajchenb.。

常见种：版纳大孔菌 *Megasporoporia bannaensis* B.K. Cui & Hai J. Li（图 11-37）。

（17）小大孔菌属 *Megasporoporiella* B.K. Cui，Y.C. Dai & Hai J. Li

担子体一年生，平伏；孔口表面奶油色至浅黄色至鲜黄色；菌丝系统二型；生殖菌丝具

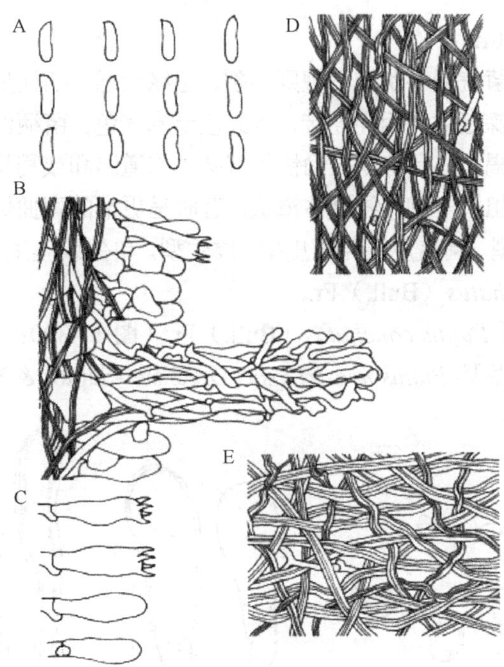

图 11-37　版纳大孔菌 *Megasporoporia bannaensis*（引自 Li and Cui，2013a）

A. 担孢子；B. 子实层截面；C. 担子和拟担子；D. 菌髓菌丝；E. 菌肉菌丝

锁状联合；骨架菌丝具强烈至略微拟糊精反应和嗜蓝反应；大部分种类具结晶。担孢子较大，圆柱形至椭圆形，薄壁、光滑、非淀粉质、非嗜蓝。生于阔叶树上，引起木材白色腐朽。

模式种：*Megasporoporiella cavernulosa*（Berk.）B.K. Cui，Y.C. Dai & Hai J. Li。

常见种：撕裂小大孔菌 *Megasporoporiella lacerata* B.K. Cui & Hai J. Li（图 11-38）；拟浅孔小大孔菌 *Megasporoporiella subcavernulosa*（Y.C. Dai & Sheng H. Wu）B.K. Cui & Hai J. Li。

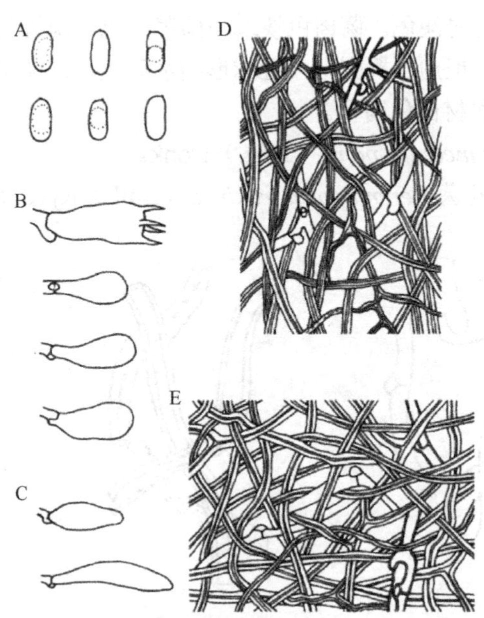

图 11-38　撕裂小大孔菌 *Megasporoporiella lacerata*（引自 Li and Cui，2013a）

A. 担孢子；B. 担子和拟担子；C. 拟囊状体；D. 菌髓菌丝；E. 菌肉菌丝

（18）革耳属 *Panus* Fr.

担子体侧耳状，韧。菌盖漏斗状或不规则浅裂，边缘内卷，初期呈浅紫丁香色，后期褪色呈木褐色至浅棕褐色；菌褶深延生，相互连接，浅红色至木褐色；菌柄偏生至侧生，基部具絮状菌丝，紫丁香色，后变浅棕褐色。具有令人愉快的气味。味道温和或稍呈酸味。孢子印白色。孢子椭圆形至圆柱状，透明。担子 4 孢。缘囊体棒状，有时呈更窄的弯曲烧瓶形。侧囊体棒状，稍弯曲，壁厚。菌丝系统为二型。菌盖皮层为表皮型。腐生型，单生或簇生于阔叶树的树桩和树枝上。

扫一扫 看彩图

模式种：*Panus conchatus*（Bull.）Fr.。

常见种：贝壳状革耳 *Panus conchatus*（Bull.）Fr.（图 11-39）；巨大革耳 *Panus giganteus*（Berk.）Corner；新粗毛革耳 *Panus neostrigosus* Drechsler-Santos & Wartchow。

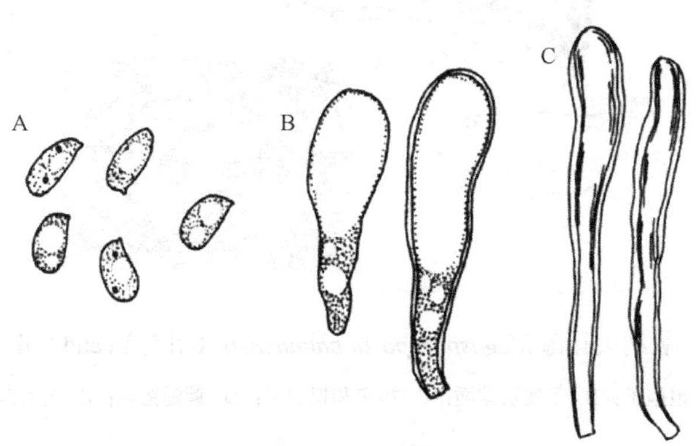

图 11-39　贝壳状革耳 *Panus conchatus*

A. 孢子；B. 缘生囊状体；C. 侧生囊状体

（19）多年卧孔菌属 *Perenniporia* Murrill

担子体大多数多年生，稀一年生，平伏到有菌盖。菌盖表面呈白色至奶油色至褐色，红褐色或紫褐色，有时黑色，有时淡色。菌肉色淡或与菌盖同色。菌管与菌肉同色。孔面淡黄色或淡黄褐色。菌丝系统二型。担孢子椭圆形，近球形到水滴状，顶端平截有或无，无色、平滑且厚壁。多生于阔叶树上。木材白色腐朽。

模式种：*Perenniporia medulla-panis*（Jacg.）Donk。

常见种：白蜡多年卧孔菌 *Perenniporia fraxinea*（Bull.）Ryvarden（图 11-40）。

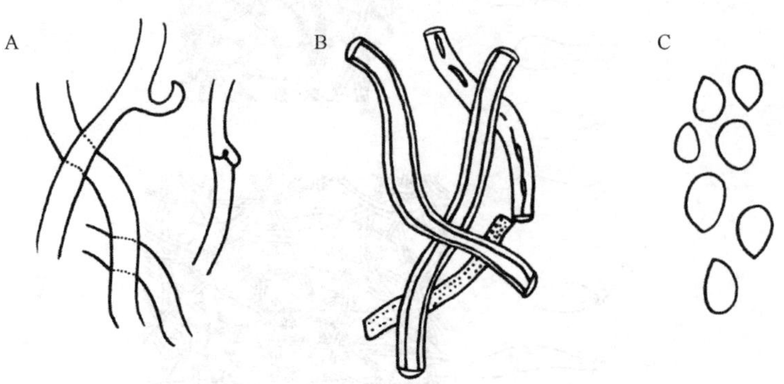

图 11-40　白蜡多年卧孔菌 *Perenniporia fraxinea*（引自赵继鼎，1998）

A. 生殖菌丝；B. 骨架菌丝；C. 担孢子

（20）多孔菌属 *Polyporus* P. Micheli &Adams.

担子体一年生，有中生至侧生柄，新鲜时韧，干后硬。菌盖表面平滑到有鳞片，初期有细绒毛，很快变光滑，淡色到深褐色或老后几乎成淡紫色。菌肉白色。菌管与菌肉同色。孔面白色到奶油黄色。管口完整，略圆形到多角形，小到大。菌柄光滑到具微细绒毛，淡色到深褐色或呈淡黑色，平滑到有纵皱。菌丝系统二型。担孢子圆柱形，有时稍弯曲，偶尔呈长椭圆形到椭圆形或近球形，透明、薄壁，平滑。生于阔叶树上，稀生于针叶树上。木材白色腐朽。

模式种：*Polyporus tuberaster*（Jacq. ex Pers.）Fr.。

常见种：奇异多孔菌 *Polyporus admirabilis* Peck（图 11-41）；漏斗多孔菌 *Polyporus arcularius*（Batsch）Fr.；褐多孔菌 *Polyporus badius*（Pers.）Schwein.；冬生多孔菌 *Polyporus brumalis*（Pers.）Fr.；桑多孔菌 *Polyporus mori*（Pollini）Fr.；宽鳞多孔菌 *Polyporus squamosus*（Huds.）Fr.。

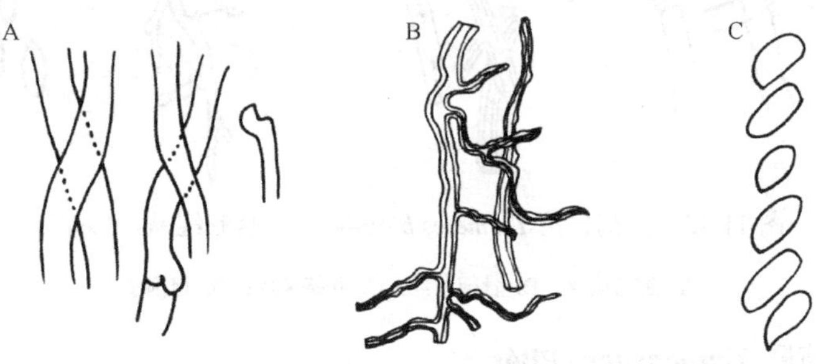

图 11-41 奇异多孔菌 *Polyporus admirabilis*（引自赵继鼎，1998）

A. 生殖菌丝；B. 骨架-联络菌丝；C. 担孢子

（21）密孔菌属 *Pycnoporus* P. Karst.

担子体一年生，无柄到平展至反卷。菌盖半圆形，橙红色至朱红色，随气候的变化而褪色。菌肉淡橙红色。菌管、孔面与菌盖和菌肉同色。管口略圆形到多角形。菌丝系统三型。担孢子圆柱形，稍弯曲，透明，平滑。生于阔叶树上。木材白色腐朽。

模式种：*Pycnoporus cinnabarinus*（Jacq.）P. Karst.。

常见种：鲜红密孔菌 *Pycnoporus cinnabarinus*（Jacq.）P. Karst.（图 11-42）；血红密孔菌 *Pycnoporus sanguineus*（L.）Murrill。

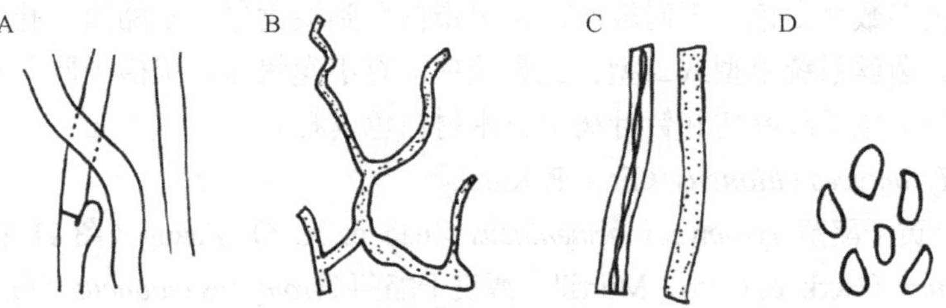

图 11-42 鲜红密孔菌 *Pycnoporus cinnabarinus*（引自赵继鼎，1998）

A. 生殖菌丝；B. 联络菌丝；C. 骨架菌丝；D. 担孢子

（22）栓孔菌 *Trametes* Fr.

担子体一年生到多年生，有菌盖，无柄。菌盖半圆形到扇形，单一或覆瓦状，柔韧到坚硬，表面光滑或有粗毛，长有环带。菌肉白色、蛋壳色至淡黄色，均质或二层。菌丝系统三型。担孢子圆柱形、长椭圆形到椭圆形，透明、薄壁、平滑。无囊状体。生于阔叶树上，稀生于针叶树上，引起木材白色腐朽。

模式种：*Trametes suaveolens*（L.）Fr.。

常见种：生褐栓菌 *Trametes biogilva*（Lloyd）Corner（图 11-43）；迷宫栓孔菌 *Trametes gibbosa*（Pers.）Fr.；毛栓孔菌 *Trametes hirsuta*（Wulfen）Lloyd；香栓孔菌 *Trametes suaveolens*（L.）Fr.；云芝栓孔菌 *Trametes versicolor*（L.）Lloyd。

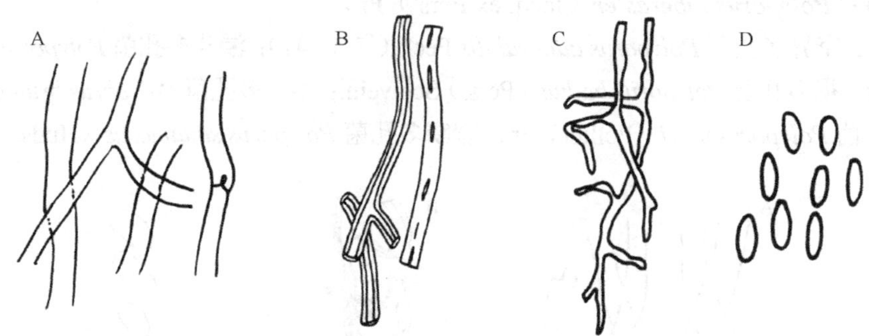

图 11-43　生褐栓菌 *Trametes biogilva*（引自赵继鼎，1998）

A. 生殖菌丝；B. 骨架菌丝；C. 联络菌丝；D. 担孢子

（23）截孢孔菌属 *Truncospora* Pilát

担子体一年生至多年生，无柄盖形；菌盖较小，孔口表面白色至赭色；菌丝系统二型。无囊状体，具拟囊状体；担子棍棒状，具 4 个担子小梗；拟担子占多数，形状与担子近似，略小。担孢子椭圆形，平截，无色、厚壁、光滑、强烈拟糊精反应、嗜蓝。生于阔叶树木材上，引起木材白色腐朽。

模式种：*Truncospora ochroleuca*（Berk.）Pilát。

常见种：大孢截孢孔菌 *Truncospora macrospora* B.K. Cui & C.L. Zhao（图 11-44）；白赭截孢孔菌 *Truncospora ochroleuca*（Berk.）Pilát；东方截孢孔菌 *Truncospora ornata* Spirin & Bukharova；俄亥俄截孢孔菌 *Truncospora ohiensis*（Berk）Pilát。

（24）干酪菌属 *Tyromyces* P. Karst.

担子体一年生，盖状，生长期短，新鲜时多汁液，干时通常硬而脆，易成粉末，常常皱缩。菌盖表面大多数呈白色，干时较暗。菌肉蛋白色到淡黄色，干酪质。孔面白色到奶油黄色，干时较暗。菌丝系统单型或二型。无囊状体，有小囊状体。担孢子腊肠形到卵圆形，无色，薄壁，平滑。生于阔叶树和针叶树上。木材白色腐朽。

模式种：*Tyromyces chioneus*（Fr.）P. Karst.。

常见种：杏黄干酪菌 *Tyromyces armeniacus* Zhao et X. Q. Zhang（图 11-45）；脆骨干酪菌 *Tyromyces cerifluus*（Berk. & Curt.）Murrill；薄皮干酪菌 *Tyromyces chioneus*（Fr.）P. Karst.。

（25）范氏孔菌属 *Vanderbylia* D.A. Reid

担子体一年生至多年生，无柄盖形；菌盖半圆形，表面具明显疣状突起，表面奶油色至浅褐色至褐色。孔口表面白色至奶油色；菌丝系统二型。无囊状体，具拟囊状体；担子棍棒状，具 4 个担子小梗；拟担子占多数，形状与担子近似，但是略小。担孢子水滴状至瓜子状，无平截，无色、厚壁、光滑、强烈拟糊精反应、嗜蓝。生于阔叶树木材上。分布广泛。引起木材白色腐朽。

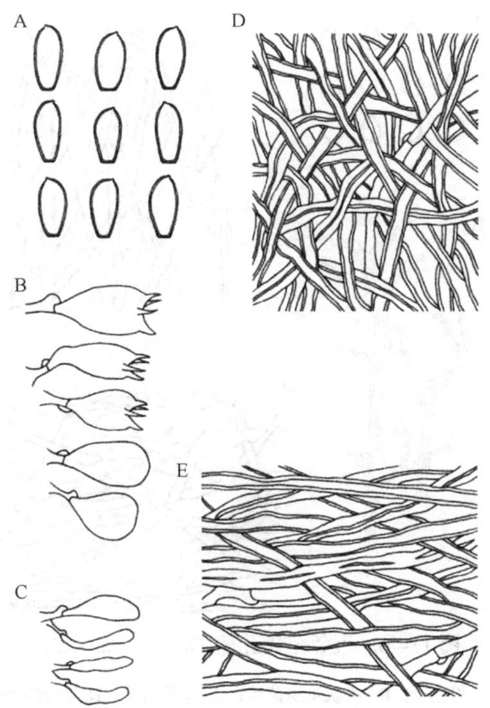

图 11-44　大孢截孢孔菌 *Truncospora macrospora*（引自 Zhao and Cui，2013）

A. 担孢子；B. 担子和拟担子；C. 拟囊状体；D. 菌髓菌丝；E. 菌肉菌丝

模式种：*Vanderbylia vicina*（Lloyd）D.A. Reid。

常见种：近邻范氏孔菌 *Vanderbylia vicina*（Lloyd）D.A. Reid（图 11-46）；刺槐范氏孔菌 *Vanderbylia robiniophila* B.K. Cui et Y. C. Dai。

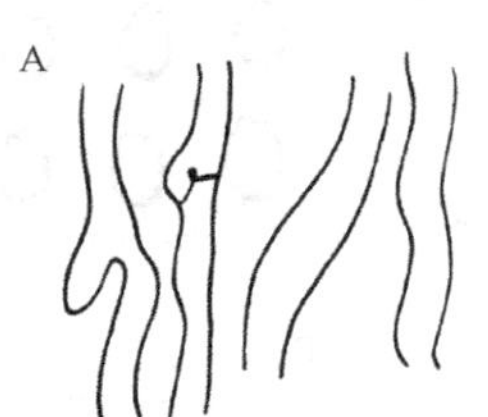

图 11-45　杏黄干酪菌 *Tyromyces armeniacus*（引自赵继鼎，1998）

A. 生殖菌丝；B. 担孢子

（26）玉成孔菌属 *Yuchengia* B.K. Cui & Steffen

担子体一年生，平伏；孔口表面奶油色至浅黄色；孔口多角形，薄壁，全缘。菌肉奶油色至浅黄色，薄；菌管颜色与孔口表面一致。菌丝系统二型。无囊状体，具拟囊状体；担子棍棒状，具 4 个担子小梗；拟担子占多数，形状与担子近似，但是略小。担孢子椭圆形，无平截，无色、厚壁、光滑、非淀粉质、非嗜蓝。生于针叶树和阔叶树木材上，引起木材白色腐朽。

模式种：*Yuchengia narymica*（Pilát）B.K. Cui，C.L. Zhao & Steffen。

常见种：纳雷姆玉成孔菌 *Yuchengia narymica*（Pilát）B.K. Cui，C.L. Zhao & K.T. Steffen（图 11-47）。

七、绣球菌科 Sparassidaceae Herter

担子体直立，分枝成波状或扁平裂片成绣球状，子实层体光滑，生于瓣片上，单型菌丝，具膨大菌丝。孢子无色光滑，非淀粉质。

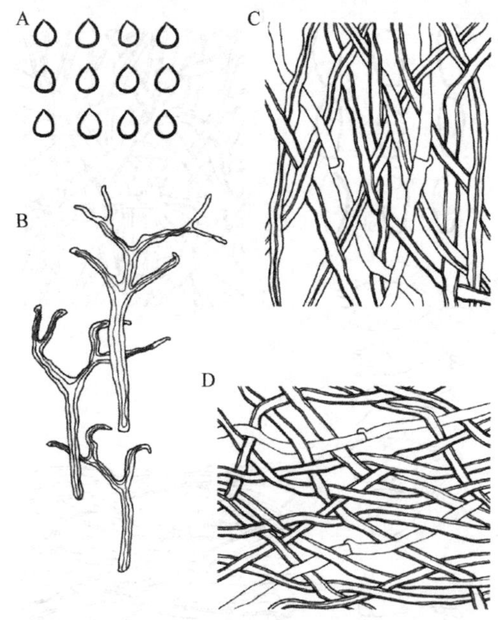

图 11-46　近邻范氏孔菌 *Vanderbylia vicina*

A. 担孢子；B. 树状生殖菌丝；C. 菌髓菌丝；D. 菌肉菌丝

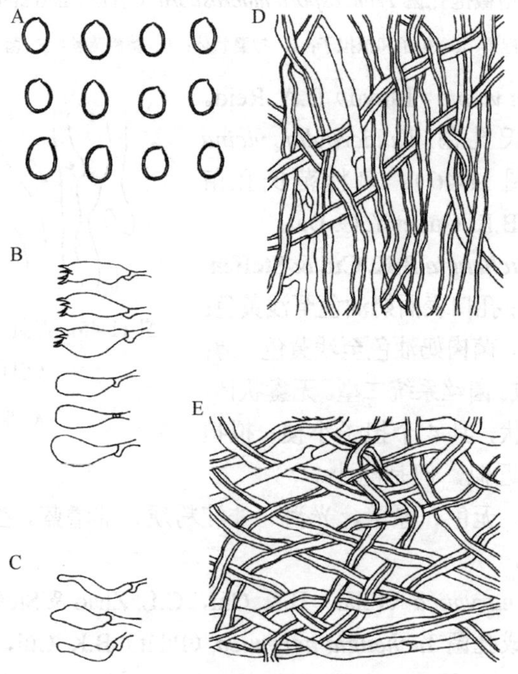

图 11-47　纳雷姆玉成孔菌 *Yuchengia narymica*（引自 Zhao et al.，2013a）

A. 担孢子；B. 担子和拟担子；C. 拟囊状体；D. 菌髓菌丝；E. 菌肉菌丝

模式属：绣球菌属 *Sparassis* Fr.。

绣球菌属 *Sparassis* Fr.

本属担子体绣球花状，一年生，具中生柄，肉质至革质，叶状或花瓣状分枝。叶片白色至乳白色，后期乳白色至浅棕白色、浅褐色，新鲜时肉革质，干后脆质，边缘波状。菌柄大部分地下生，后逐渐变细。担孢子椭圆形，无色，薄壁，光滑，通常具 1 个大的液泡，非淀粉质，不嗜蓝。夏秋季单生于针叶树基部，造成木材褐色腐朽。

常见种：广叶绣球菌 *Sparassis latifolia* Y.C. Dai & Zheng Wang；绣球菌 *Sparassis crispa*（Wulfen）Fr.（图 11-48）。

第五节　革菌目 Thelephorales Corner ex Oberw.

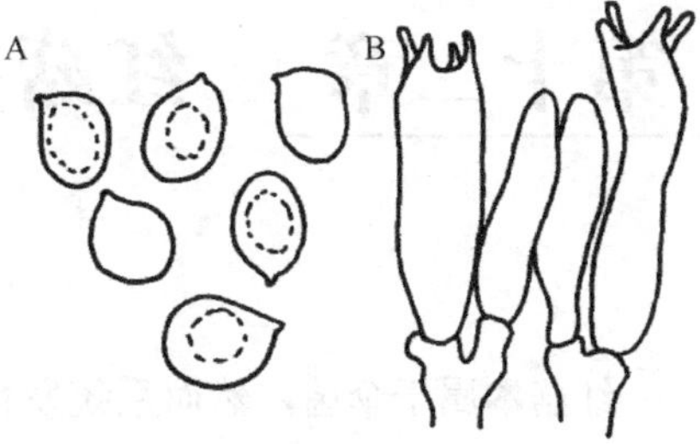

图 11-48　绣球菌 *Sparassis crispa*

A. 孢子；B. 担子

担子体为伏革菌状或齿菌状，菌肉革质、木栓质，暗色带其他颜色，菌丝单型或二型，有或无锁状联合。孢子球形至椭圆形，有小瘤或小刺，淡黄色至淡褐色。与树木共生，形成菌根。

模式科：革菌科 Thelephoraceae Chevall.。

革菌科 Thelephoraceae Chevall.

担子体平伏贴生或反卷，子实层体光滑、有疣或齿状，若担子体有柄其子实层体为齿状。菌肉不分层，呈均匀的淡色或经常为暗色，遇 KOH 溶液变成暗绿色或墨绿色。菌丝单型，罕二型，有或无锁状联合。孢子球形至椭圆形，具纹饰，有小瘤或小刺，淡黄色至淡褐色，非淀粉质，不嗜蓝。多数生地上，少数木生，引起木材腐朽。

模式属：革菌属 *Thelephora* Fr.。

革菌属 *Thelephora* Fr.

该属担子体平伏而反卷，呈檐状或有柄。菌盖半圆形、扇形、漏斗形或分裂成小瓣片。菌肉纤维状革质或海绵质，有色。子实层体光滑或稍有乳突。孢子褐色，圆柱形至近球形，具小瘤或小刺，有时有棱纹，非淀粉质。地生或木生。

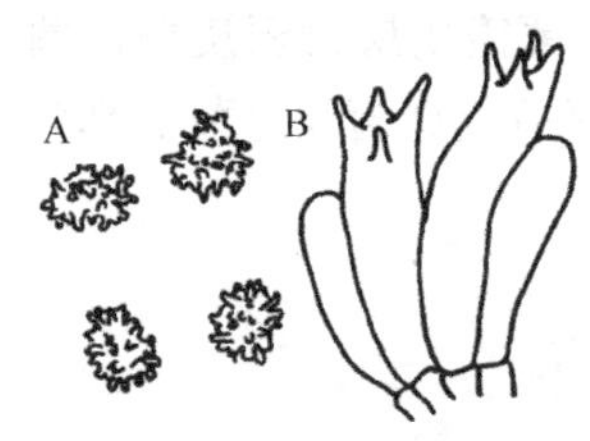

图 11-49　掌状革菌 *Thelephora palmata*

A. 担孢子；B. 担子

模式种：*Thelephora terrestris* Ehrh.。

常见种：干巴菌 *Thelephora ganbajun* M. Zang；莲座革菌 *Thelephora vialis* Schwein.；掌状革菌 *Thelephora palmata* Fr.（图 11-49）；多瓣革菌 *Thelephora multipartita* Schwein.。

12 第十二章　红菇类蕈菌

红菇本属于伞菌，然而系统发育学研究证实红菇目 Russulales 包括了很多形相远而亲相近的类群，除了红菇科 Russulaceae 以外的其他科均是“外来户”，以往的传统分类中属于多孔菌或齿菌。因此，红菇类展现出的是多彩而多样的蕈菌类群。

红菇目 Russulales P. M. Kirk，P. F. Cannon & J. C. David

担子体裸果型、半被果型或假被果型发育。担子体伞形，半背着生、平展，棒状或块菌状，有柄或无柄，一年生或多年生，一年生可生长几天至几个月。子实层体为菌褶、光滑、菌孔或针刺状。菌髓浅色、白色、黄色、橙色或粉色至褐色；质地为肉质、革质、软肉质或木质。孢子印白色、黄色或粉色。菌褶型属的孢子为宽椭圆形至近球状，其他属的为圆柱形或香肠状，透明，壁薄至厚，常具有疣状、脊状或网状纹饰，无芽孔，具有疣状脐，单核，纹饰呈淀粉质。担子 2～4 孢。有或无锁状联合。具有囊状体。菌盖皮层为表皮型，菌丝发育良好，光滑或具结痂。菌丝系统为单型、二型或三型。多数菌褶型真菌为有菌盖真菌，少数为腐生真菌，个别种为寄生型真菌。

一、地花菌科 Albatrellaceae Nuss

担子体一年生，具柄，新鲜时肉质，生于林地上；菌丝系统单型；生殖菌丝简单分隔或具锁状联合；担孢子近球形至宽椭圆形、无色、薄壁至稍厚壁、光滑。

模式属：地花菌属 *Albatrellus* S.F. Gray。

地花菌属 *Albatrellus* S.F. Gray

该属担子体一年生，有柄，肉质。菌盖近圆形或其他形状，单生或成簇，表面平滑到龟裂或有鳞片，橙黄色、土黄色、杏黄色或浅黄绿色。菌肉近白色、淡黄色或土黄色。菌管与菌肉同色。孔面淡黄色到淡黄褐色；管口略圆形到不规则形，中等大小。菌柄中生、偏生到侧生。菌丝系统单型。担孢子宽椭圆形，卵圆形到近球形，透明、平滑。生地上或埋于地下的腐木上。

模式种：*Albatrellus albidus*（Pers.）Gray。

常见种：榛色地花菌 *Albatrellus aveaneus* Pouz.；地花菌 *Albatrellus confluens*（Alb. & Schw.）Kotl. & Pouz.（图 12-1）；黄鳞地花菌 *Albatrellus ellisii*（Berk.）Pouzar。

扫一扫　看彩图

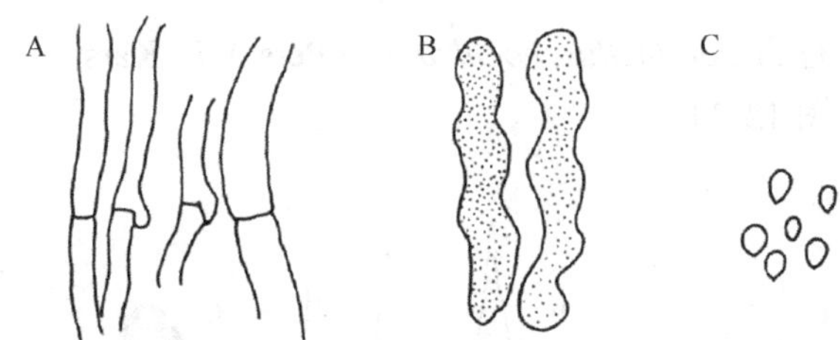

图 12-1　地花菌 *Albatrellus confluens*（引自赵继鼎，1998）

A. 生殖菌丝；B. 胶囊菌丝；C. 担孢子

二、耳匙菌科 Auriscalpiaceae Maas Geest.

担子体伞菌状，子实层体为菌褶或针刺状，有柄或无柄，坚韧的纤维质。菌盖扇形、贝壳状或漏斗状。菌褶近白色、浅灰色或浅褐色，边缘锯齿状，常为长延生。菌柄纤维质，韧，常偏生、退化或无菌柄，常具有长的沟槽或沟纹。菌肉纤维质。味道温和至辛辣。气味甜或不明显。孢子印白色。孢子近球状至宽椭圆形，透明，壁薄，光滑或具疣突，淀粉质，单核。囊状体壁薄，少数壁厚，透明至褐色，有时顶端具结痂。具有锁状联合。菌丝系统单型或二型。腐生于枯木、木材、枯枝和枯死的草本植物上，形成白腐。

（1）耳匙菌属 *Auriscalpium* Gray

担子体革质，全缘或齿裂，柄长，子实层侧生，有锥形长刺。孢子无色，稍糙。生针叶树球果上。

模式种：*Auriscalpium vulgare* Gray。

常见种：耳匙菌 *Auriscalpium vulgare* Gray。

（2）冠瑚菌属 *Clavicorona* Doty

担子体直立，扫帚形，有明显的菌柄。柄上部较粗，向下渐细，顶端环状，多次轮状分枝，小枝直立。菌丝系统单型或二型，有锁状联合。担子近棒状，具 4 小梗。有或无囊状体，有胶囊体，埋生或稍突出。孢子无色，薄壁，平滑或稍粗糙，具小刺，近球形或椭圆形，多淀粉质，罕非淀粉质或类糊精质。木生或地生。

模式种：*Clavicorona taxophila*（Thom）Doty。

常见种：紫丁香冠瑚菌 *Clavicorona mairei*（Battetta）Corner；薄冠瑚菌 *Clavicorona gracilis*（Corner）Corner。

（3）小香菇属 *Lentinellus* P. Karst.

担子体靴耳状、侧耳状或杯伞状，子实层体为锯齿状菌褶（gilled-dentate-spinose）。菌盖扇形、贝壳状、肾形、舌形或中部脐状，单生或簇生，光滑或有棱纹，光滑至具短绒毛或具粗毛，尤其向基部毛状物更多，奶油色至褐色或暗褐色，边缘内卷。菌褶直生至深延生，薄或厚，窄至宽，密至稀疏，具有明显锯齿，白色至浅褐色。菌柄有或无，若有为中生或侧生，具有纵向的不规则粗糙棱纹或沟槽，褐色。菌肉近白色，韧纤维质。无气味或具有八角气味。味道辛辣，少数味道不明显。孢子印白色。孢子宽椭圆形至近球状，表面具有小刺或疣突，纹饰呈淀粉质。多数种具有囊状体。具有胶囊体。在一些种中具有盖囊体。菌丝系统单型或二型，生殖菌丝具有锁状联合，在一些菌丝中呈类糊精质，骨干菌丝壁厚，无锁状联合，淀粉质。腐生于阔叶树和针叶树的树干或树桩上，枯枝落叶层或草本植物的枯茎上。

模式种：*Lentinellus cochleatus*（Pers.）P. Karst.。

扫一扫 看彩图

常见种：贝壳状小香菇 *Lentinellus cochleatus*（Pers.）P. Karst.；北方小香菇 *Lentinellus ursinus*（Fr.）Kühner（图 12-2）。

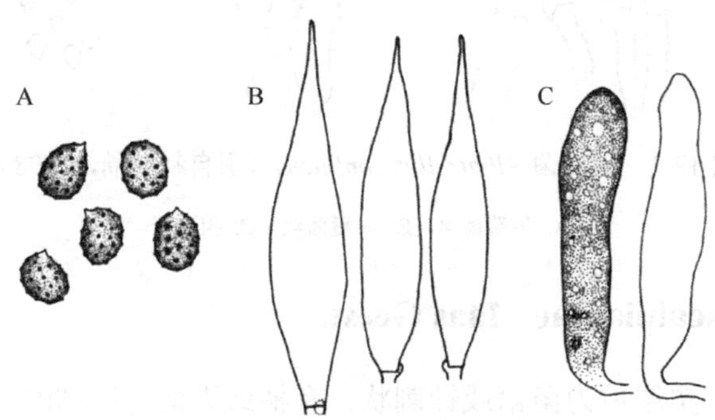

图 12-2 北方小香菇 *Lentinellus ursinus*

A. 孢子；B. 侧囊体；C. 胶囊体

三、猴头菌科 Hericiaceae Donk

担子体表面具密生的相互分离的悬垂针刺或为直立的珊瑚状多分枝，松软肉质或膜质。菌丝单型，具含油菌丝，有锁状联合，薄壁或厚壁。有胶囊体。孢子印白色。孢子无色，光滑或粗糙，具小疣，有小尖，淀粉质。腐木生。

模式属：猴头菌属 *Hericium* Pers.。

猴头菌属 *Hericium* Pers.

担子体块状或多分枝，无菌盖，肉质，白色，吸水性强。子实层体针刺状，刺发达，下垂，长锥形。单型菌丝，有锁状联合。孢子无色，光滑或有小瘤，淀粉质。木生。

扫一扫 看彩图

模式种：*Hericium coralloides*（Scop.）Pers.。

常见种：猴头菌 *Hericium erinaceus*（Bull.）Pers.（图 12-3）；珊瑚状猴头 *Hericium coralloides*（Scop.）Pers.。

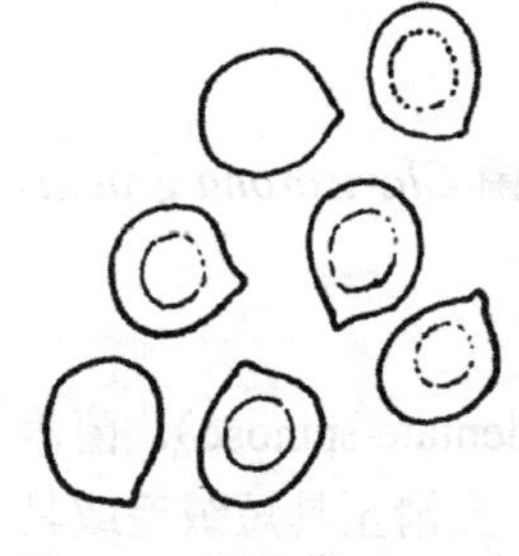

图 12-3 猴头菌 *Hericium erinaceus* 孢子

四、红菇科 Russulaceae Lotsy

担子体伞菌状或块菌状，子实层体为菌褶状或迷路状（labyrinthine）。菌盖直径 20～200mm，凸镜形至平展或呈漏斗状，光滑或具屑状物，干、具油脂或黏，颜色多样。菌褶白色至黄色或与菌盖近同色，脆，薄或厚，常较宽。菌柄中生，肉质。无菌幕、菌环和菌托；气味明显。味道温和至辛辣。孢子印白色至黄色。孢子球状至椭圆形，透明，壁厚，无芽孔，具淀粉质疣状、刺状、脊状或网状纹饰，具疣状脐，单核。缘囊体、侧囊体、盖囊体存在，壁薄或厚，光滑，油质内容物因具有硫代香草醛而变蓝，因具硫代乙醛而变黑。无锁状联合。菌丝系统为单型；菌髓菌丝异型，由球状胞和丝状菌丝构成；子实层菌髓不规则型。菌盖皮层为表皮型或黏皮型。与各种针叶树和阔叶树形成菌根。

（1）乳菇属 *Lactarius* Pers.

菌盖凸镜形至平展，中部下陷，许多种形成漏斗形，光滑，具绒毛或鳞片，干、具油脂、黏至黏滑，许多种具有明显的同心环。菌褶直生至延生。菌柄圆柱形，干，黏或黏滑，具麻点或光滑。乳汁少至多，多为白色，在一些种中乳汁暴露在外后渐变为黄色、紫丁香色、粉色或浅绿灰色，有些种乳汁为橙色或酒红色或透明。气味不明显或具有水果香气、香甜气味、辛辣气味、鱼腥味等。味道温和至苦或辛辣，乳汁的味道可能与菌肉不同。孢子印白色至奶油色或浅粉黄色。孢子球状至椭圆形，透明，具有淀粉质的疣状和脊状纹饰，纹饰可能相互连接成斑马线状或形成网眼开口或封闭的网格状。巨型囊状体具有针状、油滴或颗粒内含物，具有侧囊体和缘囊体，个别具有厚壁囊状体（lamprocystidia）。产乳菌丝存在，其末端突出于子实层，与囊状体相似，故称为假囊体。菌盖皮层为皮型或黏皮型、毛皮型或黏毛皮型、上皮型或等径胞皮型。具有锁状联合。与多种树木和灌木形成外生菌根。

模式种：*Lactarius piperatus*（L.）Pers.。

常见种：香乳菇 *Lactarius piperatus*（L.）Pers.；松乳菇 *Lactarius deliciosus*（L.）Gray（图 12-4）；黑褐乳菇 *Lactarius lignyotus* Fr.；疝疼乳菇 *Lactarius torminosus*（Schaeff.）Gray。

（2）红菇属 *Russula* Pers.

菌盖半球形至凸镜形或平展，后期中部下陷或具突起，颜色一致或常混有多种颜色，少数种呈暗白色、灰色、褐色或浅黑色；边缘光滑、具有沟槽或具瘤沟槽；表面无光泽或有光泽，干或黏，有时具粉状物；在多数种中皮层易剥落。菌褶离生至稍延生，密至稀疏，有时具分枝或相互连接或交错形成脉络，白色至黄色，脆、少数具弹性，罕见粉色光泽或变黑，后期渐变为褐色斑点或变黄。菌柄圆柱形、棒状或渐细，实心至中空，多数种呈白色，少数呈红色、粉色、酒红色、紫丁香色或紫色，有些种渐变为黄色、褐色、红色或黑色；表面具有干酪质淀粉粒。味道温和至辛辣，少数苦或呈油脂味道。气味不明显或具有臭味、水果香味。孢子印白色至近白色、浅奶油色至深奶油色、浅赭色至深赭色或浅黄色至橙黄色。

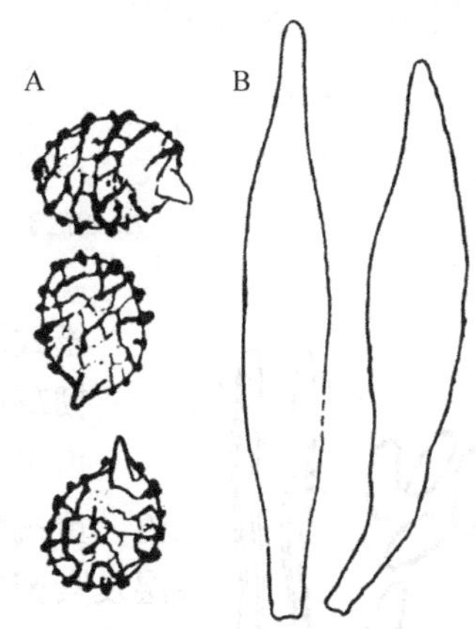

图 12-4　松乳菇 *Lactarius deliciosus*

A. 孢子；B. 侧生囊状体

孢子近球状，少数呈椭圆形，具有淀粉质纹饰，纹饰多样，从疣突至脊状，从无连接或有少数连接至呈网格状。菌盖皮层由无差别的菌丝构成，少数种菌丝顶端细胞渐变细。菌肉有异型或同型菌丝构成。无锁状联合。所有的种均为外生菌根菌。

扫一扫　看彩图

模式种：*Russula emetica*（Schaeff.）Pers.。

常见种：铜绿红菇 *Russula aeruginea* Lindbl.（图 12-5）；黄斑红菇 *Russula aurea* Pers.；花盖红菇 *Russula cyanoxantha*（Schaeff.）Fr.；美味红菇 *Russula delica* Fr.；毒红菇 *Russula emetica*（Schaeff.）Pers.；臭红菇 *Russula foetens* Pers.；灰肉红菇 *Russula griseocarnosa* X.H. Wang et al.；黑红菇 *Russula nigricans* Fr.；变绿红菇 *Russula virescens*（Schaeff.）Fr.。

五、韧革菌科 Stereaceae Pilát

担子体平伏贴生或平伏反卷，扇形、贝壳状、半圆形，少完全平伏，通常具有子实层、中间层和较紧密的边缘带，革质、软木质或纸状膜质。子实层体光滑或具细皱纹、小瘤，或具间断而不定形的齿状突起，或为浅孔状。二型菌丝具骨架菌丝，罕三型菌丝，生殖菌丝有或无锁状联合。无刚毛。有或无囊状体或胶囊体，有或无结晶。孢子光滑，无色，薄壁，淀粉质或非淀粉质。木生。

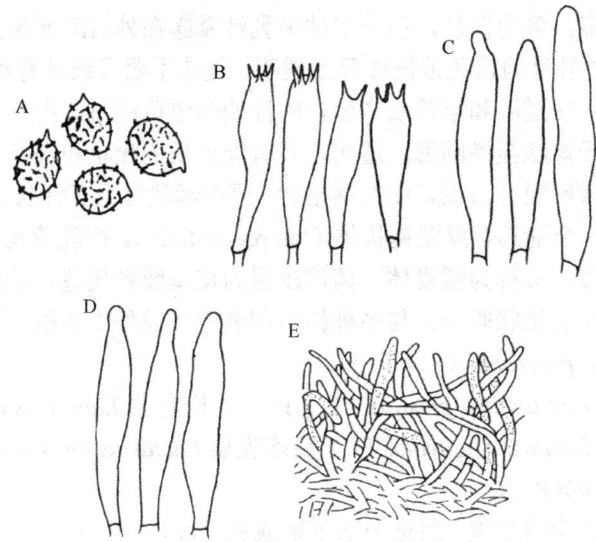

图 12-5 铜绿红菇 *Russula aeruginea*

A. 担孢子；B. 担子；C. 侧生囊状体；D. 缘生囊状体；E. 菌盖表皮

模式属：韧革菌属 *Stereum* Hill ex Pers.。

韧革菌属 *Stereum* Hill ex Pers.

担子体半圆形或平伏而反卷成檐状，革质，灰白色、淡黄色、土黄色、黄褐色至暗褐色，表面被绒毛，常有环带纹，通常有子实层、中间层及紧密的边缘带。子实层体光滑。无刚毛体。单型或具骨架菌丝的二型菌丝系统，生殖菌丝有或无锁状联合。无囊状体，在极少数种类中骨架菌丝顶端膨大，成为厚壁的刚毛样菌丝。棘状侧丝散生或缺。孢子光滑，无色，淀粉质。木生。

模式种：*Stereum hirsutum*（Willd.）Pers.。

常见种：毛韧革菌 *Stereum hirsutum*（Willd.）Pers.（图 12-6）；轮纹韧革菌 *Stereum ostrea*（Blume & T. Nees）Fr.；亚绒韧革菌 *Stereum subtomentosum* Pouzar。

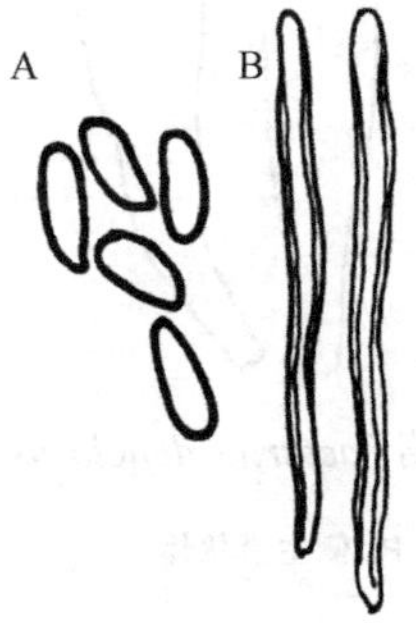

扫一扫 看彩图

图 12-6 毛韧革菌 *Stereum hirsutum*

A. 孢子；B. 囊状体

参 考 文 献

阿历索保罗 CJ，明斯 CW. 1979. 真菌学概论[M]. 北京：农业出版社.

白淑兰，刘勇，周晶，等. 2006. 大青山外生菌根真菌资源与生态研究[J]. 生态学报，26（3）：837-841.

毕志树，李泰辉，章卫民，等. 1997. 海南伞菌初志[M]. 广州：广东高等教育出版社：1-388.

毕志树，李泰辉，郑国扬. 1987. 广东小脆柄菇属的研究初报[J]. 广西植物，7（1）：23-27.

毕志树，李泰辉，郑国杨，等. 1985. 伞菌目的四个新种[J]. 真菌学报，4（3）：155-161.

毕志树，郑国扬，李泰辉，等. 1990a. 粤北区大型真菌志[M]. 广州：广东科技出版社.

毕志树，郑国扬，李泰辉. 1990b. 粤产乳牛肝菌属的新分类群和新记录[J]. 真菌学报，9（1）：20-24.

毕志树，郑国扬，李泰辉. 1994. 广东大型真菌志[M]. 广州：广东科技出版社.

伯内特 JH. 1989. 真菌学基础[M]. 北京：科学出版社.

蔡摇箐，唐丽萍，杨祝良. 2012. 大型经济真菌的 DNA 条形码研究——以我国剧毒鹅膏为例[J]. 植物分类与资源学报，34（6）：614-622.

陈道海，钟炳辉. 1999. 保护生物学[M]. 北京：中国林业出版社：1-223.

陈今朝，图力古尔. 2009. 无丝盘菌属——中国无丝盘菌纲一新记录属[J]. 菌物学报，28（6）：857-859.

陈美元，廖剑华，王波，等. 2009. 中国野生蘑菇属 90 个菌株遗传多样性的 DNA 指纹分析[J]. 食用菌学报，16（1）：11-16.

陈世骧，陈受宜. 1979. 生物的界级分类[J]. 动物分类学报，4（1）：1-12

陈毅坚. 2000. 真菌分类的变化与发展[J]. 玉溪师范高等专科学校学报，16（3）：70-72.

陈羽，李挺，黄浩，等. 2016. 乳菇属 1 中国新记录种——白黄乳菇[J]. 菌物研究，14（3）：125-128.

陈忠东，贾云，张利萍. 1999. 本溪地区大型真菌资源的调查与分析[J]. 生态学杂志，18（1）：30-33.

陈作红，杨祝良，图力古尔，等. 2016. 毒蘑菇识别和中毒防治[M]. 北京：科学出版社.

陈作红，张志光，张天晓，等. 1998. RAPD 应用于蕈菌研究中的条件优化探讨[J]. 生命科学研究，2（3）：199-204.

崔宝凯，魏玉莲，戴玉成. 2006. 江苏紫金山的多孔菌[J]. 菌物学报，1：9-15.

崔波，王法云，古奕庆，等. 1995. 河南的马勃目资源研究[J]. 河南科技，13（4）：343-348.

戴芳澜. 1927. 江苏真菌名录[J]. 农学，5（6）：81-93.

戴芳澜. 1979a. 外国人在华采集真菌考[J]. 植物病理学报，9（1）：6-9.

戴芳澜. 1979b. 中国真菌总汇[M].北京：科学出版社.

戴芳澜. 1982. 南京的鬼笔菌[J]. 菌物学报，（1）：1-9，61-62.

戴芳澜. 1987. 真菌的形态和分类[M]. 北京：科学出版社.

戴淑娟，戴玉成. 2018. 采自东南亚的变色卧孔的一新种（英文）[J/OL]. 菌物学报：1-5[2018-01-03]. http://kns.cnki.net/kcms/detail/11.5180.Q.20171120.1354.012.html.

戴贤才，李泰辉. 1994. 四川省甘孜州菌类志[M]. 成都：四川科学技术出版社.

戴玉成，曹云，周丽伟，等. 2013. 中国灵芝学名之管见[J]. 菌物学报，32（6）：947-952.

戴玉成，崔宝凯，袁海生，等. 2010a. 中国濒危的多孔菌[J]. 菌物学报，29（2）：164-171.

戴玉成，李玉. 2011. 中国六种重要药用真菌名称的说明[J]. 菌物学报，30（4）：515-518.

戴玉成，秦国夫，徐梅卿. 2000. 中国东北地区的立木腐朽菌[J]. 林业科学研究，13（1）：15-22.

戴玉成，图力古尔. 2007. 中国东北食药用真菌图志[M]. 北京：科学出版社：1-231.

戴玉成，魏玉莲，吴兴亮. 2004. 海南多孔菌研究（1）[J]. 菌物研究，（1）：53-57.

戴玉成，吴兴亮. 2003. 贵州多孔菌研究 I [J]. 贵州科学，191-192.

戴玉成，徐存宝，刘春静，等. 2001. 小兴安岭丰林自然保护区的多孔菌[J]. 中国森林病虫，（1）：3-5.

戴玉成，杨祝良. 2008. 中国药用真菌名录及部分名称的修订[J]. 菌物学报，27（6）：801-824.
戴玉成，余长军. 2007. 产于云南的中国多孔菌一新记录属：假棱孔菌属（*Pseudofavolus*）[J]. 菌物研究，（2）：66-68.
戴玉成，周丽伟，杨祝良，等. 2010b. 中国食用菌名录[J]. 菌物学报，29（1）：1-21.
戴玉成，庄剑云. 2010. 中国菌物已知种数[J]. 菌物学报，29（5）：625-628.
戴玉成. 2003. 长白山森林生态系统中稀有和濒危多孔菌[J]. 应用生态学报，14（6）：1015-1018.
戴玉成. 2005. 中国林木病原腐朽菌图志[M]. 北京：科学出版社.
戴玉成. 2009a. 中国储木及建筑木材腐朽菌图志[M]. 北京：科学出版社.
戴玉成. 2009b. 中国多孔菌名录[J]. 菌物学报，28（3）：315-327.
戴玉成. 2012. 广东省多孔菌的多样性[J]. 菌物研究，10（3）：133-142.
邓芳席. 1995. 凤尾菇原基形成的细胞学研究[J]. 食用菌学报，2（4）：42-46.
邓叔群. 1963. 中国的真菌[M]. 北京：科学出版社：1-808.
刁治民，徐志伟. 1998. 青海腹菌资源的调查研究[J]. 青海畜牧兽医杂志，18（2）：26-27.
杜复，刘波，李宗英，等. 1983. 山西大学生物系真菌名录（续二）[J]. 山西大学学报，（3）：75-92.
杜忠伟，马海霞，李玉. 2016. 中国炭垫菌属的一新记录种和一新记录变种（英文）[J]. 菌物研究，14（1）：22-24.
范宇光，图力古尔. 2008. 长白山自然保护区大型真菌物种优先保护的量化评价[J]. 东北林业大学学报，36（11）：86-92.
范宇光，图力古尔. 2010. 长白山不同植被带大型真菌多样性调查名录Ⅰ. 高山苔原带[J]. 菌物研究，8（1）：32-47.
范宇光，图力古尔. 2017. 丝盖伞属丝盖伞亚属三个中国新记录种[J]. 菌物学报，36（2）：251-259.
范宇光. 2013. 中国丝盖伞属的分类与分子系统学研究[D]. 长春：吉林农业大学博士学位论文.
方毅，胡殿明，刘仁林. 2008. 江西武夷山自然保护区大型真菌调查初报[J]. 江西林业科技，5：33-35.
方自若，郑美媛，杨岱筠. 1987. 胞外漆酶同工酶及其在食用菌育种中的应用[J]. 真菌学报，6（3）：178-183.
冯固，徐冰，秦岭，等. 2003. 外生菌根真菌对板栗生长及养分吸收的影响[J]. 园艺学报，30（3）：311-313.
高兴喜，姚强，杨润亚，等. 2009. 野生灵芝的分子鉴定及富硒特性研究[J]. 中国酿造，28（3）：47-49.
葛再伟，刘晓斌，赵宽，等. 2015. 冬菇属的新变种和中国新记录种（英文）[J]. 菌物学报，34（4）：589-603.
韩冰雪，图力古尔. 2016. 中国地星属新记录种[J]. 菌物学报，11：1416-1424.
韩冰雪. 2016. 吉林省腹菌类物种多样性编目——兼马勃科、地星科分类学研究[D]. 长春：吉林农业大学硕士学位论文.
韩丽. 2012. 菌物新种发表的规范格式[J]. 菌物学报，31（2）：292-297.
韩美玲. 2016. 中国拟层孔菌属及近缘属的分类与系统发育研究[D]. 北京：北京林业大学博士学位论文.
郝芳，周国英，李河. 2009. 经济林植物病原真菌分类鉴定方法研究进展[J]. 经济林研究，27（1）：112-116.
何绍昌. 1985. 贵州鸡㙡菌的分类研究[J]. 真菌学报，4（2）：103-108.
何显. 1996. 黑鳞乳菇——乳菇属新种. 真菌学报，15（1）：17-20.
何宗智. 1991. 江西大型真菌资源及其生态分布[J]. 江西大学学报（自然科学版），15（3）：5-13.
何宗智. 1996. 江西腹菌纲研究[J]. 南昌大学学报，20（2）：193-196.
贺峻峰，王明德. 1934. 华北菌类目录预报[J]. 国立北平大学学报农学专刊，3：259-281.
贺新生. 1995. 中国鸡油菌属记述[J]. 食用菌，（1）：4-5.
贺新生. 2004. 中国自然保护区大型真菌生物多样性研究进展[J]. 中国食用菌，5：3-5.
贺新生. 2015. 现代菌物分类系统[M]. 北京：科学出版社.
洪德元. 2016a. 关于提高物种划分合理性的意见[J]. 生物多样性，24：360-361.
洪德元. 2016b. 生物多样性事业需要科学、可操作的物种概念[J]. 生物多样性，24：979-999.
胡先骕. 1915. 菌类鉴别法[J]. 科学，1（8）：926-932.
胡先骕. 1921. 浙江菌类采集杂记[J]. 科学，V6：1137-1143.
胡先骕. 1923. 江西菌类采集杂记[J]. 科学，V8：311-314.

胡新文，李建宗. 1993. 云南刺皮属的研究[J]. 云南植物研究，15（2）：155-159.
胡新文，彭寅斌. 1990. 刺皮属的二个新种[J]. 真菌学报，9（1）：6-11.
胡新文. 1988. 国内部分刺皮属标本的定种修正[J]. 真菌学报，3（4）：43-49.
黄年来，吴经纶，林津添. 1997. 福建省大型真菌（伞菌目）名录[J]. 武夷科学，13：263-272.
黄年来. 1993. 中国食用菌百科[M]. 北京：农业出版社：1-448.
黄年来. 1998. 中国大型真菌原色图鉴[M]. 北京：中国农业出版社.
黄亦存. 1996. 高等担子菌的性非亲和性系统和体细胞非亲和性系统在遗传多样性保存中的作用[J]. 生物多样性，4（1）：41-44.
江启沛，冀宏，朱朝晖，等. 2003. RAPD 技术及其在食（药）用菌研究中的应用[J]. 河北省科学院学报，20（1）：59-64.
江润祥，关培生，曹继业. 2010. 覃史大型真菌文化史[M]. 香港：汇智出版有限公司.
姜广正. 1980. 子囊菌分类系统的演变[A]. 北京：中国植物学会真菌学. 1980 年学术交流会论文.
姜瑞波. 2009. 微生物菌种资源描述规范汇编[M].北京：中国农业科学技术出版社.
金鑫. 2012. 中国广义球盖菇科几个属的分类学研究[D]. 长春：吉林农业大学硕士学位论文.
李典谟，许汝梅. 2005. 物种濒危机制和保育原理[M]. 北京：科学出版社：1-381.
李国杰，李赛飞，赵东，等. 2015. 红菇属研究进展[J]. 菌物学报，(5)：821-848.
李国杰. 2014. 中国红菇属的分类研究[D]. 北京：中国科学院大学博士学位论文.
李建宗，陈三茂，但新求. 2006. 舜皇山自然保护区的大型真菌资源[J]. 生命科学研究，10（3）：276-283.
李建宗，胡新文，彭寅斌. 1993. 湖南大型真菌志[M]. 长沙：湖南师范大学出版社：1-418.
李建宗. 2000. 湖南莽山的野生食药用菌[J]. 中国食用菌，19（2）：16-17.
李静丽，房敏峰. 1994. 陕西省腹菌纲真菌的分类学研究[J]. 西北植物学报，14（5）：109-120.
李黎，尹定华，陈仕江，等. 2000. 冬虫夏草子囊孢子的弹射[J]. 中药材，23（9）：515-517.
李丽嘉，刘波. 1985. 木耳属一新种[J]. 山西大学学报（自然科学版），1：58-60.
李丽嘉. 1985. 木耳属二新种[J]. 真菌学报，3：149-155.
李丽嘉. 1987. 海南岛木耳属的研究[J]. 武汉植物学研究，1：43-49.
李泉森，曾伟，尹定华，等. 1998. 冬虫夏草菌世代交替的初步研究[J]. 中国中药杂志，23（4）：18-20，62.
李荣春，Noble R. 2005. 双孢蘑菇生活史的多样性[J]. 云南农业大学学报，20（3）：388-391，395.
李荣春. 1996. 云南鸡油菌资源[J]. 中国食用菌，15（4）：18-20.
李茹光. 1980. 吉林省有毒有害真菌[M]. 长春：吉林人民出版社.
李茹光. 1991. 吉林省真菌志（第一卷 担子菌亚门）[M]. 长春：东北师范大学出版社.
李茹光. 1992. 东北食用、药用及有毒蘑菇[M]. 长春：东北师范大学出版社.
李茹光. 1998. 东北地区大型经济真菌[M]. 长春：东北师大出版社.
李赛飞，李少杰，文华安. 2014. 中国蘑菇属真菌系统学研究[A]. 中国菌物学会学术年会.
李泰辉，刘波，宋斌，等. 2003. 中国的笼头菌科和鬼笔科[A]. 第三届会员代表大会暨全国第六届菌物学学术讨论会.
李泰辉，宋斌，吴兴亮，等. 2004. 滇黔桂的笼头菌科[J]. 贵州科学，3（22）：1.
李泰辉，宋斌. 2002a. 中国牛肝菌的分属检索表[J]. 生态科学，21（3）：240-245.
李泰辉，宋斌. 2002b. 中国食用牛肝菌的种类及其分布[J]. 食用菌学报，9（2）：22-30.
李泰辉，宋斌. 2003. 中国牛肝菌已知种类[J]. 贵州科学，21（1，2）：78-86.
李泰辉，宋相金，宋斌，等. 2017. 车八岭大型真菌图志[M]. 广州：广东科技出版社.
李彦军，图力古尔. 2016. 采自内蒙古大兴安岭的丝膜菌属新记录种[J]. 菌物学报，35（2）：229-233.
李艳春，杨祝良. 2011. 中国热带的几种牛肝菌[J]. 菌物研究，09（4）：204-211.
李宇. 1990. 中国蘑菇属新种和新记录种[J]. 云南植物研究，12（2）：154-160.
李玉，李泰辉，杨祝良，等. 2015. 中国大型菌物资源图鉴[M]. 郑州：中原农民出版社.
李玉，刘振钦，图力古尔. 2001. 中国黑木耳[M]. 长春：长春出版社.
李玉，图力古尔. 2003. 中国长白山蘑菇[M]. 北京：科学出版社.

李玉，图力古尔. 2014. 中国真菌志. 第45卷（侧耳-香菇型真菌）. 北京：科学出版社.
李玉. 2013. 菌物资源学[M]. 北京：中国农业出版社.
李玉玲. 2007. 玉树冬虫夏草子囊孢子的生长发育[J]. 安徽农学通报，13（14）：106，176.
李玉婷，图力古尔. 2017. 盔孢伞属三个中国新记录种[J]. 菌物学报，36（9）：1299-1304.
李筑艳. 1990. 鸡油菌及其相近属的分类[J]. 食用菌，484（1）：4-6.
梁军，张颖，贾秀贞，等. 2003. 外生菌根菌对杨树生长及抗逆性指标的效应[J]. 南京林业大学学报（自然科学版），27（4）：39-43.
梁宗琦，刘爱英，刘作易. 2007. 中国真菌志 第三十二卷[M]. 北京：科学出版社.
林亮东. 1937. 中国真菌名录[J]. 中华农学会报，159：9-19.
林晓民，李振岐，侯军，等. 2005a. 大型真菌的生态类型[J]. 西北农林科技大学学报（自然科学版），33（2）：89-94.
林晓民，李振岐，侯军. 2005b. 中国大型真菌的多样性[M]. 北京：中国农业出版社.
刘波，鲍运生. 1982. 中国鬼笔属真菌[J]. 山西大学学报（自然科学版），4：95-102.
刘波，范黎，李建宗. 2005. 中国真菌志 • 第23卷 • 硬皮马勃目 柄灰包目 鬼笔目 轴灰包目[M]. 北京：科学出版社.
刘波，范黎，陶恺，等. 1998. 中国花耳科五个新种[J]. 真菌学报，7（1）：1-6.
刘波，范黎. 1988. 花耳科新种和新变种[J]. 山西大学学报，1：73-76.
刘波，范黎. 1989. 花耳科二新种[J]. 菌物学报，（1）：22-24.
刘波，李英宗，杜复. 1981. 灰锤属一新种[J]. 山西大学学报（自然科学版），1：83-86.
刘波，李宗英，杜复. 1980. 鬼笔属一新种[J]. 微生物学报，2：124-191.
刘波，彭寅斌，范黎，等. 1987. 中国真菌志 • 第2卷 • 银耳目与花耳目[M]. 北京：科学出版社.
刘波. 1976. 山西大学收藏真菌名录[M]. 太原：山西高校联合出版社.
刘波. 1984. 中国药用真菌[M]. 太原：山西人民出版社：1-228.
刘波. 1991. 山西大型食用真菌[M] .太原：山西高校联合出版社.
刘波. 1998a. 中国真菌志（第七卷）[M]. 北京：科学出版社.
刘波. 1998b. 中国真菌志（第十卷）层腹菌目、黑腹菌目、高腹菌目[M] . 北京：科学出版社.
刘超洋，庄文颖. 2013. 以子囊菌部分类群的 rRNA 数据为例，评估不同分区策略对贝叶斯分析效果的影响[J]. 菌物学报，32（3）：563-573.
刘吉开. 2004. 高等真菌化学[M]. 北京：中国科学技术出版社：1-22.
刘培贵. 2016. 中国的块菌（松露）[M]. 北京：科学出版社.
刘晓亮，图力古尔，王向华. 2017. 东北大小兴安岭地区的红菇属物种多样性[J]. 菌物学报，36(10)：1355-1368.
刘晓夏，庄文颖. 2015. 热带地区的膜盘菌属一新种（英文）[J]. 菌物研究，13（3）：129-131.
刘杏忠. 2015. 真菌学研究的进展及机遇[J]. 菌物学报，34（5）：795-798.
刘茵华. 1995. 我国的经济腹菌[J]. 中国食用菌，14（1）：26-27.
刘宇，图力古尔，李泰辉. 2010. 亚侧耳属 *Hohenbuehelia* 三个中国新记录种[J]. 菌物学报，29（3）：454-458.
刘宇，图力古尔. 2011. 中国小香菇属二新种[J]. 菌物学报，30（5）：680-685.
刘正南. 1982. 东北树木病害真菌图志[M]. 北京：科学出版社.
刘作易，梁宗琦，刘爱英. 2003. 冬虫夏草子囊孢子萌发及其无性型观察[J]. 贵州农业科学，31（1）：3-5.
娄隆后，朱慧真. 1992. 木耳属种类的初步研究[J]. 中国食用菌，11（4）：30-32.
陆佩洪，郑瑜，余多慰，等. 1985. 南京市几种平菇和香菇酯酶同工酶的初步研究[J]. 南京师大学报（自然科学版），4：76-79.
马克平，钱迎，倩王晨. 1995. 生物多样性研究的现状与发展趋势[J]. 科技导报，1：27-30.
麦克劳克林 DJ，斯帕塔福拉 JW. 2017. 菌物进化系统学[M]. 北京：科学出版社.
卯晓岚，蒋长坪，欧珠次旺. 1993. 西藏大型经济真菌[M]. 北京：北京科学技术出版社.
卯晓岚，庄剑云. 1997. 秦岭真菌[M]. 北京：中国农业出版社.
卯晓岚. 1985a. 东喜马拉雅高山大型真菌及其适应特征[J]. 山地学报，4：299-306，342.

卯晓岚. 1985b. 南迦巴瓦峰地区的大型真菌资源[J]. 真菌学报，4：197-208.
卯晓岚. 1987. 毒蘑菇识别[M]. 北京：科学普及出版社.
卯晓岚. 1988. 蘑菇科的食菌[J]. 食用菌，5：5-6.
卯晓岚. 1990. 西藏鹅膏菌属的分类研究[J]. 真菌学报，3：206-218.
卯晓岚. 1998a. 中国经济真菌[M]. 北京：科学出版社.
卯晓岚. 1998b. 中国菌物物种多样性研究与资源开发利用[J]. 吉林农业大学学报，20（增刊）：33-36.
卯晓岚. 2000. 中国大型真菌[M]. 郑州：河南科学技术出版社.
卯晓岚. 2009. 中国蕈菌[M]. 北京：科学出版社.
木兰，图力古尔. 2016. 采自内蒙古大兴安岭的蜡蘑属 3 个新记录种[J]. 菌物学报，35（3）：355-359.
木兰. 2015. 白音敖包国家级自然保护区大型真菌资源调查兼中国蜡蘑属的分类学研究[D]. 长春：吉林农业大学硕士学位论文.
娜琴，图力古尔. 2015. 疣柄牛肝菌属-中国新记录种[J]. 菌物研究，13（1）：4-6.
娜琴. 2015. 内蒙古大兴安岭地区牛肝菌类资源评价[D]. 长春：吉林农业大学硕士学位论文.
农业微生物中心. 1991. 中国农业菌种目录[M]. 北京：中国农业科技出版社.
潘成椿，章丽红，张川英，等. 2008. 浙江九龙山国家级自然保护区大型真菌资源评价[J]. 中国野生植物资源，27（3）：31-34.
彭卫红，甘炳成，谭伟，等. 2003. 四川省龙门山区主要大型野生经济真菌调查[J]. 西南农业学报，16（1）：36-43.
彭寅斌. 1983a. 中国银耳目分类摘记之一[J]. 湖南师院学报，（1）：83-93.
彭寅斌. 1983b. 中国银耳目分类摘记之二[J]. 湖南师院学报，（4）：41-48.
彭寅斌. 1986. 中国银耳目分类摘记之三[J]. 湖南师院学报，（3）：82-88.
彭寅斌. 1987. 中国银耳目分类摘记之四[J]. 湖南师院学报，（3）：63-71.
彭寅斌. 1989. 银耳科的三个新种[J]. 真菌学报，8（1）：17-21.
彭寅斌. 1990. 银耳属一新种[J]. 真菌学报，13（3）：253-256.
普布次仁，旺姆，刘小勇. 2016. 西藏真菌资源调查概况[J]. 菌物学报，35（9）：1025-1047.
戚佩坤. 1997. 世界真菌学主要期刊简介[J]. 华南农业大学学报，18（4）：122-127.
裘维蕃. 1957. 云南牛肝菌图志[M]. 北京：科学出版社.
裘维蕃. 1973. 云南伞菌的十个新种[J]. 微生物学报，13（2）：129-135.
裘维蕃. 1998. 菌物学大全[M]. 北京：科学出版社.
饶军. 1998. 临川大型真菌资源及生态[J]. 江西科学，16（2）：110-113.
任菲，庄文颖. 2015. 中国小孢盘菌属一新种（英文）[J]. 菌物学报，34（5）：978-981.
上海农业科学院食用菌研究所. 1991. 中国食用菌志[M]. 北京：中国农业出版社：1-298.
尚占环，姚爱兴. 2002. 生物多样性及生物多样性保护[J]. 草原与草坪，4：11-13.
邵力平，沈瑞祥，张素轩，等. 1992. 真菌分类学[M]. 北京：中国林业出版社.
邵力平，项存悌. 1997. 中国森林蘑菇[M]. 哈尔滨：东北林业大学出版社.
邵力平. 1960. 中国东北多孔菌志[M]. 哈尔滨：东北林学院林业科学资料编委会.
时楚涵，图力古尔，李玉. 2016. 中国盘菌目新记录属和种[J]. 菌物学报，35（11）：1348-1356.
时晓菲. 2013. 中国乳牛肝菌属的分类学和分子系统学研究[D]. 北京：中国科学院大学博士学位论文.
宋斌，李泰辉，吴兴亮，等. 2007. 中国红菇属种类及其分布[J]. 菌物研究，1：20-42.
宋斌，李泰辉，章卫民，等，2001. 广东南岭大型真菌区系地理成分特征初步分析[J]. 生态科学，20（4）：37-41.
宋斌，林群英，李泰辉，等. 2006. 中国虫草属已知种类及其分布[J]. 菌物研究，4（4）：10-26.
宋超，图力古尔. 2012. 双孢蘑菇子实体发育研究[J]. 中国食用菌，31（6）：11-13.
宿红艳，王磊，明永飞，等. 2008. ISSR 分子标记技术在金针菇菌株鉴别中的应用[J]. 生态学杂志，（10）：89-92.
孙亚红，黄晨阳，张金霞. 2009. 内蒙古根河市野生大型经济真菌资源调查报告[J]. 食用菌学报，16（1）：81-88.

唐丽萍，杨祝良. 2014. 澜沧江-湄公河流域真菌资源研究进展[J]. 资源科学，36（2）：282-295.
田恩静，图力古尔. 2011. 中国侧火菇属 2 新记录种[J].东北林大学报，39（9）：128-129.
田恩静，图力古尔. 2013. 中国鳞伞属鳞伞亚属新记录种[J].菌物学报，32（5）：907-912.
田霄飞，刘培贵，邵士成. 2009. 鸡油菌属的研究概况与展望[J]. 微生物学通报，36（10）：1577-1586.
图力古尔，Bulakh Y M，庄剑云，等. 2007. 乌苏里江流域的伞菌及其它大型担子菌[J]. 菌物学报，26（3）：349-368.
图力古尔，包海鹰，李玉. 2014a. 中国毒蘑菇名录[J]. 菌物学报，33（3）：517-548.
图力古尔，包海鹰. 2001. 大青沟自然保护区大型真菌对沙地环境的适应与气候条件的相关性[J]. 干旱区研究，18（2）：25-30.
图力古尔，包海鹰. 2016. 东北市场蘑菇[M]. 哈尔滨：东北林业大学出版社.
图力古尔，戴玉成. 2004. 长白山主要食药用木腐菌多样性及其保育[J]. 菌物研究，2（2）：26-30.
图力古尔，李玉. 1999. 大青沟自然保护区大型真菌物种多样性的研究[J]. 吉林农业大学学报，21（3）：36-45.
图力古尔，李玉. 2000. 大青沟自然保护区大型真菌群落多样性研究[J]. 生态学报，20（6）：986-991.
图力古尔，李玉. 2001. 大青沟自然保护区真菌对沙地环境的适应及季节动态[J]. 干旱区研究，18（2）：25-29.
图力古尔，刘宇. 2010a. 采自长白山的几个中国新记录伞菌[J]. 菌物研究，18（1）：26-31，47.
图力古尔，刘宇. 2010b. 中国的脉褶菌属真菌[J]. 菌物研究，8（1）：19-22.
图力古尔，刘宇. 2010c. 中国亚脐菇型真菌三新记录种[J]. 菌物学报，29（5）：767-770.
图力古尔，刘宇. 2010d. 中国亚脐菇型真菌三新记录种[J]. 菌物学报，（05）：767-770.
图力古尔，宋超，盖宇鹏. 2011. 多脂鳞伞子实体个体发育[J]. 食用菌学报，18（2）：20-23.
图力古尔，宋超，李玉. 2010. 月夜菌子实体个体发育[J]. 菌物学报，29（1）：132-137.
图力古尔，王建瑞，崔宝凯，等. 2013. 山东省大型真菌物种多样性[J]. 菌物学报，32（4）：643-670.
图力古尔，王建瑞，鲁铁，等. 2014b. 山东蕈菌生物多样性保育与利用[M]. 北京：科学出版社：1-225.
图力古尔，张惠. 2012. 采自长白山的盔孢菌属真菌新记录[J]. 菌物学报，31（1）：55-61.
图力古尔. 2004. 大清沟自然保护区菌物多样性[M]. 呼和浩特：内蒙古教育出版社：1-189.
图力古尔. 2005. 吉林省高等子囊茵物种多样性[J]. 菌物研究，3（1）：1-6.
图力古尔. 2011. 多彩的蘑菇世界[M]. 上海：科学普及出版社.
图力古尔. 2012. 内蒙古东部伞菌和牛肝菌名录[J]. 菌物研究，10（1）：20-30.
图力古尔. 2014. 中国真菌志（第四十九卷）球盖菇科[M]. 北京：科学出版社.
万宇，图力古尔，李玉. 2009. 内蒙古阿尔山地区大型真菌物种多样性研究[J]. 菌物研究，（2）：76-85.
王欢，图力古尔. 2006. 三种鳞伞属（*Pholiota*）真菌的菌丝生物学特性初步研究[J]. 菌物研究，4（2）：6-10.
王建瑞，图力古尔. 2006. 近 20 年我国野生食用菌引种驯化概况[J]. 中国食用菌，25（1）：8-11.
王建瑞，图力古尔. 2009. 净月潭国家森林公园大型真菌物种多样性[J]. 吉林农业大学学报，31（2）：148-156，173.
王岚，杨祝良，张丽芳，等. 2008. 狭义干蘑属（蘑菇目）概要及新的系统学处理[J]. 植物分类与资源学报，30（6）：631-644.
王丽，赵兴堂，李晓霞，等. 2009. 鸡油菌类群研究进展[J]. 中国食用菌，28（1）：6-8.
王敏，韩丽，武文. 2009. 注意菌物分类学论文中学名的规范使用[J]. 编辑学报，21（4）：316-317.
王守现，刘宇，张英春，等. 2009. 蜜环菌菌株遗传多样性 RAPD 分析[J]. 食用菌学报，16（3）：15-19.
王向华，刘培贵，于富强. 2004. 云南野生商品蘑菇图鉴[M]. 昆明：云南科技出版社.
王向华. 2017，中国西南乳菇属乳菇亚属的七个新种（英文）[J]. 菌物学报，36（11）：1463-1482.
王晓进，刘培贵，王立松，等. 2016. 中国地下子囊菌新记录属——史蒂芬块菌属（英文）[J]. 菌物研究，14（2）：69-75.
王玉君，张丽春，郭顺星. 2015. 土赤壳属三个中国新记录种[J]. 菌物学报，34（6）：1209-1214.
王云，常明昌，陶恺，等. 1995. 中国黑腹菌属新种和新变种[J]. 山西大学学报，18（4）：449-453.
王征，戴玉成. 2009. 真菌生命之树项目和美国真菌系统学研究现状[J]. 菌物学报，28（6）：878-887.
王子迎，王书通. 2005. 安徽野生香菇遗传多样性及杂种优势的 RAPD 分析[J]. 中国农学通报，21（9）：31-34.
魏江春，姜玉梅. 1986. 西藏地衣[M]. 北京：科学出版社.

魏江春. 1982. 中国药用地衣[M]. 北京：科学出版社.
魏江春. 2005. 中国经济真菌企事业大全[M]. 北京：中国农业大学出版社.
魏江春. 2010. 菌物生物多样性与人类可持续发展[J]. 中国科学院院刊，25（6）：645-650.
魏江春. 2011.《菌物学报》三十年回眸与展望[J]. 菌物学报，30（1）：1-4.
魏景超. 1979. 真菌鉴定手册[M]. 上海：上海科学技术出版社.
魏铁铮，李斌斌，王文婧，等. 2015. 碱紫漏斗伞——中国伞菌一新记录种（英文）[J]. 菌物研究，13（4）：284-288.
魏铁铮，张小青，郭良栋. 2008. 中国鸡油菌属一新记录——鸡油菌鳞盖变种[J]. 菌物学报，（4）：627-629.
吴冰心. 1914. 滋补白木耳之研究[J]. 博物学杂志，1（1）：48-51.
吴芳，员瑗，刘鸿高，等. 2014. 木耳属研究进展化菌物学报[J]，33（2）：198-207.
吴芳. 2016. 木耳属的分类与系统发育研究[D]. 北京：北京林业大学博士学位论文.
吴人坚，谭惠慈. 1993. 佘山大型真菌的生态因子分析[J]. 应用生态学报，4（3）：328-333.
吴声华. 2012. 珍贵药用菌“桑黄”物种正名[J]. 食药用菌，20（3）：177-179.
吴兴亮，戴玉成，李泰辉，等. 2011. 中国热带真菌[M]. 北京：科学出版社.
吴兴亮，卯晓岚，图力古尔，等. 2013. 中国药用真菌[M].北京：科学出版社.
吴兴亮，朱国胜，李泰辉，等. 2004. 广西岑王老山自然保护区大型真菌种类及其生态分布[J]. 贵州科学，22（1）：18-26.
吴兴亮，邹芳伦，连宾，等，1998. 宽阔水自然保护区大型真菌分布特征[J]. 生态学报，18（6）：609-614.
小五台上菌物考察队. 1997. 河北小五台菌物[M]. 北京：中国农业出版社.
谢支锡，王云，王柏. 1986. 长白山伞菌图志[M]. 长春：吉林科学技术出版社.
刑来君，李明春. 1999. 普通真菌学[M]. 北京：高等教育出版社.
邢来君，李明春，魏东盛. 2010. 普通真菌学[M]. 2 版. 北京：高等教育出版社.
徐阿生. 1981. 西藏的腹菌纲真菌资源[J]. 中国食用菌，18（1）：25-26.
徐彪，赵震宇，张利莉. 2011. 新疆荒漠真菌识别手册[M]. 北京：中国农业出版社.
徐崇敬. 2000. 英日汉食用菌词典[M]. 上海：上海科学技术文献出版社.
徐锦堂. 1997. 中国药用真菌学[M]. 北京：北京医科大学、中国协和医科大学联合出版社：1-836.
徐连旺，赵继鼎. 1980. 中国多孔菌科一新属[J]. 微生物学报，3：236-280.
徐中志，赵琪，戚淑威，等. 2007. 丽江主要经济真菌调查[J]. 中国食用菌，26（3）：10-12.
杨丽云，袁理春，赵琪，等. 2005. 云南老君山自然保护区食药用真菌资源调查初报[J]. 云南农业科技，6：40-42.
杨新美. 1988. 中国食用菌栽培学[M]. 北京：农业出版社.
杨新美. 2011. 中国菌物学传承与开拓[M]. 北京：中国农业出版社.
杨仲亚. 1983. 毒菌中毒防治手册[M]. 北京：人民卫生出版社.
杨祝良，葛再伟. 2008. 鬼笔腹菌在东亚首次发现[J]. 云南植物研究，（02）：147-150.
杨祝良，张丽芳. 2002. 湖南鹅膏属（蘑菇目）标本的订正[J]. 植物分类与资源学报，24（6）：715-722.
杨祝良. 2000a. 中国鹅膏菌属（担子菌）的物种多样性[J]. 云南植物研究，22（2）：135-142.
杨祝良. 2000b. 中国伞菌系统分类研究进展[J]. 贵州科学，18（3）：54-61.
杨祝良. 2005. 中国真菌志 • 第二十七卷 • 鹅膏科[M]. 北京：科学出版社.
杨祝良. 2013. 基因组学时代的真菌分类学：机遇与挑战[J]. 菌物学报，32（6）：931-946.
姚一建，李熠. 2016. 菌物分类学研究中常见的物种概念[J]. 生物多样性，24（9）：1020-1023.
姚一建，李玉译. 2002. 菌物学概论[M]. 北京：农业出版社.
叶明，孙汉巨，刘宁. 2005. 菌物分子系统学研究进展[J]. 微生物学杂志，25（5）：91-94.
叶明. 2003. 菌物多相分类研究进展[J]. 安徽工程科技学院学报，18（2）：1-7.
伊藤誠哉. 1936. 日本菌類誌[M]. 东京：養賢堂.
应建浙，卯晓岚，马启明. 1987. 中国药用真菌图鉴[M].北京：科学出版社：1-579.
应建浙，文华安，宗毓臣. 1994. 川西地区大型经济真菌[M]. 北京：科学出版社.

应建浙，臧穆. 1994. 西南地区大型经济真菌[M]. 北京：科学出版社.
应建浙. 1978. 中国药用真菌图鉴[M]. 北京：科学出版社.
应建浙. 1980. 中国多孔菌目平伏类型的初步研究[J]. 云南植物研究，3：241-275.
于富强，刘培贵. 2005. 云南松林野生食用菌物种多样性及保护对策[J]. 生物多样性，1：58-69.
于清华，周均亮，赵瑞琳. 2014. 蘑菇属中国新记录种——细丛卷毛柄蘑菇[J]. 食用菌学报，21（1）：64-68.
余长军，李娟，戴玉成. 2008. 采自云南热带雨林的中国多孔菌两新记录种[J]. 菌物学报，1：145-150.
余永年，卯晓岚. 2015. 中国菌物学 100 年[M]. 北京：科学出版社.
余知和，高元钢，曾昭清，等. 2008. 真菌基因组学研究进展[J]. 菌物学报，27（5）：778-787.
余知和，曾昭清. 2013. DNA 分子标记技术在真菌系统学研究中的应用及影响[J]. 菌物学报，32（1）：1-14.
喻阑清，李娟，张健，等. 2017. 红蚁线虫草——线虫草属中国新记录种[J]. 菌物研究，15（3）：166-169，176.
袁明生，孙佩琼. 1985. 四川覃菌[M]. 成都：四川科学技术出版社.
苑健羽. 1987. 子囊菌二新种[J]. 真菌学报，6（3）：137-141.
臧穆，纪大干. 1985. 我国东喜马拉雅区鬼笔科的研究[J]. 真菌学报，（2）：109-118.
臧穆，黎兴江. 2011. 中国隐花（孢子）植物科属辞典[M]. 北京：高等教育出版社.
臧穆. 1980a. 滇藏高等真菌的地理分布及其资源评价[J]. 植物分类与资源学报，2（2）：152-187.
臧穆. 1980b. 我国西藏担子菌类数新种[J]. 微生物学报，20（1）：29-34.
臧穆. 1981. 云南鸡㙡菌属的分类与分布的研究[J]. 云南植物研究，3：367-374，383.
臧穆. 1983. 云南牛肝菌属分组初探及两新种[J]. 真菌学报，1：12-18.
臧穆. 1996. 横断山区真菌[M]. 北京：科学出版社.
臧穆. 2006. 中国真菌志 • 第二十二卷 • 牛肝菌科（Ⅰ）[M].北京：科学出版社.
臧穆. 2013. 中国真菌志 • 第四十四卷 • 牛肝菌科（Ⅱ）[M]. 北京：科学出版社.
泽田兼吉. 1943. 台湾产菌类调查报告. 第九篇[J]. 台湾农业试验所报告第 86 号，5：150-155.
曾昭清，庄文颖. 2017. 肉座菌目 3 个中国新记录种（英文）[J]. 菌物学报，36（5）：654-662.
张保刚，曹支敏. 2007. 秦岭火地塘伞菌区系组成特征[J]. 西北林学院学报，22（2）：15-19.
张丹，郑有良. 2004. 生化标记和分子标记在蕈菌研究中的应用现状[J].天然产物研究与开发，16（6）：590-596.
张东柱，周文能，王也珍. 2001. 台湾大型真菌[M]. 台北：行政院农业委员会：1-542.
张惠. 2011. 中国假脐菇属和盔孢菌属的分类学研究[D]. 长春：吉林农业大学硕士学位论文.
张惠，图力古尔. 2010. 中国假脐菇属二新记录种[J]. 菌物学报，29（4）：588-591.
张家辉，邓洪平，杨蕊. 2015. 蕈菌生物学导论[M]. 重庆：西南师范大学出版社.
张建博，桂明英，刘蓓，等. 2008. 分子生物学在大型真菌遗传多样性研究中的应用[J]. 中国食用菌，27（6）：3-7.
张金霞. 2011. 食用菌菌种学[M]. 北京：中国农业出版社.
张敏，图力古尔. 2017. 采自东北的中国滑锈伞属新记录种[J]. 菌物学报，36（8）：1168-1175.
张树庭. 2002. 关于蕈菌种类的评估[J]. 中国食用菌，21（2）：3-4.
张树庭，卯晓岚. 1995. 香港覃菌[M]. 香港：中文大学出版社.
张小青. 2001. 新疆大型木材腐朽真菌[J]. 新疆大学学报，21（增刊）：72-73.
张小青，戴玉成. 2005. 中国真菌志 • 第 29 卷 • 锈革孔菌科[M]. 北京：科学出版社.
张宇，郭良栋. 2012. 真菌 DNA 条形码研究进展[J]. 菌物学报，31（6）：809-820.
赵大振，王朝江. 1991. 毛木耳一新变种[J]. 菌物学报，25（2）：108-112.
赵继鼎，张小青. 1992. 中国灵芝科真菌资源与分布[J]. 真菌学报，（1）：55-63.
赵继鼎，张小青. 2000. 中国真菌志（灵芝科）[M]. 北京：科学出版社：1-204.
赵继鼎. 1964. 中国扁平多孔菌属（*Poria*）的初步研究[J]. 植物分类学报，9（3）：299-305.
赵继鼎. 1981. 中国灵芝[M]. 北京：科学出版社.
赵继鼎. 1988. 中国灵芝科的分类研究 X 灵芝亚属紫芝组[J]. 菌物学报，4：205-211.
赵继鼎. 1998. 中国真菌志. 第 3 卷. 多孔菌科[M]. 北京：科学出版社.
赵震宇. 2001. 新疆食用菌志[M]. 乌鲁木齐：新疆科技卫生出版社.

赵震宇，卯晓岚. 1986. 新疆大型真菌图鉴[M]. 乌鲁木齐：新疆八一农学院图书出版社.
郑焕娣，庄文颖. 2015. 膜盘菌属一新种和一中国新记录种（英文）[J]. 菌物学报，34（5）：961-965.
郑焕娣，庄文颖. 2016. 中国新记录属——异型盘菌属（英文）[J]. 菌物学报，35（7）：802-806.
郑儒永，魏江春，胡鸿钧. 1990. 孢子植物名词及名称[M]. 北京：科学出版社.
中国科学院. 1980. 菌种保藏手册[M].北京：科学出版社.
中国科学院登山科学考察队. 1985. 南迦巴瓦峰地区生物[M]. 北京：科学出版社.
中国科学院青藏高原综合科学考察队. 1983. 西藏真菌[M]. 北京：科学出版社.
中国科学院青藏高原综合科学考察队. 1994. 川西地区大型经济真菌[M]. 北京：科学出版社.
中国科学院微生物研究所. 1966. 常见与常用真菌[M]，北京：科学出版社.
中国科学院微生物研究所真菌组. 1988. 毒蘑菇[M]. 2 版. 北京：科学出版社.
中国农业微生物菌种保藏管理中心. 2005. 模式菌种目录[M]. 北京：中国农业科学技术出版社.
中国微生物菌种保藏委员会. 1983. 中国菌种目录[M]. 北京：轻工业出版社.
中国微生物菌种保藏委员会. 2000. 中国菌物目录（英文版）[M]. 北京：机械工业出版社.
中国植物学会. 1994. 中国植物学史[M]. 北京：科学出版社.
周长发. 2009. 生物进化与分类原理[M]. 北京：科学出版社.
周长发，杨光. 2011. 物种的存在与定义[M]. 北京：科学出版社.
周金凤，姚强，张翠霞，等. 2010. 白灵菇和杏鲍菇亲缘关系的 ERIC-PCR 技术分析[J]，鲁东大学学报，（2）：161-163.
周丽伟，戴玉成. 2013. 中国多孔菌多样性初探：物种、区系和生态功能[J]. 生物多样性，21（4）：499-506.
周启明，魏江春. 2007. 子囊菌的一个新目 Umbilicariales[J]. 菌物学报，26（1）：40-45.
周彤燊. 2007. 中国真菌志. 第 36 卷，地星科. 鸟巢菌科[M]. 北京：科学出版社.
周以良. 1954. 中国东北鬼笔菌属的研究[J]. 植物分类学报：71-75.
周宇光. 2007. 中国菌种目录[M]. 北京：化学工业出版社.
周与良，邢来君. 1986. 真菌学[M]. 北京：高等教育出版社.
周宗璜. 1935. 北平师范大学菌类标本杂录[M]. 北平静生生物调查所汇报（植物），（6）：30-35.
周宗璜. 1936. 马勃一新种[A]. 中国科学院联合年会论文摘要：9-10.
周宗璜. 1936. 马勃之新属新种[J]. 北平静生生物调查所汇报（植物），7：91-94.
朱明旗，曹支敏，李振歧. 2004. 多孔菌分类演变及中国多孔菌分类进展[J]. 西北林学院学报，19（1）：98-101.
朱晓琴，熊智，周彤燊，等. 2007. 漾濞核桃病害病原菌的分离及药物抑菌试验[J]. 西部林业科学，36（2）：114-117.
庄剑云. 1994. 菌物的种类多样性[J]. 生物多样性，2（2）：108-112.
卓英，谭琦，陈明杰，等. 2006. 香菇主要栽培菌株遗传多样性的 AFLP 分析[J]. 菌物学报，25（2）：203-210.
邹秉文. 1916. 种蕈新法[J]. 科学，2（6）：695-702.
Ainsworth GC，Sparrow FK，Sussman AS. 1973. The Fungi An Advanced Treatise. Vol.ⅣA：A Taxonomic Review With Keys：Ascomycetes and Fungi Impefecti[M]. New York：Academic Press.
Allen CL. 1906. The development of some species of *Hypholoma annales*[J]. Mycologici，4（5）：387-394.
Anders B. 2006. Newsletter 14 of European council for the conservation of fungi[J]. European Council for the Conservation of Fungi，2：1-57.
Anderson JB，Stasovski E. 1992. Molecular phylogeny of northern hemisphere species of *Aimillaria*[J]. Mycologia，（84）：505-516.
Arnolds E. 1988. Status and classification of fungal communities. *In*：Barkman JJ，Sykora KV. Dependent Plant Communities Netherlands[M]. Hague：SPB Academic Publishing：153-165.
Arnolds E，Vries BD. 1993. Conservation of fungi in Europe. *In*：Pegler DN，Boddy I，Ing B，et al. Fungi of Europe：Investigation，Recording and Conservation[M]. Chicago：University of Chicago Press：211-230.
Atkinson GF. 1914. The development of *Lepiota clypeolaria*[J]. Annales Mycologici，（12）：346-357.
Bau T，Liu Y. 2013. A new species of *Gautieria* from China[J]. Mycotaxon，123（4）：289-292.

Benny GL，Smith ME，Kirk PM，et al. 2016. Challenges and Future Perspectives in the Systematics of Kickxellomycotina，Mortierellomycotina，Mucoromycotina，and Zoopagomycotina[M]. Berlin：Springer International Publishing.

Binder M，Bresinsky A. 2002. Derivation of a polymorphic lineage of Gasteromycetes from boletoid ancestors[J]. Mycologia，94（1）：85-98.

Binder M，Hibbett DS. 2006. Molecular systematics and biological diversification of Boletales[J]. Mycologia，98（6）：971-981.

Boesewinklel HJ. 1976. Storage of fungal culture in water[J]. Transactions of the British Mycological Society，66：183-185.

Breitenbach J，Kränzlin，F. 1984. Fungi of Switzerland[M].New York：Lubrecht & Cramer Ltd.

Brussard P. 1985. The current status of conservation biology[J]. Bulletin of Ecological Society of America，66：9-11.

Buller AHR. 1909. Researches on Fungi[M]. Charleston：BiblioBazaar.

Buller AHR. 1922. Further Investigations Upon the Production and Liberation of Spores in Hymenomycetes[M]. London：Longmans，Green and Co.

Burdsall HH，Dorworth EB. 1994. Preserving cultures of wood-decaying Basidiomycotina using sterile distilled water in cryovials[J]. Mycologia，86（2）：275-280.

Cantrell SA，Hanlin RT. 1997. Phylogenetic relationships in the family Hyaloscyphaceae inferred from sequences of ITS regions，5.8S ribosomal DNA and morphological characters[J]. Mycologia，89（5）：745-755.

Cao Y，Wu SH，Dai YC. 2012. Species clarification of the prize medicinal *Ganoderma* mushroom "Lingzhi" [J]. Fungal Diversity，56：49-62.

Carlier F，Bitew A，Castillo GC. 2004. Some Coniophoraceae（Basidiomycetes，Boletales）from the Ethiopian highlands：*Coniophora bimacrospora*，sp. nov. and a note on the phylogenetic relationships of *Serpula similis* and *Gyrodontium*[J]. Cryptogamie Mycologie，25（3）：261-275.

Chang ST，Miles PG. 1992. Mushroom biology—a new dicipline[J]. The Mycologist，6：64-65.

Cherfas J. 1991. Disappearing mushrooms：another mass extinction[J]? Science，254：1458.

Chiu WF. 1945. The Russulaceae of Yunnan[J]. Lloysia，8（1）：31-59.

Chiu WF. 1948. The Aminiataceae of Yunnan[J]. Sci Rept Nai Tsing Hua Univ Ser S，3（3）：165-178.

Cracraft J. 1983. Species concepts and speciation analysis. *In*：Johnston RF. Current Ornithology[M]. New York：Plenum Press：159-187.

Cui BK，Dai YC. 2012. Wood-decaying fungi in eastern Himalayas 3. Polypores from Laojunshan Mountains，Yunnan Province[J]. Mycosystema，31：485-492.

Cui BK，Li HJ，Dai YC. 2011. Wood-rotting fungi in eastern China 6. Two new species of *Antrodia*（Basidiomycota）from Yellow Mountain，Anhui Province[J]. Mycotaxon，116：13-20.

Cui BK，Wei YL，Dai YC. 2006. Polypores from Zijin Mountain，Jiangsu province[J]. Mycosystema，25（1）：9-14.

Dai FL. 1948. Nidulariales of China[J]. Sci Rept Nat Tsing Hua Univ Ser. B，3（2）：34-41.

Dai YC，Cui BK，Huang MY. 2007. Polypores from eastern Inner Mongolia[J]. Nova Hedwigia，84：513-520.

Dai YC，Cui BK. 2011. *Fomitiporia ellipsoidea* has the largest fruiting body among the fungi[J]. Fungal Biology，115：813-814.

Dai YC，Qin GF. 2003. Changbai wood-rotting fungi 14. A new pleurotoid species *Panellus edulis*[J]. Annales Botanici Fennici，40（2）：107-112.

Dai YC，Wang Z，Binder M，et al. 2006. Phylogeny and a new species of *Sparassis*（Polyporales，Basidiomycota）：evidence from mitochondrial apt6，nuclear rDNA and rpb2 genes[J]. Mycologia，98：548-592.

Dai YC，Wei YL，Wu XL. 2004. Polypores from Hainan Province[J]. Journal of Fungal Research，2（1）：53-57.

Dai YC. 1996. Changbai wood-rotting fungi 7. A checklist of the polypores[J]. Fungal Science，11：79-105.

Dai YC. 2011. A revised checklist of corticioid and hydnoid fungi in China for 2010[J]. Mycoscience，52：69-79.

Dai YC. 2012. Polypore diversity in China with an annotated checklist of Chinese polypores[J]. Mycoscience，53：49-80.

Dai YC. 2015. Dynamics of the worldwide number of fungi with emphasis on fungal diversity in China[J]. Mycol Progress，14：62.

Dai YC，Yang ZL，Cui BK，et al. 2009. Species diversity and utilization of medicinal mushrooms and fungi in China（Review）[J]. International Journal of Medicinal Mushrooms，11：287-302.

Darrin L，McCarthy BC. 2003. Composition and ecology of macrufungal and myxomycete communities on oak woody debris in a mixed-oak forest of Ohio[J]. Canadian Journal of Forest Research，33（11）：2151-2163.

Darwin CR. 1859. On the Origin of Species[M]. London：John Murray.

Dentinger B，Gaya E，O'Brien H，et al. 2016. Tales from the crypt：genome mining from fungarium specimens improves resolution of the mushroom tree of life[J]. Biological Journal of the Linnean Society，117：11-32.

Dobzhansky T，Ayala FJ，Stebbins GL，et al. 1977. Evolution[M]. San Francisco：WH. Freeman and Co.

Fan YG，Bau T，Kobayashi T. 2013. Newly recorded species of *Inocybe* collected from Liaoning and Inner Mongolia[J]. Mycosystema，32（2）：302-308.

Fan YG，Bau T，Takahito KY. 2013. Newly recorded species of *Inocybe* collected from Liaoning and Inner Mongolia[J]. Mycosystema，32（2）：302-308.

Fan YG，Bau T. 2013. Two striking *Inocybe* species from Yunnan Province，China[J]. Mycotaxon，123：169-181.

Fan YG，Bau T. 2014a. *Inocybe hainanensis*，new lilac-stiped species from tropical China[J]. Mycosystema，33（5）：954-960.

Fan YG，Bau T. 2014b. *Inocybe miyiensis*，a new two-spored species in *Inocybe* sect. *Marginatae* from China[J]. Nova Hedwigia，98：179-185.

Fayod V. 1889. Prodrome d'une histoire naturelle des Agaricines[J]. Annales des Sciences NatureUes，Botanique Serie，7-9：179-411.

Fellner R. 1989. Mycorrhiza-forming fungi as bioindicators of air pollution[J]. Agriculture Ecosystems and Environment，28：1-4.

Feng B，Zhao Q，Yang ZL，et al. 2010. *Ovipoculum album*，a new anamorph with gelatinous cupulate bulbilliferous conidiomata from China and with affinities to the Auriculariales（Basidiomycota）[J]. Fungal Diversity，1：55-65.

Frøslev TG，Jeppesen TS，Laessøe T，et al. 2007. Molecular phylogenetics and delimitation of species in *Cortinarius* section *Calochroi*（Basidiomycota，Agaricales）in Europe[J]. Molecular Phylogenetics and Evolution，44（1）：217-227.

Ge YP，Bau T. 2017. *Crepidotus lutescens* sp. nov.（Inocybaceae，Agaricales），an ochraceous salmon colored species from northeast of China[J]. Phytotaxa，297（2）：189-196.

Ge ZW，Yang ZL，Vellinga EC. 2010. The genus *Macrolepiota*（Basidiomycota）in China[J]. Fungal Diversity，45：81-98.

Ge ZW，Yang ZL，Zhang P，et al. 2008. *Flammulina* species from China inferred by morphological and molecular data[J]. Fungal Diversity，32：59-68.

Giachini AJ，Hosaka K，Nouhra E，et al. 2010. Phylogenetic relationships of the Gomphales based on nuc-25S-rDNA，mit-12S-rDNA，and mit-atp6-DNA combined sequences[J]. Fungal Biology，114(2)：224-234.

Gilbert EJ. 1931. Les Boletes[M]. Paris：P. Lechevalier.

Gilbertson RL，Ryvarden L. 1986. North American polypores. Vol. I. Abortiporus-Lindtneria[M]. Oslo：Fungiflora.

Hanlin RT. 1990. illustrated genera of Ascomycetes [M].New York：Amer Phytopathological Society.

Hawksworth DL，Krik PM，Sutton BC，et al. 1995. Ainsworth & Bisby's Dictionary of The Fungi[M]. 8th ed. Wallingford：CAB International.

Hawksworth DL. 1991. The fungal dimension of biodiversity：magnitude，significance，and conservation[J]. Mycological Research，95（6）：641-655.

Hawksworth DL. 2011a. A new dawn for the naming of fungi：impacts of decisions made in Melbourne in July 2011 publicationregulation of fungal names[J]. MycoKeys，1：7-20.

Hawksworth DL. 2011b. Josef Adolf von Arx Award：David L. Hawksworth[J]. Academic Journal，IMA Fungus，2（1）：11.

Hawksworth DL. 2012. Global species numbers of fungi：are tropical studies and molecular approaches contributing to a more robust estimate[J]. Biodivers Conserv，21：2425-2433.

Hennig W. 1966. Phylogenetic Systematics[M]. Illinois：University of Illinois Press.

Hettiarachchige IK，Ekanayake PN，Mann RC，et al. 2015. Phylogenomics of asexual Epichloë fungal endophytes forming associations with perennial ryegrass[J]. BMC Evolutionary Biology，15：27.

Hibbett DS，Donoghue MJ. 1996. Implications of phylogenetic studies for conservation of genetic diversity in shiitake mushrooms[J]. Conservation Biology，10（5）：1321-1327.

Horak E. 1987. Boletales and Agaricales（Fungi）from northeren Yunnan，China Ⅰ. REvision of material collected by H. Handel-Mazzetti（1914—1916）in Lijiang[J]. Acta Botanica Yunnanica，9（1）：65-80.

Horikoshi T. 1996. The ecological role of fungi in global scale[J]. Nippon Kingakukai Kaiho，37（1）：23-24.

Ken Katumoto. 1996. Mycological Latin and Nomenclature[M]. Kanto：The Mycological Society of Japan.

Kirk PM，Cannon PF，Minter DW，et al. 2008a. Ainsworth & Bisby's Dictionary of the Fungi[M]. 4th ed. Wallingford：CAB International：1-771.

Kirk PM，Cannon PF，Minter DW，et al. 2008b. Dictionary of The Fungi[M]. 10th ed. Oxon：CAB International：1-771.

Kirk PM，Cannon PF. 2001. Ainsworth & Bisby's Dictionary of The Fungi[M]. 9th ed. Wallingfor d：CAB International.

Kirk PM，Norvell LL，Yao YJ. 2011. Changes to the code of nomenclature in Melbourne[J]. Journal of Fungal Research，9（3）：125-128.

Kirk PM，Norvell LL，姚一建. 2011. 国际植物学墨尔本大会上命名法规的变化[J]. 菌物研究，9（3）：125-128.

Kirschner R，Yang ZL. 2005. *Dacryoscyphus chrysochilus*，a new staurosporous anamorph with cupulate conidiomata from China and with affinities to the Dacrymycetales（Basidiomycota）[J]. Antonie van Leeuwenhoek International Journal of General and Molecular Microbiology，87（4）：329-337.

Kirschner R，Yang ZL，Zhao Q，et al. 2010. *Ovipoculum album*，a new anamorph with gelatinous cupulate bulbilliferous conidiomata from China and with affinities to the Auriculariales（Basidiomycota）[J]. Fungal Diversity，43（1）：55-65.

Knudsen H，Vesterholt J. 2008. Fungal Nordica：Agaricoid，boletoid and cyphelloid genera[M]. Copenhagen：Nordsvamp.

Kühner R，Romagnesi H. 1953. Flore analytique des champignons supérieurs（Agarics，Boletes，Chanterelles）. Pairs：Masson et Cie.

Largent DL. 1986a. How to Identify Mushrooms to GenusⅢ：Microscopic Features[M]. Eureka：Mad River Press.

Largent DL. 1986b. How to Identify Mushrooms to GenusⅤ：Cultural and Developmental Features[M]. Eureka：Mad River Press.

Largent DL. 1986c. How to Identify Mushrooms to Genus. I：Macroscopic Features[M]. Eureka：Mad River Press.

Largent DL，Baroni TJ. 1986a. How to Identify Mushrooms to Genus.Ⅵ：Modern Genera[M]. Eureka：Mad River Press.

Largent DL，Thiers HD. 1986b. How to Identify Mushrooms to GenusⅡ：Field Identification of Genera[M]. Eureka：Mad River Press.

Li HJ，Cui BK，Dai YC. 2014. Taxonomy and multi-gene phylogeny of *Datronia*（Polyporales，Basidiomycota）[J]. Persoonia Molecular Phylogeny and Evolution of Fungi，32（1）：170-182.

Li HJ，Cui BK. 2013a. Taxonomy and phylogeny of the genus *Megasporoporia* and its related genera[J]. Mycologi，2：368-383.

Li HJ，Cui BK. 2013b. Two new *Daedalea* species（Polyporales，Basidiomycota）from South China[J]. Mycoscience，1：62-68.

Li Y. Azbukina Z M. 2011. 乌苏里江流域真菌[M]. 北京：科学出版社.

Li YC，Feng B，Yang ZL. 2011. *Zangia*，a new genus of Boletaceae supported by molecular and morphological evidence[J]. Fungal Diversity，49：125-143.

Li YC，Yang ZL，Bau T. 2009. Phylogenetic and biogeographic relationships of *Chroogomphus* species as inferred from molecular and morphological data[J]. Fungal Diversity，38：85-104.

Ling L. 1932. Enumeration of fungi in herbarium of National University of Peking[J]. Contr Biol Lab Sic Soc China，Bot Ser，8：183-191.

Ling L. 1933. Studies of the genus *Poria* of China. Contr Bio Lab Sic Soc China[J]. Bot ser，8：222-232.

Ling L. 1935. Polyporaceae of China listed in the publications of the Science Society of China[J]. Proceedings Pacif Sci Congr Canada：3246-3250.

Linnaeus C. 1753. Species Plantarum，Tomus 2. Laurentius Salvius[M]. Stockholm：Sweden.

Liu B，Bau YS. 1980a. A new genus and a new species of Clathaceae[J]. Mycotaxon，10（2）：293-295.

Liu B，Bau YS. 1980b. Fungi Pharmacopoeia Sinica[M]. Oakland，California：The Kinoko Company.

Liu B，Tao K. 1989. Two new species of *Melanogaster* from China[J]. Mycosystema，8（3）：210-213.

Liu B. 1984. The Gasteromycetes of China[M]. Vaduz：J. Cramer. Vaduz.

Liu SH，Huang FY. 1935. Note surles *Lysurus* de China[J]. Contr Inst Bot Nat Acad PeiPing，（8）：397-402.

Liu SH，Huang FY. 1936. Note surles Phalloides de China[J]. Chinese Journ Bot，1（1）：83-95.

Liu Y，Bau T. 2009. A new species of *Hohenbuehelia* from China[J]. Mycotaxon，108（2）：445-448.

Liu Y，Bau T. 2013. A new subspecies of *Lentinellus* and its phylogenetic relationship based on ITS sequence[J]. African Journal of Microbiology Research，7（29）：3789-3793.

Lucas G，Synge H. 1978. The IUCN Planed Red Data Book[M]. Morges：IUCN：1-540.

Magno P. 1689. Prodromus historiae generalis plantarum[M]. Montpelier：Daniel Pech.

Maire R. 1902. Recherches cytologiques & taxonomiques sur les basidiomycetes[J]. Au siege de la Societe，1：205-209.

Matheny PB，Curtis JM，Hofstetter V，et al. 2006. Major clades of Agaricales：a multilocus phylogenetic overview[J]. Mycologia，98（6）：982-995.

Mayden RL. 1997. A hierarchy of species concepts：the denouement in the saga of the species problem. *In*：Claridge MF，Dawah HA，Wilson MR. Species：The Units of Biodiversity[M]. London：Chapman & Hall.

Mayr E. 1942. Systematics and the Origin of Specie[M]. New York：Columbia University Press.

Miettinen O，Spirin V，Vlasák J，et al. 2016. Polypores and genus concepts in Phanerochaetaceae（Polyporales，Basidiomycota）[J]. MycoKeys，17：1.

Nagao H. 1999. Mycological Red Data Book in progress and in the future[J]. 日本菌物学会会报，40：44-48.

Nagasawa E. 2001. Taxonomic studies of Japanese boletes. I. The genera *Boletinellus*，*Gyrodon* and *Gyroporus*[J]. fReports of the Tottori Mycological Institute，39：1-27.

Neda H. 2008. Correct name for “nameko”[J]. Mycoscience，49：88-91.

Ni M，Feretzaki M，Sun S，et al. 2011. Sex in fungi[J]. Annual Review of Genetics，45：405.

Nunez M，Ryvarden L. 1994. A note on the genus *Beenakia*[J]. Sydowia，46（2）：321-328.

Nunez M，Ryvarden L. 2001 .East Asian polypores 2. Polyporaceae s. lato[J]. Synopsis Fungorum，14：170-522.

Packham JM，May TW. 2002. Macrofungal diversity and community ecology in mature and regrowth wet eucalypt forest in Tasmania：A multivariate study[J]. Austral Ecology，27（2）：149.

Poncet S E. 1967. A numerical classification of yeasts of the genus *Pichia* Hansen by a factor analysis method[J]. Antonie van Leeuwenhoek，33（1）：345-358.

Poncet S.1967.Taxometric study of the genus Pichia Hansen（Ascomycetes，Saccharomycetaceae）[J]. C R Acad Sci Hebd Seances Acad Sci D，264（1）：43.

Prasher IB. 1993. Wood-rotting non-gilled Agaricomycetes of Himalayas[M]. Dordrecht：Springer：15-25.

Proctor JR，Kendrick WB. 1963. Unequal weighting in numerical taxonomy[J]. Nature，4868：716-717.

Reijnders AFM. 1979. Developmental anatomy of *Coprinus*[J]. Persoonia，10（12）：383-424.

Reijnders AFM. 1983. developpement de *Tectella patellaris*（Fr.）Murr et la nature des basidiocarpes cupuliformes[J]. Bulletin Trimestriel De La Societe Mycologique De France，99：26-109.

Reynolds DR. 1993. The fungal holomorph：an overview. *In*：Reyndds DR，Taylor JW. The Fungal Holomorph：Mitotic，Meiotic and Pleomorphic Speciation in Fungal Systemtics：Wallingford：CAB International.

Richard F，Moreau PA. 2004. Diversity and fruiting patterns of ectomycorrhizal and saprobic fungi in an old-growth Mediterranean forest dominated by *Quercus ilex* L[J]. Canadian Journal of Botany，82（12）：149.

Rimóczi I，Siller I，Vasas G. 1999. Magyarország nagygombáinak javasolt Vörös Listája[The draft of the red list of Hungarian Macrofungi][J]. Mikológiai Közlemények Clusiana，38（1-3）：107-132.

Rubini A，Paolocci F，Riccioni CGG et al. 2005. Genetic and phylogeo-graphic structures of the symbiotic fungus *Tuber magnatum*[J]. Applied and Environmental Microbiology，71：6584-6589.

Ryan MJ，Bridge PD，Smjth D，et al. 2002. Phenotypic degeneration occurs during sector formation in *Metarhizium anisopliae*[J]. Jourrnal of Applied Microbiology，93：163-168.

Ryan MJ，Smith D. 2004. Fungal genetic resource centres and the genomic challenge[J]. Mycological Research，108（12）：1351-1362.

Rygiewica PT，Andersen CP. 1994. Mycorrhizae alter quality and quantity of carbon allocated below ground[J]. Nature，（369）：58-60.

Ryvarden L. 1998. African polypores-A review[J]. Belgian Journal of Botany，131（2）：150-155.

Satoshi Y，Yasuyuki M. 1998. Concentrations of Alkali and Alkaline Earth Elements in Mushrooms and Plants Collected in a Japanese Pine Forest，and Their Relationship with ^{137}Cs[J]. Journal of Environmental Radioactivity，（2）：183-205.

Singer R. 1975. The Agaricales in modern taxonomy[M]. Leutershausen：J. Cramer.

Smith AH. 1966. The hyphal structure of the basidiocarp[J]. The fungi，2：151-177.

Smith D，Onions AHS. 1994. The Preservation And Maintenance of Living Fungi[M]. 2nd ed. Wallingford：CAB International.

Storck R，Alexopoulos J. 1970. Deoxyribonucleic acid of fungi[J]. Bacteriol Rev，34：126-154.

Stuntz DE，Largent DL，Watling R. 1986. How to Identify Mushrooms to GenusⅣ：Keys to Families And Genera[M]. Eureka：Mad River Press.

Su HY，Wang L，Ge YH，et al. 2008. Development of strain-specific SCAR markers for authentication of *Ganoderma lucidum*[J]. World Journal of Microbiology and Biotechnology，24（7）：1223-1226.

Taylor JW，Jacobson DJ，Kroken S，ct al. 2000. Phylogenetic species recognition and species concepts in fungi[J]. Fungal Genetics and Biology，31：21-32.

Teng CT. 1934a. Notes of Tremellales from China[J]. Sinensia，V5：466-479.

Teng CT. 1934b. Notes on Polyporacea from China[J]. Sinensia，V5：173-224.

Teng CT. 1935a. Notes of Thelephoracea and Hydnaceae from China[J]. Sinensia，V6：9-36.

Teng CT. 1935b. Notes on Gasteromycetes from China[J]. Sinensia，（6）：701-724.

Teng SC. 1939. Higher Fungi of China[M]. Beijing：National Institute of Zoology and Botany，Academia Sinica.

Teng SC. 1996. Fungi of China[M]. Ithaca：Mycotaxon Ltd.

Tian EJ，Bau T，Ding YX. 2016. A new species of *Pholiota* subgenus *Flammuloides* section *Lubricae*（Strophariaceae，Agaricales）from Tibet，China[J]. Phytotaxa，286（3）：153-160.

Tian EJ，Bau T. 2012. *Pholiota virescens*，a new species from China[J]. Mycotaxon，121：153-157.

Tian EJ，Bau T. 2013. *Stropharia jilinensis*，a new species（Strophariaceae，Agaricales）from China[J]. Nova Hedwigia，99（1-2）：271-276.

Tournefort，Joseph P. 1694. Éléments de botanique ou methode pour connaître les plantes（in French）[M]. Paris：

Imprimerie Royale. trans. As.

Turland N. 2015. 解译法规《国际藻类、菌物和植物命名法规》读者指南[M]. 北京：高等教育出版社.

Varese G，Voyron S. 2004. Conservazione ex-situ della biodiversità dei basidiomiceti：problemi metodologici[J]. Informatore Botanico Italiano，36（1）：226-229.

Walther V，Rexer KH. 2001. The ontogeny of the fruit bodies of *Mycena stylobates*[J]，MycoL. Res，105（6）：723-733.

Wang JR，Bau T. 2013. A new species and a new record of the genus *Entoloma* form China[J]. Mycotaxon，124：165-171.

Wang XH，Yang ZL，Li YC，et al. 2009. *Russula griseocarnosa* sp. nov.（Russulaceae，Russulales），a commercially important edible mushroom in tropical China：mycorrhiza，phylogenetic position，and taxonomy[J]. Nova Hedwigia，88：269-282.

Wei JC，Huang SH. 1941. A check-list of fungi deposited in the mycological herbarium of the university of Nanking[J]. Nanking J，9：329-372.

Wei JC，Jiang YM. 1993. The Asain Umbilicariaceae[M]. Beijing：International Academic Publisher.

Wei YL，Cui BK，Li J，et al. 2005. A checklist of polypores from Liaoning Province[J]. Fungal Science. 20：11-18.

Wei YL，Dai YC，Yu CJ. 2003. A check of polypores on *Larix* in Northeast China[J]. Chinese Forestry Science Technology，2：64-68.

Whittaker RH. 1959. On the broad classification of organisms[J]. Q Rev Biol，34：210-226.

Wu F，Yuan Y，Malysheva VF，et al. 2014. Species clarification of the most important and cultivated *Auricularia* mushroom "Heimuer"：evidence from morphological and molecular data[J]. Phytotaxa，186（5）：241-253.

Wu G，Zhao K，Li YC，et al. 2016. Four new genera of the fungal family Boletaceae. Fungal Diversity，81：1-24.

Wu G，Zhao K，Li YC，et al. 2016. Four new genera of the fungal family Boletaceae[J]. Fungal Diversity，81（1）：1-24.

Wu SH，Dai YC，Hattori T，et al. 2012. Species clarification for the medicinally valuable 'sanghuang' mushroom[J]. Botanical Studies，53：135-149.

Yan JQ，Bau T. 2014. *Cordyceps ningxiaensis* sp. nov.，a new species from dipteran pupae in Ningxia Hui Autonomous Region of China[J]. Nova Hedwigia，100（1-2）：251-258.

Yang SS，Bau T. 2014. Three new records of *Crepidotus* from Northern China[J]. Nova Hedwigia，98（3-4）：507-513.

Yang ZL，Feng B. 2013. The genus *Omphalotus*（Omphalotaceae）in China[J]. Mycosystema，32：545-556.

Yang ZL，Kirschner R. 2005. *Dacryoscyphus chrysochilus*，a new staurosporous anamorph with cupulate conidiomata from China and with affinities to the Dacrymycetales（Basidiomycota）[J]. Antonie Van Leeuwenhoek，4：329-337.

Yang ZL，Zhang LF，Mueller GM，et al. 2009. A new systematic arrangement of the genus *Oudemansiella* s.str.（Physalacriaceae，Agaricales）[J]. Mycosystema，28：1-13.

Yuan HS，Dai YC，Wu SH. 2012. Two new species of *Junghuhnia*（Polyporales）from Taiwan and a key to all species known worldwide of the genus[J]. Sydowia，64：137-145.

Yuan HS，Dai YC. 2004. Studies on *Gloeophyllum* in China[J]. Mycosystema，23：173-176.

Zang M，Li TH，Petersen RH. 2001. Five new species of Boletaceae from China[J]. Mycotaxon，80（5）：481-487.

Zeng NK，Cai Q，Yang ZL. 2012. *Corneroboletus*，a new genus to accommodate the Southeast Asian *Boletus indecorus*[J]. Mycologia，104：1420-1432.

Zeng NK，Liang ZQ，Wu G，et al. 2016. The genus *Retiboletus* in China[J]. Mycologia，2：363-380.

Zeng NK，Liang ZQ，Yang ZL. 2014a. *Boletus orientialbus*，a new species with white basidioma from subtropical China[J]. Mycoscience，55：159-163.

Zeng NK，Su MS，Liang ZQ，et al. 2014b. A geographical extension of the North American genus *Bothia*（Boletaceae，Boletales）to East Asia with a new species *B. fujianensis* from China[J]. Mycological Progress，

14：1015.
Zeng NK，Tang LP，Li YC，et al. 2013 .The genus *Phylloporus*（*Boletaceae*，*Boletales*）from China：morphological and multilocus DNA sequence analyses[J]. Fungal Diversity，58：73-101.
Zeng NK，Tang LP，Yang ZL. 2011. Type studies on two species of *Phylloporus*（Boletaceae，Boletales）described from southwestern China[J]. Mycotaxon，117：19-28.
Zeng NK，Wu G，Li YC，et al. 2014c. *Crocinoboletus*，a new genus of Boletaceae（Boletales）with unusual boletocrocin polyene pigments[J]. Phytotaxa，175（3）：133-140.
Zeng NK，Yang ZL. 2011. Notes on two species of *Boletellus*（Boletaceae，*Boletales*）from China[J]. Mycotaxon，115：413-423.
Zeng NK，Zhang M，Liang ZQ. 2015. A new species and a new combination in the genus *Aureoboletus*（Boletales，Boletaceae）from southern China[J]. Phytotaxa，222（2）：129-137.
Zhang L，Yang J，Yang Z，et al. 2004. Molecular phylogeny of eastern Asian species of *Amanita*（Agaricales，Basidiomycota）：taxonomic and biogeographic implications. Fungal Divers[J]. Fungal Diversity，17（1）：219-238.
Zhang M，Li TH，Bau T，et al. 2013. A new species of *Xerocomus* from Southern China[J]. Mycotaxon，121（1）：23-27.
Zhang P，Chen ZH，Xiao B，et al. 2010. Lethal amanitas of east Asia characterized by morphological and molecular data[J]. Fungal Diversity，42：119-133.
Zhang P，Yang ZL，Ge ZW. 2006. Two new species of *Ramaria* from southwestern China[J]. Mycotaxon，94：235-240.
Zhao CL，Cui BK，Kari TS. 2013a. Yuchengia，a new *Polypore* genus segregated from *Perenniporia*（Polyporales）based on morphological and molecular evidence[J]. Nordic Journal of Botany，3：331-338.
Zhao JD，Zhang XQ. 1992. The Polypores of China[J]. Bibliotheca Mycologica，145：1-524.
Zhao JD. 1989. The Ganodermataceae in China[J].Bibliography Mycology，132：1-176.
Zhao K，Wu G，Yang ZL. 2014. A new genus，*Rubroboletus*，to accommodate *Boletus sinicus* and its allies[J]. Phytotaxa，188（2）：61-77.
Zhao Q，Feng B，Yang ZL，et al. 2013b. New species and distinctive geographical divergences of the genus *Sparassis*（Basidiomycota）：evidence from morphological and molecular data[J]. Mycological Progress，12：445-454.
Zhou LW，Dai YC. 2012a. Progress report on the study of wood-decaying fungi in China[J]. Chinese Science Bulletin，57：4328-4335.
Zhou LW，Dai YC. 2012b. Wood-inhabiting fungi in southern China 5. New species of *Theleporus* and *Grammothele*（Polyporales，Basidiomycota）[J]. Mycologia，104：915-924.
Zhuang WY，Bau T. 2008. A new inoperculate discomycete with compound fruitbodies[J]. Mycotaxon，104：45.
Zhuang WY. 2001. Higher Fungi of Tropical China[M]. Ithaca：Mycotaxon Ltd.
Zhuang WY. 2005. Fungi of North Western China[M] . Ithaca：Mycotaxon Ltd.

附录一 《蕈菌分类学》采用的分类系统

ASCOMYCOTA 子囊菌门

Leotiomycetes 锤舌菌纲

Leotiomycetidae 锤舌菌亚纲

Leotiales 锤舌菌目

1. 锤舌菌科 Leotiaceae

锤舌菌属 *Leotia*

2. 胶陀螺科 Bulgariaceae

胶陀螺属 *Bulgaria*

Helotiales 柔膜菌目

1. 柔膜菌科 Helotiaceae

耳盘菌属 *Cordierites*

毛钉菌属 *Hymenoscyphus*

2. 晶杯菌科 Hyaloscyphaceae

白毛盘菌属 *Albotricha*

蛛盘菌属 *Arachnopeziza*

晶杯菌属 *Hyaloscypha*

3. 核盘菌科 Sclerotiniaceae

核盘菌属 *Sclerotinia*

Rhytismatales 斑痣盘菌目

1. 地锤菌科 Cudoniaceae

地锤菌属 *Cudonia*

地勺菌属 *Spathularia*

（亚纲不确定的类群）

Geoglossales 地舌菌目

2. 地舌菌科 Geoglossaceae

地舌菌属 *Geoglossum*

毛地舌菌属 *Trichoglossum*

Pezizomycetes 盘菌纲

Pezizales 盘菌目

1. 粪盘菌科 Ascobolaceae

粪盘菌属 *Ascobolus*

2. 平盘菌科 Discinaceae

平盘菌属 *Discina*

鹿花菌属 *Gyromitra*

3. 马鞍菌科 Helvellaceae

马鞍菌属 *Helvella*

4. 羊肚菌科 Morchellaceae

羊肚菌属 *Morchella*

钟菌属 *Verpa*

5. 盘菌科 Pezizaceae

盘菌属 *Peziza*

6. 火丝菌科 Pyronemataceae

网孢盘属 *Aleuria*

缘刺盘菌属 *Cheilymenia*

地孔菌属 *Geopora*

土盘菌属 *Humaria*

南费盘菌属 *Jafnea*

弯毛盘菌属 *Melastiza*

侧盘属 *Otidea*

盾盘菌属 *Scutellinia*

疣杯菌属 *Tarzetta*

威氏盘菌属 *Wilcoxina*

7. 肉杯菌科 Sarcoscyphaceae

小口盘菌属 *Microstoma*

肉杯菌属 *Sarcoscypha*

杯盘菌属 *Urnula*

暗盘菌属 *Plectania*

8. 肉盘菌科 Sarcosomataceae

唐氏盘菌属 *Donadinia*

盖式盘菌属 *Galiella*

9. 块菌科 Tuberaceae

块菌属 *Tuber*

Sordariomycetes 粪壳菌纲

Hypocreomycetidae 肉座菌亚纲

Hypocreales 肉座菌目

1. 麦角菌科 Clavicipitaceae

麦角菌属 *Claviceps*

绿僵虫草属 *Metacordyceps*

2. 虫草科 Cordycipitaceae

虫草属 *Cordyceps*

3. 肉座菌科 Hypocreaceae

肉座菌属 *Hypocrea*

肉棒菌属 *Podostroma*

4. 线虫草科 Ophiocordycipitaceae

大团囊虫草属 *Elaphocordyceps*

线虫草属 *Ophiocordyceps*

Xylariomycetidae 炭角菌亚纲

Xylariales 炭壳菌目

1. 炭角菌科 Xylariaceae

轮层炭壳属 *Daldinia*

炭角菌属 *Xylaria*

Basidiomycota 担子菌门

Agaricomycotina 蘑菇亚门

Tremellomycetes 银耳纲

Tremellales 银耳目

1. 银耳科 Tremellaceae

黑耳属 *Exidia*

银耳属 *Tremella*

Dacrymycetes 花耳纲

Dacrymycetales 花耳目

1. 花耳科 Dacrymycetaceae

花耳属 *Dacrymyces*

Auriculariales 木耳目

1. 木耳科 Auriculariaceae

木耳属 *Auricularia*

Agaricomycetes 蘑菇纲

Agaricomycetidae 蘑菇亚纲

Agaricales 蘑菇目

1. 蘑菇科 Agaricaceae

蘑菇属 *Agaricus*

鬼伞属 *Coprinus*

囊环菇属 *Cystolepiota*

环柄菇属 *Lepiota*

白环蘑菇属 *Leucoagaricus*

白鬼伞属 *Leucocoprinus*

马勃属 *Lycoperdon*

脱盖马勃属 *Disciseda*

秃马勃属 *Calvatia*

静灰球菌属 *Bovistella*

灰球菌属 *Bovista*

大环柄菇属 *Macrolepiota*

暗褶菌属 *Melanophyllum*

栓皮马勃属 *Mycenastrum*

灰菇包属 *Secotium*

白蛋巢菌属 *Crucibulum*

黑蛋巢菌属 *Cyathus*

红蛋巢菌属 *Nidula*

鸟巢菌属 *Nidularia*

柄灰包属 *Tulostoma*

裂顶柄灰包属 *Schizostoma*

2. 鹅膏菌科 Amanitaceae

鹅膏属 *Amanita*

黏盖伞属 *Limacella*

3. 粪锈伞科 Bolbitiaceae

粪锈伞属 *Bolbitius*

锥盖伞属 *Conocybe*

环鳞伞属 *Descolea*

疣孢斑褶菇属 *Panaeolina*

斑褶菇属 *Panaeolus*

4. 珊瑚菌科 Clavariaceae

珊瑚菌属 *Clavaria*

拟锁瑚菌属 *Clavulinopsis*

5. 丝膜菌科 Cortinariaceae

丝膜菌属 *Cortinarius*

暗皮伞属 *Flammulaster*

侧火菇属 *Phaeomarasmius*

假脐菇属 *Tubaria*

6. 粉褶菌科 Entolomataceae

斜盖菇属 *Clitopilus*

粉褶菌属 *Entoloma*

红盖菇属 *Rhodocybe*

7. 牛舌菌科 Fistulinaceae

牛舌菌属 *Fistulina*

8. 轴腹菌科 Hydnangiaceae

轴腹菌属 *Hgdnangium*

蜡蘑属 *Laccaria*

9. 蜡伞科 Hygrophoraceae

湿伞属 *Hygrocybe*

蜡伞属 *Hygrophorus*

10. 层腹菌科 Hymenogastraceae

层腹菌属 *Hymenogaster*

盔孢菌属 *Galerina*

滑锈伞属 *Hebeloma*

球根蘑菇属 *Leucocortinarius*

脆锈伞属 *Naucoria*

暗金钱菌属 *Phaeocollybia*

11. 丝盖伞科 Inocybaceae

丝盖伞属 *Inocybe*

12. 离褶伞科 Lyophyllaceae

寄生菇属 *Asterophora*

丽蘑属 *Calocybe*

玉蕈属 *Hypsizygus*

离褶伞属 *Lyophyllum*

13. 小皮伞科 Marasmiaceae

脉褶菌属 *Campanella*

毛皮伞属 *Crinipellis*

巨囊菌属 *Macrocystidia*

小皮伞属 *Marasmius*

大金钱菌属 *Megacollybia*

老伞属 *Gerronema*

湿柄伞属 *Hydropus*

圆孢侧耳属 *Pleurocybella*

14. 小菇科 Mycenaceae

半小菇属 *Hemimycena*

元蘑属 *Sarcomyxa*

干脐菇属 *Xeromphalina*

铦囊蘑属 *Melanoleuca*

小菇属 *Mycena*

扇菇属 *Panellus*

15. 光茸菌科 Omphalotaceae

裸柄伞属 *Gymnopus*

微香菇属 *Lentinula*

微皮伞属 *Marasmiellus*

类脐菇属 *Omphalotus*

红金钱菌属 *Rhodocollybia*

漏斗伞属 *Infundibulicybe*

16. 泡头菌科 Physalacriaceae

蜜环菌属 *Armillaria*

冬菇属 *Flammulina*

小奥德蘑属 *Oudemansiella*

泡头菌属 *Physalacria*

玫耳属 *Rhodotus*

松果菌属 *Strobilurus*

干蘑属 *Xerula*

17. 侧耳科 Pleurotaceae

亚侧耳属 *Hohenbuehelia*

侧耳属 *Pleurotus*

18. 小黑轮科 Resupinataceae

小黑轮属 *Resupinatus*

19. 光柄菇科 Pluteaceae

光柄菇属 *Pluteus*

包脚菇属 *Volvariella*

20. 小脆柄菇科 Psathyrellaceae

小鬼伞属 *Coprinellus*

拟鬼伞属 *Coprinopsis*

近地伞属 *Parasola*

小脆柄菇属 *Psathyrella*

21. 裂褶菌科 Schizophyllaceae

裂褶菌属 *Schizophyllum*

22. 菌瘿伞科 Squamanitaceae

囊皮菌属 *Cystoderma*

小囊皮菌属 *Cystodermella*

环锈伞属 *Phaeolepiota*

菌瘿伞属 *Squamanita*

23. 球盖菇科 Strophariaceae

库恩菇属 *Kuehneromyces*

沿丝伞属 *Hypholoma*

鳞伞属 *Pholiota*

球盖菇属 *Stropharia*

24. 口蘑科 Tricholomataceae

杯伞属 *Clitocybe*

金钱菌属 *Collybia*

香蘑属 *Lepista*

白桩菇属 *Leucopaxillus*

毛缘菇属 *Ripartites*

口蘑属 *Tricholoma*

拟口蘑属 *Tricholomopsis*

小鸡油菌属 *Cantharellula*

亚脐菇属 *Omphalina*

假杯伞属 *Pseudoclitocybe*

Cantharellales 鸡油菌目

1. 鸡油菌科 Cantharellaceae

喇叭菌属 *Craterellus*

鸡油菌属 *Cantharellus*

Boletales 牛肝菌目

1. 牛肝菌科 Boletaceae

金牛肝菌属 *Aureoboletus*

南方牛肝菌属 *Austroboletus*

条孢牛肝菌属 *Boletellus*

刺牛肝菌属 *Boletochaete*

牛肝菌属 *Boletus*

叶腹菌属 *Chamonixia*

柯氏牛肝菌属 *Corneroboletus*

橙牛肝菌属 *Crocinoboletus*

腹牛肝菌属 *Gastroboletus*

海氏牛肝菌属 *Heimioporus*

新牛肝菌属 *Neoboletus*

疣柄牛肝菌属 *Leccinum*

褶孔牛肝菌属 *Phylloporus*

红牛肝菌属 *Porphyrellus*

粉末牛肝菌属 *Pulveroboletus*

网柄牛肝菌属 *Retiboletus*

红孔牛肝菌属 *Rubroboletus*

皱盖牛肝菌属 *Rugiboletus*

松塔牛肝菌属 *Strobilomyces*

刺管牛肝菌属 *Tubosaeta*

粉孢牛肝菌属 *Tylopilus*

金孢肝菌属 *Xanthoconium*

绒盖牛肝菌属 *Xerocomus*

臧氏牛肝菌属 *Zangia*

2. 小牛肝菌科 Boletinellaceae

脉柄牛肝菌属 *Phlebopus*

3. 丽口菌科 Calostomataceae

丽口菌属 *Calostoma*

4. 硬皮地星科 Astraeaceae

硬皮地星属 *Astraeus*

5. 腹孢菌科 Gastrosporiaceae

腹孢菌属 *Gastrosporium*

6. 铆钉菇科 Gomphidiaceae

色钉菇属 *Chroogomphus*

铆钉菇属 *Gomphidius*

7. 圆孢牛肝菌科 Gyroporaceae

圆孔牛肝菌属 *Gyroporus*

8. 拟蜡伞科 Hygrophoropsidaceae

拟蜡伞属 *Hygrophoropsis*

9. 桩菇菌科 Paxillaceae

短孢牛肝菌属 *Gyrodon*

桩菇属 *Paxillus*

10. 黑腹菌科 Melanogastraceae

光黑腹菌属 *Alpova*

白腹菌属 *Leucogaster*

白脉腹菌属 *Leucophleps*

黑腹菌属 *Melanogaster*

11. 须腹菌科 Rhizopogonaceae

须腹菌属 *Rhizopogon*

12. 硬皮马勃科 Sclerodermataceae

硬皮马勃属 *Scleroderma*

豆马勃属 *Pisolithus*

13. 硬皮腹菌科 Sclerogastraceae

14. 黏盖牛肝菌科 Suillaceae

乳牛肝菌属 *Suillus*

15. 小塔氏菌科 Tapinellaceae

小塔氏菌属 *Tapinella*

Phallomycetidae 鬼笔亚纲

Geastrales 地星目

1. 地星科 Geastraceae

地星属 *Geastrum*

2. 弹球菌科 Sphaerobolaceae

弹球菌属 *Sphaerobolus*

Gomphales Jülich 钉菇目

1. 棒瑚菌科 Clavariadelphaceae

棒瑚菌属 *Clavariadelphus*

2. 高腹菌科 Gautieriaceae

高腹菌属 *Gautieria*

Hysterangiales 辐片包目

1. 辐片包科 Hysterangiaceae

辐片包属 *Hysterangium*

2. 鬼笔腹菌科 Phallogastraceae

鬼笔腹菌属 *Phallogaster*

Phallales 鬼笔目

1. 笼头菌科 Claustulaceae

笼头菌属 *Clathrus*

柄笼头菌属 *Simblum*

林德氏鬼笔属 *Linderia*

星头鬼笔属 *Aseroe*

假笼头菌属 *Pseudoclathrus*

尾花菌属 *Anthurus*

2. 鬼笔科 Phallaceae

散尾鬼笔属 *Lysurus*

蛇头菌属 *Mutinus*

鬼笔属 *Phallus*

竹荪属 *Dictyophora*

（亚纲不确定）

Corticiales 伏革菌目

1. 伏革菌科 Corticiaceae

伏革菌属 *Corticium*

Gloeophyllales 褐褶菌目

1. 褐褶菌科 Gloeophyllaceae

褐褶菌属 *Gloeophyllum*

Hymenochaetales 刺革菌目

1. 刺革菌科 Hymenochaetaceae

木层孔菌属 *Phellinus*

纤孔菌属 *Inonotus*

附毛菌属 *Trichaptum*

2. 藓菇科 Rickenellaceae

藓菇属 *Rickenella*

Polyporales 多孔菌目

1. 囊韧革菌科 Cystostereaceae

2. 拟层孔菌科 Fomitopsidaceae

薄孔菌属 *Antrodia*

黄孔菌属 *Auriporia*

迷孔菌属 *Daedalea*

拟层孔菌 *Fomitopsis*

绚孔菌属 *Laetiporus*

褐腐干酪菌属 *Oligopours*

剥管菌属 *Piptoporus*

茯苓属 *Wolfiporia*

3. 灵芝科 Ganodermataceae

灵芝属 *Ganoderma*

假芝属 *Amauroderma*

鸡冠孢芝属 *Haddowia*

网孢芝属 *Humphreya*

4. 薄孔菌科 Meripilaceae

耙齿菌属 *Irpex*

5. 皱孔菌科 Meruliaceae

树花菌属 *Grifola*

亚灰树花菌属 *Meripilus*

6. 酸味菌科 Oxyporaceae

酸味菌属 *Oxyporus*

7. 多孔菌科 Polyporaceae

多孢孔菌属 *Abundisporus*

革孔菌属 *Coriolopsis*

隐孔菌属 *Cryptoporus*

拟迷孔菌属 *Daedaleopsis*

小异薄孔菌属 *Datroniella*

香菇属 *Lentinus*

褶孔菌属 *Lenzites*

新异薄孔菌属 *Neodatronia*

新香菇属 *Neolentinus*

红盖孔菌属 *Flammeopellis*

层孔菌属 *Fomes*

拟浅孔菌属 *Grammothelopsis*

蜂窝菌属 *Hexagonia*

厚皮孔菌属 *Hornodermoporus*

巨孔菌属 *Megasporia*

大孔菌属 *Megasporoporia*

小大孔菌属 *Megasporoporiella*

革耳属 *Panus*

多年卧孔菌属 *Perenniporia*

多孔菌属 *Polyporus*

红孔菌属 *Pycnoporus*

栓孔菌 *Trametes*

截孢孔菌属 *Truncospora*

干酪菌属 *Tyromyces*

范氏孔菌属 *Vanderbylia*

玉成孔菌属 *Yuchengia*

8. 绣球菌科 Sparassidaceae

绣球菌属 *Sparassis*

Thelephorales 革菌目

1. 革菌科 Thelephoraceae

    革菌属 *Thelephora*

Russulales 红菇目

1. 地花菌科 Albatrellaceae

    地花菌属 *Albatrellus*

2. 耳匙菌科 Auriscalpiaceae

    耳匙菌属 *Auriscalpium*

    冠瑚菌属 *Clavicorona*

    小香菇属 *Lentinellus*

3. 猴头菌科 Hericiaceae

    猴头菌属 *Hericium*

4. 红菇科 Russulaceae

    乳菇属 *Lactarius*

    红菇属 *Russula*

5. 韧革菌科 Stereaceae

    韧革菌属 *Stereum*

附录二　常见蕈菌检索表

（参照 Petersen and Vesterholt，2008）

主 检 索 表

1. 子实体挂钟菌状······Key A
1. 子实体非挂钟菌状······2
2. 子实层为菌管······Key B
2. 子实层为菌褶或皱褶状······3
3. 菌盖微小，光滑；枯枝上······*Physalacria*
3. 菌盖和生境与上面不同······4
4. 菌盖后期不展开······*Chlorophyllum agaricoides*
4. 菌盖后期展开······5
5. 孢子印白色、浅白色、浅黄色、黄色、浅紫丁香色或粉白色······Key C
5. 孢子印浅粉色、浅绿色、褐色或浅黑色······6
6. 孢子印粉色、浅褐粉色或浅绿色······7
6. 孢子印褐色至黑色······8
7. 孢子印粉色或浅褐粉色······Key D
7. 孢子印浅绿色······Key E
8. 孢子印灰白色至鲜艳或暗褐色······Key F
8. 孢子印暗褐色、暗浅紫褐色或黑色······Key G

Key A：子实体挂钟菌状

1. 菌管大量且密集，具有收缩的基部或具有一个短柄的子座呈舌状或肾形······*Fistulina*
1. 子座常缺或较薄······2
2. 孢子有纹饰或有角······3
2. 孢子光滑，无角······5
3. 孢子（5～5.5）μm×（4.5～5）μm，近球状至角状，透明······*Resupinatus griseopallidus*
3. 孢子长≥6.5μm，宽椭圆形至椭圆形，浅褐色······4
4. 孢子（8～10）μm×（6.5～8.5）μm；具锁状联合；生于苔藓和活立木的树皮上······*Chromocyphella*
4. 孢子（6.5～9）μm×（3.5～5.5）μm；无锁状联合；生于草茎、蕨类植物和阔叶树上······*Pellidiscus*
5. 孢子褐色······*Episphaeria*
5. 孢子透明······6
6. 子实体无边缘菌毛······7
6. 子实体有边缘菌毛，有时菌毛覆盖在整个外表面······9
7. 子实层囊状体锥形；孢子（4～5）μm×（2.5～3）μm······*Cyphellostereum*
7. 子实层无囊状体；孢子长≥5.5μm，宽≥4μm······8

8. 具有锁状联合；菌盖皮层菌丝无结痂；生于苔藓上……*Rimbachia*
8. 无锁状联合；菌盖皮层菌丝具结痂；生于苔藓或其他植物残骸上……*Arrhenia retiuga*
9. 边缘菌毛具结痂……10
9. 边缘菌毛光滑或稍具结痂……14
10. 菌毛顶端明显变细，有时具有光滑的鞭状附属物……*Flagelloscypha*
10. 菌毛顶端圆柱状或加宽，表面具结痂，无鞭状附属物……11
11. 孢子近球形……*Resupinatus*
11. 孢子明显加长……12
12. 孢子宽≥7μm……*Lachnella*
12. 孢子宽≤4μm……13
13. 生于蕨类植物叶柄或枯叶上……*Flagelloscypha*
13. 生于脱皮的树枝上……*Calathella*
14. 子实体生长在有毛缘的菌丝层上……*Porotheleum*
14. 菌丝层无或不明显……15
15. 外表面和菌毛呈金褐色至暗褐色……16
15. 外表面白色，奶油色或黄色；菌毛透明……18
16. 生于蕨类植物的基部；孢子纺锤形至窄果仁形……*Woldmaria*
16. 生于木头上，树干或其他有机物的残体上；孢子球状至近球状、椭圆形、圆柱形或囊状……17
17. 孢子直径6～12μm，球状至近球状；生于*Abies*……*Cyphella*
17. 孢子宽＜10μm，椭圆形、圆柱形或囊状；生于木头上、树干上或其他有机物残体上……*Merismodes*
18. 子实体管状，宽＜0.5mm……*Henningsomyces*
18. 子实体伞菌状，纵向二裂……*Schizophyllum amplum*

Key B：子实层为菌管

1. 生于草茎上；子实体菌肉薄……*Campanella*
1. 地生，木生或生于*Scleroderma*的子实体上；子实体菌肉厚或薄……2
2. 子实体具有侧生的短菌柄或收缩的基部；生于*Quercus*或*Castanea*上……*Fistiulina*
2. 菌柄中生；生于地上或针叶树树干上……3
3. 菌幕存在，在菌柄上形成菌环或留有菌环区域或在菌盖边缘形成菌幕残留物……4
3. 无菌幕……5
4. 菌盖干，浅灰色至浅黑色；孢子球形……*Strobilomyces*
4. 菌盖黏滑，浅黄色；孢子纺锤形……*Suillus*
5. 菌管层深延生，不易与菌盖分离……*Gyrodon*
5. 菌管层窄至宽直生或短延生，易与菌盖分离……6
6. 腐生于针叶树树桩或树根上……*Buchwaldoboletus*
6. 与阔叶树或针叶树形成菌根或生长在*Scleroderma*的子实体上……7
7. 菌孔橙红色至红色……8
7. 菌孔白色、黄色、浅绿色、浅橙色、浅粉色、肉桂色、锈色或暗褐色……9
8. 菌管和菌孔都呈红色……*Rubinoboletus*
8. 菌孔橙红色至红色；菌管黄色……*Boletus*

9. 孢子印稻草色至黄色或赭色；菌管和菌孔白色至柠檬色；菌柄菌肉具有不规则菌腔 ················· *Gyroporus*

9. 孢子印赭黄色，橄榄褐色，粉色至酒红色或浅褐色至暗褐色；菌管和菌孔颜色更暗；菌柄菌肉很少有菌腔 ··· 10

10. 菌柄整个表面附着鳞片 ··· *Leccinum*

10. 菌柄光滑或具网纹或小斑点 ··· 11

11. 菌柄上部具有网纹 ··· 12

11. 菌柄表面光滑、具斑点或具有皱纹 ··· 13

12. 菌柄网格白色或至少比菌柄颜色浅；孢子印橄榄褐色；菌管和菌孔近白色或黄色，渐变为浅橄榄绿色 ··· *Boletus*

12. 菌柄网格褐色，壁菌柄颜色更暗；孢子印粉色至酒红色；菌管和菌孔近白色，将变为浅橙色或酒红粉色 ··· *Tylopilus*

13. 味道苦；菌管和菌孔肉桂色至锈色；菌柄基部菌肉亮黄色 ······························· *Chalciporus*

13. 味道温和；菌管和菌孔黄色，浅绿色或暗褐色；菌柄基部菌肉非亮黄色 ······························· 14

14. 菌盖黏至黏滑，光滑至稍具鳞片 ··· 15

14. 菌盖干且具绒毛状物 ··· 17

15. 菌孔初期浅黄色，触碰后变蓝 ··· *Xerocomus badius*

15. 菌孔初期颜色更暗，触碰后不变蓝 ··· 16

16. 菌盖具有浅粉至浅红色调；生于地上与 *Fagus* 和 *Quercus* 共生 ······························· *Aureoboletus*

16. 菌盖无浅粉至浅红色调；与 *Pinus* 共生 ··· *Suillus*

17. 菌盖和菌柄浅褐色，深褐色至烟褐色；孢子印暗褐色 ······························· *Porphyrellus*

17. 至少菌柄为浅色；孢子印赭黄色、橄榄黄色、橄榄褐色或浅灰褐色 ······························· 18

18. 子实体的所有部分在触碰后都强烈而迅速地变蓝；菌柄宽＞10mm ······························· *Boletus*

18. 子实体在触碰后不变蓝，或只有菌孔和菌肉变色；菌柄更窄 ······························· 19

19. 菌孔初期呈暗橄榄褐色，后期变浅黄褐色 ······························· *Suillus variegates*

19. 菌孔初期黄色或浅黄色，后期呈橄榄褐色 ······························· *Xerocomus*

Key C：孢子印白色、浅白色、浅黄色、黄色、浅紫丁香色或粉白色

1. 菌肉或菌柄具乳汁 ··· 2

1. 菌肉或菌柄无乳汁 ··· 3

2. 菌柄薄且中空；孢子光滑，淀粉质 ··· *Mycena*

2. 菌柄厚且内实；孢子表面具淀粉质的纹饰 ··· *Lactarius*

3. 菌肉破碎状；菌柄宽＞5mm；孢子表面具淀粉质的纹饰；菌肉具有球状胞 ······························· *Russula*

3. 菌肉纤维状；菌柄更窄；孢子表面有或无淀粉质的纹饰；菌肉无球状胞 ······························· 4

4. 菌褶离生或附着在菌环上；有菌柄 ··· 5

4. 菌褶弯生、直生、延生；有或无菌柄 ··· 31

5. 子实体初期外菌幕膜质 ··· 6

5. 外菌幕粉末状，丛毛状，丝膜状，或无外菌幕 ··· 7

6. 孢子宽 2.5～6μm ··· *Floccularia*

6. 孢子宽 6～11μm ··· *Amanita*

7. 生于球果上 ··· 8

7. 生于其他的基质上……9
8. 菌柄表面具短绒毛；孢子淀粉质……*Baeospora*
8. 菌柄光滑或具粉末状物；孢子非淀粉质……10
9. 菌柄白色，浅黄色至褐色；具侧囊体……*Strobilurus*
9. 菌柄浅黑色；无侧囊体……*Gymnopus androsaceus*
10. 无菌幕……11
10. 菌幕膜质，黏滑，粉末状或丝膜状，在菌柄上形成菌环或留有菌环区域或菌盖边缘呈锯齿状……20
11. 具有强烈的黄瓜、鱼或亚麻籽气味；侧囊体披针形，长 40～110μm……*Macrocystidia*
11. 无以上气味；侧囊体形状和大小与上面不同或侧囊体……12
12. 菌盖具有平伏的褐色毛状物……*Crinipellis*
12. 菌盖无褐色毛状物……13
13. 菌盖无放射状结构；菌盖皮层为毛皮型，膜皮型，等径胞皮型或上皮型……14
13. 菌盖具有放射状的结构；菌盖皮层为表皮型或棒状皮型……16
14. 孢子长＜5μm，类糊精质……*Pseudobaeospora celluloderma*
14. 孢子 5～14μm，非淀粉质……15
15. 具有强烈的大蒜气味……*Mycetinis*
15. 气味与上面不同或不明显……*Marasmius*
16. 孢子类糊精质……17
16. 孢子非淀粉质……18
17. 菌盖 1～5mm……*Pseudobaeospora*
17. 菌盖 25～160mm……*Rhodocollybia*
18. 菌盖皮层为毛皮型……*Hygrocybe*
18. 菌盖皮层为棒状皮型（clavicutis）……19
19. 孢子淀粉质……*Mycena*
19. 孢子非淀粉质……*Gymnopus*
20. 菌柄具有较大的、可移动的双层菌环；菌柄宽 3～30mm，具有球状膨大的基部……21
20. 无菌环；菌柄更窄，无膨大的基部……23
21. 菌柄密布丛毛至鳞片，常呈“之”字形……*Macrolepiota*
21. 菌柄光滑……22
22. 菌盖和菌柄菌肉伤后变为浅黄色；无锁状联合……*Leucoagaricus nympharum*
22. 菌盖和菌柄菌肉伤后不变色或变为浅红色；具有锁状联合，至少存在于担子基部……*Macrolepiota*
23. 菌盖黏至黏滑；菌盖皮层为黏皮型……24
23. 菌盖干；菌盖皮层无黏皮型……25
24. 无缘囊体和侧囊体；菌褶菌髓两侧型……*Limacella*
24. 具有囊状体；菌褶菌髓规则型……*Chamaemycees*
25. 菌盖皮层菌丝具直立的球状细胞……26
25. 菌盖皮层与上面不同……28
26. 无锁状联合……*Leucocoprinus*
26. 具有锁状联合……27
27. 菌盖表面附着粉状物……*Cystolepiota*

27. 菌盖表面具有小鳞片 ………………………………………… *Echinoderma*
28. 菌盖边缘具条纹…………………………………………… *Leucocoprinus*
28. 菌盖边缘无条纹…………………………………………… 29
29. 具有锁状联合…………………………………………… *Lepiota*
29. 无锁状联合 ………………………………………… 30
30. 菌盖和菌柄较低的部分具有浅紫色至斑岩（porphyry）的纤丝毛状物；无菌环 ……… *Lepiota fuscovinacea*
30. 菌盖无浅紫色至斑岩（porphyry）的纤丝毛状物；具有明显菌环 ……………… *Leucoagaricus*
31. 菌柄具从毛状至膜质菌环或留有菌环区域 ……………………… 32
31. 菌柄无菌环或菌环区域，或无菌柄…………………………… 47
32. 木生…………………………………………… 33
32. 地生…………………………………………… 38
33. 菌盖和菌柄表面黏滑 ………………………………………… *Oudemansiella*
33. 菌盖和菌柄表面干至黏 ……………………………………… 34
34. 菌褶深延生 ………………………………………… *Pleurotus*
34. 菌褶直生、弯生、至短延生…………………………………… 35
35. 菌盖和菌柄较低部分具有长 2～4mm，较尖且突出的鳞片；孢子淀粉质 ……………… *Leucopholiota*
35. 菌盖和菌柄表面光滑或具有与上面不同的鳞片；孢子类糊精质或非淀粉质……………… 36
36. 孢子（5～6.5）μm×（2.5～3）μm…………………………………… *Lentinula*
36. 孢子长＞6.5μm ………………………………………… 37
37. 子实体革质至木质；孢子宽 3～5μm；导致褐腐…………………… *Neolentinus lepideus*
37. 子实体相当软；孢子宽 4.5～7.5μm；导致白腐…………………………… *Armillaria*
38. 菌盖表面覆盖粒状物，在覆盖物下具有脉纹……………………………… *Cystoderma*
38. 菌盖表面光滑，辐射状着生纤丝状物或小鳞片…………………………… 39
39. 子实体初期具有膜质外菌幕…………………………………… 40
39. 外菌幕从卷毛状，丝膜状或黏滑…………………………………… 41
40. 孢子宽 2.5～6μm………………………………………… Floccularia
40. 孢子宽 6～11μm………………………………………… Amanita
41. 菌褶深延生；孢子呈淀粉质………………………………………… *Catathelasma*
41. 菌褶直生、弯生至短延生；孢子有或无碘反应………………………… 42
42. 子实体近白色；孢子表面具小刺……………………………………… *Tricholomella*
42. 子实体有色；孢子光滑 ………………………………………… 43
43. 孢子淀粉质或类糊精质 ………………………………………… *Squamanita*
43. 孢子非淀粉质………………………………………… 44
44. 子实体基部呈浅黄色球状膨大；具有水果香气；菌盖浅灰色或酒红色 ……………… *Squamanita odorata*
44. 子实体基部非浅黄色球状膨大；菌盖颜色与上面不同 ……………………… 45
45. 菌柄具有明显的球状基部；孢子椭圆形至杏仁状……………………… *Leucocortinarius*
45. 菌柄渐细、圆柱形、棒状或具有球状基部；孢子近球状至椭圆形 ………………… 46
46. 外生菌根菌，地生，常簇生；具有淀粉气味或芳香气味 ……………………… *Tricholoma*
46. 腐生，木生，有时生于埋于地下的木头、树根等之上，常簇生；气味与上面不同……………… *Armillaria*
47. 生于木头、草本植物的茎或根上……………………………………… 48

47. 生于地上、草皮、苔藓残骸，堆肥，粪便，其他真菌等之上……129
48. 菌柄明显偏生、侧生或无菌柄……49
48. 菌柄中生……66
49. 菌柄纵向开裂……*Schizophyllum commune*
49. 菌柄非纵向开裂……50
50. 初期菌幕覆盖菌盖……51
50. 无菌幕……52
51. 子实体钟状，背部附着……*Tectella*
51. 子实体口蘑状……*Lentinula*
52. 菌褶脉纹状或无菌褶……53
52. 具有菌褶……54
53. 生于腐木上；孢子宽 1μm……*Plicaturopsis*
53. 生于单子叶植物的叶和茎上，通常生于湿润的环境；孢子宽≥3.5μm……*Gloiocephala*
54. 孢子淀粉质……55
54. 孢子类糊精质或非淀粉质……57
55. 菌褶边缘锯齿状……*Lentinellus*
55. 菌褶边缘平滑……56
56. 菌盖直径 30～100mm；菌褶奶油色至黄色……*Sarcomyxa*
56. 菌盖 5～30mm；菌褶近白色、奶油色、浅黄色、浅酒红色至紫罗兰色……*Panellus*
57. 菌盖具有长大于 250μm 刚毛状的菌毛；孢子类糊精质……*Chaetocalathus*
57. 菌盖不具有刚毛状的菌毛；孢子非淀粉质……58
58. 孢子球状、近球状至宽椭圆形……59
58. 孢子椭圆形至圆柱形……62
59. 子实体宽大于 15mm……60
59. 子实体宽小于 15mm……61
60. 子实体白色；菌柄侧生或无菌柄；生于针叶树上……*Pleurocybella*
60. 子实体黄色至橙褐色；菌柄偏生；生于阔叶树上……*Omphalotus*
61. 菌盖白色；缘囊体长 30～70μm……*Cheimonophyllum*
61. 菌盖浅黄色、灰色至浅黑色；缘囊体长 15～30μm……*Resupinatus*
62. 缘囊体具结痂且常混有头状薄壁的囊状体……*Hohenbuehelia*
62. 囊状体与上面不同或无囊状体……63
63. 菌褶边缘锯齿状；具有强烈的八角气味……*Lentinus suavissimus*
63. 菌褶边缘平滑；不具有八角气味……64
64. 菌盖直径 3～8mm；生于腐木上……*Marasmiellus lateralis*
64. 菌盖更大；生长基质与上面不同……65
65. 子实体初期具有紫丁香色；具有厚壁的侧囊体……*Panus*
65. 子实体无紫丁香色；无侧囊体……*Pleurotus*
66. 菌盖为棒状皮型（clavicutis）、膜皮型、等径胞皮型或上皮型，有或无黏皮型，有或无散生褐色的刚毛；菌盖表面光滑或具微粒，无菌丝结构……67
66. 菌盖皮层为毛皮型，有或无黏皮型；菌盖被绒毛或具辐射状结构，有时嵌进黏液中……81

67. 菌盖表面附着微粒；菌盖皮层为几等径胞皮型或上皮型……68
67. 菌盖表面无微粒；菌盖皮层为棒状皮型（clavicutis）或膜皮型，有或无黏皮型……69
68. 菌盖宽＞5mm，白色或有颜色……*Cystoderma*
68. 菌盖宽＜5mm，白色……*Mycena*
69. 菌柄黏滑……70
69. 菌柄干……71
70. 菌盖皮层为膜皮型；菌柄覆盖一层较厚的黏液；生于树木上……*Roridomyces*
70. 菌盖皮层为表皮型（cutis）或棒状皮型（clavicutis）；菌柄干或具有一薄层黏液；生于各种树木上……*Mycena*
71. 菌盖皮层为棒状皮型（clavicutis）；菌盖表面常相当粗糙……72
71. 菌盖皮层为膜皮型，具有散生的褐色刚毛；菌盖表面不粗糙……76
72. 子实体近白色；菌柄粗 2～15mm……*Ossicaulis*
72. 子实体在某些部分有颜色；菌柄更细……73
73. 菌柄密布绒毛，向基部呈浅黑色……*Flammulina*
73. 菌柄无绒毛，向基部不呈浅黑色……74
74. 孢子淀粉质……*Mycena*
74. 孢子非淀粉质……75
75. 菌柄基部具有菌丝体或絮状菌丝；菌褶发育良好且几乎不相连……*Gymnopus*
75. 菌柄基部无菌丝体或絮状菌丝；菌褶发育良好或退化且形成脉络，有时相互连接……*Marasmiellus*
76. 孢子球状至近球状……77
76. 孢子椭圆形至近梨形……78
77. 孢子（6～9.5）μm×（4～9）μm；缘囊体壁薄；菌盖宽 3～30mm……*Mycenella*
77. 孢子（8～21）μm×（7～14）μm；缘囊体壁厚；菌盖宽（5～）10～140mm……*Xerula*
78. 孢子宽≥9μm……*Xerula radicata*
78. 孢子宽＜9μm……79
79. 具有强烈的大蒜气味……*Mycetinis*
79. 无大蒜气味……80
80. 菌柄生于蕨类植物 *Pteridium* 的根上……*Rhizomarasmius*
80. 菌柄不生于蕨类植物 *Pteridium* 的根上……*Marasmius*
81. 菌褶退化，形成脉络或完全缺失……82
81. 菌褶发育良好……83
82. 孢子非淀粉质……*Hemimycena*
82. 孢子淀粉质……*Delicatula*
83. 菌褶直生至弯生，有时具有延生的齿……84
83. 菌褶顶端微凹（emarginate），弧形（arcuate）至延生……96
84. 菌盖具有辐射状、平伏至突起的尖鳞片……85
84. 菌盖无此鳞片……87
85. 菌柄粗＜2mm……*Crinipellis*
85. 菌柄粗 5～35mm……86
86. 菌肉白色；菌盖表面具有由外菌幕形成的白色至浅黄色的鳞片；生于阔叶树上……*Lentinula*
86. 菌肉黄色；无外菌幕；生于针叶树上……*Tricholomopsis*

87. 菌柄粗 6～30mm，基部具有一个或几个粗为 0.5～2mm 的白色菌索……*Megacollybia*
87. 菌柄更细，无菌索……88
88. 孢子具有淀粉质疣突；菌柄粗 5～20mm……*Melanoleuca*
88. 孢子光滑；菌柄粗可达 8～12mm……89
89. 菌褶橄榄黄色；无缘囊体……*Callistosporium*
89. 菌褶非橄榄黄色；有或无缘囊体……90
90. 有侧囊体……91
90. 无侧囊体……93
91. 孢子非淀粉质；菌盖近白色……*Hemimycena*
91. 孢子淀粉质；菌盖颜色更暗……92
92. 侧囊体长 60～100（～160）μm，棒状至烧瓶形……*Hydropus*
92. 侧囊体不明显，形状与上述不同……*Mycena*
93. 孢子弱淀粉质至淀粉质……94
93. 孢子非淀粉质……95
94. 生于木头上；子实体有颜色……*Clitocybula*
94. 生于草茎上；子实体白色……*Resinomycena*
95. 子实体较脆，近白色……*Hemimycena*
95. 子实体相当坚韧，有颜色……*Marasmiellus*
96. 菌褶顶端微凹（emarginate）……97
96. 菌褶弧形（arcuate）至延生……105
97. 菌盖具有辐射状平伏至突出的尖鳞片……*Tricholomopsis*
97. 菌盖无此鳞片……98
98. 菌柄密布绒毛，向基部呈浅黑色……*Flammulina*
98. 菌柄无绒毛，向基部不呈浅黑色……99
99. 孢子具有淀粉质疣突……*Melanoleuca*
99. 孢子光滑……100
100. 孢子淀粉质……101
100. 孢子非淀粉质……102
101. 无侧囊体；菌盖白色、浅黄色至浅灰色……*Clitocybula*
101. 有侧囊体；菌盖颜色与上述不同……*Mycena*
102. 有缘囊体……*Hemimycena*
102. 无缘囊体……103
103. 菌褶橄榄黄色；无锁状联合……*Callistosporium*
103. 菌褶非橄榄黄色；有锁状联合……104
104. 菌柄基部具有一个或几个粗为 0.5～2mm 的白色菌索；孢子长 6～10μm……*Megacollybia*
104. 菌柄基部无菌索；孢子长 3.5～6.5μm……*Hypsizygus*
105. 孢子弱至强淀粉质……106
105. 孢子非淀粉质……110
106. 无囊状体；子实体中等大小至相当大；菌盖下陷……*Pseudoclitocybe*
106. 有缘囊体或有侧囊体；子实体较小至中等大小；菌盖不下陷……107

107. 菌柄基部具有橙褐色至浅红褐色的絮状菌丝；菌盖浅黄色至亮褐色 ······ *Xeromphalina*
107. 菌柄基部无絮状菌丝；菌盖颜色与上述不同 ······ 108
108. 菌褶浅色，具有暗褐色的边缘 ······ *Hydropus marginellus*
108. 菌褶边缘非暗褐色 ······ 109
109. 具有树脂状的盖囊体 ······ *Resinomycena*
109. 无树脂状的盖囊体 ······ *Mycena*
110. 子实体相当坚韧；菌盖菌肉具有凝胶层 ······ 111
110. 子实体较脆；菌盖菌肉无凝胶层 ······ 118
111. 具有较强的八角气味 ······ *Lentinus suavissimus*
111. 无气味或与上述气味不同 ······ 112
112. 菌肉黄色 ······ *Omphalotus*
112. 菌肉白色或近白色 ······ 113
113. 无囊状体；菌盖光滑 ······ *Pleurotus*
113. 无缘囊体；菌盖光滑或具鳞片 ······ 114
114. 菌肉上部凝胶状；菌盖光滑或具绒毛；具有被结晶囊状体 ······ *Hohenbuehelia*
114. 菌肉非凝胶状；菌盖光滑或具鳞片；无被结晶囊状体 ······ 115
115. 菌柄粗 0.2～1.5mm；生于小枝或木质的草茎上 ······ *Marasmiellus*
115. 菌柄粗大于 1.5mm；生于木头上 ······ 116
116. 子实体初期具有紫丁香色；菌褶分叉形成脉络 ······ *Panus*
116. 子实体无紫丁香色；菌褶正常 ······ 117
117. 导致褐腐；菌柄粗 6～40mm ······ *Neolentinus*
117. 导致白腐；菌柄粗 2～10mm ······ *Lentinus tigrinus*
118. 菌柄浅绿色或浅蓝色；菌褶浅紫罗兰色 ······ *Chromosera*
118. 菌柄和菌褶颜色与上述不同 ······ 119
119. 菌褶红色至橙色；孢子印白色、浅黄色至浅粉色 ······ 120
119. 菌褶白色、浅灰色至浅褐色；孢子印近白色 ······ 122
120. 孢子异染性的；担子具有 1～2 孢子；具有芳香气味或淀粉气味 ······ *Haasiella*
120. 孢子非异染性；担子具 4 孢子；无气味或香草味 ······ 121
121. 具有锁状联合；菌柄菌肉二型丝类（sarcodimitic）；菌盖具有微小鳞片 ······ *Gerronema xanthophyllum*
121. 无锁状联合；菌肉非二型丝类（sarcodimitic）；菌盖光滑 ······ *Chrysomphalina*
122. 无锁状联合 ······ 123
122. 具有锁状联合 ······ 124
123. 无缘囊体 ······ *Chrysomphalina grossula*
123. 具有囊状体 ······ *Mycena*
124. 菌褶呈规则的二叉状分支；子实体具有橙色色调；菌盖皮层为毛皮型 ······ *Hygrophoropsis*
124. 菌褶无分叉或呈不规则分叉；子实体无橙色；菌盖皮层为表皮型（cutis） ······ 125
125. 无囊状体；子实体小型至大型 ······ 126
125. 有缘囊体或有侧囊体；子实体小型，具细长的菌柄 ······ 127
126. 菌柄粗＜8mm ······ *Clitocybe*
126. 菌柄≥8mm ······ *Hypsizygus*

127. 菌盖近白色……*Hemimycena*
127. 菌盖颜色更暗……128
128. 菌盖中部深度下陷至漏斗状，暗灰褐色至浅黑色……*Arrhenia epichysium*
128. 菌盖中部不下陷，浅色或具有更亮的颜色……*Mycena*
129. 生于 *Russula* 或 *Lactarius* 的子实体上，可能产生于菌核上或形成厚垣孢子……130
129. 不生于担子菌或菌核上；无厚垣孢子……134
130. 产生于菌核上……131
130. 无菌核……132
131. 菌柄具有短侧枝……*Dendrocollybia*
131. 菌柄无侧枝……*Collybia*
132. 菌盖附着纤丝状鳞片……*Squamanita*
132. 菌盖光滑、具纤丝状物或粉末状物……133
133. 厚垣孢子在菌盖或菌褶上形成；子实体近白色至浅灰色或浅褐色……*Asterophora*
133. 无厚垣孢子；子实体近白色……*Collybia cirrata*
134. 孢子淀粉质或具有淀粉质的疣突……135
134. 孢子类糊精质或非淀粉质……150
135. 孢子有纹饰……136
135. 孢子光滑……138
136. 孢子内壁具纹饰，外壁光滑，宽 6～12μm，球状；子实体小菇状……*Fayodia*
136. 孢子外壁具纹饰，宽 3～6.5μm，球状至椭圆形；子实体金钱菌状或口蘑状……137
137. 具有锁状联合；子实体金钱菌状……*Leucopaxillus*
137. 无锁状联合；子实体金钱菌状至口蘑状……*Melanoleuca*
138. 菌盖附着粒状物，常在粒状覆盖物下具脉纹……*Cystoderma*
138. 菌盖无粒状物附着……139
139. 具侧囊体……140
139. 无侧囊体……143
140. 侧囊体长 60～170μm……*Hydropus*
140. 侧囊体长 20～90μm……141
141. 菌柄基部具有橙褐色至浅红褐色絮状菌丝；菌盖浅黄色至亮褐色，少数暗褐色……*Xeromphalina*
141. 菌柄基部无褐色絮状菌丝；菌盖非上述颜色……142
142. 菌盖中部具脐凹，暗褐色……*Myxomphalia*
142. 菌盖中部不具脐凹，颜色更浅……*Mycena*
143. 菌褶退化，形成脉络……*Delicatula*
143. 菌褶发育良好……144
144. 子实体口蘑状，菌盖凸镜形；菌褶顶端微凹（emarginate）……145
144. 子实体金钱菌状或亚脐菇状，菌盖中部下陷；菌褶延生……147
145. 菌柄基部浅黄褐色，上部浅灰色……*Squamanita contortipes*
145. 菌柄不具有明显的两种颜色……146
146. 菌盖皮层为表皮型（cutis）至毛皮型；菌盖具有辐射状结构；菌柄粗 5～35mm……*Porpoloma*
146. 菌盖皮层为膜皮型至等径球胞型；菌盖无辐射状结构；菌柄粗 1～10mm……*Dermoloma*

147. 孢子纺锤形；菌褶呈规则的二叉状分支 …… *Cantharellula*
147. 孢子近球状至椭圆形；菌褶不规则的二叉状分支 …… 148
148. 菌柄粗 20～70mm，子实体白色至浅奶油色 …… *Leucopaxillus*
148. 菌柄粗 2～10mm，子实体有颜色 …… 149
149. 无锁状联合；菌盖中部深下陷，暗褐色 …… *Pseudoclitocybe*
149. 具有锁状联合；菌盖凸镜形至稍下陷，颜色更浅 …… *Pseudoomphalina*
150. 菌盖皮层为棒状皮型（clavicutis），膜皮型，等径球胞型或上皮型，有或无黏皮型，具有散生的褐色刚毛；菌盖光滑无辐射状结构 …… 151
150. 菌盖皮层为 cutis 或毛皮型，有或无黏皮型；菌盖具有绒毛或辐射状的菌丝，有时嵌入黏液中 …… 168
151. 菌柄下部具有粒状物至菌幕形成的丛卷毛状物 …… 152
151. 菌柄光滑至具菌毛，无菌幕形成的丛卷毛状物 …… 153
152. 菌柄粗 0.2～2.2mm …… *Flammulaster*
152. 菌柄粗 3～7mm …… *Cystodermella*
153. 菌盖皮层为棒状皮型（clavicutis） …… 154
153. 菌盖皮层为膜皮型、等径球胞型或上皮型 …… 157
154. 菌柄细，黑色，类似于马尾毛 …… *Gymnopus androsaceus*
154. 菌柄与上述不同 …… 155
155. 孢子长 3～5μm …… *Pseudobaeospora*
155. 孢子长＞6μm …… 156
156. 孢子球状至近球状；菌柄具粉状物 …… *Mycenella*
156. 孢子椭圆形、近梨形、纺锤形至圆柱状；菌柄不具粉状物 …… *Mycena*
157. 菌盖皮层为等径球胞型或上皮型 …… *Dermoloma*
157. 菌盖皮层为膜皮型 …… 158
158. 无菌幕；具有淀粉气味 …… *Dermoloma*
158. 具有菌幕；气味与上述不同 …… 159
159. 孢子宽＞8μm；菌柄具假根 …… *Xerula*
159. 孢子≤8μm；菌柄无假根 …… 160
160. 孢子球状；侧囊体长 40～70μm …… *Mycenella*
160. 孢子形状与上述不同；侧囊体更小或无 …… 161
161. 菌褶弯生 …… 162
161. 菌褶顶端微凹（emarginate）至延生 …… 165
162. 子实体酒红色 …… *Pseudobaeospora*
162. 子实体近白色、浅褐色至浅灰色 …… 163
163. 生于蕨类植物 *Pteridium* 的根状茎上 …… *Rhizomarasmius*
163. 生境与上述不同 …… 164
164. 具有强烈的大蒜气味；与 *Dryas* 共生 …… *Mycetinis*
164. 具有不同的气味或气味不明显；不与 *Dryas* 共生 …… *Marasmius*
165. 菌褶延生，菌肉厚；担子长 25～55μm …… *Camarophyllopsis*
165. 菌褶顶端微凹（emarginate），菌肉薄；担子更短 …… 166
166. 子实体干后可复原 …… *Marasmius*

166. 子实体不可复原……167
167. 孢子宽 2～3μm；菌盖常具亮色……*Rugosomyces*
167. 孢子宽 3～5μm；菌盖浅灰色至浅褐色……*Dermoloma*
168. 孢子具纹饰或呈星状……169
168. 孢子光滑……177
169. 孢子呈星状……*Hygroaster*
169. 孢子表面具纹饰……170
170. 具有缘囊体……171
170. 无缘囊体……172
171. 孢子宽 2.5～5.5μm，椭圆形……*Gamundia*
171. 孢子宽 6～15μm，球状、近球状或椭圆形……*Laccaria*
172. 部分菌幕呈丝膜状，存在于子实体初期；子实体白色……*Tricholomella*
172. 无菌幕；子实体有颜色……173
173. 孢子宽 6～15μm……*Laccaria*
173. 孢子宽 2.5～5.5（～6.5）μm……174
174. 无锁状联合……*Gerhardtia*
174. 具有锁状联合……175
175. 菌盖宽 2～25mm，暗褐色；菌柄粗 0.5～4mm；孢子（6～8）μm×（4～6.5）μm……*Lyophyllum tylicolor*
175. 菌盖更宽，非暗褐色；菌柄更粗；孢子更窄……176
176. 菌肉和菌褶伤后变浅蓝色至浅黑色……*Lyophyllum leucophaeatum*
176. 菌肉和菌褶伤后无颜色变化……*Lepista*
177. 菌褶缺失；子实体漏斗状……*Cotylidia*
177. 具有菌褶；子实体形状多样……178
178. 子实体亚脐菇状，杯伞状至靴耳状；菌褶深延生……179
178. 子实体口蘑状，小皮伞状，金钱菌状至小菇状；菌褶弯生、直生、顶端微凹（emarginate）至短延生……200
179. 菌褶呈规则的二叉状分支；菌褶白色至橙色……*Hygrophoropsis*
179. 菌褶无分支或呈不规则分支；菌褶颜色与上述不同……180
180. 侧囊体壁厚，被结晶……*Faerberia*
180. 无此侧囊体……181
181. 担子细长，长为宽的 6～9 倍；菌褶厚呈蜡质；菌盖呈亮色，黏滑……182
181. 担子更宽；菌褶薄或厚；菌盖近白色、浅灰色或浅褐色，不黏滑……183
182. 在树林和公园中与树木形成外生菌根；菌褶菌髓两侧型；菌盖白色、玫瑰色、浅黄色、褐色至浅黑色……*Hygrophorus*
182. 生于草地上；菌褶菌髓规则至不规则型；菌盖白色、褐色至灰色或具有更亮的颜色……*Hygrocybe*
183. 无锁状联合……184
183. 具有锁状联合……188
184. 地衣化，在子实体基部具有浅灰绿色波瓣（lobes）或绿色的菌体颗粒……*Lichenomphalia*
184. 非地衣化……185

185. 菌褶具分枝且形成脉络 ······ 186
185. 菌褶正常 ······ 187
186. 菌褶近白色；菌柄（19～60）mm×（0.5～4）mm ······ *Cantharellopsis*
186. 菌褶浅黄色至浅褐色；菌柄（7～20）mm×（1～2）mm ······ *Arrhenia rickenii*
187. 生于苔类（liverwort）上，少数生于苔藓上 ······ *Loreleia*
187. 生于假山毛榉属 *Nothofagus* 下的地上 ······ *Gerronema minutum*
188. 子实体浅粉色 ······ *Contumyces*
188. 子实体非浅粉色 ······ 189
189. 子实体小且白；菌柄粗 0.1～2mm；有或无缘囊体 ······ *Hemimycena*
189. 子实体颜色与上述不同；菌柄更粗；无缘囊体 ······ 190
190. 菌盖和菌柄附着由突出的囊状体形成的短绒毛；与苔藓或苔类生长在一起，可能是寄生 ······ 191
190. 菌盖光滑，菌柄光滑，罕有绒毛；生境与上述不同 ······ 192
191. 与苔类 *Blasia pisilla* 生长在一起 ······ *Blasiphalia*
191. 与苔藓生长在一起 ······ *Rickenella*
192. 菌柄粗 4～70mm ······ 193
192. 菌柄粗 0.5～4（～6）mm ······ 195
193. 菌柄明显棒状，呈软肉质；菌褶菌髓不规则型 ······ *Ampulloclitocybe*
193. 菌柄不呈明显棒状及软肉质；菌褶菌髓规则型 ······ 194
194. 孢子近梨形；菌盖渐变为漏斗状，表面具绒毛至小鳞片，非水渍状 ······ *Infundibulicybe*
194. 孢子近球状、椭圆形至纺锤形或圆柱形；菌盖凸镜形至下陷，光滑至具小鳞片，有或无水渍状 ······ *Clitocybe*
195. 菌盖浅褐色，光滑；子实体生长在 *Sphagnum* 上 ······ *Gyroflexus*
195. 菌盖和生境与上述不同 ······ 196
196. 子实层体有脉纹 ······ *Arrhenia*
196. 子实层为菌褶 ······ 197
197. 生长在树林或草地的残体上；子实体近白色至浅灰色；具有明显的气味 ······ *Clitocybe*
197. 生于裸露的地上、苔藓上或地衣上；子实体浅褐色至浅灰褐色；气味不明显 ······ 198
198. 菌盖具鳞片 ······ *Arrhenia*
198. 菌盖光滑 ······ 199
199. 菌盖和菌柄呈浅红褐色或浅黄褐色；菌褶颜色更浅 ······ *Omphalina*
199. 菌盖和菌柄颜色较暗，呈浅灰褐色至浅黑色；菌褶颜色稍浅 ······ *Arrhenia*
200. 菌褶稀疏；基部具有 1～2 个厚菌索 ······ *Megacollybia*
200. 菌褶不稀疏；无菌索 ······ 201
201. 菌盖黏至黏滑 ······ 202
201. 菌盖干 ······ 206
202. 菌褶薄，适度间隔至稠密，顶端微凹（emarginate） ······ *Tricholoma*
202. 菌褶厚，稀疏，直生或短延生 ······ 203
203. 菌柄黏 ······ 204
203. 菌柄干 ······ 205
204. 整个菌柄均黏 ······ *Hygrocybe*

204. 菌柄上部干 ……………………………………………………………… *Hygrophorus*
205. 整个子实体均呈黄色、橙色或红色 ……………………………………… *Hygrocybe*
205. 至少菌褶或菌柄呈近白色或更暗的颜色 ………………………………… *Hygrophorus*
206. 菌盖前换色至浅黄褐色，中部具有褐色鳞片；生于泥炭沼泽中 ……………… *Armillaria ectypa*
206. 菌盖鳞片缺失或与菌盖近同色；生境与上述不同 ……………………………… 207
207. 担子具有嗜铁粒子 …………………………………………………………… 208
207. 担子无嗜铁粒子 ……………………………………………………………… 210
208. 菌褶稠密，黄色，伤后变红色或近白色 ………………………………………… *Calocybe*
208. 菌褶密至适度间隔，近白色至奶油色，浅灰色或浅褐色，伤后不变色或变为浅蓝色或浅黑色，有时变为橙色 ……………………………………………………………………… 209
209. 菌盖和菌柄具有亮色：浅粉色、浅蓝色、浅黄色或浅紫褐色 …………………… *Rugosomyces*
209. 菌盖和菌柄颜色较暗：浅灰色至浅褐色，有时呈近白色 ……………………… *Lyophyllum*
210. 菌柄具短侧枝 …………………………………………………………… *Dendrocollybia*
210. 菌柄无短侧枝 ……………………………………………………………… 211
211. 孢子长＜6μm ……………………………………………………………… 212
211. 孢子长＞6μm ……………………………………………………………… 219
212. 菌褶和菌肉黄色 …………………………………………………………… 213
212. 菌褶和菌肉近白色、浅灰色或浅褐色 ………………………………………… 214
213. 菌柄宽 2～7mm …………………………………………………………… *Callistosporium*
213 菌柄宽＞7mm ……………………………………………………………… *Tricholoma*
214. 菌褶宽直生至短延生 ………………………………………………………… 215
214. 菌褶窄直生、弯生或顶端微凹（emarginate） ………………………………… 216
215. 孢子球状或近球状；气味不明显；无锁状联合 ……………………… *Camarophyllopsis schulzeri*
215. 孢子明显呈长椭圆形，少数呈近球状；气味明显，淀粉气味、芳香味或香豆气味；具有锁状联合 ………………………………………………………………………… *Clitocybe*
216. 菌盖直径 1～20mm ………………………………………………………… 217
216. 菌盖直径＜20mm …………………………………………………………… 218
217. 孢子长≤4.5μm；子实体浅黄色或紫罗兰色 …………………………… *Pseudobaeospora*
217. 孢子长≥4.5μm；子实体近白色 ………………………………………… *Collybia*
218. 菌盖近白色，具有红色斑点；菌褶锯齿状 ………………………………… *Rhodocollybia*
218. 菌盖无上述特征；菌褶无锯齿 ……………………………………………… *Tricholoma*
219. 担子细长，长为宽的 6～9 倍；菌褶厚且呈蜡质；菌盖常具亮色，黏滑 ……………… 220
219. 担子相当宽；菌褶薄或厚；菌盖近白色、浅灰色或浅褐色，不黏滑 ………………… 221
220. 在树林和公园中与树木形成外生菌根；菌褶菌髓两侧型；菌盖白色、玫瑰色、浅黄色、褐色至浅黑色 …………………………………………………………………… *Hygrophorus*
220. 生于草地上；菌褶菌髓规则至不规则型；菌盖白色、褐色至灰色或具有更亮的颜色 ………… *Hygrocybe*
221. 孢子类糊精质 ……………………………………………………………… *Rhodocollybia*
221. 孢子非淀粉质 ……………………………………………………………… 222
222. 菌褶浅黄色至黄色 …………………………………………………………… 223
222. 菌褶白色、浅黄色、浅灰色、浅褐色、浅蓝色或浅粉色 ………………………… 224

223. 具有汽油气味或淀粉气味；菌柄宽＞5mm ········ *Tricholoma*
223. 气味不明显或呈微弱的水果味；菌柄宽为 2～7mm ········ *Callistosporium*
224. 菌褶宽直生至短延生；菌柄内实，不脆；无缘囊体 ········ *Clitocybe*
224. 菌褶直生或顶端微凹（emarginate）；菌柄中空，脆；有或无缘囊体 ········ 225
225. 菌柄宽＞5mm；菌褶顶端微凹（emarginate）；外生菌根菌 ········ *Tricholoma*
225. 菌柄宽＜5mm；菌褶直生；非外生菌根菌 ········ 226
226. 子实体金钱菌状，非圆锥状，相当坚韧 ········ *Marasmiellus*
226. 子实体小菇状，常呈圆锥状 ········ 227
227. 无缘囊体或分化不良，只比担子稍长 ········ *Hemimycena*
227. 缘囊体发育良好，烧瓶形，有时呈棒状 ········ 228
228. 菌盖暗灰色至浅灰褐色 ········ *Hydropus conicus*
228. 菌盖具有更亮的颜色 ········ *Mycena*

Key D：孢子印浅粉色至浅褐粉色

1. 外菌幕膜质，在菌柄基部形成菌托 ········ *Volvariella*
1. 无外菌幕 ········ 2
2. 菌褶纵向开裂 ········ *Schizophyllum*
2. 菌褶非纵向开裂 ········ 3
3. 孢子具疣突至尖刺 ········ 4
3. 孢子光滑，但可能是角状的，具小瘤或具有纵向的脊 ········ 6
4. 木生；菌盖表面具由菌幕形成的网格状结构 ········ *Rhodotus*
4. 地生；菌盖表面无由菌幕形成的网格状结构 ········ 5
5. 孢子不嗜蓝，表面具疣突 ········ *Rhodocybe*
5. 孢子嗜蓝，表面具有尖疣至尖刺 ········ *Lepista*
6. 孢子角状、具有小疣或具有纵向脊 ········ 7
6. 孢子非角状、具有小疣或具有纵向脊 ········ 8
7. 孢子角状或角状疣突，无纵向脊 ········ *Entoloma*
7. 孢子具有纵向脊，侧面椭圆形，在两端呈角状 ········ *Clitopilus*
8. 无菌柄 ········ *Phyllotopsis*
8. 菌柄中生 ········ 9
9. 具有鱼腥气味或黄瓜气味 ········ *Macrocystidia*
9. 气味与上述不同 ········ 10
10. 菌褶延生 ········ 11
10. 菌褶离生 ········ 12
11. 菌褶浅赭色，后变为浅粉褐色 ········ *Lepista martiorum*
11. 菌褶近白色至浅粉色 ········ *Clitocybe*
12. 菌柄具菌环 ········ *Leucoagaricus*
12. 菌柄无菌环 ········ *Pluteus*

Key E：孢子印浅绿色

1. 菌盖直径＞50mm；菌褶和孢子印呈浅绿色 ………… *Chlorophyllum*
1. 菌盖直径为 10～30mm；菌褶酒红色或浅蓝绿色；孢子印新鲜时呈浅绿色，后期褪色为酒红色或酒红褐色 ………… *Melanophyllum*

Key F：孢子印灰白色至鲜艳或暗褐色

1. 菌柄偏生或无菌柄 ………… 2
1. 菌柄中生 ………… 7
2. 菌褶退化 ………… *Chromocyphella*
2. 菌褶正常 ………… 3
3. 孢子具芽孔 ………… *Psilocybe*
3. 孢子无芽孔，或芽孔不明显 ………… 4
4. 菌褶在近菌柄处相互连接或具分枝 ………… *Tapinella*
4. 菌褶无连接或分枝 ………… 5
5. 孢子壁厚，光滑 ………… *Pleuroflammula*
5. 孢子壁薄，光滑或具纹饰 ………… 6
6. 子实体酒红黄色、浅灰色至橄榄褐色；孢子光滑，宽椭圆形 ………… *Simocybe haustellaria*
6. 菌盖颜色更浅或更亮；孢子光滑或具纹饰，形状多样 ………… *Crepidotus*
7. 孢子具纹饰或具有帽状结构，无芽孔 ………… 8
7. 孢子光滑，具芽孔 ………… 30
8. 具有被结晶缘囊体和侧囊体 ………… 9
8. 无被结晶缘囊体和侧囊体 ………… 11
9. 被结晶囊状体淀粉质 ………… *Mythicomyces*
9. 被结晶囊状体非淀粉质 ………… 10
10. 孢子具疣突；菌盖水渍状，具透明条纹 ………… *Galerina nana*
10. 孢子角状或具尖刺；菌盖非水渍状，无透明条纹 ………… *Inocybe*
11. 菌盖、菌柄和菌环下面具有粉状物 ………… *Phaeolepiota*
11. 菌盖和菌柄为粉状物；有或无菌环 ………… 12
12. 菌柄黏 ………… 13
12. 菌柄干 ………… 14
13. 无菌幕 ………… *Phaeocollybia*
13. 具有菌幕，丝膜状，黏 ………… *Cortinarius*
14. 菌褶至少在初期呈浅黄色 ………… 15
14. 菌褶无黄色调 ………… 18
15. 子实体菌肉薄 ………… 16
15. 子实体菌肉厚 ………… 17
16. 菌盖无明显水渍状；生于 *Crataegus* 下 ………… *Tubaria conspersa*
16. 菌盖水渍状；不与 *Crataegus* 生长在一起 ………… *Galerina*
17. 生于地上 ………… *Cortinarius*
17. 生于木头上或木质残骸上 ………… *Gymnopilus*
18. 菌褶延生；初期菌盖边缘具有菌毛 ………… *Ripartites*

18. 菌褶直生、弯生或顶端微凹（emarginate）；菌盖无边缘菌毛……19
19. 菌柄具有假根……20
19. 菌柄无假根……22
20. 菌盖干；无缘囊体……*Cortinarius*
20. 菌盖黏；具有缘囊体……21
21. 菌盖圆锥状，后期具有乳头状突起……*Phaeocollybia*
21. 菌盖凸镜形，无乳头状突起……*Hebeloma*
22. 与 *Nothogagus* 生长在一起；菌柄具有菌环……*Descolea*
22. 与其他植物生长在一起；菌柄无菌环……23
23. 无缘囊体或分化不良；菌褶边缘无白色的毛缘……*Cortinarius*
23. 具有发育良好的缘囊体且丰富；菌褶有时具有白色的毛缘……24
24. 菌盖黏至黏滑，干后具光泽……25
24. 菌盖干……26
25. 菌盖呈黄色、赭色、浅黄褐色，水渍状，边缘具有透明条纹……*Galerina*
25. 菌盖近白色或浅灰褐色或浅红褐色，边缘色浅，非水渍状或弱水渍状，无透明条纹……*Hebeloma*
26. 具有强烈甜味……*Hebeloma hetieri*
26. 具有淀粉气味、萝卜气味或不明显……27
27. 缘囊体呈球顶短颈瓶形，长＜30μm……*Conocybe dumetorum*
27. 缘囊体非球顶短颈瓶形……28
28. 菌盖皮层为上皮层或等径球胞型；在潮湿的环境地生，常与 *Alnus*、*Salix* 等共生……*Naucoria*
28. 菌盖皮层为表皮型（cutis）；生于木头、地上或垃圾上……29
29. 子实体菌肉薄且脆；非菌根菌……*Galerina*
29. 子实体菌肉厚；菌根菌……*Cortinarius*
30. 孢子具明显芽孔……31
30. 孢子无芽孔……63
31. 侧囊体存在且被结晶……32
31. 无被晶囊状体……33
32. 菌盖表面具有纤丝状物……*Inocybe*
32. 菌盖光滑……*Psathyrella*
33. 侧囊体为黄囊体……34
33. 无黄囊体……35
34. 菌盖浅绿色；地生……*Stropharia cyanea*
34. 菌盖黄色或橙色；木生或地生……*Pholiota*
35. 菌盖黏至黏滑……36
35. 菌盖干或稍具油脂……49
36. 菌褶离生；菌柄中空且脆；菌盖边缘具辐射状沟槽……*Bolbitius*
36. 菌褶弯生、直生或顶端微凹（emarginate）；菌柄非中空且不脆；菌盖边缘不具辐射状沟槽……37
37. 生于泥炭藓或沼泽地中其他苔藓上……38
37. 生于地上、有机质残骸、粪肥或木头上……39
38. 孢子（12～16）μm×（7～10）μm……*Phaeogalera stagnina*

38. 孢子（8～10）μm×（4.5～5.5）μm ············ *Pholiota henningsii*
39. 生于地上或有机质残体上，包括小树枝和木屑或粪便 ············ 40
39. 生于木头上 ············ 44
40. 孢子印暗浅红褐色；菌柄粗 1～3mm ············ *Psilocybe*
40. 孢子浅黄褐色至浅灰褐色或锈褐色；菌柄粗＞3mm ············ 41
41. 菌盖皮层为膜皮型 ············ *Agrocybe*
41. 菌盖皮层为表皮型（cutis）或毛皮型 ············ 42
42. 菌盖非水渍状，不具有透明条纹 ············ *Pholiota*
42. 子实体水渍状，具透明条纹 ············ 43
43. 菌盖暗褐色，浅灰褐色至橄榄褐色 ············ *Phaeogalera dissimulans*
43 菌盖呈亮黄色至亮赭色、橙褐色或浅红褐色 ············ *Galerina*
44. 有侧囊体 ············ 45
44. 无侧囊体 ············ 46
45. 菌盖皮层为表皮型（cutis）或毛皮型 ············ *Pholiota*
45. 菌盖皮层为膜皮型 ············ *Agrocybe*
46. 孢子（11～14）μm×（5.5～7.5）μm ············ *Hemistropharia*
46. 孢子长≤11μm ············ 47
47. 菌柄粗（13～）15～35mm；孢子印暗褐色 ············ *Hemipholiota*
47. 菌柄粗≤12mm；孢子印肉桂色至锈褐色 ············ 48
48. 菌盖水渍状；孢子芽孔较大 ············ *Kuehneromyces*
48. 菌盖非水渍状或弱水渍状；孢子芽孔较小 ············ *Flammula*
49. 生于木头上 ············ 50
49. 生于地上或有机质残骸，包括小树枝或粪便 ············ 56
50. 菌柄粗（13～）15～35mm ············ *Hemipholiota*
50. 菌柄粗≤15mm ············ 51
51. 具有侧囊体 ············ 52
51. 无侧囊体 ············ 53
52. 孢子壁厚，浅黄褐色；具有淀粉气味；具有菌环 ············ *Agrocybe*
52. 孢子壁薄，浅暗褐色；无淀粉气味；无菌环 ············ *Psathyrella*
53. 孢子芽孔较大且明显；菌盖水渍状 ············ *Kuehneromyces*
53. 孢子芽孔小且不明显；菌盖水渍状或非水渍状 ············ 54
54. 菌盖初期黄色 ············ *Pholiota tuberculosa*
54. 菌盖初期无明显黄色 ············ 55
55. 无菌幕；子实体呈橄榄色 ············ *Simocybe*
55. 有菌幕；子实体不呈橄榄色 ············ *Flammulaster*
56. 缘囊体呈球顶短颈瓶形 ············ 57
56. 缘囊体不呈球顶短颈瓶形 ············ 58
57. 缘囊体长可达 45μm ············ *Pholiotina brunnea*
57. 缘囊体长可达 30μm ············ *Conocybe*
58. 孢子粗糙多疣 ············ *Panaeolina*

58. 孢子光滑或具有微小粗糙点······59
59. 整个子实体具有浅黄色······*Flammulaster limulatus*
59. 子实体无浅黄色，或只有菌盖具浅黄色调······60
60. 孢子印浅黄褐色至锈褐色；子实体较脆······*Pholiotina*
60. 孢子印暗褐色至黑褐色；子实体脆或较韧······61
61. 菌盖皮层为表皮型（cutis），菌丝明显加长······*Psilocybe*
61. 菌盖皮层为等径球胞型或上皮型，菌丝近似等径（isodiametrical elements）······62
62. 孢子壁厚，浅黄褐色；具有淀粉气味······*Agrocybe*
62. 孢子壁薄，浅暗褐色；无淀粉气味······*Psathyrella*
63. 菌盖、菌柄和菌环较低的一侧密布粉状物······*Phaeolepiota*
63. 菌盖和菌柄无粉状物；有或无菌环······64
64. 菌盖具有明显纤丝状物、毡状物、粒状物或具有小鳞片······65
64. 菌盖光滑或具有粉状物，但有时在菌盖边缘具有近白色菌幕残片······73
65. 菌褶延生、相互连接······66
65. 菌褶顶端微凹（emarginate），弯生，直生至短延生，不相互连接······67
66. 菌褶黄色，稀疏；孢子（11～13）μm×（4～5）μm······*Xerocomus pelletieri*
66. 菌褶浅黄色至褐色，稠密；孢子长≤11μm······*Paxillus*
67. 菌幕为明显的粉粒状，由球形的细胞构成······*Flammulaster*
67. 菌幕为纤丝状、丛卷毛状或膜质，由加长的菌丝构成，或无菌幕······68
68. 孢子印暗褐色······69
68. 孢子印浅黄色，浅褐色，黄褐色或锈褐色······71
69. 生于地上，为外生菌根菌······*Inocybe*
69. 生于木头或草本植物茎上，腐生······70
70. 无菌幕；菌盖具粉状物至毡状物······*Simocybe*
70. 具有菌幕；菌盖具有毡状物至鳞片······*Phaeomarasmius*
71. 子实体黄色；菌盖干或黏；有或无黄囊体······*Pholiota*
71. 子实体无黄色调；菌盖干；无黄囊体······72
72. 无菌幕；具有盖囊体······*Simocybe*
72. 菌幕纤丝状或从卷毛状；无盖囊体······*Tubaria*
73. 菌盖黏，干后具光泽······74
73. 菌盖干······80
74. 菌柄具假根；菌盖圆锥状，后期具有乳头状突起······*Phaeocollybia*
74. 菌柄无假根；菌盖凸镜形，常具有圆形的突起······75
75. 孢子（5～6）μm×（3～4）μm······*Stagnicola*
75. 孢子长≥6μm······76
76. 菌盖皮层为膜皮型······77
76. 菌盖皮层为表皮型（cutis）······78
77. 子实体菌肉厚；具有侧囊体······*Agrocybe erebia*
77. 子实体菌肉表；无侧囊体······*Pholiotina*
78. 菌柄宽＞5mm······*Pholiota*

78. 菌柄宽＜4mm……79
79. 菌盖暗褐色，浅灰褐色至橄榄褐色……*Phaeogalera dissimulans*
79. 菌盖颜色较亮，呈黄色至赭色，橙褐色或浅红褐色……*Galerina*
80. 缘囊体和侧囊体为（60～100）μm×（12～24）μm，纺锤形；具有强烈的黄瓜气味或鱼腥味……*Macrocystidia*
80. 缘囊体和侧囊体更小；无上述气味或气味不明显……81
81. 缘囊体呈球顶短颈瓶形，长＜30μm……*Conocybe*
81. 缘囊体不呈球顶短颈瓶形，长＞30μm……82
82. 菌盖皮层为膜皮型……83
82. 菌盖皮层为表皮型（cutis）或毛皮型……85
83. 孢子印浅黄褐色至锈褐色……*Pholiotina*
83. 孢子印暗褐色……84
84. 具有菌幕；菌盖具有明显的水渍状；子实体脆，无橄榄色调……*Psathyrella*
84. 无菌幕；菌盖稍呈水渍状；子实体不脆，常具有橄榄色调……*Simocybe*
85. 子实体小菇状，水渍状，黄色至赭色，橙褐色或浅红褐色……*Galerina*
85. 子实体金钱菌状，有或无水渍状，常呈暗色……86
86. 无菌幕；具有盖囊体……*Simocybe*
86. 具有菌幕；呈纤丝状、丛卷毛状或膜质；无盖囊体……*Tubaria*

Key G：孢子印暗褐色、暗浅紫褐色或黑色

1. 菌柄偏生或无菌柄……*Psilocybe*
1. 菌柄中生……2
2. 菌褶长延生……3
2. 菌褶离生、顶端微凹（emarginate）、弯生、直生至短延生……5
3. 菌柄粗 1～4mm；孢子（9～14）μm×（5～7）μm，具有圆形的疣突……*Melanomphalia*
3. 菌柄粗≥6mm；孢子长≥15μm，表面光滑……4
4. 菌幕黏滑；菌褶初期近白色，后期浅灰色至黑色；孢子非淀粉质……*Gomphidius*
4. 菌幕干；菌褶具有黄色或褐色色调；孢子类糊精质……*Chroogomphus*
5. 孢子具纹饰……6
5. 孢子光滑……12
6. 菌盖表面具辐射状的纤丝状物或鳞片……7
6. 菌盖光滑，但常覆盖外菌幕……8
7. 菌褶具斑点，边缘白色；菌柄粗 3～13mm；孢子具芽孔……*Lacrymaria*
7. 菌褶无斑点，无白色褶缘；菌柄粗 1～4mm；孢子无芽孔……*Melanomphalia*
8. 菌盖具有辐射状沟槽……9
8. 菌盖无辐射状沟槽……10
9. 具有盖囊体……*Coprinellus*
9. 无盖囊体……*Coprinopsis*
10. 菌褶无大理石纹理……*Psathyrella*
10. 菌褶具有大理石纹理……11

11. 孢子印暗褐色；孢子具有明显疣突 ································ *Panaeolina*
11. 孢子印黑色；孢子略粗糙 ································ *Panaeolus olivaceus*
12. 菌盖具有辐射状沟槽 ································ 13
12. 菌盖无辐射状沟槽 ································ 16
13. 菌盖具有外菌幕 ································ 14
13. 菌盖无外菌幕 ································ 15
14. 具有盖囊体；菌幕粉粒状至丛卷毛状 ································ *Coprinellus*
14. 无盖囊体；菌幕粉粒状或纤丝状 ································ *Coprinopsis*
15. 菌柄光滑；菌盖光滑或具有长的褐色刚毛状菌毛 ································ *Parasola*
15. 菌柄和菌盖具粉状物 ································ *Coprinellus*
16. 菌褶离生；菌盖干 ································ 17
16. 菌褶弯生至宽直生；菌盖干或黏 ································ 19
17. 菌盖圆柱形，后期呈钟状，易溶解 ································ *Coprinus*
17. 菌盖圆锥状，半球状或凸镜形，不溶解 ································ 18
18. 菌盖水渍状，常具透明条纹；菌柄脆；菌幕纤丝状，有时形成膜质菌环 ································ *Psathyrella*
18. 菌盖非水渍状，无透明条纹；菌柄不脆；菌幕形成膜质菌环或留有菌环残留区 ································ *Agaricus*
19. 菌褶具斑点 ································ *Panaeolus*
19. 菌褶不具斑点 ································ 20
20. 菌柄黏至黏滑；菌盖具有浅绿色调 ································ *Stropharia*
20. 菌柄干；菌盖无浅绿色调 ································ 21
21. 无黄囊体 ································ 22
21. 具有黄囊体 ································ 25
22. 孢子壁薄，六角形；常具有明显的侧囊体；缘囊体宽＞10μm ································ *Psathyrella*
22. 孢子壁厚，不呈六角形；无侧囊体；缘囊体宽＜10μm ································ 23
23. 菌柄具有纤丝状菌幕或无菌幕 ································ *Psilocybe*
23. 菌柄具有膜质菌环 ································ 24
24. 孢子六角形；生于粪便上 ································ *Psilocybe*
24. 孢子椭圆形至卵圆形；生于地上或腐木上 ································ *Stropholoma*
25. 生于腐殖质、草本植物残体、粪便或苔藓上 ································ 26
25. 生于木头上，有时生于埋生于地下的木头上，木片或锯木屑上 ································ 27
26. 菌柄具有菌环，菌环上表面具有条纹或沟槽 ································ *Stropharia*
26. 菌柄无菌环，无菌幕或具有易脱落的丝膜状菌幕 ································ *Hypholoma*
27. 菌柄具有发育良好的且永存的膜质菌环 ································ *Stropharia*
27. 菌柄具有易脱落的菌环或丝膜状的菌环区域 ································ 28
28. 孢子长≤9μm；子实体浅黄色 ································ *Hypholoma*
28. 孢子长≥10μm；子实体不成浅黄色 ································ *Stropholoma*